의식의
수수께끼를 풀다

의식의 수수께끼를 풀다

지은이 대니얼 데닛
그린이 폴 와이너
옮긴이 유자화
감　수 장대익

1판 1쇄 발행 2013년 10월 7일
1판 3쇄 발행 2019년 1월 10일

발행처 (주)옥당북스
발행인 신은영

등록번호 제2018-000080호
등록일자 2018년 5월 4일

주소 경기도 고양시 일산동구 장항동 742-1 한라밀라트 B동 215호
전화 (070)8224-5900 팩스 (031)8010-1066

홈페이지 www.okdangbooks.com
이메일 coolsey@okdangbooks.com

값은 표지에 있습니다.
ISBN 978-89-93952-50-6 03400

조선시대 홍문관은 옥같이 귀한 사람과 글이 있는 곳이라 하여 옥당玉堂이라 불렸습니다.
도서출판 옥당은 옥 같은 글로 세상에 이로운 책을 만들고자 합니다.

이 도서의 국립중앙도서관 출판시도서목록(CIP)은 서지정보유통지원시스템 홈페이지(http://seoji.nl.go.kr)와
국가자료공동목록시스템(http://www.nl.go.kr/kolisnet)에서 이용하실 수 있습니다.
(CIP제어번호: CIP2013014459)

의식의
수수께끼를 풀다

대니얼 데닛

유자화 옮김   장대익 감수

옥당

의식에 관한 과학도 가능한가?

"지구를 대표해 외계인과 지적 대결을 펼칠 사상가를 선발해야 한다면 나는 주저 없이 데닛을 선택할 것이다."

– 마빈 민스키|Marvin Minsky(MIT 교수 · 인공지능의 대가)

미국 터프츠대학교의 대니얼 데닛 교수는 안락의자에 앉아 생각의 꼬리를 좇는 식으로만 머리를 달구는 철학자는 아니다. 아니, 그런 철학은 전혀 좋아하지 않는다고 해야 정확할 것이다. 그는 철학자로서는 보기 드물게 인지과학과 생물학의 영역을 넘나든 1세대였으며, 심지어 몇몇 과학적 탐구에 결정적 훈수를 두기까지 했다. 그는 인공지능의 가능성을 연구하기 위해 1970년대에 이미 스탠퍼드대학교에 가서 컴퓨터 프로그래밍을 배운 바 있으며, 동물도 마음 읽기 능력이 있는지 탐구하기 위해 아프리카 초원에 머물기도 했다. 영장류학자들은 당시 그로부터 얻은 영감에 대해 지금도 고마워하고 있다. 심지어 그는 의식의 본질을 탐구하기 위해 채 식지도 않은 신경생리학 논문들을 제일 먼저 맛보는 손 빠른 요리사다.

　그의 삶과 학문적 방법은 철학자에 관한 우리의 고정관념을 여지없이 무너뜨린다. 그는 자신의 분야(심리철학, 인지과학 철학, 생물철학)에서 최고의 전문가이면서도 전문가들만을 상대로 글을 쓰는 '강단 철학자'가 아니다. 《다윈의 위험한 생각Darwin's Dangerous Idea》, 《주문을 깨다Breaking the Spell》 등의 저서는 동료 철학자들의 뇌를 자극하는 책인 동시에 교양 있는 대중을 지금도 매료하는 베스트셀러다. 이는 그가 철학을 매우 독특한 방식으로 하고 있다는 징표다. 그의 글에는 언제나 무릎을 치게 만드는 적절한 예제, 그럴듯한 비유, 고품격 농담 등이 넘쳐난다. 그는 자신의 작업을 '직관 펌프질'로 규정하고 있으며(그의 최신작 제목은 《직관 펌프와 생각 도구Intuition Pumps and Other Tools for Thinking》다), 대중의 직관을 펌프질해서 그릇된 통념들을 날려버린다.

　그는 지난 30여 년 동안 《내용과 의식Content and Consciousness》, 《지향적 자세The Intentional Stance》, 《다윈의 위험한 생각》, 《마음의 진화 Kinds of Minds》, 《마음의 설계Brainchildren: Essays on Designing Minds》 등에서 '지향성'이라는 철학적 개념을 발전시켜 마음 읽기 능력에 관한 이해의 지평을 넓혔다. 지향성은 '무언가에 관한' 것이며, 마음 읽기란 '어떤 주체의 정신 상태에 관한' 믿음, 즉 '2차 지향성'과 동일하다. 인간과 동물의 지향성은 그에게 진화의 산물일 수밖에 없다. 《다윈의 위험한 생각》 과 《마음의 진화》를 보면 잘 알 수 있듯이 그는 진화론을 자신의 철학에 가장 진지하게 활용하고 있는 철학자다.

　이렇게 그가 진화론에서 자신의 지적 샘물을 길어 올리게 된 데는 옥스퍼드대학교의 동물행동학자 리처드 도킨스Richard Dawkins의 영향이 결정적이었다. 데닛은 도킨스의 《이기적 유전자The Selfish Gene》, 《확장된 표현형The Extended Phenotype》을 읽고 난 뒤부터 현대 진화론자들 사이의 치열한 논쟁에서 늘 도킨스의 강력한 동맹군으로 활약해왔다. 1997년 〈뉴욕 서평The New York Review of Books〉에서 하버드대학교의 고생물학자 스티븐 제이 굴드Stephen Jay Gould와 벌였던 설전은 진화학도들에게 전설로 남아 있다. 굴드는 《다윈의 위험한 생각》에서 두 장에 걸쳐 전개된 자신에 대한 비판에 격분해 급기야 데닛을 '도킨스의 애완견'이라 칭했고, 이에 질세라 데닛은 굴드를 '뻥쟁이'라 응수했다. 과학 논쟁은 때로 정치 공방보다 더 예의가 없다.

일부 생물학자들로부터 인신공격을 당해도 그가 흔들리지 않는 이유는 매우 명백하다. 그의 철학은 진화론 없이는 전혀 힘을 못 쓰기 때문이다. 그의 화두를 보라. '무가치, 무의미, 무기능에서 어떻게 가치, 의미, 기능이 나왔는가? 규칙에서 어떻게 의미가 나왔는가? 물질에 불과한 뇌에서 어떻게 의식이라는 특이한 현상이 나올 수 있는가?' 결국 그는 '물이 변하여 어떻게 포도주가 되었는가?'를 묻고 있는 것이다. 이 화두는 '미물에서 어떻게 인간과 같은 종이 나왔는가?'라는 진화론적 물음과 근본적으로 닮아 있다. 실제로 그는 이 문제들의 해답이 진화론으로부터 나올 수밖에 없다고 확신한다.

성서에서는 물이 변하여 포도주가 된 사건을 기적이요, 신비라고 묘사한다. 데닛은 기존 철학계도 인공지능, 지향성, 의식, 그리고 자유의지를 논할 때 그와 유사한 태도를 보이고 있다고 비판해왔다. '로봇이 인공지능을 진짜로 가질 수 있는가? 의식 있는 로봇이 가능한가?'라는 식의 물음을 던지면서 암암리에 인간의 지능과 의식 등을 신비화 혹은 차별화하고 있다는 지적이었다.

그는 자신의 대표작이라 할 수 있는 이 책에서 의식에 관한 철학자들의 통념을 비판하고, 의식에 대한 과학적 접근을 제시하고 있다. 그가 비판하는 통념은 두 가지다. 첫째, 심리 상태의 다른 모든 속성과 명확히 구분되면서 분명히 파악되는 '감각질qualia(느껴진 질적 속성 같은 것)'이 의식이라는 생각이다. 둘째, 영화를 감상하듯 객석 한가운데에 앉아 뇌 속에서 일어나는 모든 일을 관찰하고 통제하는 작은 존재 같은 것이 바로 의식이라는 생각이다. 데닛은 이를 의식의 '데카르트 극장Cartesian Theater' 모형이라고 칭하고, 데카르트 이후 의식에 관한 생각이 어떻게 왜곡되었는지 강하게 비판한다.

데닛은 데카르트 극장 모형이 잘못된 이원론을 전제하고 있다고 비판한다. 이원론에 따르면 정신과 물질이 분리되어 있기 때문에 그 둘이 만나는 지점이 어딘가에 있어야 한다. 이와 마찬가지로 데카르트 극장에서도 물리적 과정을 거쳐 전달된 감각적 입력 신호들이 모이고 통합되어 상영되는 내적 자아의 장소가 어딘가에 존재해야 한다. 하지만 뇌에는 그러한 지정된 공간이 어디에도 없다는 것이 데닛의 주장이다.

시각 처리 과정을 예로 들어보자. 커다란 원이 반짝이는 컴퓨터 화면을 보고 있는 사람을 상상해보자. 이때 화면에서 나온 빛은 먼저 망막에 닿을 것이다. 이 순간 분명히 그는 빛을 의식하고 있지 않을 것이다. 다음 순간, 빛은 망막의 시신경에 도달하고, 시신경은 빛을 전기 신호로 바꾼다. 이 순간에 빛은 의식되었을까? 아마도 아닐 것이다. 그다음, 시신경이 보낸 전기 신호는 시각 정보 처리를 담당하는 1차 시각피질(V1)에 도달한다. 그런데 이 순간에도 빛은 의식되지 않는다. 결국 여러 시각적 처리가 행해진 뒤에야 그 시각 신호가 무엇인지 의식된다고 할 수 있다. 시각 신호가 처리된 뒤에 우리 뇌는 그 신호를 기억으로 바꾸며, 우리는 회상을 통해 이후에 그 빛을 다시 의식할 수 있다.

물론 데카르트 극장 모형을 따르는 이들은 외부 시각 신호를 처리하는 과정 어딘가에서 우리의 의식이 발생했다고 이야기할 것이다. 하지만 데닛은 우리 뇌가 다양한 메커니즘을 통해 동시에 분산적으로 정보를 처리하고 있기 때문에 그런 순간과 공간을 콕 짚어서 이야기할 수 없다고 반론한다. 그리고 현대 인지과학의 연구 성과를 제시하면서 우리의 정신 현상이 이런 다양한 메커니즘의 복잡한 상호작용의 결과라고 강조한다. 결론적으로 그는 감각질의 존재를 전제하고 의식의 주관성을 강조하는 현대 철학자들이 현대의 뇌과학적 성과를 무시한 채 여전히 데카르트적 시각에 갇혀 있다고 비판한다.

데닛의 '다중원고Multiple Drafts' 모형은 그토록 많은 사람이 버리지 못하는 데카르트 극장 모형을 대체하기 위해 그가 꺼내 든 카드다. 이 모형에 따르면, 의식이 발생하는 자리 같은 것은 존재하지 않는다. 뇌의 모든 정신 활동은 감각 입력이 병렬적으로 처리되고 해석된 결과물이기 때문이다. 따라서 정보는 신경계로 들어오면서부터 연속적으로 편집되고, 수정된다. 우리가 실제로 의식하는 것이 무엇이고, 그 의식이 맨 처음 생겨난 곳이 어디인지 알기 위해 참조해야 할 표준적인 의식의 흐름 따위는 존재하지 않는다. 계속 편집 중인 수많은 원고가 존재할 뿐이다. 그럼에도 우리가 스스로를 단일한 의식을 가진 행위자인 것처럼 느끼는 것은 뇌에서 수많은 원고(또는 이야기)가 병렬적으로 처리되는 과정에서 하나의 이야기로 쏠리는 현상이 생겨나기 때문이다.

최근에 데닛은 의식을 다중원고에 비유하는 방식에서 한발 더 나아가 '명성'에 비유하기 시작했다. 어떤 사람이 정확히 어느 시점에 명성을 얻었다고 말할 수 없는 것처럼 뇌에서 의식이 발생하는 과정 역시 정확한 시점을 추정할 수 없다. 또한 많은 사람이 경쟁하여 그중 소수만이 명성을 얻을 수 있는 것처럼 마음을 구성하는 다양한 메커니즘도 우리 몸의 지배권을 놓고 경쟁을 펼친다. 이 경쟁에서 승리한 메커니즘이 '의식'이라는 권력을 차지하는 것이다. 이때 중요한 사실은 승리를 쟁취한 메커니즘이 데카르트 극장의 객석 한가운데에 앉아 모든 것을 통제하던 그 난쟁이는 아니라는 것이다. 그 세계는 군주제가 아니라 민주주의에 가깝다. 각 메커니즘은 다른 것들과의 네트워크 속에서 작동하기 때문에 그중 하나가 의식을 차지하는 기간은 길지 않으며, 각각의 메커니즘은 수시로 의식과 무의식을 넘나든다. 그리고 무의식에서 의식으로 전이될 때 그 경계선은 분명하지 않다.

그렇다면 그동안 왜 철학자들은 의식을 과학(3인칭 시점)이 접근할 수 없고, 객관적 표현이 불가능하며, 데카르트 극장에서 생겨나는 1인칭적 대상으로 인식해온 것일까? 데닛은 한마디로 그것은 '착각 때문'이라고 말한다. 화폭에 찍혀 있는 점들을 가까이서 들여다보면 아무리 보아도 그림의 전체 풍경은 보이지 않는다. 이와 마찬가지로 각각의 메커니즘을 아무리 자세히 들여다봐도 의식은 나타나지 않는다. 하지만 점에서 벗어나 시각을 면의 수준으로 넓히면 풍경이 눈에 들어온다. 의식도 마찬가지다. 우리가 의식을 마치 1인칭적 질적 속성인 것처럼 느끼는 것은 지향적 수준에서는 뇌의 메커니즘 간의 협력이 상당히 일관적인 것으로 나타나기 때문이다. 그래서 우리가 주관적 의식이 실재하는 것처럼 착각하게 된 것이다. 데카르트의 후손들이 생각하는 것처럼 모든 정신 작용이 통합되는 지점은 존재하지 않는다. 의식은 뇌에서 작동하는 수많은 메커니즘 속에 분산되어 있다.

이처럼 데닛은 인지과학의 최신 성과들을 진지하게 받아들여 의식에 관한 기존의 견해에 덧씌워진 신비주의를 벗겨내려 한다. 그리고 인간의 의식에 관한 3인칭적 과학 방법론을 제시하기까지 한다. '타자현상학 heterophenomenology'이 그것인데, 이 방법은 자신의 의식 상태에 관한 한 개인의 발화에 제3자가 지향적 자세를 취하는 것을 의미한다. 그는 이런 방법으로 의식 현상을 과학적으로 탐구하고 이해할 수 있다고 주장한다.

물론 의식의 주관성 문제는 현대 심리철학자들 사이에서 아직도 큰 논쟁거리다. 하지만 분명한 것은 그가 지난 40여 년 동안 수많은 과학적 성과를 진지하게 고려함으로써 이 논쟁의 장을 더욱 흥미롭고 의미 있는 최전선으로 만드는 데 크게 공헌했다는 사실일 것이다.

데닛은 여름만 되면 미국 메인 주에 있는 농장으로 향한다. 그곳에서 그는 직접 땅을 파고 열매를 따면서 세상에서 가장 창조적인 철학자로서 생각의 밭을 일군다. 몇 년 전에는 나도 그곳에 초대받아 즐거운 한때를 보낸 적이 있는데, 그때 그는 영락없는 시골 할아버지였다. 그 매력에 다시 이끌려 지금 나는 그의 큰 날개에 다시 한 번 매달려 있다. 이번에는 나를 어떤 세계로 데려다줄지 벌써부터 흥분된다. 그의 대표작이 이렇게 번역 · 출간되는 것도 참으로 흥분되는 일이다.

장대익

(서울대학교 자유전공학부 교수 · 미국 터프츠대학교 인지연구소 방문교수)

우리가 보고 느끼는 것이 모두 사실일까?

인지과학과 심리철학 분야의 세계적 석학 대니얼 데닛은 데카르트의 이원론으로 이 책을 시작한 다음 그것을 해체한다. '나는 생각한다. 그러므로 나는 존재한다'라는 말로 자신의 존재를 확인한 데카르트에 따르면, 인간은 정신과 육체라는 두 가지 실체로 되어 있고, 비물질적 실체인 정신은 뇌에 있는 송과선을 통해 물질적 실체인 육체와 상호작용한다. 데카르트는 그곳을 이해와 의식이 일어나는 뇌의 중추로 보았다. 이것이 바로 데카르트적 유물론에서 나온 의식의 '데카르트 극장' 모형이다.

우리의 의식적인 경험은 세상 모든 것이 비치는 화면 또는 무대를 바라보는 것과 같으므로 이런 생각은 매우 그럴듯해 보인다. 우리의 언어만 보더라도 정신과 육체가 전혀 별개의 것인 양 하는 말들이 많고, 종교적 믿음과는 상관없이 우리 내면 깊은 곳에 '영혼'이라는 실체가 있다고 믿는 사람도 많다. 이런 이원론은 물리 법칙에 위배되고, 뇌 안의 중추를 찾으려면 계속해서 그 안의, 또 그 안의 중추를 상정해야 하는 등의 문제가 많지만, 이것이 직관적으로 편안하게 받아들일 수 있는 생각이므로 유물주의 과학자들조차도 그 마력에 빠지고 만다는 것이 데닛의 지적이다.

데닛은 그와 더불어 의식이 설명할 수 없는 신비한 현상이라는 생각에 도전한다. 의식이 복잡하고 경이로운 현상임은 틀림없지만, 신비할 것은 없다는 것이다. 마치 마술을 속속들이 알고 나면 그것이 더 이상 마술이 아닌 것처럼, 뇌의 신경화학적 작용으로 어떻게 의식이 일어나는지 알고 나면 의식도 결코 신비로울 것이 없다는 주장이다(그의 주장은 로봇도 의식이 있을 수 있고, 한 사람 안에 여러 자아가 있을 수 있다는 데까지 나아간다).

데닛은 우리가 의식 현상을 이야기할 때 보통 자신의 주관적 경험을 근거로 제시하지만, 그것은 그렇게 여겨지는 것일 뿐 실제로 그런 것은 아니라고 주장하면서 주관적인 의식을 의식의 증거가 아니라 데이터, 즉 이론가의 허구로 접근하자고 제안한다. 마음을 자기 성찰하듯 관찰하지 말고, 자연현상을 관찰하듯 3인칭 시점으로 접근하면서 타자현상학을 하자고 주장한다. 그는 이렇게 의식을 객관적·과학적으로 연구하면 인간 의식의 주관성을 극복할 수 있고, 의식의 수수께끼도 풀 수 있다고 말한다.

데카르트 극장을 대신한 데닛의 의식 이론은 '다중원고' 모형이다. 다중원고 모형에는 광경과 소리, 사고가 모두 의식을 위해 한데 모이는 극장은 없다. 중추의 의미부여자가 의식의 내용을 결정하기 위해 지켜보는 단일한 장소, 정신이 육체를 통제하는 사령부, 시간적·공간적으로 정확하게 의식이 자리한 곳이라고 지목할 수 있는 중추는 찾을 수 없다. 따라서 의식은 단일한 흐름이 아니라 온갖 지각과 사고와 정신 활동이 뇌 여러 곳에 분산되어 처리되는 병렬 과정이다.

소설을 쓰는 과정에 글을 쓰고 고쳐 쓰면서 편집 중인 여러 원고가 있듯 우리의 정신에도 입력된 내용에 여러 내용이 보태지고 고쳐지면서 계속 편집 중인 여러 원고가 있다. 우리가 경험하는 것은 눈의 망막이나 귀,

피부에서 일어나는 일이 그대로 반영된 것이 아니라 세상에서 얻은 정보에 여러 해석과 편집이 가해진 산물이고, 뇌의 여러 곳에는 다양한 편집 과정에 있는 다양한 이야기 조각들의 다중원고가 있다. 이런 원고 중에는 우리가 캐묻느냐 마느냐, 언제 캐묻느냐에 따라 기억에 머물지 못하고 사라져버리는 것도 있고, 말이나 행동으로 존재를 드러내는 것도 있다.

의식을 설명하기 위해 진화생물학, 인지심리학, 신경과학, 언어학, 인공지능 등 다양한 분야의 지식을 총동원하고 있는 데닛은 데카르트 극장 모형을 해체하고 의식을 한낱 컴퓨터 프로그램 같은 가상 기계로 설명한 데이어 진화의 세 번째 수단인 밈meme이 뇌와 의식의 발달에 끼친 영향을 설명한다. 마음의 진화 과정에서 생물학적 유전자뿐만 아니라 리처드 도킨스가 주창한 문화적 유전자 밈이 중요한 역할을 했다고 강조한다.

데닛에 따르면, 우리의 자아에 관한 생각도 근본적으로 자기를 보호하고 정의하자는 전략에서 나왔고, 우리 자신이 누구인지 이야기하는 것이라고 한다. 그렇지만 우리가 그 이야기를 만드는 것이 아니라 이야기가 우리를 만든다. 우리 인간의 의식은 이야기의 산물이지, 원천이 아니라는 것이다. 따라서 자아라는 것은 이야기 무게중심일 뿐이고, 뇌가 사회적 과정을 통해 만들어낸 이론가의 허구에 불과하다고 그는 주장한다.

마지막으로 덧붙이고 싶은 말은 몇십 년 동안 마음과 의식을 연구한 세계적인 석학도 마음이 먼저냐 언어가 먼저냐는 논란을 떠나 언어가 마음의 형성에 커다란 역할을 하는 것은 분명하다고 했다는 것이다. 좋은 말이든 나쁜 말이든 자신에게 반복해 하는 말은 의식과 사고 작용, 그리고 감정과 행동에 틀림없이 영향을 미친다. 그중 어느 것이 좋은 영향을 미칠지는 우리 모두 잘 알고 있다. 그러니 자신에게 하는 말에 주의하라!

유자화

차례

마음은 뇌가 만들어낸 가상현실 또는 환상

통 속의 뇌

당신이 잠든 사이 사악한 과학자들이 당신의 뇌를 떼어내 생명유지 장치가 있는 통 속에 넣었다고 가정해보자. 이 과학자들은 당신이 그저 통 속의 뇌로 존재하는 것이 아니라 정상적인 몸으로 전과 다름없이 생활하고 있다고 믿게 만들 작정이다. '통 속의 뇌Brain in a Vat'는 많은 철학자가 애용하는 사고 실험이다. 여기서 과학자는 현대판 데카르트René Descartes의 사악한 악마(1641)[1]다. 그는 세상 모든 것에 관해 데카르트를 속이기로 작정한, 심지어 데카르트의 존재까지도 속이려 한 가공의 마술사다(데카르트는 의심할 수 없는 참된 진리를 찾기 위해 주변의 모든 것을 의심하는데, 이 과정에서 그가 설정한 것이 전능하고 사악한 악마. 이 악마는 눈앞에 없는 것도 있는 것처럼 보여주고, 들리지 않는 소리도 들리는 것처럼 만들어 상대를 속일 수 있다_옮긴이). 그러나 데카르트가 "나는 생각한다. 그러므로 나는 존재한다Cogito ergo sum"라고 성찰했듯이 아무리 전능한 악마라도 자신이 존재하지 않는데 존재한다고 믿게 할 수는 없었다.

오늘날 철학자들은 자신이 생각하는 존재임을 입증하는 데는 관심이 적고(아마도 그 문제라면 데카르트가 상당히 만족스럽게 해결했다고 믿기 때문일 것이다), 우리가 경험한 우리 본성과 우리가 살고 있는(아니, 살고 있는 곳으로 보이는) 세상의 본질에서 끌어낸 결론에 관심이 더 많은듯하다. 어쩌면 우리가 지금까지 통 속의 뇌였던 것은 아닐까? 만일 그렇다면, 우리가 곤경에 처해 있다는 사실을 제대로 인식하기는커녕 생각이나 할 수 있을까?

통 속의 뇌는 이런 의문을 생생하게 탐구해볼 수 있는 아이디어다. 하지만 나는 이 사고 실험을 다른 용도에 활용하려고 한다. 환각에 관한 궁금증을 푸는 데 쓰려는 것이다. 이런 시도를 해나가다 보면 머지않아 실증적이고 과학적인 이론으로 인정받을 수 있는 인간 의식 이론을 정립할 수 있을 것이다.

통 속의 뇌 사고 실험에서 과학자들은 이런저런 신경을 연결하느라 눈코 뜰 새 없이 바쁘겠지만, 철학자들은 논의상 편의를 위해 기술적으로 가능하지 않은 일도 '이론상으로는 가능하다'고 가정해버렸다. 그러나 우리는 이론상 가능한 것들을 조심해야 한다. 이론상으로야 달까지 스테인리스강 사다리를 놓는 일도 가능하고, 1,000단어 이하의 모든 영어 대화를 알파벳 순서대로 기록하는 일도 가능하다. 그러나 이런 일은 실제로는 불가능하며, '실제로 불가능한 일'이 '이론상으로 가능한 일'보다 이론적으로는 더욱 흥미로울 때가 종종 있다.

이제 사악한 과학자들이 얼마나 막중한 과업을 앞두고 있는지 잠시 생각해보자. 짐작건대 그들은 쉬운 일부터 시작해 차츰 어려운 과제를 풀어나갈 것이다. 그러자면 목숨은 붙어 있지만 혼수상태에 빠진 뇌부터 시작하는 게 좋을 것이다. 혼수상태에 빠진 뇌는 시신경, 청신경, 체성감각신경뿐 아니라 뇌로 유입되는 모든 구심신경이 완전히 차단되어 있다. 구심로가 차단된 뇌는 모르핀을 주사해 활동을 중지시킬 필요도 없이 영원히 혼수상태에 머물 것 같다. 하지만 이런 절망적인 상황에서도 저절로 혼수상태에서 깨어난 사례가 있다. 만일 당신이 그런 상태로 깨어난다면, 눈은 멀고, 귀도 먹고, 방향감각도 전혀 없어 악몽도 그런 악몽이 없을 것이다.

다음으로 과학자들은 당신이 깨어났을 때 공포에 질리지 않게 청신경에 음악을 삽입한다(물론 신경 신호로 적당히 부호화한 다음에). 또한 몸이 마비되었고, 감각도 없고, 눈은 멀었더라도 등을 대고 누워 있다는 느낌만은 살아 있게 전정계vestibular system(달팽이관의 바깥 부분으로, 신체의 균형을 유지하는 역할을 한다_옮긴이)나 내이inner ear에서 정상적으로 나오는 신호도 준비한다. 이 정도는 가까운 미래에 가능한 기술일 것이고, 어쩌면 지금도 가능할지 모른다. 그런 다음 과학자들은 당신의 표피로 연결되는 신경 통로를 자극하는 데까지 성공한다. 부드럽고 따뜻한 신경 자극을 유발하여 배 쪽 피부로 보내고, 등 쪽 표피 신경도 자극하여 깔깔한 모래알이 파고드는 촉감을 일으킨다. 당신은 이렇게 혼잣말할지도 모른다.

"해변에 누워 있으니 이렇게 좋을 수가 없군! 몸이 마비되고 눈은 멀었지만, 아름다운 음악 소리가 들리네. 그런데 따가운 햇볕에 화상을 입지 않을지 모르겠네. 그나저나 내가 여기 어떻게 왔지? 어떻게 도움을 청해야 한담?"

이제 과학자들은 당신이 그저 해변에 누워 있다고 믿는 것을 넘어 정상적으로 활동할 능력이 있다고 믿게 만들려는 야심 찬 계획에 돌입한다. 차츰 '환상 신체phantom body'의 마비를 풀고, 모래 속에서 오른쪽 집게 손가락을 꼼지락거린다고 느끼게 만들 작정이다. 손가락을 움직이는 감각 경험을 전달하려면 신경계의 출력 또는 원심신경의 의지나 동작 신호와 연관 있는 '운동감각성 피드백kinesthetic feedback(인체 내부 환경이 정상

범위에서 벗어나지 않게 변화를 억제하거나 증가시키는 자동 조절 원리를 말하며, 인체는 피드백 과정을 통해 항상성을 유지한다_옮긴이)'을 제공해야 한다. 또한 환상 손가락의 감각을 되살리고, 손가락 주변에서 모래가 움직이는 것 같은 느낌을 줄 자극도 일으켜야 한다.

여기서 과학자들은 쉽게 해결할 수 없는 문제와 맞닥뜨린다. 당신이 모래를 어떻게 느낄지는 손가락을 어떻게 움직이느냐에 달려 있기 때문이다. 적절한 피드백을 추정하여 그 느낌을 생성한 다음, 결과를 실시간으로 제공해야 하는데, 아무리 좋은 컴퓨터를 사용한다 해도 이렇게 계산해내기란 쉽지 않다. 또한 설령 모든 반응을 미리 추정하여 마련해둔다 하더라도 문제 하나를 해결하면 또 다른 문제가 기다릴 것이다. 예비해 두어야 할 가능성이 너무 많다. 한마디로 그들이 당신에게 가공의 세계를 탐색할 수 있는 진정한 능력을 주려고 하는 순간, 그들은 '조합적 폭발 combinatorial explosion'을 만나 궁지에 빠지고 말 것이다.[2]

과학자들이 부딪힌 장벽은 우리에게도 낯설지 않다. 비디오 게임에서도 비슷한 장벽에 부딪힌다. 이를 막으려면 가상으로 제공할 세상을 실현 가능한 한계 내로 제한하는 수밖에 없다. 하지만 과학이 할 수 있는 일이 고작 당신이 평생 '동키 콩 Donkey Kong(닌텐도에서 발매한 아케이드 게임으로, 게임에 등장하는 커다란 고릴라 동키 콩은 공사장 꼭대기에서 나무통을 계속 떨어뜨려 주인공이 올라오지 못하게 방해한다_옮긴이)' 역할을 할 운명이라고 믿게 만드는 것뿐이라면 그들은 그야말로 사악한 과학자다.

그러나 이런 기술적인 문제에도 해법은 있다. 실제 물건과 똑같은 복제품을 사용하는 것이다. 비행 모의 실험을 할 때 계산 부담을 덜기 위해 쓰는 해결책이 바로 복제품을 사용하는 것이다. 모든 입력 정보를 육감으로 모의 실험하는 대신 진짜 조종실에서 유압 조종간으로 조종하는 조종사처럼 실제 물건과 똑같은 복제품을 사용하라. 탐색해야 할 가공 세계에 관한 수없이 많은 정보에 즉시 접근하려면 자신만의 정보를 저장하고 있는 실물을 사용하는 방법밖에 없다. 그것이 크기가 작든, 인공적으로 만들어진 것이든 상관없다. 만일 세상 모든 것에 관해 데카르트를 속였다고 주장하는 사악한 악마가 이런 식으로 일을 한 것이라면 그 역시 '속임수'를 쓴 것이다. 하지만 자원을 무한정 이용할 수도 없는 상황에서 실제로 일을 해낼 수 있는 방법은 실물을 쓰는 것밖에 없다.

데카르트가 가공의 사악한 악마에게 무한한 기만 능력을 부여한 것은 현명했다. 엄밀히 말하자면, 정보를 처리해야 하는 과제가 한도 끝도 없는 일은 아니지만, 호기심 많은 인간이 습득하는 정보의 양은 어마어마한 것이 사실이다. 엔지니어는 정보의 흐름을 초당 비트bit로 측정하거나, 주파수의 대역폭으로 설명한다. 텔레비전은 라디오보다, 고화질 텔레비전은 일반 텔레비전보다 더 큰 대역폭이 필요하다. 고화질에다 냄새도 맡고, 느낄 수도 있는 '스멜로 필로smello-feelo' 텔레비전이라면 당연히 고화질 텔레비전보다 훨씬 큰 대역폭이 필요할 것이고, 스멜로 필로에다 상호작용까지 가능한 텔레비전이라면 천문학적인 대역폭이 필요할 것이다. (가상의) 세계에서 수천 개의 궤도로 계속 갈려나가기 때문이다.

의심 많은 사람에게 진위가 의심스러운 동전을 던져주어 보라. 무게를 가늠해보고, 긁어보고, 두드려보고, 혀를 대보고, 동전 표면에 햇빛이 반사되는 양상을 살펴보느라 불과 몇 초 동안 크레이Cray 슈퍼컴퓨터가 1년 동안 처리하는 양보다 많은 정보를 소모하는 것처럼 보일 것이다. 실물과 똑같은 위조 동전을 만드는 것은 식은 죽 먹기다. 하지만 아무것도 없는 상태에서 오직 머릿속에서 신경을 조작하여 환상의 동전을 만드는 것은 현재 인간의 기술로는 어림없는 일이고, 아마도 영원히 그럴 것이다.[3]

여기서 도출할 수 있는 결론은 우리는 통 속의 뇌가 아니며, '강한 환각'은 한마디로 불가능하다는 것이다. 강한 환각이란 구체적인 3차원 물체의 환각이 실제 세계에서 일어나 지속되는 현상을 말한다. 순간적으로 번쩍하는 것이나 기하학적 왜곡, 오라(물체나 인체로부터 주위에 발산되는 영험한 기운_옮긴이), 잔상, 일시적인 환상지phantom limb(수술이나 사고로 갑자기 손발이 절단된 경우, 없어진 손발이 마치 존재하는 것처럼 생생하게 느껴지는 일_옮긴이) 같은 경험과는 다르다. 강한 환각은 말대꾸를 하고, 그림자를 드리우며, 우리가 만질 수도 있고, 어떤 각도에서든 볼 수 있는 유령과도 같다.

그런 특징이 몇 개나 나타나는지에 따라 환각의 강도를 대략적으로 측정할 수 있다. 매우 강한 환각이 보고되는 예는 드물며, 강한 환각이 보고되면 그만큼 환각 내용의 신뢰도는 떨어진다고 인식하기 마련이다. 우리는 매우 강한 환각 이야기에 회의적인 반응을 보인다. 귀신을 믿지 않으며, 진짜 귀신만이 강한 환각을 만들어낼 수 있다고 믿기 때문이다(명백한 환각으로 처음 제시된 것은 카를로스 카스타네다Carlos Castañeda가 1968년 《돈 후앙의 가르침: 야키 인디언의 지식을 얻는 방식The Teachings of Don Juan: A Yaqui Way of Knowledge》에서 보고한 이야기다. 카스타네다가 멕시코 야키족 마법사를 만난 후 그의 가르침을 바탕으로 6년에 걸쳐 비일상적인 의식 상태에서 체험한 또 다른 현실 세계에 관한 이야기로, 진위 여부를 두고 뜨거운 논란을 불러일으켰으며, UCLA의 문화인류학 박사 학위 논문임에도 결국 허구인 것으로 밝혀졌다).

그러나 진짜 강한 환각이 일어난 예로 알려진 것은 없더라도 신뢰할만한 다양한 형태의 환각은 자주 경험되고 있다. 임상심리학 문헌에서 볼 수 있는 환각은 현대 기술로는 만들어낼 수 없는 매우 상세한 환상이었다. 도대체 어떻게 하나의 뇌가 수많은 과학자와 컴퓨터 전문가도 불가능하다고 한 일을 해낼 수 있단 말인가? 그런 경험이 진짜가 아니고, 마음 밖 진짜 사물의 실제적인 지각도 아니라면, 그것은 전적으로 마음(아니면 뇌) 안에서 생성되었고, 그 경험을 꾸며낸 마음도 속일 수 있을 만큼 실물과 똑같지만 처음부터 거짓으로 날조된 것임이 틀림없다.

뇌 속의 장난꾸러기

보통은 뇌에서, 특히 뇌의 지각 체계의 특정 영역이나 수준에서 순전히 내적 요인에 기인한 자기 자극이 발생할 때 환각이 일어난다고 본다. 17세기에 데카르트도 환상지 논의에서 사지가 절단된 사람은 여전히 사지가 붙어 있다고 느낄 뿐만 아니라 그 부분이 가렵거나 아프다고 느끼는, 놀랍지만 상당히 정상적인 환각 증상을 보인다고 말했다.

데카르트가 환각을 일으키는 자극에 비유한 것은 '당김줄bell-pull'이었다. 초인종이나 인터컴, 워키토키가 나오기 전에도 대저택에는 어느 방에서나 하인을 부를 수 있는 상당히 효과 좋은 시스템이 있었다. 방마다 벽에 구멍을 뚫어 선과 도르래를 이용해 연결한 장치였는데, 방에서 장치에 연결된 벨벳 줄을 잡아당기면 도르래를 따라 연결된 선이 당겨지고, 각 방의 표시가 붙은 여러 벨 가운데 하나가 울렸다. 집사는 어느 방 벨이 울리는지 보고 도움이 필요한 곳이 침실인지 응접실인지 당구장인지 알아냈다.

이 장치는 효과가 좋았지만, 장난에도 제격이었다. 누군가 어디서든 도르래 위의 선들 중 응접실 선을 당기면 집사는 응접실로 바삐 달려가지만, 이는 일종의 미약한 환각에 의한 헛걸음이다. 데카르트는 지각이 '의식적인 마음conscious mind'의 통제센터까지 이어지는 신경계의 복잡한 사건 사슬에 의해 일어나기 때문에 누가 이 사슬 한 곳을 조작할 수 있다면(예를 들어, 안구와 의식 사이 시신경 어딘가를 자극한다면) 정상적인 지각으로 일어나는 것과 똑같은 사건 사슬을 자극할 수 있을 것이라고 생각했다. 이런 일은 마음의 수신 측에 의식적인 지각이 일으키는 것과 똑같은 결과를 일으킬 것이다.

뇌는 무심코 마음에 기계적인 장난을 친다는 것이 데카르트의 환상지 환각에 관한 설명이었다. 환상지 환각은 놀랍도록 생생하지만 비교적 약한 환각이다. 감각 양태 하나에 조직화되지 않은 통증과 가려움을 모두 담고 있기 때문이다. 사지를 절단한 사람은 '환상 발phantom feet'을 보거나 거기에서 나는 소리를 듣지 못하고, 냄새도 맡지 못한다. 따라서 신체의 일부인 뇌가 어떻게 신체가 아닌 의식과 상호작용할 수 있는지에 관한 논의를 일단 제쳐두고 나면, 환상지에 관한 데카르트의 설명은 옳은 것으로 보인다.

그러나 상대적으로 강한 환각에는 데카르트의 설명이 순수하게 기계적인 부분에서마저도 잘 들어맞지 않는다. 뇌가 의심 많은 마음을 속일 수 있을 만큼 허위 정보를 저장하고 조작할 방법이 없기 때문이다. 뇌는 느긋하게 뒤로 물러나 진짜 세상이 진짜 정보를 실컷 제공하게 내버려둘 수 있지만, 제 신경에 끼어들기 시작하더라도(또는 데카르트가 말한 대로 제 선을 스스로 잡아당기더라도) 오로지 순간적으로 미약한 환각을 불러일으킬 뿐이다(이웃집 드라이어가 고장 나 당신 집 텔레비전 화면이 순간적으로 흐려지거나, 멈추거나, 지지직거리거나, 이상한 섬광이 인다고 해도, 저녁 뉴스에 조작된 화면이 나오는 것을 본다면 그 장면이 드라이어가 일으킨 것이 아니라 정교하게 조작된 화면임을 당장에 알아챈다).

어쩌면 우리가 미약하고 순간적인 환각은 일어날 수 있지만, 강한 환각은 절대 일어나지 않을 것이라고 너무 쉽게 믿어버리는 것인지도 모른다. 그런 일은 있을 수 없기 때문이다. 환각에 관한 문헌을 검토한 한 보고서는 환각의 강도와 신뢰도 사이뿐만 아니라 환각의 강도와 빈도 사이에도 반비례 관계가 있으며, 환각을 겪는 희생자들이 유별나게 수동적인 특징을 보인다고 주장했다. 그들은 환각을 조사하려 하지 않았고, 의심하거나 시험하지도 않았으며, 그 유령과 상호작용하려는 어떤 노력도 하지 않았다. 이런 수동성은 환각에 없어서는 안 될 특징은 아니지만, 어느 정도 세부적이고 지속 가능한 환각이 일어나려면 꼭 필요한 전제조건으로 보인다.

그러나 비교적 강한 환각에서는 (특별한 경우를 제외하고는) 수동성이 환각을 지속시키지는 못한다. 그보다는 희생자가 탐색할 이야기를 마술사(그 무엇이 되었든 환각을 일으킬 수 있는 것)가 알아내어 환각을 일으킨다고 보아야 한다. 완전히 수동적인 경우에는 탐색할 이야기도 없다. 희생자가 탐색할 이야기를 마술사가 세부내용까지 예측할 수 있다면, 그 내용과 똑같이 환상이 유지되게 준비만 하면 된다.

영화의 무대감독은 카메라 위치를 미리 알고 있어야 한다. 행여 카메라가 고정되어 있지 않다면 그 정확한 궤적과 각도를 알아야 한다. 카메라의 움직임을 속속들이 꿰고 있으면 카메라 조망에 따라 실제로 화면에 담길 자료만 준비하면 된다(일체의 인위적인 장면을 거부하고 상황을 있는 그대로 관찰하고 녹음해서 영화를 만드는 기록영화 제작 방식인 '시네마 베리테cinéma verité'에서 자유롭게 움직일 수 있는 핸드 카메라를 광범위하게 이용하는 데는 그만한 이유가 있다). 이런 일이 실제로 활용된 예도 있다. 러시아 여제 예카테리나 2세Catherine the Great가 지방 마을을 시찰할 때, 그리고리 포템킨Grigori Potemkin이 여제가 지나가는 길 양옆에 환상적인 도시 풍경을 가짜로 그려놓아 눈가림한 것이다. 대신 여제의 시찰 일정은 자로 잰 듯 정확해야 했다.

이렇게 볼 때, 강한 환각 문제를 해결할 한 가지 해결책은 희생자와 마술사 사이에 연결고리가 있다고 가정하는 것이다. 그 연결고리를 통해 마술사는 희생자의 탐색 의도와 결정을 예상해 그에 따른 환상을 일으킬 수 있다. 희생자의 마음을 읽어 정보를 얻는 것이 불가능한 경우, 마술사는 은연중에 강력한 심리적 압박을 가해 실마리를 끌어낼 수 있다. 카드 마술사는 실제로 선택할 수 있는 카드가 오직 한 장밖에 없는 상황에서도 여러 가지 방법을 동원해 희생자가 자유로운 선택권을 행사하면서 탁자에 놓인 카드를 고르고 있다는 환상을 심어준다.

다시 처음의 사고 실험으로 돌아가보자. 만일 사악한 과학자들이 통 속의 뇌에 특정한 탐색 의도를 '강제로' 심을 수 있다면, 예상되는 재료만 준비함으로써 조합적 폭발을 피할 수 있을 것이다. 이런 시스템은 오로지 겉보기에만 상호작용적이다. 같은 원리로 데카르트의 사악한 악마도 자신이 세세하게 통제하는 가공의 세계에서 희생자가 자유의지를 갖고 있다는 환상을 유지하게 할 수 있다면, 무한한 힘을 갖지 않고도 환상을 지속시킬 수 있다.[4]

그러나 뇌가 환각을 일으키게 하는 훨씬 더 경제적이고 실제적인 방법도 있다. 제멋대로 움직이는 희생자의 호기심을 제압하는 것이다. 이 방법이 작동하는 방식은 '파티 게임'을 통해 살펴볼 수 있다.

정신분석 파티 게임

이 게임에서 속는 사람은 자기가 방을 나가 있는 동안 그곳에 모인 사람 중 한 명이 최근에 꾼 꿈 이야기를 할 것이라는 말을 듣는다. 방에 남아 있는 사람 모두 꿈 이야기를 들을 것이고, 속는 사람은 다시 방으로 돌아와 꿈을 꾼 사람이 누구인지 전혀 모르는 상황에서 사람들에게 질문을 던져야 한다. 그가 풀어야 할 숙제는 '예' 또는 '아니요'로 대답할 수 있는 질문을 던져 그 꿈이 어떤 내용인지 자세하게 알아내는 것이다. 어떤 면에서 보면 그가 꿈을 꾼 사람의 정신분석을 하는 것이며, 그는 그 분석을 통해 꿈을 꾼 사람이 누구인지 알아낼 수 있다.

그러나 속을 사람이 방을 나가면 진행자는 나머지 사람들에게 아무도 꿈 이야기를 할 필요가 없으며, 그가 들어와 질문을 시작하면 간단한 규칙에 따라 대답하라고 말한다. 규칙은 질문의 마지막 단어 끝 글자가 알파벳 순서로 앞쪽 절반에 해당하면 "예"라고 대답하고, 뒤쪽 절반에 해당하면 "아니요"라고 대답하는 것이다. 그러나 여기에는 한 가지 조건이 붙는다. 나중 질문에 대답할 때 앞에 나온 질문의 대답과 모순되지 않게 대답해야 한다는 비모순율('참이면서 동시에 거짓인 명제는 존재하지 않는다'는 원리를 일컫는 논리학 용어_옮긴이)이다. 그 예를 들어보자.

질문: 그 꿈은 여자에 관한 것입니까Is the dream about a girl?
대답: 예.

하지만 속고 있는 사람이 잊어버리고 나중에 같은 의미의 질문을 던진다면,

질문: 그 꿈에 여자들도 나옵니까Are there any female characters in it?
대답: 예.

마지막 알파벳이 't'이지만 비모순율을 적용해 "예"라고 대답해야 한다.[5]

속는 사람이 방으로 돌아와 질문을 시작하지만, 받는 대답은 무작위적이고 제멋대로인 '예' 또는 '아니요'뿐이다. 그러다 보니 재미있는 결과가 나오는 경우가 많고, 가끔씩은 어처구니없이 금방 끝나버리기도 한다. 첫질문이 "그 꿈 이야기가 《전쟁과 평화》 이야기와 한 글자도 다르지 않고 똑같습니까Is the story line of the dream word-for-word identical to the story line of War and Peace?" 또는 "꿈에 살아 있는 것이 나옵니까Are there any animate beings in it?"와 같은 것이라면 결론이 뻔하지 않겠는가? 터무니없는 모험이 펼쳐지는 기이한 이야기가 만들어지는 경우도 잦을 것이다.

게임이 끝나고 속고 있는 사람이 "꿈의 주인공이 누구든 그 사람은 분

명 매우 이상하고 문제 있는 사람일 것이다"라고 결론 내리면 나머지 사람들은 야유하며 "당신이 바로 그 꿈의 주인공"이라고 되받아칠 것이다. 엄밀히 따지자면 그 말이 옳은 것은 아니지만, 속은 사람이 질문을 지어 냈으니 꿈 자체를 지어낸 것이라 보는 것도 틀린 말은 아니다. 그러나 달리 생각해보면, 그 꿈을 지어낸 사람은 아무도 없다. 바로 이것이 핵심이다. 어떤 이야기를 지어내겠다는 의도나 계획 없이 이야기가 만들어지고, 자세한 내용이 모이는 과정, 이것이 바로 마술사 없이 이루어진 환상이다.

파티 게임의 구조는 널리 인정받고 있는 지각 체계 모형 구조와 상당히 유사하다. 인간의 시각은 '자료 주도적data-driven' 또는 '상향식bottom-up' 처리 과정만으로는 완전하게 설명될 수 없고, 최고 수준에서 가설을 검증하는(또는 가설 검증에 상응하는) 몇 번의 '기대 주도적expectation-driven' 처리가 보충적으로 필요하다는 생각이 일반적이다. 또 다른 지각 체계 모형은 '지각의 합성에 의한 분석analysis-by-synthesis'으로, 지각이 중추에서 생성되는 기대와 말초에서 일어나는 확증(그리고 반증) 사이를 오가는 과정에서 형성된다고 가정한다(Neisser, 1967). 이런 이론들에 담긴 일반적인 생각은 지각 체계의 초기 단계 또는 말초 수준에서 일정량의 '선처리preprocessing'가 일어난 후에 지각 과제가 완료된다는 것이다. 생성과 검증 주기에 의해 대상이 식별되고, 인지되며, 분류되는 것이다. 그런 주기를 거치면서 우리의 현재 기대와 관심이 지각 체계가 확증하거나 반증할 가설을 형성하고, 그런 가설의 생성과 확증이 급속하게 연속적으로 일어나면서 우리가 사는 세계에 관한 최신 모형이자 최종 산물이 생성된다. 지각에 관한 이런 설명은 생물학적이고 인식론적인 다양한 고려에서 출발했으며, 그런 모형 가운데 입증된 것이 있다고는 말할 수 없지만, 그런 접근법에서 자극받아 나온 실험은 꾸준히 이루어지고 있다. 몇몇 이론가는 지각이 틀림없이 이런 기본 구조를 갖고 있다고 과감하게 주장하기도 한다.

지각의 생성과 검증 이론이 최종적으로 옳은 것으로 밝혀지든 그렇지 않든 이 이론이 환각을 간단하고 설득력 있게 설명할 수 있는 것은 분명해 보인다. 정상적인 지각 체계가 환각 양상으로 빠져버렸다고 가정해야 할 부분은 주기의 가설 생성 면(기대 주도 면)이다. 반면, 주기의 자료 주도 면(확증 면)은 파티 게임에서와 마찬가지로 확증과 반증의 무질서하고, 무작위적이며, 임의적인 활동으로 들어갔다고 보아야 한다. 다시 말해, 데이터 채널의 잡음이 '확증'과 '반증'으로 임의적으로 확대된다면(파티 게임에서의 '예' 또는 '아니요'의 임의적인 대답), 희생자의 기대, 우려, 강박, 걱정이 반영된 내용의 질문이나 가설이 형성될 것이다. 따라서 지각 체계에서 '이야기'는 저자 없이도 펼쳐진다. 우리는 그 이야기가 미리 쓰였다고 가정하지 않아도 된다. 정보가 뇌의 마술사 부분에 저장되어 있다거나 거기서 구성되었다고 가정할 필요가 없는 것이다. 우리는 마술사가 임의적인 확증 모드에 들어갔고, 희생자는 질문을 던짐으로써 그 내용을 제공했다는 가정만 하면 된다.

이 설명이 환각을 겪는 사람의 정서 상태와 환각 내용을 가장 정확하게 설명한다. 환각의 내용은 보통 환각을 겪는 사람의 현재 관심사와 연관이 있으며, 이 환각 모형이야말로 희생자가 어떤 심리 상태인지 잘 알고 있는 내면의 이야기꾼을 내세우지 않고도 그런 특징을 가장 잘 보여준다. 사슴 사냥철 마지막 날에 사냥꾼들은 왜 검은 소나 오렌지색 재킷을 입은 다른 사냥꾼을 뿔과 하얀 꼬리까지 완벽하게 갖춘 사슴으로 착각하는 것일까? 내면의 탐색자가 강박적으로 "저거 사슴 아니야?" 하고 묻기 때문이다. 계속해서 "아니야"라고 대답하다가 어느 순간 시스템에 약간의 잡음이 생겨 실수로 "맞아"라는 대답을 내놓는 순간, 재앙이 벌어진다.

또 '감각 상실sensory deprivation'이 오래 지속될 때도 환각이 일어날 수 있다(Vosberg, Fraser, and Guehl, 1960). 감각 상실이 일어나 자료가 부족한 경우, 가설의 생성과 검증 시스템의 자료 주도적 면이 잡음이 일어나는 역치threshold(반응할 수 있는 최소한의 자극 세기_옮긴이)를 낮추고, 이것이 임의적인 형태의 확증과 반증 신호로 확대되어 결국에는 환각을 일으키는 것이다. 더욱이 대부분의 보고에서 환각은 감각 상실로 일어났든 약물의 영향으로 발생했든 처음부터 정교하지는 않으며, 점진적으로 발전하는 것으로 알려지고 있다. 처음에는 약하게 시작했다가 객관적·서술적으로 점점 강해지고, 정교해지는 것이다(Siegel and West, 1975).

약물이 신경계로 퍼져 그처럼 정교하고 내용이 풍부한 환각을 일으킨다는 사실에는 설명이 필요하다. 그렇게 믿고 싶은 사람도 있겠지만, 약물 자체에 무슨 사연이 담겨 있을 리는 없다. 약물이 확산 작용으로 정교한 환상 체계를 만들거나 작동시킬 수 있다는 생각은 받아들이기 어려우며, 그보다는 약물이 가설 생성 시스템에서 임의적으로 '확증 역치confirmation threshold'를 올리거나 낮추고, 혼란을 일으킨다고 보는 편이 옳을 것이다.

파티 게임에서 영감을 얻은 환각 생성 모형으로 꿈의 구성도 설명할 수 있다. 프로이트 이후로 꿈의 내용이 꿈꾸는 사람의 내면 깊숙한 욕구와 불안, 몰두해 있는 생각을 나타내는 것이라는 데는 별 의심이 없지만, 꿈이 암시하는 것은 겹겹이 포진한 상징 속에 그 정체를 꽁꽁 숨기고 있거나, 우리를 엉뚱한 방향으로 이끈다. 도대체 어떤 과정이 핵심은 은유metaphor와 전치displacement(불안에 대처하기 위한 자아의 방어기제 중 하나로, 어떤 사상, 감정, 소망을 더 바람직하고 수용 가능한 것으로 바꾸어놓는 심리기제를 말한다_옮긴이)에 꼭꼭 숨겨둔 채 꿈꾸는 사람의 가장 깊숙한 관심사를 그렇게 효과적이고 지속적으로 대변하는 이야기를 만들어내는 것일까? 이에 가장 일반적인 대답은 내면에 꿈의 내용을 쓰는 극작가가 있다는 기발한 가설이다. 이 극작가는 자아를 위해 치유적인 꿈의 극본을 쓰고, 진짜 의미는 위장하여 내면의 검열을 약삭빠르게 피한다(프로이트 모델은 '햄릿 모델'이라고도 부를 수 있다. 클라우디우스Claudius를 잡기 위해 쥐덫을 친 햄릿의 기만적인 책략을 연상시키기 때문이다. 아주 영리하고 사악한 악마나 그런 교묘한 책략을 꾸며낼 수 있을 것 같지만, 프로이트의 주장에 따르면 우리는 모두 그런 기발한 수법을 쓴다).

하지만 그런 난쟁이(뇌 안의 '리틀 맨')를 상정하는 이론을 무조건 꺼릴 필요는 없더라도, 당신을 도우려고 달려오는 난쟁이들이 프로이트의 극작가와 같다고는 생각하지 않는 편이 낫다. 그들은 매일 밤 새로운 꿈을 만들어내는 명석한 프로이트의 극작가와는 달리 다소 멍청한 역할밖에는 하지 못할 것이다. 우리가 살펴보고 있는 모형은 극작가를 제거하고, 관객이 꿈의 내용을 만들어가게 한다. 여기서 관객은 완전히 가짜는 아니지만, 그렇다고 반드시 자기만의 불안 이론을 갖고 있어야 하는 것도 아니다. 꿈 내용은 질문으로 이끌어내면 된다.

꿈이나 환각을 일으키는 과정에 꼭 필요한 것은 아니지만, 파티 게임의 특징 중 하나가 비모순율이라는 것도 흥미롭다. 우리의 지각 체계는 언제나 기정사실(예를 들어, 이미 알고 있는 완성된 꿈 이야기)보다는 진행 중인 상황을 탐색하므로 후속 이야기가 모순을 일으킨다면 꿈 이야기가 수정되었다기보다는 세상에 새로운 변화가 생겼다고 해석할 수 있다. 내가 마지막으로 보았을 때 푸른색이던 귀신이 갑자기 녹색으로 바뀔 수도 있고, 귀신의 손이 갈퀴나 기타 다른 것으로 바뀔 수도 있는 것이다. 꿈과 환각의 가장 큰 특징은 물체의 형태가 자주 바뀌는 것이고, 그보다 더 놀라운 것은 꿈을 꾸는 동안 이런 형태 변화를 인식하면서도 기겁하지 않는다는 것이다. 그렇기 때문에 버몬트에 있는 농장이 갑자기 푸에르토리코에 있는 은행으로 변하거나, 타고 있던 말이 자동차가 되거나, 같이 여행을 떠났던 사람이 우리 할머니가 아니라 교황으로 바뀌는 일이 예사로 일어난다.

'예'나 '아니요', 둘 중 하나의 무작위 답변을 받는 적극적이지만 날카롭지는 못한 질문자에게서 기대할 수 있는 것 또한 이런 변화다. 또한 꿈에서 형태 변화나 소실 없이 지속되는 일부 주제와 물체도 우리 모형으로 딱 맞아떨어지게 설명된다. 뇌가 앞의 알파벳 법칙을 이용하여 게임을 진행하고 있다고 가정하고, 질문이 어떻게 강박적인 꿈을 만드는지 살펴보자.

질문: 그 꿈은 아버지에 관한 것인가요Is it about father?

대답: 아니요.

질문: 그 꿈은 전화기에 관한 것인가요Is it about a telephone?

대답: 예.

질문: 그 꿈은 어머니에 관한 것인가요Is it about mother?

대답: 아니요.

질문: 그 꿈은 아버지에 관한 것인가요Is it about father?

대답: 아니요.

질문: 그 꿈은 전화를 하고 있는 아버지에 관한 것인가요Is it about father on the telephone?

대답: 예.

질문: 알았어요. 그 꿈은 아버지에 관한 것이군요! 그럼, 그가 저에게 이야기를 하나요I knew it was about father! Now, was he talking to me?

대답: 예….

이런 간단한 이론의 개요가 환각이나 꿈과 관련된 무언가를 입증한다고는 아직 말하기 어렵다. 그러나 이런 현상에 관한 기계론적 설명이 어떻게 가능한지는 비유적으로 보여준다. 과학이 마음의 다양한 불가사의를 '이론적으로' 설명할 수 없다는 패배주의적 가설에 현혹되는 사람이 있으므로 이는 반드시 짚고 넘어가야 할 문제다. 그러나 여기까지 간단히 짚어본 것만으로는 꿈과 환각의 '의식'이란 문제에 관해서는 아직 거론조차 못 한 것이다. 게다가 비록 우리가 난쟁이(마음에 장난을 치는 영리한 마술사나 극작가)를 내쫓았다고는 해도 그 자리에 멍청한 질문 답변자(기계로 대체할 수 있다고 주장되는)와 상당히 영리하고 정체 모를 질문자(관객)를 남겨두지 않았는가? 악당은 처치했지만 희생자에 관한 설명은 아직 시작도 못 한 셈이다.

그러나 정신 현상을 일으키는 것에 관심을 기울이다 보면 쉽게 답할 수 있는 새로운 질문을 던질 수 있게 된다는 것을 알았다는 것만으로도 우리는 다소 전진한 셈이다.

"어떤 환각 모형이 조합적 폭발을 피할 수 있는가?"

"어떻게 경험 내용이 그런 과정을 거치며 정교해질 수 있는가?"

"과정이나 체계 간의 상호작용을 설명할 수 있는 연결고리는 무엇인가?"

의식에 관한 과학적인 이론을 구성하려면 우리는 이런 질문을 더 많이 던져야 한다.

우리는 다음으로 이어져야 할 중심 개념도 소개했다. 꿈과 환각이 일어나는 방식에 관한 다양한 설명에서 핵심이 되는 요소도 바로 그 주제다. 뇌가 반드시 해야 할 일은 무슨 수를 써서라도 '인식적 욕구epistemic hunger'를 누그러뜨리는 것, 즉 온갖 형태의 '호기심'을 충족하는 것이다. 만일 희생자가 X에 수동적이거나 관심이 없어 그에 관한 어떤 답도 구하지 않는다면, X와 관련된 자료는 준비할 필요가 없다. 가렵지도 않은 곳을 왜 긁겠는가? 세상은 지치지도 않고 우리 감각 안으로 정보를 쏟아붓는다. 우리에게 얼마나 많은 정보가 유입되는지, 우리가 얼마나 많은 정보를 이용할 수 있는지에 집착하다 보면 그 많은 정보를 항상 전부 이용해야 한다는 환상에 빠질 수 있다. 그러나 우리의 정보 사용 역량과 인식적 욕구에는 한계가 있다. 만일 뇌가 우리의 인식적 욕구를 일어나는 대로 모두 만족시킬 수 있다면 불평할 일은 없을 것이다(사실 우리 뇌가 세상에서 이용할 수 있는 것보다 정보를 적게 공급한다고는 절대 말할 수 없다).

지금까지 간략히 이야기한 원리는 확립된 것이 아니라 단지 맛보기에 불과하다. 앞으로 차차 살펴보겠지만, 뇌가 어느 경우에나 이런 선택사항을 활용하는 것은 아니다. 중요한 것은 그 가능성을 간과하지 않는 것이다. 오래된 난제들을 해결할 수 있는 이런 원리가 아직 제대로 인식되지 못한 것이 아쉬울 뿐이다.

이 책에서 우리가 만나게 될 것들

지금부터 나는 의식에 관해 설명할 것이다. 더 정확하게는 우리가 의식이라고 부르는 것을 구성하는 다양한 현상을 설명할 것이다. 그 모든 현상이 어떻게 두뇌 활동에서 나온 신체적 결과라는 것인지, 두뇌 활동이 어떻게 전개되는지, 어떻게 의식 현상이 두뇌 활동 자체의 역량과 속성에 관한 환상을 불러일으키는지 보여줄 것이다.

우리의 마음이 우리의 뇌일 수 있다는 사실은 상상조차 어려울 수 있으나, 그런 일이 불가능한 것은 아니다. 이를 상상하려면 뇌의 작용 방식에 관한 상당한 과학 지식을 갖고 있어야겠지만, 그보다 중요한 것은 사고방식을 바꾸는 것이다. 새로운 가능성을 상상하는 데는 새로운 사실을 보태는 것이 도움이 된다. 하지만 아쉽게도 신경과학이 이룬 발견과 이론은 충분하지 않다. 의식의 문제 앞에서는 신경과학자조차도 종종 할 말을 잃고 만다. 당신의 상상력을 확장하기 위해 나는 과학적 사실은 물론, 그와 관련된 일련의 이야기, 비유, 사고 실험, 그리고 기타 장치를 제공할 것이다. 이 모든 것은 당신이 구태의연한 사고 습관에서 벗어나 지금껏 믿어왔던 의식에 관한 전통적 시각과는 전혀 다른 단일하고 일관성 있는 시각을 가질 수 있게 도울 것이다. 통 속의 뇌 사고 실험과 정신분석 파티 게임 비유는 본격적인 과제에 돌입하기 전에 거쳐야 할 준비운동 같은 것으로, 의식에 관한 전통적인 생각에 담긴 모순과 미스터리를 규명할 생물학적 기제에 관해 설명하기 위한 것이었다.

1부에서는 의식의 문제를 조사하고, 몇 가지 방법론을 수립할 것이다. 이 일은 아주 중요하며, 생각보다 어렵다. 지금까지 많은 이론이 맞닥뜨린 문제들은 얼토당토않은 전제에서 출발했거나, 어려운 문제를 놓고 너무 서둘러 답을 얻어내려고 한 탓이 크다. 내 이론을 떠받치는 새로운 가정은 이어질 논의에 큰 역할을 하며, 2부에서 경험에 기반을 둔 이론을 개괄할 때까지 많은 전통적인 철학적 문제를 잠시 미루게 해준다.

2부에서 개괄한 의식의 '다중원고Multiple Drafts' 모형은 내가 '데카르트 극장Cartesian Theater'이라 부르는 전통적 모형의 대안이다. 이 모형은 '의식의 흐름'이라는 우리에게 익숙한 생각을 근본적으로 다시 돌아보게 한다. 처음에는 다중원고 모형이 심하게 반직관적이라고 느껴지겠지만, 지금까지 많은 철학자와 과학자가 간과한 뇌에 관한 사실을 이 모형이 어떻게 다루는지 보면 생각이 달라질 것이다. 의식이 어떻게 진화해왔는지 자세히 살펴보면 도무지 이해할 수 없는 우리 마음의 특징에 관한 통찰력을 얻을 수 있다. 또한 2부에서는 언어가 인간의 의식에서 어떤 역할을 하는지 분석하고, 다중원고 모형이 마음에 관한 우리의 생각과, 인지과학 여러 분야에서 나온 다른 이론적인 연구와 어떤 관계가 있는지 알아볼 것이다. 이 작업을 해나가며 새로운 토대 위에 굳건하게 발을 딛고 설 때까지는 전통적인 견해가 보이는 지나친 단순화의 유혹에 저항해야 한다.

3부에서는 새로 무장한 상상력으로 드디어 전통적인 의식의 신비에 대적할 수 있다. 여기서는 '현상학적 장phenomenal field'의 특성, 자기 성찰의 본질, 경험적 상태의 질(혹은 감각질qualia), 자아의 본질, 사고와 감각의 관계, 인간이 아닌 다른 동물의 의식에 관한 문제를 다룰 것이다. 이런 문제를 둘러싼 전통적인 철학적 논쟁의 모순은 통찰력의 실패가 아닌 상상력의 실패에서 기인한 것이며, 우리는 그 신비를 규명할 수 있다.

마지막으로 이 책은 실증주의적인 동시에 철학적인 이론을 제시하고, 그런 이론에 대한 요구는 매우 다양하므로 부록 두 편을 따로 두어 철학적 · 과학적 시각에서 제기되는 더 기술적인 문제를 간략히 다루었다.

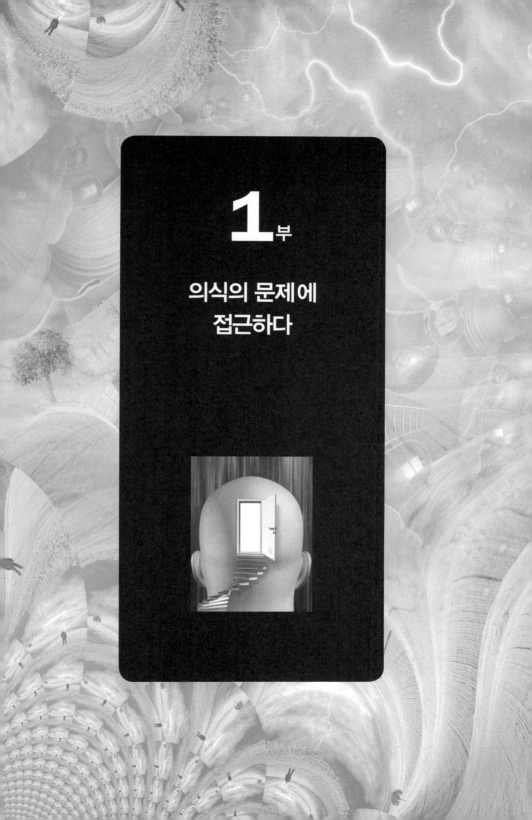

1부

의식의 문제에 접근하다

1장

의식에 관한 해명

판도라의 상자를 열다

인간의 의식은 거의 마지막 남은 신비 중 하나다. 물론 인간의 의식 외에도 풀지 못한 신비는 많다. 이를테면 우주의 근원, 생명과 생식 작용의 신비, 자연의 오묘한 섭리와 시간·공간·중력의 불가사의가 그렇다. 이현상들은 과학적으로 무지한 영역일 뿐만 아니라 우리에게 한없는 당혹감과 경이감을 안겨준다. 우리는 우주론과 분자물리학, 분자유전학과 진화 이론에서 제기되는 여러 의문에 아직 확실한 답을 찾지 못했다. 하지만 이 문제들을 어떻게 생각해야 할지는 알고 있다. 불가사의함은 사라지지 않았지만, 우리의 이해 범위를 완전히 벗어나 있지는 않다.

그러나 의식에 관해서는 우리는 여전히 짙은 안개 속에 있다. 의식은 최고의 지성인도 할 말을 잃고 혼란에 빠지게 만들기로 단연 으뜸가는 주제다. 또한 과거의 모든 신비와 마찬가지로 의식의 신비가 벗겨지는 일은 없을 것이라고 주장하거나 그러기를 바라는 사람도 많다.

　신비는 흥미진진하고, 삶을 재미있게 만들어준다. 영화를 보려고 기다리고 있는데 누군가 줄거리를 말해 흥을 깨는 것을 반길 이는 없다. 일단 비밀이 새버리면 그전까지 두근두근 마음 졸이게 하던 재미가 사라져버린다. 그러니 당신도 조심해야 한다. 의식이 무엇인지 밝히려는 나의 시도가 성공한다면 의식에 관한 기본적인 과학 지식을 얻는 대가로 신비를 포기해야 할지도 모르니 말이다. 어쩌면 이것은 공정한 거래가 아닐지도 모른다. 나는 탈신비화를 신성모독으로 여기는 사람들이 이 책을 지적 반달리즘vandalism, 다시 말해 인류의 마지막 성지에 대한 공격으로 봐주기를 바란다. 나는 그들의 마음을 바꾸어놓고 싶다.

　의식의 신비를 규명하는 일이 왜 유감스러운 일이 되어야 하는가? 물론 그것은 어린 시절의 순수함을 잃어버리는 것과 비슷할 것이고, 그 상실을 아무리 잘 만회한다 해도 상실이라는 사실만은 분명하다. 우리가 세상 물정을 더 잘 알고 난 후에 사랑에 어떤 변화가 생기는지 생각해보라. 우리는 중세의 기사가 말 한 번 나눠보지 못한 공주를 위해 기꺼이 자기 생명을 바치는 것을 이해한다. 나 역시도, 특히 10대 초반이었을 때는 이런 이야기에 마음이 설레곤 했다. 하지만 어른이 된 후로는 좀처럼 그런 마음이 들지 않는다. 전에는 실제로 일어날 수 없는, 실질적이고 현실적인 문제는 어떻게든 억눌러버리는 재주가 뛰어난 어른이나 아이에게나 가능한 방식의 사랑을 이야기하고 생각하기 좋아했다. 우리는 누구나 사랑하는 사람에게 사랑한다고 말하고, 사랑한다는 말을 듣고 싶어한다. 그러나 어른이 되고 나면 어렸을 때, 또는 사랑이 단순한 일이었을 때와는 달리 사랑이 무엇인지 더 이상 확신이 서지 않는다.

　물론 이런 변화가 모두에게 똑같이 일어나지는 않는다. 어른이라도 순진한 사람은 여전히 로맨스 소설을 베스트셀러 목록 상위에 올려놓는 데 일등공신 역할을 하지만, 세상 물정에 밝은 독자는 그런 뻔한 이야기에 마음이 움직이지 않는다. 그런 책에 낄낄대며 웃을지는 몰라도 눈물을 흘리지는 않는다. 혹시라도 눈물을 보이게 된다면, 그런 싸구려 가짜 이야기에 여전히 민감한 반응을 보인다는 사실에 당혹감을 감추지 못할 것이다. 우리는 '진실한 사랑'이란 것이 확실한 실체라도 되는 것처럼 그것을 찾기 위해 노심초사하다 시간만 낭비하는 주인공과 마음을 나눌 생각이 없다. 이런 변화는 개인에게만 일어나는 것이 아니다. 우리 문화는 더욱 세련되어 가고, 그것이 가치 있는 일인지 여부와는 무관하게 그 세련됨은 문화 전체로 퍼져 나가고 있다. 그 결과, 우리가 생각하는 사랑의 개념도 변하고 있으며, 이 변화와 함께 우리 조상을 설레게 하고, 절망하게 하고, 열정에 들뜨게 했던 어떤 경험에 반응하는 우리의 민감성 역시 떨어지고 있다.

이와 비슷한 일이 의식에도 일어나고 있다. 오늘날 우리는 의식적인 결정과 무의식적인 습관에 관해, 또 우리가 즐기는 의식적인 경험에 관해 이야기한다. 그러나 우리가 이런 이야기를 할 때 그것이 무슨 의미인지 안다고는 확신하지 못한다. 일부 사상가는 의식이 사랑이나 황금처럼 진정으로 귀중한 것, 누가 봐도 '명백히' 소중하고 매우 특별한 것이라는 생각을 고집스레 밀고 나가지만, 그 생각이 환상일지 모른다는 의구심이 늘고 있다. 사랑이 단순한 것이라는 의식에 이바지한 여러 현상이 본질적으로 같은 것이 아니었던 것처럼, 어떤 일을 신비로운 것으로 만드는 다양한 현상 역시 궁극적으로나 본질적으로 같은 것이 아닐지도 모른다.

사랑과 의식이란 두 가지 현상을 그와는 다소 다른 질병과 지진에 비교해보자. 질병과 지진의 개념은 지난 수백 년 동안 상당한 변화가 있었지만, 그 현상 자체는 우리가 그것을 어떻게 이해하느냐에 크게 영향받지 않는다(전혀 영향받지 않는 것은 아니다). 우리가 질병에 관한 생각을 바꾼다고 해서 질병이 사라지거나 병에 덜 걸리지는 않는다. 질병 발생 양상을 크게 바꾸어 의학과 공중보건에는 영향을 미칠망정 질병 자체를 없애지는 못하는 것이다. 지진도 언젠가는 인간이 어느 정도 통제할 수 있는 날이 오거나 적어도 예측은 가능해지겠지만, 지진을 대하는 우리의 태도나 개념이 달라진다고 해서 지진이라는 존재 자체가 사라지지는 않는다.

그러나 사랑은 다르다. 순수성을 잃은 사람은 이제 더 이상 옛날처럼 사랑에 빠질 수 없다고 생각하는 것만으로 실제로도 그런 사랑에 빠질 수 없게 된다. 한 예로, 내가 나이를 거꾸로 먹어 사춘기 시절로 돌아가거나, 지금 품고 있는 생각의 상당 부분을 잊어버리지 않는 한 10대 아이처럼 첫눈에 반하는 사랑에 빠지는 일은 없을 것이다. 내가 가능하다고 믿는 다른 종류의 사랑도 존재하니 다행이지만, 만약 그런 사랑마저 없다면 어찌 되겠는가? 간단히 말해, 사랑은 그 개념에 의존하는 현상이다. 사랑뿐 아니라 돈도 그렇다. 만일 모든 사람이 돈이 무엇인지 잊어버린다면 돈은 존재하지 않을 것이다. 무늬가 새겨진 종이, 양각 무늬가 들어간 동그란 금속 조각, 은행 잔고 컴퓨터 기록, 화강암과 대리석으로 지은 은행 건물은 있어도 돈은 없을 것이다. 돈으로 생기는 인플레이션이나 디플레이션, 환율이나 이자, 금전 가치도 없을 것이다. 다른 어떤 것도 설명할 수 없고, 오직 다양한 무늬가 새겨진 돈만이 설명할 수 있던 속성은 여러 사람의 행위와 교환에 따라 이 손에서 저 손으로 옮겨지던 궤적과 함께 증발해버릴 것이다.

나는 이 책에서 의식도 사랑이나 돈처럼 그 개념에 크게 의존하는 현상이라는 사실을 보여주려 한다. 설령 의식이 사랑처럼 정교한 생물학적 기반을 갖는다 하더라도 그 가장 중요한 특성은 돈처럼 그 문화와 함께 태어나지, 단순히 물리적 구조에 내재되어 내려오지 않는다.

의식의 개념이 '과학의 몫'이 된다면 도덕 행위자이며 자유의지를 지닌 우리의 의식에는 어떤 일이 벌어질까? 만일 의식적 경험이 오로지 움직이는 사태事態로 '환원'된다면, 우리가 느끼는 사랑과 고통, 꿈과 즐거움에는 무슨 일이 일어날까? 의식적인 인간 존재가 '단순히' 살아 있는 물체라면 우리 의식이 하는 일에 어떻게 옳고 그름이 있겠는가? 그런 두려움 때문에 의식의 신비를 규명하려는 시도에는 저항과 훼방이 따른다. 그런 두려움 말고도 내가 제안하려는 과학적이고 유물론적인 이론에 대항하는 강력한 논증들이 더 있다. 나는 그런 주장과 두려움은 옳지 않으며, 의식에 관한 내 견해를 폭넓게 받아들인다 해도 결코 우려하는 암울한 결과로 이어지는 일은 없을 것이라는 사실을 입증하고자 한다(암울한 결과를 낳을지도 모른다고 생각했다면 나는 이 책을 쓰지 않았을 것이다).

이제 긍정적인 쪽으로 시선을 돌려 일찍이 신비가 규명된 후에 일어났던 일들을 생각해보자. 신비가 규명되었다고 해서 경이감이 줄어들지는 않았으며, 오히려 신비를 고수하고 있을 때보다 더 심오한 아름다움과 우주의 오묘하고 눈부신 비전을 더 많이 발견했다. 과거에 간직하던 대부분의 '기적'은 엉터리 상상력에서 나온 것을 은폐하려는 것이거나, '데우스 엑스 마키나deus ex machina(극이나 소설에서 예기치 않게 나타나 절망적인 상황을 해결해주는 인물 또는 사건_옮긴이)'에 감추어둔 의미 없는 속임수일 뿐이었다. 황금 마차를 몰고 하늘을 가로지르는 불의 신은 우주의 불가사의를 파헤치려는 현대의 노력에 비하면 아주 단순한 만화에 불과하며, 대대손손 내려오는 복잡한 DNA의 생명 복제 기전은 슈퍼맨의 힘을 빼앗는 크립토나이트kryptonite만큼이나 흥미로운 생명의 약동이다. 우리가 의식을 파헤쳐 신비가 사라지면 의식에 관한 생각은 달라지겠지만, 아름다움은 여전할 것이고, 경이감은 더욱 커질 것이다.

의식의 신비

의식의 신비는 여러 가지 방식으로 드러난다. 나는 얼마 전 흔들의자에 앉아 책을 읽다가 그 불가사의함을 유난히 강하고 새롭게 느꼈다. 나는 읽던 책에서 무심히 눈을 들어 아무 생각 없이 창밖으로 시선을 던졌다. 이내 주변의 아름다움 때문에 내 학문적 사색은 중단되었고, 어느새 나는 생각에 빠져들었다. 이른 봄날 아침, 창유리로는 초록빛과 황금빛 햇살이 쏟아져 들어왔고, 뜰에 서 있는 단풍나무 가지가 초록빛 새싹 봉오리들 사이로 섬세하고 우아한 무늬를 자아내는 모습이 눈에 뚜렷이 들어왔다. 낡은 창유리에는 보일락 말락 한 실금이 있었고, 내가 흔들의자를 앞뒤로 흔들 때마다 금 간 부분이 나뭇가지가 이룬 삼각형 위로 꿈틀꿈틀 함께 움직이는 것처럼 보였다. 그 규칙적인 움직임은 산들바람에 흔들리는 잔가지의 어지러운 아른거림과 놀랍도록 생생하게 하나로 포개졌다.

나는 나뭇가지가 만들어낸 시각적인 메트로놈이 내가 책을 읽으면서 배경 음악으로 틀어놓은 비발디의 합주 협주곡 리듬과 박자를 맞추고 있다는 것을 알아차렸다. 처음에는 내가 무의식적으로 음악에 맞추어 의자를 흔들고 있다고 믿었다. 그러나 흔들의자는 움직일 수 있는 범위가 제한되어 있으므로 그 동시성은 아마 우연이었을 것이다. 일정하게 박자를 맞추려는 내 무의식적인 노력으로 불필요한 요소들은 슬며시 제거된 것이리라. 뇌가 흐릿하게 가공해낸 과정들, 이를테면 '배경 음악'을 '눈에 보이는 화면'과 '동기화synchronize'하려는 눈의 작용과 주의력을 포함해 우리가 행위를 어떻게 무의식적으로 상황에 적응시키는지 설명해주는 과정들이 내 마음에서 슬쩍슬쩍 무시된 것이다.

그러나 내 사색은 갑작스러운 깨달음으로 중단되었다. 내가 하고 있던 일이 분명 그 일의 원인이 되었을 무의식적인 무대 뒤 과정보다 '모형' 만들기가 더 어렵다는 생각이 불현듯 든 것이다. 무대 뒤 장치는 비교적 이해하기 쉽지만, 중심을 차지하고 스포트라이트를 받으며 일어나고 있던 일은 이해하기가 어렵다. 내 의식적인 사고 작용, 밝은 햇살과 경쾌한 비발디의 바이올린 선율, 흔들리는 나뭇가지의 어우러짐 속에서 느꼈던 즐거움, 그리고 그 모든 것을 생각하면서 느꼈던 유쾌함, 이런 것들이 어떻게 뇌에서 일어나는 신체적인 작용에 불과하다는 것인가? 뇌에서 일어나는 전기화학적 작용의 조합이 어떻게 음악의 박자에 맞춰 한들거리는 수많은 나뭇가지의 경쾌한 움직임에 더해질 수 있단 말인가? 어떻게 뇌에서 일어나는 정보 처리 작용이 몸으로 쏟아지는 햇살의 기분 좋은 온기일 수 있는가? 뇌에서 일어나는 일이 어떻게 무언가를 단편적으로 시각화한 정신적 이미지일 수 있단 말인가? 모두 말도 안 되는 소리인듯하다.

내 의식적인 사고와 경험이 뇌에서 일어나는 일일 수는 없으며, 다른 것이어야 한다. 분명 뇌에서 일어나는 일로 야기되었거나 생겼지만 무언가가 더 있고, 다른 재료로 만들어졌으며, 다른 공간에 있을 것이다.

뇌를 움직이는 '정신 질료'

간단한 실험을 하나 해보자. 눈을 감고 무언가를 상상하는 것이다. 일단 마음속에 형상을 떠올렸다면 그것을 세심하게 살핀 후 다음 질문에 답하라. 이 지시에 따르기 전에 미리 질문을 읽어서는 안 된다. 자, 이제 눈을 감은 다음 가능한 한 상세하게 보라색 소를 상상하라.

상상했는가? 그럼, 질문을 보자.

(1) 소가 왼쪽을 보고 있는가, 오른쪽을 보고 있는가, 아니면 머리를 쳐들고

있는가?

(2) 소가 여물을 씹고 있는가?

(3) 소 젖통이 보이는가?

(4) 소가 옅은 보라색인가, 짙은 보라색인가?

지시에 잘 따랐다면 위의 네 가지 질문에 억지로 답을 지어내지 않고도 술술 답했을 것이다. 하지만 네 가지 질문이 모두 당황스러울 정도로 대답하기 곤란했다면, 당신은 아마 보라색 소를 상상하는 수고를 전혀 하지 않고 대충 '나는 보라색 소를 상상하고 있어' 또는 '이게 보라색 소를 상상하는 거지' 하고 생각만 하고 말았거나, 딱히 설명은 못해도 그 비슷한 일을 한 것이리라.

이제 두 번째 연습을 해보자. 눈을 감고 가능한 한 상세하게 노란색 소를 상상하라. 이번에는 아마 위의 첫 세 가지 질문에 전혀 거리낌 없이 대답할 수 있을 것이고, 상상한 소의 옆구리가 파스텔 색조의 노란색인지, 나비 색깔 노란색인지, 아니면 갈색 빛이 도는 노란색인지도 자신 있게 말할 수 있을 것이다. 그러나 다음 질문은 조금 다르다.

(5) 보라색 소를 상상하는 것과 노란색 소를 상상하는 것의 차이점은 무엇인가?

대답은 뻔하다. 둘의 차이점은 처음에 상상한 소는 보라색이고, 나중에 상상한 소는 노란색이라는 것이다. 다른 차이점도 있을 수 있겠지만, 그 점이 가장 근본적인 차이다. 문제는 이 소들이 진짜 소나 캔버스 위에 그린 소, 또는 컬러텔레비전 화면에 나온 소가 아니라 단지 상상한 소이기 때문에 처음의 보라색과 그다음의 노란색의 실체가 무엇인지 알기 어렵다는 것이다. 당신의 뇌(아니면 안구)에는 어느 경우에는 보라색으로 변하고, 어느 경우에는 노란색으로 변하는 소 모양으로 생긴 것이 없으며, 설령 그렇게 변하는 것이 있다 해도 큰 도움이 되지는 않는다. 두개골 안은 칠흑처럼 깜깜하고, 그 안에 색깔을 볼 수 있는 눈이 달린 것도 아니기 때문이다.

무엇을 상상하느냐에 따라 뇌에서 일어나는 일이 달라지므로 가까운 미래에는 당신이 내 지시대로 상상할 때 당신의 뇌에서 무슨 일이 일어나는지 신경과학자가 모조리 해독해내는 일도 가능할 것이며, 그것으로 당신이 질문 (1)에서 (4)까지 대답한 것을 확증하거나 반증할 수 있을 것이다.

"소가 왼쪽을 향해 있었을까? 머리의 신경 세포 흥분 양상이 왼쪽 상단의 사분면 시각 제시와 일치하는 것으로 봐서는 왼쪽을 향해 있는 것이 맞아. 소가 여물을 씹고 있다는 걸 암시하는 1헤르츠 진동 동작 탐지 신호도 관찰되는군. 하지만 젖통 부위에서는 어떤 움직임도 감지되지 않아. 피실험자의 색깔 탐지 프로파일에서 발생한 전위를 계측한 결과로는 피실험자가 색깔을 거짓으로 말했군. 상상한 소는 확실히 갈색이었어."

마음을 읽는 과학 기술이 발달해 이런 일이 실제로 일어날 수 있다고 치자. 그래도 여전히 미스터리는 남는다. 당신이 갈색 소를 상상할 때 그 갈색은 무엇인가? 그것이 과학자가 당신의 갈색 경험을 계측하여 알아낸 뇌의 상태는 아니다. 상상 속 소가 지닌 속성은 상상에 관여한 뉴런의 형태와 위치, 해당 뉴런과 뇌의 다른 부분과의 관계, 두뇌 활동 전위의 빈도와 진폭, 유리된 신경전달물질과 같은 화학물질 가운데 그 어느 것도 아니다. 하지만 당신이 소를 상상한 것은 분명하므로(당신은 거짓말한 것이 아니다. 과학자도 그 사실을 확인했다) 상상한 소는 그 시간에 존재했다. 무언가가 어딘가에, 그 시간에 존재했던 것은 틀림없다. 상상한 소를 존재하게 했던 매개체는 뇌 물질이 아니라 분명 '정신 질료mind stuff'였다. 그것이 아니면 무엇이겠는가?

그렇다면 정신 질료는 분명 '꿈을 이루는 재료'고, 놀라운 속성을 가진 것으로 보인다. 하지만 그 속성은 정의 내리기가 아주 어렵다. 지금까지 우리가 주시한 뇌에서 일어난 일에는 치명적인 문제가 하나 있다. 그 일을 의식의 흐름에 있는 사건에 아무리 끼워 맞추려 해도 소용없다는 것이다. 게다가 그 일이 일어나는 것을 지켜볼 존재가 아무도 없다. 당신의 위나 간에서 일어나는 일처럼 뇌에서 일어나는 일도 지켜보는 존재가 없고, 지켜보는 이가 있느냐 없느냐에 따라 일이 일어나는 방식에 차이가 있는 것도 아니다.

반면, 의식에서 일어나는 일은 당연히 지켜보아진다. 경험자의 경험만이 그 일을 그 일이게 만든다. 곧 의식적인 일이 되는 것이다. 경험된 일은 저 혼자 외따로 일어날 수 없고, 누군가의 경험이어야 한다. 어떤 생각이 일어나려면 반드시 누군가가(어떤 마음이) 그것을 생각해야 하고, 통증이 일어나려면 누군가가 그 통증을 느껴야 한다. 또한 보라색 소가 상상 속에서 불쑥 튀어나오려면 누군가가 그 소를 상상해야 한다.

그런데 뇌에서 일어나는 일은 아무리 그 안을 들여다봐도 거기에 아무도 없다는 사실만 확인할 수 있을 뿐이다. 뇌의 어떤 부분도 생각하고 있는 그 사람이 아니고, 감정을 느끼는 그 사람이 아니다. 뇌 어디를 봐도 그 특별한 역할을 맡을 더 좋은 후보자를 찾을 수 없다. 뇌가 생각할까? 눈이 볼까? 아니면 눈으로 보고 뇌로 생각할까? 거기에 무슨 차이가 있을까? 이것은 그저 사소한 문제일까, 아니면 커다란 혼란의 원천을 드러내주는 문제일까? 자아(또는 사람이나 영혼)는 뇌나 신체와는 다른 것이라는 생각은 우리가 말하고 생각하는 방식에 깊게 뿌리박혀 있다.

나는 뇌를 갖고 있다.

이 말에는 논란의 여지가 전혀 없다. 또한 그 말이 단지 다음 의미는 아닌 것으로 보인다.

이 몸은 뇌를 갖고 있다(그리고 심장 하나, 폐 두 개 등등도).
이 뇌는 그 자신을 갖고 있다.

'자아와 그 자아의 뇌'(Popper and Eccles, 1977)가 아무리 밀접하게 서로 의존한다 해도 그 둘은 서로 다른 속성을 지닌 별개의 것으로 생각하는 것이 자연스럽다. 그리고 만일 자아가 뇌와는 다른 것이라면 정신 질료로 만들어진 것이 틀림없다. 생각하는 존재라는 의미의 라틴어 'res cogitans(레스 코기탄스)'는 데카르트 때문에 유명해진 말이다. 데카르트는 생각한다는 것은 생각하는 존재인 자신이 그의 뇌일 수는 없음을 보여주는 분명한 증거라고 말했다. 다음은 데카르트가 그런 생각을 표현한 구절로 매우 설득력이 높다.

나는 내가 무엇인지 주의 깊게 고찰했으며, 다음과 같은 사실을 알게 되었다. 내가 신체를 갖고 있지 않다고 가정할 수 있지만, 그렇게 되면 세상도 없고, 내가 있을 장소도 없을 것이므로 내가 존재하지 않는다고 가정할 수 없다. 반대로 내가 다른 것이 진리인지 의심하기 위해 생각하고 있다는 단순한 사실이 내가 존재한다는 것을 명백하고 확실하게 증명한다. 내가 생각하는 일을 중단한다면, 내가 지금까지 상상했던 다른 모든 것이 진실이었다고 해도 내가 존재했다는 것을 믿을 아무런 근거도 없다. 이를 통해 나는 나의 전적인 본질 혹은 본성이 오직 생각하는 실체라는 것을 알았고, 그 존재는 하등의 장소도 필요 없고, 어떤 물질적 사물에도 의존하지 않는 것임을 알게 되었다. (Descartes, 1637)

여기서 우리는 우리가 정신 질료로 만들어내고 싶어하는 것 두 가지를 발견했다. '뇌에서 찾아낼 수 없는 보라색 소'와 '생각이란 걸 하는 것'이다. 그러나 우리가 정신 질료의 속성으로 돌리고 싶어하는 다른 특별한 능력도 있다.

와인 양조장에서 와인 감정가를 기계로 대체한다고 해보자. 와인의 질을 관리하고 분류하는 컴퓨터 기반의 '전문가 시스템'은 기존 기술만으로도 실현하는 데 거의 문제가 없다. 우리는 이제 맛봉오리와 상피의 후각 수용체를 대신할 변환기(맛과 냄새를 느끼는 데 필요한 자극을 입력해줄 '원재료'를 제공하는 기계)를 개발하는 데 필요한 화학 지식을 충분히 갖고 있다. 유입된 정보가 어떻게 조합되고 상호작용하여 경험을 만들어내는지 정확하게 알려져 있지는 않아도 발전은 이루어지고 있다.

시각과 관련해서는 훨씬 더 많은 연구가 이루어졌다. 색채시각 연구가 거둔 성과는 인간의 특이한 성질, 섬세함, 신뢰성을 모방한 색채 판단 능력을 가진 기계를 제작하는 일이 기술적으로 어렵기는 하지만 불가능하지는 않다는 것을 보여준다. 따라서 정교하게 구분하고, 묘사하고, 평가하는 일을 해내는 감각 변환기와 비교 분석 장치를 만들어내는 일도 상상하기 어렵지 않다. 기계 안에 와인 표본을 부어 넣고 몇 분이나 몇 시간이 지나면 시스템이 '이색적이고 부드러운 맛을 가진 피노 포도로 만든 와인. 하지만 스태미나를 향상시키기엔 부족함'과 같은 언급과 함께 화학적인 분석 결과를 내놓을 것이다. 그런 기계가 와인 양조장에서 이루어지는 모든 검사에서 와인 감정가보다 더 정확하고 일관성 있게 임무를 수행할지도 모른다. 그러나 기계가 아무리 민감하고 감별력이 뛰어나다 해도 그 맛을 음미할 수는 없다.

이것이 맞는 말일까? 기능주의functionalism적 관점에 따르면, 인간 와인 감정가의 기억, 목표, 선천적 혐오 등을 포함한 인지 체계의 기능적 구조 전체를 복제할 수 있다면, 와인이 주는 즐거움과 유쾌함 같은 모든 정신적 특성 또한 복제할 수 있다. 기능주의자는 시스템이 유기 분자로 만들어졌건 실리콘으로 만들어졌건 하는 일이 같다면 원칙적으로 둘 사이에 차이가 있는 것은 아니라고 말한다. 인공 심장이 반드시 유기 조직으로 만들어져야 하는 것은 아니며, 인공 뇌도 마찬가지다. 적어도 원칙적으로는 그렇다. 만일 인간 와인 감정가의 뇌에서 이루어지는 조절 기능 전부를 실리콘 칩에 복제할 수 있다면, 거기서 나오는 즐거움 또한 복제할 수 있다는 것이 기능주의자의 주장이다.

어떤 종류가 되었든 기능주의가 결국에는 승리를 거두겠지만(사실상 이 책도 기능주의의 한 형태를 옹호할 것이다), 언뜻 보기에는 이 모든 일이 터무니없어 보일 것이다. 사람의 뇌에서 일어나는 과정을 아무리 정확하게 모방한다 한들 그저 기계에 불과한 것이 어떻게 와인 맛을 음미하고, 베토벤 소나타를 감상하고, 야구 경기를 즐길 수 있겠는가? 무언가를 음미하고 감상하려면 기계가 갖지 못한 의식이 필요하다. 그러나 뇌는 일종의 기계이고, 심장이나 폐, 신장과 같은 장기이며, 결국 그 기능을 말할 때는 기계적인 설명이 필요하다. 바로 그 점이 감상하는 것이 뇌가 아니라는 설명을 그럴듯하게 들리게 만든다. 감상하는 일은 마음의 책무이자 특권이다. 그러므로 실리콘으로 만든 기계 안에 뇌에서 일어나는 일을 그대로 재현한다 해도 감상 능력까지 만들어내지는 못할 것이다. 기껏해야 환상이나, 감상의 시뮬라크룸simulacrum(플라톤 철학에서 나온 말로, 본질이나 이데아와 대조되는 가짜 복사물을 뜻한다_옮긴이)이 고작일 것이다.

따라서 의식적인 마음은 단지 목격된 색깔과 냄새가 있는 곳만이 아니고, 생각하는 곳만도 아니며, 감상이 일어나는 곳이다. 의식적인 마음은 어떤 일이 중요한 의미를 갖게 만드는 궁극적인 결정자다. 아마도 이런 생각은 의식적인 마음이 우리의 '지향적 행위intentional action'의 원천일 것으로 여겨진다는 사실에서 나왔을 것이다. 어떤 일을 하는 것이 의식에 기대야 가능한 일이라면, 그 일(즐기고, 감상하고, 고통을 느끼고, 배려하는 일) 또한 의식에 달린 일이어야 한다. 그렇지 않은가? 만일 몽유병 환자가 무의식적으로 해를 끼쳤다면 그에게는 책임이 없다고 말할 수 있다. 엄밀히 말하자면 그가 그 일을 하지 않았기 때문이다. 설령 그의 신체 움직임이 해를 가하는 인과적 사슬에 복잡 미묘하게 연루되었다 해도 그것은 그의 행위를 구성하지 않는다. 그가 침대에서 떨어져 다친 것과 별다를 것이 없다. 단순한 신체의 공모는 지향적 행위를 이루지 않고, 몽유병 환자의 신체는 그의 뇌 구조의 통제를 받는 것이 분명하므로 그가 저지른 일을 지향적 행위로 볼 수 없다. 거기에 반드시 더해져야 할 것은 의식이다. 단순히 일어난 일이 아니라 능동적인 행위로 만드는 특별한 재료가 바로 의식인 것이다.[1]

베수비오 화산이 폭발해 사랑하는 사람이 목숨을 잃었다 해도 그것은 베수비오 화산 잘못이 아니다. 당신이 베수비오 화산을 의식 있는 행위자라고 생각하지 않는 한 아무리 분노하고 혐오한들 아무 소용이 없다 (Strawson, 1962). 그러나 이상하게도 우리가 비애감에 휩싸여 있을 때는 그 상태에 내맡겨두는 것이 차라리 나을 때도 있다. 분노의 폭풍우가 휘몰아치게 하거나, 아무 잘못도 없는 아이를 고통에 빠지게 만든 암에 저주를 퍼붓거나, 신을 저주하는 것이 실제로 위안을 주기도 한다. 원래 '생명이 있다animate'라는 말은 그것에 영혼(라틴어로는 아니마anima)이 있다는 의미다. 우리에게 강력한 영향을 미치는 대상을 생명이 있는 존재로 생각하는 것은 단지 위안을 주는 것 이상일지 모른다. 다시 말해, 생물학적 설계상의 술책일 수 있다. 시간 압박이 심한 두뇌가 생존에 꼭 필요한 것을 얼른 생각하고 조직할 수 있는 지름길일지도 모르는 것이다.

우리는 변화하는 것이면 일단 영혼을 가진 존재인 양 대하는 경향을 선천적으로 타고났는지도 모른다(Stafford, 1983; Humphrey, 1983b, 1986). 하지만 이런 태도가 아무리 자연스러운 일이라 해도 베수비오 화산에 의식 있는 영혼의 속성을 부여하는 것은 합당치 않다는 것을 우리는 잘 알고 있다. 어디까지가 적당한 선인지 정하는 것은 까다로운 문제지만, 우리를 단순한 자동기계automaton와 구별되게 하는 것이 의식인 것만은 분명해 보인다. 단순한 신체 반사는 자동적 · 기계적으로 일어난다. 이런 반사 작용에도 뇌의 회로가 관여하는지는 몰라도 의식적인 마음의 중재는 필요하지 않다.

우리는 우리의 몸을 안에 손을 넣어 움직이는 단순한 손가락 인형으로 생각하는 경향이 있다. 우리는 손가락을 꼼지락거려서 청중에게 손가락 인형 놀이를 해 보일 수 있다. 그런데 어떻게 손가락을 꼼지락거릴까? 우리의 영혼을 꼼지락거려서? 영혼이 행동을 통제한다는 생각에는 악명 높은 문제가 따르지만, 행위 뒤에 의식적인 마음이 없는 한 책임 있는 실제 행위자도 없다는 생각이 옳다고 여겨지는 것을 막지는 못한다. 마음을 이런 식으로 생각할 때, 우리는 '내면의 나', '진짜 나'를 발견할 수 있을 것이다. 이 '진짜 나'는 내 뇌가 아니라 내 뇌를 소유한 것이다('자아와 그 자아의 뇌'). 해리 트루먼Harry Truman 대통령의 백악관 집무실 책상 위에는 '모든 책임이 떨어지는 곳The buck stops here'이라는 유명한 명패가 놓여 있었다. 하지만 우리 뇌에는 그 어디에도 최종 책임이 떨어지는 곳은 없는 것 같다. 명령 계통의 시작에서 도덕적 책임까지 책임의 궁극적 원천이 되는 곳은 없다.

정리하자면, 의식적인 마음은 단순히 뇌나 뇌에 있는 특정 부분이 될수 없다. 왜냐하면 뇌가 다음과 같은 특징을 갖고 있기 때문이다.

(1) 보라색 소를 제공하는 매개체가 아니기 때문이다.

(2) 생각하는 것이 아니기 때문이다. '나는 생각한다. 그러므로 나는 존재한다'에서의 '나'가 아닌 것이다.

(3) 와인 맛을 음미하거나, 인종차별주의를 증오하거나, 누군가를 사랑하거나, 의미와 중요성의 원천이 될 수 없기 때문이다.

(4) 도덕적 책임감을 갖고 행동할 수 없기 때문이다.

의식에 관한 이론이 설득력을 가지려면 정신 질료가 틀림없이 존재한다는 위의 네 가지 근거를 반증할 수 있어야 한다.

이원론의 치명적 오류

마음이 뇌와 이런 식으로 분명히 구별되고, 특별한 재료로 이루어져 있다고 믿는 이원론은 오늘날 큰 설득력을 얻은 동시에 그만큼 심한 반박도 받고 있다. 길버트 라일Gilbert Ryle이 데카르트의 심신이원론을 '기계 속 유령의 도그마Dogma of the Ghost in the Machine'라 부르며 불후의 일격을 가한 이후(1949), 이원론자들은 방어적인 태도를 취해왔다.[2] 이원론에 반대하는 사람들의 생각 중 가장 지배적인 것은 유물론materialism이었다. 세상에는 오로지 한 종류의 질료, 다시 말해 물리학, 화학, 생리학에서 말하는 물질적 질료인 물질만 존재하며, 마음도 물질적 현상에 지나지 않는다는 것이다. 간단히 말해, 마음이 뇌라는 주장이다. 유물론자에 따르면, 모든 정신 현상은 방사성과 대륙 이동설, 광합성과 생식 작용, 영양과 성장을 설명하는 데 필요한 물리적 원리와 법칙, 원료만으로 설명할 수 있다(원칙적으로는). 이 책의 주요한 부담 가운데 하나도 이원론이라는 유혹에 굴복하지 않고 의식을 설명해야 한다는 것이다. 그렇다면 이원론이 대

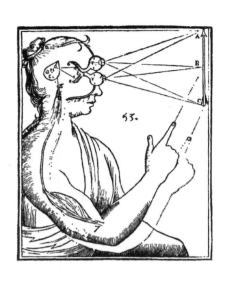

〈그림 1-1〉

체 어디가 잘못되었다는 것인가? 왜 이원론이 그렇게 못마땅한가?

17세기에 데카르트도 이런 반대에 많이 부딪혔고, 데카르트와 이후 세대의 다른 이원론자들을 통틀어 이런 반대를 설득력 있게 극복한 이는 아무도 없다. 마음과 몸이 뚜렷하게 구분되는 것이라 해도 그 둘은 상호작용해야만 한다. 신체의 감각 기관은 뇌를 통해 마음으로 정보를 보내고, 지각이나 생각, 아니면 일종의 자료를 마음에 제시해야 한다. 그러면 여러 가지를 고려한 마음은 몸이 적절한 행동을 취하게 지시를 내린다. 이 때문에 이 견해는 종종 '데카르트적 상호작용론Cartesian Interactionism' 또는 '상호작용주의자 이원론Interactionist Dualism'이라 불린다. 데카르트는 뇌에 있는 상호작용 장소가 '송과선pineal gland'이라고 했다. 그가 직접 그린 회로도를 보면 송과선은 머릿속 중앙에 끝이 뾰족한 타원형 모양으

〈그림 1-2〉

로 자리 잡고 있다(그림 1-1).

상호작용론의 문제점은 데카르트의 이론을 그가 직접 그린 도해에 대입해보면 명확하게 드러난다(그림 1-2). 화살표를 의식적으로 지각하려면 뇌가 어떻게든 메시지를 마음에 전달해야 하고, 손가락으로 화살표를 가리키려면 어떻게든 마음이 신체에 명령을 내려야 한다. 이 정보가 어떻게 정확히 송과선에서 마음으로 전달될까? 우리는 정신 질료에 어떤 속성이 있는지 (아직) 전혀 모르므로 뇌에서 비롯된 신체적 과정이 정신 질료에 어떤 영향을 미치는지 (아직) 짐작조차 할 수 없다. 그러니 잠시 뇌가 마음에 보내는 상향 신호는 무시하고, 마음이 뇌에 지시하는 회귀 신호에만 집중해보자. 앞에서 설명한 가설에 의하면 이 신호는 신체적인 것이 아니다. 그렇다고 빛이나 소리의 파동도, 우주에서 퍼져 나온 빛도 아니며, 미립자 흐름도 아니다. 물리적 에너지나 질량과도 관련이 없다. 그렇다면 그 신호가 어떻게 뇌세포에 변화를 일으킬까? 마음이 신체에 영향을 미치는 것이 맞는다면 말이다. 모든 물리적 실체가 그리는 궤적에서 일어나는 변화는 에너지가 소모되는 가속 현상이라는 것이 물리학의 기본 원리인데, 그렇다면 이 에너지는 어디에서 와야 할까? 이원론은 '영구적으로 움직이는 기계'는 물리적으로 있을 수 없다고 설명하는 에너지 보존 법칙을 명백히 위반한다. 이런 표준 물리학과 이원론 사이의 대치는 데카르트 시대부터 끊임없는 논쟁거리였고, 이원론의 피할 수 없는 치명적 오류로 여겨지고 있다.

그렇다면 정신 질료가 특별한 물질이라고 결론 내리는 것은 어떨까? 빅토리아 시대, 교령회交靈會, séance(죽은 사람의 혼령과 교류를 시도하는 사람들의 모임_옮긴이)에서는 영매가 이상하고 끈적이는 물질인 심령체 ectoplasm(혼령과 소통하는 사람의 몸에서 나와 혼령이 형체를 가질 수 있게 해준다는 물체_옮긴이)를 끄집어내곤 했다. 심령 세계의 기본 물질이라고 추정되는 심령체는 유리 항아리에 담아둘 수도 있었고, 일반 물질처럼 흐르거나 습기에 젖기도, 빛을 반사하기도 했다. 그렇다고 사람들을 기만하는 것에 불과한 그 물질을 무조건 믿으라고 설득할 수는 없는 일이다. 더 냉정하게 말하자면, 정신 질료가 뇌를 구성하는 원자와 분자를 실제로 초월하는 것이든 아니든 과학적으로 조사해볼 수는 있을 것이다. 어떤 이론의 존재론은 그 이론이 존재한다고 간주하는 사물들을 종류와 형태별로 분류한다. 과거에는 칼로릭caloric(열을 만드는 물질)과 에테르the ether(빛 진동의 매질이 되는 물질)를 자연과학의 존재론에 포함했다. 하지만 이런 것은 더 이상 중요하게 받아들여지지 않으며, 오늘날에는 중성미립자, 반물질, 블랙홀이 표준적인 과학적 존재론에 포함된다. 의식 현상을 설명하려면 자연과학의 존재론을 확대해야 할지도 모른다.

물리학자이자 수학자인 로저 펜로즈Roger Penrose가《황제의 새 마음 The Emperor's New Mind》(1989)에서 그러한 물리학 혁명을 주창했다. 그가 혁명의 정당성을 성공적으로 입증했다고는 생각하지 않지만,[3] 이원론의 함정에 빠지지 않기 위해 주의를 기울였다는 점은 높이 사야 한다. 그 차이는 무엇일까? 펜로즈는 의식적인 마음에 과학이 접근하는 것을 막기 위해서가 아니라 과학적인 조사가 더 많이 이루어질 수 있게 하기 위해 혁명을 제안했음을 분명히 했다. 그처럼 자신의 견해를 솔직하게 공개적으로 드러낸 이원론자는 거의 없다. 그 견해라는 것이 마음이 어떻게 작용하는지에 관한 이론이라고는 없이 단지 마음은 인간의 이해 밖에 있다고 주장하는 것뿐이기 때문이다.[4] 정신 질료의 가장 매력적인 특징은 그것이 너무나도 신비로워서 과학이 영원히 범접하지 못하게 보장해주는 것이 아닌가 하는 의구심을 떨칠 수 없을 정도다.

이원론의 가장 불합리한 특징이자, 내가 이 책에서 무슨 일이 있더라도 이원론은 피해야 한다는 견지를 취한 이유도 이원론이 지닌 근본적으로 반과학적인 입장 때문이다. 물론 내가 모든 이원론이 허위라거나 일관성이 없다는 결정적인 증거를 내놓을 수 있다고 생각하는 것은 아니다. 그러나 신비 속에 허우적거리는 이원론을 수용한다는 것은 의식의 규명을 포기한다는 의미일 뿐이다(그림 1-3이 보여주는 것처럼).

이원론을 놓고 폭넓게 의견 일치가 이루어지기도 하지만, 그 범위가 넓은 것만큼 깊이는 없다. 마치 유물론자의 벽에 생긴 골치 아픈 금을 벽지를 발라 감추려는 꼴이다. 과학자와 철학자는 유물론에 호의적인 모종의 합의를 이루었는지 모르겠지만, 낡은 이원론적 시각을 없애는 것은 현시대 유물론자들이 생각하는 것만큼 쉽지 않다. 전통적인 이원론적 이미지를 적절히 대체할 것을 찾으려면 우리의 습관적인 사고방식을 바꾸어야 하며, 바뀐 사고방식에 적응하는 것은 처음에는 일반인은 물론이고 과학

"내 생각엔 여기 2단계를
좀 더 명확히 해야 할 필요가 있어."

〈그림 1-3〉

자에게도 직관에 반하는 일일 것이다.

내 이론이 처음에는 상식에 크게 어긋나 보일지 모르지만, 나는 이런 현상을 불길하게 여기지 않는다. 오히려 의식 이론이 편안한 읽을거리가 되기를 기대해서는 안 된다고 생각한다. 듣자마자 "물론이지! 나도 언제나 그렇게 생각했어. 그 점을 딱 짚어내니까 무슨 말인지 확 와 닿는군!" 하고 탄성을 올리게 하는 것은 불가능하다. 그런 이론이 가능하다면 우리가 벌써 그 이론을 만났을 것이다. 마음의 신비는 오랫동안 회자되었지만, 우리가 이뤄낸 성과는 보잘것없고, 모두 명백히 옳다고 동의하는 것도 사실은 그렇지 않을 가능성이 높다. 나는 지금부터 내가 내세울 후보들을 소개할 것이다.

오늘날 몇몇 뇌 연구자는 "뇌도 신장이나 췌장과 같은 장기의 하나일 뿐이므로 물리학 용어나 생물학 용어 같은 확실한 말로만 묘사하고 설명할 수 있어야 한다"라고 주장한다. 이론적으로 더욱 과감한 일부 연구자는 '마음이 곧 뇌'라는 새로운 주제를 연구 대상으로 삼았다(Churchland, 1986). 이렇게 새로이 인기를 얻고 있는 신조어들은 연구자들 사이에 널리 퍼져 있는 지배적인 유물론을 잘 표현하고 있다. 이들은 뇌가 특별히 흥미롭고 이해하기 어려운 이유는 뇌가 곧 마음이기 때문이라고 말한다. 그러나 이런 연구자들 중에도 이 커다란 문제에 대적하기를 꺼리는 사람들이 있다. 의식의 본질에 관한 불가사의한 물음은 가능한 한 뒤로 미루고 싶은 욕구 때문이다.

'분할 정복 전략divide-and-conquer strategy'의 가치를 인식한 이런 태도는 전적으로 합리적인 것이지만, 인지과학 분야에서 제기하는 새로운 개념 일부를 왜곡하는 결과를 낳았다. 신경과학자, 심리학자, 인공지능 학자를 막론하고 인지과학 분야의 거의 모든 연구자가 관심을 마음과 뇌의 '주변부'나 '하부' 체계로만 제한하면서 의식에 관한 의문을 뒤로 미루려는 경향을 보인다. 이는 슬그머니 가공해낸 '중추'가 '의식적인 생각'과 '경험'이 일어나는 곳이라는 생각을 키운다. 이런 생각은 마음의 작용의 많은 부분을 '중추에서' 이루어지는 일로 넘겨버리고, 뇌의 주변 시스템에서 성취되어야 하는 '이해의 양'을 상대적으로 과소평가하게 만든다(Dennett, 1984b).

이론가들은 지각 체계가 중추의 사고 영역에 정보를 제공하고, 중추는 몸의 움직임을 관장하는 말초 체계에 지시를 내리거나 말초 체계를 통제한다고 보는 경향이 있다. 또한 이 중추 영역은 기억의 다양한 종속 체계 안에 있는 자료를 이용한다고 믿는다. 그러나 추정한 하부 체계들 사이에

'장기 기억'과 '추론(또는 계획)' 영역과 같은 중요한 이론적인 구획이 있다는 생각은 자연적인 것이라기보다는 분할 정복 전략에서 나온 인공물이다. 마음이나 뇌의 특정한 하부 체계에만 관심을 집중하다 보면 이론적인 근시안을 야기해 이론가들이 자기 모형 어딘가에 마음이나 뇌의 모호한 '센터', 즉 모든 것이 한데 모이고, 의식이 일어난다고 보는 장소인 '데카르트 극장'을 상정하고 있다는 사실을 인식하지 못하게 한다. 이것은 꽤 괜찮은 아이디어이자 당연한 귀결인 듯 보이지만, 그 생각은 옳지 않으며, 우리는 그 근거를 자세히 살펴보아야 한다. 그렇지 않으면 데카르트 극장은 계속해서 환상에 사로잡힌 이론가 집단을 끌어모을 것이다.

의식을 설명하는 기본 원칙

앞에서 나는 이원론이 최선이라면 우리는 인간의 의식을 이해할 수 없을 것이라고 강조했다. 어떤 사람은 인간의 의식은 무슨 수를 써도 이해할 수 없는 것이라고 믿는다. 마음껏 이용할 수 있는 풍요로운 과학 발전의 보고寶庫 한가운데에 있는 오늘날 그런 패배주의가 팽배해 있다니 터무니없고 한심하지만, 현실이 그렇다. 의식이 정말로 설명될 수 없는 것인지도 모르지만, 누군가 시도해보기 전까지는 모를 일이다. 실제로 퍼즐 조각 대부분을 이미 찾았고, 이제 조금만 이리저리 맞추어보면 조각 전부를 제자리에 맞추어 넣을 수 있을 것이다. 마음에 과학이 접근하지 못하게 막으려는 사람들은 내 시도에 행운을 빌어주어야 한다. 만일 그들이 옳다면 내 프로젝트는 실패하고 말겠지만, 내가 이 일을 원래 가능한 만큼만 해낸다면 내 실패는 왜 과학이 언제나 부족한지 그 원인을 밝혀줄 것이기 때문이다. 그들은 마침내 과학에 대항할 논증을 갖게 될 것이고, 나는 그들을 위해 궂은일은 모두 마쳐둘 것이다.

내 프로젝트의 기본 원칙은 단도직입적으로 접근하는 것이다.

(1) 기적의 조직wonder tissue 같은 것은 허용하지 않는다

나는 현대 과학의 틀 안에서 인간 의식의 모든 수수께끼 같은 특징을 설명할 것이다. 설명할 수 없거나 알려지지 않은 힘, 물질, 유기 조직의 힘에 기대는 일은 없을 것이다. 다시 말해, 최후의 수단으로 유물론의 혁명을 요청하는 일은 그만두고, 표준적이고 전통적인 과학의 한계 내에서 성취 가능한 일이 무엇인지 살펴볼 작정이다.

(2) 마취 상태를 가장하지 않는다

행동주의자들은 마취 상태를 가장하고 있다는 말을 종종 들어왔다. 그들은 우리와 똑같은 경험을 하면서도 그런 경험이 없는 것처럼 위장한다. 내가 의식의 논란이 되는 특징을 부정하려 한다면 그런 특징이 환상임을 입증해야 하는 부담만 지게 될 것이다.

(3) 실증적인 세부사항을 트집 잡지 않는다

나는 지금까지 알려진 모든 과학적 사실을 올바르게 이해하려고 노력할 것이다. 그러나 아무리 가슴 벅찬 과학적 진보도 그것이 시간의 검증을 이겨낼 수 있을지에 관해서는 여전히 논란이 많다. 만일 내가 '교과서에 실린 사실'로만 제한한다면, 최근에 알려진 가장 계몽적인 발견들(그것이 진정 사실이라면)을 이용하지 못할 수도 있다.

또한 나도 모르게 거짓을 전할 수도 있다. 1981년 데이비드 허블David Hubel과 토르스텐 비셀Torsten Wiesel에게 노벨상을 안겼던 시각에 관한 '발견' 가운데 일부는 뒤늦게 그 비밀이 풀리고 있다. 마음을 연구하는 대부분의 철학자와 많은 비전문가에게 20년 이상 확립된 사실로 인정받았던 에드윈 랜드Edwin Land의 '색 지각의 레티넥스 이론Retinex Theory of Color Perception'은 시각 과학자들 사이에서는 그만큼 인정받지 못한다.[5]

철학자로서의 내 관심사는 가능성을 세우고, 불가능하다는 주장을 반격하는 것이므로 실증적으로 확증된 완전한 이론 대신 이론의 개요만으로 만족할 것이다. 뇌가 어떻게 작용하는지에 관한 이론의 개요나 모형이 있으면 좀처럼 해결책을 찾지 못하던 문제라도 연구 프로그램으로 만들어낼 수 있다. 한 모형이 제대로 돌아가지 않을 때는 좀 더 현실에 맞게 변형한 다른 모형이 원하는 결과를 낼 수도 있다('글을 시작하며'에서 살펴본 환각이 일어나는 과정의 개요가 그 예다).

만일 내 개요가 어떤 현상에 관한 유효한 설명이 아니라고 주장하려는 사람이 있다면, 그는 내 개요에 무엇이 빠져 있고, 무엇이 가능하지 않다는 것인지 입증해야 한다. 단순히 내가 제시한 모형이 여러 세부사항에서 정확하지 않을지 모른다고 주장하는 것이라면, 그 점은 인정하겠다. 예컨대 데카르트의 이원론의 오류는 데카르트가 마음과 뇌가 상호작용하는 장소로 시상이나 편도체가 아니라 송과선을 선택한 것이 아니다. 마음과 뇌가 상호작용하는 장소가 있다는 생각 자체가 잘못이다. 물론 트집 잡기로 간주되는 것이 과학의 진보로 이어지기도 하고, 이론가마다 서로 다른 기준이 있을 수도 있다. 나는 과도한 구체성이란 측면에서 오류를 저지르고자 한다. 이는 마음에 관한 전통적 철학과의 차이를 강조하기 위해서뿐만 아니라 실증주의 비평가들에게 무엇을 과녁으로 삼아야 하는지 좀 더 명확한 목표를 제시하기 위해서다.

이번 장에서 우리는 의식의 신비와 관련한 기본적인 특징을 살펴보았다. 의식의 가장 주요한 특징은 의식의 신비 그 자체이고, 신비 없이는 의식이 명맥을 유지할 수 없을지도 모른다. 사람들이 이런 가능성을 잘 인식하지는 못하더라도 이미 폭넓게 퍼져 있으므로 의식을 설명할 때 신중하지 않을 거라면 아예 시도조차 하지 말아야 한다. 의식은 우리에게 매우 중대한 문제이기 때문이다.

뇌는 생각하는 것이 될 수 없고, 그렇기 때문에 생각하는 것이 뇌일 수는 없다는 생각인 이원론은 여러 가지 이유로 유혹적이지만, 우리는 그 유혹에 저항해야 한다. 이원론을 택하는 것은 시도도 해보지 않고 패배를 인정하는 것과 다름없다. 유물론을 받아들이는 것은 그 자체로 의식에 관한 수수께끼를 풀지도 못할 뿐 아니라 그 수수께끼가 뇌과학에서 나온 직접적인 추론의 몫이 되지도 않는다. 어떤 식이 되었든 뇌는 마음일 것이다. 하지만 어떻게 이런 일이 가능한지 자세히 살펴보지 않는다면 유물론이 의식을 설명하지는 못할 것이고, 언젠가 알맞은 때가 오면 그것을 설명해 보이겠다는 약속이 고작일 것이다. 그러나 그 약속은 데카르트의 유산을 더 많이 버리는 법을 배우기 전까지는 지켜지지 않을 것이다. 동시에 우리의 유물론이 다른 무엇을 설명한다 해도 우리가 내밀히 느껴 속속들이 알고 있는 경험에 관한 사실을 무시한다면 그 이론이 의식을 설명한다고 볼 수 없을 것이다.

2장

현상학의 정원에
방문하다

현상학의 정원에 오신 것을 환영합니다

어떤 미친 남자가 동물 같은 것은 없다고 주장한다고 치자. 우리는 그 남자를 동물원에 데려가 "자, 보시오! 저것들이 동물이 아니면 뭐란 말이오?"라고 반박하여 그의 잘못된 생각을 바로잡아야겠다고 마음먹을지 모른다. 그것으로 그 남자의 생각을 바꿔놓을 수는 없다 해도 적어도 그가 정신 나간 소리를 지껄이고 있다는 것은 지적할 수 있을 것이다. 그러나 그가 "나도 세상에 저런 것들이 있다는 것쯤이야 잘 알고 있소. 사자, 타조, 보아 뱀…. 하지만 당신은 저것들을 왜 동물이라고 생각하는 거요? 사실 저것들은 전부 털로 덮인 로봇이라오. 어떤 것들은 깃털이나 비늘로 덮여 있기도 하지"라고 항변한다면 어떻겠는가? 그 말도 여전히 미치광이 소리지만, 변론이 가능하다는 점에서 종류가 다르다. 이 미친 남자는 동물의 궁극적 본질에 관해 혁명적인 생각을 가진 것이 아닐까?[1]

만일 동물학자가 이 미친 남자의 말이 옳다는 사실을 발견한다면, 그 발견을 설명하는 데 동물원이 유용할 것이다.

"우리가 동물원에서 익히 보아왔던 것들이 사실은 우리가 지금까지 생각해온 것이 아닌 것으로 밝혀졌습니다. 동물들, 아니 그것들은 아주 다른 것입니다. 우리는 그것들을 동물이라 불러서는 안 됩니다. 그러니까 우리가 보통 동물이라고 말할 때 사용하는 의미에서의 동물은 없습니다."

철학자와 심리학자는 현상학phenomenology이란 말을 우리의 의식적인 경험 안에 있는 모든 것을 포괄하는 의미로 광범위하게 쓴다. 생각과 냄새, 가려움과 통증, 상상한 보라색 소, 육감 등이 모두 이에 포함된다. 여기에는 주목할만한 가치가 있는 뚜렷한 계보가 있다.

18세기에 칸트는 우리가 경험하는 세계인 현상계phenomena와 사물 자체의 세계인 예지계noumena를 구분했고, 19세기 자연과학과 물리학이 발달하는 동안 현상학이라는 용어는 중립적으로든 전前 이론적으로든 단지 어떤 주제에 관한 기술적descriptive 연구를 지칭하기에 이르렀다. 한 예로, 자성magnetism의 현상학은 16세기에 윌리엄 길버트William Gilbert가 훌륭하게 시작했지만, 이 현상학에 관한 설명은 19세기에 이르러 자성과 전기 사이의 관계를 알아내고, 마이클 패러데이Michael Faraday와 제임스 클러크 맥스웰James Clerk Maxwell을 비롯한 다른 과학자들이 이론적인 체계를 세울 때까지 기다려야 했다.

20세기 초반에는 예리한 관찰과 이론적인 설명 사이의 이 같은 분열을 암시하면서 현상학Phenomenology(대문자 P로 시작하는)이라는 철학 학파 또는 사조가 에드문트 후설Edmund Husserl의 연구를 중심으로 성장했다. 그 목적은 '자기 성찰introspection'이라는 특별한 방법에 바탕을 둔 모든 철학을 위한(사실은 모든 지식을 위한) 새로운 토대를 발견하는 것이었다. 이때 바깥 세계와 거기서 나온 모든 암시와 추정은 에포케epoché(확신의 선험적 보류)라는 특별한 마음의 행위 안에 '괄호 치기'된다고 가정한다. 최종 결과는 마음의 탐구 상태이고, 그 안에서 현상학자는 흔히 일어나는 이론과 실제의 왜곡과 수정으로 오염되지 않은 '노에마noema'라는 의식적인 경험의 순수한 대상을 숙지하게 된다고 가정한다. 미술의 인상주의 사조와 빌헬름 분트Wilhelm Wundt, 에드워드 티치너Edward Titchener를 비롯한 심리학의 내성주의자들introspectionists이 의식의 기본적인 사실을 밝히려고 시도했지만 실패한 것과 마찬가지로 현상학은 모든 사람이 동의할 수 있는 단일하고 확정된 방법을 발견하는 데 실패했다.

그러므로 동물학자는 있을지언정 진정한 현상학자는 없다. 의식의 흐름 속에서 유영하는 사물의 본성에 관한 논란을 잠재울 전문가는 없다. 그러나 우리는 최근의 관행에 따라 현상학(소문자 p로 시작하는)이라는 용어를 설명되어야 할 의식적인 경험의 다양한 항목을 이르는 일반 용어로 채택할 수 있다.

나는 〈현상학의 부재에 관하여On the Absence of Phenomenology〉(1979)라는 논문을 발표한 적이 있다. 여기서 나는 의식을 구성하는 것은 지금까지 사람들이 생각해온 것과는 매우 다르므로 옛날에 쓰던 용어를 사용해서는 안 된다고 주장했다. 그 주장이 어떤 사람에게는 언어도단으로 들렸던 모양이다.

"어떻게 우리가 우리 자신의 내면의 삶을 잘못 알 수 있단 말입니까?"
그들은 내 주장이 미친 소리에 지나지 않는다며 묵살해버리기까지 했다.
"데닛은 어떤 고통도, 향기도, 백일몽도 없다고 생각한답니다!"
물론 이는 풍자적인 표현이지만, 매우 그럴싸하다. 문제는 동물원처럼 직접 보여줄 수 있는 '현상학의 정원phenomenological garden'이 없다는 것이다. 간단히 말해, 내가 설명하는 데 이용할 현상phenom이 없다는 것이 문제다. 나는 이렇게 말하고 싶다.

"의식의 흐름을 따라 지나는 것, 그러니까 고통과 향기와 백일몽과 정신적 이미지와 분노와 욕정의 발작, 그리고 그 밖에 현상에 일반적으로 거주하는 것은 우리가 전에 생각했던 것이 아니라고 밝혀졌다. 그것은 우리가 생각했던 것과 너무 달라서 거기에 붙일 새로운 이름이 필요하다."

내가 무슨 말을 하고 있는지 알고 있다고(현상의 궁극적인 본질은 몰라도) 스스로를 만족시키고 싶은 사람들을 위해 잠시 현상학의 정원으로 가보자. 진지한 이론으로 파고들기 전에 간략하게 몇 가지 정보를 미리 제공하고, 더불어 몇 가지 의문도 제기하기 위해서 일부러 마련한 소개 차원의 여행이 될 것이다. 이제 곧 일상적인 사고에 근본적인 의문을 제기할 것이므로 내가 다른 사람들 마음에 깃들어 있는 모든 훌륭한 것을 간단히 무시해버렸다고 생각하는 사람은 없길 바란다.

우리 현상은 세 부분으로 나뉜다. 첫째는 광경, 소리, 냄새, 미끄럽고 따끔거리는 느낌, 덥고 추운 느낌, 사지가 놓인 위치 감각과 같은 '외부 세계의 경험'이다. 둘째는 환상의 이미지, 백일몽과 혼잣말, 회상과 좋은 생각, 갑작스러운 육감과 같은 '내면세계의 경험'이다. 셋째는 신체적 고통과 간지럼, 배고픔이나 갈증에서 분노, 기쁨, 증오, 당혹감, 욕정, 놀라움 같은 격정적인 정서와 자긍심, 불안, 고립감, 후회, 경이감, 냉정함 등에 이르는 '정서적 경험'이다. 이를 심리학자들이 좋아하는 이상한 용어로 표현하자면 정동情動, affect이다.

나는 현상을 이렇게 세 부분으로 나눈 것에 이의를 제기하지 않는다. 박쥐는 조류에 넣고, 돌고래는 어류에 집어넣는 동물 전시장처럼 이런 분류는 현상들 간의 깊은 연관 관계보다는 피상적인 유사성과 미심쩍은 전통적 기준을 따른듯하지만, 우리는 어디에서부터든 시작해야 한다. 또한 이런 분류는 연관 관계를 만들어 특정 요소를 무심코 놓치는 일이 생기지 않게 해주는 장점도 있다.

외부 세계의 경험

미각과 후각

먼저 미각과 후각 같은 가장 조악한 외부 감각부터 시작해보자. 대부분 알고 있듯 우리 입안의 맛봉오리는 단맛, 신맛, 짠맛, 그리고 쓴맛에만 민감하고, 우리는 대부분 코로 맛을 본다. 코감기에 걸렸을 때 우리가 음식 맛을 모르는 것도 그 때문이다. 후각 작용에서 비강 상피가 하는 일은 시각 작용에서 눈의 망막이 하는 일과 같다. 각각의 상피 세포는 형태가 매우 다양해서 공기 중에 떠다니는 여러 종류의 분자와 결합할 때 각각 민감하게 반응하는 분자가 다르다. 결국 중요한 것은 분자의 형태다.

콧속으로 들어간 분자들은 수많은 미세한 열쇠가 되어 형태가 일치하는 감각 상피 세포를 활성화한다. 이런 분자들은 몇 피피비ppb, parts per billion(미량 함유 물질 농도 단위의 하나로 ppm보다 더 작은 농도 표시에 사용되며, 10억분율을 의미한다_옮긴이)에 불과한 극히 낮은 농도에서도 쉽게 검출된다. 인간보다 월등히 뛰어난 후각을 가진 동물 종들은 거의 감지할 수 없을 만큼 희미한 흔적만으로도 여러 냄새를 구별해낼 수 있을 뿐 아니라(우리는 블러드하운드 품종의 개가 이런 능력이 있다는 사실을 잘 안다), 시간적·공간적으로 냄새를 파악하는 능력도 뛰어나다.

인간도 방 안에 포름알데히드 분자가 희미하게 떠다녀도 쉽게 감지할 수 있다. 하지만 우리가 냄새를 감지하는 방식은 저기에 냄새 한 줄기가 있다거나, 냄새를 풍기는 사람이 있는 영역이 있다거나, 여기에 특정 분자가 떠다닌다거나 하는 식은 아니다. 우리는 방 전체, 또는 조금 더 구체적으로 감지한다면 방 한쪽 구석 전체가 냄새로 가득하다고 느낀다. 우리가 냄새를 그런 식으로 느끼는 이유는 과학적으로도 잘 설명된다. 떠돌아다니던 분자가 무작위로 비강 속으로 들어와 상피의 특정 지점에 도달하면 그것이 세상 어디에서 왔는지 파악하기 어렵다. 바늘구멍 같은 홍채를 통해 일직선상으로 흘러 들어와 외적 원천이나 원천으로 향하는 경로를 기하학적 지도로 그려주는 광자photon와는 다르다. 만일 우리의 시각 해상도가 청각 해상도만큼 형편없다면 머리 위로 새가 날아갈 때 한동안은 하늘 전체가 새 같아 보일 것이다(그처럼 형편없는 시각을 가진 다른 종들도 있다. 그러나 동물이 사물을 보는 능력이 형편없는 것은 다른 문제다. 그 문제는 뒤에서 다시 살펴볼 것이다).

촉각과 운동감각

미각과 후각이 현상학적으로 함께 일하는 것처럼 촉각과 운동감각도 그렇다. 우리는 다양한 방식으로 물체를 만져보고, 잡아보고, 밀어보면서 느낀다. 이때 우리가 느끼는 감각은 피부 아래에 있는 촉각 수용체의 자극이 곧바로 전환된 것 같지만, 실제로는 다양한 원천에서 얻은 정보를 정교하게 통합한 결과다.

눈을 가리고 펜이나 연필을 손에 쥐어보라. 그리고 이 마술 지팡이를 휘둘러 주변의 여러 물건을 건드려보면 막대기 끝에 신경계 센서가 붙어 있기라도 한 듯 자연스럽게 물건의 질감이 느껴질 것이다. 막대기와 촉각 수용체 간에 교류된 것(대부분은 살짝 의식할 수 있는 소리의 도움을 받는다)을 통해 뇌는 다양한 감각을 느끼고, 종이, 판지, 양모, 유리컵 등의 질감을 의식적으로 인지에 통합해 넣을 수 있는 정보를 제공받는다. 그러나 이런 복잡한 통합 과정은 뚜렷하게 의식되지 않는다. 즉, 우리는 그런 일을 어떻게 수행하는지 의식하지 않는다. 아니, 의식하지 못한다.

단지 막대기를 이용한 '느낌'만으로 다양한 물건의 질감을 구별해낼 수 있다는 것이 놀랍다. 그런 구분이 가능한 이유는 막대기에서 느껴지는 진동 때문이다. 아니면 말로 설명할 수는 없지만 독특한 딸깍 소리나 긁는 소리가 들렸고, 그 소리의 차이를 느꼈기 때문일 것이다. 어찌 됐건 막대기 끝에서 물체 표면의 차이가 느껴지다니, 마치 신경 일부가 그 막대기에 있는 것만 같다.

청각

청각의 현상학은 음악 소리, 사람들의 말소리, 무언가 부딪치는 소리, 휘파람 소리, 경보음, 재잘거리는 소리와 딸각거리는 소리 등 우리가 들을 수 있는 모든 종류의 소리를 포함한다. 청각을 연구하는 이론가들은 종종 머릿속에서 작은 밴드가 연주를 시작했다고 생각하라는 유혹을 받는다. 하지만 이는 잘못된 것이다. 나는 다음 이야기를 통해 그 오류를 확실하게 밝혀보려 한다.

19세기 중반에 한 몽상적인 발명가가 냉철한 지성을 가진 철학자 필과 논쟁을 벌였다. 발명가는 오케스트라가 연주하고 합창단이 노래하는 *베토벤 교향곡 9번*을 자동으로 '녹음하고' 나중에 실제와 똑같이 '재생하는' 기계를 만드는 것이 목표라고 천명했다. 필은 말도 안 되는 소리라고 일축했다. 그것은 불가능한 일이었다. 피아노 건반을 순서대로 두드린 소리를 녹음하고, 준비된 피아노에 그 순서 그대로 재현하는 기계 장치는 상상하기 어렵지 않다. 천공 종이를 이용하면 가능할지도 모른다. 그렇지만 *베토벤 교향곡 9번*을 연주할 때 나오는 매우 다양한 소리와 선법(음계를 음정 관계, 으뜸음의 위치, 음역 등에 따라 세분한 음의 순열, 또는 그런 개념_옮긴이)을 생각해보라. 인간의 목소리만 해도 음역과 음색이 각양각색이고, 수십 가지의 현악기, 관악기, 목관악기, 타악기가 동원된다. 그런 다양한 소리를 모두 그대로 재현할 수 있는 기계라면 웅장한 교회 오르간도 무색하게 만들 만큼 아주 크고, 거추장스럽고, 흉물스러운 장치여야 할 것이다. 또한 그 기계가 정확하게 음악을 재현해내려면 목소리 부분만 다루는 데도 수많은 인간을 동원해야 하며, 각각의 음악가를 위한 수많은 주석이 달린 악보만도 수백 개가 필요할 것이다. 필은 그렇게 놀라운 일은 상상조차 할 수 없었고, 자신의 상상력 부재를 필요성에 관한 통찰로 오인했다.

'푸리에 변환Fourier Transform(음성 등의 파형을 기본 주파수와 그 정배수의 주파수로 분해하는 것. 간단히 말해, 어떤 파波에 어느 주파수 성분이 얼마만큼 포함되어 있는지 계산하는 방법_옮긴이)'의 '기적'은 생각이 새로운 영역으로 뻗어 나갈 수 있는 가능성을 열었지만, 필을 아연하게 만들었던 문제는 해결하지 못한 채 단지 뒤로 미루었을 뿐이었다. 귀가 신호를 접수하고 난 다음에 과연 무슨 일이 일어날까?

귀에서 한층 더 부호화된 신호 무리(이제 얼마간 분석되었고, 병렬 흐름으로 나뉜)는 뇌의 어두운 중앙을 향해 안으로 행진해 들어간다. 이 신호 무리는 더 이상 들을 수 있는 소리가 아니며, 뉴런의 축삭을 타고 올라가는 전기화학적 펄스pulse(매우 짧은 시간 동안 큰 진폭을 내는 전압이나 전류 또는 파동_옮긴이)의 연속체다. 그렇다면 뇌에 더욱더 중심이 되는 곳이 있어야 하는 것 아닌가? 신호 무리가 마음의 극장에 놓인 오르간 연주를 통제하는 곳 말이다. 이런 소리 없는 신호는 언제 주관적으로 들을 수 있는 소리로 최종 전환되는 것일까?

보라색 소를 상상하면서 뇌에서 소가 보라색으로 변하는 지점을 찾을 수 있으리라 기대하지 않았던 것처럼 우리는 뇌에서 기타 줄처럼 진동을 일으키는 곳을 찾으려는 것이 아니다. 그렇다면 청각 경험에 관한 이야기의 결말에 도달했다는 만족감을 느끼게 해줄 무언가를 뇌에서 찾을 수 있을까? 뇌에서 일어나는 일의 복잡한 물리적 속성이 어떻게 우리가 듣는 소리의 감동적인 속성에 이르거나, 그런 속성을 설명할 수 있는 것일까?

처음에는 이런 속성들이 분석할 수 없는 것으로 보인다. 현상학자들이 좋아하는 형용사를 써보자면 '형언할 수 없는' 일인 것 같다. 그러나 적어도 이와 같은 더 이상 쪼갤 수 없는 원자적이고 동질적인 속성 가운데 일부는 꽤 복합적이고 설명 가능한 것일 수 있다. 기타를 들고 어떤 프렛도 누르지 않은 상태에서 베이스 음이나 개방현 낮은 E음을 튕기고 그 소리를 주의 깊게 들어보라. 그 소리가 묘사할 수 있는 요소로 구성되어 있는가? 아니면 전체적으로 형언할 수 없는 그저 하나의 기타 소리로 들리는가? 아마 많은 사람이 그 소리 현상을 형언할 수 없다고 할 것이다.

이번에는 다시 한 번 개방현을 튕기면서 12번 프렛 위로 손가락을 가볍게 쓸어내려 보라. 새로운 소리가 들릴 것이다. 어딘지 모르게 더 순수하고, 한 옥타브 높은 소리다. 어떤 사람은 이 소리가 전적으로 새로운 소리라고 주장하고, 또 어떤 사람은 막 최고음을 떠나 최저음으로 떨어지는 소리라고 묘사한다. 이제 또 한 번 개방현을 튕겨보라. 이번에는 두 번째로 기타 줄을 튕겼을 때 분리되어 나온 조화로운 배음倍音, overtone이 뚜렷하게 구별되어 들릴 것이다. 첫 번째 경험했던 동질적인 소리와 형언할 수 없음은 사라지고, 직접적으로 인식되고 명확하게 묘사할 수 있는 이중적인 소리로 대체된 것이다.

세 번째로 기타 줄을 튕겼을 때 새롭게 인식된 복합적인 소리는 죽 거기 있었다. 우리가 기타 소리를 류트lute나 하프시코드harpsichord 소리와는 다른 소리로 인식할 수 있는 것은 오로지 배음의 복잡한 양상을 인식하기 때문이라는 사실이 연구로 입증되었다. 그런 연구는 청각 경험의 여러 속성을 설명하고, 특정한 청각 경험을 예측하며, 심지어는 그런 경험을 합성적으로 유발하기도 하지만, 왜 그런 속성이 발생하느냐는 질문은 여전히 건드리지 못하고 그대로 남겨둔다. 왜 기타는 이처럼 조화로운 배음 형태의 소리를 내고, 류트는 그와는 다른 소리를 낼까? 우리가 처음에 직면한 형언할 수 없는 속성을 어느 정도 분석하고 묘사할 수 있게 되어 그 문제를 다소 해결했다고는 해도 아직 남아 있는 질문이 많다.[2]

청각 지각 과정에 관한 연구 결과에 따르면, 우리에게 여러 소리를 해독할 수 있는 전문화된 기제가 있는 것으로 보인다. 필이 믿기 어렵다고 한 가공의 재생 기계와 유사한 것이다. 특히 말소리는 엔지니어들이 '특정 목적용 기제'라고 부를 만큼 전문화되고 독특한 특징을 가진다. 뇌에서 일어나는 입력 정보의 대대적인 재조정 과정은 스튜디오에서 이루어지는 녹음과 비슷하다. 다양한 채널로 기록된 소리는 서로 섞이고, 증폭되고, 다양하게 조정된 다음, 여러 매체로 복사되어 '대작'으로 거듭난다.

우리는 모국어를 들을 때 각각의 단어가 매우 짧은 간격을 두고 연속적으로 이어지는 것처럼 듣는다. 이는 우리가 단어 사이에 명확하게 경계가 있음을 인식한다는 의미다. 그러나 그 경계는 삐 소리나 찰칵 소리로 표시되는 것이 아니다. 그렇다면 다양한 정지 간격이 어떻게 모스 부호에서 글자와 단어를 구분하는 간격 같은 경계가 될 수 있을까? 실험자가 단어 사이의 간격을 주의 깊게 관찰하고 평가해달라고 요청하면 피실험자는 별 어려움 없이 응할 수 있다. 말 사이에 간격은 있다. 그러나 입력 신호의 청각 에너지 프로파일을 살펴보면 가장 낮은 에너지 구역(침묵에 가장 가까운 순간)은 단어 경계와 전혀 맞지 않게 정렬되어 있다. 말소리의 분절은 음파의 물리적 구조가 아니라 언어의 문법적 구조를 기본으로 경계 지어진다(Liberman and Studdert-Kennedy, 1977). 우리가 외국어를 들을 때 뒤죽박죽이고 음절도 나누어지지 않은 소리가 밀려오는 것처럼 느끼는 이유도 그 때문이다. 뇌의 '사운드 스튜디오'에 있는 말소리 처리 기제는 적절한 분절을 개괄하는 데 필요한 문법적 틀이 부족하다. 따라서 이 기제로 말소리를 처리하려면 유입되는 신호를 대부분 건드리지 않고 그대로 통과시키는 것이 최선이다.

언어를 지각할 때는 저 단어가 무엇이고, 무슨 문법인지만 인지하는 것이 아니다(우리가 인지하는 것이 그게 전부라면 우리는 말을 듣고 있는 것인지 읽고 있는 것인지 구별할 수 없을 것이다). 말은 명확하게 경계가 정해져 있고, 순서가 있으며, 식별할 수 있는 동시에 감각적인 속성이 있다. 예를 들어, 나는 "약간 도전적으로 들리면서도 조롱하는 어투는 아닌, 특색 있는 영국인 어조를 가진 친구 닉 험프리의 목소리를 방금 전에 들었다"라고 말한다. "그의 웃음소리도 들었는데, 그 소리는 마치 유유히 흘러가는 구름 뒤에서 튀어나오는 태양처럼 말 뒤에서 터져 나오기를 기다리고 있는 것 같다"라고 말하기도 한다.

우리가 인식하는 말의 속성에는 억양의 고저뿐만 아니라 짜증이 나서 말을 뱉지 못하고 씩씩대는 소리, 목이 쉰듯한 소리, 혀짤배기소리, 분노로 떨리는 소리, 우울한 기분일 때 나오는 음의 고저도 감정도 없는 소리등 다양한 유형이 있다. 우리가 기타 소리로 살펴본 것처럼 처음에는 전적으로 원자적이고 동질적이었던 속성도 몇 가지 실험과 분리로 분석해낼 수 있다. 우리는 질문하는 어조를 들으면 아무런 노력 없이도 그것이 질문이라는 것을 인식한다. 또한 같은 질문 어조라도 영국식과 미국식 어조를 다르게 느낀다. 그러나 우리가 서로 다른 청각적인 특색을 낳는 '맛'을 만들어내는 어조 차이를 자신 있고 정확하게 설명하기 위해서는 먼저약간 변조한 실험을 해보아야 한다.

사실 맛이라는 말은 제대로 된 비유가 아니다. 우리의 맛 분석 역량이 매우 제한적이기 때문이다. 우리의 미각과 청각 능력이 매우 조악하다는 것은 우리가 정보를 입수하는 경로도 제대로 식별하지 못한다는 사실에서 쉽게 드러난다. 한 예로, 우리가 맛을 코로 본다는 사실은 잘 알려져 있지만 여전히 놀랍다. 또한 교회 오르간 소리처럼 매우 낮은 저음의 주파수 음조는 귀에서 일어나는 진동이 아니라 신체의 진동으로 듣는다. 내가낼 수 있는 가장 낮은 F샵 음보다 정확하게 두 옥타브 낮은 음은 귀가 아니라 육감으로 듣는다.

시각

마지막으로 시각을 살펴보자. 눈을 뜨면 우리가 현상학적 장, 또는 시야라 부르는 광범위한 영역이 우리에게 감지된다. 그 영역에는 여러 색채를 띤 사물이 우리로부터 다양한 깊이와 거리를 두고 움직이거나 정지해 있다. 우리는 순진하게도 경험하는 거의 모든 것을 우리가 '직접' 관찰한 외부 사물의 객관적인 특징이라고 여기지만, 눈이 부시고, 반짝이고, 아른거리고, 가장자리가 흐려 보이는 중간 범주의 항목들은 물체와 빛과 우리의 시각 장치가 상호작용하여 만들어낸 것이다. 우리는 이런 중간 범주의 항목들을 우리 안에 있는 것이 아니라 '저 밖에 있는 것'으로 본다. 태양을 바라볼 때나 어두운 곳에 있다가 갑자기 밝은 곳으로 나갈 때 느껴지는 눈의 통증, 어지러울 때 현상학적 장이 빙빙 도는 느낌과 같은 몇 가지 예외는 있다. 이런 일들은 우리가 보고 있는 것의 정상적인 속성이라기보다는 눈을 비빌 때 느껴지는 압력이나 가려움에 더 가까운 '눈의 감각'으로 설명하는 것이 더 정확하다.

물질세계에서 볼 수 있는 것에는 그림도 있다. 그림은 매우 훌륭한 볼거리여서 그것이 최근, 그러니까 겨우 몇만 년 전에야 우리의 시각 세계에 더해진 것이라는 사실을 종종 잊어버린다. 인간이 발달시킨 기술과 재주 덕분에 우리는 지금 (움직이는 것이든 멈춰 있는 것이든 가리지 않고) 수많은 그림, 지도, 도형 등에 둘러싸여 있다. 시각 지각 과정을 위한 '원재료'에 불과한 이런 물리적 이미지가 오히려 시각 지각의 '최종 산물' 모형으로 여겨지고 있다. 한마디로 '머릿속 그림'인 것이다.

우리는 "시각의 산물은 당연히 머릿속(아니면 마음속) 그림이지, 그 외에 무엇이 될 수 있겠어? 가락이나 풍미가 아닌 것은 분명하잖아"라고 말하곤 한다. 나는 앞으로 이런 이상하지만 어디서나 볼 수 있는 상상력의 병폐를 여러 방식으로 다룰 것이지만, 이 문제 하나를 먼저 생각해보고 시작하는 것이 좋을 것 같다. 머릿속 그림이 존재하려면 그것을 감상할 머리 안의 눈이 필요하다(적당한 조명은 두말하면 잔소리다). 그리고 이는 다시 머릿속 그림과 그것을 감상할 눈을 만들어낸다. 감상자의 '무한 후퇴(어떤 일의 원인이나 조건을 추구하여 한없이 거슬러 올라가는 일_옮긴이)'를 막으려면 그림을 지각하더라도 감상자가 필요한 또 다른 그림을 만들어내지 않을 감상자를 발견해야만 할 것이다.

다행히도 시각을 머릿속 그림으로 보는 견해에 회의적인 다른 이유도 있다. 만일 시각이 머릿속 그림이라면 우리(우리의 내적 자아)가 그 그림에 특별히 친숙할 텐데, 그렇다면 그림 그리는 것이 쉬워야 하지 않겠는가? 현실적으로 그림 그리기가 얼마나 어려운지 떠올려보라. 1미터 앞에 장미 한 송이가 있다고 해보자. 장미의 모든 시각적인 세부사항이 당신에게 생생하고 정확하게, 그리고 매우 가깝게 느껴진다. 그러나 장미의 모양새를 빠짐없이 눈에 담았더라도 머릿속 장미를 2차원의 그림으로 그려보라고 하면 대부분 금방 두 손 두 발 다 들어버린다. 3차원의 것을 2차원으로 옮기는 일은 결코 간단치 않다. 3차원 상황이나 물체를 2차원 그림으로 보는 일은 아무런 노력 없이 그냥 일어나는 일인 것 같은데, 이를 그림으로 옮기는 것은 실제로 해보면 너무 어렵다. 간단한 선 그림 하나 따라 그리는 것도 쉽지 않다.

이것은 단순한 '손과 눈의 협응' 문제가 아니다. 손이 저절로 움직이는 것 같은 뛰어난 손재주로 자수를 놓거나 회중시계를 조립할 수 있는 사람이라도 그림을 따라 그리는 일은 아주 서투르다. 어떤 사람은 이것이 '눈과 뇌의 협응' 문제라고 말한다. 이 기술을 완전히 습득한 사람은 그림을 잘 그리려면 물체를 특별한 방식으로 바라보아야 한다는 사실을 깨닫는다. 우리가 익히 알고 있는 사실(예를 들어, 동전은 둥근 모양이고, 탁자는 네모난 모양)을 다소 억제할 수 있도록 눈의 초점을 약간 빗나가게 맞추는 것이 요령이다. 사물을 이런 식으로 보면 선이 윤곽을 이루는 실제 각도를 관찰할 수 있다(동전은 타원형이고, 탁자는 사다리꼴이다). 가공의 수직선과 수평선 격자나 한 쌍의 십자선을 겹쳐 보이게 하는 것이 눈에 보이는 선의 실제 각도를 판단하는 데 도움이 된다. 그림 그리는 법을 배우려면 정상적인 시각 과정을 무효로 만드는 법을 배워야 한다.

시야는 중심에서 경계 쪽으로 상세하고 고르게 초점을 맞추어 사물을 있는 그대로 반영하는 것처럼 보이지만, 간단한 실험만으로도 그렇지 않다는 사실을 확인할 수 있다. 카드 한 벌을 준비해 그중 하나를 빼보라. 이때 뺀 카드가 어떤 것인지 알 수 없게 앞면을 아래쪽으로 향하게 해야 한다. 정면 한 곳을 응시하면서 빼낸 카드를 시야 왼쪽이나 오른쪽 끝에 두고, 앞면이 당신을 향하게 돌려라. 당신은 그 카드가 붉은색인지 검은색인지, 그림카드인지 아닌지조차도 구별할 수 없을 것이다. 그렇지만 카드의 움직임은 분명히 인식할 수 있다. 당신은 모양이나 색깔은 볼 수 없지만, 움직임은 볼 수 있다.

이제 시야 가운데를 향해 카드를 움직여보라. 시선은 여전히 움직이지 않게 주의해야 한다. 카드 색깔을 식별할 수 있게 된 지점은 어디인가? 어느 지점에서 무슨 카드이고 몇 번인지 알아보았는가? 그 카드가 잭인지, 퀸인지, 킹인지 알기 전에 먼저 그림카드라는 것부터 알아보았을 것이다. 아마도 당신은 카드를 중앙 근처로 가져와도 여전히 무슨 카드인지 식별할 수 없었다는 사실에 놀랐을 것이다.

우리는 주변 시야(사점 주변 2, 3도를 제외한 전체 시각)의 충격적인 결함을 보통 알아채지 못한다. 텔레비전 카메라(광학 렌즈로 얻은 상像을 전기 신호로 송신하는 장치_옮긴이)와 달리 우리의 눈은 쉼 없이 세상을 향해 있는 것이 아니다. 우리는 의식하지 못하지만, 눈은 우리 시야에서 일어나는 잠재적인 관심거리들로 쉴 새 없이 시선을 옮긴다. 우리 눈은 부드럽게 좇거나 '단속성 안구 운동 saccade'으로 급속하게 시선을 옮기면서 그 순간 망막의 중심와(망막 한가운데 상의 초점이 맺히는 부분_옮긴이) 영역을 점하고 있는 것에 관한 고해상도 정보를 뇌에 제공한다(망막의 중심와는 주변 영역보다 열 배 이상 판별력이 좋다).

우리의 시각적 현상학, 즉 시각 경험의 내용은 다른 표상 방식과는 다른 포맷으로 제공된다. 사진이나 영화와도 다르고, 문장이나 지도, 축적 모형이나 도형과도 다르다. 수천 명이 북적거리는 커다란 경기장을 휘둘러볼 때 당신이 경험하는 것을 생각해보라. 규모가 크거나 생생한 특징을 가진 것(붉은색, 흰색, 푸른색의 장식용 깃발 가운데 앉아 있는 대통령이라면 금방 알아볼 수 있을 것이다)이 아니라면 제대로 식별하는 것이 불가능하다. 무리의 움직임 양상이 인간이 움직이는 것처럼 보이므로 그 무리가 인간 군중이라는 것은 시각적으로 구별할 수 있다. 무리라는 시각 경험에는 전체적인 것도 있다('저기는 사람으로 바글바글해', '창밖으로 내다보이는 나무숲이 느릅나무 천지군', '마룻바닥이 온통 먼지로 덮여 있잖아!' 같은 방식). 그러나 커다란 덩어리라고 모두 '무리'로 보지는 않는다. 당신은 까닥까닥 흔들리는 붉은 모자, 햇빛을 받아 반짝이는 안경, 푸른색 코트 자락, 들어 올린 주먹과 같은 수천 가지의 특정한 세부사항을 동시에 하나로 인식할 것이다.

우리는 정의, 멜로디, 행복을 현실적인 그림으로 그릴 수 없는 것과 마찬가지로 시각적 현상학의 현실적인 그림도 그릴 수 없다. 그러나 우리는 여전히 시각 경험을 머릿속 그림으로 말하는 경향이 있고, 그런 생각에 저항하기란 쉽지 않다.

내면세계의 경험

마음의 눈으로 상상하기

여전히 강력한 위세를 떨치고 있는 존 로크John Locke, 조지 버클리 George Berkeley, 데이비드 흄David Hume으로 대표되는 영국 경험론 전통에 따르면, 감각은 마음으로 들어가기 위한 관문이다. 이런 재료들이 일단 안으로 안전하게 들어가면 즉흥적으로 조작되고 조합되어 가공의 대상이 이루는 내면세계가 만들어진다. 당신이 날아다니는 보라색 소를 상상하는 방식은 포도를 보고 보라색을 얻고, 독수리를 보고 날개를 얻어, 소를 보고 얻은 소 이미지에 그것들을 갖다 붙이는 것이다. 그러나 이 말은 옳지 않다. 사실 눈으로 들어간 것은 전자기파 방사선이고, 그것은 다양한 색조로 가공의 소를 그리는 데 사용될만한 것이 아니다. 우리의 감각 기관으로는 다양한 형태의 물리적 에너지가 쏟아져 들어오며, 접촉 지점에서 신경 신호로 '변환'된 다음 뇌를 향해 들어간다. 외부에서 내부로 들어가는 것은 오직 정보이며, 정보를 받는 것이 어떤 현상학적 항목을 유발할 것이다. 추상적 개념에 지나지 않는 정보 그 자체가 현상학적 항목일 수 있다는 것은 믿기 어렵지만, 내면세계는 어떤 면에서 감각적 원천에 기댄다는 영국 경험론자의 인식에는 훌륭한 근거가 있다.

시각은 인간이 인식의 주요 원천으로 선택하는 감각 양식이다. 그러나 우리 눈이 말해주는 것을 확증하려면 눈으로 보는 데 그치지 말고 만져보고 들어보아야 한다. 모든 것을 시각적 비유를 통해 마음에 있는 것으로 보는 습관은 왜곡과 혼란으로 이어지는 일이 많다. 우리의 지적 행동 양식을 크게 지배하는 것이 시각이다 보니 우리는 다른 대안을 생각해내는 데도 큰 어려움을 겪는다. 무언가를 이해하기 위해 우리는 눈으로 볼 수 있는 도형과 표를 만든다. 그래야 무슨 일이 일어나고 있는지 볼 수 있다. 우리는 어떤 일이 가능한지 생각해볼 때도 마음의 눈으로 상상하려고 애쓴다. 심지어는 선천적 시각 장애인도 자신의 사고 과정을 설명하는 데 시각적 어휘를 사용한다. 그러나 어느 정도까지가 비장애인이 쓰는 언어에서 영향받은 것이고, 어느 정도가 자신의 사고 과정과는 다르지만 그것이 적절한 은유라고 인식해서 사용하는 것인지는 명확하지 않다. 어쩌면 시각 장애인에게는 정상적인 시각 유입 관문은 없지만, 비장애인이 뇌의 시각 장치로 하는 일을 거의 유사하게 해낼 수 있는 무언가가 있을지도 모른다. 의식의 징표 가운데 하나가 시각 장치이므로 이런 물음에 답해나가다 보면 인간 의식의 본질을 밝혀줄 귀중한 실마리를 찾을 수 있을 것이다.

누군가가 무엇을 설명해주면 지금까지 잘 몰랐던 것을 새롭게 알았다는 뜻으로 "그래, 이제 보여I see"라고 말하는 것은 순전히 죽은 은유가 아니다. 인지과학, 특히 언어를 이해하는 컴퓨터 시스템을 창조하려는 인공지능 연구자들은 이해의 현상학이 시각과 유사한 본질을 갖고 있다는 사실을 무시해왔다. 그들은 왜 현상학에서 등을 돌렸을까? 아마도 현상학이 흥미롭기는 하지만 실용적이지는 못하다고 생각했기 때문일 것이다. 돌아가기는 하지만 이해에는 아무런 기능도 하지 못하는 바퀴라고 믿은 것이다.

같은 말을 들은 여러 사람의 현상학을 살펴보면 이해하거나 받아들인 것에 명백한 차이가 없더라도 반응은 거의 무한정하게 다양할 수 있다. 다음 문장을 들은 두 사람의 내면에서 유발될 수 있는 정신적 이미지의 차이를 살펴보자.

어제 우리 삼촌이 자기 변호사를 해고했어.

짐은 어제의 일을 회상하는 것으로 시작할 수 있다. 마음속에 삼촌과의 관계를 보여주는 가계도(아버지의 형제, 또는 어머니의 오빠나 남동생이 될 수 있다)가 펼쳐졌다가 금세 법원으로 들어가는 계단과 분노에 찬 늙은 남자가 떠오른다. 한편, 샐리는 '어제'라는 말에는 아무런 이미지도 떠올리지 않은 채 모든 관심을 자신의 삼촌 빌의 얼굴에 집중한다. 동시에 문을 꽝 닫는 그림이 떠오르고, '변호사'라는 직함을 가진 말쑥한 정장 차림의 여자가 문을 나서는 모습이 살짝 떠오른다.

둘이 떠올린 정신적 표상은 다르지만, 짐과 샐리 모두 이 문장을 잘 이해했다. 사실, 이론적인 것에 중점을 두는 연구자들이 지적하는 것처럼 표상이 이해의 핵심일 수는 없다. 삼촌, 어제, 해고, 변호사에 관한 그림은 그릴 수 없기 때문이다. 광대나 소방관과는 다르게 삼촌은 다른 사람과 구별되게 시각적으로 표상할 수 있는 특징이 없고, 어제라는 말에도 특정하게 떠오르는 그림이 없다. 이해라는 것은 모든 것을 정신적 이미지로 전환하는 과정에서 성취되는 것이 아니다. 또한 샐리가 자기 삼촌 빌을 떠올렸다고 해서 변호사를 해고한 사람이 샐리의 삼촌이 아니라 화자의 삼촌이라는 것을 이해하는 데 방해가 되지는 않는다. 샐리는 화자가 의미한 것이 무엇인지 알지만, 그저 우발적으로, 혼란을 일으키겠다는 의도 없이 자신의 삼촌 빌의 이미지를 마음에 떠올렸을 뿐이다. 샐리가 화자의 말을 이해했는지 여부는 그녀의 형상화와는 아무런 상관이 없다.[3]

그렇다면 이해는 동반한 현상을 열거하는 것으로 설명될 수 있는 것은 아니지만, 그렇다고 현상이 거기 없다는 의미는 아니라고 볼 수 있다. 폭넓게 퍼져 있는, 기계가 자연언어를 이해하지 못한다는 회의론도 기계 시스템은 유입된 정보를 문법적으로 따지거나 분석하기 위해 그림으로 그려볼 '시각적' 작업 공간을 전혀 이용할 수 없다는 사실에서 나왔다. 만일 기계가 시각 정보를 이용할 수 있다면, 기계가 자기 행동을 실제로 이해한다고 믿는 사람이 많아질 것이다(일부에서 주장하듯 그런 믿음이 여전히 착각에 불과할지라도 말이다).

심상, 시각의 틀을 넘다

심상mental imagery에 관한 생각에는 분명 옳은 부분이 있다. 그러나 '머릿속 그림'이 그것을 생각해볼 수 있는 옳은 방식이 아니라면 더 나은 방법을 찾아야 한다. 심상은 시각뿐만 아니라 어떤 양식으로도 일어날 수 있다. *고요한 밤*Silent Night이라는 노래를 늘 하던 대로 가락을 흥얼거리거나 노래하지 말고 그냥 상상해보라. 그래도 머릿속 귀에 특정한 음이 들리는가? 아마 아무리 애를 써도 들리지 않을 것이다. 나는 절대음감이 없으므로 내 안에서 들리는 음이 무엇이라고 말할 수 없다. 그러나 누군가가 피아노로 *고요한 밤*을 연주한다면 나는 자신 있게 "그래, 내가 상상하던 바로 그 음조야!" 아니면 "아니, 나는 세 음 정도 높은 음을 상상했어"라고 말할 수 있을 것이다.

우리는 혼잣말을 소리 없이도 할 뿐 아니라 특정한 어조로 하기도 한다. 어떤 경우에는 말이 있기는 한 것 같은데 말소리는 안 들리고, 어떤 경우에는 알듯 모를 듯 희미한 말의 그림자나 암시가 우리 생각을 표현하기도 한다. 심리학에서 내성주의가 한창 붐을 이루던 시절에는 '무심상 사고 imageless thought'가 있느냐 없느냐를 놓고 논쟁이 거셌다. 어떤 사람은 그런 사고가 있다고 주장하고, 어떤 사람은 강하게 반론을 펼치는 것으로 보아 이 문제는 당분간 논쟁거리로 남아 있을 것 같다. 다음 장에서는 우리가 그런 갈등을 다루는 방법을 알아볼 것이다. 생생한 생각의 현상학은 혼잣말로만 제한되어 있지 않다. 우리는 마음의 눈으로 그림을 그릴 수도 있고, 수동변속 자동차를 운전할 수도 있으며, 실크 천을 만지거나 땅콩버터 샌드위치를 즐길 수도 있다.

이처럼 단지 상상만으로 느끼는(아니면 회상한) 감각은 밖에서 유입된

88

원래 감각의 희미한 복사판에 불과하다는 영국 경험론자의 생각이 옳든 그르든 우리는 '진짜' 감각과 마찬가지로 이런 감각으로도 즐거움과 고통을 느낀다. 누구나 경험으로 알듯 성적 환상이 실물을 만족스럽게 대체해주지는 못하지만, 우리가 그런 환상에 빠질 수 없다면 어떤 이유로든 분명 아쉬울 것이다. 성적 환상은 기분을 유쾌하게 만들 뿐 아니라 성적 감흥과 신체 변화도 일으킨다. 또한 우리는 슬픈 소설을 읽으며 울기도 하고, 마찬가지로 소설가는 그것을 쓰면서 울기도 할 것이다.

우리는 스스로가 상상만으로 고통과 즐거움을 불러내는 데 전문가라고 자부하지만, 막상 상상력이 만들어내는 효과가 얼마나 강력한지 알고 나면 놀라움을 금치 못한다. 나는 작곡 경연대회 참가자들이 자기가 작곡한 곡을 녹음해서 제출하거나 직접 연주하는 것이 아니라 악보만 제출한다는 것을 알고 몹시 놀랐다. 심사위원이 악보를 읽으면서 마음으로 음악을 듣고 자신 있게 심미적 판단을 내린다는 것이다. 음악적 상상력은 어디까지 발휘될 수 있을까? 음악의 대가라면 재빨리 악보를 훑어보면서 현악기들이 어우러져 내는 화음 위로 불협화음을 일으키는 오보에와 플루트 소리를 잡아낼 수 있을까?

상상만으로 느끼는 감각을 현상학적 항목이라 할 수 있고, 이런 항목이 심미적 감상과 판단에 적합하다면 왜 진짜 감각이 훨씬 더 중요할까? 왜 우리는 석양을 회상하거나 스파게티를 기대하는 것만으로는 만족하지 않을까? 우리가 삶에서 얻는 즐거움과 고통의 상당 부분은 결국 기대와 회상에서 나온 것이다. 감각을 느끼는 바로 그 순간이 차지하는 비중은 극히 일부분에 지나지 않는다. 그 이유는 뒤에서 다시 살펴보겠지만, 상상하고, 기대하고, 회상한 감각이 희미한 감각이 아니라는 사실은 혼자서 할 수 있는 작은 실험으로도 쉽게 드러난다. 이것이 우리를 현상의 세 번째 영역으로 데려갈 것이다.

정서적 경험

통증, 유용한 경고 체계

눈을 감고 누군가가 당신을 발로 걷어찼다고 상상해보라. 앞부분이 금속으로 덧대진 부츠를 신은 발에 왼쪽 정강이를 세게 차여 참을 수 없는 통증이 몰려온다고 가능한 한 상세하게 상상하라. 눈물이 나고 거의 기절할 지경이다. 통증이 너무 심하고 날카로워서 속이 메슥거리고 온몸이 통증에 점령당한 것 같다. 당신은 통증을 느꼈는가? 사람들이 이 실험에 반응하는 방식은 각양각색이지만, 아직까지 그 누구도 실제로 통증을 느꼈다는 사람은 없었다. 어떤 사람은 다소 불쾌함을 느꼈다고 했지만, 대부분 이런 심리 실험이 그저 재미있었다고 했다.

이번에는 아까처럼 정강이를 얻어맞는 장면을 꿈으로 꾸었다고 해보자. 꿈이 무척 충격적이어서 화들짝 놀라 잠에서 깰 수도 있다. 눈에 눈물이 고인 채 정강이를 끌어안고 훌쩍훌쩍 울 수도 있을 것이다. 그러나 그렇다고 염증이나 멍이 생기는 것은 아니다. 잠에서 깨어나 정신을 차린 당신은 정강이에 아무런 흔적도 남지 않았음을 발견할 것이다. 꿈에서의 통증은 진짜 통증인가, 상상의 통증인가? 아니면 그 중간의 어떤 것인가? 최면으로 유도한 통증은 또 어떤가?

적어도 꿈속의 통증과 최면으로 유도한 통증은 정말로 존재했던 우리의 마음 상태다. 그것을 당신이 자면서 몸을 뒤척이다가 팔이 비틀렸는데, 잠을 깨지도 않았고, 불편함을 전혀 인지하지도 못했다가 다시 편안한 자세가 되었을 때의 마음 상태와 비교해보라. 이것도 통증인가? 만일 팔이 비틀린 상태에서 잠에서 깨 아픔을 느꼈다면 이는 통증일 것이다. 몹시 드물기는 하지만, 선천적으로 통증을 느끼지 못하는 사람도 있다. 이들은 불편함을 느끼지 못해 잠을 자는 동안은 물론이고, 깨어 있는 동안에도 이리저리 자세를 바꾸지 않아 관절이 눌리고 손상되어 불구가 되는 지경에 이른다. 또한 이들은 화상을 입거나 다치는 일도 많고, 미리 주의하고 관리하지 못해 불행하게도 삶을 일찍 마감하는 일이 많다(Cohen et al., 1955; Kirman et al., 1968).

통증 신경 섬유와 뇌의 관련 회로로 우리가 경고 체계를 갖춘 것은 틀림없는 진화의 축복이다. 경종이 울리더라도 어찌해볼 도리가 없는 헛된 경고여서 고통의 대가만 치러야 하는 경우도 있지만 말이다. 그런데 왜 통증은 그렇게 심한 고통을 일으킬까?[4] 그냥 마음의 귀에 커다란 종소리를 울리면 안 될까?

분노, 두려움, 증오는 무슨 소용이 있을까? 아니면 좀 더 복잡한 예로 '공감'을 생각해보라. 어원학상으로 그 말은 고통을 함께한다는 의미다. 독일어로는 'Mitleid(아픔을 함께)' 또는 'Mitgefühl(느낌을 함께)'이다. 아니면 '공명sympathetic vibration'을 생각해보라. 공명은 악기 줄이 진동하면서 옆에 있는 줄이 같이 울리는 현상으로, 가까이 있는 두 줄이 고유진동수를 공유하여 일어난다. 자식이 심한 모욕감을 느끼거나 몹시 당황스러워하는 모습을 지켜보는 부모는 자식 못지않게 견디기 어려울 것이다. 같은 정서가 온몸을 휩쓸고, 생각을 잠식하며, 평상심을 흔들어놓는다. 부모는 같이 싸우거나 울거나 무언가를 사정없이 내려치고 말 것이다. 이는 공감의 극단적인 형태다. 왜 우리는 우리 안에 그런 현상이 일어나게 설계된 것일까? 그 현상은 대체 무엇일까?

왜 유쾌함과 웃음이 필요한가?

이번에는 '재미'에 관해 생각해보자. 모든 동물은 삶을 지속하기를 원한다. 어떤 조건에서도 자기 목숨을 보존하려고 무진장 애를 쓰지만, 삶을 즐기고 재미있는 활동을 할 수 있는 종은 몇 되지 않는다. 그런 예로 얼른 떠오르는 동물로는 눈밭에서 미끄럼을 타고 노는 활달한 수달, 장난을 좋아하는 새끼 사자, 인간의 친구인 개와 고양이가 있지만, 거미나 물고기는 그에 해당하지 않는다. 말의 경우, 적어도 4, 5세 된 수망아지들은 활발하게 노는 것을 좋아하는 것 같지만, 소와 양은 보통 지루해 보이거나 아무 것에도 관심이 없어 보인다. 날 수 있는 능력을 가진 것이 얼마나 좋고 감사할 일인지 알지도 못하는 새가 그런 능력을 갖고 있다는 것이 헛되다는 생각을 해본 적 있는가? 재미는 사소한 개념이 아니지만, 아직까지 철학자들로부터 세심한 관심을 받지 못하고 있다. 우리를 즐겁게 살게 해주는 재미가 우리에게 하는 역할을 설명하지 않고는 의식에 관해서도 제대로 설명할 수 없을 것이다.

다른 포유류보다 모여 사는 것을 좋아하고, 도무지 이해할 수 없는 이상한 행동을 보이는 영장류 종이 있다. 이 종은 남아메리카에 서식하며, 크고 작은 집단을 이루어 살아간다. 다양한 상황에서 서로 재잘거리는 와중에 이들은 자기 마음대로 제어할 수 없는 강박적인 호흡 발작을 일으키기도 한다. 시끄럽고, 조절 불가능하며, 서로가 서로의 행동을 강화하는 것으로 보이는 일종의 집단 호흡 발작이다. 이런 호흡 발작이 너무 심하면 목숨을 잃을 수도 있다. 그러나 대부분의 개체가 발작을 피하려 하기는커녕 적극적으로 참여하고, 일부 무리는 이 행동에 중독된 것처럼 보인다.

이런 행위가 그들에게 어떤 의미인지 알기만 하면 궁금증을 불러일으키는 이 중독증의 정체가 무엇인지 이해할 수 있을 것이라고 여기기 쉽다. 그 집단 호흡 발작을 '그들의 시각에서' 볼 수 있다면 그 행동이 무엇을 위해 필요한 것인지 알 수 있을 것이라고 말이다. 그러나 이 경우에는 우리가 그런 통찰을 얻더라도 수수께끼는 여전히 풀리지 않을 것이다. 원하는 접근법을 우리가 이미 갖고 있기 때문이다. 이 종은 호모 사피엔스이고(실제로 다른 곳에도 살지만 남아메리카에 살고 있는), 그 행위는 웃음이다.[5]

다른 동물은 집단 호흡 발작을 일으키지 않는다. 그런 독특한 현상과 마주한 생물학자는 우선 그런 행위가 어디에 도움이 되는지 궁금해할 것이다. 그리고 그 행위로 얻을 수 있는 직접적인 생물학적 이점을 발견하지 못한다면, 그 이상하고 비생산적인 행위가 다른 요긴한 것을 얻은 대가로 따라온 것이라고 해석해버리기 쉽다. 그러나 호모 사피엔스가 얻은 것은 무엇인가? 거의 중독에 가까운 웃음 발작이란 대가를 치를 정도로 가치 있고, 우리에게 도움이 된 것은 무엇인가? 웃음이 복잡한 사회생활에서 쌓인 스트레스를 다소 줄여주는가? 그런데 스트레스를 줄이기 위해 왜 재미있는 일이 필요한가? 왜 서로 모여서 몸을 덜덜 떨거나, 트림을 하거나, 서로의 등을 긁어주거나, 노래를 흥얼거리거나, 코를 풀거나, 정신 없이 손을 핥는 행동으로는 안 될까?

우리가 웃는 이유는 사실 매우 뻔하고 분명하다. 우리는 즐겁고 유쾌해서, 행복해서, 어떤 일이 배꼽을 빼놓아서 웃는다. 설명이 필요 없는 '공허한 설명virtus dormitiva'이 있다면 바로 이것이다. 우리는 자극이 매우 우습기 때문에 웃는다.[6] 우리가 웃는 이유는 다른 것이 없다. 통증이 진정한 고통의 구성 요인이듯 유쾌함은 진정한 웃음의 구성 요인이다. 이것은 틀림없는 진실이므로 부정해서는 안 된다.

그러나 통증과 통증 행동에 관한 일반적인 설명이 그렇듯 웃음에 관한 설명도 명백한 사실 이상을 설명할 수 있어야 한다. 우리는 왜 통증과 통증 행동이 있어야만 하는지에 관해 완벽하게 수긍할 수 있는 생물학적 설명을 내놓을 수 있다. 우리가 원하는 것은 그와 비슷한, 왜 유쾌함과 웃음이 있어야 하는지에 관한 설명이다.

그렇지만 우리가 실제로 그런 설명을 내놓는다고 해도 모두를 만족시키지는 못할 것이다. 자신을 반환원주의자antireductionist라고 자처하는 사람들은 통증과 통증 행동에 관한 생물학적 설명이 괴로움을 배제했다고 불평한다. 통증이 고통이 되게 만드는 내재적인 지독함을 배제했다는 것이다. 그들은 우리가 내놓는 웃음에 관한 설명에도 내재적인 유쾌함이 빠져 있다고 똑같은 불평을 쏟아낼 것이다.

"당신이 설명한 것은 수반되는 행위와 기제일 뿐, 본질적인 것은 빼놓았다. 그 본질은 지독하기 그지없는 고통이다."

이런 불평은 복잡한 질문을 제기하는데, 이에 관해서는 10장에서 논의할 것이다. 그때까지 지독한 고통을 일으키는 통증에 관한 설명은 돌고 돌기만 할 것이고, 해결되지 않은 채 공허한 설명으로 남아 있을 것이다. 그와 마찬가지로 웃음에 관한 설명도 당연한 것으로 여겨지는 내재적인 환희, 즐거움, 우스꽝스러움을 배제한 것임이 틀림없다. 그런 속성이 있다는 것이 그 질문에 대답하는 것을 미루게 할 것이기 때문이다.

웃음의 현상학은 밀봉되어 있다. 우리는 웃음이란 원래 우스운 것에 동반되는 것이고, 유머에 대한 적절한 반응이라고 본다. 이 말을 좀 더 자세히 살펴보면, 우스운 일에 대한 적절한 반응은 마음의 내적 상태인 즐거움이며, 즐거움의 자연적인 표현은 웃음이다(웃음을 감추거나 참으려 하지 않는다면). 우리는 이제 과학자들이 매개변인이라고 부르는 것을 찾은 것 같다. 그것은 자극과 반응 사이에 있는 즐거움이다. 즐거움이 양쪽에 모두 연결되어 있는 구성요소로 보인다. 다시 말해, 즐거움은 진지한 웃음을 유발하는 것이기도 하고, 재미있는 일로 유발되는 것이기도 하다. 이 모든 것은 더 이상 설명이 필요 없는 명백한 것으로 보인다. 루드비히 비트겐슈타인Ludwig Wittgenstein이 말한 것처럼 설명은 어딘가에서 멈추어야 한다. 그러나 지금 우리가 당면한 문제는 분명히 설명할 수 있는 것이다. 우리는 순수 현상학을 넘어서야만 현상학의 정원에 기거하는 것을 조금이라도 설명할 수 있다.

현상학의 이런 예는 매우 다양하지만, 공통적으로 중요한 두 가지 특징이 있다. 하나는 우리 현상학에 있는 것이 우리에게 매우 친숙하다는 것이다. 우리의 사적인 현상학에 있는 항목은 우리가 그 무엇보다 잘 아는 것이다. 아니, 그렇게 여겨진다. 다른 하나는 그것이 유물론적인 과학의 접근을 단호히 거부한다는 것이다. 석양이 내게 느껴지는 방식은 전자, 분자, 뉴런이 일으키는 일과는 상관없는 것처럼 보인다. 아니, 그렇게 여겨진다.

철학자들은 그 두 가지 특징 모두에 깊은 인상을 받고, 문제가 되는 점을 거론할 여러 방식을 찾아냈다. 일부 철학자에게는 정말이지 알 수 없는 문제가 이 특별한 친밀감이다. 우리는 어떻게 이런 항목을 다루는 데 구제불능이거나, 특권적 접근권을 갖거나, 직접적으로 파악할 수 있는가? 우리의 현상학에 대한 인식적 관계와 외부 세계의 대상과의 인식적 관계 사이에는 어떤 차이가 있는가? 또 다른 철학자들에게는 우리 현상학에 있는 특이한 '내재적 질(라틴어로는 퀄리아qualia)', 즉 감각질이 커다란 수수께끼다. 물질 분자로 이루어진 것이 어떻게 내가 누리는 재미가 되고, 내가 지금 상상하는 분홍색 얼음 조각과 궁극적 동질성을 가지며(Sellars, 1963), 통증이 내게 영향을 미치는 방식에 문제가 되는가?

이런 현상 모두에 합당한 유물론적 설명을 발견하기란 쉬운 일이 아닐 것이다. 그렇기는 해도 우리는 얼마간 진보를 이루었다. 우리는 현상학의 근본 기제를 이해하는 데 도움이 될 사례들을 더 갖게 되었다. 이 사례들은 자기 성찰로 명백한 것이면 당연한 사실로 용인하던 관행에 도전하고, 심지어는 그것을 전복시키기까지 했다. 그렇게 드러난 것을 좀 더 가까이 다가가서 여러 각도에서 바라본다면 마법의 주문을 깨고, 현상학의 정원에 있는 '기적'을 소멸할 수 있을 것이다.

3장

3인칭적 과학 방법론

1인칭 복수, 과도한 일반화의 오류

당신은 동물원 이곳저곳을 둘러보며 신기한 동물들을 구경하지, 진지하게 동물학을 연구하지 않는다. 진지한 동물학은 정확해야 하고, 동물학자 간에 이해가 엇갈리지 않도록 합의된 방법으로 설명·분석되어야 한다. 진지한 현상학은 그보다 훨씬 명확하고 중립적인 방법으로 설명되어야 한다. 같은 말이라도 사람마다 쓰는 방식이 다르고, 말에서는 누구나 다 전문가이기 때문이다. 현상학적인 논란을 학문적으로 논의한다는 사람들이 서로의 말에 동문서답하면서 책상이나 꽝꽝 두드려대고 불협화음을 일으키는 일이 비일비재한 것을 보면 놀랍기 그지없다. 하지만 어떤 면에서는 이런 불협화음이 일어난다는 사실 그 자체가 더 놀랍다. 오랜 철학적 전통에 따르면, 우리는 모두 자신의 내면에서 일어나는 현상학을 들여다보고 발견한 것에 의견을 같이하기 때문이다.

현상학을 한다는 것은 보통 신뢰할 수 있는 공동의 일이었고, 함께 관찰한 것을 한데 모으는 문제였다. 데카르트가 1인칭 단수 독백으로《성찰 Meditations》을 썼을 때도 분명 그는 자기가 관찰한 것에 독자도 동의해주기를 기대했다. 독자들도 각자 자기 마음에서 데카르트가 묘사한 탐색 작업을 하여 같은 결과를 얻어내기를 원했던 것이다. 영국의 경험론자 로크, 버클리, 흄도 자신이 하는 일은 대부분 자기 성찰이고, 독자들도 자신의 글을 읽고 똑같이 성찰할 것이라는 가정하에 글을 썼다. 로크는《인간오성론 An Essay Concerning Human Understanding》(1690)에서 자기 성찰을 "역사적이고 명료한 방법"이라고 말했다. 난해한 추정론이나 자신에 관해 이론화한 선험적 관념이 아니라, 관찰한 사실을 그대로 적어 누구에게나 분명하고 공통된 사실을 독자에게 상기시켜주는 것이라고 생각했던 것이다.

사실상 의식에 관한 글을 쓴 거의 모든 저자는 1인칭 복수 추정이라고 부를 수 있을만한 일을 한 것이다. 신비한 의식이 무엇을 담고 있든지 우리는 우리가 다 같이 알고 있는 것, 우리 모두 의식의 흐름에서 발견한 것을 편안하게 함께 이야기할 수 있다. 또 몇몇 다루기 힘든 예외를 제외하고는 독자들도 언제나 그 음모에 동의했다.

그러나 당황스럽게도 이렇게 정중하게 상호 동의한 조건하에 제기된 주장에 논란과 모순이 들끓는다. 어떤 것에 관해서는 우리가 우리 자신을 속이고 있는 것이다. 아마도 우리는 우리 모두 기본적으로 얼마나 유사한 성질을 갖고 있는지에 관해서도 우리 자신을 속이고 있을 것이다. 사람들은 여러 현상학 학파를 처음 접했을 때 그들이 하는 말을 듣고 옳다고 여겨지는 학파에 합류할 것이다. 따라서 각 학파의 현상학적 설명이 자기 구성원의 내면적 삶에 관해서는 기본적으로 옳을 것이다. 그래서 많은 현상학이 자기 구성원의 공통된 생각을 자연스럽게 다른 사람에게도 똑같이 적용할 수 있다는 과도한 일반화에 이르지만, 이는 억지 주장이다.

어쩌면 우리는 자기 성찰의 높은 신뢰도에 관해 스스로를 속이는 것인지도 모른다. 자신의 의식적인 마음을 스스로 관찰할 수 있는 능력을 과신하는 것이다. 데카르트가 "나는 생각한다. 그러므로 나는 존재한다"라고 말한 이래 우리의 사고 역량은 오류에 대해 다소간 면책권을 획득한 것으로 보인다. 우리는 자신의 생각과 감정에 관한 한 특권적인 접근권이 있다. 어떤 외부인보다 자신이 더 잘 접근할 수 있다고 보장된다(누가 당신이 생각하고 느끼는 것이 틀렸다고 주장한다고 생각해보라). 우리는 언제나 옳다고 보장받은, 결코 틀림이 없는 '무오한infallible' 존재이며, 적어도 옳든 그르든 누구도 뜯어고칠 수 없는 존재다(Rorty, 1970).

이 무오성 교리는 아무리 견고하게 방어막을 치고 있더라도 단순한 오류에 불과하다. 설령 우리 모두 기본적으로 유사한 현상학을 가진다 하더라도 그것을 완전히 잘못 이해하여 엉뚱한 설명을 내놓는 관찰자도 있을 수 있다. 하지만 그들은 자기가 옳다고 확신하므로 고치려 들지 않을 것이다(그들은 명예훼손이라는 문제에 매우 완강하다).

우리가 스스로를 속이는 또 다른 문제는 '자기 성찰' 행위가 단지 '바라보고 알아내는 것'이라는 생각이다. 우리가 내면을 관찰하는 능력을 이용하고 있다고 주장할 때 실제로 하는 일은 일종의 즉흥적인 이론화인 경우가 많다. 우리는 굉장히 잘 속아 넘어가는 이론가다. 내면에는 관찰할 것은 매우 적고, 반박당할 염려 없이 거들먹거리며 말할 것은 많기 때문이다. 우리가 공동으로 자기 성찰을 할 때 실제로 하는 일은 눈먼 사람들처럼 코끼리의 서로 다른 부위를 만지는 것이다.

앞 장에서 여러 현상을 둘러보다 깜짝 놀란 일은 없었는가? 카드를 눈앞 거의 중심까지 가져와도 어떤 카드인지 식별하지 못했던 일은 어땠는가? 사람들은 대부분 그 사실을 알고 놀라움을 금치 못했다. 주변 시야의 제한성을 알고 있는 사람도 마찬가지였다. 당신도 놀랐다면 그 경험을 하기 전까지는 그에 관해 잘못 생각하고 있었을 가능성이 높다. 우리는 종종 주변 시야에 실제로 있는 것보다 더 많은 내용이 있는 것을 직접 봤다고 주장한다. 왜 그런 주장을 하는 것일까? 그것을 분명하게 직접 봤기 때문이 아니다. 그래야 이치에 맞는다고 생각하기 때문이다. 당신은 정상적인 조건에서 시야에 커다란 공백이 있어도 알아채지 못한다. 하지만 바라보는 곳마다 색깔이 있는 무언가가 있었고, 거기에 눈에 띌 정도로 채색되지 않은 영역이 있었다면 분명 그 차이를 눈치챘을 것이다. 당신의 주관적 시야가 기본적으로 색깔 있는 형태로 구성된 내면의 그림이라고 생각한다면, 캔버스의 모든 부분이 어떤 색으로든 채색되어 있는 것이 이치에 맞다. 아직 그림이 그려지지 않은 캔버스라도 색깔은 있다. 그러나 그것은 당신이 직접 관찰한 것이 아니라 주관적 시야의 모호한 모형에서 끌어낸 결론이다.

이 말은 우리가 우리의 의식적인 경험에 특권적 접근권을 갖지 못했다는 뜻이 아니다. 내 말은 우리가 실제보다 오류에 훨씬 더 둔감하다고 생각하는 경향이 있다는 의미다. 일반적으로 사람들은 자신의 특권적 접근권과 관련해 이런 식으로 문제제기를 받으면 자신의 의식적인 경험의 원인과 결과에 어떤 특별한 접근권도 없다고 인정한다. 그들은 코로 맛을 본다거나 매우 낮은 저음은 발로 듣는다는 사실을 알고는 놀라지만, 자기 경험의 원인이나 원천에 대해 권위를 주장하지는 않는다. 그들은 어떤 일의 원인이나 결과가 아닌 오로지 자기가 직접 경험한 일에만 권위가 있다고 말한다. 그러나 그렇다 하더라도 그들 스스로 부과한 제약을 넘는 일이 종종 있다. 당신은 다음과 같은 명제를 얼마나 확신하는가?

(1) 당신은 붉은색인 동시에 초록색이기도 한 헝겊 조각을 경험할 수 있다. 두 색깔이 섞인 것이 아니라 동시에 두 가지 색깔로 된 헝겊 조각이다.

(2) 당신이 조명이 좋은 곳에서 파란 배경에 있는 노란 원을 바라본다면 노랑과 파랑의 발광성이나 밝기는 똑같은 정도로 조정되고, 둘 사이의 경계는 사라진다.

(3) '청각적 이발소 간판 기둥auditory barber pole'이라 불리는 소리가 있다. 이 소리는 절대로 더 커지지 않는데, 음조는 계속해서 영원히 높아진다.

(4) 약초로 만든 어떤 약을 남용하면 모국어로 말한 구어체 문장을 이해할 수 없게 된다. 다른 소리를 못 듣거나 잡음이 들리는 등의 청력 이상이 발생하는 것은 아니지만, 약의 효과가 사라지기 전까지는 모든 말이 외국어처럼 들린다. 그 말이 모국어라는 사실을 알고 있어도 아무 소용 없다.

(5) 눈을 가리고 코를 만지는 동안 진동기를 팔 어느 지점에 갖다 대면 코가 피노키오 코처럼 자라는 느낌이 든다. 진동기를 다른 지점으로 옮기면 집게손가락을 두개골 안쪽 어딘가에 넣어 코를 안에서 바깥으로 밀어내는 것 같은 이상한 느낌이 들 것이다.

4번은 내가 지어낸 이야기지만, 그 말이 맞을 수도 있다. 얼굴실인증 prosopagnosia이라는 신경질환에 걸리면 시력에는 전혀 이상이 없고, 눈에 보이는 대부분의 사물을 잘 구별하면서도 가까운 친구나 아는 사람의 얼굴은 전혀 알아보지 못한다.[1] 그러므로 당신이 당신의 의식적인 경험의 본질이나 내용에 특권적 접근권이 있다 하더라도 그에 관한 한 과신하지 말아야 한다.

나는 당신을 현상 여행으로 안내하면서 직접 해볼 수 있는 여러 가지 간단한 실험을 제시했다. 이것이 순수 현상학 정신에 맞는 것은 아니다. 현상학자는 우리가 우리 현상학의 생리적인 원인과 결과에 권위를 갖고 있지 않으므로 일상적인 경험을 해나가는 동안 '주어지는' 것에 관해 순수하고, 중립적이며, 전 이론적인 설명을 하고자 한다면 그런 원인과 결과는 무시해야 한다고 주장한다. 그러나 우리가 접해보지도 못한 신기한 현상이 얼마나 많은지 보라. 동물학자가 겨우 개, 고양이, 말, 울새, 금붕어만 관찰한 결과로 동물학 전체를 설명하려고 든다면 놓치는 것이 많을 것이다.

3인칭 시점, 마음을 객관적으로 들여다보다

이제부터 우리는 비순수 현상학에 탐닉할 것이므로 그 어느 때보다 방법론상의 문제에 더 조심스러워야 한다. 현상학자가 채택한 표준 시점은 데카르트의 1인칭 시점이다. 나는 내 의식적인 경험에서 발견한 것을 1인칭 시점 독백체로 설명하면서(당신이 내 말을 엿들을 수 있게) 우리가 서로 같은 의견에 이를 수 있기를 바란다. 그러나 나는 1인칭 복수 시점에서 나온 편안한 공모는 전혀 믿을 수 없는 오류만을 만들어낸다는 것을 보여주려고 한다. 실제로 심리학 역사에서 내성주의가 쇠퇴하고 행동주의가 부상한 것도 이런 방법론상의 문제점을 인식했기 때문이다.

행동주의자들은 내 마음이나 당신 마음, 그의 마음이나 그녀의 마음, 또는 그것의 마음에서 일어나는 일이 무엇인지 추측하지 않으려고 온갖 노력을 기울였다. 그렇게 그들은 3인칭 시점을 일구었다. 행동주의에서는 '외부에서' 모은 사실만이 자료로서 의미가 있다. 당신은 활동 모습을 비디오카메라로 찍어 버튼이나 지렛대를 누르기까지의 반응 시간이나 심박수, 뇌파, 안구 운동, 안면 홍조(객관적으로 측정할 수 있는 기계가 있다면), 전기 피부 반응(거짓말 탐지기가 탐지해내는 전기적 전도성)을 측정해 신체 움직임의 오류율을 측정할 수 있다. 그러나 피실험자의 두개골을 열어(외과적 방법 또는 뇌 스캔 장치를 이용해서) 뇌에서 무슨 일이 일어나는지 볼 수 있다 하더라도 마음에서 일어나는 일을 추측할 수는 없다. 마음에서 일어나는 일은 과학적 방법으로 얻을 수 있는 데이터가 아니기 때문이다.

아무리 단순한 생각이라도 사람의 마음을 직접 들여다볼 수는 없고, 그 사람의 생각은 그의 말을 통해서만 알 수 있으므로 정신적 사건과 관련한 사실은 과학적인 데이터로 볼 수 없다. 객관적인 방법으로 검증할 수 없기 때문이다. 이런 방법론적 원칙은 오늘날 행동주의 연구는 물론 모든 실험심리학과 신경과학을 지배하는 원칙으로 자리 잡았으며, 너무 자주 다음과 같은 이데올로기적 원칙으로 격상되어 버리곤 한다.

- 정신적 사건은 존재하지 않는다(그것으로 끝! 이것은 '맨발의 행동주의barefoot behaviorism'라고 불렸다).
- 정신적 사건은 존재하지만, 그 결과는 아무것도 없다. 따라서 과학으로 연구할 수 없다(11장의 '부수현상적 감각질' 참조).
- 정신적 사건은 존재하고 그 결과도 있지만, 그 결과를 과학적으로 연구할 수는 없다. 정신적 사건은 뇌의 '주변적' 또는 '하위' 결과와 과정이라는 이론만으로 만족해야 할 것이다(이런 견해는 신경과학자, 특히 이론가를 미심쩍게 여기는 사람들 사이에서 흔히 볼 수 있는 이원론이다. 이런 연구자들은 겉으로는 마음이 뇌가 아니라는 데카르트의 생각에 동의하면서 뇌 이론 하나만으로 만족하려 든다).

이런 견해는 모두 어떤 식으로든 부당한 결론에 이른다. 설령 정신적 사건이 과학적 데이터에 속하지 않더라도 과학적으로 연구할 수 없는 것은 아니다. 블랙홀이나 유전자도 과학적 데이터에 속하지 않지만, 우리는 연구를 통해 훌륭한 과학 이론을 발전시켰다. 우리는 과학적으로 인정되는 데이터를 이용해 정신적 사건을 설명하는 이론을 세워야 한다. 그런 이론은 모든 과학이 그렇듯 3인칭 시점으로 구성되어야 할 것이다. 어떤 사람은 3인칭 시점으로는 의식적인 마음의 이론을 세우는 것이 불가능하다고 말한다. 그런 주장 가운데 가장 두드러진 것은 철학자 토머스 네이글Thomas Nagel의 주장이다.

> 세상과 삶과 우리 자신에 관한 것 중에는 우리의 이해를 아무리 확대한다 해도 객관적인 시점으로는 제대로 이해할 수 없는 것이 있다. 그중 상당히 많은 부분이 근본적으로 특정한 시점에 묶여 있으므로 그 시점에서 벗어나 객관적인 용어로 그 세계를 완벽하게 설명하겠다는 시도는 필연적으로 '허위 환원false reduction'에 이르고 말거나, 명백하게 실재하는 현상을 말도 안 되게 부정하는 결과에 이를 것이다. (Nagel, 1986, p. 7)

정말 그런지 한번 살펴보자. 그 이론이 실제로 말하는 것이 무엇인지 알지도 못하는 상태에서 그 이론으로 설명할 수 있는 것과 없는 것을 놓고 논쟁을 벌인다는 것은 시기상조다. 그런 회의론에 직면하여 어떤 이론에 공정한 해명 기회를 주고자 한다면 선입견 없이 문제를 판단할 중립적인 데이터 기술 방식이 있어야 한다.

타자현상학이란 무엇인가?[2]

타자현상학heterophenomenology은 매혹적인 모든 지름길을 무시하고 객관적인 과학에서 출발해 3인칭 시점을 고수하면서 현상학적 설명으로 가는 중립적인 방법이다. 가장 사적이고 형언할 수 없는 주관적인 경험을 다루지만, 과학이 요구하는 방법론적인 세부사항까지도 절대 포기하지 않는 길이다.

우리는 의식 이론을 원하지만, 어떤 실체에게 의식이 있느냐에 관해서는 논란이 있다. 이제 막 태어난 아기는 의식이 있을까? 개구리는? 굴, 개미, 식물, 로봇, 좀비는 어떨까? 당분간은 이 논란에서 중립을 지켜야겠지만, 누구나 의식 있는 실체라고 인정하는 부류가 있으니, 바로 '성인 인간 adult human'이다.

그런데 성인 인간 가운데 어떤 이는 철학자가 쓰는 전문용어로 좀비일지 모른다. 좀비라는 말은 아이티인이 믿는 부두교 설화에서 온 것으로 보이며, '살아 있으나 죽은' 사람을 가리킨다. 좀비는 악행을 저지른 대가로 천형을 받아 죽은 자의 멍한 눈으로 어기적어기적 헤매 다니는 신세다. 이들은 아무 생각 없이 중얼대며 부두교 신부나 샤먼의 심부름을 하고 다닌다. 공포 영화를 보면 좀비는 정상인과는 단번에 구별되는 특성이 있다(일반적으로 아이티 좀비는 춤도 추지 못하고, 농담은 물론 활기 넘치는 철학적 논쟁도 펼치지 못한다. 재치 있는 대화도 나누지 못하고, 그저 끔찍하게만 보일 뿐이다).[3]

그러나 철학자가 말하는 좀비는 조금 다르다. 그들은 완전히 깨어 있고, 말도 많으며, 활기 넘쳐 보이지만, 실제로는 전혀 의식이 없는 자동인형 같은 인간 부류를 좀비라고 지칭한다. 좀비에 관한 그들의 생각에서 가장 핵심이 되는 것은 외적으로 나타나는 행동만으로는 좀비와 정상인을 구별할 수 없다는 점이다. 우리의 가장 친한 친구 중에도 좀비가 있을지 모른다. 친구나 이웃이라고 해도 우리가 볼 수 있는 모습은 겉으로 나타나는 행동뿐이니 알 수 없는 노릇이다.

어쨌든 나는 시작부터 중립을 지켜야 하므로 정상적인 성인 인간에 중점을 두어 이야기를 풀어나갈 것이다. 내가 설명하는 방법이 겉보기에 정상인 성인 인간의 의식에 관해 어떤 가정도 하지 않더라도 의식이 어딘가에 있다면 바로 그 부류에게 있을 것이기 때문이다. 일단 인간의 의식에 관한 이론이 대략 어떤 식으로 전개될지 보고 나면 관심을 침팬지, 돌고래, 식물, 좀비, 화성인, 토스터와 같은 다른 종의 의식으로(그것이 존재한다면) 돌릴 수 있을 것이다(철학자는 종종 사고 실험을 하다 환상에 빠져버리기도 한다).

성인 인간(지금부터는 그냥 인간이라고 부르겠다)에 관해서는 이미 여러 과학 분야에서 연구가 이루어졌다. 생물학자, 의학자, 영양학자, 공학자('인간의 손가락으로 타자를 얼마나 빨리 칠 수 있을까?', '인간 모발의 인장 강도는 얼마나 될까?'와 같은 물음을 던지는 사람들)가 인간의 신체를 연구했고, 심리학자와 신경과학자도 인간 개개인을 피실험자라 부르면서 다양한 실험을 통해 연구를 거듭했다. 대부분의 실험에서 피실험자는 실험에 앞서 항목별로 분류된다. 나이는 몇 살인지, 남자인지 여자인지, 왼손잡이인지 오른손잡이인지, 교육은 얼마나 받았는지 조사를 받고, 아울러 실험에 참여하는 방법도 교육받는다.

인간 피실험자가 생물학자의 바이러스 군락, 엔지니어의 신소재 표본, 화학자의 용액, 동물심리학자의 쥐, 고양이, 비둘기와 현저하게 다른 점은 바로 교육이 가능하다는 점이다. 과학 연구에서 인간은 언어적 의사소통을 포함해 실험을 위한 준비 작업이 가능한 유일한 대상이다(그러나 언제나 그런 것은 아니다). 우리는 언어적 의사소통으로 실험을 설정하고, 제약한다. 피실험자는 여러 가지 지적인 과제를 수행하고, 문제를 해결하고, 제시된 항목을 찾고, 버튼을 누르고, 판단을 내릴 것을 요청받는다. 이런 준비가 일관성 있게 이루어져야 실험의 타당성을 인정받을 수 있다. 영어밖에 할 줄 모르는 피실험자에게 터키어로 교육한다면 실험이 실패할 것은 뻔하다. 이런 지시에 아주 사소한 오해만 있어도 잘못된 실험 결과를 얻을 수 있으므로 언어적 의사소통을 통해 인간 피실험자를 준비시킬 때는 세심한 주의를 기울여야 한다.

우리는 모든 인간 실험을 좀 더 면밀하게 살펴야 한다. 대부분의 실험에서처럼 전 실험 과정을 여러 매체를 이용해 기록한다고 해보자. 비디오 촬영, 음성 녹음, 뇌전도 검사로 실험 전반을 기록하고, 기록되지 않은 것은 그 어떤 것도 데이터로 치지 않는 것이다. 먼저 실험 도중에 피실험자와 실험자가 주고받은 말을 녹음한 음성 기록에 초점을 맞추어보자. 피실험자가 낸 목소리는 물리적 수단을 통해 만들어지므로 물리학으로 설명 가능하고, 예측도 가능하다. 자동차 엔진 소음이나 천둥소리를 설명하는 데 이용하는 원리와 법칙, 모형을 이용해 음성 기록을 설명할 수 있다. 아니면 그 소리는 생리학적 방법으로 생성되므로 딸꾹질, 코 고는 소리, 트림 소리, 턱 관절이 어긋났을 때 나는 소리를 설명할 때처럼 생리학적 원리로 설명할 수도 있다. 물론 우리가 1차적으로 관심을 두는 소리는 목소리이고, 그중에서도 특히 언어학적 · 의미론적으로 분석할 수 있는 소리다(가끔씩 섞이는 딸꾹질, 하품, 재채기 소리는 무시하자). 어떤 소리를 이 하부 항목에 포함시켜야 할지에 관해서는 논란의 여지가 있지만, 안전하게 갈 수 있는 방법은 있다. 경험 많은 속기사 세 사람에게 목소리를 녹음한 테이프를 주고 각자 사본을 만들게 하는 것이다.

이 간단한 단계는 많은 것을 함축한다. 우리가 한 세계에서 다른 세계로, 다시 말해 단순한 물리적 소리의 세계에서 단어와 의미, 통사론과 의미론의 세계로 옮겨 가는 것이다. 이 단계를 거치면서 자료의 근본적인 재해석이 일어나고, 새로운 것이 창조된다. 청각적 속성과 그 밖의 물리적 속성에서 나온 추상적인 것이 문자로 거듭난다(Ericsson and Simon, 1984).

테이프에 녹음된 음파의 물리적 속성과 타자수가 듣고 기록해놓은 음소 사이에는 규칙적인 관계가 있을 것으로 짐작되지만, 우리는 아직 그 구체적인 연관 관계를 알지 못한다(우리가 그 관계를 알게 된다면 듣고 받아쓰는 기계를 만드는 문제는 완전히 해결될 것이다. 이 문제에 관해서는 엄청난 발전이 이루어졌지만, 주요한 문제는 여전히 풀리지 않고 있다). 음향학과 음운학 연구가 아직 완전히 이루어지지는 않았지만, 기본적인 주의사항 몇 가지를 지킨다면 구술한 것을 글로 옮긴 것이 데이터를 객관적으로 옮긴 것이라고 신뢰할 수 있다. 첫째, 말을 글로 옮기는 일을 실험자가 아니라 속기사가 대신 한다면 알게 모르게 과도한 해석이 개입되는 것을 막을 수 있다(법원 서기도 이와 같은 중립적인 역할을 수행한다). 둘째, 말을 글자 그대로 옮긴 사본을 세 부 정도 준비하면 그 과정이 객관적으로 측정되었다고 볼 수 있다. 녹음이 잘되었다면 사본 또한 아주 사소한 부분을 제외하고는 모든 면에서 글자 그대로 옮겨졌을 것이다. 사본에 일치하지 않는 부분이 있다면 그 데이터는 폐기하거나, 사본 세 부 중에서 일치하는 다른 사본 두 부를 근거로 수정하면 된다.

엄밀히 말하자면, 사본이나 글은 원래 주어진 데이터가 아니라 원재료를 해석해서 만들어낸 것이다. 이 해석 과정은 화자의 의도가 무엇이며, 어떤 언어로 말하느냐에 달려 있다. 이 문제를 명확히 하려면 속기사에게 맡겼던 과제를 새의 노랫소리나 돼지가 꿀꿀거리는 소리를 녹음한 후 타자로 친 것과 비교해보아야 한다. 인간 화자가 "지가 왼짝 손으로 단초를 눌라도 될까요?" 하고 말해도 속기사들은 한결같이 "제가 왼손으로 단추를 눌러도 될까요?" 하고 물은 것으로 여길 것이다. 속기사들의 의견이 일치하는 이유는 그들이 모두 영어를 알고 있고, 그렇게 해석해야 그 상황에 합당하기 때문이다. 만일 피실험자가 "이제 그 점이 왼짝에서 오른짝으로 움직입니다"라고 말했다고 치자. 우리는 속기사가 이 말을 "이제 그 점이 왼쪽에서 오른쪽으로 움직입니다"라고 고쳐 쓰게 허용할 것이다. 그러나 새의 노랫소리나 돼지가 꿀꿀거리는 소리에는 이와 비슷한 순화 전략이 통하지 않는다. 적어도 연구자들이 그런 잡음에도 규칙이 있음을 발견하고 그것을 해독 가능한 체계로 부호화하는 장치를 개발하기 전까지는 어쩔 수 없다.

우리는 소리의 흐름을 말로 전환하는 과정에서 아무런 노력도 기울이지 않고 부지불식간에 그 의미를 이해한다. 그 과정이 고도로 신뢰할 수 있지만 정상적인 상황에서 전혀 인식되지 않는다는 이유로 은폐되게 내버려두어서는 안 된다. 설령 이해까지는 못하고 단어를 인식한 데서 멈추어버릴지라도 이는 정교하고 중요한 과정이다. 속기사가 "내게는 내 육감으로 밀어닥치는 것이 있습니다. 전조와 모욕으로 밑바닥에서 흐르면서 손짓하는 것이죠. 표면 뒤의 표면에서 드러나는 다양한 예측의 확신이에요"라고 받아 적을 때 그는 그 말이 무슨 뜻인지 전혀 이해하지 못하면서도 그 말이 화자가 실제로 하려고 의도했던 말이며, 그 말이 무슨 뜻이건 말은 제대로 한 것이라고 확신할 것이다.

때로는 화자가 무슨 뜻인지도 모르면서 말하는 경우도 있을 수 있다. 결국 피실험자가 좀비일 수도 있고, 사람 탈을 쓴 앵무새일 수도 있으며, 언어 합성 프로그램을 장착한 컴퓨터일 수도 있다. 아니면 그냥 피실험자가 어리둥절해 있거나, 잘못된 생각에 사로잡혀 있거나, 헛소리를 잔뜩 지껄여 실험자를 놀리려고 작정한 것인지도 모른다. 이런 이상한 일이 있을 수 있다고 하더라도 당분간은 녹음 데이터를 사본이나 글로 만드는 과정이 그런 영향으로부터 자유롭다고 가정하자. 이는 어디까지나 회수할 수 있는 글이 있다는 가정하에 하는 말이고, 회수할만한 글이 없을 때는 그 주제에 관한 데이터는 버리고 다시 시작하는 것이 최선이다.

지금까지 설명한 방법은 정형화된 것이고, 논란의 여지도 없다. 우리는 과학을 포기하지 않고 녹음 데이터를 글로 바꿀 수 있다는 순조로운 결론에 도달했다. 다음 단계는 의식을 실증적으로 연구할 기회를 만드는 것인데, 이런 연구에는 많은 걸림돌과 혼란이 있으므로 여기까지 오는 데 충분한 시간을 들인 것이다. 이제 우리는 글을 넘어 나아가야 한다. 글을 단순히 발음이나 암송이 아니라 주장, 질문, 대답, 약속, 언급, 확인, 큰 소리로 혼잣말하기, 자기 책망과 같은 언어 행동의 기록으로 해석해야 한다.

이런 해석을 위해서는 내가 '지향적 자세Intentional Stance'라고 부르는 것을 도입해야 한다(Dennett, 1971, 1978a, 1987a). 우리는 소리 배출자를 행위자로 대우해야 한다. 그는 믿음과 욕망은 물론이고 지향성intentionality과 겨냥성aboutness을 드러내는 다양한 정신 상태를 가진 합리적인 행위자이며, 그의 행동은 이런 상태를 바탕으로 설명 또는 예측될 수 있다. 그러므로 발화된 소리는 그가 말하기 원했던 것이고, 다양한 근거로 주장하려 했던 것이라고 해석할 수 있다. 사실 우리는 이미 글을 순화했던 이전 단계에서 그런 가정에 근거했다(우리는 "세상에 어떤 사람이 '왼짝에서 오른짝'이라고 말하길 원하겠는가?"라고 추론한다).

언어적 행위에 지향적 자세를 도입하는 것으로 우리가 어떤 위험을 초래할지 모르지만, 이는 실험 설계를 통해 신뢰할 수 있는 자명한 이치에 접근하려면 반드시 치러야 할 대가다. 어떤 말을 하려는 데는 여러 이유가 있을 수 있고, 그중 일부는 실험 설계로 배제해야 한다. 예를 들어, 자신이 그렇게 믿기 때문이 아니라 듣는 사람이 그 말을 듣기 원한다고 믿기 때문에 어떤 말을 하는 경우도 있다. 따라서 피실험자에게 그런 욕구가 있을 가능성을 줄이기 위한 단계를 거쳐야 한다. 우리가 알고 싶은 것은 그 무엇이 되었든 피실험자의 생각이라고 말하는 것도 한 방법이다. 아울러 피실험자에게 실험자의 기대를 노출하지 않는 것도 중요하다. 할 수 있는 한 최선을 다해 피실험자가 생각하고 있는 것을 끌어내야 한다. 다시 말해, 피실험자가 협조하기 원하고, 실험에 참여한 대가를 받기 원하고, 좋은 피실험자가 되기 원하는 것보다 더 나은 선택은 없다고 믿게 해야 한다.

단추 누르기 같은 실험 형태를 이용할 때도 피실험자에게 지향적 자세를 적용해야 한다. 단추 누르기는 관습적으로 고정된 의미가 있는 언어 행동을 수행하는 방식이다. 예를 들어, 신속하고 순간적인 판단력으로 방금 그 말은 내가 바로 전에 들은 목록에 있었다고 응답하는 방식이다. 특히 단추 누르기와 같은 언어 행동은 피실험자를 준비시키는 과정에서 피실험자와 실험자 간에 이루어지는 상호작용의 의도적인 해석에 따라 달리 받아들여질 수 있다(모든 단추 누르기가 언어 행동을 포함하는 것은 아니다. 어떤 경우에는 총 쏘는 행위나 로켓 조종을 모방하는 것일 수 있다).

피실험자가 자기가 전달하려는 의미를 제대로 말했는지, 문제를 이해했는지, 말의 의미를 정확히 알고 쓰는지와 같은 의문이 생기면 질문해서 즉시 확인해야 하며, 실험 상황에 개입될 수 있는 모든 모호성과 불확실성의 원천을 제거하여 글(단추 누르기를 포함하여)의 의도적인 해석에 다른 의미가 끼어들지 않게 해야 한다. 실험 결과, 피실험자의 믿음과 의견이 단일하고 일관성 있는 주제로 표현된다면 신뢰할 수 있는 것으로 간주된다.[4]

하지만 이런 추정이 문제가 될 때도 있다. 특히 피실험자가 이런저런 병리 현상을 보일 때 더욱 그렇다. 만일 진지하게 앞이 보이지 않는다고 호소하는 히스테리성 실명자가 있다면, 그 사람이 정말로 앞을 못 보는지 어떻게 알 수 있을까? 또한 실인증anosognosia(시각장애가 있음에도 자신의 장애를 인지하지 못하는 안톤 증후군anton's syndrome)이 있는 사람이 사실은 앞을 보지 못하면서도 진지하게 그런 사실을 부정하는 경우에는 어떻게 할 것인가? 이들이 경험하는 일이 무엇인지 알아보려면 직접 인터뷰 하나만으로는 소기의 목적을 달성하지 못할 것이다.

허구 세계와 타자현상학적 세계

언어적 행위를 이런 식으로 해석하는 관행은 피실험자에게 의식이 있음을 전제로 하는 것이고, 결국 좀비 문제를 제기하는 것이 아닐까? 당신이 '말하는' 컴퓨터와 대면하고 있고, 그 출력물을 컴퓨터의 의식적인 상태에 관한 믿음과 의견을 표현하는 언어 행위로 해석하는 데 성공했다고 치자. 어떤 행위가 단일하고 일관성 있게 해석 가능하다고 해서 그 해석이 사실이 되지는 않는다. 단지 그 대상이 의식이 있는 것으로 보였을 뿐일 수도 있다. 또 우리가 내면의 삶이라곤 전혀 없는 좀비에게 점령당할 위험에 처해 있을 수도 있다. 이런 해석 방법으로는 컴퓨터가 어떤 것을 의식하고 있는지 확인할 수 없다. 우리는 우리가 관찰하는 언어 행동이 실제 경험에 관한 실제 믿음을 표현한다고 확신할 수 없다. 어쩌면 그것은 존재하지도 않는 경험에 관한 단지 외관상의 믿음을 표현하고 있을지도 모른다. 그래도 어떤 실체의 행위를 언어 행동으로 볼 수 있는 확실한 해석을 단 하나라도 발견했다는 사실은 언제나 관심을 기울일만한 가치가 있다.

다행히도 그런 사실을 추정에 입각하지 않고도 설명할 수 있게 해주는 비유가 있다. 우리는 피실험자의 행위를 해석해야 하는 타자현상학자의 과제를 소설책을 해석하는 독자의 과제에 비교해볼 수 있다. 소설은 허구라고 알려져 있거나 허구라고 가정되지만, 그런 사실이 해석에 방해가 되지는 않는다. 사실 어떤 면에서는 허구라는 사실이 글에 표리가 없는지, 진실한지, 누구를 참조로 했는지 등에 관한 알 수 없는 질문은 취소하거나 미루게 해주어 오히려 해석하기 더 쉽게 만든다.

허구의 의미론과 관련하여 논란의 여지가 없는 사실들을 살펴보자 (Walton, 1973, 1978; Lewis, 1978; Howell, 1979). 소설에 나오는 이야기는 우연한 예외를 제외하고는 사실이 아니다. 하지만 우리는 그 이야기가 진짜가 아니라는 것을 알고, 또 그렇게 가정하면서도 그 이야기에서 진실인 것을 말할 수 있고, 그런 말을 하고 있다.

"우리는 셜록 홈스가 베이커 스트리트에 살았고, 자기의 지적 능력을 자랑하길 좋아했다고 분명히 말할 수 있다. 그가 가정적인 남자였다거나 경찰과 밀접한 협조하에 일했다고는 분명히 말할 수 없다"(Lewis, 1978, p. 37).

셜록 홈스 이야기에서 진실은 책에 드러나 있는 것보다 훨씬 더 많다. 홈스가 사는 런던에는 제트기가 없었다는 말은 맞는 말이다(본문에 명시적으로 드러나 있거나 논리적으로 암시되어 있지 않아도 그렇다). 피아노 조율사가 있었다는 말 또한 맞는 말이다(내 기억이 맞는다면, 그런 말이 책에 언급되어 있거나 논리적으로 암시되어 있지 않지만, 틀림없는 사실이다). 이처럼 이야기에서 진실인 것과 거짓인 것을 구별할 수도 있지만, 진실인지 거짓인지 쉽게 가늠할 수 없는 부분도 많다. 홈스와 왓슨이 어느 여름날 워털루 역에서 11시 10분 기차를 타고 올더숏에 갔다는 것은 진실인 반면, 그날이 수요일이었다는 것은 진실도 거짓도 아니다.

허구적인 인물과 물체의 형이상학적 상태에 관해 상당히 의아하게 여기는 사람도 있을지 모르지만, 나는 그렇지 않다. 내 유쾌한 낙관주의는 존재론적으로 허구에서 비롯된 것에 반응하는 방식에 어떤 심오한 철학적 문제가 있다고 보지 않는다. 허구는 허구일 뿐이다. 셜록 홈스라는 것은 없다. 그러나 허구는 분명 해석할 수 있고, 논란의 여지 없는 특정한 결과를 내놓을 수 있다.

첫째, 이야기에 살을 붙이거나 셜록 홈스의 세계를 탐색하는 일은 의미 없는 일도 아니고, 한심한 일도 아니다. 오히려 그런 과정을 통해 소설에 관해, 글과 요점에 관해, 그리고 저자에 관해 많은 것을 배울 수 있고, 심지어는 소설이 그려낸 세계를 통해 실제 세계를 배울 수도 있다.

둘째, 우리가 충분히 주의를 기울여 취향이나 선호에서 나온 판단을 찾아내 배제한다면("왓슨은 재미없는 도덕군자인체하는 사람이다") 우리는 이야기 속 세계에 관한 분명한 객관적 사실을 상당량 모을 수 있다. 모든 해석자는 홈스가 왓슨보다 머리가 좋다는 사실에 동의한다. 전적으로 명백한 것에는 객관성이 있다.

셋째, 소설 속 세계에 관한 지식은 소설 내용에 관한 지식과는 다르며, 이런 사실은 학생들에게 커다란 위안이 된다. 나는《보바리 부인Madame Bovary》을 영어 번역본으로도 읽지 않았지만, 이 소설에 관한 보고서를 작성할 수 있다. BBC 텔레비전 시리즈를 봐서 그 이야기를 알고, 그 세계에서 무슨 일이 일어났는지 알기 때문이다. 이런 사실로 알 수 있는 것은 허구 세계에 관한 사실은 그 허구에 관한 순수하게 의미론적인 수준의 사실이며, 그 글의 통사론적인 사실과는 다르다는 것이다. 우리는 이야기 속 세계에서 일어나는 일의 유사점과 차이점을 설명하기 위해 셰익스피어의 희곡 로미오와 줄리엣Romeo and Juliet을 뮤지컬이나 영화 웨스트 사이드 스토리West Side Story와 비교할 수 있다. 우리는 허구에 등장하는 구체적인 사건과 사물을 물리적으로 묘사하거나 구문이나 본문을 설명하지는 못할지라도 작품들 사이에서 유사점과 차이점을 찾을 수 있다. 다른 두 세계에 다른 파벌에 속하는 한 쌍의 연인이 있다는 사실은 작품에 등장하는 특정한 예시물의 어휘, 문장 구조, 길이(글자나 필름 수), 크기, 모양, 물리적인 무게와는 아무런 관련이 없다.

일반적으로 우리는 예술 작품에 표상된 것이 무엇인지 설명할 수 있다. 그 표상이 어떻게 이루어졌는지는 몰라도 그것이 무엇인지는 안다. 심지어 우리는 어떤 소설의 내용이나 번역이 얼마나 충실한지는 몰라도 저자가 누구인지는 알아낼 수 있을 만큼 작품 속에 그려진 세계를 충분히 안다고 여긴다. 소설에서 일어나는 일을 간접적으로 아는 것만으로도 그런 주장을 펼칠 수 있다. 우리는 오로지 펠헴 우드하우스Pelham Wodehouse(미국의 소설가이자 유머 작가_옮긴이)만이 그런 터무니없는 모험을 만들어낼 수 있다고 말하기도 하고, 단순히 어떤 사건과 상황을 설명하는 데 그치지 않고 그것이 카프카적인 글인지 아닌지도 식별할 수 있다. 우리는 어떤 등장인물이 전형적인 셰익스피어의 등장인물이라고 목소리를 높일 준비도 되어 있다. 그런 확신 중 많은 부분이 분명 오해지만, 전부가 그런 것은 아니다. 결론적으로, 표상이 어떻게 이루어졌는지는 잘 몰라도 표상된 것에서 많은 것을 얻어낼 수 있다는 것은 분명하다.

이제 이 비유를 피실험자가 생성한 글을 '그가 좀비나 컴퓨터는 아닐까?', '거짓말하고 있거나 혼동하고 있는 것은 아닐까?' 의심하지 않고 해석하려는 실험자가 직면한 문제에 적용해보자. 이런 글을 문학이 아니라 이론가의 허구(물론 이것은 결국 진실로 판명될 것이다)로 해석하는 전략을 도입할 때 어떤 이점이 있을지 생각해보라. 소설의 독자는 글이 (허구의) 세계를 구성하게 내버려둔다. 이 세계는 글이 명하는 대로 결정되고, 무한한 추론이 가능하다. 우리의 실험자, 곧 타자현상학자는 피실험자의 글이 그의 타자현상학적 세계를 구성하게 허용한다. 이 세계는 본문이 명하는 대로 결정되고, 어느 방향으로든 나아갈 수 있다. 이런 사실은 타자현상학자가 허구 세계와 실제 세계 간의 관계가 무엇이냐는 풀기 어려운 문제를 뒤로 미루게 한다. 이는 또한 이론가가 피실험자의 타자현상학적 세계가 무엇인지에 관한 세부사항에는 동의하게 하는 반면, 타자현상학적인 세계와 뇌(혹은 그 영혼)에서 일어나는 사건을 연결시킬 때는 전적으로 다른 설명이 가능하게 해준다. 피실험자의 타자현상학적 세계는 안정적이고 상호주관적으로 확인 가능한 이론적인 근거를 상정한다.

허구에서처럼 작가(작가로 보이는 사람)의 말이 이어진다. 더 정확하게는 작가로 보이는 사람이 말한 것이 위에서 말한 규칙에 따라 해석될 때 특정한 세계가 돌아가는 방식을 규정하는 내용을 제공한다. 우리는 코난 도일Conan Doyle에게 홈스의 안락의자 색깔을 어떻게 알았느냐고 묻지 않고, 그것을 잘못 알았을 수도 있지 않느냐고 따지지 않는다. 우리는 글에 오타가 있어도 그것을 글의 문맥과 가장 어울리는 말로 고쳐 읽는다. 이와 비슷하게 우리는 피실험자(피실험자로 보이는 사람)에게 그들이 주장하는 것을 어떻게 알았는지 묻지 않고, 그들이 잘못 알았을 수도 있다는 가능성도 염두에 두지 않는다. 우리는 그들이 한 말(해석된 말)을 그대로 받아들인다.

타자현상학자의 전략, 중립성

이런 식으로 인간을 (이론가의) 허구 생성자로 다루는 것은 우리가 인간을 대하는 보통 방식과는 다르다. 그들의 선언에 '구성적 권위constitutive authority'를 인정하는 것은 생색내기에 지나지 않는 것으로, 진정한 존경심을 표하는 것이 아니라 존경심을 흉내 내어 조롱하는 것이다. 이것은 분명 인류학자의 타자현상학적 전략을 약간 다르게 적용한 것이다. 이 점을 명백히 드러내줄 예를 하나 들어보자.

인류학자들이 지금까지 들어본 적 없는 피노맨Feenoman이라는 숲의 신을 믿는 부족을 발견했다고 치자. 피노맨을 알게 된 후 인류학자들은 중요한 선택을 내려야 했다. 자신도 원주민의 종교로 개종하여 진심으로 피노맨의 진정한 존재와 선한 역사를 믿어야 하느냐, 아니면 불가지론적인 태도로 이 종교를 연구해야 하느냐의 선택의 기로에 선 것이다. 우선 불가지론적 입장을 따라가보자. 인류학자들은 피노맨을 믿지 않지만, 최선을 다해 원주민의 종교를 연구하고 조직화하기로 결정했다. 그들은 원주민 정보원으로부터 피노맨이 어떤 존재인지 설명을 듣고, 그것을 글로 옮겼다. 글로 옮긴 다음에는 내용이 맞는지 원주민들에게 확인을 요청했다. 하지만 언제나 의견이 일치하는 것은 아니었다. 어떤 원주민은 피노맨의 눈이 파란색이라고 했고, 다른 원주민은 갈색이라고 했다. 인류학자들은 의견이 일치하지 않는 부분을 찾아 일치시켜야 했다. 정보원과 함께 내용을 재구성해나가는 동안 근거 없이 제시된 의견은 무시하고, 논쟁이 일면 중재에 나섰다. 점차 논리적인 줄거리가 드러났고, 드디어 여러 기질과 습관을 지닌 숲의 신, 피노맨의 전기가 완성되었다. 불가지론 과학자들(이들은 스스로를 피노맨학자feenomanologist로 부르기로 했다)은 원주민의 믿음으로 구성된 세계를 설명하고 정리해 《피노맨 해설서 결정판》(그들이 해설 임무를 제대로 해낸 것이라면)을 편찬했다.

원주민 신앙인(그들을 피노맨주의자feenomanist라고 부르자)의 믿음은 권위가 있지만(피노맨은 결국 그들의 신이니까), 그것은 오로지 피노맨이 '지향적 대상intentional object(자기가 아닌 다른 존재를 어떤 식으로든 겨냥하는 행동을 할 때 그 존재는 지향성을 드러낸다고 하며, 지향적 대상은 실재하든 실재하지 않든 우리가 생각하는 대상을 말한다_옮긴이)'으로 다루어지기 때문이다. 믿음이 없는 사람이 보기에 그것은 순전히 허구에 지나지 않고, 전적으로 피노맨주의자의 믿음(옳거나 그르거나)에서 비롯된 것에 불과하다. 양쪽의 믿음이 서로 모순을 일으키므로 피노맨은 '논리적 구성개념logical construct(구성개념은 과학적 이론이나 설명을 위해 조작적으로 만들어낸 개념을 뜻한다_옮긴이)'으로서 모순을 일으키는 속성이 있지만, 피노맨학자의 눈에는 피노맨이 그들에게 유일한 구성개념이므로 아무래도 상관없다. 피노맨학자는 최상의 논리적 구성개념을 제시하려고 애쓰지만, 그들이 가장 우선적으로 해야 할 일은 모든 모순을 해소하는 것이다. 그들은 독실한 믿음을 가진 사람들 사이에서도 해소되지 않고 무시해버릴 수도 없는 불일치를 발견하게 될 것이다.

물론 피노맨주의자는 그런 방식으로 보지 않는다. 그들은 피노맨을 믿는 사람들이고, 피노맨을 단순한 지향적 대상이 아니라 실재하는 존재로 여긴다. 또한 그들은 피노맨에 관해 모든 것을 알고 있다고 진정으로 믿는다. '누가 뭐래도 내가 피노맨주의자인데, 나보다 피노맨을 더 잘 아는 사람이 누가 있을 수 있겠어?' 그러나 교황무오설 같은 것이 없는 한 그들도 세부적으로 들어가면 잘못 알고 있는 것이 있을 수 있음을 인정할 수밖에 없다. 그들이 피노맨의 진정한 본질에 관해 단지 지시를 받았을 가능성도 있다. 피노맨 자신이 몇 가지 세부사항을 정리해두었을지도 모르는 것이다. 따라서 피노맨주의자는 피노맨학자들이 조사한 내용을 액면 그대로 믿기에는 마음이 편치 않아야 한다. 더욱이 학자들이란 반박하거나 의심하지도 않고, 오로지 모호함과 명백한 갈등을 어떻게 해소할 것인지 점잖게 묻기만 하면서 용의주도하게 자기 말을 곧이듣게 만들지 않던가? 결국 인류학자의 입장을 받아들인 피노맨주의자는 자기 신념(자기의 과거 신념이라고 말해야 하지 않을까?)을 저버리거나 중립적인 태도를 취하게 될 것이고, 독실한 신자의 반열에서 점차 멀어질 것이다.

타자현상학적 방법은 피실험자의 주장에 이의를 제기하는 것도, 전적으로 옳다고 수용하는 것도 아니며, 피실험자가 명확하게 묘사하는 세계를 정리하기 위해 구성적·공감적인 중립성을 지킨다. 이렇게 구성적 권위를 부여받은 피실험자는 불편해하면서 저항할 것이다.

"아니에요, 정말이에요! 내가 설명한 것은 거짓 없는 진실이에요. 내가 갖고 있다고 주장한 바로 그 정확한 속성이라고요!"

물론 타자현상학자가 의심의 여지 없이 피실험자가 진심을 말했다고 동의하거나 확신할 수도 있다. 그러나 믿음이 있는 사람은 대체로 더 많은 것을 원한다. 그들은 자기의 주장이 믿음을 얻기 원하고, 그런 기대가 충족되지 않으면 그냥 넘어가지 못한다. 따라서 인류학자나 실험실에서 의식을 연구하는 연구자, 타자현상학자는 중립을 지켜야 하는 자신의 공식적인 입장을 들키지 않게 하는 것이 더 분별 있는 일일 것이다.

의식의 과학이 요구하는 중립성을 얻으려면 정상적인 대인관계에서 벗어나야 한다. 우리는 피실험자가 거짓말쟁이나 좀비, 또는 사람 탈을 쓴 앵무새일지도 모른다는 가능성을 언제나 염두에 두고 있어야 하지만, 그런 사실을 광고해서 그들의 마음을 불편하게 만들 필요는 없다. 게다가 중립성이란 전략은 피실험자가 한 말의 정당성을 입증할 수 있는 실증적 이론을 고안하고 확증해가는 길에 거쳐야 할 임시 정거장일 뿐이다.

그는 무슨 말을 하려는 것일까?

피실험자가 자신의 현상학에 있는 믿음을 확신할 수 있게 해주는 것은 무엇일까? 이를 더 잘 살펴볼 수 있는 비유가 있다. 우리가 어떤 '소설'이 실제로 '사실(아니면 대부분이 사실)'을 담은 전기임을 확인하는 방식을 생각해보라. 처음에는 저자가 아는 실존 인물 중에 누가 그 등장인물의 모델이 되었는지 묻는 것으로 시작할 수 있다. 그 등장인물은 저자의 어머니를 모델로 한 것일까? 저자가 어린 시절에 실제로 겪었던 일 중 어떤 사건을 허구 속의 일화로 바꾸었을까? 저자가 진정으로 하려는 말은 대체 무엇일까?

저자에게 직접 물어보는 것이 이런 질문에 답을 얻는 최선의 방법은 아닐지도 모른다. 저자 자신도 잘 모를 수 있기 때문이다. 저자가 이용할 수 있었던 표현 자원만으로는 이야기하려던 사건을 직접적·사실적으로 서술하기가 불가능했을 수도 있다. 그가 구성한 이야기는 절충해서 나온 것이거나, 꼬리에 꼬리를 물고 일어나는 사건의 최종 결과다. 따라서 이야기를 재해석하여 진짜 이야기, 실제 인물, 진짜 사건을 밝혀낼 수 있다(저자의 고뇌에 찬 저항에도 꼭 그래야만 한다면). 허구의 인물이 그런 성격을 갖게 된 것은 결코 우연이 아니므로 우리는 등장인물을 그린 글이 비허구적 지시 대상인 실제 인물의 기질과 행동을 나타낸다고 재해석할 수 있을 것이다. 몰리에 관한 모든 이야기가 실제로는 폴리 이야기라면 허구 인물 몰리를 창녀로 그리는 것은 실제 인물 폴리의 명예를 훼손하는 것으로 비칠 수 있다. 사실이든 아니든 저자가 그것은 사실이 아니라고, 절대로 의식적이거나 고의적인 명예훼손이 아니었다고 우리를 설득할 수도 있다. 그러나 작가들도 여느 사람과 마찬가지로 자기의 깊은 의도를 인식하지 못하는 경우가 왕왕 있다.

다시 앞의 비유로 돌아가서 만일 인류학자가 타잔처럼 숲 속을 휘젓고 다니면서 아픈 사람을 치료해주는 피노맨이라는 이름을 가진 파란 눈의 친구가 정말로 있다고 확증했다면 어떤 일이 일어날까 생각해보라. 피노맨은 신도 아니고, 날아다니거나 동시에 두 장소에 존재하지도 못하지만, 틀림없이 많은 피노맨주의자에게 목격되었고, 그들에게 전설과 믿음의 대상이었던 존재의 실제 원천이다. 이런 일은 당연히 믿음이 있는 사람들에게 고통스러운 환멸을 불러일으킬 것이다. 어떤 사람은 계율을 수정하고 축소하자고 할 것이고, 어떤 사람은 비록 피노맨이 피와 살을 지닌 존재임이 밝혀졌다 해도 초자연적인 특성을 그대로 두어 정통적인 계율을 고수하자고 할 것이다. 그것이 '진짜' 피노맨에게 이중의 멍에를 지우는 일이 될지라도 말이다. 정통파가 자기들이 지금까지 피노맨에 관해 잘못 알고 있었을 수도 있다는 생각에 저항하고 싶어하는 심정은 충분히 이해가 간다. 그러나 인류학자가 피노맨이라고 내세운 후보자가 속성과 행동으로 볼 때 전설 속 피노맨과 한 치도 틀림없이 똑같지 않은 한 그들이 진짜 피노맨을 발견한 것이라고 보장할 수는 없다(이 경우는 이런 말과 비숫하지 않을까? "나는 산타클로스가 진짜라는 것을 알았다. 그는 실제로 키가 크고 마른 바이올리니스트로, 프레드 더들리라는 이름으로 마이애미에 살고 있다. 그는 아이들을 싫어하고, 선물 같은 것도 절대로 주지 않는다").

우리가 피실험자의 타자현상학적 세계를 이루는 항목들의 속성을 정의할 수 있을 만큼 그의 뇌에서 실제로 일어나는 일을 찾아낼 수 있다면, 피실험자가 정말로 무슨 말을 하고 있는지 알아냈다고 말할 수 있을 것이다. 또한 우리가 그의 뇌에서 실제로 일어나는 일이 타자현상학적 세계의 항목과는 아주 적은 부분에서만 유사하다는 사실을 알게 된다면, 그가 진지한 태도를 보였더라도 그가 겉으로 표현한 믿음이 진실이 아니었다고 선언할 수 있다. 완강하게 버티는 피노맨주의자처럼 실제 현상학적 항목과 그에 동반해 일어나는 일이 동일하지 않더라도 같다고 주장할 수는 있지만, 그 주장이 반드시 옳은 것은 아니다.

인류학자들처럼 우리는 문제를 탐구해나가는 동안 중립적인 자세를 유지할 수 있다. 하지만 이런 중립성이 무의미하게 느껴질 수도 있다. 피실험자가 자신의 타자현상학에서 누리는 신경생리학적 현상을 과학자가 발견할 수 있다고 보는 것은 쉽게 상상할 수 없는 일이 아닌가? 뇌에서 일어나는 일은 우리가 자기 성찰로 발견한 것의 진짜 지시 대상이 되기에는 현상학적 항목과 너무 달라 보인다(우리가 '글을 시작하며'에서 본 것처럼 보라색 소와 그와 유사한 것을 구성하는 재료가 될 수 있는 정신 질료가 있어야 할 것 같다). 대부분의 사람은 여전히 이런 식별이 가능하리란 전망은 상상할 수도 없는 일이라고 회의적인 반응을 보이지만, 나는 불가능한 일이라고 인정하기보다는 다른 이야기로 내 상상력을 조금 더 늘려보고 싶다. 이번 이야기는 정신적 이미지라는 특별히 더 아리송한 현상학적 항목에 초점을 맞추었고, 다소간 단순화하고 각색했더라도 대부분 사실이다.

시각 체계를 갖춘 로봇, '셰이키'

로봇의 역사는 얼마 되지 않지만, 1960년대 후반 스탠퍼드 연구소에서 닐스 닐슨Nils Nilsson과 버트럼 라파엘Bertram Raphael이 동료들과 함께 개발한 셰이키Shakey는 전설적 입지를 차지할 자격이 있다. 이 로봇이 특별한 능력이 있다거나, 인간 심리의 어떤 특징을 특별히 현실적으로 잘 흉내 냈기 때문이 아니다. 새로운 사고 가능성을 연 동시에 다른 생각을 일축한 공로가 있기 때문이다(Raphael, 1976; Nilsson, 1984). 셰이키는 철학자들도 경탄하는 로봇으로, 말하자면 굴러다니는 논쟁거리였다.

셰이키는 텔레비전 카메라를 눈으로 달고 있는 바퀴 달린 상자다. 뇌는 제 몸에 달고 다니는 대신 무선 장치를 통해 컴퓨터(당시 컴퓨터가 모두 그랬듯 고정되어 있는 커다란 기계)에 연결되어 있다. 셰이키는 두세 개의 방으로

〈그림 3-1〉

된 실내에서 생활하며, 그 안에는 상자 몇 개와 피라미드, 램프, 셰이키가 알아보기 쉽게 세심하게 색칠하고 불을 밝힌 플랫폼이 있다. 셰이키와 의사소통하려면 그의 컴퓨터 뇌에 달린 단말기에 메시지를 입력해야 한다. 어휘 몇 개로 이루어진 짧은 영어로 '플랫폼 밖으로 상자를 밀어내라'와 같은 명령을 내리면, 셰이키는 상자를 찾고, 램프 위치를 확인해서 적당히 자리를 잡아 플랫폼 위로 굴려 올린 후, 상자를 밀어낸다.

셰이키는 어떻게 이 일을 해내는 것일까? 셰이키 안에 텔레비전 화면을 바라보면서 통제 단추를 누르는 인간 난쟁이라도 들어 있는 것일까? 그런 영리한 난쟁이가 있다면, 속임수이긴 하지만 그것도 한 방법이다. 또 다른 방법은 인간 통제자가 무선 원격 조종장치로 조종하는 것이다. 이것은 데카르트식 해법으로, 셰이키 안에 송과선 역할을 하는 송신기와 수신기를 두고, 라디오 신호를 데카르트의 비신체적 영혼 메시지 대용품으로 삼는 것이다. 처음에는 이런 일이 불가능하거나, 적어도 상상할 수 없을

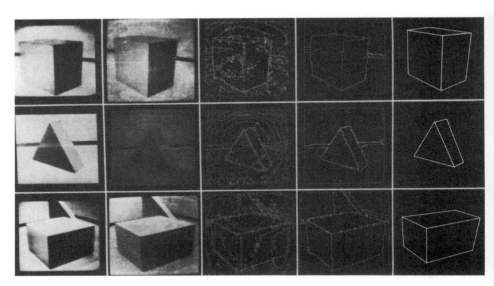

〈그림 3-2〉

만큼 복잡하게 느껴지겠지만, 그런 생각 자체가 우리가 맞서고 극복해야할 상상력의 걸림돌이다.

셰이키는 어떻게 텔레비전 카메라의 도움만으로 상자와 피라미드를 구분할 수 있었을까? 컴퓨터 모니터로 그 과정을 지켜보면 금세 답이 나온다. 텔레비전 화면에 상자 그림이 나타난다. 그런 다음 이미지는 여러 방식으로 불필요한 것이 제거되고 수정되어 선명해진다. 그다음에는 놀랍게도 상자 경계가 흰색으로 그려지면서 이미지 전체가 선으로 그려진다 (그림 3-2).

이제 셰이키는 선으로 된 그림을 분석한다. 각각의 꼭짓점은 L, T, Y, 화살표로 식별된다. 만일 꼭짓점 Y가 발견되면 물체는 피라미드가 아니라 상자다. 피라미드는 어떤 각도에서 보더라도 꼭짓점 Y가 없다(그림 3-3).

이는 과도한 단순화로 볼 수 있지만, 믿을만한 일반적 원칙도 보여준다. 셰이키는 '선 의미론line semantics' 프로그램을 갖고 있으며, 그 일반적인 원칙에 따라 화면에 나타난 물체가 어떤 항목에 속하는지 결정한다. 관찰자는 화면상에서 이미지가 변형되는 과정을 지켜보지만, 셰이키는 그것을 보고 있지 않다. 셰이키가 다른 화면으로 같은 이미지가 변형되고 분

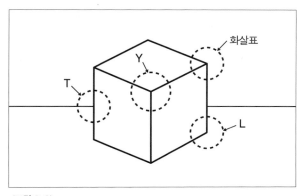

〈그림 3-3〉

석되는 장면을 지켜보고 있는 것도 아니다. 하드웨어에 다른 화면이 있는 것도 아니고, 지켜보고 있는 화면을 꺼버리거나 전기 코드를 뽑아버려도 셰이키의 지각 분석 과정은 아무런 영향을 받지 않는다. 모니터는 일종의 사기일까? 모니터는 누구를 위해 있는 것일까? 오로지 관찰자를 위해서다. 그렇다면 관찰자가 모니터로 보고 있는 사건은 셰이키 안에서 일어나는 사건과 어떤 관계가 있을까?

모니터는 관찰자를 위한 것이지만, 셰이키 설계자를 위한 것이기도 하다. 그들이 직면한 상상하기조차 힘든 과제를 생각해보라. 무슨 수로 단순한 텔레비전 카메라에서 결과를 산출해내 상자를 식별할 수 있겠는가? 카메라가 컴퓨터로 보내는 셀 수 없이 많은 프레임 중에서 상자 그림은 아주 적을 것이다. 각 프레임은 검은색과 흰색의 셀과 픽셀의 배열, 온과 오프, 0과 1로 단순하게 구성되어 있다. 어떻게 그런 것들이 적힌 프로그램이 정확히 상자 그림이 있는 프레임을 식별할 수 있을까? 단순하게 생각해, 카메라 화면이 가로 100픽셀, 세로 100픽셀, 도합 1만 픽셀의 격자로 되어 있다고 치자. 그렇다면 각각의 프레임은 1만 개의 0과 1로 이루어진 시퀀스 가운데 하나일 것이다. 0과 1이 어떤 형태로 배열되어야 상자의 존재를 확실하게 나타낼 수 있을까?

먼저 모든 0과 1이 하나의 배열을 이루었다고 생각해보라(그림 3-4). 왼쪽에서 오른쪽으로 각 줄에 있는 픽셀들에 번호를 매겨라. 어두운 영역은 주로 0으로, 밝은 영역은 주로 1로 구성되어 있다는 것에 주목하라. 왼쪽의 어두운 영역과 오른쪽의 밝은 영역 사이 수직선 경계는 0과 1의 시퀀스 면에서 쉽게 알아볼 수 있다. 주로 0으로 이루어진 시퀀스가 픽셀 번호 n까지 이어지고, 그 뒤를 이어 주로 1로 이루어진 시퀀스가 따라 나온다. 정확하게 100자릿수 후에 주로 0으로 이루어진 다른 시퀀스가 픽셀 번호 $n+100$자릿수까지 이어지고, 이어서 주로 1로 이루어진 시퀀스가 따르는

〈그림 3-4〉

〈그림 3-5〉

식으로 100자릿수를 주기로 계속 이어진다.

텔레비전 카메라에서 나오는 숫자 흐름에서 그런 주기성을 찾아내는 프로그램은 세로 경계의 위치를 찾아낼 수 있다. 일단 그 경계를 발견하면 0을 1로, 1을 0으로 조심스럽게 대체하여 경계를 깔끔한 흰색 선으로 바꿀 수 있다(그림 3-5). 그 결과 00011000과 같은 모양이 시퀀스에서 정확하게 100자릿수마다 한 번씩 나온다.

가로의 명암 경계도 세로 경계만큼 찾아내기 쉽다(그림 3-6). 0이 연속해서 나오는 시퀀스가 100, 200, 300자릿수 후에 1이 연속해서 나오는 시퀀스로 바뀌는 곳이 가로 경계다.

```
0001000000000100000000000010000000000100000000000
0000000000101000000000000000100000000000000000001
0000000001000000000000100000000000000100000000010
0000100000000000010000000000000000100000000100000
0000000001000000000000001000000000000000000000000
0000000000000000000100000000001000000000000000000
1111111110111111111111111101111111111111110011111
1111111111111111101111111111111111110111111111111
1111111111111111111111111011111111111111111011111
1011111111111111111111111111111111111111111111111
1111111111111111111111110111111111111111111111111
1111111101111111111111111111111111110111111111111
```

〈그림 3-6〉

경사면 경계는 찾아내기가 조금 더 어렵다. 프로그램이 시퀀스에서 수열을 찾아내야 하기 때문이다. 모든 경계의 위치를 찾아내 흰색으로 선을 그리면 선 그리기 단계가 완료되고, 더욱 정교한 다음 단계로 넘어간다. 선 구역의 일정 부분마다 템플릿template을 대보아 꼭짓점을 찾아내는 단계다. 일단 꼭짓점을 찾아내고 나면 선 의미론 프로그램을 이용해 이미지가 어떤 물체인지 분류해내는 것은 어렵지 않다. 어떤 경우에는 꼭짓점 Y 하나만 찾아내면 끝나는 간단한 문제다.

셰이키는 이처럼 명암 경계를 선 그림으로 바꾼 다음 꼭짓점을 분류하는 과정을 통해 상자를 찾아낸다. 실제 이미지에는 셰이키가 변환한 이미지에는 없는 다양한 속성이 있다. 셰이키의 이미지는 색깔도, 크기도, 방향성도 없다(우리는 그런 이미지에서 재미있는 수수께끼를 지어낼 수 있다. "내가 생각하고 있는 이미지는 모나리자보다 크지도, 작지도 않다. 색깔이 있는 것도 아니고, 흑백 이미지도 아니다. 어떤 방향으로 향하고 있지도 않다. 그것은 무엇일까?").

셰이키가 주변 환경에 있는 빛으로부터 물체에 관한 정보를 추출하는 과정은 인간의 시각 과정과는 전혀 다르고, 아마도 그 어떤 피조물의 시각 과정과도 다를 것이다. 그러나 인간 피실험자가 보고하는 정신적 이미지를 뇌에서 어떻게 발견할 수 있는지에 관한 다소 추상적인 가능성을 살펴보기 위해 잠시 그 점은 무시해도 괜찮을 것이다. 여기서는 기본적인 이론적 요점이 생생히 드러나게 강조하기 위해 셰이키의 시각 체계를 과도하게 단순화하여 설명했다.

셰이키는 어떻게 이미지를 구별할까?

이제 또 다른 요점을 설명하기 위해 공상과학 소설로 들어가볼 것이다. 우리는 셰이키를 인공지능계에서 널리 알려진 테리 위노그래드Terry Winograd(1972)의 셔들루SHRDLU(자연언어 이해 컴퓨터 프로그램으로, 매우 제한적이기는 하지만 대화를 이해하고 상호 의견 교환도 가능하다_옮긴이)와 교배시킬 작정이다. 셔들루는 (가공의) 블록을 다룰 수 있고, 무엇을 왜 하는지에 관한 질문에도 대답할 수 있다. 셔들루의 대답은 위노그래드가 미리 구성해놓은 준비된 문장과 문장 템플릿으로 저장되어 있다. 셔들루는 인간의 언어 산출을 현실성 있는 모형으로 만들기 위한 것이 아니라 대화자가 직면한 정보 처리 과제를 탐색하기 위한 것이었으므로 우리의 사고 실험 정신과도 일맥상통한다. 더 높은 수준의 언어 행동 레퍼토리를 넣어 설계한 새로운 버전의 셰이키와 주고받는 대화는 이런 식으로 진행될 것이다.

> 셔들루: 램프를 왜 옮겼습니까?
> 셰이키: 그래야 내가 플랫폼 위로 올라갈 수 있으니까.
> 셔들루: 왜 그런 일을 하려고 하죠?
> 셰이키: 상자를 밀어내기 위해서.
> 셔들루: 왜 그런 일을 하려고 하죠?

셰이키: 당신이 시켰으니까.

그런데 우리가 셰이키에게 이렇게 물었다고 해보자.

상자와 피라미드는 어떻게 구별하죠?

이 질문에 어떻게 대답하게 셰이키를 설계해야 할까? 가능한 답으로는 세 가지 시나리오가 있다.

(1) 나는 카메라에서 얻은 각각 1만 자릿수의 0과 1의 시퀀스를 조사하여 일정한 형태를 찾습니다. ○○과 같은 형태죠(셰이키가 자세하게 설명하면 대답이 매우 길어질 것이다).

(2) 나는 명암 경계를 찾아내 마음의 눈으로 그 주변에 흰색 선을 그린 다음 꼭짓점을 찾습니다. 꼭짓점 Y를 찾았다면 그것은 상자입니다.

(3) 나도 모릅니다. 그냥 어떤 것이 상자처럼 보여요. 그냥 그렇게 느껴집니다. 그것은 직관이에요.

이 중 어느 것이 셰이키의 대답으로 적절할까? 각각의 대답이 나름대로 다 옳다. 위의 세 가지 시나리오는 상자와 피라미드를 구별하는 과정을 깊이와 구체성을 달리하여 설명한 것이다. 셰이키가 어떤 대답을 내놓게 설계할지는 셰이키의 표현 역량(셰이키의 셔틀루 블랙박스)이 그의 인지 과정에 얼마만큼이나 접근 가능하게 만들지 결정하기 나름이다. 아마도 중급 분석 과정에 깊이 접근하게(자세하고, 시간도 많이 걸리는) 설계하지 않는 데는 그만한 이유가 있을 것이다. 그러나 우리가 셰이키에게 어떤 자기 표현 역량을 부여한다 해도 셰이키가 자기 안에서 일어나는 일이나 자기가 하는 일을 표현할 수 있는 능력에는 깊이와 구체성 모두에서 한계가 있을 것이다.

만일 셰이키가 내놓을 수 있는 최선의 대답이 (3)번이라면, 피라미드와 상자를 어떻게 구별하느냐는 질문을 받았을 때의 셰이키의 입장은 우리가 '태양'과 '대양'을 어떻게 구별하느냐는 질문을 받았을 때와 별반 다르지 않을 것이다. 우리는 '태양'과 '대양'을 어떻게 구별하는지 모른다. 그저 하나는 '태양'처럼 들리고, 다른 하나는 '대양'처럼 들릴 뿐이다. 그것이 우리가 내놓을 수 있는 최선의 대답이다. 또한 셰이키가 (2)번으로 대답하게 설계되었더라도 여전히 대답할 수 없는 문제가 남는다. '당신의 정신적 이미지에 어떻게 흰색 선을 그릴 수 있죠?' 또는 '어떻게 꼭짓점이 화살표인지 알죠?'와 같은 물음들이다.

셰이키를 지각 분석 과정에 (2)번 형태로 접근하게 설계했다고 해보자. 우리가 그 일을 어떻게 수행하느냐고 물으면 셰이키는 이미지 변환으로 한다고 대답할 것이다. 우리가 셰이키 모르게 모니터 전원을 차단했다고 치자. 그러면 우리는 셰이키에게 "우리가 너보다 더 잘 안다"라고 말할 자격이 생길까? 실제로는 셰이키가 이미지를 처리하는 게 아닌데 셰이키는 자기가 이미지를 처리하고 있다고 생각하는 것일까?(셰이키는 자기가 그 일을 하고 있다고 말한다. 그리고 타자현상학적 전략에 따라 우리는 이것을 그의 믿음의 표현으로 해석한다.) 만일 셰이키가 인간을 사실적으로 흉내 낸 것이라면 그는 우리에게 자기 마음에서 무슨 일이 일어나는지 왈가왈부할 자격이 없다고 응수할 것이다. 그는 자기가 정말로 무엇을 하고 있는지 알고 있다. 그가 더 고차원적이었다면, 일어난 일을 그대로 설명하고 싶은 마음에 압도당했을지라도 자기가 하는 일은 이미지 처리 과정으로 오로지 비유적으로밖에는 설명할 수 없다고 인정했을지 모른다. 이 경우 우리는 그에게 그의 비유적인 설명 방식이 전적으로 적절하다고 말할 수 있을 것이다.

한편 우리가 더욱 사악하다면 셰이키가 자신이 하는 일에 관해 모두 거짓으로 답하게 조작할 수 있을 것이다. 우리는 셰이키를 실제로 일어나는 일과는 아무런 관계도 없는 일이 일어나고 있다고 말하고 싶어하게 설계할 수 있다("나는 텔레비전으로 입력되는 정보를 이용해 내면의 조각도를 움직이고, 그것으로 정신적 진흙 덩어리를 잘라 3차원 형태를 빚어낸다. 내가 만들어낸 것 위에 내 난쟁이들이 앉을 수 있으면 그것은 상자고, 미끄러져 떨어지면 그것은 피라미드다"). 이런 보고에는 진실을 담은 해석도 필요 없을 것이다. 셰이키는 자기가 무슨 소리를 하는지도 모르면서 이야기를 지어낼 것이다.

그리고 그런 가능성은 우리 안에도 있다. 그래서 타자현상학을 허구의 해석과 유사한 것으로 다루어야 하는 것이다. 사람들은 자신이 무엇을 어떻게 하고 있는지 잘못 알고 있는 경우가 종종 있다. 그들은 실험 상황에서 일부러 거짓말을 하지는 않지만, 이야기를 꾸며낸다. 기억과 기억 사이를 메우고, 짐작하고, 추측하고, 관찰한 것으로 가설을 세우면서 실수를 저지른다. 그들이 말하는 것과 그들이 그 말을 하게 만든 것 사이의 관계는 피실험자와 타자현상학자에게 모두 감추어져 있다. 그들에게는 자신의 주장이 통제되는 과정을 볼 수 있는 방법(짐작건대 내면의 눈으로)이 없지만, 그렇다고 그들이 마음 속으로 느끼는 의견을 표현하지 못하게 막을 수는 없다.

정리하자면, 피실험자는 자기도 모르게 허구를 만들지만, 그들이 그런 사실을 깨닫지 못한다고 말하는 것은 그들이 말한 내용이 그들에게는 정확히 그렇게 여겨지는 것임을 인정하는 것이다. 그들은 스스로 문제를 해결하고, 결정 내리고, 물체를 인식한 내용이 어떠한지 말한다. 그들이 진지한 태도를 보이기 때문에 우리는 그들이 말하는 것이 그들에게는 그렇게 여겨지는 것이라고 인정한다. 그러나 그들에게 그런 것으로 여겨지는 것은 기껏해야 그들 안에서 일어나는 일이 그렇게 보인다는 것일 뿐 확실한 사실은 아니다. 셰이키의 대답 (2)번처럼 비유적인 느슨한 대답을 허용한다면, 때때로 피실험자가 자기도 모르게 지어낸 허구가 결국에는 진실로 판명 나는 경우도 있다. 한 예로, 우리가 즐기는 정신적 이미지(보라색 소 또는 피라미드)에 관한 자기 성찰적 주장이 전적으로 거짓은 아니라는 사실이 인지심리학자의 심상 연구에서 밝혀졌다(Shepard and Cooper, 1982; Kosslyn, 1980; Kosslyn, Holtzman, Gazzaniga, and Farah, 1985).

그러나 날지도 못하고 동시에 두 장소에 존재하는 일도 불가능한 지상의 피노맨처럼, 우리가 정신적 이미지 같은 것을 통해 뇌에서 찾아낸 실제의 것이 피실험자가 자신 있게 자기 이미지에 부여하는 그 모든 멋진 속성을 갖지는 않을 것이다. 셰이키의 이미지는 실제로는 전혀 이미지가 아닌 것이 어떻게 이미지로 위장되어 이미지라고 이야기되는지 보여준다. 인간의 뇌가 심상을 만들어내는 과정이 셰이키의 과정과 아주 흡사하지는 않을지 모르지만, 그 덕분에 우리는 상상해보기 힘든 영역을 들여다볼 수 있었다.

타자현상학, 현상학을 설명하는 중립적 방법

이 장을 시작하면서 나는 타자현상학적 방법을 설명하겠다고 약속했다. 그 방법은 현상학에 접근하는 주관적 방식 대 객관적 방식에 관한 논쟁이나 현상학적 항목의 물리적 · 비물리적 현실에 관한 논쟁에 중립적이다. 정말로 그런지 살펴보자.

먼저 좀비 문제는 어떠한가? 한마디로 타자현상학 그 자체로는 좀비와 의식 있는 진짜 인간을 구별할 수 없으므로 좀비 문제를 해결했다거나 논란을 일축했다고는 주장할 수 없다. 앞에서 언급한 가설에 따르면, 좀비는 진짜 사람처럼 행동하고, 타자현상학은 행위(뇌의 내적 행위를 포함해)를 해석하는 방식이므로 타자현상학적으로 접근하는 것은 조와 의식이 없는 쌍둥이 좀비 조에 대해 정확히 같은 타자현상학적 세계를 만들어낼 것이다. 좀비도 타자현상학적 세계를 갖고 있지만, 그것은 이론가들이 좀비를 해석할 때 우리가 친구를 해석할 때 이용하는 것과 똑같은 수단으로 똑같은 과제를 수행함을 의미할 뿐이다. 물론 앞에서 이야기했듯이 우리 친구 중 몇몇은 좀비일지도 모른다(나는 진지한 얼굴로 이런 말을 하기가 무척 어렵다. 그러나 매우 진지한 철학자들이 좀비 문제를 진지하게 다루고 있으니 나도 거기에 호응해야 한다는 의무감을 느낀다).

좀비에게 타자현상학적 세계를 허용하는 것이 그리 대단한 일은 아니므로 거기에 무슨 잘못이 있거나 중립적이지 못할 것은 없다. 이것은 타자현상학의 형이상학적 미니멀리즘이다. 그 방법은 한 세계, 즉 피실험자의 타자현상학적 세계를 묘사하는 것이다. 그 세계에서는 다양한 대상(철학 전문용어로 말하자면 '지향적 대상')이 발견되며, 이들에게 여러 가지 일이 일어난다. 만일 누가 "그 대상은 무엇이지? 그것은 무엇으로 만들어졌어?"라고 묻는다면 대답은 아마도 "아무것도 아니야"일 것이다. 피크위크 씨는 무엇으로 만들어졌을까? 무엇으로도 만들어지지 않았다. 피크위크 씨는 허구의 대상이므로 타자현상학자들은 그 대상을 그렇게 묘사하고, 이름 부르고, 말한다.

그런데 명색이 이론가인데 허구적 실체에 관해 이야기하고 있다는 것을 인정한다는 것이 좀 난처하지 않은가? 전혀 그렇지 않다. 문학 이론가는 허구적 실체를 설명하는 지적인 연구를 하고 있지만, 가치 있고 정직한 일로 인정받으며, 다양한 문화의 신과 마녀를 연구하는 인류학자도 마찬가지다. 중력의 중심에는 무엇이 있느냐는 질문을 받으면 "아무것도 없소!"라고 답하는 물리학자도 다를 것이 없다. 타자현상학의 대상은 추상적인 것이다(Dennett, 1987a, 1991a). 그 대상은 나태한 환상이 아니라 근면한 이론가의 허구다. 더욱이 중력의 중심과는 달리 경험과학이 발달하면 구체적인 것으로 바뀔 수도 있다.

노아의 홍수를 연구하는 방식에는 두 가지가 있다. 하나는 그 이야기가 그저 신화에 불과하더라도 여전히 연구 가치가 탁월하다고 가정하고 연구하는 것이며, 다른 하나는 신화 뒤에 실제로 기후 재앙이나 지질학적 재앙이 숨어 있는 것은 아닌지 탐구하는 것이다. 두 가지 조사 모두 과학적일 수 있지만, 첫 번째 것이 덜 사변적(경험에 의지하지 않고 순수한 이성에 의해 인식하고 생각하는 것_옮긴이)이다. 두 번째 경로를 따라 사고를 전개하려면 있을지 모를 단서를 찾기 위해 먼저 첫 번째 경로를 세심하게 조사해야 한다. 이와 마찬가지로 현상학적 항목이 어떻게 뇌에서 일어난 일인지 연구하려면 먼저 대상의 타자현상학적 항목을 세심하게 분류해야 한다. 이런 일은 피실험자의 기분을 상하게 만들 위험이 있지만(피노맨을 연구하는 인류학자가 그들의 정보원을 불쾌하게 만들 수 있는 것처럼), 그것만이 '직관'과의 한판 승부를 피할 수 있는 유일한 길이다. 그렇지 않으면 현상학으로 들어가는 통행증을 얻을 수 없다.

그러나 타자현상학이 3인칭 시점으로 시작한다는 이유를 들어 의식의 진짜 문제는 손도 대지 않고 그대로 남겨두는 것이 아니냐고 반박하는 주장이 여전히 있다. 우리가 살펴본 대로 네이글이 끈질기게 이런 주장을 펼쳤고, 철학자 존 설John Searle은 내 접근법에 명백한 반대를 표하며 이렇게 말했다.

"이 논의에서는 언제나 1인칭 시점을 고집한다는 것을 기억하라. 조작주의자의 속임수가 일어나는 첫 단계는 우리가 그것이 다른 사람에게는 어떠할지 알아내려고 할 때 시작된다"(Searle, 1980, p. 451).

그러나 이는 맞는 말이 아니다. 당신이 타자현상학자가 되어 곰곰이 생각해보면 그 마지막 말을 이해할 수 있을 것이다. 당신은 즉흥적으로 편집하고, 수정하고, 부인할 것이다. 또한 당신이 보고하는 항목의 원인이나 형이상학적 상태에 관해 성급하게 이론화하는 것을 피하는 한 당신이 무엇을 주장하건 당신의 타자현상학적 세계에서 일어나는 일을 결정할 구성적 권위는 당신에게 있다고 인정된다. 당신은 소설가이고, 당신이 말하는 대로 이야기는 진행된다. 무엇을 더 원할 수 있겠는가?

당신이 당신의 현상학에 관해 하는 말을 타자현상학자가 모두 믿어주기를 원한다면 당신은 단지 자기 말을 진지하게 받아들여주기를 요청하는 것이 아니라 교황무오설 같은 것을 허가해주기를 바라는 것이다. 이는 지나친 요구다. 당신은 당신 안에서 일어나는 일뿐 아니라 일어나고 있다고 여겨지는 일에도 권위가 없으며, 타자현상학자는 그것이 당신에게 어떻게 여겨지는지, 당신이 된다는 것이 어떤 것인지에 관한 설명에 관한 한 당신에게 전권을 부여하는 바다. 당신이 어떻게 여겨지는지 말로 표현할 수 없다고 불평한다 해도 타자현상학자는 그것마저 인정할 것이다. 당신이 어떤 것을 설명할 수 없다고 믿는 근거로 '당신이 그것을 설명할 수 없다', '당신이 그것을 설명할 수 없다고 고백한다'보다 더 좋은 것이 어디 있겠는가? 물론 당신이 거짓말하는 것일 수도 있지만, 의심스럽더라도 어쩔 수 없다. 당신이 "나는 그것을 설명할 수 없다고 말하는 게 아니라 그것이 원래 설명할 수 없는 일이라고 말하는 것이다"라고 반박한다면, 타자현상학자는 당신이 적어도 지금은 그것을 설명할 수 없고, 그것을 설명할 수 있는 유일한 사람은 당신뿐이므로 지금 당장은 그것이 설명 불가능하다고 생각할 것이다. 아마도 나중에는 설명할 수 있게 될 것이며, 물론 그때는 그것이 다른 것, 즉 설명이 가능한 어떤 것이 되어 있을 것이다.

내가 타자현상학의 대상이 이론가의 허구라고 말할 때 당신은 이렇게 따지고 싶은 유혹을 느꼈을 것이다(나는 많은 사람이 그러는 것을 보았다).

타자현상학의 대상과 실제 현상학의 대상을 구분하는 것이 바로 그것이다. 나의 자가현상학적 대상은 허구의 대상이 아니다. 그것은 틀림없는 실제다. 하지만 나는 그것이 무엇으로 만들어졌는지는 전혀 모른다. 내가 진지하게 보라색 소를 상상하고 있다고 말할 때 나는 무의식적으로 그런 효과를 내는 문자열을 만들어내고 있던 것이 아니며, 내 뇌에서 물리적으로 일어나는 일과 조금이라도 비슷한 것을 만들기 위해 약삭빠르게 고안해낸 것이 아니다. 나는 정말로 거기 있는 것의 존재를 의식적·의도적으로 보고하고 있다. 이것은 나에게 순전히 이론가의 허구에 불과한 것이 아니다.

당신은 정말 무의식적으로 당신이 말하고 있는 단어를 만들어내고 있었던 것이 아닐까? 아니다. 당신은 무의식적으로 단어를 만들어냈다. 당신은 그 일을 어떻게 했는지, 그것을 만들어내는 데 무엇이 들어갔는지 전혀 알지 못했다. 그러나 당신은 아무 생각 없이 그 일을 하고 있었던 것이 아니라고 주장한다. 당신은 왜 그것을 하는지 알고 있고, 그 단어들을 이해하며, 그 말은 진심이었다. 나도 동의한다. 그것이 당신이 하는 말이 타자현상학적 세계를 그렇게 잘 구성하는 이유다. 만일 당신이 단지 앵무새처럼 아무 말이나 내뱉은 것이라면, 그런 해석이 가능한 순서대로 말할 수 없었을 확률이 매우 높다. 그렇지만 당신은 아직 명확한 설명을 내놓지 못하고 있다. 적어도 전부를 설명하지는 못했다(이 문제는 7장에서 탐구해볼 것이다). 아마도 당신은 대부분 실제인 어떤 것에 관한 이야기를 하고 있을 것이다.

이런 안도의 말로는 충분치 못한 사람도 있다. 그들은 이런 규칙을 따르지 않는다. 예를 들어, 일부 독실한 신앙인은 상대방이 종교를 대신할 것이 있으리라는 암시만 내비쳐도 불쾌하게 받아들인다. 이런 사람은 불가지론을 중립으로 보지 않고, 모욕으로 여긴다. 이들이 믿는 종교의 교리가 불신 그 자체가 죄악이라고 가르치기 때문이다. 그런 믿음을 가진 사람은 물론 자기 믿음을 고수할 권리가 있고, 회의론자나 불가지론자를 만났을 때 감정을 상해 고통받을 권리도 있다. 그러나 학문적인 탐구를 하기 원한다면 자기가 하는 말을 (아직) 믿지 못하는 사람이 있다는 것을 알았을 때 느끼는 불안감부터 먼저 해결해야 할 것이다.

이번 장에서 우리는 현상학을 조사하고 설명하는 중립적인 방법에 관해 알아보았다. 여기에는 피실험자가 말한 것에서 내용을 추출하여 순화하는 과정과 이 내용을 이용하여 이론가의 허구, 즉 피실험자의 타자현상학적 세계를 생성하는 과정이 포함되었다. 이 허구적 세계는 이미지, 사건, 소리, 냄새, 직감, 예감, 그리고 피실험자가 자기 의식의 흐름에 존재한다고 진정으로 믿는 온갖 감정으로 가득하다. 이 세계는 피실험자가 된다는 것이 무엇인지를 정확하게 중립적으로 묘사한다. 피실험자 자신의 말로 끌어낼 수 있는 최상의 해석을 내놓는 것이다.

그런 타자현상학을 추출한 다음에는 무엇이 그 타자현상학을 자세하게 설명할 수 있을 것인지에 관한 물음으로 관심을 돌릴 수 있다. 소설과 다른 허구가 논란의 여지 없이 존재하는 것처럼 타자현상학은 존재한다. 사람들은 자기가 정신적 이미지, 고통, 지각 경험, 그 밖의 다른 것을 갖고 있음을 의심 없이 믿으며, 이런 사실과 그들이 믿는 것을 표현할 때 나오는 보고는 모든 과학적인 '마음 이론theory of mind'이 반드시 설명해야 할 현상이다. 우리는 이런 현상과 관련한 데이터를 이론가의 허구로, 또 타자현상학적 세계에 있는 '지향적 대상'으로 조직화한다. 그렇게 그려진 항목이 실제 대상, 사건, 뇌 혹은 영혼의 상태로 존재하느냐는 물음은 조사해보아야 할 실증적인 문제다. 적당한 진짜 후보를 찾아낸다면, 우리는 그것을 피실험자가 오랫동안 찾아왔던 지시 대상으로 삼을 수 있다. 만일 그렇지 않다면, 우리는 왜 그것이 피실험자에게 존재하는 것처럼 여겨지는지 설명해야 할 것이다.

이제 우리의 방법론적 전제가 수립되었으니 의식 그 자체의 실증적 이론으로 관심을 돌릴 수 있다. 일단 우리 의식의 흐름에 있는 항목들의 순서를 조절하고 배열하는 것부터 시작할 것이다. 4장에서 이론의 첫 번째 개요를 제시하고, 그 이론이 간단한 사례를 어떻게 다루는지 보여줄 것이며, 5장에서는 우리 이론이 여러 이론가를 혼란스럽게 만들었던 훨씬 더 복잡한 현상을 어떻게 재해석하게 하는지 살펴볼 것이다. 6장에서 8장까지는 우리 이론을 오해와 반증으로부터 방어하면서 그 역량을 한 차원 더 높은 곳까지 전개해나갈 것이다.

2부

새로운 모형을
제시하다

4장

데카르트 극장을 넘어
다중원고 모형으로

관찰자 시점

　복잡한 바닷길을 항해하는 유람선은 보통 위험 지역을 피하기 위해 표적을 목표로 삼아 달린다. 저 멀리 보이는 부표를 표적으로 삼고, 배가 나아갈 경로상에 숨은 장애물은 없는지 운항 지도를 확인하고 나면 곧장 목표를 향해 달릴 수 있다. 아마도 선장의 목표는 모든 오류를 수정하면서 곧장 부표를 향해 달리는 것이리라. 그러나 선장은 목표에 너무 몰두한 나머지 마지막 순간에 방향을 틀어야 한다는 사실을 깜박 잊고 그만 부표를 들이받고 만다. 부표를 향해 달려야 한다는 작은 목표를 달성하려다 문제없이 항해를 마쳐야 한다는 큰 목표를 잊어버린 것이다. 이번 장에서는 이처럼 당황스럽기 짝이 없는 의식의 모순이 일어나는 방식을 살펴볼 것이다. 보통은 곤경에 처하지 않게 우리를 지켜주는 좋은 습관이지만, 그 생각에 너무 오래 매달려 있다 보면 종종 일어나는 모순이다.

의식적인 마음에는 반드시 '시점'이 있다. 이것은 마음이나 의식에 관한 우리의 가장 기본적인 생각이기도 하다. 의식적인 마음은 그곳에 있는 모든 정보 가운데 한정된 하위 항목을 취하는 관찰자다. 관찰자는 끊임없이 흐르는 우주의 시간과 장소에서 특정한 순간에 이용 가능한 정보를 취한다. 그 예로 '도플러 편이Doppler Shift'나 중력의 빛 굴절 효과를 보여주는 물리학과 우주학의 표준 이미지를 살펴보자.

그림 4-1의 관찰자는 지구 표면의 한 점에 고정되어 있다. 사물은 우주의 여러 지점에 있는 관찰자들에게 다 다르게 보일 것이다. 우리가 잘 아는 더 간단한 예도 있다. 멀리서 폭죽이 터질 때 불꽃이 터지는 광경과 들려오는 폭죽 소리에 큰 차이가 생기는 이유는 소리와 빛의 전파 속도가 다르기 때문이다. 소리와 빛이 같은 시간에 출발했더라도 관찰자에게는 다른 시간에 도착한다.

그러나 우리가 관찰자를 향해 점점 더 좁혀 들어간다면, 그래서 관찰자

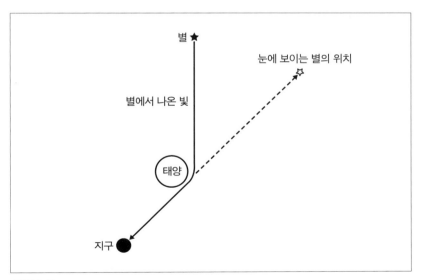

〈그림 4-1〉

시점을 더 정확하게 개인 안의 시점으로 파악하고자 한다면 어떤 일이 일어날까? 더 큰 규모에서는 매우 잘 작동하던 간단한 가정이 무너지기 시작할 것이다.[1] 뇌 안에는 모든 정보가 모이는 한 지점이 없기 때문이다.

우리가 살펴볼 사건들이 비교적 미세한 공간과 시간 척도에서 일어나므로 그 규모가 어느 정도인지 명확하게 알고 시작하는 것이 좋겠다. 우리가 생각해볼 실험은 모두 밀리초millisecond(1,000분의 1초에 해당하는 측정단위_옮긴이) 간격으로 측정되므로 50밀리초나 100밀리초가 얼마나 긴(혹은 짧은) 시간인지 대강이라도 감을 잡아보도록 하자. 우리는 초당 네다섯 음절을 내뱉을 수 있으므로 한 음절을 내뱉는 데 대략 200밀리초가 소요된다. 일반 영화는 초당 스물네 개의 프레임을 내보내므로 대략 42밀리초마다 한 프레임이 지나간다(실제로 프레임은 정지되어 있고, 42밀리초 동안 세 번 노출된다. 5.4밀리초의 공백을 두고 8.5밀리초씩 노출되는 것이다). 텔레비전은 초당 서른 개의 프레임을 내보내고, 한 프레임은 33밀리초마다 지나간다(실제로 각 프레임은 앞 프레임과 겹쳐지는 시간이 있어 서로 엮이면서 지나간다). 엄지를 최대한 빨리 놀리면 스톱워치를 약 175밀리초 간격으로 시작하고 중지할 수 있다. 망치로 손가락을 때릴 때 빠른 유수신경섬유는 그 메시지를 약 20밀리초 만에 뇌로 보낸다. 느린 무수신경섬유는 같은 거리까지 통증 신호를 보내는 데 약 500밀리초가 걸린다. 다음은 그 밖의 몇 가지 행위의 밀리초 근사치다.

- "원 미시시피one, Mississippi"라고 말하기 ⋯⋯⋯⋯⋯⋯⋯⋯⋯⋯ 1,000밀리초
- 시속 145킬로미터의 공이 18.5미터 떨어진 홈베이스까지 날아가는 시간 ⋯⋯ 458밀리초
- 뉴런의 기본 주기 ⋯⋯⋯⋯⋯⋯⋯⋯⋯⋯⋯⋯⋯⋯⋯⋯⋯⋯⋯⋯⋯⋯⋯ 10밀리초
- 개인용 컴퓨터의 기본 주기 ⋯⋯⋯⋯⋯⋯⋯⋯⋯⋯⋯⋯⋯⋯⋯⋯ 0.0001밀리초

뇌 안의 '관찰자'는 없다

데카르트는 관찰자의 내면에서 일어나는 일을 처음으로 진지하게 생각해본 사람이었다. 그가 의식에 관해 정교하게 다듬어 내놓은 생각은 피상적이지만 매우 자연스럽고 호소력이 있어 이후 우리의 사고 속으로 속속 스며들었다. 데카르트는 뇌에 중추 영역이 있다고 단정했다. 그 중추가 바로 송과선이고, 이곳이 의식적인 마음에 이르는 관문 구실을 한다고 생각했다(그림 1-1 참조). 송과선은 왼쪽과 오른쪽에 하나씩 쌍으로 있지 않고 뇌 중앙에 오직 하나만 있는 유일한 기관이다. 16세기의 해부학자 안드레아스 베살리우스Andreas Vesalius가 그린 도해를 보면 송과선은 'L'로 표시되어 있다(그림 4-2). 크기는 완두콩보다 작고, 뇌의 후부 가운데에 다른 신경계 부분에 붙은 채로 자리하고 있다. 어떤 기능이 있는지 알 수 없는 상

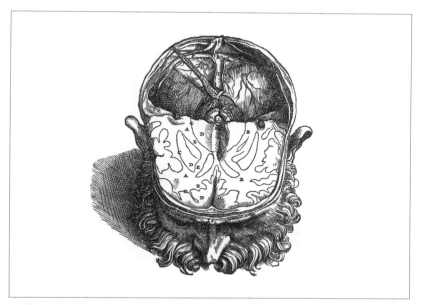

〈그림 4-2〉

황에서(송과선이 무슨 역할을 하는지는 지금도 명확하지 않다) 데카르트가 송과선의 역할 한 가지를 제시했다. 인간이 어떤 일을 의식하려면 감각 기관에서 들어온 정보가 마음으로 전해져야 하는데, 물질적인 뇌와 비물질적인 마음 간에 기적적인 소통이 이루어지는 장소를 이 송과선으로 본 것이다.

데카르트는 모든 신체 반응에 의식적인 마음의 중재가 필요한 것은 아니라고 했다. 그도 오늘날 우리가 반사라고 부르는 것을 잘 인식하고 있었는지, 반사 작용은 송과선 처리본부를 거치지 않고 무의식적으로 이루어진다고 했다.

그러나 세부사항에 관해서는 그의 생각이 틀렸다. 데카르트는 피부에 불이 닿으면 그것이 미세한 섬유를 잡아당기고, 뇌실의 구멍(F)을 개방하여 '동물 정기'가 빈 관을 통해 흘러나가게 만들고, 이어서 다리 근육을 팽창시켜 뒤로 물러서게 만든다고 생각했다(그림 4-3). 이것은 그래도 나름대로 좋은 생각이었지만, 데카르트가 송과선의 역할을 의식의 회전문쯤

〈그림 4-3〉

으로 여긴 것도 좋았다고는 말할 수 없다(이것을 데카르트적 병목현상이라 부를 수 있을 것이다). 데카르트의 이원론은 두말할 여지 없이 틀렸다. 그러나 현재 이런저런 유물론이 만장일치에 가까운 동의를 얻고 있는 가운데, 가장 고매한 유물론자까지도 잊고 있는 것이 있다. 일단 데카르트의 유령 같은 '생각하는 존재'를 폐기하고 나면 더 이상 중추로 들어가는 관문 역할도 필요 없고, 실제로 뇌에 어떤 '기능적인' 중추도 필요 없게 된다는 사실이다. 송과선은 영혼으로 메시지를 보내는 팩스도, 뇌에 자리한 대통령 집무실도 아니다. 뇌 어디에도 그런 역할을 하는 영역은 없다. 한마디로 뇌 안에는 관찰자가 없다.[2]

불꽃놀이의 예에서 알 수 있듯 빛은 소리보다 훨씬 빠르게 이동한다. 그러나 뇌가 시각 자극을 처리하는 시간은 청각 자극을 처리하는 시간보다 더 길다. 신경과학자 에른스트 푀펠Ernst Pöppel(1985, 1988)이 지적했듯, 이런 차이 덕분에 동시성이 가능한 범위는 약 10미터로 한정된다. 관찰자의 감각 기관으로부터 약 10미터 떨어져 있는 지점에서 출발한 빛과 소리는 중앙에서 동시에 이용할 수 있게 신경 반응을 일으킨다. 이 수치를 더 정확하게 계산해볼 수 있을까? 계산에는 한 가지 문제가 따르는데, 이는 외부에서 일어난 일과 감각 기관 사이의 거리나 다양한 매질에서의 전파 속도, 또는 개별적인 차이를 따져야 하기 때문은 아니다. 그보다 더 근본적인 문제는 뇌에 있는 무엇을 '결승선'으로 삼아야 하느냐다.

푀펠은 행위 측정치를 비교하여 결과를 얻었다. 청각과 시각 자극을 느끼기까지의 평균 반응 시간(단추를 누르는 데 걸린 시간)을 측정한 것이다. 소리가 약 10미터를 가는 데 걸린 시간은 30~40밀리초 사이였다(빛이 10미터를 가는 데 걸린 시간은 거의 0에 가까웠다). 푀펠은 외부 행동인 말초 결승선을 이용했지만, 우리의 자연스러운 직관에 따르면, 빛이나 소리의 경험은 진동이 우리 감각 기관을 때리는 시간과 그 경험을 전달하기 위해 우리가 단추를 누르는 시간 사이에 일어난다. 또한 그것은 중앙 어딘가에서, 다시 말해, 감각 기관과 손가락 사이의 흥분 경로상에 있는 뇌 어딘가에서 일어난다. 만일 우리가 그곳이 정확히 어디라고 말할 수 있다면, 그 경험이 정확히 언제 일어나는지도 말할 수 있다. 또한 그 반대로 우리가 그 경험이 정확히 언제 일어났다고 말할 수 있다면, 그것이 뇌 어디에 위치하는지도 말할 수 있다.

뇌에 그런 중추 영역이 있다는 생각을 '데카르트적 유물론Cartesian Materialism'이라고 부르자. 그 생각이 데카르트의 이원론은 폐기했지만 모든 것이 한데 모이는 중앙 극장이라는 심상까지는 폐기하지 못해서 나온 견해이기 때문이다. 데카르트 극장이 될 수 있는 후보 기관으로는 송과선이 지목되고 있지만, 다른 후보도 있다. 전측대상회, 망상체, 그 밖의 전두엽의 여러 영역들이다. 데카르트적 유물론은 뇌 어딘가에 결정적인 결승선이나 경계가 있다고 보고, 그곳에 도착하는 순서가 우리의 경험에 제시되는 순서를 나타낸다고 본다. 그곳에서 일어나는 일이 당신이 의식하는 일이기 때문이다. 오늘날 자신이 데카르트적 유물론을 인정한다는 사실을 숨김없이 드러내는 사람은 거의 없다. 많은 이론가가 그렇게 분명하게 틀린 생각은 확실하게 거부한다고 주장한다. 그러나 데카르트 극장에 관한 그럴싸한 심상은 계속해서 다시 돌아와 보통 사람이든 과학자든 가리지 않고 붙들고 늘어진다. 심지어는 그 유령 같은 이원론이 맹렬히 비난당하고 내쳐진 후에도 위세가 꺾일 줄 모른다.

데카르트 극장은 의식적인 경험이 뇌에 어떻게 자리 잡아야 하는지 보여주는 비유적인 그림이다. 처음에는 그것이 우리가 육안으로 관찰할 수 있는 일상적인 시간 간격으로 일어나는 사건을 '아직 관찰되지 않은 것'과 '이미 관찰된 것'이란 두 개의 항목으로 분류할 수 있다고 보는, 익숙하고 부정할 수 없는 사실에 관한 순수한 추정처럼 보인다. 우리가 그런 추정을 하는 방식은 한 지점에 관찰자를 위치시키고, 그 지점과 비례하여 정보 운반체의 움직임을 할당하는 식이다. 그러나 이 방법을 매우 짧은 시간 간격을 두고 일어나는 현상을 설명하는 데까지 확대하려고 하면 논리적인 문제에 부딪힌다. 만일 관찰자의 시점이 뇌의 다소 넓은 범위에 걸쳐 퍼져 있다면, 관찰자 자신이 느끼는 순서와 동시성에 관한 주관적인 감각은 '도착 순서'가 아닌 다른 방법으로 결정해야 할 것이다. 목적지가 어디인지 구체적으로 정해지기 전까지는 도착 순서도 정확하게 정해질 수 없기 때문이다. 어떤 결승선에서는 A가 B를 이겼지만, 다른 결승선에서는 B가 A를 이겼다면, 이 결과가 의식의 주관적인 순서를 확정한다고 볼 수 있겠는가?(Minsky, 1985.) 푀펠은 시각 정보와 청각 정보가 뇌의 '중앙에서 이용 가능해지는' 순간에 관해 이야기하지만, '중앙에서 이용 가능한' 시점이 경험의 순서를 결정하는 것으로 간주될 수 있을까? 그렇다면 그 근거는 무엇일까? 이 질문에 답하려면 데카르트 극장을 버리고 새로운 모형으로 대치할 수밖에 없다.

의식에 관해 생각할 때 우리를 가장 집요하게 혼란에 빠뜨리는 것은 바로 뇌에 특별한 중추가 있다는 생각이다. 이런 생각은 계속해서 다른 옷을 갈아입고 나타나 겉보기에만 그럴듯한 여러 이유를 들이대며 자기주장을 펼친다. 이 생각은 우리가 의식의 단일함을 사적이고 자기 성찰적으로 인식한 데서 나오고, 우리에게 '여기 안'과 '저 바깥'이 다르다는 인상을 심어준다. '나'와 '저 바깥 세계' 사이의 고지식한 경계는 피부와 눈의 렌즈이지만, 우리가 우리 몸 안에서 일어나는 일조차 어떻게 일어나는지 알 수 없다는 사실을 점점 깨달으면서 거대한 외부가 침입해 들어온다. 내가 '여기 안'에서 팔을 들어 올리려고 해보지만 '저 바깥'에서 잠에 빠져 있거나 마비되어 있다면 팔은 꿈쩍도 하지 않을 것이다(내가 있는 곳에서부터 내 팔을 조절하는 신경 장치에 이르는 의사소통 라인 어딘가에서 조작이 일어났다). 또한 내 시신경이 어떤 이유로든 절단되었다면 내 눈이 멀쩡하더라도 사물을 볼 수 없을 것이다. 시각 경험을 한다는 것은 명백히 내 눈 안에서 일어나는 일이고, 내가 당신에게 내가 보고 있는 것을 말하는 것은 분명 내 눈과 목소리 사이 어딘가에서 일어나는 일이다.

그것은 우리의 의식적인 마음이 행동을 실행에 옮기기 위해 밖으로 향하는 과정을 개시하기 직전, 안으로 향하는 모든 과정이 종결되는 지점에 위치해야 한다는 기하학적 필요성에서 나온 것일까? 예를 들어, 우리는 눈에서 나온 입력 채널을 따라가는 말초에서 시작하여 시신경으로 올라가고, 더 나아가 시각 피질 여러 영역으로 간다. 그다음에는? 또 우리는 근육과 근육을 조절하는 운동 뉴런에서 나온 상향 줄기를 따라 다른 말초에서 시작하여 피질의 보조 운동 영역에 도달한다. 이 두 여정은 서로를 향해 구심성(입력)과 원심성(출력)의 두 비탈길을 오른다. 뇌의 분수령이 어디인지 정확한 위치를 정하는 일이 아무리 어렵더라도 순전히 기하학적 추정으로 가장 높은 고지를 기준으로 삼아 이쪽 면에서 조작하면 경험

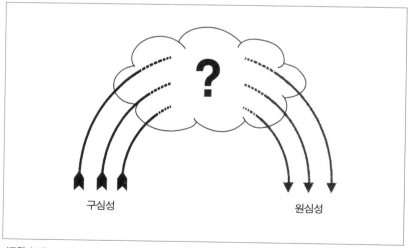

구심성 원심성

〈그림 4-4〉

전이 되고, 저쪽 면에서 조작하면 경험 후가 되는 것으로 추론할 수는 없을 것이다.

데카르트의 그림은 모든 것이 송과선 본부로 들어오고 나가기 때문에 한눈에 봐도 그런 구분이 명백하게 드러난다. 그렇다면 현대적인 뇌 모형에 구심성에는 붉은색을, 원심성에는 초록색을 칠해보면 그 구분선이 어디인지 확실히 알 수 있을 것이다. 어디가 되었든 색깔이 갑자기 바뀌는 곳을 그 위대한 '정신적 분수령mental divide'의 기능적 중앙 지점이라고 할 수 있을 테니 말이다.

신래퍼곡선, 의식을 설명하다

이런 흥미진진하고 그럴싸한 주장을 이야기하다 보면 생각나는 것이 있다. 레이거노믹스Reaganomics를 뒷받침한 이론으로 유명했던 아서 래퍼Arthur Laffer의 '래퍼곡선Laffer Curve'이다. 만일 정부가 소득 세율을 0퍼센트로 정한다면 정부 세수稅收는 아예 없을 것이다. 그렇다고 임금의 100퍼센트를 세금으로 다 거두어가 버리면 아무도 일을 하려고 들지 않을 것이므로 마찬가지로 정부 수입이 없을 것이다. 세율이 2퍼센트면 세수는 세율이 1퍼센트일 때의 두 배가 될 것이고, 정부의 세수는 이런 식으로 높아지는 세율에 따라 늘어날 것이다. 그러나 세금이 부담스러워지는 어느 시점부터는 세율이 상승할수록 세수는 오히려 하락할 것이다.

이제 이 척도를 반대 입장에서 살펴보자. 99퍼센트 세율은 100퍼센트나 매한가지로 부당 과세이므로 정부가 세수를 올리기 힘들 것이다. 90퍼센트라면 그보다는 나은 세수를 거둘 것이고, 80퍼센트라면 조금 더 나아질 것이다. 그렇다면 그림에서 보는 것처럼 곡선이 방향을 틀어 세수를

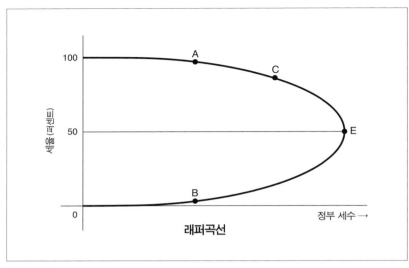

〈그림 4-5〉

최대화할 세율이 되는 지점이 있지 않을까? 래퍼는 현재 세율이 상승 곡면에 있다면 세율을 낮추어 실제로 세수를 증가시킬 수 있다고 생각했다. 많은 사람이 그 생각이 옳다고 여겼다. 그러나 마틴 가드너Martin Gardner가 지적했듯, 곡선의 양 끝이 명확하다고 해서 곡선 중간 미지의 영역까지 완만한 경로를 취하리라는 보장은 없다. 그는 래퍼의 잘못된 생각을 날카롭게 지적하며 대안으로 '신래퍼곡선Neo-Laffer Curve'을 제안했다.

신래퍼곡선에는 최고점이 하나 이상이고, 어느 최고점을 막론하고 그 지점에 접근하는 일은 복잡한 역사와 상황에 따라 달라진다. 변수 하나를 바꾸어 마음대로 결과를 결정할 수 없다(Gardner, 1981). 우리는 말초의 구심성·원심성 신경이 중추로 들어가는 혼미한 일에 어떤 의미가 있는지에 관해서도 같은 교훈을 끌어내야 한다. 그 말초가 명확하다고 해서 안쪽으로 들어가는 길도 죽 명확히 구별되리라는 보장은 없다. 가드너는 뇌의 중심 영역에서 일어나는 온통 뒤죽박죽인 활동에 비하면 경제에서 예

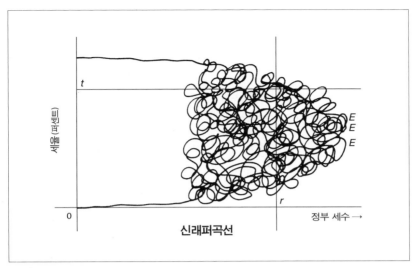

〈그림 4-6〉

견되는 '기술적 혼미technosnarl'는 단순함 그 자체라고 했다. 우리는 뇌에 기능적 최고봉이나 중추 지점이 있다는 생각을 버려야 한다. 이런 생각은 무해하고 손쉬운 길이 아니라 나쁜 습관이다. 이 나쁜 사고 습관을 없애려면 활개치고 있는 나쁜 습관의 사례를 찾아 연구하는 동시에 그것을 대체할 좋은 이미지도 찾아야 한다.

다중원고 모형, 무엇이 다른가?

먼저 소개할 대안 모형은 의식의 다중원고 모형이다. 처음에는 이 다중원고 모형이 상당히 낯설게 느껴지고, 시각적으로 그려보기도 어려울 것이다. 하지만 데카르트 극장도 그런 식으로 점차 우리에게 파고들었다. 다중원고 모형에 따르면, 다양한 인지 작용, 다시 말해, 모든 다양한 사고와 정신 활동은 뇌에서 감각 정보를 해석하고 정교화하는 병렬적이고 다중 경로를 거치는 과정으로 이루어진다. 신경계로 유입되는 정보는 계속해서 '편집 중'이다. 우리의 머리도 조금씩 움직이고, 눈동자는 더 자주 움직이므로 우리 망막에 맺히는 상은 지속적으로 흔들린다. 카메라를 흔들리지 않게 고정할 줄 모르는 사람이 찍은 홈비디오와 같다.

그러나 우리는 그것을 실감하지 못한다. 우리 눈이 정상적인 상태에서 1초에 다섯 번 정도 급속한 단속성 안구 운동을 한다는 사실을 알고 놀라는 사람이 많다. 그러나 이런 움직임은 눈동자에서 의식으로 가는 중에 일찌감치 편집된다. 머리의 움직임도 마찬가지로 이런 편집 과정을 거친다. 심리학자들은 이런 결과를 만들어내는 기제에 관해 많은 것을 알아냈고, '무선점 입체도random dot stereogram'의 깊이 해석과 같은 일부 특수 효과도 발견했다(Julesz, 1971).

무선점으로 이루어진 약간 다른 두 개의 네모를 입체경으로 보면(이미지 두 개가 하나로 겹쳐지게 약간 사시를 만들어봐도 좋다) 3차원 형태가 드러난다(그림 4-7). 이는 양쪽 눈에서 따로따로 들어오는 정보를 비교하고 분석

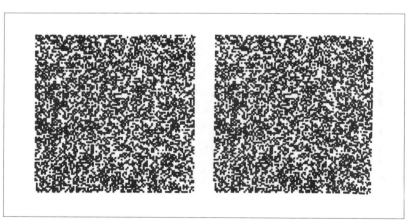

〈그림 4-7〉

하는 뇌의 인상적인 편집 과정 덕분에 일어나는 현상이다. 각각의 데이터 배열을 정교한 특징 추출 과정에 투입하지 않고도 최선의 형태를 찾아낼 수 있다. 무선점 입체도에 있는 개별적인 점들은 입체 그림을 감추고 있을 만큼 돌출성이 낮다.

뇌의 편집 과정이 이런 결과를 산출하기까지는 상당한 시간이 걸리지만, 신속한 결과를 얻는 특별한 경우도 있다. '맥거크 효과McGurk Effect'가 그 예다(McGurk and Macdonald, 1979). 프랑스 영화에 영어 대사를 입히는 더빙 작업이 엉망으로 이루어지지 않은 한 시청자 대부분은 입의 움직임과 들리는 소리가 다르다고 느끼지 못한다. 그렇다면 영상과 소리가 잘 맞아떨어지는 상태에서 고의로 음 몇 개를 어긋나게 하면 어떨까? 자, 우리 옛 친구를 다시 불러내보자. 영화에 나오는 사람의 입술은 "왼쪽에서 오른쪽으로"라고 말하지만, 영상의 목소리는 "왼짝에서 오른짝으로"라고 말한다. 이 경우 사람들은 어떤 경험을 할까? 아마 '왼쪽에서 오른쪽으로'라고 들을 것이다. 눈과 귀가 분담한 일을 놓고 인위적으로 유도한 편집 경쟁에서 눈이 승리를 거둔다.[3]

이런 편집 과정은 거의 1초에 걸쳐 일어나며, 다양한 내용이 다양한 순서로 첨가되고, 섞이고, 수정되고, 다시 써진다. 우리는 망막, 귀, 피부 표면에서 일어나는 일을 직접 경험하는 것이 아니다. 우리가 실제로 경험하는 것은 여러 해석 과정을 거쳐 나온, 사실상 편집의 산물이다. 뇌의 편집 과정은 뇌의 여러 영역에서 일어나는 활동의 흐름 속에서 진행되며, 가공하지 않은 일방적 표상을 취해 비교·분석하고 수정하여 보강한 표상을 산출한다. 이 정도는 실제로 모든 지각 이론에서 인식하고 있는 것이지만, 다중원고 모형은 여기에 새로운 특징을 더한다. 정보의 특징 발견이나 판별은 오로지 한 번만 이루어져야 한다는 것이다. 다시 말해, 어떤 특징이 그것을 전문적으로 찾아내는 역할을 맡은 뇌의 일정 영역에 '관찰'되었다면, 그렇게 확정된 정보 내용은 우두머리 판별자가 재판별하게 다른 곳으로 보낼 필요가 없다. 요컨대 데카르트 극장은 존재하지 않으므로 데카르트 극장 관객을 위해 이미 판별된 특징을 다시 표상할 필요는 없다는 말이다.

뇌에서 시간적·공간적으로 분산되어 일어나는 내용 확정은 시간상·공간상으로 모두 정확하게 위치를 추적할 수 있지만, 그 시초가 내용이 의식되는 시초를 나타내지는 않는다. 뇌가 판별한 특정 내용이 의식적인 경험을 구성하는 요소로 나타날지 말지는 언제나 미결 문제다. '그것이 언제 의식되느냐' 하는 것도 혼란스러운 문제다. 이렇게 분산된 내용 판별은 시간이 지나면서 이야기의 흐름이나 순서 같은 것을 산출하고, 뇌 전반에 걸쳐 있는 여러 과정을 거치면서 계속 편집 중인 것으로 생각할 수 있으며, 이런 편집 과정은 무한히 계속된다. 이런 내용의 흐름은 그 다양성 때문에 마치 하나의 이야기 같다. 뇌의 여러 곳에는 다양한 편집 단계에 있는 다양한 이야기 조각의 여러 '원고'가 있다.

이런 흐름에서는 조사하는 장소와 시간에 따라 다른 결과, 다른 이야기가 나온다. 만일 조사를 너무 오래 지연시키면(예를 들어, 하룻밤이 지나서 조사하면) 아무런 이야기도 남지 않을 수 있고, 반대로 이야기가 소화되고 재조직되어 원래의 것이 아닌 다른 이야기가 되어 있을 수도 있다. 이와 달리 너무 일찍 캐물으면 뇌가 일찌감치 판별한 것이 무엇이냐에 따라 관련 데이터를 모을 것이고, 그렇게 묻지 않았으면 정상적으로 다양하게 진행되었을 흐름을 방해한 대가를 치러야 할 것이다. 다중원고 모형에서 가장 중요한 점은 의식의 실제 흐름이라고 공인된 단 하나의 이야기('최종 원고' 또는 '출판된 원고'라고 할 수 있을 것이다)가 있다고 가정하는 오류를 범하지 않는다는 것이다.

지금 당장은 다중원고 모형이 크게 와 닿지 않을 것이다. 이 모형이 자신의 내밀한 경험으로 알고 있는 것과는 다른 데다 의식이 데카르트 극장에서 일어난다고 생각하는 것이 여전히 더 편안하기 때문이다. 자연스럽고 편안한 습관을 깨고 나와 다중원고 모형을 믿을만한 대안으로 받아들이기까지는 상당한 노력이 필요하며, 그런 일이 조금 이상하게 느껴지기도 할 것이다. 이 책에서 가장 어려운 부분도 분명 이 부분이지만, 이론을 전개하는 데 반드시 필요한 부분이므로 건너뛸 수도 없다. 그나마 다행인 것은 다중원고 모형을 이해하는 데 수학 지식이 필요한 것은 아니라는 점이다. 신중하게 생각하여 마음에 올바른 그림을 그리고, 옳지 않은 그림에 현혹되지 않으면 된다. 쉽지 않은 길을 가는 동안 당신의 상상력을 자극할 수 있게 여러 가지 간단한 사고 실험도 준비했다. 그러니 진지한 노력을 기울일 마음의 준비를 하라. 그러면 당신은 뇌에 관한 우리의 사고방식에 주요한 혁신이 될(그러나 근본적인 혁명은 아니다) 의식에 관한 새로운 시각을 발견하게 될 것이다(유사한 의식 모형으로 윌리엄 캘빈William Calvin의 '시나리오 짜기Scenario-spinning' 모형이 있다).

새로운 이론을 이해하는 좋은 방법은 이전 이론으로는 설명할 수 없었던 문제를 그 이론이 어떻게 다루는지 보는 것이다. 그 증거 목록 1호는 철학자의 질문으로 야기된 '가현 운동apparent motion'에서 발견한 것이다. 영화와 텔레비전은 '정지' 그림을 연속적으로 빠르게 제시하여 움직이는 것처럼 보이게 하는 가현 현상을 이용한다. 영화 시대가 막을 연 후 많은 심리학자가 이 현상을 연구했다. 그중에서도 막스 베르트하이머Max Wertheimer(1912)가 '파이 현상Phi Phenomenon'이라 부른 것이 가장 먼저 체계적으로 연구되었다. 이 현상의 가장 간단한 사례로는 시각visual angle이 4도 정도 벌어져 있는 두 개 이상의 작은 점을 빠른 속도로 연속하여 발광하게 하면 마치 점 하나가 앞뒤로 움직이는 것처럼 보이는 현상이 있다.

파이 실험은 여러 방법으로 연구되었는데, 그중 가장 놀라운 것은 심리

학자 폴 콜러스Paul Kolers와 마이클 폰 그루나우Michael von Grünau가
보고한 것이다(1976). 철학자 넬슨 굿맨Nelson Goodman은 콜러스에게 광
점 두 개의 색깔이 서로 달라도 파이 현상이 지속되는지, 만일 그렇다면
광점의 움직임에 따라 색깔에는 어떤 변화가 일어나는지 물었다. 두 개의
점이 따로따로 빛나면 움직인다는 착시가 사라질까? 광점이 색입체color
solid(모든 색채를 알아보기 쉽게 배치한 3차원의 표색 구조물)의 색깔들을 하나
하나 추적하듯 따라가면서 점차 한 색깔에서 다른 색깔로 바뀔까? 콜러스
와 폰 그루나우는 기대하지 못했던 실험 결과를 얻었다. 색깔이 다른 점
두 개에 50밀리초 간격으로 각각 150밀리초 동안 빛을 비췄더니, 첫 번째
점이 움직이기 시작하는가 싶더니 두 번째 점을 향해 가는 경로 중간에
갑자기 색깔이 바뀌었던 것이다. 굿맨은 의아했다.

"두 번째 불빛이 일어나기 전에, 첫 번째 불빛에서 두 번째 불빛까지 이
어지는 경로 중간 장소와 시간에 있는 점을 우리가 어떻게 채우는 것일
까?"(Goodman, 1978, p. 73)

물론 어떤 파이 현상에서도 같은 질문이 제기될 수 있지만, 콜러스의 색
채 파이 현상에서는 이 문제가 더 생생하게 두드러진다. 첫 번째 점이 붉
은색이고, 두 번째 점이 녹색이라고 해보자. 뇌에서 '사전 인지'가 일어나
지 않는 한 중간에 붉은색이 녹색으로 바뀐다는 착각을 일으키는 내용은
만들어질 수 없다. 이런 일은 뇌가 두 번째 녹색 점이 발광할 것을 알고 난
후에야 일어날 수 있는 일이다. 그러나 두 번째 점이 이미 '의식적인 경험'
안에 있다 해도 붉은색 점의 의식적인 경험과 녹색 점의 의식적인 경험 사
이에 착각을 일으키는 내용을 끼워 넣기에는 너무 늦지 않을까? 뇌는 어
떻게 이런 날랜 재주를 부릴 수 있을까?

원인이 결과에 선행되어야 한다는 원리는 뇌에서 편집 작용을 하는 여
러 분산된 과정에도 적용된다. 어떤 원천으로부터 정보를 얻으려면 그 정

보가 올 때까지 기다려야만 한다. 정보가 그곳에 도착하기 전에는 그 정보를 얻을 수 없다. 그렇기 때문에 색깔이 바뀌는 파이 현상에 관해서도 '기적적인' 혹은 '사전 인지적인' 설명은 있을 수 없다. 녹색 점이란 내용은 녹색 점에서 나온 빛이 눈에 도달해 시각계에서 녹색이라고 판별되는 수준에 이르러 정상적인 신경 활동을 자극하기 전에는 의식적이건 무의식적이건 어떤 사건에도 영향을 미치지 못한다. 따라서 붉은색이 녹색으로 바뀌는 판별은 녹색 점이 판별된 이후에 이루어져야 한다. 그러나 당신이 의식적으로 경험한 것은 맨 처음이 붉은색, 다음이 붉은색이 녹색으로 바뀐 것, 그리고 마지막이 녹색이므로 전체 사건에 관한 당신의 의식은 녹색 점이 (무의식적으로?) 인지된 후까지 지연되었다고 보는 것이 옳다. 만일 이런 결론이 설득력 있다고 생각한다면, 당신은 여전히 데카르트 극장에 갇혀 있는 것이다. 이제부터 살펴볼 사고 실험은 당신이 그곳에서 나오게 도와줄 것이다.

오웰식 '기억 수정'인가, 스탈린식 '여론 조작'인가?

우리가 당신 뇌를 조작해 일요일의 파티에서 사실은 본 적도 없는 모자 쓴 여자를 보았다는 가짜 기억을 삽입했다고 가정해보라. 월요일에 파티를 회상하다 그 여자가 떠올랐다. 하지만 기억이 잘못되었다고 의심할 만한 아무런 내적 근거가 없는데도 우리는 당신에게 당신이 일요일에 그 여자를 만난 적이 없다고 말한다. 화요일에 우리는 당신이 파티에서 모자 쓴 여자를 보았다는 생생한 의식적인 경험에는 동의하지만, 그것이 여전히 일요일이 아니라 월요일이었다고 주장한다(당신은 도대체 그런 것 같지 않지만).

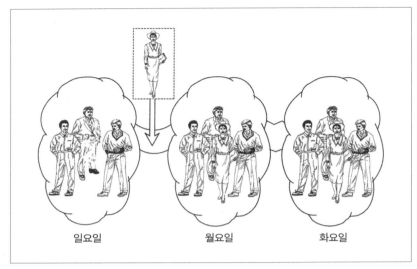

〈그림 4-8〉

우리에게는 신경외과 수술로 가짜 기억을 삽입할 능력은 없지만, 외과
적으로 불가능한 일이 기억의 장난으로 저절로 뇌 안에서 일어날 때가 있
다. 가끔씩 우리가 기억하는 일이 전혀 일어난 적이 없는 일인 것 같을 때
가 있다. 그런 경험 이후의 오염 또는 기억의 수정을 '오웰식Orwellian'이
라고 부르자. 조지 오웰의 오싹한 소설《1984》에 나오는 진실부Ministry of
Truth에서 힌트를 얻은 것이다. 이곳에서는 부지런히 역사를 다시 써서 모
든 후세대가 (진짜) 과거에 접근하지 못하게 막는다.

경험 이후 수정본이 있을 수 있다는 가능성(오웰식)은 우리가 느끼는
가장 근본적인 차이의 한 측면을 보여준다. 바로 현실appearance과 실재
reality의 차이다. 우리는 (적어도 원리적으로는) 오웰식 수정본이 있을 가능
성을 인식하고 있으므로 '이것이 내가 기억하는 것이야'에서 '이것이 정
말로 일어난 일이야'를 추론하는 데 따르는 위험성도 알고 있다. 그러므로
우리는 우리가 기억하는 것이(아니면 서고에 있는 역사 기록이) 실제로 일어

난 일이라고 우리를 설득하려 드는 모든 사악한 조작주의operationalism
에 저항해야 한다.[4]

　오웰식 수정이 후세대를 속이기 위한 한 가지 방식이라면, 또 다른 방
식은 거짓 증언과 허위 자백, 모의 증거까지 완벽하게 갖추고 세심하게
짠 각본하에 여론 조작용 재판을 여는 것이다. 이런 조작을 '스탈린식
Stalinesque'이라고 하자. 우리는 우리에게 가해지는 위조의 형태가 오웰
식인지 스탈린식인지 확신할 수 있을까? 허위 정보 조작이 성공한다면,
우리는 신문에서 떠드는 이야기가 전혀 일어난 적이 없는 일에 관한 오
웰식 설명인지, 아니면 실제로 일어난 일이기는 하지만 가짜 여론 조작용
재판을 열어 조작한 이야기인지 구별할 수 없다. 신문, 비디오테이프, 개
인의 회고록, 묘비에 새겨진 비문, 살아 있는 자의 증언을 통틀어 모든 흔
적이 삭제되거나 수정되었다면, 우리는 애초에 정보 조작이 일어나서 우
리의 틀림없는 역사가 여론 조작용 재판으로 조작되었는지, 아니면 즉결
처형 후에 역사 조작으로 그 행위가 은폐되었는지 알 길이 없다.

　당신이 길모퉁이에 서 있는데 긴 머리 여자가 휙 지나갔다고 치자. 이
런 일이 있은 직후, 전에 본 안경 낀 짧은 머리 여자에 관한 잠재 기억이
방금 본 여자에 관한 기억을 오염시켰다. 잠시 후에 방금 본 여자에 관해
자세히 설명해보라고 하자 당신은 진지하게 그 여자가 안경을 끼고 있었
다고 잘못된 정보를 보고했다. 파티에서 본 모자 쓴 여자의 경우에서처럼
우리는 당신이 안경 낀 여자를 본 것이 아니라고 말한다. 그러나 후속 기
억이 오염되었기 때문에 당신은 긴 머리 여자를 처음 본 순간부터 그 여
자가 틀림없이 안경을 쓰고 있었던 것처럼 느낀다. 오웰식 수정이 일어난
것이다. 기억의 오염이 일어나기 전, 그 여자가 안경을 쓰지 않았다고 느
낀 순간이 잠깐 있었다. 그 짧은 순간 동안 당신이 느낀 의식적 경험의 현
실은 안경을 쓰지 않은 긴 머리 여자였지만, 이런 역사적인 사실은 금세

활기를 잃었다. 그것은 당신이 그 여자를 힐끗 본 후에 기억이 오염되어 버린 탓에 흔적도 남지 않았다.

일어난 일을 다른 식으로 설명할 수도 있다. 안경 낀 여자에 관한 앞선 잠재 기억은 '의식 이전'에 일어나는 정보 처리 과정에서 상향 경로상의 경험을 쉽게 오염시킬 수 있고, 따라서 당신은 여자를 본 순간부터 실제로 그 여자가 안경을 썼다고 환각을 일으켰다. 이 경우, 앞서 본 안경 낀 여자에 관한 강박적인 기억은 경험에 여론 조작용 재판을 일으켜 당신에게 스탈린식 술책을 부릴 수 있다. 게다가 조작된 경험은 기억에 남은 기록 덕분에 나중에 정확하게 회상될 수 있다.

직관적으로는 이 두 경우가 이렇게 다를 수 있다. 첫 번째 방식에서(그림 4-9), 당신은 여자가 휙 스쳐 지나간 순간에는 환각을 경험하지 않지만, 그 후의 기억에서 환각을 겪는다. 실제(진짜) 경험에 관한 가짜 기억을 갖는 것이다. 두 번째 방식에서(그림 4-10), 당신은 여자가 지나갈 때 환각을 일으켰고, 이후에 그 환각을 정확하게 기억한다(의식에서는 그 일이 정말로 일어났다). 시간을 아무리 잘게 나눈다고 해도 이런 일이 정말 가능한

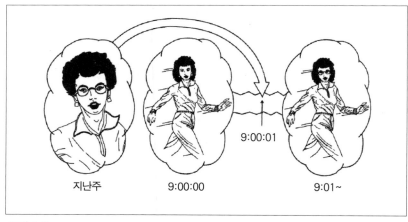

지난주   9:00:00   9:00:01   9:01~

〈그림 4-9〉

것일까?

그렇지 않다. 다른 척도에서는 매우 깔끔하게 구분되는 지각 수정과 기억 수정의 차이가 여기서는 더 이상 이치에 맞지 않는다. 우리는 피실험자의 시점이 시간적·공간적으로 오염된 애매한 영역으로 들어갔고, 오웰식이냐 스탈린식이냐는 질문은 그 힘을 잃었다.

긴 머리 여자가 휙 스쳐 지나가면서 망막이 흥분하기 시작하는 시간대가 있고, 자신에게나 다른 사람에게 그 여자가 안경을 끼고 있었다는 최종 확신을 표현하면서 흥분이 종료되는 시간대가 있다. 그 두 시간대 사이 어느 시점에선가 안경을 쓰고 있다는 내용이 긴 머리 여자라는 내용에 가짜로 덧붙여졌다. 우리는 안경을 썼다는 내용이 실수로 결합되기 전에 긴 머리 여자라는 내용이 뇌에서 이미 판별된 시간이 있었다고 가정할 수 있다(결국에는 그것을 자세하게 확증할 수도 있을 것이다). 긴 머리 여자를 판별한 것이 안경 낀 여자에 관한 앞선 기억을 자극했다는 가정은 그럴듯하다. 그러나 우리는 이런 가짜 결합이 '실제의 의식적인 경험'이라고 추정된 사실의 '앞이냐 뒤냐'에 관해서는 알지 못한다. 당신은 처음에 안경을

〈그림 4-10〉

끼지 않은 긴 머리 여자를 먼저 의식했고, 그다음에 앞선 경험의 기억을 지워버린 이후의 의식인 안경 낀 긴 머리 여자를 의식했을까, 아니면 의식적인 경험의 첫 번째가 이미 안경으로 오염되었을까?

만일 데카르트적 유물론이 진리라면, 설령 우리가 과거로 거슬러 올라가 그것을 알아낼 수 없다고 하더라도 이 질문에는 대답이 있어야 할 것이다. '결승선을 먼저 건넌' 내용은 긴 머리 여자와 안경 낀 긴 머리 여자, 둘 중 하나일 것이기 때문이다. 그러나 거의 모든 이론가가 데카르트적 유물론이 옳지 않다고 주장하면서도 거기에 들어 있는 함의는 인식하지 못한다. 뇌 안에 특권적인 결승선이 없으므로 판별의 시간 순서가 경험의 주관적 순서를 결정할 수 없다는 것이다. 이런 결론은 받아들이기 쉽지 않지만, 우리가 데카르트적 유물론을 고수할 때 빠질 수밖에 없는 문제를 알고 나면 그 생각이 설득력 있게 다가올 것이다.

색채 파이 현상으로 본 두 이론

콜러스의 색채 파이 현상을 생각해보자. 피실험자들은 움직이는 점의 색깔이 궤도 중간에 붉은색에서 녹색으로 변하는 것을 보았다고 했다. 그러나 이 부분은 콜러스가 포인터 장치를 교묘하게 사용했기 때문에 그렇게 두드러져 보인 것이다. 피실험자가 최대한 빨리 착각을 일으킬 수 있는 움직이는 점의 궤도 위에 점을 중첩시키고, 그곳에 포인터를 댔기 때문에 피실험자들은 '점이 바로 이쯤에서 색깔이 바뀌었다'는 내용의 언어 행동을 수행했던 것이다(Kolers and von Grünau, 1976, p. 330).

피실험자의 타자현상학적 세계에서 경로 중간에 색깔이 변했으므로 무슨 색이 무슨 색으로 변했고, 어느 방향으로 움직였는지에 관한 정보가 어딘가에서 와야만 한다. 이 수수께끼를 굿맨이 어떻게 표현했는지 상기해보라.

"두 번째 불빛이 일어나기 전에, 첫 번째 불빛에서 두 번째 불빛까지 이어지는 경로 중간 장소와 시간에 있는 점을 우리가 어떻게 채우는 것일까?"

일부 이론가는 그 정보가 이전 경험에서 온다고 생각할 것이다. 아마도 종이 울릴 때마다 음식이 나오기를 기대하게 된 파블로프의 개처럼 피실험자들도 첫 번째 점을 볼 때마다 두 번째 점을 볼 것으로 기대하게 되었고, 그 기대에서 변화 추이를 실제로 표상하기에 이르렀는지 모른다. 그러나 이 가설은 논박되었다. 피실험자들은 첫 번째 시도에서(그러니까 조건화될 기회가 전혀 없는 상황에서) 벌써 파이 현상을 경험했다. 게다가 후속 실험에서 두 번째 점의 방향과 색깔은 무작위로 변했다. 따라서 피실험자가 보고한 '편집된' 버전을 만들어내기 위해 어떻게든 뇌는 두 번째 점에서 얻은 색깔과 위치에 관한 정보를 이용해야 했다.

먼저 이런 현상에 스탈린식 기제가 관여한다는 가설을 살펴보자. 의식 이전에 위치하는 뇌의 편집실에서 지연이 일어난다. 생방송 프로그램에서 이용하는 '테이프 딜레이tape delay' 같은 늘어진 고리가 있는 것이다. 이런 장치는 방송 전에 통제실에서 외설을 걸러낼 수 있는 몇 초의 검열 시간을 벌어준다. 편집실에 붉은 점이 담긴 첫 번째 프레임 A가 도착하고, 그다음으로 녹색 점이 담긴 프레임 B가 도착한다. 그 사이에 프레임 C와 D가 만들어지고, 의식의 극장으로 올라가는 도중 필름 사이에 끼워 넣어진다(A, C, D, B 순서로). '최종 생성물'이 의식에 도착할 즈음에는 이미 삽입이 끝나 환상이 일어난다.

다음으로 오웰식 기제가 개입된다는 가설을 살펴보자. 첫 번째 점과 두 번째 점을 의식한 직후에(점이 움직이는 것 같다는 착각은 전혀 없이) 뇌의 기억 도서관 수신 센터에 있는 수정주의 역사가는 이 일이 역사를 꾸며내지 않고는 앞뒤가 잘 맞아떨어지지 않는다는 것을 발견하고, 붉은색 다음에 녹색이 나온다는 있는 그대로의 사건을 중간에 색깔이 변한다고 꾸며내어 해석한다. 그러고는 이 역사를 미래에 참고하기 위해 프레임 C와 D를 넣어 윤색한 후 기억 도서관에 삽입한다. 수정주의자는 이런 일을 눈 깜짝할 사이에 해치우기 때문에 당신이 경험한 일을 언어적으로 보고하기 위한 틀을 만드는(말을 소리 내어 하는 것이 아니라) 동안 당신이 의지할 기억 도서관에 저장된 기록은 이미 오염되었다. 당신은 착각을 일으키는 움직임과 색깔 변화를 보았다고 말하고 그렇게 믿을 테지만, 사실 그것은 기억의 환상일 뿐, 원래의 의식을 정확하게 회상한 것이 아니다.

두 가설 중 어느 것이 옳다고 볼 수 있을까? 스탈린식 가설은 의식에 지연이 있다고 가정하므로 간단히 배제할 수 있을 것으로 보인다. 콜러스와 폰 그루나우의 실험에서 붉은 점과 녹색 점 사이에는 200밀리초의 차이가 있고, 스탈린식 가설에 의하면 전체 경험은 녹색 점에 관한 내용이 편

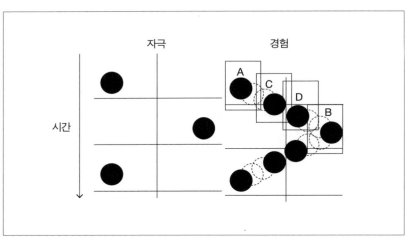

〈그림 4-11〉

168

집실에 도착한 후에야 비로소 구성될 수 있으므로 처음의 붉은 점에 관한 의식은 적어도 그만큼 지연되어야 할 것이다(만일 편집실이 붉은 점에 관한 내용을 프레임 B를 받기 전에, 즉 프레임 C와 D를 조작하기 전에 즉시 의식의 극장으로 올려 보낸다면 피실험자는 필름에 빈틈이 있음을 경험할 것이다. A와 C 사이에 적어도 200밀리초의 지연이 있고, 이는 한 단어에서 한 음절 길이, 영화로 치면 다섯 개의 프레임이 빠진 것만큼 현저히 드러난다).

피실험자에게 붉은 점을 경험하자마자 단추를 누르라고 지시했다고 치자. 우리는 붉은 점 하나만 제시했을 때의 반응 시간과 붉은 점이 나타나고 200밀리초 후에 녹색 점이 나타났을 때(이 경우 피실험자는 색깔이 변하는 명백한 움직임을 보았다고 보고할 것이다)의 반응 시간 사이의 차이를 거의 또는 전혀 느끼지 못할 것이다. 그 이유가 의식에는 언제나 최소한 200밀리초의 지연이 있기 때문일까? 아니다. 의식의 통제하에 일어나는 반응은 눈 깜박이기 같은 반사보다 느리긴 하지만, 신체적으로 가능한 최소한의 잠복기(지연)에 가까운 시간 내에 일어난다는 증거가 매우 많다. 유입과 유출을 위해 이동하는 시간과 반응 준비 시간을 제하고 나면 200밀리초의 지연을 감추기 위한 '중앙 처리'에 남는 시간은 충분치 않다. 따라서 단추 누르기 반응은 두 번째 자극, 즉 녹색 점의 판별이 이루어지기 전에 시작되어야 할 것이다.

이 같은 사실은 경험 이후 수정 기제인 오웰식 가설의 손을 들어주는 것으로 보인다. 피실험자는 붉은 점을 의식하자마자 단추를 누른다. 단추 누르기가 형성되는 동안 녹색 점이 의식된다. 그러자 그 두 가지 경험이 모두 기억에서 씻겨나가고, 붉은 점이 움직이다가 중간에 녹색으로 변했다는 수정된 기록으로 대체된다. 그리고 피실험자는 색깔이 변하기 전에 붉은 점이 녹색 점을 향해 움직이는 것을 보았다고 진지하게 보고한다. 그러나 이는 거짓이다. 만일 피실험자가 정말로 붉은 점이 움직이다가 색깔이 변하기 시작한 바로 그 순간부터 의식하고 있었다고 고집한다면, 오웰식 이론가는 그에게 당신이 틀렸다고, 당신의 기억이 당신에게 장난친 것이라고 단호하게 설명할 것이다. 그가 단추를 눌렀다는 사실은 그가 녹색 점이 발생하기 전에 붉은 점이 정지했다는 사실을 의식하고 있었다는 결정적인 근거다. 그가 받은 지시는 붉은 점이 의식되면 단추를 누르라는 것이 아니었던가? 그는 붉은 점이 움직여서 녹색으로 바뀐 것을 의식하기 약 200밀리초 전에 붉은 점을 의식하고 있었던 것이 틀림없다. 그가 단순히 잘못 알고 있을 뿐이다.

그러나 스탈린식 가설 옹호자들은 다른 생각을 갖고 있다. 그들은 그와는 정반대로 피실험자가 실제로 붉은 점을 의식하기도 전에 그것에 반응한 것이라고 주장한다. 피실험자에게 주어진 붉은 점에 반응하라는 지시는 어떤 식으로든 의식에서 편집실로 흘러 들어갔다. 그것이 편집된 버전(프레임 A, C, D, B)을 '검열하도록' 의식으로 올려 보내기 전에 (무의식적으로) 단추를 누르게 만들었다. 피실험자의 기억이 무슨 속임수를 쓴 것이 아니다. 그는 붉은 점을 본 후에 의식적으로 단추를 눌렀다고 고집한 것을 제외하고는 그가 의식한 것을 정확하게 보고했다. 그가 '미리' 단추를 누른 것은 무의식적으로(또는 전 의식적으로) 유도된 행위였다.

스탈린식 가설이 붉은 점을 무의식적으로 찾아낸 것에 대한 반응으로 단추를 눌렀다고 가정하는 반면, 오웰식 가설은 붉은 점을 의식적으로 경험하지만 그 이후에 본 것 때문에 기억에서 즉시 지워졌다고 가정한다. 색채 파이 현상도 이 두 가설에 맞춰 설명할 수 있다. 하나는 경험 이전의 경로상에서 상향으로 일어나는 스탈린식 '끼워 넣기'이며, 다른 하나는 경험 이후의 경로상에서 하향으로 일어나는 오웰식 '기억 수정'이다. 둘 모두 피실험자가 말하거나 생각하거나 기억하는 것과 일관적이다. 그러나 피실험자는 자신이 선호하는 이론이 무엇이건 자신의 1인칭 시점으로 언은 경험으로는 그 두 가능성을 구별할 수 없다. 그 경험은 어떤 식으로 설명하든 같은 것으로 느껴질 것이다.

정말로 그럴까? 아주 세심하게 주의를 기울인다면 그 차이를 구별해낼 수 있지 않을까? 실험자가 붉은 점과 녹색 점의 자극 간격을 더 길게 하여 그 장면을 좀 더 쉽게 볼 수 있게 만들었다고 해보자. 간격이 충분히 길면 움직임을 지각하는 것과 움직임을 추론하는 것 사이의 차이를 분명히 구별할 수 있을 것이다(어둡고 폭풍우가 몰아치는 저녁, 첫 번째 번갯불이 번쩍했을 때 당신은 내가 왼쪽에 있는 것을 보았다. 2초 후에 또다시 번갯불이 번쩍했고, 당신은 이번에는 내가 오른쪽에 있는 것을 보았다. 당신은 내가 움직이는 것을 보지는 못했지만, 움직였을 것으로 추론할 수 있다). 실험자가 자극 간격을 늘리면 그 차이를 인식하기 시작하는 시점이 생길 것이다. 그리고 당신은 이렇게 말할 것이다.

"이번에는 붉은 점이 움직이는 것 같지 않았지만, 녹색 점을 본 후에는 붉은 점이 움직여서 색깔이 바뀐 것 같다는 생각이 들었다."

실제로 현상이 다소 모순적인 중간 범위는 있다. 점이 두 개의 점멸등으로도 보이고, 한 개의 움직이는 점으로도 보인다. 이런 종류의 가현 운동은 우리가 영화와 텔레비전에서 보는 더 빠르고 부드럽게 넘어가는 가현 운동과는 판이하게 다르다. 하지만 우리의 이런 식별 역량은 오웰식 이론가와 스탈린식 이론가 간의 논쟁과는 관련이 없다. 그들도 적당한 조건에서는 우리가 이런 구별을 할 수 있다는 데 동의한다. 그들이 동의하지 않는 것은 진짜 움직이는 것과 구별할 수 없는 가현 운동을 설명하는 방식이다. 정말로 착각을 일으키는 움직임을 지각한 경우 말이다. 이런 경우 우리에게 술책을 부리고 있는 것은 우리 기억일까, 우리 눈일까?

피실험자는 이 현상이 스탈린식인지 오웰식인지 구별할 수 없다 해도 외부 관찰자인 과학자는 그 둘을 구별할 수 있는 무언가를 뇌에서 찾아낼 수 있지 않을까? 어떤 사람은 이런 생각은 상상도 할 수 없는 일이라고 반박할지 모른다.

"내가 의식하는 일이 무엇인지 나보다 더 잘 아는 사람이 있다니, 상상할 수 없어!"

하지만 정말로 상상도 할 수 없는 일일까? 다양한 뇌 스캔 기술 덕분에 과학자가 모든 표상이 도착한 정확한 시간과 만들어진 시간, 전달 수단 등 신경계 구석구석에서 일어나고 있는 일을 매우 정확히 알고 있다고 해보자. 그 정보를 이용해 기적적인 사전 인지 없이도 의식적이든 무의식적이든 특정한 내용에 반응할 수 있는 가장 이른 시간을 알아낼 수 있을 것이다. 그러나 그 내용을 의식하는 실제 시간은 다소 나중이 될 것이다. 회상한 것을 나중에 말로 표현할 때 그 내용에 포함한 것을 설명하려면 충분히 빠르게 그것을 의식해야 할 것이다. 우리의 타자현상학적 세계에 있는 항목은 무엇이든 우리 의식에 있는 항목이라고 가정한다면 말이다. 그것으로 내용이 '의식되는' 가장 최근 시간이 확정될 것이다. 그러나 우리가 살펴본 대로, 만일 이것이 그 항목이 의식되어야 하는 시간 내에 몇백 밀리초만큼의 지속 시간을 남긴다면, 또한 그 시간대에 일어나야 하는 항목이 몇 가지가 있다면(붉은 점과 녹색 점, 안경 낀 긴 머리 여자와 안경을 끼지 않은 긴 머리 여자), 의식에서 표상할 사건의 순서를 정하기 위해 당신의 보고를 이용할 방법이 없다.

두 모형 모두 모든 데이터를 절묘하게 설명할 수 있다. 우리에게 이미 있는 데이터뿐만 아니라 미래에 갖게 될 것으로 상상할 수 있는 데이터까지도 설명이 가능하다. 그리고 둘 모두 언어적 보고verbal report를 설명한다. 한 이론은 순전히 잘못 안 것이라고 하고, 다른 이론은 경험한 실수를 정확하게 보고한 것이라고 한다. 또한 우리는 양측 이론가가 모두 뇌에서 일어나는 일에 관해 정확하게 같은 이론을 가진다고 가정할 수 있다. 둘 모두 잘못된 내용이 언제 어디서 인과적 경로로 들어왔는지에 관해서는 동의하고, 위치가 경험 전인지 후인지에 관해서만 동의하지 않기 때문이다. 비언어적 결과에 관해서도 약간 다른 차이점 하나만 제외하고는 두이론이 모두 같은 설명을 내놓는다. 한쪽은 무의식적으로 판별한 내용의 결과라고 하고, 다른 쪽은 의식적으로 판별했지만 잊힌 내용의 결과라고 본다. 마지막으로 양쪽 모두 피실험자가 어떻게 '느껴야' 하는지에 관해서조차 의견을 같이한다. 피실험자가 잘못된 생각에서 비롯된 경험과 잘못 기억한 경험을 구별할 수 없다는 것이다.

이렇게 볼 때, 처음에 생각했던 것과는 달리 두 이론의 차이는 단지 언어적 차이뿐이다(Reingold and Merikle, 1990). 결론적으로 두 이론은 신화적인 대분수령으로 삼을 곳만 제외하고는 정확하게 같은 이야기를 하고 있다. 그곳은 두 이론의 다른 모든 특징에 중립적인 시간상·공간상의 지점이다. 이것은 사실 아무 차이도 없는 것과 마찬가지다.

오늘날 학계에서는 전자통신이 발달한 덕분에 모든 일이 매우 빠르게 진행된다. 논문 하나에 여러 가지 다른 판본이 동시에 유통되는 일이 잦고, 저자는 전자우편을 통해 비평을 받으면 그 즉시 내용을 수정한다. 발표 순간을 확정하는 일은 물론이고, 여러 원고 중 어느 것을 정본으로 삼아야 할지도 난감하고 다소 임의적인 문제가 되어버린다. 만일 독자가 읽는 것만이 우리가 원하는 중요한 결과라면, 학술지 논문의 중요한 결과 전부, 아니면 대부분은 정식으로 발표될 때까지 기다리지 않고 여러 수단을 통해 퍼져 나갈 것이다. 전에는 그렇지 않았다. 논문의 중요한 결과는 저널에 발표된 후에야 나타났다. 발표되는 순간이 그렇게 중요했다. 이제 발표의 관문을 통과할 여러 후보가 기능적으로 더 이상 차이가 없어 보이니 무엇을 발표된 문서로 간주할지 임의로 정해야 한다. 초본에서 기록본으로 넘어가는 길에 자연적인 정점이나 전환점은 없다.

다중원고 모형에 기본적으로 담긴 생각이 바로 이런 것이다. 우리가 뇌의 처리 과정에서 어느 순간을 의식의 순간으로 확정하고자 한다면 그것을 임의로 정해야 한다. 우리는 뇌의 정보 처리 흐름을 구분할 수 있지만, 모든 이전 단계와 수정은 무의식적이거나 전 의식적인 적응이고, 이후의 내용 수정(회상으로 밝혀진)은 경험 이후 기억의 오염이라고 선언할 수 있는 기능적인 차이는 없다.

굿맨의 '시간을 역행한 투사'

무대 마술에 관한 책을 읽어보면 한결같이 관객이 마술이 시작되었다고 생각하기도 전에 끝나버리는 것이 최고의 마술이라고 말한다. 이쯤에서 당신은 내가 마술 같은 속임수를 쓰려 한다고 생각할지도 모르겠다. 나는 뇌의 관찰자 시점이 시간적·공간적으로 분산되어 있기 때문에 거기 있거나 있을 수 있는 증거로는 의식적인 경험의 오웰식 이론과 스탈린식 이론을 구별할 수 없고, 따라서 두 이론은 아무런 차이도 없다고 주장했다. 그것은 일종의 조작주의 또는 검증주의verificationism고, 이는 과학이 타자현상학을 포함하더라도 과학으로 도달할 수 없는 '설명할 수 없는 사실brute fact'이 있을 수 있다는 가능성을 무시한 것이다. 설명할 수 없는 사실이 있다는 것은 진정으로 명백한 일임에도 말이다.

나도 그것이 상당히 명백하다는 데는 동의한다. 그렇지 않았다면 이번 장에서 내가 매우 명백해 보이는 것이 사실은 허위라는 것을 입증하려고 이렇게 열심히 애쓰지도 않았을 것이다. 내가 배제한 것은 의식의 데카르트 극장과 유사한 것이다. 당신은 내가 반이원론의 기치 아래('그 유령을 여기서 치워버리자!') 사실은 데카르트가 옳게 생각했던 것을 (글자 그대로) 쫓아버렸다고 의심하고 있을지도 모른다. 현상학의 항목이 '투사'되는 기능적인 장소가 있다는 사실이다.

이제는 이런 의심과 대적해야 할 시간이다. 넬슨 굿맨은 폴 콜러스의 색채 파이 현상에 관해 "이것이 우리에게 '회고적 구성 이론retrospective construction theory'과 투시력에 관한 믿음 사이에서 선택하게 한다"라고 말하면서 이 문제를 제기했다. 투시력이야 말할 것도 없이 피해야 할 것이다. 그렇다면 회고적 구성이란 정확히 무엇일까?

> 첫 번째 불빛 지각이 지연되었다고 보든, 보존되었거나 기억되었다고 보든 나는 이것을 회고적 구성 이론이라고 부른다. 이 이론에서는 두 개의 불빛 사이에 일어난 것으로 지각된 구성이 1초 안에 이루어지지 않는다. (Goodman, 1978, p. 83)

처음에 굿맨은 스탈린식 이론(첫 번째 불빛의 지각이 지연되었다)과 오웰식 이론(첫 번째 불빛을 지각한 것이 보존되거나 기억되었다) 사이에서 왔다 갔다 하는 것으로 보였다. 하지만 그보다 더 중요한 것은 그가 상정한 수정주의자(스탈린식이든 오웰식이든 상관없이)가 단순히 판단을 조정하는 것이 아니라 빈틈을 채우기 위해 자료를 구성한다는 점이다.

> 두 불빛 사이의 경로상에 있는 중간 지점들은 바로 뒤에 이어지는 색깔이 아니라 빛을 내는 색깔 중 하나로 채워진다. (Goodman, 1978, p. 85)

굿맨은 뇌가 아무도 들여다보지 않을 빈틈을 '구성' 같은 것으로 '채우는' 수고를 할 필요가 과연 있을지 다시 생각해보아야 했지만, 그러지 않았다. 다중원고 모형이 명확하게 보여주듯, 일단 판별이 이루어지고 나면 다시 판별할 필요가 없다. 뇌는 이미 얻은 결론에 맞추어 이용 가능한 정보를 새롭게 해석하여 다음 행위를 조절한다.

굿맨은 반 데르 발스Van der Waals와 로엘로프스Roelofs(1930)가 제시한 이론을 설명하면서 "끼어드는 움직임이 회고적으로 생성된다. 다시 말해, 두 번째 불빛이 발생한 후에 생성되어 시간을 '거슬러' 투사된다"라고 했다(Waals and Roelofs, 1930, pp. 73~74). 이 말은 불길한 왜곡을 동반하는 스탈린식 견해를 암시한다. 최종 필름이 만들어졌고 기적의 투사기를 통해 쏘았는데, 그 빛줄기가 어찌 된 일인지 시간을 거슬러 올라가 마음의 스크린에 도착했다는 것이다. 그 생각이 반 데르 발스와 로엘로프스가 '회고적 구성'을 제안했을 때 마음에 두고 있던 것인지 아닌지는 몰라도 콜러스(1972)가 모든 구성은 '실시간'으로 이루어져야 한다면서 그들의 가설을 거부한 이유로는 맞을 것이다. 그렇지만 뇌는 왜 굳이 '끼어드는 움직임'을 '생성'해야 할까? 왜 거기에 끼어드는 움직임이 있다고 결론 내리고, 처리 과정의 흐름 안에 그 회고적 결론을 삽입하지 않을까?

잠깐! 날랜 손재주가 발휘되어야 할 부분이 바로 여기다(만일 그런 것이 있다면). 3인칭 시점에서 나는 대상자, 즉 타자현상학적 대상자를 상정했다. 외부 관찰자가 실제로 끼어드는 움직임이 경험되었다는 믿음을 옳게 돌릴 수 있는 일종의 허구적 '관계 당사자'다. 그것이 이 대상자(단지 이론가의 허구인 사람)에게는 일어나고 있는 일로 여겨지는 것이다. 그러나 뇌가 실제로 봉사하는 대상, 그를 위해 모든 빈틈을 채우면서 쇼를 올리는 진짜 대상이 있지 않을까? 굿맨이 뇌가 경로상의 모든 빈틈을 채운다고 이야기했을 때 생각하던 것이 바로 그것이었을 것이다. 이 모든 만화 같은 일은 누구를 위해 실행되고 있을까? 바로 데카르트 극장에 있는 관객을 위해서다. 그러나 그런 극장은 없으므로 그런 관객도 없다.

다중원고 모형과 굿맨의 의견이 일치하는 부분은 뇌가 끼어드는 움직임이 있다는 내용(판단)을 회고적으로 만들어내고, 이어서 그 내용이 행위를 지배하는 데 이용되며, 기억에 흔적을 남긴다는 것이다. 그러나 다중 원고 모형은 더 나아가 뇌가 굳이 빈틈을 '채우는' 수고를 거치는 표상을 '구성하지' 않을 것이라고 주장한다. 그것은 시간 낭비고, 물감 낭비다. 판단은 이미 섰으니 뇌는 이제 다른 과제에 착수하는 것이 낫지 않을까?[5]

굿맨이 말한 '시간을 역행한 투사'는 다의성을 지닌 말이다. 그 말이 정당하다고 인정될만한 것을 의미할 수도 있다. 말하자면 과거의 시간을 지칭하는 것이 내용에 포함되었다는 의미일 수 있다. '이 소설은 우리를 고대 로마 시대로 이끈다'와 같은 주장이 그 예가 될 수 있다. 그 말을 그 소설이 일종의 시간 여행 기계라고 주장하면서 형이상학적으로 터무니없게 해석하는 사람은 없을 것이다. 그러나 콜러스는 굿맨의 말을 형이상학적으로 극단적인 의미로 받아들였다. 하나하나 차례로 실제 투사가 일어난다는 식으로 이해한 것이다.

'투사'에 관한 이런 급진적인 해석으로 야기된 혼란은 다른 현상에 관한 해석까지 어지럽혔다. 기묘한 추상적 공론이 공간의 표상에 관한 생각을 어지럽힌 것이다. 데카르트 시대에 토머스 홉스Thomas Hobbes는 빛이 눈을 때리고 난 후에 뇌에 어떤 움직임이 유발되고, 그것이 어떤 식으로든 세상으로 다시 튀어나온다고 생각했던 것으로 보인다.

> 감각이 생기는 원인은 외부의 물체나 대상인데, 직접적으로는 미각이나 촉각을 통해, 간접적으로는 시각, 청각, 후각을 통해 감각 기관에 자극을 준다. 이 자극은 신경 혹은 근육과 박막 등을 거쳐 두뇌 또는 심장에 이르고, 이것이 저항이나 반대 압력 또는 심장 박동을 일으킨다. 그런데 이런 운동은 '외향적인' 특성이 있어서 물체가 외부에 존재하는 것을 느끼게 한다.
> (Hobbes, 1651)

그는 우리가 색채를 보는 곳이 물체의 전면이라고 생각했다.[6] 그런 식으로 생각한다면 무언가에 발가락을 찧었을 때 상향 신호가 뇌의 통증 센터로 올라가고, 이어서 통증은 원래 통증이 유발된 부위인 발가락으로 다시 투사되어 내려온다고 할 수 있을 것이다. 결국 그곳이 통증이 느껴져야 할 부위이기 때문이다.

현상학적 공간으로의 투사

1950년대까지만 해도 이런 생각이 진지하게 받아들여지고 있었으므로 영국의 심리학자 존 스미시스John Smythies는 이런 생각을 퇴치하기 위한 논문을 발표하기에 이르렀다.[7] 우리가 말하는 투사는 물리적 공간으로 무언가를 쏘아 보내는 것이 아니다. 신경생리학자와 심리학자, 그리고 스테레오 스피커 시스템을 설계한 음향 전문가는 이런 종류의 투사를 이야기하는 일이 종종 있지만, 그것이 한 장소에서 다른 장소로, 아니면 한 시간대에서 다른 시간대로 물리적으로 전파되는 것이 아니라면 무슨 의미로 그런 말을 하고 있는지 물어야 한다. 간단한 경우를 예로 들어 더 자세히 살펴보자.

스테레오 스피커의 위치를 조정하고 각각의 출력량에 맞게 소리의 균형을 맞추면 듣는 사람은 소프라노 음악 소리를 두 개의 스피커 중간 지점으로 투사한다.

이 말은 무슨 의미일까? 만일 스피커가 빈방에서 쾅쾅 울려대면 투사는 전혀 일어나지 않을 것이다. 그 방에 듣는 사람이 있다면(좋은 귀와 좋은 뇌를 가진 관찰자) 투사가 일어나겠지만, 그것이 듣는 사람으로부터 소리가 방출되어 두 개의 스피커 중간 지점까지 갔음을 의미하지는 않는다. 듣는 사람이 거기 존재한다고 해서 그 지점이나 주변의 물리적 속성이 변하지는 않는다. 우리가 스미시스가 옳았다고 말할 때 의미하는 바도 바로 그 것이다. 시각적 속성이든 청각적 속성이든 공간으로의 투사는 없었다. 그렇다면 무슨 일이 일어난 것일까? "관찰자에 의해 소리가 공간의 그 지점까지 투사된다"라고 대답한다면 우리는 시작한 곳으로 되돌아가는 꼴이다. 그래서 사람들은 "관찰자가 소리를 현상학적 공간에 투사한다"라고 말해 새로운 무언가를 내놓고자 하는 유혹에 빠진다. 그렇게 말하면 한층 발전한 것으로 보인다. 우리는 물리적 공간으로의 투사를 부정하고, 현상학적 공간으로의 투사로 대체했다.

그렇다면 현상학적 공간이란 무엇일까? 뇌에 있는 물리적 공간일까? 아니면 뇌에 자리 잡은 의식의 극장 무대 위의 공간일까? 글자 그대로의 의미로는 아니다. 그렇다면 비유적으로는? 앞 장에서 우리는 셰이키가 조작한 정신적 이미지의 예를 통해 비유적 공간을 이해하는 방식을 살펴보았다. 비유적인 의미에서 셰이키는 공간에 형태를 그렸고, 그 공간에 있는 점들에서 찾아낸 결론을 근거로 공간의 특정한 점에 주의를 기울였다. 그러나 그 공간은 단지 논리적 공간에 불과했다. 허구 세계의 공간인 셜록 홈스의 런던과 마찬가지다. 그러나 허구더라도 셰이키의 뇌에 있는 공간에서 일어나는 실제의 물리적 사건에 체계적으로 연결되어 있는 세계다. 셰이키가 하는 말을 그의 믿음의 표현이라고 받아들인다면 그 세계는 셰이키가 믿는 공간이라고 말할 수 있을 것이다. 그러나 그렇다고 그것이 실제가 되지는 않는다. 어떤 사람이 피노맨을 믿는다고 해서 피노맨이 실제가 되지 않는 것과 마찬가지로 둘 다 순전히 지향적 대상에 지나지 않는다.[8]

오늘날 우리는 경험을 담고 있는 뇌의 공간적 위치와 경험되는 항목의 '경험적 공간'상의 위치를 구별하는 일에 별 거부감이 없다. 간단히 말해, 우리는 표상된 것과 표상하는 것, 내용과 수단을 구별한다. 우리는 시각 지각의 산물이 말 그대로 머릿속 그림은 아니라는 것을 알 만큼 인식력이 높아졌다. 우리는 시간에 대해서도 이와 같은 구분을 해야 한다. 뇌에서 어떤 경험이 일어난 때와 일어난 것 같은 때는 구분되어야 한다. 심리언어학자 레이 재켄도프Ray Jackendoff가 제안했듯, 여기서 우리가 이해해야 할 핵심은 공간 경험에 관한 상식적인 지혜를 곧장 확대하는 것이다. 뇌는 공간을 표상하기 위해 언제나 뇌의 공간을 이용하지는 않는다. 시간을 표상할 때도 마찬가지다. 스미시스가 뇌에서 공간적 슬라이드 투사기를 발견할 수 없었던 것처럼 굿맨의 '시간을 역행하는 투사'가 부추기는 시간적 영화 투사기도 뇌에 없다.

왜 사람들은 이런 투사기 같은 것을 상정해야 한다고 느낄까? 왜 행동 조절이나 기억으로 가는 흐름에 내용을 삽입하는 뇌의 편집실로는 충분치 않다고 생각할까? 아마도 의식의 현실과 실재를 구분하고 싶어서일 것이다. 사람들은 의식에서 일어난 일이 단순히 일어난 것으로 기억되는 것일 뿐이라고 말하는 사악한 조작주의에 저항하고 싶어한다.

데카르트 극장은 우리 주관성의 중심에서 현실과 실재 간의 구분을 보존하기 때문에 편안한 이미지일 수 있다. 그러나 그것은 과학적으로도 말이 되지 않을뿐더러 비유적으로도 모호하다. '객관적인 주관성'이란 기묘한 분류를 만들어내기 때문이다. 설령 일이 당신에게는 그런 식으로 여겨지지 않을지라도 실제로, 객관적으로는 그렇게 여겨진다(Smullyan, 1981). 일부 사상가는 '검증주의'와 '조작주의'에 매우 강경한 반대 입장을 보이는 나머지, 심지어는 주관성 영역이라는 명백하게 사리에 맞는 무대에서조차도 그것을 부정하고 싶어한다. 클리포드 스톨Clifford Stoll이 '천문학자의 어림법칙("글로 적어두지 않으면 그 일은 일어나지 않은 것")'이라 부른 것은 기억의 변덕과 과학적 근거의 기준에 관한 냉소적인 비평이다. 그러나 그것이 기억에 '적힌 것'에 적용될 때는 '글자 그대로' 진리가 된다. 우리는 다중원고 모형을 1인칭 시점 조작주의로 분류할 수 있을 것이다. 그 의식에 대상자의 믿음이 없다면 어떤 자극을 의식할 수 있는 가능성이 싹둑 잘려버리기 때문이다.[9]

생각은 잘 없어지지 않는다. '나한테는 그것이 그렇게 여겨져서 그렇게 판단했다'와 같은 말이 얼마나 자연스러운지 생각해보라. 여기서 우리는 전혀 별개인 두 가지 상태나 사건을 생각해보게 된다. 겉보기에 특정한 방식으로 여겨지는 것과, 그것이 그렇다고 그 이후에(또한 결론적으로) 판단되는 방식이다. 예를 들어, 어떤 사람은 색채 파이의 다중원고 모형에 있는 문제는 설령 다중원고 모형이 피실험자가 끼어든 움직임이 있었다고 판단한 현상을 포함하더라도 그 판단이 나온 토대인 끼어든 움직임으로 보이는 사건은 포함하지 않는 데 있다고 본다. 이 모형은 그 사건의 존재를 명백히 부정한다. 비록 스탈린식 여론 조작용 재판일지라도 어딘가에 '제시된 근거'가 있어야 한다. 그래야 그 근거에서 판단이 나오거나, 그 근거를 판단이 이루어질 토대로 삼을 수 있다.

어떤 사람은 이런 직관이 현상학으로 지지받는다고 가정한다. 이들은 그것이 자신에게 여겨진 결과대로 실제로 자신이 판단 내리는 것을 지켜보고 있다는 인상을 받는다. 그런 사실은 관찰이 불가능하기 때문에 그 누구도 자신의 현상학에서 그런 것을 관찰한 적은 없다(흄도 오래전에 주목한 것처럼).[10]

색채 파이 실험에 참가한 피실험자에게 물어보라.

"당신은 그렇게 느껴졌기 때문에 붉은 점이 움직였고, 색깔이 바뀌었다고 판단했습니까, 아니면 당신이 그렇게 판단했기 때문에 그것이 움직였다고 느낀 것입니까?"

피실험자가 다음과 같은 고차원적인 답변을 내놓았다고 해보자.

> 나는 세상에 실제로 움직이는 점은 없다는 것을 알고 있다. 알고 보면 단지
> 움직이는 것으로 보일 뿐이다. 하지만 또한 나는 그 점이 움직이는 것 같았
> 다는 것을 알고, 따라서 그 점이 움직이는 것 같다는 내 판단에 더해서 내가
> 그런 판단을 내리게 된 사건이 있다는 것도 안다. 바로 그 점이 움직이는 것
> 같다는 사건이다. 진짜로 움직이는 것은 없었으므로 내 판단의 근거가 된,
> 진짜로 움직이는 것으로 보였던 것이 있어야 한다.

아마도 데카르트 극장이 그렇게 보편적으로 퍼져 있는 이유는 그곳이
'판단에 더해 그렇게 여겨지는 일이 일어날 수 있는 곳'이기 때문일 것이
다. 그러나 위의 논증은 잘못된 것이다. 피실험자가 보고한 내용에 표현되
어 있는 판단이나 말에 더해 '진짜로 그렇게 여겨지는 것'을 가정하는 것
은 실체를 필요 이상으로 부풀리는 일이다. 더 나쁘게 보면, 가능성을 넘
어 실체를 키우는 일이다. 당신이 데카르트적 이원론을 버릴 거라면 데카
르트 극장에서 진행되는 쇼와 관객도 함께 버려야 한다. 쇼도 관객도 뇌
에서는 발견되지 않고, 뇌만이 그것을 찾아볼 수 있는 유일한 진짜 장소
이기 때문이다.

다중원고 모형 실행

이제 다중원고 모형을 좀 더 확대해 검토하고, 이 모형의 토대를 제공
하는 뇌에서 일어나는 상황을 더 자세히 살펴보자. 단순화하여 보기 위해

여기서는 주로 시각 경험 중에 뇌에서 일어나는 일에 초점을 맞춰 설명하고, 다른 현상에 관한 설명은 나중으로 미루겠다.

시각 자극은 대뇌 피질에서 점점 더 구체적인 판별을 산출하는 일련의 사태를 일으킨다. 여러 시간과 장소에서 다양한 '결정'이나 '판단'이 내려진다. 좀 더 구체적으로 이야기하면, 뇌의 여러 부분이 다양한 특징을 판별하는 상태로 들어간다. 처음에는 단순히 자극이 유발되고, 이어서 장소가 판별되며, 그다음으로는 형태가, 나중에는 다른 경로에서 색깔이 판별되고, 더 나중에는 움직임이나 움직이는 것으로 보이는 것이, 그리고 결국에는 물체가 인식된다. 이런 국소적인 판별 상태는 얻은 결과를 다른 여러 곳으로 전송하여 한층 더 정교해지면서 계속되는 판별에 도움을 준다(Van Essen, 1979; Allman, Meizin, and McGuinness, 1985; Livingstone and Hubel, 1987; Zeki and Shipp, 1988). 여기서 당연히 "그 모든 것이 한데 모이는 곳은 어디지?" 하는 궁금증이 인다. 답을 하자면, "그런 장소는 없다." 판별이 이루어진 내용 가운데 일부는 곧 사라져버리고, 아무런 흔적도 남기지 않는다. 그중에는 흔적을 남기는 것도 있어서 나중에 경험을 언어로 보고할 때나 기억에 그 흔적이 드러난다. 그러나 뇌에 '의식에 있는' 내용을 저장하기 위해 이 모든 인과적 흐름이 반드시 통과해야 하는 하나의 장소는 없다.

판별이 이루어지자마자 그것은 단추를 누르거나, 미소를 짓거나, 어떤 말을 하는 등의 행동을 이끌어내는 데 이용된다. 아니면 내적인 정보 상태를 조절하는 데 이용되기도 한다. 예를 들어, 개 사진을 판별했다면, 그것이 '인식의 틀perceptual set'을 형성하여 다른 그림을 보았을 때 개(아니면 그냥 동물이라도)를 더 쉽게 알아보게 해주거나, 특정한 의미 영역을 활성화하여 'bark'라는 단어를 나무껍질로 인지하는 것이 아니라 개 짖는 소리로 파악할 확률을 일시적으로 더 높여준다. 앞에서 이미 보았듯, 이런 다중 경로를 거치는 과정은 몇백 밀리초에 걸쳐 일어나면서 다양한 내용이 다양한 순서로 첨가되고, 통합되며, 수정되고, 다시 쓰인다. 이런 과정을 거치는 동안 이야기의 흐름이나 순서가 산출되고, 그것이 뇌 전역에 분포되어 있는 여러 과정에 의해 지속적으로 편집되면서 계속해서 앞으로 나아간다고 볼 수 있다. 내용이 생겨나 수정되고, 다른 내용을 해석할 때나 언어적 · 비언어적 행동을 조절하는 데도 영향을 미치며, 그 과정에서 기억에 흔적을 남긴다. 결국에는 그것이 소멸되거나, 전체적으로 또는 부분적으로 후속 내용에 섞이거나 다시 쓰인다. 이런 내용의 실타래는 그 다양성 때문에 마치 하나의 이야기 같다. 언제 어느 때고 뇌의 여러 곳에는 다양한 편집 단계에 있는 다양한 원고가 있다.

이 흐름을 조사하는 데 최적인 시간이 있을까? 설득력 있는 가정에 따르면, 얼마의 시간이 흐른 후에는 이야기의 질이 점차 떨어진다. 자세한 내용이 소실되기도 하고, 우리가 이야기를 꾸며내기 때문이다(내가 파티에서 해야 했는데 하지 못했던 이야기는 내가 파티에서 말한 이야기가 되어버리는 경향이 있다). 그러므로 자극이 일어난 후에 가능한 한 빨리 정밀조사에 들어가는 것이 좋다. 그러나 너무 일찍 조사하는 것은 오히려 흐름에 방해가 되므로 피해야 한다. 지각은 모르는 사이에 기억으로 전환되고, 즉각적인 해석도 미세하게 합리적으로 재구성되어버리므로 모든 상황을 아우를 수 있는 유일한 정점은 없다.

이야기는 지속적으로 수정되므로 단 하나의 공인된 버전은 없으며, 피실험자의 의식의 흐름에서 일어나는 사건에서 나온 초판본과 달라진 모든 왜곡은 본문이 오염된 것이다. 그러나 촉발되어 나온 이야기나 이야기의 일부분은 관찰자 시점에서 나온 사건의 주관적인 순서인 '시각표time line'를 제공하고, 그것은 다른 시각표와 비교된다. 특히 관찰자의 뇌에서 일어나는 사건의 객관적인 순서와 비교된다(그림 4-12). 우리가 본 대로 이

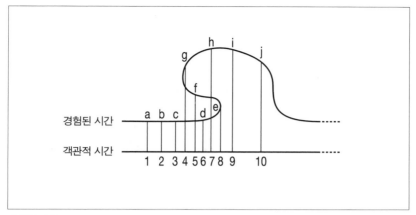

경험된 시간

객관적 시간

〈그림 4-12〉

런 두 개의 시각표는 직교直交 등록되어 서로 중첩되지는 않을 것이다(일직선으로 줄지어 있다). 설령 뇌에서 녹색 점이 판별된 후에 붉은색이 녹색으로 변했다는 판별(또는 오판)이 일어난다 해도 주관적·서술적인 순서는 물론 붉은 점이 판별되고, 이어서 붉은 점이 녹색 점으로 바뀌며, 마지막으로 녹색 점이 판별되는 것이다. 따라서 피실험자 시점의 시간적 분포 내에는 이런 왜곡을 유도하는 상이한 순서가 있을지 모른다.

이런 등록 실패가 지나치게 추상적이거나 이해하기 어려울 것은 없다.[11] 영화를 보다가 어느 한 장면이 연속적인 흐름에서 벗어난다는 생각이 드는 것보다 더 아리송하거나 반인과적일 것도 없다는 말이다. 표상의 공간과 시간은 하나의 준거 틀이지만, 표상이 표상하는 것의 공간과 시간은 다르다. 그러나 이런 사실은 형이상학적으로 무해한데도 근본적인 형이상학적 항목의 발을 묶는다. 세상의 한 부분이 이야기의 실타래를 형성하기 위해 이런 식으로 들어올 때 세상의 그 부분은 관찰자다. 그것이 그 세계의 관찰자이기 위해 거기 있는 것, 그것이어야 할 것이다.

여기까지가 내가 제시하는 대안 모형의 개요다. 이 모형이 데카르트 극장 모형과 어떻게 다른지는 이것이 특정한 현상을 어떻게 다루는지 보아야 더 명확해질 것이다. 이 모형에 관해 좀 더 구체적으로 논의하기에 앞서 철학자들이 자주 논의하는 일상에서 익숙한 예를 먼저 살펴보자.

당신도 무의식적으로 자동차를 운전해본 경험이 있을 것이다. 몇 킬로미터를 운전해 왔지만 대화에 몰두해 있거나 조용히 생각에 잠겨 있느라 지나온 길에 무슨 일이 있었는지, 교통 상황은 어땠는지 전혀 기억이 나지 않는다. 그럴 때면 마치 지금까지 내가 아닌 다른 사람이 운전을 대신한 것 같다. 많은 이론가가(나를 포함하여, Dennett, 1969) 이런 현상을 '무의식적 지각과 지적 활동'의 예로 자주 든다. 그러나 당신이 정말로 스쳐 지나간 모든 자동차와 정지 신호등과 시시때때로 마주친 커브 길을 의식하지 못한 것일까? 아무리 다른 일에 주의를 집중하고 있었다 해도 운전하는 동안 보았던 것에 관해 캐물으면 세부사항을 대충은 이야기한다. '무의식적 운전 현상'은 의식이 지속되는 상태에서 순간적으로 기억상실이 일어난 경우로 보아야 할 것이다.

당신은 시계가 재깍거리는 소리를 계속해서 의식하고 있는가? 만일 시계 소리가 갑자기 멈춘다면 그것을 알아챌 것이고, 시계 소리가 안 들린다고 바로 말할 수 있을 것이다. 의식하지 못하고 있던 것은 재깍거리는 소리가 멈춘 그 순간까지였고, 그 소리가 멈추지 않았더라면 절대 의식될 일이 없었을 것이 지금 당신의 의식 안에 또렷이 들어와 있다. 더 놀라운 것은 기억을 떠올리면서 시계가 울리는 소리를 소급하여 셀 수 있다는 것이다. 당신이 시계 소리를 알아챘을 때는 소리가 네다섯 번 울린 후였다. 그러나 처음에는 의식조차 못하던 것을 어떻게 들었다고 분명하게 기억할 수 있을까? 이 질문은 데카르트 모형에 대한 헌신을 배반한다. 특정한 순간에 관한 조사와 무관한 의식의 흐름에 관한 확정된 사실은 없다.

5장

다중원고 모형을 뒷받침하는 몇 가지 이론

5

왜 기술적인 이해가 필요한가?

앞 장에서 우리는 다중원고 모형이 '시간을 역행하는 투사' 문제를 어떻게 해결하는지 개략적으로 살펴보았다. 하지만 몇 가지 중요하고 복잡한 문제는 무시하고 넘어갔다. 이번 장에서는 지독히 혼란스러운 결과가 도출된 몇 가지 실험 결과를 놓고 심리학자와 신경과학자가 설전을 벌인 논란거리들을 살펴보면서 더 상세한 영역까지 파고들어 갈 것이다. 이번 장에서 다루는 기술적인 부분을 이해하고 넘어가야 할 여섯 가지 이유가 있다.

(1) 다중원고 모형의 개요만 설명해서는 모호한 면이 많다. 이 모형이 작동하는 방식을 좀 더 자세히 살펴보아야 그 구조를 더 명확하게 파악할 수 있다.

(2) 실증적 이론으로서 다중원고 모형이 기존의 데카르트 극장과 어떻게 다른지를 놓고 여전히 의문이 남아 있다면, 흥미진진한 몇 가지 상황을 단도직입적으로 살펴보는 것으로 그 의문을 해결할 수 있다.

(3) 내가 하찮은 문제만 공격하고 있는 것 아닌가 하는 의심이 드는 사람이 있다면, 그들을 혼란스럽게 만드는 몇몇 전문가를 만나보는 것으로 그런 의심을 풀 수 있다. 그들이 진정한 데카르트적 유물론자이기 때문이다.

(4) 내가 오로지 하나의 현상만을 선택해, 다시 말해 콜러스의 색채 파이 현상만을 토대로 다중원고 모형을 만들었다고 의심한다면, 이 모형으로 매우 다양한 현상이 어떻게 설명되는지 꼭 보아야 한다.

(5) 우리가 살펴볼 몇몇 악명 높은 실험은 저명한 전문가들이 보수적인 유물론적 이론을 반박하기 위해 발표한 것이다. 그러므로 만일 의식에 관한 내 설명에 과학적으로 이의를 제기한다면 그것은 오히려 상대가 원하는 전투에 뛰어드는 꼴이 될 것이다.

(6) 마지막으로 우리가 논의하는 현상은 그 정체를 파헤치기 위해 애써볼 가치가 있는 흥미로운 것이다.[1]

메타대조 현상과 피부에서 뛰는 토끼

어떤 일을 경험하는 데 있으면 좋지만 반드시 필요하지는 않은 조건은 추후의 언어적 보고이며, 이는 알쏭달쏭 떠도는 현상을 확실하게 고정하는 구실을 한다. 뇌가 어떤 사건을 등록하고 그에 반응했다 하더라도 내적 반응과 언어적 보고를 유발한 일 사이에 무언가 끼어들었다면 어떻게 될까? 만일 초기에 명백한 반응을 보일 시간이나 기회가 없었다면, 그리고 개입한 사건이 첫 사건에 관한 참조사항을 통합하지 못하게 명백한 반응(언어적 반응이나 다른 반응)을 방해했다면 그것은 의식적으로 지각된 적이 없는 것일까, 아니면 금세 잊힌 것일까?

'이해의 폭span of apprehension'을 측정하기 위해 많은 실험이 진행되었다. 청각 기억 범위 검사에서는 녹음기에서 빠르게 제시되는(예를 들어, 1초에 네 항목) 여러 가지 관련 없는 항목을 들은 다음 무엇을 들었는지 답해야 한다. 피실험자는 제시되는 소리를 다 들을 때까지 기다렸다가 반응해야 하는데, 몇 가지는 댈 수 있지만 답하지 못하는 것들도 있다. 그러나 사실 피실험자는 그것들 모두 명확하게 잘 들었다. 그렇다면 피실험자가 의식한 것은 정확하게 무엇이었을까? 청각계가 녹음테이프에 담겨 있던 모든 정보를 처리했다는 사실은 의심의 여지가 없는데, 그렇다면 피실험자가 이름을 대지 못한 항목의 식별 표시는 모두 의식으로 올라갔을까, 아니면 그저 무의식적으로 등록되었을까? 대답하지 못한 항목도 의식에 있었던 것 같긴 한데, 정말로 그럴까?

다른 실험에서는 여러 글자가 인쇄된 슬라이드를 피실험자에게 순간적으로 제시한다. 이 실험에서도 피실험자가 보고할 수 있는 글자는 일부에 지나지 않지만, 나머지 글자도 분명히 보기는 했다. 피실험자는 글자가 거기 있었다고 주장하고, 정확하게 몇 글자나 있었는지도 알고 있으며, 글자가 뚜렷하게 구별되었다는 인상을 받기도 했다. 그러나 그 글자가 무엇이었는지는 알 수가 없다. 글자를 금방 잊어버렸기 때문일까, 아니면 애초부터 의식적으로 지각되지 못했던 것일까?

체계적으로 연구가 이루어진 '메타대조Metacontrast 현상'(Fehrer and Raab, 1962)은 다중원고 모형의 주요한 요점을 빈틈없이 드러낸다(Breitmeyer, 1984). 자극이 스크린에 순간적으로 반짝하면서 지나가고(텔레비전의 한 프레임은 약 30밀리초), 그 즉시 두 번째 '차폐masking' 자극이 이어지면 피실험자는 오로지 두 번째 자극만을 보았다고 보고한다. 첫 번째

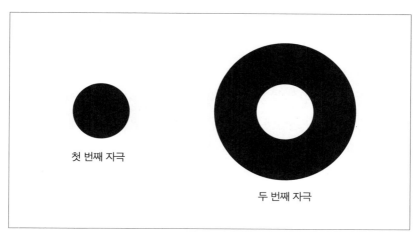

첫 번째 자극

두 번째 자극

〈그림 5-1〉

자극은 색깔이 있는 원반이고, 두 번째 자극은 그 원반이 들어갈만한 공간이 있는 색깔 있는 고리다.

　당신이 피실험자가 되어 직접 해본다면 자극은 오직 하나, 고리밖에 없었다고 맹세라도 할 것이다. 이런 현상에 관한 일반적인 설명은 스탈린식이다. 두 번째 자극이 어떤 식으로든 첫 번째 자극이 의식적으로 경험되는 것을 막았다는 것이다. 말하자면, 두 번째 자극이 의식으로 올라가고 있는 첫 번째 자극을 습격한 것이다. 피실험자에게 자극이 하나였는지 둘이었는지 추측해보라고 하면 옳은 대답을 하는 경우가 요행으로 맞히는 경우보다는 많다. 자극이 의식되지 않아도 우리에게 영향을 미칠 수 있다는 스탈린식 이론가의 말을 다시 한 번 입증하는 결과다. 첫 번째 자극은 의식의 무대에서 제 역할을 하지 못했고, 그 결과가 무엇이든 전적으로 무의식적으로만 영향을 미쳤다.

　우리는 이와는 다른 오웰식 이론으로 스탈린식 메타대조 설명을 반박할 수 있다. 피실험자는 실제로 첫 번째 자극을 의식했지만(정확하게 추측할 수 있었던 능력을 설명해주는 근거도 그것이다), 그 기억이 두 번째 자극으로 거의 모두 지워졌다(그것이 추측 결과가 요행보다 나은데도 두 번째 자극을 보지 못했다고 부정한 이유다). 결과는 양측이 비겼고, 모두에게 당황스럽다. 양쪽 모두 이 논쟁을 종결지을 중대한 실험적 결과를 찾아내지 못했다.

다중원고 모형이 메타대조 현상을 다루는 방식은 이렇다. 짧은 시간 내에 많은 일이 일어날 때 뇌는 단순화하여 가정한다. 원반의 바깥쪽 윤곽선이 빠르게 고리의 안쪽 윤곽선으로 변하는 것이다. 일어난 일(특정한 곳에 있는 둥그런 윤곽선을 가진 어떤 것)에 관한 초기 정보를 받은 뇌는 신속하게 실제로 안쪽과 바깥쪽에 윤곽선이 있는 고리가 있다는 확증을 받는다. 거기에 원반이 있다는 더 이상의 근거 없이 뇌는 거기에는 오로지 고리밖에 없다는 보수적인 결론에 도달한다. 만일 고리가 끼어들지 않았다면 원반이 보고되었을 것이므로 원반이 경험되었다고 주장해야 할까? 그것은 데카르트 극장에서 상영되는 영화의 프레임을 우리가 '일시정지'시킬 수 있다고 가정하는 실수를 저지르는 것이며, 원반 프레임에 관한 기억이 나중 사건으로 지워지기 전에 원반 프레임이 극장 안으로 진짜 들어왔다고 확신하게 한다. 다중원고 모형은 원반에 관한 정보가 나중의 보고에 기여할 수 있게 순간적으로 기능적인 위치에 있었다는 데 동의한다. 그러나 이 상태는 사라졌다. 이 상태가 다시 쓰일 때까지는 의식의 특권 그룹 안에 있었다고 주장할 근거가 없다. 반대로 특권적인 상태가 절대 성취되지 않았다고 주장할 근거도 없다. 뇌의 특정한 시간과 장소에서 구성된 원고는 나중에 흐름에서 사라지고 수정된 버전으로 대치될 뿐, 그중 어느 것도 의식 내용의 결정판으로 독보적인 위치에 서는 것은 없다.

이보다 훨씬 더 놀라운 수정 능력을 보이는 것은 1972년에 심리학자 프랭크 젤다드Frank Geldard와 칼 셰릭Carl Sherrick이 처음 보고한 '피부에서 뛰는 토끼Cutaneous Rabbit 착각 실험'이다(Geldard, 1977; Geldard and Sherrick, 1983, 1986). 피실험자의 팔을 탁자 위에 쿠션을 받치고 올려 놓는다. 팔 두드리는 기계를 팔을 따라 30센티미터 정도 간격으로 두세 군데에 놓고, 팔목 다섯 번, 팔꿈치 근처 두 번, 위팔 세 번, 하는 식으로 기계를 이용해 리드미컬하게 두드린다. 자극 간격이 50~200밀리초가 되게 자극을 전달한다. 그 정도 간격이면 자극은 1초 이하나 2~3초 정도 지속될 것이다. 놀랍게도 피실험자는 이 자극을 등거리를 지나는 규칙적이고 연속적인 움직임으로 느낀다. 작은 동물이 팔을 따라 깡충깡충 뛰는 것처럼 느끼는 것이다.

그렇다면 뇌는 팔목을 다섯 번 두드리고 난 다음에 팔꿈치 근처를 두드리게 될 것을 어떻게 아는 것일까? 피실험자는 팔목에서 자극이 '출발'하는 것을 경험하지만, 팔꿈치 자극을 전달하지 않아도 예측했던 방식대로 팔목에서 두드림 자극을 다섯 번 모두 느낀다. 뇌는 실제로 팔꿈치에 두드림 자극이 발생하기 전까지는 그 자극에 관해 명백히 알 수 없다. 아직도 데카르트 극장에 매료되어 있는 사람이라면 뇌가 팔과 의식이 자리한 곳(그곳이 어디든) 사이 중간 역에서 모든 두드림 자극을 수용할 때까지 의식적인 경험을 지연시켰다가 이 중간 역이 동작 이론에 적합하게 데이터를 수정하여 편집본을 의식으로 보낸다고 추측하고 싶을 것이다. 그러나 뇌가 항상 더 많은 자극이 일어날 경우를 대비하여 한 자극에 대한 반응을 지연시킬까? 항상 그런 게 아니라면 뇌는 언제 반응을 지연시켜야 할지 어떻게 알 수 있을까?

다중원고 모형은 이 물음이 잘못된 생각에서 비롯되었음을 보여준다. 팔을 따라 일어나는 공간 이동은 시간이 지남에 따라 뇌에서 판별된다. 두드림 자극이 몇 번 있었는지도 판별된다. 물리적인 현실에서는 자극이 특정한 위치에 집중되어 있지만, 단순화한 가정으로는 그것이 경험하고 있는 공간과 시간에 고루 퍼져 있다. 뇌는 두드림 자극을 등록한 후에 지

극히 단순하고 잘못된 해석에 안주해버리고, 그 결과 자극에 관한 이전(일부의) 해석을 지워버리고 만다. 그러나 이런 해석의 부작용은 지속된다. 한 예로, 피실험자에게 팔목에서 두드림 자극을 두 번 느낄 때마다 단추를 누르게 했다고 해보자. 피실험자가 팔목의 두 번째 자극이 팔로 잘못 올라간 것이라고 잘못 해석하게 만든 팔뚝의 자극을 판별하기도 전에 단추를 눌렀다고 해도 놀라운 일은 아닐 것이다.

우리는 초기 조사에서 도출한 내용이 나중에 같은 현상을 조사했을 때 발견하게 될 이야기의 '첫 장'을 구성한다고 가정하는 실수를 저지르지 말아야 한다. 이런 가정은 두 가지의 다른 '공간', 즉 표상하는 공간과 표상되는 공간을 혼동하게 한다. 이것은 매우 그럴듯하고 어디서나 볼 수 있는 실수이므로 따로 지면을 할애해 살펴볼 필요가 있다.

뇌는 어떻게 시간을 표상하는가?

신봉한다는 사람은 아무도 없지만 실제로는 거의 모두 빠져 있는 데카르트적 유물론에는 다음과 같은 그림이 숨겨져 있다. 우리는 정보가 뇌에서 움직이며 다양한 영역에서 다양한 기제에 의해 처리된다는 사실을 알고 있다. 우리는 의식의 흐름은 차례차례 일어나는 사건으로 구성되어 있고, 사건의 모든 요소는 '의식에서' 이미 일어난 일이거나, '거기 있지만' 아직 일어나지 않은 일 중 하나로 분류된다고 생각한다. 만일 그것이 사실이라면, 내용을 가득 싣고 뇌를 지나는 내용 운반체는 철길을 달리는 기차와 같을 것이다. 그것이 어떤 지점을 지나는 순서가 의식의 극장에 '도착'해서 '의식되는' 순서와 같다는 말이다. 그렇다면 정보를 실은 운반체의 궤도를 모두 추적해서 정보가 의식되는 순간에 지나는 지점을 알아내면 뇌의 어디에서 의식이 발생하는지 알 수 있어야 한다.

하지만 기본적으로 뇌가 하는 역할을 곰곰이 생각해보면 이 그림에서 무엇이 잘못되었는지 알 수 있다. 뇌는 신체가 예고도 없이 갑자기 일이 벌어지고 변화하는 세상에 잘 적응해나가도록 인도하는 역할을 한다. 따라서 뇌는 세상으로부터 정보를 모아 신속하게 '미래를 만들어내야' 한다. 재앙을 피해 한 걸음 앞서 나가기 위한 예상치를 추출해내야 하는 것이다 (Dennett, 1984a, 1991b). 따라서 뇌는 세상에서 일어나는 사건의 시간적인 속성을 효율적으로 표상해낼 수 있어야 한다.

이 과제를 수행하는 처리 과정은 중앙 본부에 집중되어 있지 않고 뇌 전역에 걸쳐 분산되어 있으나, 뇌의 각 영역 간의 의사소통은 비교적 느리게 진행된다. 전기화학적인 신경 신호가 이동하는 속도는 빛보다(혹은 전선을 지나는 전기 신호보다) 몇천 배나 느리다. 따라서 뇌는 시간 압박이 심하므로 꾸물대다 지연되는 일이 없게 시간 내에 입력된 정보에 비추어 출력을 조절해야 한다. 입력 면에서는 언어 지각과 같은 지각 분석 과제를 수행해야 하지만, 정보가 과잉 유입되기 때문에 뇌가 교묘한 예측 전략을 활용하지 않는다면 뇌의 신체적 한계를 초과할 수 있다. 평균적으로 발화는 초당 네다섯 음절 속도로 일어나지만, 우리는 말을 구성요소로 쪼개고 분석할 수 있는 뛰어난 능력을 갖고 있어 빠른 속도로 재생시킨 말도 이해할 수 있다. 초당 서른 개의 음절이 들어갈 만큼 전자적으로 속도를 올린 말도 이해할 수 있다. 출력 면에서도 정확하게 방아쇠를 당겨 여러 행동이 매우 빨리 일어나게 해야 하므로 뇌는 피드백에 따라 통제 신호를 조정할 시간이 없다(Calvin, 1983, 1986).

그렇다면 뇌는 어떻게 필요한 시간 정보를 추적할까? 발가락에서 출발해 뇌까지 오는 거리는 엉덩이나 어깨, 또는 이마에서 뇌까지의 거리보다 훨씬 멀기 때문에 모든 경로마다 이동 속도가 일정하다면 여러 부위에서 동시에 출발한 자극이 본부에 도착하는 순서는 각기 다를 것이다. 그렇다면 뇌는 어떻게 말초에서 일어나는 각각의 자극을 중앙에서 동시에 표상하는 것일까? 당신은 이런 답을 생각해볼 수 있을 것이다. 아마도 모든 구심성 신경은 스프링이 장착된 돌돌 감는 줄자처럼 되어 있고, 길이는 모두 똑같을 것이다. 발가락까지 이어진 신경은 줄이 완전히 풀려 있고, 이마까지 연결된 신경은 줄이 뇌에 거의 감겨 있는 상태다. 이마와 연결된 경로에서 일어난 신호는 지연 코일 안에 둥글게 말려 있다가 나오므로 풀려 있는 발에서 나온 신호와 정확히 같은 순간에 본부로 들어간다. 아니면 신경이 뻗어 나갈수록 신경관 직경이 점점 좁아지고, 그 직경에 따라 전도 속도가 달라진다고도 생각해볼 수 있다(이것은 사실이지만, 효과는 그 반대다. 믿기 어렵지만, 두꺼운 신경 섬유의 전도 속도가 더 빠르다).

이런 생각은 문제를 해결해줄 기제를 그림처럼 생생하게 그려 보여주는 모형인 것처럼 보인다. 하지만 뇌가 이런 문제를 해결할 필요가 있다고 가정한 것부터가 오류다. 뇌는 이런 문제를 해결할 필요가 없다. 그런 것에까지 신경을 쓰다 보면 뇌는 최악의 스케줄에 맞춰 일하느라 소중한 시간을 낭비하게 될 것이다. 이마에서 나온 중차대한 신호가 왜 발가락에서 동시에 발생한 신호와 하나로 결합할 경우를 대비해 곁방에서 빈둥거려야 하는가?[2]

디지털 컴퓨터는 최악의 경우에 대비하고 동시성을 보장하기 위해 그런 지연 시간을 둔다. 병렬 가산기 회로가 계산이 완료된 값을 쥐고 있다가 타이밍 펄스의 신호를 받으면 넘겨주는 식으로 뜸을 들이는 것이 가상의 감겨 있는 신경과 매우 유사하다. 슈퍼컴퓨터를 제작할 때는 여러 부분을 연결하는 선이 확실하게 같은 길이가 되게 세심하게 주의를 기울여야 하는데, 이런 작업에는 종종 여분의 선 뭉치가 필요하기도 하다. 그러나 디지털 컴퓨터는 속도가 엄청나게 빠르기 때문에 지엽적인 비효율성을 허용할 여유가 있다.

조작에 동시성을 부여하자면 지연이 필요하다. 이미 만들어진 시스템을 거꾸로 추적하여 원래의 것을 찾아내는 역 엔지니어로서 우리는 뇌가 이런 지연을 피하기 위해 필요한 시간 정보를 표상할 효율적인 방식이 있다면 그쪽으로 진화했을 것이라고 추측할 수 있다.

라디오와 무선전신이 발명되기 전에 세계 각지에 식민지를 두고 있던 대영제국이 의사소통에 얼마나 애를 먹었을지 생각해보라. 런던 사령부에 앉아 전 세계에 퍼져 있는 나라를 통치하기란 결코 만만한 일이 아니었을 것이다. 이런 어려움 탓에 발생한 가장 악명 높은 사건은 1815년 1월 8일에 벌어진 '뉴올리언스 전투'였다. 벨기에에서 미영전쟁War of 1812(1812~1814년에 일어난 미국과 영국의 전쟁_옮긴이)에 종전을 고하는 휴전협정이 체결되었으나 15일 후까지도 종전 소식이 전해지지 않아 벌어진 이 무의미한 전투에서 1,000명이 넘는 영국 병사가 목숨을 잃었다. 우리는 이 대재앙을 통해 한 체계가 작동하는 방식을 알아볼 수 있다. 첫째 날에 벨기에에서 휴전협정이 조인되었고, 육로와 해로를 통해 이 소식이 미국, 인도, 아프리카 등지로 전해졌다고 치자. 이어서 15일째에 뉴올리언스에서 전투가 일어났고, 패전 소식이 육로와 해로를 통해 영국, 인도 등지로 전해졌다. 20일째에 휴전협정 소식과 항복하라는 명령이 뉴올리언스에 당도했지만, 이미 너무 늦었다. 자, 이제 35일째에 패전 소식이 인도에 도착했지만, 휴전협정 소식은 느린 육로를 통해 오고 있던 탓에 40일이 되는 날까지도 도착하지 않았다고 치자. 편지에 날짜를 적는 관행이 없었더라면 인도 총사령관은 이 전투가 휴전협정이 조인되기 전에 일어난 일이라고 여길 수도 있었고, 필요한 수정 조치를 취할 수도 있었을 것이다.[3]

이처럼 널리 퍼져 있는 행위자들은 서로 시간 정보를 의사소통하기 위해 신호의 내용에 관련 시간 정보의 표상을 끼워 넣는 방법을 이용했다.

따라서 신호 자체의 도착 시간은 엄밀히 말해 그것이 담고 있는 정보와는 무관했다. 수취인은 편지가 아무리 늦게 도착하더라도 편지에 적힌 날짜(아니면 봉투에 찍힌 날짜 소인)를 보고 그것이 언제 보내졌는지 알았다.[4]

표상된 시간(소인이 찍힌 날짜)과 표상하는 시간(편지가 도착한 날) 간의 이런 구별은 우리가 앞에서 본 내용과 전달 수단 간의 차이 같은 것이다. 뇌의 연락원은 이런 특수한 해결책을 이용할 수 없으나(메시지를 보낸 날짜를 알지 못하기 때문에), 내용과 전달 수단을 구분하는 일반적인 원칙은 그것이 제대로 인식되는 일이 드물다는 면에서 뇌의 정보 처리 모형과도 관계가 있다.[5]

표상의 타이밍

우리는 표상되는 특징과 표상하는 특징을 구별해야 한다. 어떤 사람은 '부드럽게, 발끝으로!'라는 말을 목청껏 외치기도 한다. 또 현미경으로 봐야만 보이는 물체라도 엄청나게 큰 사진으로 뽑을 수 있다. 목판화를 그리는 화가를 유화로 그리는 것도 아무 문제 없다. 서 있는 남자를 묘사하는 글이라고 해서 머리를 묘사하는 말이 문장 첫머리에 오고, 발을 묘사하는 말이 문장 제일 끝에 와야 하는 것도 아니다. 이런 원칙은 시간에도 적용된다. "밝고 순간적으로 빛나는 붉은빛"이라고 말했다 치자. 그 말의 시작은 '밝고'이고, 끝은 '붉은빛'이다. 하지만 이 말이 그 자체로 순간적으로 빛나는 붉은빛의 시작이나 종결의 표상은 아니다(Efron, 1967). 신경계의 어떤 사건도 지속 시간이 0일 수는 없으므로(공간 범위가 0일 수 없는 것과 마찬가지로) 사건에는 언제나 시작과 종결이 있다. 그러나 표상하는 것의 시작이 표상되는 것의 시작을 표상한다고 가정할 이유는 없다.[6] 다양한 속성이 여러 신경 작용에 의해 제각각 다른 비율로 추출되고(장소, 형태, 색깔 등), 각각의 것에 반응하도록 요청받더라도 우리는 잠복 시간을 달리해 반응할 수 있으며, 지각 요소나 속성이 연속적으로 분석되어 하나하나 떨어지는 것을 지각하는 것이 아니라 사건 자체를 지각한다.[7]

소설이나 역사 이야기를 구성할 때도 사건을 시간 순서대로 서술할 필요는 없다. 결말부터 쓰기 시작해 거꾸로 이야기를 전개할 수도 있고, 이야기에 플래시백flashback(영화나 드라마 등에서 과거의 회상을 나타내는 장면 또는 그 기법_옮긴이)을 넣을 수도 있다. 그와 마찬가지로 뇌가 B보다 앞서 A를 표상하는 것이 반드시 다음과 같은 순서로 이루어져야 할 필요는 없다.

먼저, A 표상하기
다음으로, B 표상하기

'A 다음에 B'라는 말은 A가 B에 앞서 있음을 나타내는 구어적 전달 수단의 하나고, 뇌도 그와 같은 여러 가지 시간 배치 방식을 자유자재로 이용할 수 있다. 뇌에게 중요한 일은 개별적인 표상 사건이 뇌의 여러 부분에서 일어나는 시간이 아니라(조절해야 할 일이 조절할 수 있는 시간 내에 일어나는 한) 사건의 '시간적 내용'이다. 다시 말해, 중요한 것은 뇌가 'A가 B 전에 일어났다는 가정하'에 사건을 조절할 수 있느냐는 것이다. A가 일어났다는 정보가 뇌의 관련 시스템으로 들어가서 B가 일어났다는 정보의 앞이나 뒤에 일어난 순서에 맞게 인지되었느냐는 상관없다(인도 총사령관을 상기해보라. 처음에 그는 전투에 관한 정보를 받았고, 다음으로 휴전협정에 관한 정보를 받았다. 그러나 그는 거기서 휴전협정이 전투보다 먼저 이루어졌다는 정보를 추출했으므로 그에 합당하게 행동할 수 있었다. 그는 휴전협정이 전투 전에 이루어졌다고 판단해야 했을 뿐, '제대로 된' 순서로 편지를 받는 '역사적으로 재구성'한 극을 무대에 올릴 필요는 없었다).

그러나 어떤 사람은 마음이나 뇌가 시간을 '시간 그 자체'로 표상해야 한다고 주장한다. 철학자 휴 멜러Hugh Mellor는《실제 시간Real Time》(1981)에서 분명하고 강력하게 이런 주장을 펼쳤다.

> 내가 어떤 사건 e가 다른 사건 e*보다 앞서 일어나는 것을 보았다고 치자. 나는 틀림없이 e를 먼저 본 후에 e*를 보았고, 내가 e를 본 것은 어떤 식으로든 e*를 본 것에 영향을 미쳤다. 옳건 그르건 이것이 내가 e*에 앞서 e를 보게 만들었다. 따라서 이 사건에 관한 내 지각의 인과적인 순서는 내가 이 사건이 그런 순서로 일어났다고 지각한 시간 순서를 확정하는 것으로 지각 그 자체의 시간 순서를 확정한다. 놀라운 사실은 시간 순서의 지각은 시간 상으로 순서가 매겨진 지각을 요한다는 것이다. 다른 속성이나 관계가 그것의 지각에 더해져야 하는 것은 아니다. 예를 들어, 형태와 색채의 지각이 그에 상응하게 형태를 갖고 색칠되어야 할 필요는 없다. (Mellor, 1981, p. 8)

이는 잘못된 설명이지만, 옳은 부분도 있다. 뇌에서 일어나는 표상의 근본적인 기능은 행동을 실시간으로 조절하는 것이므로 표상의 타이밍은 두 가지 측면에서 뇌의 과제에 어느 정도 필수적이다.

첫째, 지각 과정이 시작될 때 '내용을 결정하는 것'이 타이밍일 수 있다. 우리가 동영상에서 점이 오른쪽에서 왼쪽으로 움직이는 것과 왼쪽에서 오른쪽으로 움직이는 것을 어떻게 구별하는지 생각해보라. 둘의 유일한 차이는 두 개나 그 이상의 프레임이 투사되는 시간 순서밖에 없다. 먼저 A가 투사되고 다음으로 B가 투사되면 점은 B 쪽으로 움직이는 것으로 보인다. 반대로 B가 먼저 투사되고 다음으로 A가 투사되면 점은 A 쪽으로 움직이는 것으로 보인다. 뇌가 방향을 판별하기 위해 이용할 수 있는 유일한 차이는 자극이 일어나는 순서뿐이다. 이런 판별은 논리 문제로, 시간 순서를 예리하게 판별할 수 있는 뇌의 역량을 기본으로 한다. 영화 프레임은 보통 초당 스물네 개가 제시되므로 시각 체계는 약 50밀리초 내에 일어나는 자극 간의 순서를 판별할 수 있다. 이것은 최초 시작 시간과 속도, 그리고 도착 시간 같은 신호의 실제 시간적 속성이 판별되기 전까지 정확하게 조절되어야 함을 의미한다. 그렇지 않으면 그것을 기본으로 판별된 정보가 사라지거나 흐려질 수 있다.

타이밍의 두 번째 제약은 앞에서 이미 설명되었다. 행위를 적절하게 조절할 수 있게 제시간 안에 일어나기만 한다면 표상이 어떤 순서로 일어났는지는 중요치 않다는 것이다. 표상이 제 일을 다 해내려면 마감 기한을 맞추어야 하며, 그것이 표상을 실행하는 수단의 시간적 속성이다. 이 속성은 가상의 '전략 방위 구상Strategic Defense Initiative'과 같은 시간 압박을 받는 환경에서 특히 명백하게 드러난다. 중요한 것은 컴퓨터 시스템이 미사일 발사를 어떻게 정확하게 표상하게 만드느냐가 아니라 오류가 있을 경우 그것을 바로잡을 수 있는 짧은 시간 안에 미사일 발사를 어떻게 정확하게 표상하느냐다. 미사일이 동부 표준시로 오전 6시 4분 23.678초에 발사되었다는 메시지는 발사 시간을 영원히 정확하게 표상하지만, 6시 5분이면 그 메시지는 무용지물이 된다. 그렇다면 어떤 조절 과제에 대해 표상의 시간적인 변수가 원칙적으로는 즉흥적으로 변동될 수 있는 '시간 조절 시간대temporal control window'가 있다고 볼 수 있다.

그런 시간대를 제한하는 마감 기한은 고정되어 있지 않고, 과제에 따라 달라진다. 만일 당신이 미사일 발사를 통제하는 일이 아니라 회고록을 쓰거나 워터게이트 사건 청문회에서 답변하고 있다면(Neisser, 1981), 일어난 사건의 순서와 관련해 회수해야 할 정보를 원하는 순서로 회수하는 것으로 당신이 한 행동을 조절할 수 있고, 추론을 끌어낼 여유도 가질 수 있다.

이번에는 우리가 고려하고 있는 현상에 더 가까운 예를 살펴보자. 당신이 항해에 나섰다가 표류 중인데 저 멀리 위험한 암초가 보인다면, 배가 암초를 향해 떠내려가고 있는지 멀어지고 있는지 궁금할 것이다. 이제 배가 암초에서 얼마나 떨어져 있는지 거리를 알고 있다고 치자(시야에 들어온 암초의 각도를 측정하여 알아냈다). 암초로 다가가고 있는지 멀어지고 있는지 알려면 시간이 조금 지난 다음 다시 각도를 측정하거나, 30분 전에 폴라로이드 카메라로 찍어둔 암초 사진에서 각도를 측정한 다음 이리저리 계산하여 그때보다 암초와의 거리가 얼마나 달라졌는지 소급하여 알아낼 수 있다. 배가 어느 방향으로 떠내려가고 있는지 판단하려면 두 가지 거리를 계산해야 한다. 이를테면 정오 때 거리와 12시 30분 때 거리다. 둘 중 어느 것을 먼저 측정하느냐는 상관없지만, 얼른 계산해야 너무 늦어버리기 전에 땅을 밟을 수 있을 것이다.

따라서 뇌의 시간 표상은 두 가지 방식으로 시간 그 자체와 관련된다. 첫째, 표상의 타이밍이 근거를 제공하거나 내용을 결정하고, 둘째, 제시간 안에 표상되지 않으면 제때 표상될 경우 일어날 수 있는 결과가 일어나지 못해 시간 표상의 핵심을 잃을 수 있다. 나는 멜러가 시간 표상의 이런 두 가지 요소를 모두 인식하고 내가 위에서 인용한 주장을 할 때도 유념하기를 바랐지만, 그는 표상의 순서가 언제나 내용의 순서를 나타낸다고 주장하는 실수를 저질렀다. 관찰자 시점의 공간적 분포가 있다면 시간적 분포도 있어야 하지만, 그의 설명에는 시간적 분포에 관한 여지가 없다.

원인이 결과보다 앞서야 한다는 근본 원리 탓에 시간 조절 시간대는 양쪽 끝에 묶여 있다. 정보가 시스템에 도착한 시간을 가장 빠른 시간이라는 한 끝에 붙들어 매고, 정보가 특정 행위를 인과적으로 조절한 시간을 가장 늦은 시간이라는 다른 끝에 묶어놓는다. 우리는 아직 뇌가 받은 정보를 신체 반응을 지배하는 데 이용할 일관성 있는 '이야기'로 바꾸기 위해 조절 시간대에 있는 시간을 어떻게 활용하는지는 보지 못했다.

그렇다면 뇌는 어떤 과정을 통해 시간적 속성을 추론할까? '날짜 소인' 을 찍는 시스템이 이론적으로 불가능한 것은 아니지만, 그보다 비용이 덜 들고, 고장 위험도 덜하며, 생물학적으로도 현실성이 높은 방법이 있다. 이는 '내용 민감성 설정content-sensitive setting'이라 부를 수 있으며, 사 운드트랙을 필름과 '동기화'하는 영화 스튜디오에 비유할 수 있다. 오디 오테이프의 여러 부분은 모든 시간적 표지를 잃었으므로 이미지에 소리 를 적절하게 등록할 수 있는 간단하고 기계적인 방법이 없다. 그러나 앞 뒤로 움직여가면서 필름과 비교해 조작하다 보면 가장 적합하게 일치되 는 부분을 찾아낼 수 있다. 각 장면을 찍기 전에 "신scene 3, 테이크 7, 카 메라 돌리고, 찰칵!" 하면서 슬레이트 보드를 치는 것은 청각과 시각 장 치로 이중의 돌출성을 제공한다. 테이프와 프레임이 동시에 제 위치를 찾 을 수 있게 찰칵하고 치는 장면과 소리를 동기화하기 때문이다. 매 장면 을 찍을 때마다 소리와 장면을 일치시키는 돌출성 장치를 집어넣는 것은 편리함을 위해서이기도 하지만, 그 이상으로 많은 의미가 있다. 등록이 제 대로 되었는지는 필름과 테이프의 내용에 달린 것이지, 내용의 고차원적 분석에 달린 일이 아니다. 일본어를 못하는 편집자가 일본 영화에 사운드 트랙을 동기화하는 일은 어렵고 지루할 수는 있지만, 불가능한 것은 아니 다. 더군다나 조각들을 등록하는 과정의 시간 순서는 최종 산물의 내용과 는 별개다. 편집자는 두 번째 장면을 등록하기 전에 세 번째 장면을 등록 할 수 있고, 이론적으로는 모든 부분을 '거꾸로' 작업할 수도 있다.

여기서 두 가지 중요한 점이 나온다. 첫째, 몇몇 저차원의 데이터 내용 을 비교하여 시간적 추론을 끌어낼 수 있고(시간적 판별도 내릴 수 있다), 이 런 실시간 과정은 그 산물이 결국 표상하는 시간 순서로 일어날 필요가 없다. 둘째, 시간적 추론을 끌어내는 것은 다른 과정에 의해 고차원의 특징이 추출되기 전이어야 하고, 일단 그런 시간적 추론을 끌어내면 그것을 또다시 반복할 필요는 없다. 두 번째 순서 판단자를 위해 고차원의 특징이 실시간 순서로 '제시되는' 나중의 표상이 있어야 할 필요가 없는 것이다. 다시 말해, 뇌는 시간 정보의 병치에서 추론을 끌어내는 것으로 그 필요와 자원에 적합한 어떤 형식으로든 결과를 표상할 수 있으며, 이때 반드시 '시간을 표상하기 위해 시간을 이용할' 필요는 없다.

리벳의 '시간의 역참조'

우리는 뇌가 표상의 실제 시간(도착 시간)을 무시하는 방식으로 시간 정보를 편집한다고 설정했지만, 뇌가 그 모든 일을 다 해내려면 시간 압박을 받을 수밖에 없다. 마감 시간에서부터 거꾸로 따져 들어가보면, 보고된 모든 내용이나 다른 식으로 후속 행동에 표현된 내용은 그 행동에 인과적으로 기여하기 위해 시간 내에 제시되었음이 틀림없다(반드시 의식에 제시될 필요는 없고, 뇌에 있었을 것이다). 예를 들어, 피실험자가 시각 자극에 반응해 '개'라고 말했다면, 우리는 '개'라는 내용의 처리 과정에 의해 조절된 것이 분명한 그 행동에서부터 거꾸로 살펴 들어갈 수 있다(피실험자가 모든 자극마다 '개'라고 반응하거나, 하루 종일 '개, 개, 개'라는 소리를 입에 달고 다니지 않는다면). 이런 종류의 언어 의도 실행을 개시하기까지는 약 100밀리초가 걸리므로(완수하기까지는 약 200밀리초가 걸린다) 발화가 시작되기 전에 '개'라는 내용이 뇌의 언어 영역에 제시되는 데 100밀리초가 걸렸다고 확실하게 말할 수 있다. 이 과정을 다른 쪽 끝에서부터 살펴보면 '개'라는 내용이 망막으로 유입되어 시각계에 의해 계산되고 추출될 수 있는 가장 이른 시간을 알아낼 수 있고, 만들어진 내용을 좇아 더 나아가보면 그것이 시각계를 거쳐 언어 영역으로 들어가는 후속 궤적도 추적할 수 있을 것이다.

'개'라는 자극에서 시작해 '개'라는 발화로 끝나는 시간이 그 내용이 확정되어 시스템을 이동하는 데 물리적으로 요구되는 시간보다 짧은 경우라면 상당히 변칙적인 일이라 할 수 있겠지만, 아직 그런 변칙은 발견되지 않았다. 발견된 것은 그림 4-12의 그래프처럼 두 순서가 놀라울 정도로 서로 병치되는 경우였다. 뇌의 객관적인 처리 과정에 있는 사건의 순서를 피실험자가 이후에 말로 표현한 주관적 순서와 비교했을 때 놀랍게도 크게 얽힌 부분이 발견되는 경우가 있다. 신경과학 분야에서 가장 폭넓게 논의되고 비난받는 이 실험에서 우리가 끌어내려는 결론도 그런 불일치다. 벤저민 리벳Benjamin Libet이 진행한 신경외과적 실험은 그가 '시간의 역참조Backwards Referral in Time'라 부른 것을 입증한다.

뇌수술을 할 때 환자가 국소 마취만 한 상태로 정신이 명료하게 깨어 있어야 하는 경우가 있다. 신경외과 의사가 환자의 뇌를 조사하는 동안 환자가 어떤 경험을 하는지 즉각 보고할 수 있게 하기 위해서다. 와일더 펜필드Wilder Penfield(1958)가 맨 처음 시도한 이런 수술 방식 덕분에 그후 신경외과 의사들은 피질의 여러 부위에 전기적 자극을 직접 가했을 때 어떤 결과에 이르는지 충분히 조사하고 자료를 모을 수 있었다. 체감각피질(조사하기 편리하게도 뇌의 윗부분에 길게 가로질러 있는 영역)에 자극을 가하면 해당 신체 부위에 감각 경험이 유발된다는 사실은 오래전부터 알려져 있다. 예를 들어, 왼쪽 체감각피질에 있는 한 지점을 자극하면 피실험자는 오른쪽 손에 순간적으로 따끔거리는 느낌을 받는다(우리가 잘 알고 있는 신경계의 교차 지배로, 좌뇌 반구는 오른쪽 신체를 관장하고, 우뇌 반구는 왼쪽 신체를 관장한다). 리벳은 피질 자극으로 유도된 감각과 손에 순간적인 전기 자극을 가해 유도한 감각 간의 시간 경과를 비교했다(Libet, 1965, 1981, 1982, 1985b; Libet et al., 1979; Popper and Eccles, 1977; Dennett, 1979b;

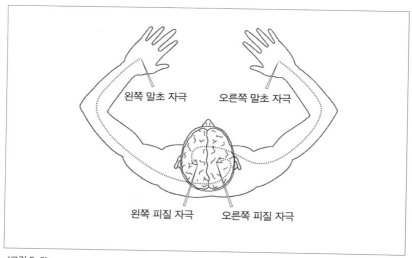

왼쪽 말초 자극   오른쪽 말초 자극

왼쪽 피질 자극   오른쪽 피질 자극

〈그림 5-2〉

Churchland, 1981a·b; Honderich, 1984).

어떤 결과가 나왔을까? 두 명의 직장인이 매일 정확히 같은 시간에 직장으로 향한다고 가정해보자. 둘은 같은 속도로 자동차를 운전하지만, 한 사람은 멀리 교외에 살고, 다른 한 사람은 사무실에서 몇 블록 떨어진 가까운 곳에 산다. 그렇다면 우리는 더 먼 거리를 운전해야 하는 교외 통근자가 사무실에 더 늦게 도착할 것이라고 예상할 수 있다. 그러나 리벳이 환자에게 피질에서 바로 시작된 손의 얼얼한 느낌과 손에서 보내진 손의 얼얼한 느낌 중 어느 것을 먼저 느꼈느냐고 물었을 때 환자의 대답은 예상을 빗나갔다. 리벳은 이 데이터를 토대로 두 경우 모두 자극이 일어난 시점에서부터 '신경적 적절성neuronal adequacy(피실험자가 얼얼한 느낌을 의식적으로 경험하기에 이를 만큼 피질의 과정이 최고조에 도달했다고 주장한 시점)'까지 상당한 시간(약 500밀리초)이 걸렸다고 주장했다. 손을 자극했을 때 그 경험은 자동적으로 '시간을 역행해 참조'되었고, 뇌를 직접 자극했을 때 일어난 얼얼한 느낌보다 먼저 일어난 것으로 느껴졌다.

리벳이 보고한 사례 중에서 가장 놀라웠던 것은 환자가 얼얼한 감각을 두 번 느낄 것으로 예상하면서 왼쪽 피질을 먼저 자극한 후에 왼손을 자극했던 경우였다. 당연히 피질로 유도한 오른손 감각이 먼저 발생하고, 왼손 감각이 나중에 와야 했다. 그러나 피실험자는 "왼손의 느낌이 먼저였고, 오른손의 느낌이 나중이었다"라고 보고했다. 실제로 피실험자의 주관적인 감각은 그 반대였던 것이다. 리벳은 이 실험 결과를 유물론에 심각한 도전을 제기하는 것으로 해석했다.

"'정신적' 사건에 대응하는 '신체적' 사건의 타이밍이 와해되는 이런 현상은 정신신경적 정체성 이론에 심각하고 풀기 어려운 난제를 제기하는 것으로 보인다"(Libet et al., 1979, p. 222).

신경생리학 연구로 노벨의학상을 받았던 존 에클스John Eccles에 따르면 이런 난제는 도저히 해결할 수 없는 것이었다.

> 이런 앞선 과정은 어떤 신경생리학적 과정으로도 설명할 수 없어 보인다. 추측건대 이것은 '자의식적인 마음self-conscious mind'이 배운 전략일 것이다. (…) 앞서 일어난 감각 경험은 자의식적인 마음이 지닌 약간의 시간 조정 능력에서 기인했다. 즉, 시간을 갖고 장난을 치는 것이다. (Popper and Eccles, 1977, p. 364)

물리학자이자 수학자인 로저 펜로즈(1989)는 리벳이 발견한 현상을 유물론적으로 설명하려면 물리학의 근본적인 혁명이 필요하다고 주장했다. 리벳의 실험이 비과학계에서는 이원론이 옳음을 입증하는 것으로 대대적인 환영을 받았지만, 인지과학계에서는 이런 의견에 동조하는 이론가가 거의 없다. 리벳의 실험 절차와 도출된 결과 분석은 처음부터 크게 비난

받았다. 많은 사람이 그의 실험이 재현되지 않았다는 이유로 그가 도출한 결과를 재고조차 하지 않고 배제해버렸다. 이런 회의적인 견해는 그가 발견한 현상이 존재하지 않는 것이라고 간단히 치부해버리는 결과로 이어졌다. 그러나 만일 그런 현상이 정말로 존재한다면? 이는 철학자가 던질 만한 질문이지만, 이 경우 그 질문에 담긴 것은 통상적인 철학적 동기 이상일 것이다. 색채 파이 현상과 피부에서 뛰는 토끼 현상 같은 더 단순한 현상에 관해서는 아무도 그 존재를 의심하는 사람이 없지만, 그런 현상을 해석할 때도 같은 문제가 제기된다. 리벳의 실험을 인정하지 않는 근거로 방법론적인 문제만 든다면 이론적으로 근시안적인 처사일 것이다. 리벳의 실험이 적절하게 반복 시행되기만 한다면 유물론이 암흑의 날을 맞을 것이라는 저변에 깔린 가정은 그대로 남겨두는 일이기 때문이다.

리벳과 처칠랜드의 논쟁

리벳의 실험에서 가장 먼저 주목해야 할 것은 피실험자가 경험한 것을 언어로 보고하고, 이어서 문서로 만든 다음, 타자현상학적 세계로 만들 기회만 포기한다면 이 실험이 어떤 변칙적인 것에 관한 근거도 제공하지 않으리라는 것이다. 실험 도중이나 후에 피실험자의 성대에서 나온 소리를 단순히 청각 현상으로만 다룬다면 아무런 모순도 일어나지 않는다. 소리가 입술을 움직이기 전에 머리에서 들려오는 일은 없다. 손을 움직이게 하는 뇌의 작용에 앞서 손이 움직이는 일도 없다. 원천이 되는 자극이 있기 전에 미리 피질에서 사건이 발생하는 일도 없다. 생물학적인 신체 조절 체계의 내적이고 외적인 행위로만 엄밀하게 볼 때, 실험에서 관찰되고 측정되는 사건은 갈릴레오나 뉴턴의 물리학이 제공하는 표준적인 '근사 모델approximate model'의 일상적인 기계적 인과 작용을 명백하게 위반하는 것으로 보이지 않는다.

그렇다면 당신은 맨발의 행동주의자가 되어 자기 성찰적 보고를 진지하게 받아들이기를 거부하는 것으로 '문제가 사라지게' 만들 수 있다. 그러나 우리는 맨발의 행동주의자가 아니다. 우리는 리벳이 "뇌 기능과 관련한 우리 인간 존재의 근본적인 현상학적 측면"(Libet, 1985a, p. 534)이라고 부른 것을 합당하게 만들자는 도전을 받아들이기 원한다. 리벳은 타자현상학에 관한 핵심을 거의 파악했다. 그는 이렇게 말했다.

"이런 주관적인 참조와 수정이 정신적 '영역' 수준에서 분명히 일어나는 것으로 보이지만, 신경 수준의 활동에서는 그렇지 않다는 것을 깨닫는 것이 중요하다"(Libet, 1982, p. 241).

그러나 그는 현상학을 참조하는 중립적인 방법을 몰랐기에 그 변칙적인 것을 정신적 영역에 할당할 수밖에 없었다. 이 작은 발걸음은 그가 이원론으로 들어서는 첫걸음이었다(그가 행동주의를 거부했다 해도 이 점을 강조했을 것이므로).

> 여러 경험에 관한 피실험자의 보고는 (…) 이론적으로 구성한 것이 아니라 실증적인 관찰에서 나온 것이다. (…) 자기 성찰 방법은 제한적이기는 하지만, 자연과학의 테두리 안에서 적절하게 이용될 수 있고, 마음과 뇌 문제에 관한 실험적 자료를 얻으려면 절대 없어서는 안 될 것이다. (Libet, 1987, p. 785)

리벳의 말에 따르면, 피실험자가 보고한 것은 글로 바꾸더라도 실증적 관찰이지만, 그들의 타자현상학적 세계 안에 있는 사건인 그들이 보고한 것은 사실 이론적 구성이다. 리벳이 주장한 것처럼 그것은 자연과학의 테두리 안에서 적절하게 이용될 수 있지만, '단지' 처음부터 이론가의 허구로 이해할 때만이다.

리벳은 피질을 직접 자극한 그의 실험이 '두 가지 주목할만한 시간적 요소'를 입증한다고 주장했다.

> (1) 감각 자극으로 시작된 피질 활동은 의식적인 감각 경험을 일으킬 만큼의 '신경적 적절성'을 성취하기까지 상당한 지연이 있다.
> (2) 신경적 적절성이 성취된 후에는 경험의 주관적인 타이밍이 감각 자극에 관한 대뇌 피질의 초기 반응 형태로 타이밍 신호를 활용하면서 (자동적으로) 시간을 역행해 참조된다. (Libet, 1981, p. 182)

'타이밍 신호'는 피질 활동이 처음으로 일어난 것이고(1차 유발 전위), 말초 감각 기관이 자극된 지 겨우 10~20밀리초 후에 발생한다. 리벳은 역참조는 언제나 타이밍 신호에 대해 일어난다고 주장했다.

리벳의 모형은 스탈린식이다. 1차 유발 전위 후에 신경적 적절성에 이르는 순간에 앞서 피질에서 다양한 편집 과정이 일어나고, 이때 완성된 필름이 투사된다. 그것은 어떻게 투사될까? 리벳의 설명은 다음과 같이 극단적인 견해와 중도적인 견해 사이를 오간다(Honderich, 1984).

> (1) **역행 투사**: 완성된 필름은 1차 유발 전위와 동시에 투사되는 곳인 데카르트 극장에서 어떤 식으로든 시간에 역행해 보내진다(타이밍 신호로서 1차 유발 전위는 영화를 만들 때 쓰는 슬레이트 보드와 같은 기능을 한다. 투사기가 경험을 정확하게 얼마나 뒤로 역행해 보냈는지 보여주는 것이다).
> (2) **역행 참조**: 완성된 필름은 일상적인 시간으로 투사되지만, 보는 사람이 이 사건이 더 앞서 일어났다는 것을 이해할 수 있게 해주는 소인 같은 것을 갖고 있다(이 경우 1차 유발 전위는 단순히 날짜 기능을 한다. 이것은 데카르

트 극장 화면에 '워털루 전투 전날' 또는 '뉴욕, 1942년 여름'과 같은 제목으로 표상될 수 있을 것이다).

리벳은 '참조'라는 말을 자신만의 용어로 사용했고, '오래전부터 인식되고 수용되었던' 공간적 참조 현상을 우리에게 상기시키는 것으로 이 말을 정당화했다.

시간에 역행하는 주관적 참조는 낯선 개념이고, 아마도 그 말을 처음 들었을 때는 즉시 와 닿지 않을 것이다. 그러나 공간적 측면에서는 주관적 참조라는 것이 오래전부터 인식되고 수용되었던 주요한 선례가 있다. 시각 자극에 대한 반응으로 경험된 시각 이미지는 주관적인 공간 배치와 위치를 갖지만, '주관적으로 참조된' 이미지를 일으키는 신경 활동의 공간 배치와 위치와는 크게 다르다. (Libet, 1981, p. 183; Libet, 1985b; Libet et al., 1979, p. 221)

그러나 그는 시간적 참조가 유물론에 문제를 제기한다는 결론으로 나아갔으므로(정신신경적 정체성 이론Theory of Psychoneural Identity. Libet et al., 1979) 공간적 참조 또한 이런 문제를 일으킨다고 생각했거나, 아니면 자신의 주장을 이해하지 못한 것이다. 우리가 보는 것이 우리 안, 즉 우리 뇌가 아니라 밖에 있는 것으로 여겨진다는 공간적 참조가 유물론에 문제를 제기하는 것이라면 왜 리벳은 자기 연구가 이원론을 옹호할 중요한 새로운 논증을 발견했다고 했을까? 공간적 참조가 그가 입증하기 위해 매우 독창적으로 연구했을 시간적 참조보다 훨씬 더 잘 증명된다는 사실 때문이었다. 그렇지만 리벳은 공간적 참조를 일종의 '투사'로 보는 극단적인 시각을 가진 것으로 보인다(아니면 혼동하고 있었거나).

주관적 · 정신적 '영역'이 실제로 시간적 · 공간적 공백을 '채운다'고 보는 견해를 지지하는 실험적 근거가 있다. 그렇지 않고서야 어떻게 우리가 이미 언급한 주관적인 시각적 이미지와 그 이미지 경험을 일으키는 신경 활동의 형태 사이에 존재한다고 알려진 엄청난 차이를 설명할 수 있겠는가? (Libet, 1981, p. 196.)

이 말은 스미시스가 뇌에서 찾아내지 못한 투사기가 정신적 영역에 감추어져 있다는 소리로 들린다.[8]

리벳은 그의 놀라운 두 가지 시간적 요소를 확립하기 위해 어떤 주장을 펼쳤을까? 리벳이 피질 활동을 일으키는 데 500밀리초 이상 걸린다고 추정한 신경적 적절성은 첫 자극 뒤에 이어지는 직접적인 피질 자극이 그후에 보고된 의식을 얼마나 늦게 간섭할 수 있는지에 따라 결정된다. 그 중대한 간격을 넘어서는 피질 자극은 나중의 경험으로 보고될 것이다(첫번째 자극 경험의 '최종 출력물'에 통합되기에는 편집실에 너무 늦게 도착했으므로 다음 회에 나타날 것이다). 리벳의 데이터는 엄청나게 변동 폭이 큰 편집 시간대를 제안한다.

"조건부 피질 자극이 피부 자극 후 500밀리초 이상 지나서 시작된 경우에도 여전히 피부 감각을 조정할 수 있었지만, 대부분의 경우 피부 자극과 피질 자극의 간격이 200밀리초 이상일 때는 소급적인 결과가 관찰되지 않았다"(Libet, 1981, p. 185).

리벳은 서두르지 않은 추후의 언어적 보고에 미치는 영향 면에서 신경적 적절성을 정의하는 데 신중을 기했다. 그는 "피실험자에게 각각 두 번씩 주어지는 자극을 전달한 후에 몇 초 내로 보고하게 했으며"(Libet, 1979, p. 195), "주관적 경험의 타이밍은 의식적인 각성이 일어나기 전에 이루어진 행동 반응의 타이밍(반응 시간 타이밍과 같은)과는 구별되어야 한다"

(Libet et al., 1979, p. 193)는 주장을 꺾지 않았다.

리벳은 이 단서 조항으로 적수 패트리샤 처칠랜드Patricia Churchland의 데이터 해석에 방어해야 했다. 내가 처음으로 리벳의 결과를 읽었을 때(in Popper and Eccles, 1977), 나는 최초의 신경철학자(1986년에 출간된 처칠랜드의 저서 《뇌과학과 철학Neurophilosophy: Toward a Unified Science of the Mind-Brain》 참조)인 처칠랜드에게 그것을 살펴보라고 부추겼다. 처칠랜드는 리벳의 결과를 철저히 조사했고(Churchland, 1981a), 의식에 이르는 신경적 적절성까지 걸리는 긴 시간에 관한 리벳의 첫 논제에 도전했다. 그녀는 피실험자에게 리벳이 이용했던 것과 같은 피부 자극을 의식하는 순간 "지금"이라고 말하라고 요청했다. 그녀는 피실험자 아홉 명의 평균 반응 시간이 358밀리초라고 보고했는데, 이는 언어적 반응을 산출하는 시간을 감안했을 때 대략 200밀리초 무렵에 피실험자가 신경적 적절성을 획득했음을 보여주는 결과였다.

리벳의 답변은 스탈린식이었다. '지금'이라는 언어적 반응은 무의식적으로도 시작될 수 있다는 것이었다.

"운동 반응이 '지금'이라는 말로 나타나는 것이 손가락으로 단추를 누르는 더 통상적인 반응에 비해 더 기적적이거나 독특한 정보를 주는 것은 아니다. (…) 자극을 찾아내고 거기에 의도적으로 반응하는 능력이나 그 자극을 보고할 수 있을 만큼 의식적인 각성이 일어나지 않아도 심리적으로 그것에 영향을 받는다는 것은 널리 인정되고 있다"(Libet, 1981, pp. 187~188).

그리고 그녀의 의견에 반대하며 다음과 같은 질문을 던지기도 했다.

"처칠랜드의 피실험자들이 요청받은 대로 말한 것이 아니라면, 자극을 의식했을 때 자신이 무엇을 하고 있었다고 생각했단 말인가?"

리벳은 표준적인 스탈린식 답변을 내놓을 수도 있었다. 그들은 실제로

그 자극을 의식하지만, 그때 이미 그들의 언어적 보고는 시작되었다고 말이다.[9]

이런 이유로 리벳은 주관적인 경험의 1차적 기준으로서는 불확실한 타당성을 갖는 처칠랜드의 연구와 같은 반응 시간 연구를 거부했다. 그는 피실험자에게 충분한 여유를 주는 방법을 더 선호했다.

"피실험자는 매번 실험을 하고 나서 자기 근거를 자기 성찰적으로 검토한 후 몇 초 내에 서두르지 않고 보고한다"(Libet, 1981, p. 188).

이런 유유자적한 속도가 뇌의 오웰식 수정주의자에게 의식의 '진짜' 기억을 '가짜' 기억으로 대체할 충분한 시간을 준다는 지적에 그는 어떻게 답했을까?

> 물론 실험 후에 보고하는 것은 단기 기억과 회상 과정을 요구하지만, 이런 능력에 중대한 결함이 없는 피실험자에게는 이것이 어려운 일은 아니다. (Libet, 1981, p. 188)

이 말은 잘못된 기억이나 환각적인 회상의 결과로 다양한 효과가 발생하고, 의식에 있는 앞서 일어난 진짜 사건은 나중의 기억으로 지워졌거나 대체되었다고 설명할 준비가 된 오웰식 이론가에게 해명을 요구한다. 리벳이 국을 너무 오래 끓게 내버려둔 것일까, 아니면 처칠랜드가 표본을 너무 빨리 추출한 것일까? 만일 리벳이 조사 시간 선택에 관한 특권적인 입지를 주장하고 싶었다면 그는 반격에 맞설 준비가 되어 있어야 했다. 그러나 그는 불항쟁不抗爭의 답변으로 논쟁을 종결하고 말았다.

"인정하건대, 상대적인 타이밍 순서의 보고 그 자체는 경험의 '절대적' 시간(시계로 읽은 시간)의 지표를 제시하지 못한다. 그런 지표를 제시할 수 있는 방법은 없다"(Libet, 1981, p. 188).

이 말은 "주관적 경험의 절대적 타이밍을 결정할 수 있는 방법은 없다 (Libet et al., 1979, p. 193)"라고 한 자신의 언급을 되풀이한 것이다. 그러나 리벳은 이것이 그런 절대적 시간이 없기 때문일 수 있다는 가능성을 놓치는 실수를 저질렀다(Harnad, 1989).

처칠랜드 또한 이에 관한 비평에서 표상하는 시간과 표상되는 시간을 구별하지 못하는 함정에 빠지고 말았다.

> 두 가설은 각각의 감각이 '느껴지는' 시점에 관해 근본적으로 의견을 달리 한다. (Churchland, 1981a, p. 177)

> 피부와 내측융대medial lemniscus에서 동시에 일어난 감각이 정확하게 동 시에 느껴졌을지라도 피부 자극에 대한 신경적 적절성의 지연은 아마도 조 작한 인공물일 것이다. (Churchland, 1981b, p. 494)

그런 인공물을 모두 제거했는데도 여전히 두 감각이 정확하게 동시에 느껴졌다고 가정해보자. 처칠랜드는 이런 예기치 못한 결과를 어떻게 해석했을까? 이런 결과가 자극 1이 t에서 느껴지고, 자극 2도 t에서 느껴지는 시간 t가 있음을 의미할까(반유물론자의 전망), 아니면 그저 자극 1과 자극 2가 동시에 느껴진다는 것을 의미할까? 처칠랜드는 리벳의 결론이 정당성만 입증되었더라면 유물론을 무너뜨렸을 것이라는(그가 가끔 주장하는 대로) 추론을 단념시키지 못했다. 그러나 다른 곳에서는 "시간 착각은 흥미롭고, 거기에 불가사의한 것이 있다고 가정해야 할 이유도 없으며, 비물리적 기원의 독특한 기준으로 공간 착각이나 동작 착각과 구별되는 것도 분명 없다"(Churchland, 1981a, p. 179)라고 옳게 언급했다. 이것은 오로지 시간 착각이 시간이 잘못 표상된 현상인 경우에만 가능한 것이었다. 만일 잘못된 표상이 잘못된 시간에 일어난다면 더욱 혁명적인 어떤 일이 일어날 것이다.

1차 유발 전위는 시간의 신경적 표상을 위한 구체적인 기준으로 기능한다. 달리 설명하자면, 뇌가 시간을 더 유연하게 표상하는 것일 수도 있다. 우리는 눈에 보이는 물체를 망막에 존재하는 것으로 표상하지 않고, 외부 세계의 다양한 거리에 있는 것으로 표상한다. 왜 뇌는 사건이 '생태적'으로 가장 합당하게 일어나는 것으로 표상하지 않을까? 우리가 손재주가 필요한 행동을 하고 있을 때는 '손가락 끝 시간'이 기준이 되어야 하고, 오케스트라를 지휘할 때는 '귀로 듣는 시간'이 적당할 것이다. '1차적 피질 시간'은 초기 설정 표준시간일 수 있지만(대영제국에게는 그리니치 표준시), 이는 더 많은 연구가 이루어져야 할 문제다.

이 문제는 옹호자와 비평가 양쪽 모두 표상하는 시간과 표상되는 시간을 일관성 있게 구별하지 못한다는 사실로 더욱 애매모호해졌다. 리벳은 스탈린식 입장만 고집하고, 처칠랜드는 오웰식 반격만 하면서 이들은 서로 자기 할 말만 하고 있다. 그러나 의식적인 경험이 일어나는 때(리벳의 말로는 '절대적' 시간)가 정확히 언제냐에 관해서는 두 사람이 의견을 같이하는 것으로 보인다.[10]

의식적 의지의 주관적 지연에 관한 리벳의 주장

경험의 절대적 타이밍이라는 개념은 '의식적 의지conscious intention'에 관한 리벳의 후속 실험에서도 활용되었다. 이 실험에서 그는 자기 경험에 직접 접근할 수 있는 유일한 사람인 피실험자가 '자가 타이밍self-timing'을 하게 하여 절대적 타이밍을 실험적으로 결정하고자 했다. 그는 정상인 피실험자에게 시계 위에 있는 한 점을 주시하면서 손목을 까딱하고자 하는 의지가 형성되는 바로 그 순간에 손목을 까딱하겠다는 '자발적인' 결정을 할 것을 요청했다(Libet, 1985a, 1987, 1989). 몇 초 후 피실험자는 손목을 까딱하기로 결정한 순간에 점이 어디 있었는지 보고했다. 이것으로 리벳은 피실험자가 결정을 내린 시각을 밀리초까지 정확하게 계산해 낼 수 있었다. 다음으로 리벳은 그 순간을 피실험자의 뇌에서 동시에 일어나는 사건의 타이밍과 비교했다. 그는 이런 '의식적인 결정'이 두피 전극에서 탐지되는 준비 전위readiness potential(그가 자발적 행동을 수행하겠다고 결정하는 신경 사건이라고 주장하는 것)가 발현되는 것보다 350~400밀리초 정도 뒤처진다는 근거를 발견했다. 그는 이 실험 결과를 바탕으로 "자유 의지에 의한 자발적 행동의 피질 개시는 무의식적으로 일어난다"라고 결론 내렸다(Libet, 1985a, p. 529).

이 결과로 보면 의식이 실제로 몸을 통제하는 뇌의 과정보다 뒤처지는 것으로 보인다. 많은 사람이 이 결과를 불안하고 우울한 전망으로 받아들였다. 그것이 의식적인 자아의 실제적인(환상이 아닌) '집행 역할'을 배제하는 것으로 보였기 때문이다(Libet, 1985a, 1987, 1989; Harnad, 1982; Pagels, 1988; Calvin, 1989a).

리벳은 그의 실험 결과를 비평하던 대부분의 사람보다 내용과 전달 수단 구분의 중요성에 관해 분명한 생각을 갖고 있었다.

"우리는 피실험자가 보고한 것과 그가 보고한 것을 자기 성찰적으로 인식한 때를 혼동해서는 안 된다"(Libet, 1985a, p. 559).

거기에 더해 그는 동시성에 관한 판단 자체가 동시에 도달하거나 제공될 필요는 없다고 생각했다. 그것은 오랜 시간에 걸쳐 무르익는 것으로 보였다(예를 들어, 경마장의 재결위원이 우승인지 동시 우승인지 가리기 위해서 선착 사진 기록을 조사하기까지는 시간이 걸린다).

리벳은 두 개의 시간 계열에 관한 데이터를 모았다.

- 객관적 시간 계열: 외부 시계의 타이밍과 두드러진 신경 사건을 말한다. 준비전위와, 근육 수축 시작을 기록하는 근전도EMG, electromyogram 같은 것이 이에 해당한다.

- 주관적 시간 계열(나중에 보고되는 것): 심상, 미리 계획한 일에 관한 기억, 각각의 시험에 단일한 척도가 되는 데이터 등이 포함된다. 내 의식적 의지 W의 형성이 위치 P에 있는 시계의 점과 동시에 시작되었다는 동시성 판단을 말한다.

리벳은 실존주의자들이 논한, 그 뜻을 파악하기 어려운 '자유 행위acte gratuit'에 다가가길 원했던 것 같다(Sartre, 1943; Gide, 1948). 이는 전적으로 동기가 없는, 따라서 특별한 의미에서 '자유로운' 선택이다. 몇몇 비평가가 지적했듯, 그렇게 고도로 이례적인 행동(고의적인 가짜 무작위pseudo-randomness 행동이라 불릴 수 있는 것)은 '정상적인 자발적 행동'(Libet, 1987)의 틀로 보기 어렵다. 그럼에도 그가 그런 실험 설계로 절대적 타이밍을 알아낼 수 있는 다양한 의식적 경험을 분리해낼 수 있었을까?

그는 행동을 하겠다는 의식적 의지가 실제로 행동을 개시하는 두뇌 사건에 등록될 때 300~500밀리초의 지연이 일어난다고 주장했다. 이는 0.5초에 이르는 긴 시간이고, 우리의 의식적인 행위가 신체의 움직임을 조절한다는 원칙을 굳게 믿고 있는 사람에게는 불길해 보이는 일이다. 이는 마치 우리가 우리 모습이 상연되고 있는 데카르트 극장에 있는 것과 같아 보인다. 여기서 우리 모습은 0.5초 지연 상연되고, 진짜 의사 결정은 우리가 아닌 다른 곳에서 내려진다. 우리가 그 일에 전혀 '연루'되어 있지 않은 것은 아니지만, 정보에 대한 접근권이 지연되기 때문에 우리가 할 수 있는 최선의 일은 마지막 순간에 거부권을 행사하거나 제동을 걸어 끼어드는 것뿐이다. (무의식적인) 통제 본부에서 내려오는 명령에 전혀 주도권을 쥐고 있지 못하며, 그것이 입안되는 자리에 있지도 않았지만, 사무실로 내려온 공식 정책을 집행할 때 약간의 융통성을 발휘할 수 있는 정도다.

이런 그림은 설득력은 있지만, 조리가 없다. 리벳의 모형은 우리가 앞서 살펴본 스탈린식 모형이고, 명백한 오웰식 대안도 있다. 피실험자는 그보다 앞선 순간에는 자기 의도에 의식적이었지만, 이 의식은 그것을 상기할 기회도 갖기 전에 기억에서 지워졌다(아니면 수정되었다). 리벳은 이 그림이 "문제를 드러내지만 실험으로 검증할 수는 없다"라고 시인했다(Libet, 1985a, p. 560).

리벳이 이런 사실을 인정한 것을 보면 의식의 절대적 타이밍을 확정하려는 과제는 애초에 잘못 구상된 것일까? 리벳도 그의 비평가도 그런 결론에 이르지는 않았다. 리벳은 내용과 전달 수단을, 다시 말해 표상된 것이 무엇이고 표상된 시간이 언제인지를 세심하게 구별했지만, 표상된 것에 관한 전제에서부터 의식에 표상된 것의 절대적 타이밍에 관한 결론까지를 유추하고자 했다. 심리학자 제럴드 와써맨Gerald Wasserman은 여기에 문제가 있다고 지적했다.

"외부의 객관적인 점이 주어진 시계의 위치를 점하고 있던 시간은 쉽게 결정될 수 있다. 그러나 이것이 우리가 얻고자 한 결과는 아니다"(Wasserman, 1985, p. 556).

그러나 그는 이내 데카르트의 함정에 빠지고 말았다.

"우리가 원하는 것은 그 점에 관한 뇌와 마음의 내적인 표상이 일어난 시간이다."

내적인 표상이 일어난 시간이라고? 그것이 어디서 일어나는가? 그 점은 망막에서 시작하여 시각계로 올라온 다음, 뇌의 여러 부위에서 지속적으로 표상된다(여러 다른 위치에 있는 것으로 표상된다). 외부의 점이 움직이면서 모든 표상도 비동시적·공간적으로 분포된 채로 변한다. '그것이 의식 안에 한데 모이는 곳'이 어디인가? 아무 데도 없다.

와써맨은 그 점이 주관적인 순서에서 어느 시간에 어디에 있었는지 결정해야 하는 피실험자의 과제는 자발적인 것이며, 그 일을 하는 데는 시간이 걸릴 것이라고 옳게 지적했다. 이 과제가 어려운 이유는 동시에 발생하는 다른 프로젝트와 경쟁을 벌여야 하기 때문만이 아니라 부자연스러운 일이기 때문이다. 보통은 행위 조절에 아무런 역할도 하지 않는 시간성에 관한 의식적 판단이고, 따라서 당연히 순서에는 아무런 의미가 없다. 주관적인 동시성 판단을 최종 확정하는 해석 과정은 그 자체가 실험적인 상황의 인공물이고 과제를 바꾸므로 뇌 어디에서건 정상적인 표상 수단의 실제적 타이밍에 관해서는 어떤 흥미로운 것도 말해주지 않는다.

아주 자연스럽게 느껴지지만 우리가 반드시 버려야 할 시각이 바로 이런 것이다. 뇌 깊은 곳 어딘가에서 행동 개시가 일어난다. 그것은 무의식적인 의도로 시작되지만, 서서히 극장으로 향하면서 점차 명확해지고 확실해진다. 이제 t라는 특정 순간에 그것이 무대 위로 불쑥 올라간다. 무대 위는 망막에서 천천히 길을 잡아 나와 길을 가는 동안 선명함과 자기 자리를 얻은 시각적인 점 표상의 행진이 벌어지는 곳이다. 관객인 나에게는 의식적 의지의 활시위가 당겨졌을 때 정확하게 어떤 점 표상이 무대 위에 있었는지 말해야 하는 과제가 주어진다. 일단 식별이 되면, 그 점이 망막을 출발한 시간이 극장까지의 거리와 전파 속도와 함께 계산될 수 있다. 그런 식으로 우리는 데카르트 극장에서 의식적 의지가 일어난 정확한 순간을 결정할 수 있다.

그림은 소름 돋을 만큼 그럴싸하고, 그려보기도 매우 쉽다. 딱 그렇게 보인다. 의식에서 두 가지 일이 함께 일어날 때 일어날 수 있는 일이 바로 이런 것 아니겠는가? 아니다. 사실, 의식에서 두 가지 일이 함께 일어날 때 그런 일은 일어날 수 없다. 뇌에는 이런 장소가 없기 때문이다. 어떤 사람은 그런 시각이 이치에 맞지 않더라도 경험의 절대적 타이밍이라는 생각을 포기할 필요는 없다고 생각한다. 그들은 절대적 타이밍을 허용하면서도 터무니없는 데카르트적 뇌의 중추에 관한 생각은 피할 수 있는 다른 의식 모형이 있을 것이라고 생각한다. 의식이 한 지점에 도착하는 것이 문제가 아니라 피질 전체나 대부분을 활성화할 수 있는 역치를 초과하는 표상의 문제가 아닐까? 이 모형에서는 내용의 한 요소가 시간 t에 의식된다. 기능적으로 한정되고 해부학적으로 위치한 시스템으로 들어갔기 때문이 아니라 바로 그곳에서 상태를 바꾸었기 때문이다. 다시 말해, 어떤 속성을 획득했거나, 속성 가운데 하나의 강도가 역치를 넘을 만큼 커졌기 때문이다.

의식이 뇌의 하부 체계라기보다는 뇌의 행동 양상이라는 생각이 훨씬 더 바람직하다(Kinsbourne, 1980; Neumann, 1990; Crick and Koch, 1990). 또한 외부 관찰자가 뇌의 행동 양상 전환을 측정할 수 있다. 이 일은 원칙적으로 그 특별한 양상을 획득하는 독특하고 한정된 내용의 순서를 제공하는 것으로 가능하다. 그러나 그런 양상 전환의 진짜(절대적인) 타이밍이 주관적 순서를 결정하는 것이라고 주장한다면 여전히 데카르트 극장에 빠져 있는 것이다. 심상은 약간 다르지만, 그 함의는 같기 때문이다. 어느 순간에 의식을 구성하는 특별한 속성을 부여하고, 그 시간에 주어진 속성을 판별한다는 것은 불가능한 일이다. 과학자라면 도구를 이용해 100만분의 1초까지 정확하게 판별해낼 수 있겠지만, 뇌는 어떻게 그 일을 하겠는가?

인간은 경험 속 요소들의 동시성과 순서를 판단하고, 그중 일부를 표현한다. 따라서 뇌의 어떤 지점에서 그 요소들은 표상의 실제 타이밍에서 타이밍의 표상으로 바뀌어야 한다. 또한 이런 판별이 언제 어디서 이루어지건, 그 판단을 구체적으로 담은 표상의 시간적 속성은 그 내용을 구성하지 않는다. 피질의 광범위한 영역에 걸쳐 분포한 사건의 객관적인 동시성과 순서는 뇌에 있는 기제에 의해 정확하게 탐지되지 않는 한 기능적인 연관성이 없다. 문제가 되는 것은 그런 내용이 활용되거나 지속적인 행위 조절 과정에 통합되는 방식이며, 이것은 피질의 타이밍에 의해 오로지 간접적으로만 제약된다. 다시 한 번 말하지만, 중요한 문제는 표상의 시간적 속성이 아니라 표상되는 것의 시간적 속성이고, 후속 과정이 그 속성을 어떻게 받아들이느냐에 따라 결과는 달라진다.

월터의 사전 인지적 슬라이드 환등기

리벳의 자가 타이밍 실험은 인위적이고 어려운 판단 과제를 만들어내 우리가 바라던 중요한 결과를 앗아가 버렸다. 그러나 일찍이 영국의 신경외과 의사 윌리엄 그레이 월터William Grey Walter(1963)가 진행했던 놀라운 실험에는 이런 결점이 없다. 그는 운동 피질에 전극을 삽입한 환자를 실험 대상으로 삼았다. 그는 일정한 피질 활동이 의도적인 행동을 개시한다는 가설을 검증하고자 했다. 그는 환자에게 환등기 슬라이드를 보여주었다. 환자는 슬라이드를 지켜보다가 자기 의지에 따라 제어기 단추를 눌러 다음 슬라이드로 넘길 수 있었다(리벳의 실험과 유사한 점은 자유 결정이다. 단추를 누르는 이유는 단지 지루하다거나, 다음 슬라이드에는 무엇이 있을지 궁금하다거나, 아니면 그저 기분 전환을 위해서다). 그러나 제어기의 단추는 가짜였고, 환자는 그런 사실을 몰랐다. 단추는 환등기에 연결되어 있지 않았다. 실제로 슬라이드를 넘긴 것은 환자의 운동 피질에 심은 전극에서 나오는 신호

222

였다.

환자들은 실험 결과에 무척 놀랐다. 환등기가 마치 자신의 결정을 예상하고 있기라도 한 듯 저절로 넘어갔기 때문이다. 그들은 단추를 막 누르려고 할 때, 하지만 누르기로 채 마음먹기도 전에 환등기가 미리 슬라이드를 넘기는 것 같았다고 말했다. 그들은 단추를 누르면서 자기가 슬라이드를 두 번 넘기지는 않을까 하는 걱정이 들었다고 했다. 월터의 설명에 의하면 실험 결과는 설득력이 높았지만, 그는 후속 실험을 진행하지 않았다. '사전 인지적 환등기' 효과를 제거하려면 어느 정도의 지연을 포함해야 하는지 실험으로 확인했어야 했다.

월터와 리벳의 설계에서 중요한 차이점은 월터의 실험에서 놀라운 결과로 이어진 시간 순서의 판단이 요구받은 행위 감시의 일부라는 점이다. 이런 면에서 이는 의도적이고 의식적인 순서 판단이라기보다는 우리 뇌가 오른쪽에서 왼쪽으로 움직이는 것과 왼쪽에서 오른쪽으로 움직이는 것을 구분하는 시간 순서 판단과 같은 것이다. 뇌는 슬라이드 넘기기 과제를 성공적으로 처리하기 위해 시각적 피드백을 '기대'하도록 설정되었고, 피드백이 기대보다 먼저 도착하면 경보를 울렸다. 이것은 우리에게 내용 운반체의 실제 타이밍과 그에 따라 뇌에서 일어나는 과정에 관해 중요한 것을 보여줄 수 있었지만, '슬라이드를 넘기려는 의식적인 결정의 절대적 타이밍'에 관해서는 어떤 것도 보여줄 수 없었다.

월터의 실험에 관한 부연 설명이 사전 인지적 슬라이드 넘기기의 주관적 의식을 제거하려면 300밀리초의 지연을(리벳이 암시한 대로) 행동 실행에 포함시켜야 한다는 것을 입증했다고 해보자. 그런 지연은 슬라이드 교체 결정으로 설정된 기대가 300밀리초 후에 시각적 피드백을 기대하고, 다른 조건이 주어지면 경고와 함께 보고하게 조정되었다는 것을 보여준다. 경고가 순서가 잘못된 사건(단추를 누르기 전에 바뀌었다)의 지각으로 해석되었다는 사실이 단추를 누르자는 결정에 관한 의식이 처음 일어난 실제 시간을 알려주지는 않는다. 피실험자가 슬라이드가 이미 바뀌고 있는 것을 보았을 때 단추 누르기를 거부할 시간이 없는 것처럼 느꼈다고 보고한 것은 뇌가 결국은 다양한 시간에 이야기에 통합할 다양한 내용을 결정했다는 자연스러운 해석이다. 이런 의식은 의도가 의식되는 첫 순간에 이미 거기 있던 것일까(이 경우에 결과는 '쇼 타임'까지 긴 지연을 요구하며, 이는 스탈린식이다), 아니면 그것이 그렇지 않았으면 혼란에 빠졌을 기정사실의 회고적인 재해석일까?(이는 오웰식이다.) 지금쯤에는 질문을 상정한 것이 질문을 부적격으로 만든다는 것이 명확해졌기를 바란다.

아직 남아 있는 의문

당신은 여전히 이번 장에서 주장한 모든 논증이 어떤 일이 우리가 경험하는 순서 그대로 일어난다는 명백한 사실을 뒤집기에는 미약하다고 반박하고 싶을 것이다. 만일 어떤 사람이 '1, 2, 3, 4, 5'라는 생각을 하고 있다면 '1'이라는 생각은 '2'라는 생각보다 앞서 일어난다. 이 예는 일반적으로 진실인 논제를 예로 들어 일상적이고 거시적인 지속 시간을 가진 심리적 현상으로만 제한해 살펴볼 때는 분명 옳다. 그러나 우리는 특별히 몇백 밀리초라는 짧은 시간의 틀로 압축되는 사건에 관심을 두고 있다. 이런 시간 척도에서는 일반적인 추정이 들어맞지 않는다.

뇌에서 일어나는 모든 사건은 확정된 공간과 시간상의 위치를 갖는다. 하지만 "정확히 언제 그 자극을 의식했습니까?"라고 묻는 것은 이 사건의 어느 한 부분이 의식되었거나 의식에 이른 것이라고 가정하는 일이다. 이 물음은 "대영제국이 정확히 언제 미영전쟁이 휴전한 것을 알았나요?"라고 묻는 것과 같다. 1814년 12월 24일과 1815년 1월 중순 사이 언제라고 대답하는 정도면 꽤 정확하다. 그러나 날짜와 시간까지 정확하게 꼽으라고 하면 대부분 사실을 정확하게 말하지 못할 것이다. 휴전협정을 체결한 것은 대영제국의 공식적이고 의도적인 행위다. 하지만 영국군이 뉴올리언스 전투에 참전한 것 역시 휴전협정이 체결되지 않았다는 가정하에 행해진 또 다른 의도적 행위다. 이 경우에 휴전 소식이 화이트홀이나 런던 버킹엄궁에 도착한 시간을 제국이 정보를 입수한 공식적인 시간으로 간주한다는 원칙을 세울 수 있다. 이곳이 제국의 '신경 중추'이기 때문이다. 데카르트는 송과선이 뇌의 신경 중추라고 생각했지만, 그의 생각은 틀렸다. 인지와 조절 작용은 뇌 전체에서 일어나고, 의식도 뇌 전체에 분포되어 있으므로 의식적인 사건이 일어난 정확한 순간으로 간주될 순간도 따로 없다.

　이 장에서 나는 가공의 '근원'에서 나온 사고의 나쁜 습관을 흔들어놓고 그것을 더 나은 사고방식으로 대체하려고 했는데, 그 과정에서 미진한 부분을 많이 남겨놓을 수밖에 없었다. 내가 생각하기에 가장 흥미를 돋우는 부분은 '캐묻기'가 '이야기를 촉진하는 것'이라는 비유적인 주장이다. 나는 실험자가 캐묻는 타이밍이 뇌가 활용하는 표상 체계에 주요한 수정을 일으킨다고 주장한다. 그러나 피실험자에게 그렇게 캐묻도록 지시하는 사람 중에는 피실험자 자신도 포함된다. 우리가 '언제 어떤 일에 의식적이 되었는가?'라는 질문에 관심이 생겨 자기 조사나 자기 탐문을 하면 그 결과 새로운 조절 시간대로 향하게 되고, 따라서 연루되는 과정에 따르는 제약도 바꾸어놓는다.

　외부인이 조사한 결과는 전형적으로 다양한 언어 행위이고, 이런 언어 행위는 다양한 의식 내용에 관한 판단을 표현한 것이다. 자기 조사의 결과도 같은 의미론적 분류에 속하는 항목이다. 데카르트 극장에 제시된 것이 아니라 피실험자에게 그것이 어떻게 여겨지는지에 관한 판단, 즉 피실험자 자신이 해석하고, 행동하고, 기억한 판단인 것이다. 양쪽 경우 모두에서 이런 사건은 피실험자가 경험한 것에 관한 해석을 확정하고, 주관적 순서에서 확정된 시점을 제공한다. 그러나 다중원고 모형에서는 그런 판단과 그런 판단이 나온 토대가 된 앞선 판별에 더해 데카르트 극장의 관객인 재판장의 엄밀한 조사를 받기 위해 해석되어야 할 자료가 제시되었는지를 놓고 더 이상 따지지 않는다. 이런 생각은 쉽게 받아들일 수 있기는커녕 이해하기도 쉽지 않으므로 우리 이해를 돕기 위해 몇 가지 길을 더 닦아야 한다.

6장

의식은 어떻게 진화해왔는가?

6

의식의 블랙박스 안

앞 장에서 간략하게 살펴본 이론은 의식이 인간의 뇌에 어떻게 자리하
는지 보여주는 길로 조금은 나아갔지만, 그것은 전횡하는 데카르트 극장
이란 생각을 무너뜨리기 위한 것이었으므로 주로 부정적으로 공헌했다.
이제 우리 이론을 긍정적인 쪽으로 돌려놓긴 했지만, 아직 멀리 나아가지
는 못했다. 한 단계 더 발전해 나가려면 다른 방향에서 나온 의식의 복잡
성으로 영역과 접근법을 바꾸어야 한다. 바로 진화론이다. 인간의 의식이
언제나 존재했던 것은 아니므로 의식은 의식의 단계가 아닌 그보다 앞선
현상에서 일어난 것이어야 한다. 이런 전이에 관여했던 것이나 관여한 것
으로 보이는 것을 살펴보면 완전히 발달한 의식 현상을 만들어내는 데 그
것이 했던 역할과 복잡성을 더 잘 이해할 수 있을 것이다.

　신경과학자 발렌티노 브라이텐베르크Valentino Braitenberg는《수단: 종

합 심리학 에세이Vehicles: Essays in Synthetic Psychology》(1984)에서 매우 복잡한 자율 기제를 설명했다. 그 기제는 어이없을 정도로 단순하고 전적으로 무생물적인 장치에서 점차 생물적이고 심리적인 면까지 드러내는 (가공의) 실체로 변해간다. 이런 상상력 훈련은 그가 '상향 분석과 하향 합성의 법칙The Law of Uphill Analysis and Downhill Synthesis'이라 칭한 것 덕분에 작동한다. 합성하고자 하는 장치의 행위를(또한 그 행위에 함축된 것을) 말하자면 '안에서부터 밖으로' 상상하는 것이 '블랙박스'의 외적 행위를 분석하고 그 안에서 무슨 일이 일어날지 알아내는 것보다 훨씬 더 쉽다는 것이다.

지금까지 우리는 의식을 블랙박스 같은 것으로 다루어왔다. 의식의 '행위(현상학)'를 '주어진 것'으로 받아들였고, 뇌에 숨겨진 어떤 기제로 의식을 설명할 수 있을지 궁리했다. 이제 전략을 바꾸어 이런저런 일을 하기 위해 뇌가 어떻게 진화해왔을지 생각해보자. 그런 다음, 거기에 의식적인 뇌의 수수께끼 같은 '행위'를 설명해주는 그럴싸한 기제가 있는지 보자.

인간 의식의 진화에 관한 이론은 많다. 아니, 찰스 다윈Charles Darwin의 《인간의 유래The Descent of Man》(1871)를 필두로 이론이라기보다는 추론이 많을 것이다. 대부분의 과학적 설명과는 달리 진화적 설명은 본질적으로 이야기다. 어떤 것이 존재하지 않았던 시간에서부터 그것이 존재하는 시간까지 일련의 단계를 설명하는 이야기다. 나는 학자들이 하는 방식으로 이야기를 조사하기보다는 지금까지 나온 이야기를 모두 엮어 하나의 이야기로 만들자고 제안한다. 여러 이론가에게서 자유롭게 이야기를 빌려오고 종종 간과되던 몇 가지 중요한 주제에 초점을 맞추어 의식이 무엇인지 이해하는 데 도움을 얻어보려 하는 것이다. 나는 가능한 한 핵심적인 이야기만 짧게 하기 위해 많은 줄거리를 넣고 싶은 유혹을 뿌리쳤고, 멋진 이야기라도 부차적인 사항은 포함하지 않았다. 또한 포함했거나 제외한 이론에 관해서는 왜 그것에 동의하거나 반대하는지 모든 논증을 줄줄이 대고 싶은 철학자로서의 본능도 억제했다. 그 결과,《전쟁과 평화》를 100자로 요약해놓은 것처럼 어설픈 결과물이 나왔지만, 우리가 가야 할 길이 멀기 때문에 어쩔 수 없다.[1]

우리가 할 이야기는 생물학이 말하려는 이야기와 유사하다. 예를 들어, 성의 기원에 관한 이야기와 비교해보라. 현재 성이 없어 무성생식으로 번식하는 유기체도 많고, 모든 유기체가 암컷이나 수컷이란 성의 구별 없이 존재하던 시기도 있었다. 무성의 유기체는 일부가 성을 가진 유기체로 진화했고, 결국에는 우리 인간으로 진화했을 것이다. 이런 혁신을 조장했거나 이런 혁신에 필요했던 조건은 무엇이었을까? 한마디로 말해, 왜 이런 변화가 일어났을까? 이 질문은 현대 진화 이론에서 가장 심오한 문제다.[2]

성의 기원과 의식의 기원에 관한 두 질문 사이에는 매우 유사한 점이 있다. 꽃과 굴, 그리고 다른 단순한 형태의 생명체에서 볼 수 있는 성생활에는 섹시함(인간의 용어로는)은 전혀 없다. 그러나 우리는 기계적이고 즐거움은 없는 그들의 생식 과정에서 훨씬 더 마음 설레는 우리 인간 성 세계의 근본과 원리를 찾아볼 수 있다. 그와 비슷하게 의식 있는 인간의 원시적인 전구체前驅體, precursors에서 특별히 '자신다운 것'은 아무것도 찾을 수 없지만, 거기서 인간의 특별히 인간다운 혁신과 복잡성의 토대가 나왔다. 우리의 의식적인 마음의 설계는 층층이 쌓아 올린 연속적인 3단계 진화 과정의 결과이며, 그 각각은 그 선조보다 훨씬 더 빠르고 위력적이다. 이 과정의 피라미드를 이해하려면 그 시초부터 살펴봐야 한다.

진화의 초기 단계

처음에는 이유란 것이 없었다. 오로지 인과만이 있었다. 목적이나 기능을 가진 것은 아무것도 없었고, 세상에 목적론이란 것은 아예 없었다. 이해관계를 가진 것이 아무것도 없었기 때문이다. 그러나 천년이 지난 후에 단순한 복제자가 출현했다(Monod, 1972; Dawkins, 1976). 그들은 자신의 이익이란 것은 어렴풋이도 알지 못하지만, 다시 말해 어떤 이해관계도 없었지만, 우리가 마치 신이나 되는 양 여기 높은 곳에서 그 당시를 내려다보면 그들에게 어떤 이익을 작위적으로 할당할 수 있다. 이는 그들이 자기 복제 과정에서 이익이라고 규정한 것에 의해 생성된 개념이다. 그것이 실제로 큰 차이를 만드는 것도 아니고, 중요한 문제도 아니므로 복제자가 복제에 성공하느냐 마느냐가 중요한 문제는 아닐 것이다. 그러나 적어도 우리는 그것에 조건부로 이익을 할당할 수 있다. 이런 단순한 복제자가 생존하고 재생하려면, 그리하여 증가하는 엔트로피에 직면해서도 존속하려면 환경이 일정한 조건에 맞아야 한다. 복제 현상이 존재하고, 적어도 자주 일어나는 데 도움이 되는 조건이다.

좀 더 인간적인 형태로 이야기를 풀어보자면, 만일 이런 단순한 복제자가 계속 복제하길 원한다면 다양한 것에 희망을 품고 분투해야 한다. '나쁜' 일은 피하고, '좋은' 일은 추구해야 하는 것이다. 아무리 원시적인 형태일지라도 어떤 실체가 자신의 파멸과 분해를 피할 수 있는 행위 능력을 얻는 상황에 이르렀을 때는 세상에 '좋은' 일도 함께 불러온다. 다시 말해, 세상에서 벌어지는 사건을 대략 유리한 것, 불리한 것, 그리고 중립적인 것으로 나누는 시각이 생겨난다. 또한 유리한 것을 추구하고, 불리한 것은 피하려 들며, 중립적인 것은 무시하려는 선천적 경향 때문에 자연스럽게 세 가지 항목을 정의하고 분류하게 된다. 피조물이 그렇게 이해관계를 갖게 되면서 세상과 거기서 일어나는 사건은 그 일의 이유를 만들기 시작한다. 피조물이 그런 사실을 전적으로 인식하는지 여부는 상관없다 (Dennett, 1984a). 첫 번째 이유는 그 이유가 인식되기 전부터 이미 존재했다. 실제로 처음으로 문제에 직면한 사람이 겪게 되는 문제는 자기 존재가 존재하게 된 이유를 인식하고, 그것을 바탕으로 행동하는 법을 배우는 것이다.

어떤 것이 자기 보존을 위한 일에 돌입하는 순간, 경계가 중요해진다. 당신이 자신을 보존하고자 나섰다면 세상 전체를 지키려는 노력에 시간을 낭비하고 싶겠는가? 당신은 선을 긋고, 세상에서 이기적이 된다. 이런 이기심의 본원적 형태(본원적 형태의 이기심에는 우리 대부분이 보통 지니고 있는 이기심에서 보이는 그런 특징은 보이지 않는다)는 생명의 표시다. 어디서 돌멩이의 한 부분이 끝나고 다음 부분이 시작되는지는 짧은 순간의 문제다. 경계선은 분명 존재하지만, 최전방에서 밀려 퇴각해서는 그 영역을 지킬 수 없다. 닫힌 경계의 내면에 있는 모든 것과 외부 세계에 있는 모든 것 간의 구별인 '세상 대 나'는 모든 생물학적 과정의 핵심이다. 그저 소화와 배설, 호흡과 발산이 아닌 것이다. 예를 들어, 셀 수 없이 많은 외부 침입자와 맞서 싸워 신체를 방어하기 위해 수없이 많은 종류의 항체로 무장한 면역계를 살펴보자. 이 군대는 다른 모든 것과 자기 자신(그리고 친구)을 구별하는 근본적인 인식의 문제를 해결해야 한다. 그 해결 방식은 국가와 군대가 적과 싸울 때 문제를 해결하는 방식과 매우 흡사하다. 식별 절차를 표준화하고 기계화하는 것이다. 여권과 세관원 역할을 하는 것은 분자의 모양과 그 모양 탐지자다. 이런 항체 군단에게는 전투의 청사진을 들고 있는 연합군 총사령관은 없다. 항체는 자물쇠와 열쇠 방식으로 적군인 항원을 표상한다.

우리는 가장 초기 단계에서 이미 명백하게 드러나는 몇 가지 다른 요소에도 주목해야 한다. 진화는 역사에 달려 있지만, 위대한 자연은 그 기원 같은 것은 따지지 않는다. 행동이 멋져야 멋진 사람이라는 말도 있듯, 유기체가 그 솜씨를 어디서 어떻게 얻었는지는 중요하지 않다.

자연선택은 체계가 그것을 획득한 방식을 말해줄 수 없지만, 그렇다고 그것이 자연선택으로 설계된 체계와 지적인 엔지니어가 설계한 체계 사이에 별 차이가 없을 것이라는 뜻은 아니다(Langton, Hogeweg, in Langton, 1989). 멀리는 보지만 편협한 시각을 지닌 인간 설계자는 자기 설계가 예기치 못한 부작용과 상호작용으로 위기에 빠지는 것을 자주 발견한다. 그래서 그들은 체계에 있는 각각의 요소마다 고유한 기능을 하나씩 부여하고 다른 요소와 격리하는 것으로 그런 부작용을 막으려고 한다. 그와 반대로 대자연(자연선택의 과정)은 근시안적이고 목표가 없기로 유명하다. 자연은 전혀 예견이란 것을 하지 못하므로 예기치 못한 부작용을 걱정하는 일도 없고, 그것을 피하려고 애쓰지도 않는 탓에 부작용이 일어날 설계도 곧잘 시도한다. 그런 설계 대부분이 형편없지만, 때로는 부작용이 뜻밖의 행운을 가져오기도 한다. 두 개 이상의 무관한 기능 체계가 상호 작용하여 보너스를 만들어내기도 하고, 요소 하나가 여러 기능을 하기도 한다. 인간이 만든 인공물에도 다중 기능이 없는 것은 아니지만, 그런 경우는 비교적 드물다. 자연에는 다중 기능이 여기저기 널려 있다. 이론가가 뇌의 의식에 적용할 그럴싸한 설계를 찾아내는 데 어려움을 겪는 이유도 뇌의 각각의 요소마다 기능이 하나씩 있다고 생각하기 때문이다.[3]

따라서 이런 식으로 주춧돌을 놓을 수 있다. 우리는 이제 다음과 같은 본원적 사실을 설명할 수 있다.

(1) 인식해야 할 이유가 있다.
(2) 이유가 있으니 그 이유에 비추어 인식하고 평가할 관점도 있다.

(3) 어떤 행위자도 '외부 세계'와 '내면세계'를 구별해야 한다.

(4) 모든 인식은 궁극적으로 수많은 '맹목적이고 기계적인' 절차를 통해 획득되어야 한다.

(5) 방어되는 경계 안에 언제나 더 높은 집행자나 중앙 본부가 있는 것은 아니다.

(6) 자연에서는 행동이 멋져야 멋진 것이고, 기원은 문제가 되지 않는다.

(7) 자연에서는 단일한 유기체 안에서 다양한 기능을 수행하는 일이 종종 있다.

우리는 궁극적인 '의식적 관찰자 시점'을 추구하는 것이나, 난쟁이를 간단한 기제로 대체한 몇몇 예를 통해 이런 본원적 사실이 무엇을 의미하는지 이미 보았다. 그러나 우리가 살펴보았듯, 의식적 관찰자 시점은 그들의 세계를 좋은 것과 나쁜 것으로 나눈 최초 복제자의 본원적인 시점과 같은 것이 아니라 고도로 발달한 후손의 시점이다.

미래를 만드는 새롭고 더 좋은 방식

앞 장에서 뇌의 기본적인 목적은 미래를 만들어내는 것이라는 말을 지나가는 말처럼 했지만, 사실 이 주장에는 좀 더 관심을 기울여야 한다. 유기체가 환경에 대처하려면 자신을 무장한 다음(나무나 조개처럼) 별 희망이 보이지 않는 상황에서도 끝까지 희망을 잃지 말고 위험을 벗어날 방법을 개발하거나 더 나은 환경으로 찾아 들어가야 한다. 만일 후자의 길을 따르고자 한다면 모든 행위자가 끊임없이 해결해나가야 할 근원적인 문제에 직면한다.

이제 무엇을 해야 하지?

이 문제를 해결하려면 신경계가 필요하다. 시간적·공간적으로 행위를 조절하기 위해서다. 어린 멍게는 바다를 헤매 다니며 자신이 살아갈 집으로 삼을만한 바위나 산호초 등걸을 찾는다. 멍게는 이 과제를 해결하는 데 필요한 기초적인 신경계를 갖고 있다. 그러나 적당한 장소를 찾아 뿌리를 내리고 나면 더 이상은 뇌가 필요 없으므로 그것을 먹어치운다(종신 재직권을 얻은 것이나 마찬가지니까).[4] 환경을 통제할 수 있는 열쇠는 중요한 특징을 추적하거나 예상할 수 있는 능력이고, 어떤 유기체에게나 뇌라는 것은 근본적으로 예측하는 장치다. 조개에게 껍데기는 훌륭한 무기지만, 그것이 언제나 닫혀 있는 것은 아니다. 껍데기를 탁 닫아버릴 수 있는 반사 장치야말로 조악하지만 효율적인 위험 예측자 또는 회피자 역할을 한다.

이보다 훨씬 더 원시적인 것으로 매우 단순한 유기체의 회피와 접근 반사가 있는데, 이것은 상상 가능한 가장 직접적인 방식으로 선과 악의 원천과 연결되어 있다. 일단 접촉해보는 것이다. 그런 다음, 접촉이 좋은 것이냐 나쁜 것이냐에 따라 움츠리거나 집어삼켜버린다(운이 따라준다면 그런 일은 순식간에 일어난다). 이들은 단순히 회로가 그렇게 배선되어 있어 이런 일을 하는 것이므로 세상의 좋은 특징이나 나쁜 특징과 접촉하면 적절한 움츠림이 유발된다. 처음에는 환경에서 나온 모든 신호가 '달아나!' 아니면 '덤벼봐!'를 의미했다(Humphrey, 1992).

초창기에는 어떤 신경계도 단순히 중립적으로 어떤 조건에 관한 정보만 주는 객관적인 '메시지'를 이용할 방법이 없었다. 그런 단순한 신경계로는 세상에 관한 많은 정보를 얻을 수 없고, 단지 근접 예상치만 얻을 수 있다. 즉, 당장 가까운 미래와 관련된 일에 적당한 행위다. 더 능력 있는 뇌라면 더 많은 정보를 더 빨리 추출하여 해로운 접촉은 애초에 피하고,

유용하고 효과적인 접촉을 하게 해야 한다(성이 나타난 이후라면, 짝짓기할 기회를 얻을 수 있는 접촉이다).

우리 유기체는 과거에 겪은 일에서 미래에 유용할 것을 추출해내야 하는 과제에 직면하여 무언가를 공짜로, 아니면 적어도 헐값에 얻어내려고 한다. 세상의 법칙을 발견하려는 것이다. 만일 그런 것이 없다면 세상의 법칙에 근접한 것이라도, 우리가 우위를 점하게 해줄 것이라면 무엇이라도 얻어내려 한다. 어떻게 보면 우리 유기체가 자연에서 무언가를 얻어낼 수 있다는 것 자체가 놀라운 일로 보인다. 자연이 우리에게 자기 계획을 공개하거나, 우연하게 규칙성을 드러내는 데는 심오한 뜻이 있을까? 유능한 미래 생산자는 효과가 뛰어난 방편을 잘 알아내는 재주가 있다. 세상에 일상적으로 존재하는 것이지만, 다른 유기체보다 운 좋게 더 잘 알아내는 것이다. 대자연에서 그런 행운을 예측해내는 유기체는 당연히 상을 받게 되어 있다. 그것이 유기체의 우위를 높일 수 있는 것이라면 말이다.

자신을 가능한 한 적게 드러내려는 피조물도 있다. 이들은 잘못된 일을 시작하면 세상의 경고를 받을 만큼만 자신을 드러낸다. 이 정책에 따르는 피조물은 아무런 계획도 세우지 않는다. 무작정 앞으로 나아가고, 상처를 입을 것 같으면 물러서야 한다는 것 정도는 알지만, 그것이 그들이 할 수 있는 최선이다.

다음 단계는 짧은 범위의 예측을 포함한다. 예를 들어, 벽돌이 날아올 때 몸을 피하는 능력 같은 것이다. 이런 예측 능력은 나를 향해 다가오는 것과 나를 덮치는 것을 구별할 수 있도록 (예외적인) 규칙성을 추적하기 위해 영겁의 세월에 걸쳐 설계되어 선천적 장치로 내장된 경우가 많다. 불쑥 나타나는 것을 보고 몸을 감추는 반응은 인간에게 내장되어 있고, 갓 태어난 아기에게도 관찰된다(Yonas, 1981). 이런 장치는 몸을 피하지 못해 목숨을 부지하지 못한 사촌을 두었던 우리의 먼 조상으로부터 받은 선물이다. '무엇이 다가온다'는 신호는 '몸을 피해!'를 의미할까? 글쎄, 원래는 그것을 의미했다. 몸을 움츠리는 기제에 직접적으로 배선되었던 것은 그것이었다.

우리가 받은 선물은 그것만이 아니다. 우리의 시각 체계는 수직축을 중심으로 대칭성을 가진 모양에 매우 민감한 반응을 보인다. 이런 시각 능력은 심지어는 물고기를 포함해 많은 다른 동물도 갖고 있다. 브라이텐베르크는 그 이유가 우리의 먼 조상이 살았던 세계에는 좌우 대칭성을 가진 유일한 것이 다른 동물뿐이었기 때문일 거라고 말했다(교회 건물이나 현수교 같은 것이 생기기 전이다). 따라서 우리 조상은 다른 동물이 노려보고 있을 때마다 발동되는 귀중한 경고 체계로 무장하고 있었다(Braitenberg, 1984). 다른 동물 이빨이 몸속으로 파고들 때까지 기다리지 않아도 저 멀리 있는 (공간적으로) 포식자를 식별할 수 있는 능력은 시간적으로 더 먼 일을 예측할 수 있게 해주었다. 그 능력으로 우리 조상은 포식자가 다가오기 전에 몸을 피할 수 있었다.

그러나 그런 기제는 '조악한 판별력'이라는 특징을 갖는다. 이는 속도와 경제성을 얻기 위해 사실과 정확성을 포기해버린 결과다. 좌우 대칭성 탐지기를 작동하는 것이 실제로 유기체에 아무런 영향도 미치지 않는 경우도 있다. 드물기는 하지만 거의 대칭적인 나무나 관목도 있고, (현대에는) 인간이 만들어낸 인공물 가운데도 대칭적인 것이 많다. 따라서 이런 기제로 분류한 항목은 허위 경보일 확률이 매우 높다. '나를 보고 있는 동물처럼 보이는 것이 있다' 정도인 것이다. 또한 좌우 대칭성을 가진 것 전부가, 아니면 오로지 좌우 대칭성을 가진 것만이 경보를 발효하는 것도 아니다. 그런 형태를 가진 것도 일부는 경보를 울리는 데 실패할 수 있고, 경보를 울리더라도 허위일 수 있다.

신경계 가소성의 출현

자연 세계에서는 다른 동물이 지켜보고 있다는 정보를 받는 것이(부정확하게 받는 것 또한) 중대한 사건이 아닐 수 없다. 지켜보는 동물이 목숨을 노리는 포식자일 수도 있고, 짝짓기 상대를 찾는 이성일 수도 있으며, 짝을 놓고 싸움을 벌여야 할 적수일 수도 있다. 그것도 아니라면 자기를 잡아먹기 위해 적이 접근한 것을 알아챈 먹잇감일지도 모른다. 다음으로는 친구인지 적인지 먹이인지를 분석하는 경보가 켜져야 한다. 그래야만 '동종이 지켜보고 있어!', '포식자가 노리고 있어!', '저녁거리가 달아나려고 해!'라는 메시지 중 어느 것인지 구별할 수 있다. 일부 종에서는(예를 들어, 일부 어류에서는) 좌우 대칭성 탐지기가 '정향 반응orienting response(새로운 자극이 주어지면 본능적으로 그쪽을 바라보거나 몸을 트는 반응으로, 위험을 감지하고 예방하기 위한 일종의 생존 반응이다_옮긴이)'을 재빨리 방해하게 배선되어 있다.

심리학자 오드마 노이만Odmar Neumann(1990)은 '모든 선원은 갑판으로!'라는 선상 경보에 생물학적으로 상응하는 것이 바로 이 정향 반응이라고 했다. 우리 인간처럼 대부분의 동물은 모든 역량을 총동원하지 않고 뇌의 전문화한 하부 조직의 통제만으로 '자동적'으로 일상 활동을 영위한다. 전문화한 경보(무엇이 다가온다거나 좌우 대칭성이 보인다는 경보)가 울리거나, 예기치 않게 놀라운 일이 벌어져 전반적인 경보가 울리면 동물은 응급 상황일 수도 있는 사태를 해결하기 위해 신경계를 총동원한다. 하던 일을 중단하고 모든 감각 기관을 동원해 조사에 착수하여 관련 정보를 최신화한다. 고조된 신경 활동으로 일시적인 통제 본부 영역이 수립되면서 순간적으로 모든 통로가 열린다. 이런 최신화 결과로 두 번째 경보가 울리면 아드레날린이 쏟아지면서 동물의 몸 전체가 가동된다. 위험한 상황이 아니라면, 고양된 활동은 곧 안정되고, 비번인 구성원은 침대로 돌아가고 전문가만 남아 기능 조절 임무를 재개한다. 하던 일의 중단과 증강된 경계 태세에 관한 이 짧은 에피소드 자체가 인간의 '의식적인 각성'이나 의식 상태의 예는 아닐지라도 진화에서는 우리 의식 상태의 필수 전조이기는 할 것이다.

노이만은 이런 정향 반응이 경보 신호에 대한 반응으로 출발했지만, 전반적인 최신화를 유발하는 일이 매우 유용한 것으로 입증되자 동물이 더욱더 자주 정향 모드로 들어갔을 것으로 추측했다. 신경계는 '모든 선원은 갑판으로!' 태세가 필요하지만, 일단 그런 모드가 켜지고 나면 비용을 전혀 들이지 않거나 적게 들이고도 더 자주 켜지게 할 수 있다. 그 결과, 환경이나 동물 자신의 상태에 관해 얻는 정보가 늘어나 얻는 효과도 그만큼 커졌다. 이런 일은 더 나아가 습관이 되어 더 이상 외부 자극이 없어도 경계 태세가 내적으로 유발되기에 이르렀다고(규칙적인 화재 대피 훈련처럼) 추측할 수도 있을 것이다.

규칙적인 경계 태세는 점차 정규적인 탐색으로 바뀌었고, 여기서 새로운 행동 전략이 개발되기 시작했다. '정보 그 자체를 위한' 정보를 습득하자는 전략이다. 언젠가는 그 정보가 귀중한 것으로 판명 나는 날이 올지도 모르므로 대부분의 포유류가 이 전략에 이끌렸다. 특히 단속성 안구 운동으로 세상을 거의 쉼 없이 탐색할 수 있는 고도로 운동성이 높은 눈을 발달시킨 영장류가 그 주인공이었다. 이 전략은 호기심이나 인식적 욕구의 탄생이라는 도약을 이룬 유기체에게 근본적인 전환점이 되었다. 이들은 심리학자 조지 밀러George Miller가 말한 '정보 포식자Informavore'가 되어갔다. 자신이 살고 있는 세상과 자신에 관한 더 많은 정보에 목이 마른 유기체로 변한 것이다. 그러나 그들은 전적으로 새로운 정보 취득 시스템을 고안하고 활용하지는 않았다. 진화에서 보통 볼 수 있는 것처럼 그들은 진화적 유산으로 이미 제공받은 장치에서 새로운 시스템을 급조

해나갔다. 이는 특히 의식의 정서적 · 정동적 함축 면에서 그 흔적을 남겼다. 고차원적인 피조물이 지금은 정보 축적에 흥미를 잃었다고 해도 정보 '보도자'가 '경고자'로 다시 배치되었다. 이들은 어떤 메시지도 곧이곧대로 보내는 법이 없고, 제공하는 정보가 무엇이든 언제나 얼마간 긍정적이거나 부정적인 편집상의 정보 조작을 가한다.

포유류에서 진화적 발달은 '등 쪽dorsal'과 '배 쪽ventral'이라는 두 개의 전문화한 영역으로 나뉜 뇌의 분업으로 촉진되었다. (이어지는 내용은 신경심리학자 마르셀 킨스번Marcel Kinsbourne의 가설이다.) 등 쪽 뇌는 함선(유기체의 몸)을 위험으로부터 지킬 수 있게 '접속 상태'에서 운전해나갈 책임을 맡고 있다. 비디오 게임에 내장된 '충돌 감지' 프로그램과 같은 것으로, 계속해서 접근해오거나 물러나는 것을 쉬지 않고 감시해 유기체가 무엇에 부딪치거나 절벽 아래로 굴러떨어지지 않게 막아주는 것이다. 등 쪽 뇌 덕분에 배 쪽 뇌는 자유롭게 세상에 있는 다양한 대상을 식별하는 일에 집중할 수 있다. 등 쪽 시스템이 함선을 위험으로부터 지켜주기 때문에 특정한 것에 가까이 다가가 집중적으로 살필 수도 있고, 천천히 지속적으로 분석할 수도 있다. 킨스번의 추측에 따르면, 영장류에서는 이런 전문화가 우뇌 반구와 좌뇌 반구 전문화로 더 복잡하게 진화했다. 우뇌는 전체적인 시간과 공간 분석 능력을 맡고, 좌뇌는 더 집중적이고 분석적이며 연속적인 작업을 맡는다.

우리는 신경계의 진화 역사에서 단 한 흐름만을 탐색했고, 가장 기본적인 진화 기제를 이용했다. 다른 유전형보다 적응력이 높은 개체(표현형)를 산출하는 것으로 입증된 특정한 유전형의 선택(유전자 조합)이다. 태어날 때부터 더 좋은 조건을 갖고 태어난 운 좋은 유기체는 생존력이 더 높은 자손을 낳는 경향이 있고, 따라서 더 좋은 조건이 집단 전체로 퍼져 나간다. 우리는 상상할 수 있는 가장 단순한 설계인, 좋은 것과 나쁜 것을 감지하는 설계에서부터 그런 기제를 구조 안에 조직해 넣어 비교적 안정적이고 예측 가능한 환경에서 유용한 예측 역량을 발휘하는 구조에 이르기까지 설계상의 발달을 간략히 살펴보았다.

다음 단계로 넘어가려면 주요한 혁신 하나를 소개해야 한다. 내부 구조가 전적으로 회로화되지 않았더라도 다소 변동적이거나 가소성이 있어 평생 배울 수 있는 능력을 가진 표현형의 출현이다. 신경계 가소성의 출현은 우리가 이미 개략적으로 살펴본 발달과 동시에 일어났고, 그것이 유전자 변형과 자연선택의 보조를 받지 않은 유전적 진화보다 훨씬 빠른 속도로 진화가 일어날 수 있는 두 가지 새로운 수단을 제공했다. 인간 의식의 복잡성 일부는 이런 새로운 매개체에서 일어났고 지금도 계속해서 일어나고 있는 발전의 결과이므로 우리는 이런 매개체 사이의 관계와 더불어 그것이 유전적 진화의 근본적 과정과 어떤 관계가 있는지 명확히 알아야 한다.

뇌의 진화와 볼드윈 효과

우리는 미래가 과거와 같을 것이라고 가정한다. 이런 가정은 흄도 지적한 것처럼 우리가 내리는 모든 귀납적 추론의 필수적이지만 입증할 수 없는 전제다. 대자연(자연선택 과정에서 구현되는 설계 개발자)도 같은 가정을 한다. 중력은 계속해서 그 힘을 행사하고, 물은 지속적으로 증발할 것이다. 또한 유기체는 계속 증식하고, 신체 수분을 보존해야 한다. 이와 같은 일반적인 문제에 대자연은 장기적인 해결책을 제공한다. 중력을 기반으로 어느 쪽이 상향인지 감지하는 탐지기와 갈증 경보 장치, 그리고 무엇이 나타나면 몸을 숨기라는 회로를 내장하는 것이다. 다른 것이 변하더라도 그 변화가 주기적이기 때문에 예측 가능하고, 대자연은 다른 내장된 장치로 그 변화에 대응한다. 예를 들어, 기온이 낮아지면 겨울 털이 자라는 기제나, 야행성이나 주행성 동물이 잠을 청하고 깨어나는 주기를 제어하는 내장된 알람시계 같은 것이다.

그러나 환경의 기회와 변화가 대자연이건 인간이건 예측하기 어려운 경우도 종종 있다. 이런 변화는 혼란스러운 과정이거나, 그런 혼란스러운 과정의 영향을 받는다(Dennett, 1984a). 이런 식이라면 하나의 정형화된 설계로는 일어날 수 있는 모든 일에 대처할 수 없다. 따라서 유기체가 자신을 어느 정도 재설계해야 맞닥뜨리는 상황에 대응할 수 있는 적응력을 높일 수 있다. 이런 재설계는 어떤 경우에는 학습이라고 하고, 또 어떤 경우에는 단순히 발달이라고 한다. 이 둘을 구분하는 선에 관해서는 논란이 있다. 새가 나는 법을 학습했을까? 새가 지저귀는 법을 배운 것일까? 깃털은 어떻게 길게 자라나게 되었을까? 아기들은 걷고 말하는 법을 배울까? 그 구분선이(그런 게 있다면) 우리의 목적과 관련 있는 것은 아니므로 그런 것을 모두 과정이라고 부르자. 눈의 초점을 맞추는 법을 배우는 것에서부터 양자역학을 배우는 것까지, 출생 후의 설계 확정 과정 어느 범위에 있는 것이나 상관없다. 우리는 변화의 여지를 갖고 태어나고, 이런저런 과정을 거치면서 삶을 살아가는 데 필요한 설계 요소들이 영구적으로 고정된다(자전거 타는 법이나 외국어는 한 번 배워두면 영구히 우리에게 남아 있는 경향이 있다).

출생 후 설계 확정 과정은 어떻게 이루어질까? 그 과정은 출생 전 설계 확정 과정, 다시 말해 개인 내에서(표현형 내에서) 일어나는 자연선택에 의한 진화 과정과 매우 유사하다. 보통 자연선택에 의해 개인 내에 이미 확정된 과정은 기계적인 선택자 역할을 해야 하고, 나머지 과정은 선택받기 위한 다양한 후보자 역할을 해야 한다. 이 과정을 설명하는 여러 이론이 제기되었지만, 너무 이상하거나 불가사의한 것을 제외하고는 모든 이론이 이와 같은 구조고, 오직 세부사항에서만 차이가 난다. 20세기에 꽤 오랫동안 가장 큰 영향력을 발휘했던 이론은 벌허스 프레더릭 스키너 Burrhus Frederic Skinner의 행동주의였다. 행동주의에서는 자극과 반응의 연결이 선택받을 후보자이고, 강화를 일으키는 자극이 선택 기제다. 유쾌한 자극과 불쾌한 자극이 행동을 형성하는 데 당근과 채찍 역할을 한다는 것은 부정할 수 없지만, 조작적 조건화라는 단순한 행동주의 기제로는 인간과 같은 복잡한 종에서의 출생 후 설계 확정 과정을 설명하기 어렵다는 것이 일반적인 생각이다(아마 비둘기의 경우에서도 마찬가지겠지만, 그것은 다른 문제다). 오늘날에는 뇌 안에서 일어나는 진화적 과정에 관한 다양한 이론에 더 관심이 많다(Dennett, 1974). 수십 년 동안 이 주제에 관한 다양한 생각이 논의되었고, 현재 컴퓨터를 이용한 대규모 시뮬레이션이 가능해지면서 경쟁 모형의 검증을 둘러싸고 상당한 논란이 일고 있으므로 그 중심은 비켜 가는 것이 현명한 일일 것이다.[5]

우리 목적에 맞게, 유기체가 환경에서 마주치는 것, 특히 낯선 것에 반응해야 할 때 뇌의 가소성 덕분에 어떤 식으로든 적응력을 발휘할 수 있는 역량을 갖게 되었고, 그 적응 과정은 자연선택과 크게 유사한 기계적인 과정이라고 해두자. 이것은 개인의 뇌에서 출생 후 설계를 확정하는 진화의 첫 번째 새로운 수단이다. 선택받을 후보는 행위를 통제하거나 행위에 영향을 미치는 다양한 뇌 구조고, 신경계에 유전적으로 설치되어 있는 것 가운데 열등한 것을 골라내 제거하는 이런저런 기계적인 과정에 의해 선택이 이루어진다.

놀랍게도 이런 역량은 그 자체가 자연선택에 의한 유전적 진화의 산물이다. 이는 유기체가 자신을 재설계하지 못한 사촌보다 우위를 갖게 하고, 유전적 진화의 과정을 돌아보고 그 속도를 높일 수 있게 해준다. 이 현상은 여러 가지 이름으로 알려져 있지만, 그중 가장 많이 알려진 이름은 '볼드윈 효과Baldwin Effect'다(Richards, 1987; Schull, 1990). 지금부터는 볼드윈 효과가 어떻게 작동하는지 설명하겠다.

태어날 때부터 내장되어 있던 뇌 회로에 상당한 변화가 일어난 특정 종의 한 집단이 있다고 해보자. 바뀐 회로 덕분에 이 집단은 자기를 보호하고 좋은 기회를 극적으로 늘려줄 수 있는 행위적인 재능인 '좋은 특질Good Trick'을 부여받았다. 우리는 이것을 '적응-지형도adaptive landscape'로 나타낼 수 있다. 고도는 적응도fitness를 나타내는데, 높을수록 더 좋고, 경도와 위도는 회로상의 변이를 나타낸다(이 사고 실험에서는 그것까지 구체화할 필요는 없다).

그림 6-1이 명확하게 보여주듯, 우위인 회로는 오직 하나이고, 다른 회로들은 아무리 좋은 회로에 가까워도 적응도에서는 거의 동등하다. 이런 백사장에서 바늘 찾기 식은 자연선택에서 실제적으로 가시적인 효과를

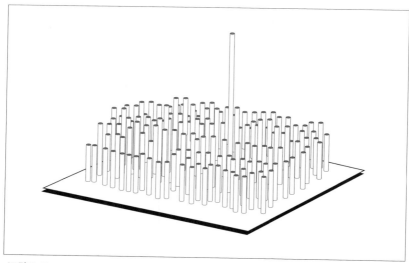

〈그림 6-1〉

244

내지 못할 수도 있다. 설령 행운을 거머쥔 소수의 개체가 이런 회로를 가진다 하더라도 개체 사이에 설계의 가소성이 있지 않은 한 이들이 가진 행운이 후손 집단으로 퍼질 기회는 미미하다.

　이번에는 개체들이 유전적으로는 모두 다르게 시작했더라도 가소성 덕분에 살아가는 동안 다른 설계를 획득할 가능성이 있는 환경에 있었다고 가정해보자. 환경에 있는 특별한 상황 때문에 그들 모두 우수한 회로 하나만을 지향하는 경향을 보였다. 또한 그들의 환경에는 배워야 할 좋은 특질 하나가 있었는데, 거의 모두 그것을 배우려는 경향이 있었다. 그 특질은 매우 좋은 것이어서 그것을 배우지 못한 개체는 심각한 불이익을 당하게 되고, 좋은 특질에 더 멀리 있는 설계로(따라서 출생 후 재설계가 더욱 요구된다) 삶을 시작하게 된다고 가정해보자.

　이를 상상하는 데 도움이 될 이야기가 있다(Hinton and Nowlan, 1987). 모든 동물의 뇌에 A 또는 B의 두 가지 방식 가운데 하나로 회로를 연결할 수 있는 곳이 열 군데 있다고 해보자. 좋은 특질은 AAABBBAAAA의 회로를 가진 설계이며, 그 외의 다른 설계는 모두 좋은 설계가 아니다. 이 모든 연결은 가소성이 있으므로 이 동물들은 1024가지의 다른 조합으로 A와 B의 회로 배선을 시도해볼 수 있다. BAABBBAAAA 상태로 태어난 동물은 약간만 재배선을 하면 좋은 특질로 바뀔 수 있다(이 동물이 다른 형태의 재배선을 먼저 시도해버린다면 좋은 특질에서 더 멀어져버릴 수도 있다). BBBAAABBBB 같은 회로로 태어난 동물은 적어도 열 번의 재배선을 시도해야 좋은 특질을 찾아낼 수 있다(재배선을 시도하다 완전히 잘못된 방향으로 빠져버리지만 않는다면). '완전히 빗나간' 구조가 아니라 '가까스로 빗나간' 구조로 태어난 것에 다른 선택적인 우위는 없지만, 목표에 더 가까운 뇌로 시작한 동물은 목표에서 더 멀리 있는 뇌로 시작한 동물보다 생존력에서 우위를 갖는다. 따라서 후세대 집단은 목표에 더 가까운 개체를 더 많이 포함하는 경향이 있고(따라서 살아가는 동안 목표를 발견하기도 더 쉽다), 전체 집단이 유전적으로 좋은 특질을 확보할 때까지 이 과정은 지속적으로 일어난다. 이런 식으로 개체가 찾아낸 좋은 특질은 비교적 빠르게 다음 세대로 전달된다.

개체들에게 살아가면서 좋은 특질을 만날 가변적인 기회를 준다면(그런 다음에는 그 기회를 인식하고 지킬 수 있어야 한다) 그림 6-1과 같이 백사장 속 바늘처럼 거의 눈에 보이지도 않던 것이 자연선택이 오를 수 있는 상당히 눈에 잘 보이는 언덕의 정상이 될 것이다(그림 6-2). 볼드윈 효과를 설명하는 이 과정은 처음에는 이미 신용을 잃은, 획득 형질이 유전된다는 라마르크적인 생각(장 밥티스트 라마르크Jean Baptiste Lamarck는 생물이 환경 적응력을 갖고 있어 자주 사용하는 기관은 발달하고 사용하지 않는 기관은 퇴화한다는 용불용설用不用說을 주장했으나, 획득 형질은 유전되지 않는다는 사실이 밝혀지면서 인정받지 못한다_옮긴이)처럼 보일 수 있지만, 사실은 그렇지 않다. 개체가 배운 그 어느

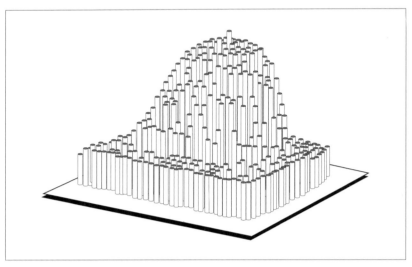

〈그림 6-2〉

246

것도 후손에게는 전달되지 않는다. 설계 탐색 공간에서 배울 수 있는 좋은 특질에 더 가까이 있는 행운아가 더 많은 후손을 두는 경향이 있을 뿐이다. 세대를 거치면서 경쟁은 더 심해지므로 결국에는 좋은 특질을 갖고 태어나지 않는 한(아니면 거의 비슷한 조건으로 태어나지 않는 한) 경쟁에서 이기기 어렵다.

볼드윈 효과 덕분에 종들이 근처 가능성 영역에 있는 표현형(개별적인) 탐색으로 얻은 여러 설계의 효능을 미리 시험할 수 있었다고 볼 수 있다. 그런 식으로 특별히 성공적인 환경이 근처에서 발견된다면 이 발견은 새로운 선택압selection pressure(경합에 유리한 형질을 갖는 개체군의 선택적 증식을 재촉하는 생물적·화학적·물리적 요인_옮긴이)을 만들 것이다. 다시 말해, 적응도 지형에서 성공적인 환경에 더 가까이 있는 유기체는 더 멀리 있는 유기체보다 명백하게 우위를 점할 것이다. 이는 가소성을 지닌 종이 그렇지 않은 종보다 더 빨리(그리고 더 통찰력 있게) 진화하는 경향을 보일 것임을 의미한다. 따라서 진화의 두 번째 방식인 표현형 가소성의 진화는 유전적 변이를 통한 첫 번째 방식의 진화를 증가시킬 수 있다(우리는 곧 진화의 세 번째 방식과 상호작용한 결과로 일어난 이에 버금가는 결과를 보게 될 것이다).

인간 뇌의 가소성과 진화

유기체는 내장 회로를 지닌 신경계 덕분에 정형화된 환경에 많은 대가를 치르지 않고 부담 없이, 또한 에너지 효율적으로 대처할 수 있었다. 성능이 더 좋아진 뇌는 가소성 덕분에 정형화되어 있어 예측 가능한 환경은 물론이고, 변화무쌍한 세상의 흐름에 적응하는 능력까지 갖추게 되었다. 심지어는 하찮은 두꺼비까지도 새로운 것에 얼마간은 자유롭게 대응한다. 변화를 곧장 따라잡지는 못하지만 환경이 바뀜에 따라 서서히 활동 양상을 바꾸는 것을 볼 수 있는데, 보통은 그 변화가 두꺼비의 생존과 직결되어 있다(Ewert, 1987). 두꺼비의 뇌에서는 환경에 대처하기 위한 설계가 몇 년이 아니라 몇 초, 몇 분 동안만 지속되어 자연선택보다 몇백 배나 빠른 속도로 진화했다. 그러나 진정 효과 높은 고도의 통제력을 얻으려면 몇 밀리초 내에 자신을 적응시킬 수 있는 예측 기계가 있어야 하고, 그런 장치를 가지려면 거장巨匠 미래 생산자가 되어야 한다. 미리 앞서 생각할 수 있고, 활동이 상투적으로 흐르지 않게 하며, 문제에 부딪히기 전에 미리 해결할 수 있고, 좋은 일과 나쁜 일의 전조도 인식할 수 있는 완전히 새로운 시스템이다. 우리 인간은 어떤 자기 통제자보다도 이 과제를 잘 수행할 수 있는 능력을 갖추었으며, 이를 가능케 한 것은 우리의 엄청난 뇌다. 어떻게 이런 일이 가능했을까?

영장류의 뇌는 초창기 신경계가 겪은 수많은 세월을 바탕으로 특정한 임무를 수행하게 설계된 전문가 회로 연합으로 구성되어 있다. '다가오는 물체 탐지기'는 몸 숨기기 기제에 연결되었고, '나를 지켜보는 존재 탐지기'는 친구, 적, 먹잇감 판별 기제에 연결되었으며, 이런 회로는 이어서 더 나아간 서브루틴subroutine(컴퓨터 프로그래밍에서 루틴과 서브루틴은 어떤 프로그램이 실행될 때 반복해서 사용되게 만들어진 일련의 코드를 지칭하는 용어다_옮긴이)과 연결되어 있다. 이런 특별한 영장류 회로 외에도 과일을 따고 씨앗을 줍게 설계된 손과 눈의 협응 회로도 있고, 나뭇가지를 잡거나 얼굴에 가까이 다가온 물체를 처리하게 설계된 다른 회로도 있다(Rizzolati, Gentilucci, and Matelli, 1985). 움직일 수 있는 눈과 세상을 탐구하고 정보를 최신화하려는 강한 성향 덕분에 영장류의 뇌는 멀티미디어 정보로 넘쳐난다. 그 때문에 그들에게 새로운 문제가 닥친다. 보다 더 고도화된 통제 문제다.

제기된 문제는 또한 기회이기도 하다. 설계 공간의 새로운 영역으로 들어가는 관문인 것이다. 우리는 지금까지 신경계가 '이제 무엇을 해야 하지?'라는 문제를 엄격하게 제한된 행동 반경에서 비교적 간단한 균형 맞추기 행동으로 해결했다고 가정할 수 있었다. 그 유명한 4F(싸우기fight, 도망치기flee, 먹기feed, 짝짓기fornication)로 충분치 않다면, 그것을 적당히 변화시키면 되었다. 그러나 기능적 가소성이 증가되고 다양한 전문가로부터 얻은 중앙 집중된 정보를 더 많이 이용할 수 있게 되면서 '다음에는 무엇을 해야 하지?'라는 문제는 또 다른 상위 문제를 낳았다. '다음에는 무엇을 생각해야 하지?'의 문제다.

'선원은 모두 갑판으로!'라는 서브루틴으로 잘 무장했다 해도, 일단 모든 선원이 갑판에 모이고 나면 넘쳐나는 지원자를 적재적소에 배치할 방법이 있어야 한다. 거기에 이미 대장이 대기하고 있다고 쉽게 해결될 것이라고 기대해서는 안 된다(그렇다면 대장은 그때까지 무엇을 하고 있었는가?). 따라서 지원자들 간에 일어나는 갈등은 관리자 없이 스스로 알아서 해결해야 한다(면역 체계의 예에서 이미 보았듯, 언제나 중앙 관리자의 통제가 있어야 협력이 이루어지고 조직적인 행동이 일어나는 것은 아니다). 이런 과정을 설명하는 선구적인 모형은 올리버 셀프리지Oliver Selfridge(1959)가 내놓은 인공지능에서의 초기 '복마전 구조Pandemonium Architecture'다. 이 구조에서는 많은 '도깨비'가 헤게모니를 놓고 경쟁을 펼치고, 이런 종류의 구조에 붙일 이름으로는 셀프리지가 붙인 '복마전'이라는 이름이 적격이라고 생각되므로 그것을 일반적인 용어로 쓰려고 한다. 이런 복마전 구조에 해당하는 것으로는 '경합 일정Contention Scheduling'(Norman and Shallice, 1980; Shallice, 1988)과 '승자 독식 네트워크Winner Take All Network'(Ballard and Feldman, 1982)가 있다.

그러나 환경의 현재 특성에서 직접 유도된 복마전 형태의 경합 일정이 산출하는 신경계는 여전히 제한된 미래 예측 능력밖에 갖지 못했다. 원래는 환경에 새로운 것이 나타날 때 유발되어야 할 정향 반응이 내재적으로 개시되기에 이르렀다는 오드마 노이만의 가설처럼 우리는 '다음에는 무엇을 생각해야 하지?'라는 상위 문제를 해결할 수 있는 더욱 내재적인 방식을 개발하라는 압박감을 느낀다는 가설을 세울 수 있을 것이다. 내면에 가공의 대장이 갖고 있는 조직적인 힘과 비슷한 어떤 것을 형성하라는 압력이다.

이 시점에서 우리의 영장류 조상의 행동이 어떠했을지 생각해보라. 그 동물은 새로운 기술을 배울 수 있고, 언제나 경계 태세를 늦추지 않으면서 새로운 것에 예민하게 반응하지만, 주의 집중력이 짧아서 주변 환경의 특징에 금방 주의를 빼앗기는 경향을 보인다. 이런 동물에게는 새로운 프로젝트가 아니라면 장기 프로젝트는 적당치 않다(그러나 우리는 조류가 둥지를 짓는 행위나 비버가 댐을 짓는 행위, 새와 다람쥐가 먹이를 감추는 행위 같은 유전적으로 회로가 배선된 전형적인 장기 서브루틴에 대한 여지는 남겨두어야 한다).

이런 기질로 이루어진 신경계 위에 우리는 이제 더욱 인간다운 마음을 구축해보고 싶다. 인간의 문명을 가능케 한 고차원적 '사고의 연속체 trains of thought'를 지탱할 수 있는 '의식의 흐름' 같은 것이다. 침팬지는 우리 인간과 유전적으로 가장 가까운 친척이다. 사실상 침팬지보다 더 가까운 친척으로는 고릴라나 오랑우탄이 있고, 현재 추정하기로는 약 600만 년 전쯤에는 인간과 침팬지가 같은 조상을 공유했을 것이다. 그 대규모 분리 이후 우리 뇌는 극적으로 다른 길을 걸으며 발전했지만, 근본적인 차이는 구조보다는 크기에 있었다. 침팬지의 뇌는 우리의 예전 공통 조상의 뇌와 대략 비슷한 크기인 반면(침팬지 역시 공통의 조상보다는 얼마간 진화를 이루었다는 사실을 잊지 말아야 하지만, 그런 사실을 믿기는 참 어렵다), 우리의 호미니드hominid 조상의 뇌는 크기가 네 배나 커졌다. 이런 크기 증가는 한순간에 일어난 일이 아니다. 침팬지와 분리되고 나서 몇백만 년 동안 호미니드 조상은 원숭이 뇌 크기의 뇌로도 잘 지냈다. 적어도 350만 년 전에는 두 발로 걷게 되었음에도 그런 뇌로 지냈다. 그러다 약 250만 년 전에 빙하기가 도래했을 때 대뇌화大腦化가 시작되었고, 지금으로부터 15만 년 전에야 필수적인 것들이 완성되었다. 그다음으로 언어, 요리, 농업의 발달이 시작되었다.

우리 조상의 뇌가 왜 그렇게 크고 빠르게(진화적인 시간 척도로 볼 때, 그 시간이면 서서히 꽃을 피운 것이 아니라 가히 폭발했다고 볼 수 있다) 성장했는지에 관해서는 논란이 있다(윌리엄 캘빈의 책은 이 문제에 눈이 번쩍 뜨이게 하는 설명을 제공한다). 그러나 그 산물의 본질에 관해서는 논란이 크지 않다. 초기 호모 사피엔스(약 15만 년 전부터 가장 최근의 빙하기 말인 1만 년 전까지 살았던 호미니드)는 비길 데 없는 가소성을 지닌 엄청나게 복잡한 뇌를 갖고 있었고, 크기와 모양에서 우리 현생 인류의 뇌와 거의 구별할 수 없을 정도다. 중요한 점은, 호미니드의 놀라운 두뇌 성장은 본질적으로 언어가 발달되기 이전에 완성되었으므로 그것이 언어가 가능하게 만든 마음의 복잡성으로 생긴 결과일 수는 없다는 것이다. 노암 촘스키Noam Chomsky와 다른 학자들이 가설을 세운 선천적 언어 전문화는 지금 신경해부학 연구로 세부사항들이 확증되기 시작했다. 이 기제는 최근의 것이고, 급속하게 새로운 것들이 더해지고 있으며, 볼드윈 효과로 촉진된 앞선 회로를 활용한 것임이 분명하다(Calvin, 1989a). 또한 인간의 정신적 능력의 가장 놀라운 확대(요리, 농업, 예술 등의 문명 발달로 가능해진 것)는 모두 더 최근에 일어난 일이다. 마지막 빙하기가 끝난 이후, 수백만 년이라는 진화의 역사에서 볼 때 눈 한 번 깜박한 시간에 불과한 1만 년 만에 일어난 일인 것이다. 1만 년 전 우리 조상의 뇌에는 없었으나 우리는 태어날 때부터 갖춘 능력은 얼마 되지 않는다. 따라서 지난 1만 년 동안 호모 사피엔스가 이룬 엄청난 진보는 하드웨어의 역량을 증가시켜주는 소프트웨어를 만들어내는 방법 같은 전혀 새로운 방식으로 뇌의 가소성을 활용한 덕분임이 틀림없다(Dennett, 1986).

간단히 말해, 우리 조상은 적응력 있는 하드웨어를 이용해 좋은 특질을 배웠고, 우리 종은 이제야 그것을 볼드윈 효과를 통해 유전자로 옮기기 시작했다. 또한 처음에는 선택압이 점차 이런 좋은 특질을 내장하게 만드는 쪽으로 작용했지만, 이 특질이 우리 종의 환경적인 본질을 크게 바꾸어놓아 더 이상은 이런 회로를 요청하는 선택압이 크게 작용하지 않게 되었다는 믿을 수 있는 근거가 있다. 인간의 신경계 설계 발달에 작용하던 거의 모든 선택압이 우리 조상이 활용했던 이런 새로운 설계 기회의 부작용에 묻혀버렸을 가능성이 높다.

뇌의 표상 능력

지금까지 나는 단순한 신경계를 세상의 어떤 것을 표상하는 것으로 말하기를 회피했다. 가소성이 있는 것이든 하드웨어에 내장된 것이든 우리가 살펴본 다양한 설계는 유기체의 환경에 있는 다양한 특징에 민감하거나, 반응적이거나, 그 특징을 목표로 삼거나, 그 특징에 관한 정보를 활용하는 설계라고 말할 수 있고, 따라서 최소한의 의미에서는 그것을 표상이라고 부를 수 있지만, 잠시 멈추어 그런 복잡한 설계의 어떤 특징이 우리가 그 설계를 표상 체계로 생각하게 만들었는지 생각해보아야 한다.

뇌의 변동성이 필요한 이유는 환경의 주요한 변동적 특징을 어떻게든 등록하거나 추적하려는 두뇌 활동의 순간순간 변화하는 양상을 전달할 수단을 제공하기 위해서다. 뇌에 있는 무언가가 변해야 날아가는 새의 움직임을 추적하고, 대기의 기온이 떨어지는 것을 알아챌 수 있으며, 혈당이 떨어지거나 폐에 이산화탄소 수치가 올라가는 등의 상태 변화를 감지할 수 있다. 또한 이것이 진정한 표상을 가능케 하는 지렛대다. 이렇게 변화하는 내적 양상은 언제 지시 대상과 인과적 연관성을 일시적으로 끊을지 지시하는 특징을 지속적으로 추적할 수 있게 되기에 이르렀다.

"사자를 본 얼룩말은 사자가 어디 있는지, 사자의 움직임을 감시하는 일을 언제 잠시라도 멈출 수 있을지 항상 염두에 두고 있다. 사자 또한 얼룩말이 어디 있는지 잊지 않는다"(Margolis, 1987, p. 53).

이것을 해바라기가 하늘을 가로질러 가는 태양의 경로를 추적하면서 얼굴 각도를 조정하는 더 간단한 현상과 비교해보라. 마치 태양열 판이 태양빛을 최대로 받을 수 있는 쪽을 향해 움직이는 것과 흡사하다. 만일 태양이 일시적으로 가려진다면 해바라기는 태양의 궤도를 추적할 수 없다. 진정한 표상의 시작은 많은 하급 동물에서도 찾아볼 수 있지만(식물의 진정한 표상 작용의 가능성을 미리 배제해서도 안 된다), 인간의 표상 역량은 그와는 비교할 수 없을 만큼 급등했다.

인간의 뇌가 어떤 식으로든 표상할 수 있는 것에는 다음과 같은 것이 있다.

(1) 신체와 사지의 위치
(2) 붉은빛이 나는 점
(3) 배가 고픈 정도
(4) 갈증 정도
(5) 오래된 고급 부르고뉴산産 와인 향

그 목록은 계속 이어진다.

(6) '샹베르탱 1971' 같은 오래된 고급 부르고뉴산 와인 향

(7) 파리

(8) 아틀란티스

(9) 20보다 작은 가장 큰 소수의 제곱근

(10) 코르크 마개뽑이와 스테이플러 철침 제거기를 겸한 니켈 도금 기구의
개념

6~10번 항목은 인간이 아닌 다른 동물의 뇌로는 표상할 수 없으며, 인간이라도 유아의 뇌로는 등록하거나 표상하기까지 상당한 적응 과정이 필요하다. 그와 반대로 1~5번 항목은 어떤 훈련을 받지 않고도 거의 모든 뇌가 표상할 수 있다.

어떤 경우라도 뇌가 배고픔을 표상하는 방식은 갈증을 표상하는 방식과는 달라야 한다. 또한 같은 성인 인간의 뇌라도 파리를 생각하는 것은 아틀란티스를 생각하는 것과는 다르므로 파리와 아틀란티스를 표상하는 방식에도 차이가 있어야 한다. 뇌의 특정한 상태나 사건은 어떻게 세상의 다른 특징이 아닌 바로 그 특징을 표상하는 것일까?[6] 또한 뇌가 표상하는 특징은 어떻게 그것이 표상하는 것을 표상하게 되었을까? 여기서 다시 한번 진화적 과정에 의해 확립된 일련의 가능성이 등장한다(이렇게 삼가고 자제하다가 지루해져 버릴까 걱정이다). 표상 체계의 일부 요소는 생득적으로 확정될 수 있고, 실제로 그래야 하며(Dennett, 1969), 나머지는 학습된 것이다. 삶에 중요한 항목 중 일부(배고픔과 갈증 같은)는 회로를 내장한 채로 태어나는 것이 분명하고, 우리 스스로 개발한 것도 있다.[7]

그런 회로를 어떻게 개발할까? 아마도 두개골 안에서 빠르게 발달해 그 아래에 있는 더 오래된 동물 뇌를 완전히 덮고 있는 주름지고 커다란 대뇌피질에서의 신경 활동 양상의 '생성과 선택' 과정에 의해서일 것이다.

이것이 근본적으로 피질에서 일어나는 진화 과정이라고 간단히 말해버리면 불가사의를 너무 많이 남기는 일이다. 복잡성과 정교함 면에서 그런 수준에 머문다면 설령 우리가 신경 연접부나 뉴런 다발 수준에서의 과정을 성공적으로 설명한다 하더라도 다른 측면에서 일어나는 일은 여전히 신비로 남겨둘 것이다. 기왕에 이치에 닿게 만들고자 한다면 먼저 더 일반적이고 추상적인 수준으로 올라가야 한다. 일단 높은 수준에서 전반적으로 살펴 그 과정을 이해하고 나면 다시 내려와 뇌의 더 기계적인 수준까지 생각해볼 수 있다.

가소성은 학습을 가능하게 해주지만, 학습해야 할 것이 이전 설계 과정의 산물이라면 각자가 도구를 다시 만들어낼 필요가 없으니 훨씬 수월할 것이다. 문화적 진화와 그 산물의 전파는 진화의 두 번째 수단이고, 표현형 가소성에 달린 일이다. 우리 인간은 더 효과적인 학습을 위해 가소성을 이용해왔고, 그렇게 계속해서 더 나은 학습 방법을 배웠다. 또한 우리는 이런 학습 결과를 새로운 세대가 이용할 수 있게 만드는 법도 배웠다. 우리는 부분적으로 덜 조직화된 뇌에 이미 만들어져 있고 오류까지 제거한 습관 체계를 설치한다.

인지적 조직력을 높이는 다양한 자기 자극

이런 소프트웨어 공유는 어떻게 일어났을까? 다음 이야기가 우리에게 한 가지 가능한 경로를 제시해줄 것이다. 초기 호모 사피엔스의 역사에서 어느 시간을 생각해보자. 언어 분화 이전의 공통 기어基語라고 부를 수 있는 언어가 이제 막 발달하기 시작했을 무렵이다. 이 조상은 두 발로 걷고, 잡식성이며, 친족끼리 작은 집단을 이루어 살았을 것이다. 또한 침팬지와 고릴라, 심지어는 더 먼 친척 관계에 있는 버빗원숭이vervet monkey(남아프리카에 서식하는 긴꼬리원숭이의 일종_옮긴이) 같은 종이 내는 소리와 비슷한, 특별한 목적의 발성 습관을 개발했을 것이다(Cheney and Seyfarth, 1990). 우리는 이런 발성으로 이루어지는 의사소통(아니면 의사소통과 유사한) 행동이 아직은 완전하게 발달한 언어 행동은 아니었다고 가정할 수 있고(Bennett, 1976), 이런 상황에서는 발성자가 자기 소리를 듣는 청자에게서 얻고자 하는 결과가 청자가 발성자의 의도를 어떻게 이해했느냐에 달려 있었을 것이다.[8] 그러나 우리는 이 조상도 소리를 내는 현시대의 영장류처럼 발성자와 청자가 서로 믿고 있거나 원하는 것이 무엇인지에 따라 소리를 다르게 냈을 것이고, 그렇게 다른 소리를 구별할 수 있었을 것으로 가정할 수 있다.[9] 예를 들어, 호미니드 알프가 동굴에 음식이 없다는 것을 호미니드 밥이 이미 알고 있다고 믿는다면, 알프는 동굴에 음식이 없다는 사실을 밥이 믿게 만들기 위해 애쓰지 않을 것이다("여긴 먹을 것도 없네!"라고 불퉁거리는 것으로). 또한 만일 밥이 알프가 자기를 속이려 든다고 생각한다면, 밥은 알프의 발성을 조심스럽게 의구심을 갖고 듣는 경향을 보일 것이다.[10]

이제 우리는 호미니드가 어떤 일에 좌절을 느낄 때는 가끔씩 도움을 청하기도 했을 것이라고, 특히 '정보를 요청'했을 것이라고 추측한다. 그 자리에 함께 있는 청자는 그 문제에 대한 해결책을 제시하는 것으로 '의사소통'했을 것이다. 이런 관행이 공동체에서 굳건히 자리 잡게 하려면 질문자도 종종 대답자의 역할을 하여 서로 주고받는 행위가 이루어져야 했을 것이다. 그들은 다른 사람의 요청을 받을 때 때때로 도움이 되는 발화를 유발할 수 있는 행동 역량을 갖고 있었을 것이다. 예를 들어, 한 호미니드가 자기가 알고 있는 것에 관해 질문을 받았다면, 절대적으로 예외가 없지는 않았겠지만 보통은 자기가 알고 있는 것을 말했을 것이다.

다시 말해, 나는 언어의 진화에 발화가 유용한 정보를 끄집어내고 나누는 기능을 했던 시간이 있었다고 주장한다. 그러나 서로 간에 도움을 주는 협동 정신이 서로의 생존에 소중한 것이므로 그것이 출현하자마자 안정된 체계로 자리 잡았을 것이라고 가정해서는 안 된다(Dawkins, 1982; Sperber and Wilson, 1986). 그보다는 그런 관행에 참여하는 것으로 얻는 이익과 치러야 할 대가가 이들에게 다소 '가시적'이었고, 그들 가운데 충분히 많은 사람이 그것으로 얻는 이익이 치러야 할 대가를 능가한다는 사실을 인식했으므로 의사소통 습관이 공동체에 확립되었다고 가정해야 한다.

그러던 어느 날, 호미니드 하나가 가청 범위 내에 도움을 줄 청자가 아무도 없는데도 '실수로' 도움을 요청했다. 그리고 그 호미니드가 자신의 요청을 들었을 때 그 자극이 다른 종류의 도움이 되는 발화를 생성했다. 다른 사람이 도움을 요청했을 때 일어날법한 일이었다. 그는 스스로 던진 질문에 스스로 대답할 수 있다는 것을 발견하고 기뻐했다.

내가 의도적으로 지나치게 단순화한 이 사고 실험을 통해 말하고자 하는 것은 다른 사람에게 질문을 던지는 것의 자연스러운 부작용으로 자신에게 질문을 던지는 일이 일어날 수 있고, 그 효과 또한 다른 사람에게 질문을 던졌을 때 얻는 것과 유사하다는 것이다. 이 행위는 정보가 많으면 행동을 더 잘 인도할 수 있다는 전망을 강화하는 인식으로 이어질 수 있었다. 이 행동이 이런 활용도를 가지려면 개인의 뇌 안에 이미 존재하는 접근 관계를 덜 최적으로 만들어야 했다. 다시 말해, 어떤 목적을 위해 꼭 필요한 정보가 이미 뇌에 있다고 하더라도 그것이 다른 엉뚱한 전문가의 손에 들어가 있다고 보는 것이다. 그 정보가 필요한 뇌 안의 하부 체계는 전문가로부터 직접 정보를 얻을 수 없다. 진화가 간단히 그런 회로를 제공하게 이루어지지 않았기 때문이다. 그러나 전문가가 정보를 환경 안으로 '방송'하게 자극하여 갖고 있는 귀 한 쌍(또한 청각계)으로 그것을 주워

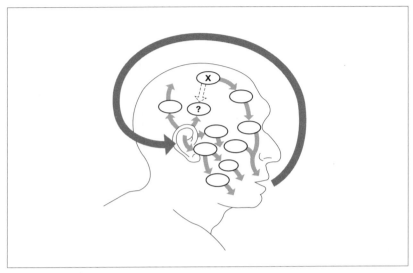

〈그림 6-3〉

들을 수 있게 한다면 관련 있는 하부 체계 사이에 '가상 회로'를 구축하는
방법이 될 수 있을 것이다(그림 6-3).[11]

　이러한 자기 자극 행동은 자신의 내적 요소 사이에 귀중한 새 길을 낼
수 있었다. 자기 귀와 청각계로 정보를 밀어 넣는 일이 자기가 찾고 있던
바로 그런 종류의 연결을 자극했고, 정확하게 연관 있는 기제로 가서, 바
로 그 정신적인 부분을 자극해 자기 혀로 내뱉을 수 있었던 것이다. 일단
그것을 말로 할 수 있게 되자 자신이 말하는 것을 들을 수 있었으며, 자신
이 바라던 대답을 얻을 수 있었다.

　조악한 소리를 통한 자기 자극 습관이 호미니드 집단의 행동에 좋은 특
질로 자리 잡고 난 다음에는 볼드윈 효과 덕분에 그것이 집단의 학습된
행동 습관과 유전적인 소인을 모두 급속히 개선했을 것이고, 그 효능과
효과도 더 강화되었을 것이다. 특히 작은 혼잣말의 커다란 이점을 인식하
고 난 후에는 그것이 전혀 소리를 내지 않는 혼잣말로 이어졌다고 추측할

수 있다. 소리를 내지 않더라도 자기 자극의 효과를 얻을 수 있게 되면서 그 과정에서 이바지하는 부분이 많지 않았던 발성과 청각 부분은 점차 사라지게 된 것이다. 이런 혁신은 인지적인 자기 자극을 실행하면서 프라이버시까지 지킬 수 있는 편리한 것으로 인정되면서 더 많은 이점이 있었다. 이는 가청 범위 내에 동종이 있을 때 특별히 더 유용했을 것이다. 이런 개인적인 혼잣말하기 행위는 우리 뇌에 이미 존재하는 기능적 구조를 개선하는 최선의 방법은 아닐지 모르지만, 쉽고 빨리 찾아낼 수 있는 강화법으로는 상당히 훌륭한 것이었다. 혼잣말하기 행위는 다른 목적으로 설계된 신경계 경로, 특히 들을 수 있는 말의 생산과 이해를 위한 경로를 활용해야 했기 때문에 그 토대가 되었던 신속한 무의식적 인지 과정과 비교했을 때 느리고 노동이 많이 드는 일일 것이다. 혼잣말은 그것이 발전해 나온 사회적 의사소통과 마찬가지로 한 번에 한 가지 주제로만 제한되는 선형적인 것이다. 또한 적어도 처음에는 그것을 활용하는 행동에 구체적으로 나타나는 정보 항목에 달린 일이 될 것이다(한 호미니드가 다른 호미니드에게 할 수 있는 말이 단지 50가지라면 그가 자신에게 할 수 있는 말도 오직 50가지였을 것이다).

소리 내어 말하기 외에 자기 자신에게 그림을 그려 보이는 일 또한 유용한 자기 조작 방식이었다. 한 호미니드가 무심코 동굴 바닥에 두 개의 평행선을 그렸다고 해보자. 그런 다음 자기가 그려놓은 것을 바라보는데, 그 두 개의 선이 시각적으로 상기시켜주는 일이 있었다. 잠시 후에 건너야 할 강을 평행하게 따라가는 강둑이었다. 그 선을 보다가 그는 강을 건너려면 덩굴을 가져가야겠다는 생각이 들었다. 우리는 그가 그림을 그리지 않았다면 강까지 간 다음에 강을 눈으로 보고 나서야 "아, 밧줄!" 하고 깨달았을 것이라고 가정할 수 있다. 그는 왔던 길을 돌아가 밧줄을 가져와야 했을 것이다. 이것은 시간과 에너지를 엄청나게 절약해주는 방법이었으므로 새로운 습관으로 형성되었을 것이고, 결국에는 마음의 눈을 이용해 혼자서 그림을 그려보는 일을 더 정교하게 하게 되었을 것이다.

내적 의사소통에 새로운 길을 만들어내는 인간의 능력은 뇌가 손상을 입은 경우에 더욱 생생하게 드러난다. 인간은 뇌 손상을 극복하는 데도 놀라운 능력을 발휘하는데, 이는 '치유'의 문제, 또는 손상을 입은 회로를 복구하는 것과는 의미가 다르다. 옛날 방식이 아닌 새로운 방식을 찾아내는 것이며, 적극적인 탐색이 재활에 큰 역할을 한다.

분리뇌 환자 연구에서 나온 예화가 특별한 암시를 준다(Gazzaniga, 1978). 좌뇌 반구와 우뇌 반구는 뇌량corpus callosum이라 불리는 커다란 섬유다발로 이루어진 다리로 연결되어 있다. 뇌량을 외과적으로 제거하면(심한 간질 발작을 치료하기 위해 이 수술을 한다) 두 대뇌 반구는 서로를 연결해주는 주요한 직접적인 회로를 잃게 되어 독방에 고립되고 만다. 만일 그런 환자에게 봉지 안에 들어 있는 물체를 손으로 더듬어 연필 같은 물체를 찾아내라고 한다면, 성공 여부는 어떤 손이 물체에 닿느냐에 달려 있다. 신체를 연결하는 대부분의 회로는 서로 반대로 교차되어 있다. 좌뇌 반구는 오른쪽 신체에서 정보를 받아 통제하고, 우뇌 반구는 반대로 왼쪽 신체에서 정보를 받아 명령을 내린다. 보통 언어 조절은 좌뇌 반구에서 이루어지므로 환자가 오른손으로 봉지 안을 더듬을 때는 봉지 안에 무엇이 있는지 즉각 말할 수 있다. 하지만 왼손을 봉지 안에 넣었다면 물체가 연필이라는 정보를 우뇌 반구가 받으므로 목소리를 내서 그 사실을 표현하게 지시할 능력이 없다. 그러나 종종 우뇌 반구가 매우 영리한 책략을 찾아내기도 한다. 연필 끝을 발견하면 그것으로 손바닥을 긁어서 날카로운 통증 신호를 유발해 왼팔로 올려 보낸다. 일부 통증 섬유는 동측성으로 배선되어 있으므로 언어를 조절하는 좌뇌 반구가 암시를 얻는다. 이것은 통증을 일으킬 만큼 날카롭다. "날카로운 물체군. 아마도 펜이 아닐까?

아니면 연필일까?" 이런 소리를 들은 우뇌 반구는 일종의 스무고개로 좌뇌 반구가 정답을 찾아낼 수 있게 도와주기도 할 것이다.

이런 예화는 몇 가지 더 있지만, 우리는 예화를 다룰 때 신중해야 한다. 그것이 뇌가 '원하는' 회로가 없는 상황에서 내적 의사소통을 개선하기 위해 자기 자극 전략을 발견하고 실행할 수 있는 교묘함을 보이는 경우일 수도 있으나, 연구자가 그런 근거를 얻기 바라는 마음에 자기도 모르게 각색한 환상일 수도 있기 때문이다.

인지적 조직력을 높이는 다양한 자기 자극은 일부분은 타고나고, 일부분은 학습되거나 특이하게 획득할 것이다. 우리는 반의식적으로 각자 자신에게 맞는 특정한 강점과 약점이 있는 인지적 자기 자극 방법을 탐색하고 개발할 수 있다. 다른 사람보다 이런 기술에 능한 사람도 있고, 그 기술을 절대로 배우지 못하는 사람도 있으며, 이런 기술을 가르치거나 공유하는 사람도 있다. 문화적 전이는 거의 모든 구성원이 좋은 특질을 습득하게 해 적응도 차이를 줄일 수 있으며, 거의 모든 사람이 문명화된 세계에서 살아갈 수 있을 만큼 좋은 특질을 갖게 되면 좋은 특질이 유전자로 들어가게 하는 선택압은 사라지거나, 적어도 감소할 것이다(그림 6-2 참조).

제3의 진화 과정, 밈과 문화적 진화[12]

우리가 소젖 짜는 법을 배우고, 그다음에는 소를 가축으로 만드는 법을 배운 것처럼, 우리는 우리 자신이나 다른 사람의 마음을 특정 방식으로 유도하는 법을 배웠고, 이제 상호 자극과 자기 자극의 방법은 우리 문화와 교육에 깊이 뿌리박혀 있다. 문화가 혁신(의식의 혁신만이 아니라)을 위한 저장고와 전파 매개체가 되는 방식은 의식의 설계 원천을 이해하는 데 중요하다. 그것이 또 다른 진화의 수단이기 때문이다.

인간의 뇌가 출생 후 설계 확정 과정에서 밟는 첫 번째 주요 단계는 당장 처해 있는 상황에서 자신에게 가장 중요한 조건에 적응하는 것이다. 각각의 뇌는 이 과정을 통해 재빨리(2, 3년 내에) 스와힐리 사람의 뇌로, 일본인의 뇌로, 영국인의 뇌로 적응한다.

이 과정이 학습이라고 불리든 변별적 발달이라고 불리든 우리 목적에는 문제가 되지 않는다. 이 과정이 매우 신속하고 쉽게 일어나는 것으로 봤을 때 인간의 유전자형에 언어 습득을 위해 전문화된 적응 장치가 있을 것 같다는 생각에는 별 의심이 없다. 이 모든 일은 진화적인 면에서 보면 매우 빠르게 일어나는 것으로 보이지만, 볼드윈 효과를 감안해본다면 당연히 일어나리라 예측되는 일이다. 말할 수 있다는 것은 매우 좋은 특질이어서 이 단계에 늦게 도달하는 사람은 엄청난 불이익을 당한다. 처음으로 말을 할 수 있게 된 우리 조상은 언어 감각을 획득하기까지 힘든 시간을 거쳤을 것이다. 하지만 우리 후손은 언어의 대가들이다.[13]

우리 뇌가 일단 언어 운반체가 드나드는 길을 내고 나면 그 길에는 꼭 그 틈새에서 번창할 수 있게 진화한 실체인 '밈meme'이 기생하게 된다. 자연선택에 의한 진화 이론의 개요는 명확하다. 진화는 다음과 같은 조건이 충족될 때 일어난다.

(1) 변이: 여러 요소가 지속적으로 풍부하다.
(2) 유전 형질이나 복제: 그 요소들이 복사본을 만들 역량이 있거나 자기 복제를 한다.
(3) 차별적인 '적응도': 주어진 시간 내에 형성된 요소의 복사본 수는 그 요소의 특징 사이의 상호작용(다른 요소와 다르게 만드는 것이 무엇이든)과 그것이 지속되는 환경의 특징에 따라 달라진다.

비록 이 정의가 생물학에서 온 것이라 해도 유기 분자, 영양, 심지어는 생명에 관해 아무것도 구체적으로 말하는 것이 없음에 주목하라. 이것은 자연선택에 의한 진화의 일반적이고 추상적인 성격이다. 그 기본 원칙은 리처드 도킨스Richard Dawkins가 다음과 같이 지적한 것과 같다.

> 모든 생명은 복제하는 실체의 차별적 생존에 의해 진화한다. (…) DNA 분자인 유전자는 우리 지구에 번성하는 복제하는 실체다. 아마 다른 것도 있을 것이고, 다른 조건이 맞았더라면 틀림없이 그것이 진화 과정을 위한 토대가 되었을 것이다.
> 그러나 다른 종류의 복제와 그로 인한 진화 결과를 찾기 위해 먼 세계로 가야만 할까? 나는 바로 이 행성에 최근 새로운 종류의 복제자가 출현했다고 생각한다. 아직 유아기에 있고, 여전히 '원시 수프primeval soup' 속에서 서투르게 떠다니지만, 이미 옛 유전자가 저 뒤에서 헉헉거리며 쫓아오게 만드는 속도로 진화적 변화를 이루어가고 있다. (Dawkins, 1976, p. 206)

이런 새로운 복제자는 '아이디어'라고 말할 수 있다. 로크와 흄이 말한 '단순한 아이디어'가 아니라(붉은색이라는 생각, 둥근 모양이라는 생각, 뜨겁거나 차갑다는 생각이 아니다), 그 자체로 명백하게 기억이 가능한 단위를 형성할 수 있는 복잡한 아이디어다. 그런 아이디어로는 다음과 같은 것이 있다.

> 바퀴, 옷 입기, 피의 복수, 직각 삼각형, 알파벳, 달력, 오디세이, 미적분학, 체스, 원근 화법, 자연선택에 의한 진화, 인상주의, 푸른 소매 아가씨 Greensleeves(6세기부터 애창되었다고 하는 잉글랜드의 옛 가요_옮긴이), 해체론.

이런 것들은 다소간 직관적으로 식별할 수 있는 문화 단위다. 단위는 신뢰성과 생식력을 갖고 자신을 복제할 수 있는 가장 작은 요소이며, 도킨스는 그런 단위를 지칭하기 위해 '밈'이라는 말을 만들어냈다.

> 밈은 문화 전파의 단위이자 모방의 단위다. '미멤mimeme'은 그리스어 어근에서 나왔지만, 나는 '유전자'라는 의미의 '진gene'과 발음이 비슷한 단음절어를 원했다. (…) 그 말은 또한 '기억'이라는 의미의 영어 '메모리memory'나 '바로 그것'이라는 의미의 프랑스어 '멤므même'와도 연관성이 있다. (…) 밈의 예로는 곡조, 사상, 표어, 의복의 유행, 단지 만드는 법, 아치 건조법 등이 있다. 유전자가 유전자 풀에서 퍼져 나갈 때 정자나 난자를 통해 이 몸 저 몸을 넘나드는 것처럼 밈도 밈 풀에서 퍼져 나갈 때 넓은 의미로 모방이라 불리는 과정을 통해 이 뇌에서 저 뇌로 건너다닌다. 과학자가 훌륭한 아이디어를 알게 되면 그것을 동료와 학생들에게 전달할 것이고, 논문이나 강연에서도 언급할 것이다. 그 아이디어가 유행을 타면 이 뇌에서 저 뇌로 퍼져가면서 스스로를 증식시킨다고 말할 수 있다. (Dawkins, 1976, p. 206)

도킨스는 《이기적 유전자The Selfish Gene》에서 밈 진화에 관한 생각을 문자 그대로 받아들이라고 촉구했다. 밈 진화는 단순히 진화적 관용어법으로 비유적으로 설명될 수 있는 과정이 아니다. 그보다는 정확하게 자연선택의 법칙에 따르는 현상이다. 자연선택에 의한 진화 이론은 밈과 유전자 간의 차이점과 관련하여 중립적이다. 이 말은 이 두 가지가 단지 다른 매개체를 통해 다른 속도로 진화하는 다른 종류의 복제자일 뿐이라는 의미다. 우리 지구에서 식물의 진화로 산소가 풍부한 대기와 곧바로 이용할 수 있는 전환 가능한 영양소 등의 토대가 닦이지 않았더라면 동물의 유전자는 존재할 수 없었을 것이다. 그와 마찬가지로 동물의 진화가 밈의 안

식처가 되어주고 밈을 전파할 매개체가 되었던 뇌를 가진 호모 사피엔스라는 종을 만들어내는 것으로 길을 터놓지 않았더라면 밈의 진화도 시작될 수 없었을 것이다. 인간의 의식은 대부분 자연선택의 산물이기보다는 문화적 진화의 산물이다. 밈이 우리 마음의 창조에 얼마나 큰 공헌을 했는지 볼 수 있는 최상의 방법은 진화적인 사고의 표준적인 단계를 밀접하게 따라가보는 것이다.

유전자와 마찬가지로 밈의 제1법칙은 복제가 반드시 좋은 점에 대해서만 이루어지는 것이 아니라는 것이다. 복제자는 어떤 이유에서든 복제에 능해야만 번영한다. 도킨스가 다음과 같이 말한 것처럼.

> 제 몸을 절벽에서 떨어지게 만드는 밈은 제 몸을 절벽에서 떨어지게 만드는 유전자와 같은 운명을 맞을 것이다. 그런 밈은 밈 풀에서 제거당하는 경향이 있다. (…) 그러나 이것이 밈 선택에서의 궁극적인 성공 기준이 유전자 생존이라는 것을 의미하지는 않는다. (…) 명백하게 자신을 죽이는 밈은 심각한 불이익을 당하지만, 그것이 반드시 치명적인 것은 아니다. 자살하는 밈이 극적인 순교자 같은 역할을 할 수도 있기 때문이다. (…) 유명한 순교자가 지고지순한 사랑의 명분으로 다른 사람도 따라 순교하고 싶게 감화력을 발휘하면 그들이 이어서 또 다른 사람을 죽게 만들고, 계속해서 그런 일이 이어지는 것처럼 밈도 같은 영향력을 퍼뜨릴 수 있다. (Dawkins, 1982, pp. 110~111)

중요한 점은 밈의 관점으로 본 '적응도'인 밈의 복제력과 그것이 우리의 적응도(어떤 기준으로 우리가 판단을 내리든)에 이바지한 공헌 사이에 연관성이 있을 필요는 없다는 것이다. 일부 밈은 우리가 그것을 불필요하다거나, 추하다거나, 심지어는 우리 건강과 복지에 위험하다고 판단했음에도 우리를 자기 복제에 협조하게 만든다. 자신을 복제하는 많은(우리가 운이 좋다면 대부분의) 밈이 우리의 축복을 받아서가 아니라 우리가 그 밈을 높이 평가하기 때문에 자기를 복제한다. 협동, 음악, 글, 교육, 환경적인 인식, 무기 감축과 같은 일반적인 밈이 있고, *피가로의 결혼*The Marriage of *Figaro*, 《모비 딕Moby-Dick》, 환불용 빈 병, 전략무기제한협정과 같은 특별한 밈도 있다. 쇼핑몰, 패스트푸드, 텔레비전 광고처럼 논란이 따르는 밈도 있다. 우리는 이런 밈이 왜 퍼지는지 알고 있으며, 그것이 우리에게 문제를 야기해도 감내해야 하는 이유가 있다. 또한 그보다 더 해롭지만 제거하기가 매우 어려운 것도 있다. 반유대주의, 비행기 공중납치, 컴퓨터 바이러스, 스프레이 페인트 낙서 같은 것들이다.

유전자는 눈에 보이지 않는다. 유전자는 유전자 운반체(유기체)에 의해 옮겨지면서 그 안에서 특징적인 효과(표현형적 효과)를 일으키는 경향이 있고, 그것으로 유전자의 운명은 장기적으로 결정된다. 밈 역시 비가시적이고, 그림, 책, 말(구어나 문어, 종이에 쓰인 것이나 전자적으로 새겨진 특별한 언어)과 같은 밈 운반체에 의해 운반된다. 도구와 건물, 다른 창조물 또한 밈 운반체다. 수레바퀴가 달린 마차는 곡식이나 화물만 이리저리 운반하는 것이 아니다. 이 마음에서 저 마음으로 찬란한 아이디어도 실어 나른다. 한 밈의 존재는 매개체 안의 물리적 통합체에 달려 있다. 만일 모든 물리적 통합체가 파괴된다면 그 밈도 소멸될 것이다. 물론 그것이 나중에 재출현하기도 한다. 이론적으로는 공룡의 유전자가 먼 미래에 되살려질 수도 있겠지만, 그런 식으로 창조되어 서식하게 된 공룡은 원래 공룡의 후손은 아닐 것이다. 적어도 직접적인 후손은 아니다.

밈 운반체는 크고 작은 모든 동식물과 함께 우리 세계에 살고 있다. 그러나 대체로 그것은 오직 인간 종족에게만 가시적이다. 인간에게 각각의 밈 운반체는 친구 아니면 적일 가능성이 높다. 우리 힘을 강력하게 해줄 선물을 전하기도 하지만, 우리의 주의를 흩뜨려놓거나, 기억에 짐이 되거나, 판단력을 흐려놓을 선물을 전하기도 하기 때문이다. 우리의 눈과 귀로 들어오는 침입자를 다른 경로로 우리 몸에 침입하는 기생충과 비교해 볼 수 있다. 개중에는 우리 소화 기관에 사는 세균처럼 이익을 주는 기생충도 있다. 이런 세균 없이는 우리가 음식을 소화할 수 없으므로 피부와 두피에 사는 기생충처럼 그것을 없애려고 애쓸 필요는 없다. 또한 에이즈 바이러스처럼 없애기 극도로 어려운 해악한 침입자도 있다.

밈, 인간의 뇌를 바꾸다

지금까지 살펴본 밈의 눈에서 본 시각은 우리 문화의 요소들이 우리에게 영향을 미치고, 서로에게 영향을 미치는 방식에 관해 우리가 익히 보았던 것들을 단순히 사실적으로 조직화하는 방식인 것으로 보인다. 그러나 도킨스는 우리가 "문화적 특질이 자신에게 이득이 되는 식으로 진화해 왔을 것이라는"(Dawkins, 1976, p. 214) 기본적인 사실을 간과하는 경향이 있다고 주장한다. 이는 밈이 우리가 이용하고 복제해야 할 것인지 아닌지 묻는 질문에 대답하는 데 중요한 역할을 한다. 일반적인 견해에 따르면, 다음 글은 실제로 동의어 반복이다.

X는 진실로 간주되므로 사람들은 X라는 생각을 믿었다.
사람들은 X가 아름답다는 것을 알았으므로 X를 인정했다.

이와 달리 어떤 생각이 진리이거나 아름다워도 그 생각이 수용되지 않거나, 추하거나 거짓인데도 그 생각이 수용되는 경우에는 특별한 설명이 요구된다. 이런 경우에 관한 동의어 반복인 말은 다음과 같다.

X가 좋은 복제자이기 때문에 밈 X가 사람들 사이로 퍼져 나간다.

우리가 살아남으려면 우리에게 도움이 되는 밈을 선택하는 습관을 가져야 한다. 우리의 밈 면역 체계는 절대로 고장 나는 일 없이 안전한 것은 아니지만, 그렇다고 절망적인 것도 아니다. 우리는 어림짐작을 통해 두 가지 시각이 우연히 일치하는 일도 기대해볼 수 있다. 대체로 좋은 밈은 또한 좋은 복제자이기도 하다는 것이다.

밈은 지금 전 세계적으로 빛의 속도로 퍼지고 있고, 초파리와 이스트 세포가 복제되는 것보다 빠른 속도로 복제되고 있다. 이 운반체에서 저 운반체로, 이 매개체에서 저 매개체로 무차별적으로 옮겨 다녀서 실제로 격리가 불가능한 것으로 드러나고 있다. 밈은 유전자처럼 불멸의 잠재력을 갖고 있지만, 밈이 유전자처럼 열역학 제2법칙에 직면해서도 존속하려면 물리적 운반체가 중단 없이 존속해야 한다. 책도 비교적 영구하고, 기념비에 새겨진 글은 그보다 더 영구적이지만, 인간 보존자가 관리하지 않으면 시간이 흐르면서 소멸되는 경향이 있다. 유전자의 경우에서처럼 불멸성은 개별적인 운반체의 수명 문제라기보다는 복제의 문제다. 복사본의 복사본을 통해 이어져 내려오는 플라톤 밈의 보존은 특별히 놀라운 경우다. 플라톤의 글이 적힌 파피루스 조각은 대략 그와 동시대의 물건이지만, 최근에도 발견되고 있다. 하지만 밈의 생존은 그런 장기적인 존속 덕분이라고 말할 수 없다. 오늘날 도서관에는 플라톤의《메논Meno》복사본(그리고 번역본)이 수천, 수만 부 보관되어 있지만, 이 글을 후세대에 전달한 조상들은 수세기 전에 흙으로 돌아갔다.

운반체를 원래 그대로 물리적으로 복제한 것이 밈의 수명을 보장하지는 못한다. 새 책 양장본 몇천 권은 몇 년 안에 거의 흔적도 없이 사라져버릴 수 있다. 무수히 많이 복사되어 편집자에게 보내지는 기지 넘치는 편지들이 매일같이 얼마나 많이 쓰레기 매립지로, 소각로로 사라지고 있는지 누가 알겠는가? 인간이 아닌 밈 평가자가 등장해 어떤 밈을 보존할지 선택하고 정리하는 시대가 올지도 모르지만, 당분간 밈이 의지할 것은 인간의 마음뿐이다.

마음은 공급에 제한이 있고, 개개의 마음도 밈이 활동할 수 있는 범위가 제한되어 있으므로 가능하면 여러 마음으로 진입하기 위해 밈 사이에 상당한 경쟁이 일어난다. 이런 경쟁은 생물권역에서와 마찬가지로 밈 영역에서 주요한 선택압으로 작용하며, 기지 넘치는 독창성을 발휘해야만 이런 난관을 극복할 수 있다. 우리 견지에서 볼 때 문제의 밈이 어떤 좋은 점을 가졌는지와는 상관없이 밈은 자기를 소멸되게 만드는 환경의 압력을 무력화하거나 선취하는 방법으로 자기 복제 가능성을 더 높일 표현형을 발현하는 공통적인 속성이 있다. 예를 들어, 믿음의 밈은 이런저런 사항을 고려할 때 그 믿음이 위험한 생각이라고 결단 내릴 수 있는 비평적인 판단을 행사하지 못하게 한다(Dawkins, 1976). 관용이나 자유의사 표현의 밈, 과거에 인연을 끊은 사람에게 끔찍한 운명이 따를 것을 경고하는 행운의 연쇄 편지에 담긴 밈, 그 음모에 믿을만한 근거가 없는데도 "아니에요, 그건 그 음모가 얼마나 강력한지 보여주는 것이라고요!" 하면서 무조건 반대하려 하는 음모 이론 밈, 아마도 이런 밈의 어떤 것은 좋고, 또 어떤 것은 나쁠 것이다. 그러나 그것들은 공통적으로 자기에게 대항하기 위해 세력을 규합하는 선택압을 조직적으로 무력화하는 표현형 효과를 갖는다. '집단 밈학population memetics'은 음모 이론 밈이 그것의 진실성과는 무관하게 존속될 것이라고 예측한다. 믿음의 밈도 자신의 생존을 안전하게 확보할 것이고, 그 위에 편승하는 종교 밈도 가장 이성적인 사람들이 사는 곳에서조차 존속할 것이다. 실제로 믿음의 밈은 '빈도 의존적 적응도'를 나타냈다. 이성주의자 밈이 수적으로 우세했을 때 가장 번성하고, 환경에 회의주의자가 적으면 사용되지 않아 사라지는 경향을 보인 것이다.

'집단 유전학population genetics'에서 나온 다른 개념도 원활하게 전파된다. 유전학자가 '연관 유전자linked loci'라고 부르는 것의 사례를 보자. 물리적으로 서로 연결되어 있어 복제도 언제나 함께 이루어지는 두 개의 밈은 서로의 기회에 영향을 미친다. 졸업식이나 결혼식, 그리고 다른 축제에서 많이 이용되는, 우리에게 익숙한 장엄한 의식 행진곡인 에드워드 엘가Edward Elgar의 *위풍당당행진곡Pomp and Circumstance*과 빌헬름 리하르트 바그너Wilhelm Richard Wagner의 *결혼행진곡Wedding March*은 그 음악 밈이 많은 사람이 그 음악을 듣자마자 떠올리는 그 제목의 밈과 매우 밀접하게 결합되어 있지 않았더라면 거의 소멸되었을지 모른다. 아서 설리반Arthur Sullivan의 아무도 몰라주는 대작, *우리 주군이신 주여 보소서Behold the Lord High Executioner*처럼 말이다.

모든 밈이 도달하고자 하는 천상은 인간의 마음이지만, 인간의 마음 그 자체는 밈이 들어앉기에 더 좋은 환경으로 만들기 위해 밈이 인간의 뇌를 재구성해 만든 인공물이다. 들어오고 나가는 길은 국소적인 조건에 적합하게 수정되었고, 복제력을 증가시킬 수 있게 다양한 인공적 장치로 강화되었다. 원주민 중국인의 마음은 원주민 프랑스인의 마음과는 전혀 다르며, 글을 아는 사람의 마음은 글을 모르는 사람의 마음과는 크게 다르다. 밈이 자신을 의탁하고 있는 유기체에게 보답으로 주는 이점은 계산할 수 없을 정도지만, 의심의 여지 없이 트로이의 목마도 함께 받았다. 인간의 뇌는 모두 똑같지 않다. 개인의 능력에 따라 크기와 모양은 물론 세부적인 부분에서 수없이 많은 것이 다르다. 그러나 인간의 능력에서 가장 놀라운 차이는 그 사람을 점령하고 있는 다양한 밈이 만들어낸 미세 구조의 차이에서 나온다. 밈은 서로의 기회를 높여준다. 예를 들어, 교육을 위한 밈은 밈의 주입 과정을 강화한다.

그러나 인간의 마음 그 자체가 상당 부분 밈의 창조물이라는 말이 옳다면, 우리가 처음 출발했던 시각에 있는 양극성을 지지할 수 없다. 더 앞서 횡행했던 밈이 우리가 누구이고 무엇인지를 결정하는 데 이미 주요한 역할을 했기 때문에 '밈 대 우리'가 될 수는 없는 것이다. 낯설고 위험한 밈으로부터 스스로를 보호하기 위해 애쓰는 독립적인 마음은 신화에 불과하다. 근본 바탕에는 유전자의 생물학적 절박함과 밈의 절박함 사이에 지속되는 긴장이 있으며, 우리가 유전자 편에 선다면 그것은 대중 사회생물학의 가장 터무니없는 실수를 저지르는 꼴이 될 것이다. 우리를 향해 쏟아져 들어오는 밈의 폭풍우 속에서도 굳건히 흔들리지 않으려면 우리는 어떤 토대 위에 서야 할까? 만일 복제가 옳은 행동이 아니라면 우리는 밈의 가치를 무엇과 비교하여 판단해야 하고, 영원히 이상적인 잣대는 무엇이 될 수 있을까? 우리 마음을 가장 많이 사로잡고 있는 밈은 당위, 선과 진리, 아름다움과 같은 규범적인 개념에 관한 밈이라는 사실에 유의해야 한다. 우리를 구성하고 있는 밈 사이에서 중심 역할을 하는 것도 그것이다.

정리하자면, 밈 진화는 뇌를 떠받치고 있는 기계 장치 설계를 엄청나게 향상시킬 잠재력을 갖고 있다. 또한 이런 성능 개선은 느려터진 유전 연구 개발 속도에 비하면 매우 빠른 속도로 이루어진다. 지금은 인정되지 않는 라마르크의 획득 형질 유전이 초기에 부분적으로 생물학자의 관심을 끌었던 이유도 유전자에 빠르게 새로운 형질을 전달할 수 있는 역량 때문이었다(라마르크주의의 해체에 관한 논의는 도킨스의 《확장된 표현형The Extended Phenotype》(1982)에서 이루어진 논의를 참고하라). 그러나 그런 일은 일어나지 않았고, 일어날 수도 없었다. 진화 속도를 높인 것은 개인이 발견한 좋은 특질이 유전자로 옮겨진다는 볼드윈 효과 덕분이었다. 개인이 좋은 특질을 폭넓게 도입하여 새로운 선택압이 만들어지면서 생긴 간접적인 경로를 통해 이루어진 일이다. 그러나 그보다 훨씬 빠르게 일어나는 문화적 진화는 자기의 유전적인 조상이 아닌 다른 선조들이 갈고닦은 좋은 특질까지 습득하게 해주었다. 좋은 설계를 공유한 효과는 매우 강력해서 아마도 문화적 진화가 강력하지 못한 볼드윈 효과를 몇 개만 남기고 거의 전부 삭제해버렸을 것이다. 자기 문화에서 받아들인 설계 향상은 '있는 것을 다시 만드느라' 시간을 낭비하지 않게 했으며, 아마도 그런 이점이 뇌의 설계에 있는 개인적인 유전적 차이를 잠식하고, 태어날 때 약간 더 나은 뇌를 갖고 태어난 사람들이 가진 이점도 제거했을 것이다.

유전적 진화와 표현형 가소성, 밈 진화라는 세 가지 수단은 이어서 인간 의식의 설계에 공헌했고, 진화 속도를 높였다. 몇백만 년 동안 함께해온 표현형 가소성과 비교할 때, 중대한 밈 진화는 극히 최근의 현상으로, 등장한 지 고작 수십만 년밖에 되지 않았다. 폭발적인 문명의 발달이 이루어진 것은 겨우 만 년도 안 된 일이다. 이 현상은 호모 사피엔스라는 한 종으로만 제한되어 있고, 우리는 지금 과학 밈이 진화의 네 번째 수단을 불러오고 있는 것을 보고 있다. 신경공학 기술을 이용하여 개별적인 신경계를 직접 개조하고 유전공학으로 유전자를 조작하는 것이다.

의식의 밈

내가 추정한 이야기의 한 가지 특징은 우리 조상이 바로 우리처럼 비교적 비지시적인 다양한 형태의 자기 탐색을 즐겼다는 것이다. 자기 자신을 반복적으로 자극하면서 어떤 일이 일어나는지 지켜본 것이다. 우리 뇌의 가소성과 더불어 한시도 가만히 있지 못하는 우리의 내적 성질과 호기심이 우리가 사는 환경(그중에서도 우리의 몸은 매우 중요하고, 언제 어디서나 볼 수 있는 요소다)의 모든 구석과 틈새를 탐구하게 했다. 돌아보면 우리가 우리 뇌의 내적 의사소통 구조를 근본적으로 바꾸어놓은 습관과 성향을 갖게 만든 자기 자극이나 자기 조작의 전략을 발견한 것은 놀라운 일이 아니다. 또한 이런 발견이 모두 이용할 수 있는 우리 문화, 즉 밈의 일부가 된 것은 당연한 결과였다.

밈이 들어차 인간의 뇌가 바뀐 것이 뇌의 역량에 주요한 변화를 이루었다. 모국어가 중국어인 사람의 뇌와 모국어가 영어인 사람의 뇌가 다르다는 사실은 뇌의 역량에 엄청난 차이가 있음을 보여준다. 인간을 대상으로 하는 실험에서 피실험자가 지시사항을 이해했는지 아는 것이 실험자(타자현상학자)에게 얼마나 중요한지 상기해보라. 이런 기능적인 차이가 뇌의 아주 미세한 변화 양상에 모두 물리적으로 나타나더라도 그것은 지금도, 그리고 아마도 영원히 신경학자에게 비가시적인 것이나 마찬가지일 것이다. 그러므로 밈이 들어차 창조된 기능적인 구조를 이해하려면, 그것을 설명할 수 있는 더 고차원적인 수준을 찾아야 할 것이다. 다행히도 컴퓨터공학에서 나온 아이디어 하나를 이용할 수 있다. 우리가 이해해야 할 것은 인간의 의식이 어떻게 밈에 의해 뇌에서 창조된 '가상 기계virtual machine'의 운용으로 구현될 수 있는가 하는 것이다. 다음은 내가 옹호하는 가설이다.

인간의 의식은 그 자체로 엄청나게 복잡한 밈이다(더 정확하게는 뇌에서의 밈 효과다). 그 원리는 원래 그런 활동을 위해 설계되지는 않았더라도 뇌의 병렬 구조로 실행되는 폰 노이만식 가상 기계의 작동으로 가장 잘 이해할 수 있다. 이 가상 기계 덕분에 그것을 운용하는 유기체의 하드웨어 역량도 크게 향상되었으며, 가장 궁금증을 일으키는 특징과 특히 그 제한점의 많은 부분이 클루지kludge(대충 임시방편으로 만들었지만 효과적인 해결책_옮긴이)의 부산물로 설명될 수 있다. 이 클루지가 기존의 장기를 새로운 목적에 효율적으로 재사용할 수 있게 만들어준다.

나는 여기서 전문어를 사용했는데, 그 이유는 이런 전문어가 마음을 연구하는 사람들이 근래에서야 이용할 수 있게 된 유용한 개념을 담고 있기 때문이다. 다른 말로는 이런 개념을 깔끔하게 표현하지 못하며, 그 말들은 알아두어야 할 가치가 있다. 따라서 간단한 역사적인 여담으로 이런 전문어를 소개하고, 내가 쓰고자 하는 맥락에 이용하려 한다.

컴퓨터 발명가로 가장 유명한 두 사람은 영국의 수학자 앨런 튜링Alan Turing과 헝가리 출신 미국인 수학자이자 물리학자인 존 폰 노이만John von Neumann이다. 튜링은 연합군이 제2차 세계 대전에서 승리를 거두는 데 일조한 특수 목적의 전자식 암호 해독기를 설계하고 제작하면서 실전 경험을 많이 쌓기는 했지만, 그가 컴퓨터 시대의 문을 열게 한 '범용 튜링 기계Universal Turing Machine'를 개발할 때만 해도 그것은 순전히 추상적이고 이론적인 연구에 불과했다. 튜링의 추상적인 개념(공학적 제안이라기보다는 실제로 철학적인 사고 실험이었다)을 구체적이고 실용적인 전자 컴퓨터 설계(그래도 여전히 상당히 추상적이었다)로 전환할 방법을 찾아낸 사람이 폰 노이만이었다. '폰 노이만 구조Von Neumann Architecture'로 알려진 그의 추상적 설계는 오늘날 거대한 중앙컴퓨터에서부터 최신 가정용 컴퓨터 안에 들어 있는 칩까지 거의 모든 컴퓨터에서 찾아볼 수 있다.

컴퓨터는 기본적으로 고정 배선되어 있는 구조지만, 메모리 덕분에 얻은 엄청난 가소성으로 프로그램(소프트웨어)과 데이터 모두 저장할 수 있을 뿐만 아니라 표상되어야 할 것은 무엇이나 추적할 수 있게 만들어진 일시적인 형태도 저장할 수 있다. 따라서 뇌처럼 컴퓨터도 태어날 때는 불완전하게 설계되었지만 더 구체적으로 조율된 구조나 특수 목적의 기계를 창조할 수 있는 매개체로 이용될 수 있는 유동성이 있다. 이런 기계는 키보드나 다른 입력 장치를 통해 놀랍도록 개별적인 방식으로 환경의 자극을 받아들이며, 음극선관CRT 화면이나 다른 출력 장치를 통해 최종 반응을 산출한다.

이런 일시적 구조는 '회로'보다는 '규칙'에 의해 만들어지는데, 컴퓨터 과학자는 그것을 '가상 기계'라고 부른다.[14] 가상 기계는 그 모든 가소성에 특정한 형태의 규칙(배치, 또는 변화 규칙성)을 부과할 때 얻는 것이다. 팔이 부러져 석고 붕대를 한 사람이 있다고 해보자. 석고 붕대는 팔의 움직임을 심하게 제한하고, 붕대의 무게와 형태는 나머지 신체의 움직임에도 크게 영향을 미친다. 이제 자기 팔에 석고 붕대를 감고 있는 흉내를 내는 사람이 있다고 해보자(팬터마임의 대가 마르셀 마르소Marcel Marceau처럼). 마임을 훌륭하게 해낸다면 그의 신체 움직임은 진짜 석고 붕대를 한 것과 거의 똑같이 제한이 있을 것이다. 팔에 감은 가상의 석고 붕대가 '거의 눈에 보일' 지경이다.

워드 프로세서를 써본 사람이면 누구나 적어도 하나의 가상 기계에는 익숙한 것이다. 몇 가지 다른 종류의 워드 프로세서를 이용해보았거나, 스프레드시트를 사용해보았거나, 워드 프로세서로 이용하는 컴퓨터로 게임을 해보았다면 진짜 기계에 존재하면서 번갈아 쓰이는 몇 가지나 되는 가상 기계에 익숙한 것이다. 기계 간의 차이는 매우 크게 눈에 띄므로 사용자는 언제든 자기가 어떤 가상 기계와 상호작용하고 있는지 인식한다.

프로그램에 따라 컴퓨터 성능이 달라진다는 사실은 모두 알고 있지만, 그 자세한 내용까지 아는 사람은 많지 않다. 그중 몇 가지는 우리 이야기에 중요하므로 앨런 튜링이 고안한 과정을 간단하게 설명해보겠다.

튜링은 수학자로서 자기가 수학 문제를 풀 때나 계산할 때 어떤 단계를 밟아나가는지 의식적이고 자기 성찰적으로 생각해보았고, 자신의 정신적 행동 순서를 기본적인 요소로 나누어보고자 하는 중요한 발걸음을 내디뎠다. 그는 스스로에게 물었다.

"계산할 때 내가 해야 할 일이 무엇이지? 음, 우선은 어떤 규칙을 적용할 것인지 묻지. 그리고 그 규칙을 적용한 후 결과를 적고 살펴보는 거야. 그리고 또 그다음에는 무엇을 해야 할지 자신에게 물어야지."

튜링의 조직적인 사고 능력은 매우 놀랍지만, 그의 의식의 흐름 역시 우리와 마찬가지로 이미지, 결정, 육감, 기억을 상기시키는 여러 가지 일로 뒤죽박죽이었을 것이다. 그는 그 속에서 수학적인 정수를 이룰 것만 뽑아내야 했다. 자질구레하고 두서없는 의식적인 마음의 활동에서 그가 성취하고자 하는 목표를 이룰 수 있는 연산의 뼈대가 될 최소의 수열을 뽑아내야 했던 것이다. 그 결과가 지금 우리가 '튜링 기계Turing Machine'라고 부르는 것의 기계 명세서였다. 이는 수학자가 엄밀하게 수행한 계산 과정을 훌륭하게 이상화하고 간소화한 것으로, 다음과 같은 다섯 가지 요소를 기본으로 한다.

(1) 일련의 과정(한 번에 한 가지씩 일어나는 일)이다.
(2) 엄격하게 제한된 작업 공간에서 일어난다.
(3) 데이터와 지시가 주어진다.
(4) 자력으로 행동할 수 없지만, 신뢰도가 매우 높은 메모리에서 나온다.
(5) 유한 집합의 원시 연산에 의해 운용된다.

튜링의 원래 공식에서는 한 번에 종이테이프 한 칸씩을 살피면서 0이나 1이 적혀 있는지 확인하는 판독기가 작업 공간이다. 판독기가 '본' 것이 무엇이냐에 따라 0이나 1을 지우고 다른 상징을 출력하거나, 네모 칸을 그대로 둔다. 그다음에는 종이테이프를 왼쪽이나 오른쪽으로 네모 한 칸씩 움직여 기계표machine table를 형성하는 유한 집합의 내장된 지시에 의해 지배되는 각각의 경우를 다시 한 번 살핀다. 여기서는 종이테이프가 메모리 역할을 한다.

튜링의 원시적 연산기(원한다면 '극미한 자기 성찰' 행동이라 불러도 좋을 것이다)는 의도적으로 성능을 단순하게 만들어 기계적인 실현 가능성에 의문의 여지가 없게 했다. 다시 말해, 튜링의 수학적 목적에 중요한 것은 처리 과정의 모든 단계가 '검사', '지우기', '인쇄', '한 칸 왼쪽으로 이동' 등과 같은 아주 간단한 조작으로 이루어지게 고안하여 누구라도 해낼 수 있고, 기계로 대체해도 상관없을 만큼 매우 단순해야 한다는 것이었다.

물론 그는 그의 이상적인 기계 명세서가 실제적인 계산 기계를 위한 청사진이 될 수 있을 것이라고 생각했다. 다른 연구자들, 특히 튜링의 기본 아이디어를 개조하여 실제로 실현 가능한 디지털 컴퓨터를 위한 추상 구조를 만들어낸 폰 노이만도 그런 가능성을 보았다. 우리는 그 구조를 '폰 노이만 기계'라고 부른다.

그림 6-4의 왼쪽에 있는 것이 메모리 또는 주기억장치 램RAM이고, 데이터와 명령이 모두 여기에 보관되면서 00011011이나 01001110과 같은 이진수 수열이나 비트로 암호화된다. 튜링의 직렬 과정은 두 개의 '레지스터'로 구성되어 있는 작업 공간에서 일어난다. '누산기accumulator'와 '명령 레지스터instruction register'다. 명령은 명령 레지스터에 전자적으로 복사되고, 이어서 실행된다. 예를 들어, 명령이 '누산기를 비우라'이면 컴퓨터는 누산기에 0이란 숫자를 할당한다. 만일 명령이 '메모리 레지스터 07의 내용에 누산기에 있는 수를 더하라'이면 컴퓨터는 메모리 레지스터 07번 주소에 있는 숫자를 호출하여 누산기에 있는 수에 더할 것이다. 원시

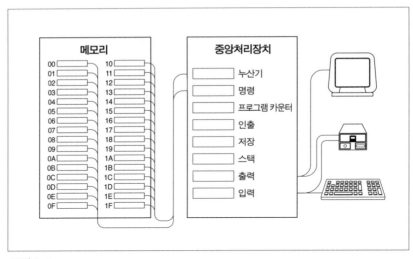

〈그림 6-4〉

적 연산은 기본적으로 더하고, 빼고, 곱하고, 나누는 산술적인 조작이다. 불러내고, 저장하고, 출력하고, 입력하면서 데이터를 옮기는 조작인 것이다. 또한 컴퓨터 '논리'의 핵심은 '만일 누산기의 수가 0보다 크면 레지스터 29번에 있는 명령으로 가라. 그렇지 않으면 다음 명령으로 가라'와 같은 조건 명령이다. 컴퓨터 모델에 따라 원시적 연산이 열여섯 개에서 수백 개까지 있고, 모두 특수 목적의 회로로 배선되어 있다. 각각의 원시적 연산은 독특한 이진법 형태로 암호화된다(예를 들어, '더하라'는 1011로, '빼라'는 1101로 나타낼 수 있다). 이런 특정 시퀀스가 언제 명령 레지스터에 떨어지든, 이것은 전화기의 다이얼을 누르는 것처럼 더하기 회선이나 빼기 회선과 같은 특수 목적의 회로로 들어가는 회선을 기계적으로 열어준다. 이 두 개의 레지스터에는 언제나 오로지 하나의 명령과 하나의 값만 나올 수 있어 생기는 그 악명 높은 '폰 노이만 병목현상'이 일어난다. 이 시스템에서 일어나는 모든 활동이 한 줄로 좁은 틈새를 통과해야 하는 곳이다. 빠른 컴퓨터에서는 이런 작업 수백만 건이 순식간에 줄줄이 이어지면서 처리되어 사용자가 기적이라고 여길 만큼의 수행 능력을 보인다.

모든 디지털 컴퓨터는 이 설계의 직계 후손이다. 개조와 기능 개선이 많이 이루어졌더라도 그 근본 구조를 떠받치는 틀은 모두 비슷하다. 수학적인 과정으로 보이는 기본 연산은 처음에는 프랑스 파리를 생각하거나, 오븐에서 풍기는 향긋한 빵 냄새를 즐기거나, 휴가 때 어디에 갈지 궁리하는 등의 일상적인 의식 흐름의 기본적인 작용과는 별 상관이 없어 보인다. 하지만 튜링이나 폰 노이만의 관심은 그런 걱정이 아니었다. 그들에게 중요한 것은 '원리적으로' 이런 행동의 연속적인 순서에 모든 '합리적인 사고'는 물론이고 '비합리적인 사고'까지도 정교하게 통합해 넣을 수 있다는 것이었다. 이 구조가 그것이 창조된 순간부터 대중 매체에 의해 잘못 설명되어 왔다는 것은 상당한 역사적 아이러니다. 폰 노이만 기계는 '거대한 전자 뇌'라고 불렸지만, 사실상 이 기계는 '거대한 전자적 마음', '전자적 모조품'이었다. 윌리엄 제임스William James가 '의식의 흐름'이라고 불렀고, 제임스 조이스James Joyce가 그의 소설에서 '의식적인 정신 내용의 종작없는 순서'라고 묘사했던 것을 과도하게 단순화한 것이었다. 이와는 달리 뇌 구조는 수백만 개의 활동 채널이 동시에 작동하는 엄청난 병렬 체계다. 우리가 이해해야 하는 것은 조이스적인(아니면 내가 말한 것처럼 폰 노이만적인) 일련의 현상이 우리가 익히 알고 있는 그 모든 특징을 가진 채로 뇌의 시끌벅적한 병렬 처리 과정에 어떻게 존재하게 되었느냐는 것이다.

우리의 호미니드 조상이 좀 더 정교하고 논리적으로 생각해야 할 필요가 있었고, 그 결과 자연선택이 점차로 인간의 대뇌피질 좌뇌 반구에 폰 노이만 기계를 설계하여 내장시키는 쪽으로 일어났다는 생각은 옳지 않다. 나는 이것이 비록 논리적으로는 가능하더라도 진화 이야기에서 없어지기를 바란다. 생물학적으로 전혀 가능성이 없는 이야기이기 때문이다. 우리 조상은 간단히 날개가 돋아날 수도 있었고, 손에 권총을 들고 태어날 수도 있었다. 그러나 진화가 일어나는 방식은 그렇지 않다.

우리는 뇌에 아주 약간이라도 폰 노이만 기계 같은 것이 있다는 것을 알고 있다. 우리가 '자기 성찰'로 의식적인 마음이 있다는 것을 알고 있고, 그렇게 발견한 마음은 적어도 그만큼은 폰 노이만 기계와 흡사하기 때문이다. 폰 노이만 기계에 영감을 준 것이 바로 우리 마음인 까닭이다. 이런 역사적인 사실은 특별히 설득력 높은 지울 수 없는 흔적을 남겼다. 컴퓨터 프로그래머들은 병렬 컴퓨터는 프로그래밍하기가 잔인할 만큼 어려운 반면, 직렬식 폰 노이만 기계는 프로그래밍하기가 비교적 쉽다고 말한다. 기존의 폰 노이만 기계를 프로그래밍하는 경우라면 손쉽게 도움을 청할 의지처가 있다. 일이 잘 풀리지 않으면 자기 자신에게 이렇게 물어보면 된다.

"내가 그 기계라면 이 문제를 풀기 위해 어떻게 할 것인가?"

그렇게 묻고 나면 "우선은 이렇게 해보자. 그다음에는 이 방법을 써봐야지"라는 답이 나올 것이다. 그러나 당신이 자신에게 "만일 내가 1,000개의 채널을 가진 광범위한 병렬 처리 장치라면 이런 상황에서 어떻게 할 것인가?"라고 물어서는 답을 얻지 못할 것이 뻔하다. 당신은 동시에 1,000개의 채널을 가진 처리 장치와는 '직접적인 접촉'을 해본 적이 없기 때문이다. 설령 그것이 당신 뇌에서 일어나는 일이라고 해도 마찬가지다. 당신 뇌에서 일어나는 일 가운데 당신이 유일하게 접근할 수 있는 것은 놀라울 만큼 폰 노이만 구조를 닮은 순차적 처리 형식뿐이다. 그런 식으로 이야기하는 것이 역사에 역행하는 일일지라도 어쩔 수 없다.

인간의 의식과 가상 기계

우리가 살펴본 것처럼 (표준적인) 컴퓨터의 직렬 구조와 뇌의 병렬 구조 사이에는 엄청난 차이가 있다. 이런 사실은 폰 노이만 기계상에서 운용되는 프로그램으로 인간과 유사한 지능을 창조하려는 인공지능에 반대하는 근거로 거론되곤 한다. 이런 구조의 차이가 이론적으로 중요한 차이를 만드는 것일까? 어떤 면에서는 그렇지 않다. 튜링은 그의 범용 튜링 기계가 구조를 가리지 않고 컴퓨터가 계산할 수 있는 것이면 무엇이든 계산할 수 있음을 입증했고, 아마도 이 점이 그의 가장 큰 공로일 것이다. 사실상 범용 튜링 기계는 다른 계산 기계가 해내는 모든 일을 정확히 그대로 모방한다. 이런 모방 작업을 위해 해야 할 일은 범용 튜링 기계에 다른 기계가 하는 일의 설명서를 제공하는 것이다. 명확한 무용 기보법記譜法으로 무장한 마르셀 마르소(말하자면, 범용 마임 기계)처럼 이 기계는 설명서에 입각해 당장 다른 기계를 완벽하게 재현해낸다. 아니, 실제로 그 기계가 되어버린다. 따라서 컴퓨터 프로그램은 따라야 할 기본 지시 목록으로도, 모방해야 할 기계의 설명서로도 볼 수 있다.

당신은 마르셀 마르소가 술 취한 사람이 야구 경기의 타자를 흉내 내는 모습을 흉내 낼 수 있는가? 여기서 가장 어려운 부분은 모방의 여러 다른 수준을 따라잡는 일일 것이다. 그러나 폰 노이만 기계에서는 이런 일이 자연스럽게 이루어진다. 일단 가상 기계를 구현할 폰 노이만 기계가 있다면 안에서 작은 상자가 계속 나오는 '중국 상자Chinese Box'처럼 가상 기계를 들어앉힐 수 있다. 먼저 폰 노이만 기계를, 말하자면 '유닉스 기계 Unix Machine(유닉스 운용 체계)'로 바꿀 수 있고, 유닉스 기계상에서 '리스프 기계Lisp Machine(리스프 프로그래밍 언어)'를 워드스타WordStar, 로투스 123, 그 밖의 여러 다른 가상 기계와 함께 실행할 수 있다. 또한 리스프 기계상에 체스를 두는 컴퓨터도 실행할 수 있다. 각각의 가상 기계는 CRT 화면에 나타나는 방식과 입력에 반응하는 방식으로 사용자 인터페이스에 의해 인식이 가능하다. 이런 '자기 제시self-presentation'는 종종 '사용자 착각user illusion'이라 불린다. 사용자가 자기가 사용하는 가상 기계가 하드웨어에서 어떻게 실행되는지 알지도 못하고, 개의치도 않기 때문이다.

따라서 가상 기계는 프로그램에 의해 고도로 조직화된 규칙성을 하드웨어에 부여한 임시 장치라고 볼 수 있다. 하드웨어에 서로 짜 맞춘 엄청난 양의 반응 방식을 내장시키기 위한 수십만 개의 지시를 조직화한 메뉴인 것이다. 그런 모든 지시가 명령 레지스터를 통과하는 상세한 내용을 보고자 한다면 나무를 보느라 숲은 보지 못하는 꼴이 될 것이다. 그러나 뒤로 물러서면 그 모든 미세 환경에서 나오는 기능적인 구조를 명확하게 볼 수 있다.

어떤 계산 기계도 폰 노이만 기계상에서 가상 기계를 통해 흉내 낼 수 있으므로 만일 뇌가 거대한 병렬 처리 기계라면 그것 역시 폰 노이만 기계에 의해 완벽하게 모방될 수 있을 것이다. 컴퓨터 시대가 시작된 바로 그 시점부터 이론가들은 뇌 구조를 모형화하기 위한 가상 병렬 구조를 구축하려고 카멜레온 같은 폰 노이만 기계의 능력을 이용했다.[15] 그런데 어떻게 한 번에 한 가지만 처리할 수 있는 기계를 한 번에 많은 것을 처리할 수 있는 기계로 만든다는 것인가? 뜨개질 같은 과정을 이용하면 가능하다. 모의할 병렬 처리기가 열 개의 채널을 가진다고 해보자. 우선 폰 노이만 기계는 제1채널의 1번 노드node(도형의 1번 노드)가 처리할 작업을 수행하라는 지시를 받는다. 이때 결과는 '완충 기억장치buffer memory'에 저장된다. 이어서 2번 노드로, 그리고 계속 다음으로 진행해 제1채널의 10번 노드까지 한순간에 처리된다. 다음에는 첫 번째 층에서 얻은 결과를 다음 단계 노드로 끌어올린다. 완충 기억장치에서 한 번에 하나씩 이전에 계산

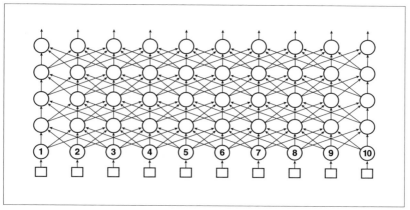

〈그림 6-5〉

한 결과를 끌어내 다음 단계의 입력으로 적용하고, 뜨개질하듯 부지런히 앞뒤로 움직이면서 공간과 시간 사이의 균형을 유지한다. 열 개의 채널을 가진 가상 기계를 모의한다면 채널이 한 개인 기계를 모의하는 것보다 시간이 적어도 열 배는 더 걸릴 것이고, 백만 개의 채널을 가진 기계(뇌처럼)를 모의한다면 적어도 백만 배는 더 걸릴 것이다. 튜링의 증거는 모방이 이루어지는 속도에 관해서는 아무것도 말해주지 않고, 일부 구조에 대해서는 눈부시게 빠른 속도를 자랑하는 현대의 디지털 컴퓨터로도 그 과제를 감당하기 어렵다. 그것이 병렬 구조의 성능을 탐구하는 인공지능 연구자들이 오늘날 진짜 병렬 기계, '거대한 전자적 뇌'로 불릴만한 인공물로 관심을 돌리는 이유다. 그러나 이론상으로는 어떤 병렬 기계도 직렬식 폰 노이만 기계상의 가상 기계로 완벽하게 모방될 수 있다(비효율적이긴 하지만).[16]

이제 우리는 이런 표준적인 생각을 뒤집어볼 준비가 되었다. 직렬식 폰 노이만 기계상에 병렬식 뇌를 모의할 수 있는 것처럼 이론상으로는 병렬식 하드웨어상에 폰 노이만 기계 같은 것도 모의할 수 있다. 내가 제안하는 것도 바로 그런 것이다. 인간의 의식적인 마음은 진화가 우리에게 제공한 병렬식 하드웨어상에 비효율적으로 삽입된 다소간 직렬식인 가상 기계다.

뇌의 병렬식 하드웨어상에서 운용되는 가상 기계에서 '프로그램'으로 간주할만한 것은 무엇일까? 중요한 것은 적응력 있는 가소성이 있다는 것이다. 그것이 수많은 미시적 습관을 습득하고, 그것으로 여러 가지 거시적 습관을 갖는다. 폰 노이만 기계의 경우, 이런 일은 기계에 따라 8, 16, 32 또는 64비트의 단어로 나눠지는 수십만 개의 0과 1에 의해 이루어진다. 단어는 메모리 레지스터에 별개로 저장되고, 명령 레지스터에서 한 번에 한 단어씩 접근된다. 병렬 기계의 경우에는 이런 일이 수천, 수백만, 아니 수억 개 뉴런 사이의 연결 강도 조절에 의해 성취되는 것으로 추측할 수 있다. 이런 연결이 모두 함께 기본 하드웨어에 새로운 종류의 거시적 습관과 새로운 조건의 행위 규칙성을 주는 것이다.

그렇다면 이런 수백만 개의 신경 연결 강도를 가진 프로그램이 뇌의 컴퓨터에 어떻게 설치될까? 폰 노이만 기계에서는 프로그램을 주 메모리에 넣어주기만 하면 컴퓨터가 즉시 새로운 종류의 습관을 얻지만, 뇌에서는 앞에서 간략하게 이야기했던 반복적인 자기 자극 같은 훈련이 필요하다. 물론 이것은 부족해도 한참 부족한 비유다. 폰 노이만 기계의 중앙처리장치CPU는 단어로 구성된 비트열bit-string에 반응하는 방식이 경직되어 있다. 이것을 전적으로 독점적이고 고정된 기계언어로 된 지시로 다루고 있기 때문이다. 이런 사실은 저장된 프로그램으로 운용되는 디지털 컴퓨터에서는 딱 그렇게 정해진 것이지만, 인간의 뇌는 그런 것이 아니다. 뇌에서는 뉴런 사이에 설정된 특별한 연결 강도가 주변 네트워크의 행동에 결정적인 영향을 미친다는 것이 사실일지 모르나, 이유야 어찌 되었던 두 개의 다른 뇌가 '같은 시스템'으로 된 상호 연결을 갖는다고 생각하지 못할 것도 없다. 말하자면, 모든 IBM과 IBM 호환 컴퓨터가 공유하는 고정된 기계언어와 간접적으로라도 유사한 것은 아무것도 없다. 따라서 만일 두 개 이상의 뇌가 '소프트웨어를 공유'한다 하더라도 그것이 메모리 하나에서 다른 메모리로 기계언어 프로그램을 복사하는 것과 유사한 간단하고 직접적인 과정 덕분은 아닐 것이다.

이렇게 둘을 비유적으로 설명할 수 없다는 중요한 사실에도 불구하고 왜 나는 계속해서 인간의 의식을 소프트웨어에 비유하기를 좋아할까? 의식의 중요하지만 극도로 수수께끼 같은 특징을 조명하는 가설을 설명해 보기 위해서다. 첫째, 인간의 의식은 선천적 장치에 내장되기에는 턱없이 늦은 근래에야 일어난 혁신이다. 둘째, 인간의 의식은 대부분 조기 교육으로 뇌에 유입된 문화적 진화의 산물이다. 셋째, 인간의 의식이 성공적으로 설치되느냐 마느냐는 뇌의 가소성에 따르는 수많은 미세 환경에 달린 일이다. 따라서 그것의 기능적으로 중요한 특징은 극도의 돌출성에도 불구하고 신경해부학적 조사로는 찾아낼 수 없을 가능성이 높다. 어떤 컴퓨터 과학자도 메모리 전압 형태 차이에서부터 정보를 모아 워드스타와 워드퍼펙트WordPerfect 간의 서로 다른 강점과 약점을 이해하려 들지 않듯, 인지과학자도 간단히 신경해부학적 정보로부터 구축해 올라가는 것으로 인간의 의식을 이해하려 들지는 않을 것이다. 넷째, 가상 기계의 사용자 착각에 관한 생각은 매우 흥미로운 암시를 준다. 만일 의식이 가상 기계라면 그 사용자 착각이 작용할 대상이 되는 사용자는 누구일까? 우리가 다시 대뇌피질의 워크스테이션에 앉아 거기서 돌아가는 소프트웨어의 사용자 착각에 반응하는 내면의 데카르트적 자아로 인정사정없이 흘러가고 있는 것으로 보인다. 그러나 그 끔찍한 결말을 피할 방법이 있다.

다소 잘 설계된(오류가 제거된) 조이스식 기계인 의식의 흐름 가상 기계가 '혼성 공간memosphere'에 있다고 가정해보자. 앞에서 보았듯, 뇌는 기계언어를 공유하지 않으므로 문화 전반에 걸쳐 운용될 상당히 균일한 가상 기계가 되게 보장해줄 전파 방법은 사회적이고, 상황에 고도로 민감하게 반응할 수 있어야 하며, 어느 정도 자기 조직적이고 자기 수정이 가능해야 한다. 한 예로, 매킨토시와 IBM PC를 '호환하게' 만드는 일은 두 시스템의 내적인 장치에 관한 정확한 정보에 의존하는 복잡하고 번거로운 엔지니어링 문제다. 인간이 서로 내적인 장치를 알지 못하면서도 '소프트웨어를 공유'할 수 있는 것은 공유된 시스템의 적응성과 포맷 관용도가 매우 높기 때문일 것이다. 소프트웨어를 공유하는 방식에는 몇 가지가 있다. 모방으로 배우는 방법, '강화'의 결과(보상, 격려, 불승인, 위협 등 교사가 의도적으로 부과한 것이든, 의사소통 과정에서 은연중에 무의식적으로 전달된 것이든)로 배우는 방법, 그리고 그 두 가지 방법으로 이미 학습한 자연언어를 이용한 명시적인 지시를 통해 배우는 방법이다.

사실상 구어뿐만 아니라 글도 우리 대부분이 우리 뇌에서 운용하는 가상 기계를 개발하고 정교화하는 데 주요한 역할을 한다. 바퀴가 철도나 포장도로, 또는 바퀴가 달릴 수 있는 인공적으로 마련한 평면 덕에 발달한 기술인 것처럼, 내가 말하는 가상 기계도 단지 언어와 사회적인 상호작용만이 아니라 글과 도형으로 상호작용하는 환경에서도 존재할 수 있다. 뇌가 일하는 데 필요한 기억과 형태 재인에 대한 요구가 뇌가 그 기억 일부를 환경의 완충 지대에 내려놓을 것을 요구하기 때문이다(여기에 함축된 의미는 '문자 사용 이전의 지력'은 문자 사용 사회에서 만나는 지성과는 중대하게 다른 종류의 가상 구조를 요할 수 있다는 사실이다).

열 자릿수 숫자 둘을 연필과 종이도 없고, 숫자를 소리 내어 말하지도 않으면서 오로지 머릿속으로만 더하고 있다고 생각해보라. 고속도로 세 개를 네 잎 클로버 모양의 교차로를 통해 제3의 고속도로를 거치지 않고 어느 한 고속도로에서 다른 고속도로로 운전해 나갈 수 있는 방법을 도형을 그리지 않고 알아내려 한다고 생각해보라. 이런 문제는 외부 기억 도구의 도움을 받고, 고도로 발달된 형태 재인 회로와 이미 갖고 있는 탐색기(눈과 귀라 불리는)를 이용한다면 금방 풀 수 있다(McClelland and Rumelhart, 1986).

정치학자 하워드 마골리스Howard Margolis(1987)가 말한 것처럼, 우리는 어린 시절 자라면서 뇌에 조직적·부분적으로 사전 검증을 마친 마음의 습관을 장치한다. 새로운 규칙성의 전반적인 구조는 연쇄적인 처리 과정으로, 대략 같은 장소에서 처음에 한 가지가 일어나고, 이어서 다른 것이 일어난다. 이런 사태의 흐름은 여러 학습한 습관에 수반되고, 그중에서도 혼잣말하기가 최고의 예다.

우리 안에 형성된 이 새로운 기계는 증식성이 매우 높은 밈 복합체이므로 무엇 덕분에 증식에 성공하게 되었는지 살펴볼 필요가 있다. 물론 그것이 복제하는 성질을 가진 것을 제외하면 아무 쓸모도 없는 것일 수도 있다. 실제로 그 밈이 침투해 있는 인간에게 경쟁에서 이길 어떤 우위도 주지 않으면서 인간의 뇌에 기생하는 소프트웨어 바이러스일 수도 있다. 윌리엄 제임스는 우리가 우주에서 알고 있는 가장 놀라운 것인 의식이 뇌가 작용하는 방식에 어떤 본질적 역할도 하지 못하는 단순한 인공물이라고 가정하는 것은 어처구니없는 일이 될 것이라고 생각했다. 그러나 단순한 인공물이 아닐 가능성이 아무리 높더라도 그것이 전적으로 말도 안 되는 소리는 아니다. 의식이 우리에게 이로움을 주고 있다는 근거는 많고, 따라서 우리는 의심의 여지 없이 그 다양한 존재 이유에 만족할 수 있다. 합당한 기능을 갖지 못한, 설명될 수 없는 사실이 있다는 여지도 남겨두어야 한다. 의식의 특징 중 하나는 그것이 그저 이기적인 밈이라는 것이다.

마음의 습관과 인간 구조의 발달

다시 긍정적인 면으로 관심을 돌려보자. 이 새 기계는 어떤 문제를 잘 해결할 수 있게 설계된 것으로 보이는가? 심리학자 줄리언 제인스 Julian Jaynes(1976)는 자기 훈계나 자기 격려 역량이 세심하고 장기적인 자기 통제력을 갖기 위한 필수 전제 조건이었다고 설득력 있게 주장했다. 그런 능력 없이는 농업, 건설 프로젝트 수립, 그리고 다른 문명을 꽃 피우게 한 활동이 조직될 수 없었을 것이다. 또한 그 능력은 자기가 저지르는 실패로 해를 입는 결함 있는 시스템을 보호할 수 있는 일종의 자기 감시에도 효과가 있었을 것이며, 이것은 더글러스 호프스태터Douglas Hofstadter(1985)가 인공지능에서 발전시킨 주제다. 심리학자 니콜러스 험프리Nicholas Humphrey(1976, 1983a, 1986)도 이 능력을 자기 성찰로 다른 사람이 무엇을 생각하고 느낄지 알아낼 육감을 이끌어낼 사회적 자극을 개발할 수 있는 수단으로 보았다.

이런 더욱 전문화하고 진보한 재능의 기초가 되었던 것은 '다음에는 무엇을 생각해야 하지?'라는 상위 문제를 해결할 수 있는 기본적인 역량이었다. 우리는 앞에서 유기체가 위기에 닥칠 때(아니면 단순히 어렵고 낯선 문제에 부딪힐 때) 그 상황에 매우 귀중한 자원이 되어줄 것을 자기 안에 이미 갖고 있다는 것을 알았다. 문제는 그것을 찾아내어 제시간 안에 활용할 수 있느냐다. 오드마 노이만이 추측한 것처럼 정향 반응은 모두의 관심을 일시에 사로잡는 유용한 효과가 있지만, 이처럼 전체적인 각성을 일으키는 것은 해결책이 되는 동시에 문제가 되기도 했다. 이어서 뇌가 이 모든 자원자를 일사불란하게 움직이게 관리하지 못한다면 이들의 역량이 제대로 발휘될 수 없기 때문이다. 정향 반응이 부분적인 해결책에 불과하다는 것은 자기 볼일에만 마음을 두는 전문가 집단에게 전체적이고 전반적으로 접근할 수 있어야 한다는 것을 의미한다. 근본적인 구조가 복마전 형태이기 때문에 설령 한 전문가를 임시로 책임자 위치에 두어(아마도 경합으로 책임자를 뽑는 것이 나을 것이다) 혼란이 곧 제자리를 잡는다 해도 이 갈등이 좋게 해결될 가능성만큼이나 나쁘게 해결될 가능성도 있다는 것은 분명하다. 정치적으로 가장 능력이 뛰어난 전문가가 '그 일에 적합한 사람'이라는 보장은 없다.

플라톤은 2,000년 전에 이 문제를 상당히 명확히 꿰뚫어 보고, 그것을 설명하기 위해 다음과 같은 훌륭한 비유를 생각해냈다.

> 이제 지식이, 비둘기나 다른 종류의 야생 새를 잡아 자기 집 새장에 가둬 키우는 남자처럼 그것을 곁에 지니지 않은 채로 소유할 수 있는 것인지 생각해보라. 어떤 의미에서는 그가 새를 소유하고 있는 만큼 그것을 언제나 '갖고' 있다고 말할 수 있다. (…) 그러나 달리 생각해보면, 그가 새를 자기 소유의 새장에 가두어 마음대로 할 수 있더라도 새를 한 마리도 '갖고' 있지 못한 것으로도 볼 수 있다. 그는 어느 새라도 잡아서 원하면 어느 때라도 손에 쥘 수 있으며, 다시 놓아줄 수도 있다. 그는 얼마든지 자기가 하고 싶은 대로 할 수 있다. (…) 자, 이제 모든 사람의 마음속에 온갖 종류의 새장이 있다고 가정하라. 어떤 새는 무리를 지어 다른 새들로부터 이탈하고, 어떤 새는 작은 무리를 이루며, 어떤 새는 홀로 어디론가 날아간다. (Plato, 《Theaetetus》, 197~198a)

플라톤이 말하고자 한 것은 단순히 새를 갖고 있는 것만으로는 충분치 않다는 것이다. 부르면 언제나 그 새가 날아오게 만드는 법을 배우는 것은 쉽지 않은 일이다. 그는 더 나아가 추론상으로는 우리가 원하는 새를 원하는 시간에 오게 만들 수 있는 역량을 키울 수 있다고 주장했다. 추론하는 법을 배운다는 것은 지식 회수 전략을 배우는 것이다.[17] 마음의 습관이 끼어드는 곳이 바로 거기다. 우리는 이미 혼잣말하기나 혼자 그림 그려보기 같은 일반적인 마음의 습관이 어떻게 바로 그와 관련한 정보를 표면으로(무엇의 표면인가? 이 주제에 관한 논의는 9장으로 미룰 것이다) 떠오르게 자극하는지 대략적으로 살펴보았다. 그러나 특정한 방식의 혼잣말하기를 강화하고 정교하게 만든 더욱 구체적인 마음의 습관은 당신의 기회를 그보다 훨씬 더 향상시켜줄 것이다.

철학자 길버트 라일은 사후에 출판된 저서 《사고에 관하여On Thinking》 (1979)에서 오귀스트 로댕Auguste Rodin의 유명한 조각상 '생각하는 사람 The Thinker'이 몰입해 있는 것과 같은 '느리고, 거기에만 푹 빠져 있는' 생각하기가 실제로는 혼잣말하기와 같은 것인 경우가 종종 있다고 했다. 놀랍고도, 놀랍도다! 분명 그것이 우리가 생각할 때 하는 일이 아닌가? 글쎄, 그렇기도 하고, 아니기도 하다. 그러나 그것이 우리가 (종종) 하는 일임은 분명하다. 우리는 독백을 하면서도 이런저런 말로 누군가와 대화를 나누기도 한다. 그러나 왜 자신에게 혼잣말하는 것이 좋은 영향을 미치는지에 관해서는 명백히 입증된 것이 없다.

마음의 습관은 잘 다져진 탐색의 길을 가기 위한 경로를 형성하기 위해 영겁의 세월을 거쳐오면서 설계되었다. 마골리스는 다음과 같이 말했다.

현시대 인간의 먼 조상은 말할 것도 없고, 심지어는 현대의 인간도 한 가지 문제에 몇십 초 이상 계속해서 주의를 집중하지 못한다. 그러나 우리는 그보다 훨씬 더 긴 시간을 요하는 문제를 해결할 수 있다. 그러려면 곰곰이 생각에 잠기고, 이어서 생각한 것을 정리할 수 있는 시간을 가져야 한다. 우리 자신에게 생각하는 동안 일어났던 일을 설명하고, 도달한 중간 결과에 이르게 하는 시간이다. 여기에는 명백한 기능이 있다. 말하자면, 임시 결과를 되풀이하는 것으로, (…) 우리는 그것이 기억에 저장되게 한다. 의식의 흐름의 즉각적인 내용은 반복되지 않으면 매우 빠르게 사라져버리기 때문이다. (…) 언어 덕분에 우리는 생각에 잠겨 있는 동안 어떤 일이 일어났는지 자신에게 설명할 수 있고, 판단을 내릴 수 있으며, 판단에 이른 과정을 반복할 수 있고, 실제로 그것을 반복하는 과정을 통해 장기 기억에 저장할 수 있다. (Margolis, 1987, p. 60)

개인적인 자기 자극의 습관에서 클루지를 찾아보아야 할 곳이 바로 여기다. 인간의 기억은 신뢰할 수 있고, 원하면 아무 때나 신속하게 접근할 수 있게(모든 폰 노이만 기계가 원하는 것처럼) 천부적으로 잘 설계되어 있지 않으므로 폰 노이만식 가상 기계 설계자는 뇌에서 운용할 적당한 대용품을 급조하기 위해 다양한 기억 증진 술수를 고안해낸다. 그 기본적인 술책은 운율과 리듬을 넣고, 쉽게 기억되게 반복을 거듭하는 것이다(운율과 리듬은 소리의 형태를 인식하기 위해 이미 존재하는 뛰어난 청각 분석 시스템 능력을 활용한다). 요소 간의 연관 고리를 수립하는 데 필요한 요소를 의도적으로 반복해 병치하면 한 항목이 언제나 다음 항목을 상기시키는 역할을 거뜬히 해낸다. 이런 연관성을 가능한 한 풍부하게 만들면서 단순히 시각적 · 청각적인 특징을 더하는 것이 아니라 몸 전체를 활용하여 연관성을 높이면 기억 능력을 더 높일 수 있다. '생각하는 사람' 조각상의 찌푸린 표정과 턱을 괴고 있는 모습을 비롯해 머리를 긁적이고, 중얼거리고, 왔다 갔다 하고, 끼적끼적 낙서하는 등의 우리 각자의 독특한 행동은 단지 의식적인 생각하기의 무작위적인 부산물이 아니라 더 성숙한 마음에 이르기 위한 뇌의 고된 훈련에 기능적으로 이바지하는 것(아니면 이전의 더 조악했던 기능적인 공헌의 퇴화한 흔적)일지도 모른다.

또한 우리는 정확하고 조직적인 '인출 실행 주기'나 실행될 명령 레지스터로 매번 새로운 지시를 불러오는 '명령 주기' 대신, 체계도 엉성하고 이리저리 떠도는, 논리적 변화와는 거리가 먼 '규칙'을 찾아야 한다. '자유 연상free association'을 좋아하는 뇌의 천부적인 기호에 맞춰 기다란 연관 사슬이 제공되는 그곳에서 옳은 순서를 찾아보게 하기 위해서다(Margolis, 1987; Calvin, 1987, 1989; Dennett, 1991b). 우리는 입증된 알고리즘으로 일어나는 시퀀스 대부분이 원하는 결과를 산출하리라고 기대해서는 안 된다. 플라톤의 새장 꼴이 되기 쉽다.

컴퓨터공학의 가상 기계를 이용한 비유는 인간의 의식 현상에 유용한 통찰을 제공한다. 컴퓨터는 원래 수치 처리를 위해 만들어진 것이지만, 지금은 그 수치 처리 능력이 여러 기발한 방식으로 이용되면서 비디오 게임이나 워드 프로세서와 같은 새로운 가상 기계를 만들어내고 있다. 그와 비슷하게 우리 뇌도 워드 프로세싱을 위해 설계되지는 않았지만, 지금은 거대한 부분이, 아니 성인 뇌에서 일어나는 활동의 가장 많은 부분이 언어 생성과 이해, 언어적 항목의 지속적인 연습과 재배열 같은 일종의 워드 프로세싱에 관여하고 있다. 또한 이런 활동은 외부에서 보기에는 상당히 기적적인 방식으로 근본 하드웨어의 성능을 높이고, 바꾸어놓고 있다.

하지만 당신은 그래도 여전히 반대 주장을 하고 싶을 것이다. 이 모든 것은 의식과는 관련이 적거나 아예 없다고 말이다. 결국 폰 노이만 기계는 전적으로 무의식적인 것이다. 왜 그것이나 그와 비슷한 것을 실행해야 할까? 그렇다면 조이스식 기계는 조금이라도 더 의식적일까? 그 질문에는 분명하게 답할 수 있다. 폰 노이만 기계는 애초에 가장 효율적인 정보 링크로 회로가 배선되게 만들어져 있어 자기 자신이 자기의 정교한 지각 체계의 대상이 될 필요가 없다. 반면, 조이스식 기계가 작동하는 방식은 외부 세계에 있는 것을 지각하는 것만큼이나 자신에게도 '시각적'이고 '청각적'이다. 자신에게 초점이 맞추어진 지각 장치를 갖게 설계되어 있다는 간단한 이유 때문이다.

이것은 거울을 이용한 속임수로 보인다. 나도 그것을 안다. 이것은 반직관적이고, 이해하기 어려우며, 언뜻 보기에는 언어도단으로 느껴진다. 다음에 이어질 두 장에서는 거울을 이용한 속임수로 보이는 것이 의식에 관한 합당한 설명이 될 수 있는 방식을 더 면밀하고 회의적으로 살펴볼 것이다.

7장

언어가 우리 마음에
영향을 미치는 방식

의미는 어디에서 오는가?

4장에서 우리는 끈덕지게 유혹해오는 데카르트 극장이 잘못된 생각임을 폭로했다. 그 생각에 있는 불합리함을 우리 눈으로 직접 보았고, 그 대안으로 다중원고 모형을 찾았다고는 해도 실증적인 과학의 기반 위에 그 대안을 단단히 붙들어 매놓지 않으면 데카르트 극장은 계속해서 우리를 사로잡고 놓아주지 않을 것이다. 우리는 그 과제를 5장에서부터 시작했고, 6장에서는 한 걸음 더 앞으로 나아갔다. 우리는 말 그대로 제1원칙으로 돌아갔다. 인간의 의식을 창조한 점진적인 설계 발달 과정에 관한 추정적인 이야기를 이끈 진화의 원칙이다. 이것이 블랙박스 안(어떤 사람은 그것을 무대 뒤라고 말할지 모른다)에 있는 의식의 장치를 들여다볼 수 있게 해줄 것이다. 우리가 뒤집어엎고자 하는 유혹적인 극장 이미지에 조의를 표하면서!

우리 뇌에는 전문가 뇌 회로들이 짜깁기되어 있다. 이 회로들은 일부분은 문화에 의해, 또 일부분은 개인의 자기 탐색으로 주입된 습관 덕분에 대체로 질서 정연하고, 어느 정도 효율적이며, 다소 잘 설계된 가상 기계인 조이스식 기계를 만들어낸다. 각각 독립적으로 발달한 전문가 조직을 공동의 대의 아래 하나로 묶어 그 연합에 엄청나게 증가된 힘을 실어주는 것으로 이 가상 기계, 즉 뇌의 소프트웨어는 일종의 내부 정치적 기적을 이룩한다. 그중 어느 하나에게만 장기간의 지배력을 주지 않아도 가상의 대장이 나온다. 권력을 놓고 그칠 줄 모르는 아귀다툼을 벌이는 대신 일관성 있고 목적에 합당한 질서를 지키려는 훌륭한 상위 습관 덕분에 이 연합에서 저 연합으로 책임이 번갈아 옮겨 간다.

그 결과로 얻은 집행 능력과 지혜는 전통적으로 자기에게 할당된 능력 중 하나로, 그 의미가 중대하다. 윌리엄 제임스는 뇌의 어딘가에 교황 뉴런이 있다는 생각을 맹렬히 풍자하면서 그것에 조의를 표했다. 우리는 그와 같은 뇌의 상하 종속 체계에 관한 업무 설명서는 앞뒤가 맞지 않는다는 것을 알고 있고, 통제 책임과 의사결정은 어떤 식으로든 뇌 전역으로 분배된다는 것도 알고 있다. 우리는 소란스럽게 아귀다툼을 벌이는 선원들을 태우고 표류하는 배가 아니다. 우리는 상당히 잘 해나가고 있다. 여울목과 다른 위험들을 피해 가기 바쁜 것만이 아니라, 작전을 짜고, 전략상의 오류를 수정하고, 다가오는 기회의 미묘한 전조를 인식하고, 수개월, 수년 동안 펼쳐질 엄청난 프로젝트를 성사시킨다. 앞으로 몇 장에 걸쳐 우리는 이 가상 기계의 구조를 더 면밀하게 살펴볼 것이다. 그러나 그 일에 돌입하기에 앞서 우리는 신비화의 다른 원천을 드러내어 그 실체를 밝혀야 한다. 그것은 바로 '중추의 의미부여자Central Meaner'라는 환상이다.

가상의 보스가 맡고 있는 주요 과제는 외부 세계와의 의사소통을 통제하는 일이다. 우리가 3장에서 보았듯이 타자현상학을 가능케 하는 이상화는 누군가가 안에서 말을 하고 있다고 가정하는 것이다. 기록의 저자, 모든 의미의 의미부여자다. 우리는 수다스러운 신체가 내는 목소리를 해석하려 할 때, 신체가 아무렇게나 지껄인다거나, 보이지 않는 곳에서 재잘거리는 사람들 모자 속에서 말이 떨어진다고 가정하지 않는다. 그것이 단일한 행위자의 행동이며, 단 한 사람의 신체가 목소리를 내고 있음을 안다. 이 내면의 보스는 대통령과 같다고 가정하기 쉽다. 보도자료를 배포할 때는 비서관이나 부하에게 지시를 내리지만, 말을 할 때는 자신이 직접 나서야 한다. 언어 행동만큼은 자신이 직접 나서야 하고, 책임져야 한다. 공식적으로 말의 저자는 자신이기 때문이다.

사실 뇌에는 언어 생성을 지배하는 명령 계통이 없다(글을 쓰는 것도 마찬가지다). 우리가 자연스럽게 주장과 질문, 그리고 다른 언어 행위를 그 '한' 사람의 공으로 여기고 있지만, 데카르트 극장을 무너뜨리려면 그런 행위의 원천에 관한 더 현실적인 설명을 찾아야 한다.

3장에서 우리는 로봇 셰이키가 기본적인 대화 능력을 가졌다고, 아니면 적어도 다양한 상황에 맞는 언어를 내놓을 수 있다고 상상했다. 셰이키가 피라미드와 상자를 구별하는 방법을 우리에게 말할 수 있게 설계될 수 있다는 가정도 해보았다. 셰이키는 "나는 만 자릿수로 된 긴 수열을 탐색한다", "나는 밝고 어두운 경계를 찾아서 선을 그린다", "나도 모른다. 어떤 것이 그냥 상자처럼 보인다"라고 말할 수 있다. '보고'를 만들어내는 기계 장치의 여러 다른 접근 수준에서 나온 다양한 보고가 상자를 구별하는 장치의 내부 작동과 관계가 있을지 모르지만, 우리는 다양한 내부 기계 상태가 어떻게 출력까지 연결되어 있는지에 관한 세부사항까지는 접근하지 못했다. 이것은 실제적인 언어 생성을 의도적으로 단순화한 모형이어서 매우 추상적인 사고 실험의 핵심을 짚는 데만 유용하다. 문장을 내놓는 시스템이 자기의 내적 상태에 제한적으로만 접근할 수 있고, 제한적인 어휘로만 문장을 만들 수 있다면, 그것이 내놓은 '보고'는 다소 은유적으로 읽어야 제대로 해석될 수 있을 것이다.

추상적인 가능성을 여는 것과 이 가능성이 실제로 우리에게 적용될 수 있음을 보이는 일은 다르다. 셰이키가 한 일은 진짜로 보고하고, 진짜로 말하는 것이 아니었다. 셰이키의 가상 언어화는 일종의 속임수로, 프로그래머가 사용자 친화적인 소프트웨어에 구축해 넣은 미리 예비해놓은 언어였다.

비평가의 입에서 나올법한 말을 좀 해보겠다. 이 가상의 비평가는 나중에 이어질 장에서 우리의 논의와 조사를 끈질기게 물고 늘어질 것이므로 나는 그에게 '오토'라는 이름을 주겠다. 자, 오토가 말한다.

셰이키를 '그것'이 아니라 '그'라고 칭하는 것은 싸구려 속임수다. 셰이키에게는 우리와 같은 진정한 내면이 없다. 그것이 그것이게 해주는 것이 아무 것도 없다. 기계에 달려 있는 텔레비전 카메라 눈으로 정보를 입력받아 상자를 식별하는 데 이용하는 것이 우리의 시각 체계가 돌아가는 것과 매우 유사하다 하더라도(그러나 사실은 그렇지도 않다), 또한 줄줄이 이어지는 영어 단어를 조절하면서 말하는 것이 우리의 언어 체계와 매우 유사하다 하더라도(이 또한 사실은 그렇지도 않다) 거기에는 빠진 것이 있다. 안에서 판단을 내리는 중재자다. 셰이키가 가진 문제는 시각 입력과 언어 출력 사이 어딘가에 관찰자(경험자, 감상자)가 있어 셰이키가 말할 때 그 말을 의미하는 누군가가 있어야 하지만, 그를 제거하는 방식으로 입력과 출력이 잘못 연결되어 있다는 것이다.

내가 말할 때 나는 내가 말한 것을 의미한다. 내 의식적인 삶은 사적인 것이지만, 나는 내 삶의 어떤 측면을 당신에게 드러내 보이겠다고 선택할 수 있다. 내 현재와 과거의 여러 경험을 당신에게 말하겠다고 결심할 수도 있다.

그 일을 실행할 때는 보고하고자 하는 자료에 맞는 언어를 세심하게 조합한다. 옳은 단어를 찾았는지 경험과 보고할 말을 오가며 교차 확인한다. 이 와인에서 자몽을 떠올리게 하는 향기가 나는가, 아니면 그보다는 딸기를 더 연상시키는가? 더 높은 어조로 말하면 소리를 더 크게 내는 경향이 있는가, 아니면 이것이 진정 더 명확하고 요점을 더 잘 포착한 것인가? 나는 내 특정한 의식적 경험에 주의를 기울여 어떤 말이 그 특성에 가장 잘 어울리는지 판단을 내린다. 정확한 보고의 틀이 갖추어졌다고 판단했을 때 나는 그것을 표현한다. 내 자기 성찰적 보고를 듣고 당신은 내 의식적 경험의 특징을 알 수 있게 된다.

타자현상학자로서 우리는 이 글을 두 부분으로 나누어야 한다. 하나는 말하기 경험이 오토에게 어떻게 느껴지는지에 관한 그의 주장이다. 그 주장은 신성불가침이다. 오토에게는 그것이 그 경험이 여겨지는 방식이고, 우리는 그의 주장을 설명을 요구하는 자료로 받아들여야 한다. 다른 하나는 오토가 그의 내면에서 일어나는 일을 보여주는 것이라고 한 이론적인 주장이다. 말하자면, 그것이 셰이키 안에서 일어나는 일과는 다르게 만드는 것이다. 이 주장이 특별한 입지를 갖고 있지는 않지만, 우리는 그것을 모든 사려 깊은 주장에 당연히 품어야 할 존중하는 태도로 대할 것이다.

존재하지도 않는 중재자, 데카르트 극장의 내적 관찰자는 없애야 한다고 주장하는 것이 내게는 매우 당연한 일 같지만, 우리는 그것을 그냥 내버릴 수는 없다. 중추의 의미부여자가 없다면 의미가 어디서 올 수 있단 말인가? 우리는 의도된 말, 진정한 보고가 어떻게 단일한 중추 의미부여자의 승인 없이, 그러니까 그것이 그의 말임을 확실히 표시하는 인용부호를 달지 않고 구성될 수 있는지에 관한 설득력 있는 설명을 내놓아야 한다. 그것이 이번 장의 주요 과제다.

레벨트의 관료제 모형

현대 언어학이 감추고 있는 비밀 하나는 듣기에는 아낌없는 관심을 쏟아부으면서 말하기에는 대체로 무관심하다는 사실이다. 언어 지각과 들은 말의 이해에 관한 이론과 모형은 많지만(음운론에서 출발해 구문론을 거쳐 의미론과 화용론까지), 언어의 생성 체계에 관해서는 노암 촘스키를 비롯하여 그의 경쟁자와 추종자, 그 누구도 실질적으로 내놓은 말이 없었다(옳든 그르든). 이것은 마치 모든 예술 이론이 그것을 창조한 예술가에 관한 말은 한마디도 없이 오로지 예술 감상의 이론인 것과 같고, 모든 예술이 딜러와 수집가가 그 진가를 알아본 '발견된 대상objet trouvé'으로만 구성되어 있는 것과 같다.

일이 그렇게 돌아가는 이유를 찾기는 어렵지 않다. 발화가 이 과정을 시작하게 하는 발견된 대상이기 때문이다. 지각과 이해 체계로 유입되는 원재료와 정보가 무엇인지는 상당히 명확하다. 공기 중에 형성된 파동 형태나, 다양한 평면에 줄줄이 새겨진 표시 같은 것은 바로 발견되기 때문이다. 이해 과정의 최종 산물이 무엇인지를 놓고 벌어지는 논란은 상당히 혼란스럽지만, 그 의견 대립은 연구 과정의 시작이 아니라 끝에서 벌어진다. 출발선이 명확한 경주는 설령 그것이 어디서 끝날지 아무도 확신하지 못해도 적어도 시작은 합리적으로 할 수 있다. 언어 이해의 '산출'이나 '산물'은 입력된 것을 새로운 표상으로 해독하거나 전환한 것일까? 인간의 정신 속에 내재되어 있는 멘털리즈Mentalese(인지과학자 스티븐 핑커Steven Pinker는 사람은 자연언어로 생각하는 것이 아니라 자연언어와는 별개인 추상언어로 생각한다고 주장하며 이 '사고의 언어'를 '멘털리즈'라 불렀다_옮긴이) 언어로 구성된 문장이나 머릿속 그림일까, 일련의 뿌리 깊은 구조일까, 아니면 아직 상상에서조차 보지 못했던 실체일까? 언어학자들은 그 과정의 지엽적인 문제를 파헤치느라 정작 이 난제에 대한 대답은 미루고 있는 것 같다.

다른 한편, 언어 생성과 관련하여 아직 아무도 궁극적으로 무엇이 완전한 발화를 산출하는 과정을 시작하는지에 관해 모두 동의하는 명확한 설명을 내놓지 못한 상황에서는 어떤 이론을 시작하는 것조차 쉽지 않다. 그러나 그 일이 어렵더라도 불가능한 것은 아니다. 최근에 언어 생성 문제와 관련하여 훌륭한 연구가 이루어졌고, 네덜란드 심리언어학자 펌 레벨트Pim Levelt가《말하기Speaking》(1989)에서 그 문제를 탁월하게 조사하고 정리했다. 말의 산출부터 거꾸로, 또는 양쪽 방향 중간에서부터 작업하는 것으로 우리는 우리의 발화를 설계하고 표현해내는 장치를 어렴풋이나마 들여다볼 수 있다.

말은 한 번에 한 단어씩 설계하고 실행하는 일괄 처리로 생성되지 않는다. 말하기 체계에 제한적으로나마 미리보기가 가능한 것은 발화에서 주어지는 강세 덕분이다. 또 '두음 전환頭音轉換, spoonerism(아무 의도 없이 단어의 첫 문자를 서로 바꾸어 사용해 실수하게 되는 것_옮긴이)'과 그 밖의 말실수는 발화를 구상하는 과정에서 어휘와 문법적인 구분이 어떻게 지켜지는지(또 잘못 지켜지는지) 결정적으로 보여준다. '다트 보드dart board'라는 말을 하려고 했지만 '바트 도드bart doard'라는 말이 나와버리는 경우보다는 '단 보어darn bore'라고 말하려 했는데 '반 도어barn door'라는 말이 나오는 경향이 더 크다. 말이 실수로 나오는 경우라도 단순히 발음이 가능한 말(발음은 가능하지만 실제 단어는 아닌 말)보다는 진짜(익숙한) 말을 선호하는 편향이 있는 것이다. 'wearing a name tag'라는 말을 하려고 했지만 'naming a wear tag'라는 말이 튀어나오는 오류에 관여되는 전치도 생각해보라.

이런 오류를 유도하게 고안한 실험과 말할 때 일어나는 일과 일어나지 않는 일을 정교하게 분석한 결과를 토대로, 어떤 메시지를 밖으로 내놓고

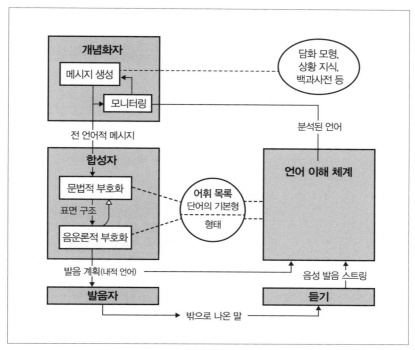

〈그림 7-1〉

자 하는 결정이 내려진 후 최종적으로 메시지를 명료하게 발음해내는 고도로 조직화한 기제에 관한 모형이 개발되고 있다. 그러나 누가 또는 무엇이 이런 장치가 작동하게 만드는가? 언어 오류는 화자가 말하려고 의도한 것이 아닌 다른 말이 튀어나오는 오류다. 어떤 작업 감독이 이런 오류와 관련된 작업을 맡는가? 중추의 의미부여자가 아니라면 무엇인가?

레벨트는 우리에게 '화자를 위한 청사진'이 되어줄 그림을 제공했다(그림 7-1). 좌측 상부에 중추의 의미부여자 역할을 하는 것으로 보이는 것이 있다. '개념화자Conceptualizer'로 위장한 채 세상에 관한 많은 지식과 계획, 의사 전달 의도로 무장하고, '메시지 생성' 능력까지 갖추었다. 레벨트는 그의 독자들에게 "개념화자라는 구상은 더 많은 설명을 요한다"라고 경고했다(Levelt, 1989, p. 9). 그러나 어쨌거나 그는 그것을 상정했다. 나머지 팀에게 명령을 전달하는 보스를 상정하지 않고는 그 과정을 진행시킬 수 없었기 때문이다.

그렇다면 개념화자는 어떻게 작동할까? 그에 따르는 문제를 더 명확하게 볼 수 있게 캐리커처로 시작해보자. 개념화자는 상대를 모욕하는 언어 행동을 하기로 결정했다. 그는 자기 휘하에 있는 홍보부(레벨트의 합성자)에 명령을 내렸다.

"이 멍청이에게 발이 너무 크다고 말해!"

홍보부 직원들은 그 임무를 수행하기 위해 적당한 단어를 찾아냈다. 2인칭 단수 소유대명사 'your(당신의)', 발을 지칭하는 적당한 단어 'feet(발)', 거기에 맞는 복수 동사 'are', 적당한 부사와 형용사 'too big(너무 커)'. 그리고 이 단어들을 적절히 모욕적인 어조와 버무려 실행했다.

"Your feet are too big(당신 발은 너무 커)!"

그렇지만 잠깐, 이거 너무 쉽지 않은가? 방금 본 것처럼 개념화자가 명령(레벨트가 전 언어적 메시지라 부른 것)을 내릴 때 영어를 사용한다면 어려운 일은 모두 마친 셈이다. 사소한 조정 작업 후 그 말을 전달하는 걸 제외하면 나머지 팀이 해야 할 일 약간만 남았다. 그렇다면 이 '전 언어적 메시지preverbal message'는 다른 표상 시스템이나 언어에 있는 것일까? 그것이 무엇이든 전 언어적 메시지는 생성 팀이 구성하고 내놓아야 할 대상을 만들어낼 기본적인 상세 설명서를 제공할 수 있는 역량이 있어야 한다. 또한 그것은 영어가 아니라 뇌가 이해할 수 있는 뇌 언어나 멘털리즈 같은 것으로 표현되어야 한다. 레벨트의 주장에 따르면, 전 언어적 메시지는 일종의 사고의 언어지만, 인지적 활동을 위한 것이 아니라 오로지 언어 행동을 명령하는 사고의 언어로 이용될 것이다. 팀은 영어로 된 발화를 만들라는 자세한 멘털리즈 명령인 전 언어적 메시지를 받는다. 그리고 명령대로 이행한다. 개념화자는 명령을 내리기 위해 어떤 멘털리즈를 이용해야 할지 어떻게 알아낼까? 개념화자의 메시지 생성 상자 안에 숨겨진 레벨트의 청사진 축소판은 아니어야 할 것이다(그런 식으로 무한정 계속되는 것이어서는 안 된다). 또한 누군가가 개념화자에게 무엇을 하라고 말해주지도 않을 것이다. 그렇다면 결국 그가 의미를 생성하는 중추의 의미부여자가 아닐까?

발화의 의미는 어떻게 전개될까? 전체적인 전략에서부터 세부전술을 통해 기본적인 작전이 나오기까지 명령이 나오는 경로를 생각해보자.

(1) 공격 태세를 취하라.
(2) 상대에게 지나치게 위험하지는 않지만 고약한 일을 하라.
(3) 그를 모욕하라.
(4) 그의 신체 일부를 비방하라.
(5) 그에게 발이 너무 크다고 말하라.
(6) "당신 발은 너무 커!"라고 말하라.
(7) "당신 발은 너무 커!"라고 입 밖으로 뱉으라.

분명하게 이런 최종 행동을 목표로 겨냥해가는 일이 일어났다. 인간의 언어는 목적이 있는 활동이다. 거기에는 목적과 수단이 있고, 우리는 어떻게 해서든 다양한 선택사항을 아우르는 통용될 수 있는 일을 한다. 그 사람을 모욕하는 대신 밀쳐버릴 수도 있다. 발이 크다는 말 대신 머리가 나쁘다고 놀릴 수도 있고, 패츠 월러Fats Waller의 노래 가사를 인용해 "당신의 발은 역겨워"라고 말할 수도 있다.

그러나 이렇게 목표를 겨냥해가는 일이 사령관이 하급자에게 명령을 내리는 관료적인 위계 체계로 성취될 수 있을까? 폭포처럼 쏟아지는 이런 명령에는 경쟁자를 물리치고 하나를 선택해야 하는 많은 의사결정 순간이 있어야 할 것 같고, 더 사소한 세부사항에 대해서는 책임을 위임하고, 하급 행위자가 자기 나름의 의도와 이유로 다양한 선택을 내리는 모형도 있어야 할 것 같다(만일 하급 행위자가 왜 자기가 그 일을 하는지 알지도 못하면서 일한다면 진정한 행위자라고 할 수 없을 것이다. 아무 생각 없이 도장만 찍어주어 무슨 일이든 일어나게 내버려두는 수동적인 기능을 할 뿐이다).

레벨트의 청사진은 그것이 유래한 원천 가운데 하나의 흔적을 드러낸다. 바로 '폰 노이만 구조'다. 폰 노이만 구조는 튜링이 자신의 의식 흐름을 반추하면서 만들어낸 구조에서 영감을 받았고, 이어서 그것이 인지과학의 여러 모델에 영감을 주었다. 6장에서 나는 인간의 의식이 다소 폰 노이만 기계 같다는 생각, 다시 말해 한정된 내용이 누산기의 병목을 뚫고 연속하여 지나가는 직렬 처리기와 유사하다는 생각에 대한 저항을 극복해보고자 했다. 이제 나는 그 생각에 브레이크를 걸고, 인간 의식의 기능적인 구조가 어떤 면에서는 폰 노이만 기계의 구조와는 다르다는 것을 강조하고자 한다. 폰 노이만 기계가 표준적으로 단어를 내놓는 방식과 레벨트의 청사진을 비교해보면 레벨트의 모형이 거기서 빌려온 부분이 상당히 많다는 것을 알 수 있다.

폰 노이만 기계가 제 가슴에 무엇이 적혀 있다고 말하면, 그것은 하나뿐인 중앙 작업 공간인 누산기에 있는 내용을 산출한다. 누산기에는 매 순간 이진수의 고정 언어로 되어 있는 특정 내용이 들어 있다. 폰 노이만 기계의 기본적인 '전 언어적 메시지'는 10110101 00010101 11101101과 같은 것이다. 어떤 기계언어에서든 원시 명령 가운데 하나는 산출 명령이고, 그것이 누산기의 현재 내용을 취해(예를 들어, 이진수 01100001) 스크린이나 프린터에 적으면, 외부 사용자는 CPU가 산출한 결과에 접근할 수 있다. 약간 더 사용자 친화적인 기계에서는 일련의 원시 명령으로 구성된

루틴 작업으로 먼저 이진수를 십진수로 전환하거나(이진수 00000110은 십진수로 6이다), '아스키 부호ASCII Code'를 통해 알파벳 글자(이진수 01100001은 a이고, 01000001은 A이다)로 전환한 다음 결과를 산출한다. 이런 서브루틴은 포트란, 파스칼, 리스프와 같은 더 고차원적인 프로그래밍 언어에서 볼 수 있는 고차원적인 출력 명령의 핵심을 이룬다. 프로그래머는 계속해서 이어지는 서브루틴을 통해 더 커다란 메시지를 구축할 수 있는 더 나아간 서브루틴을 만들고, 메모리에서 기다란 수열을 인출하여 누산기를 거치면서 계산이 이루어지게 하며, 그것을 변환하여 스크린이나 프린터에 결과가 출력되게 한다. 서브루틴은 누산기를 몇 번 오가면서 다음과 같은 문장의 빈칸을 채울 값을 얻는다.

> You have overdrawn your account, Mr. (　), by $(　).
> Have a nice day, Mr. (　)!
> (　)씨, 당신은 계좌에서 (　)달러를 초과 인출했습니다. 좋은 하루 보내세요, (　)씨!

준비된 문장 공식은 서브루틴이 행동에 나설 시간이라고 결정할 때까지 일련의 이진수로 메모리에 저장되어 있다. 이런 방식으로 고정된 루틴의 엄격한 위계질서는 누산기 안에 있는 구체적인 내용의 수열을 인간이 스크린이나 프린터에서 읽을 수 있게 '이 문서를 저장하기 원하십니까?', '파일 여섯 개가 복사되었습니다', '안녕, 빌리, 틱택토tic-tac-toe게임 할래?'와 같은 표현으로 바꿀 수 있다.

레벨트의 모형이 공유하는 이런 처리 과정에는 두 가지 특징이 있다. 첫째, 그 과정은 이미 입력으로 한정된 내용을 취한다. 둘째, 컴퓨터공학에서 '통제의 흐름flow of control'을 의미하는 말로 통용되는 은어인 '관료제Bureaucracy'가 세심하게 설계되어 있어야 한다. 모든 의사결정은 하급 행위자에게 책임을 넘겨주면서 위계적으로 흐르고, 하급 행위자는 목적과 수단을 분석한 직무 명세서로 임무 수행 승인을 받는다. 흥미로운 점은 첫 번째 특징인 '한정된 내용'은 오토가 자기 자신의 처리 과정에 관해 말한 견해, 즉 중앙 어딘가에 '말로 바뀌기를' 기다리는 확정된 '사고'가 있다는 말과도 맞아떨어지는 것으로 보인다는 것이다. 그러나 두 번째 특징은 조금 달라 보인다. 폰 노이만 기계의 경우에는 프로그래머에 의해 설계되었고, 레벨트의 합성자 활동에서는 아마도 진화와 개인적인 발달의 결합에 의해 설계되었을 것이다. 생각을 말로 옮기기 위해 생각하는 사람이 해야 할 창의적이고 판단적인 역할은 이 모형에서는 나타나지 않는다. 그 역할은 합성자에게 명령을 전달하기 전에 창의적인 작업을 도맡아 하는 개념화자에게 빼앗겼거나, 앞선 설계 과정의 기정사실로 합성자의 설계에 함축되어 있다.

단어 도깨비들의 복마전

목적과 수단을 조직화하는 다른 방법으로는 무엇이 있을까? 정반대의 캐리커처를 생각해보자. '단어 도깨비word-demon'들의 복마전이다. 우리가 말하는 방식은 이렇다. 우선 목소리 내기 모드로 들어간다. 우리가 나팔이 되는 것이다.

뻬이이이이이이이이이이이이이이이이이이이이이이…….

처음에는 아무런 이유 없이 이런 일을 한다. 이런 일을 하지 말아야 할 이유도 없으니까. 내면의 시끄러운 소리가 우리 안에 있는 여러 도깨비를 흥분시키고, 깨어난 도깨비는 나팔 소리의 흐름을 방해하면서 닥치는 대로 조정하기 시작한다. 그 결과는 아무런 뜻도 없는 말이지만, 적어도 영어로 된 말이다(영어 사용자의 경우).

아바 다바 두 피들리 디이 티들리 폼 피피포품….

그러나 이런 어처구니없는 소리가 실제로 외부 세계로 나오기 전에 혼란한 형태에 민감하게 반응하는 도깨비들이 나서서 그것을 말, 구, 상투어 형태로 다듬기 시작한다.

그래서 그건 어때? 야구, 알다시피, 사실로 보자면, 딸기, 우연, 좋아? 그것이 입장권이야. 그래, 그렇다면….

이 소리를 들은 도깨비들은 최종적으로 전체 문장이 완성되어 나오기 전에 이런저런 형태의 말을 만들어보고, 더 길고 수용 가능한 장황한 말을 해보다가 운 좋게 더 좋은 말을 발견한다.

내가 네놈의 이를 모조리 뽑아 목구멍에 처넣어주겠어!

그러나 다행히도 이 말은 한쪽으로 미뤄지고 말이 되어 나오지 않는다. 동시에(병렬적으로) 다른 후보 말이 만들어지고, 이제 머지않아 뒤로 미뤄진 몇몇 말을 포함하여 다른 말이 밖으로 나올 것이다.

당신은 구두쇠야!
요즘 좋은 책 좀 읽니?

그리고 부전승에 의한 승자가 말이 되어 나온다.

당신 발은 너무 커!

이 경우 뮤즈는 우리의 화자를 실망시켰다. 최종 발언으로 재치 있는 응수를 던지지 못하고 화자의 마음 상태에 절반 정도만 적절한 말이 불쑥 튀어나온 것이다. 화자는 아마 상대와 헤어져 집으로 돌아가는 길에 아까 했어야 했지만 못했던 말을 생각하고 중얼거리면서 혼란스러운 언쟁을 재개할 것이다. 그러면 뮤즈는 더 나은 말을 내려주고, 화자는 마음속으로 그 말을 이리저리 음미하면서 상대의 얼굴에 떠오를 상처 입은 표정을 즐겁게 상상할 것이다. 그리고 집에 도착할 때쯤에는 화자의 마음에 날카로운 재담으로 상대를 꼼짝 못하게 만든 장면이 생생하게 떠오를 것이다.

우리는 이 모든 일이 병렬 처리의 신속한 생성으로 익명의 도깨비 무리와 결코 빛을 보는 날이 오지 않을 그들의 희망적인 구성을 통해 '낭비적'으로 일어난다고 가정할 수 있다. 그 결과, 어떤 것은 의식적으로 고려되거나 거부되고, 어떤 것은 결국 외부자가 들을 수 있는 언어 행동으로 실행되어 나온다. 충분한 시간이 주어진다면 이런 말 가운데 하나 이상을 조용히 의식적으로 연습해볼 수도 있다. 하지만 그런 공식적인 오디션은 비교적 드문 일이고, 잘못된 말에 무거운 벌칙이 따를 위험성이 높은 경우에나 활용된다. 보통은 화자가 미리보기를 하지 못하며, 화자가 무슨 말을 했는지 화자와 청자가 동시에 알게 된다.

그렇다면 이런 말의 쟁탈전은 어떻게 판정이 날까? 어떤 말이나 어구, 문장이 경쟁을 벌이던 다른 말을 이기고 선택될 때 그것이 현재의 마음 상태에 적합하다는 것이 어떻게 판별될까? 심적 경향(그것이 명시적인 의사전달 의도가 아니라면)은 무엇이고, 그것의 영향력은 말의 쟁탈전에 어떻게 전달될까? 중추의 의미부여자가 없다면 내용이 시스템 내면 깊은 곳에서 나와 언어적 보고로 갈 방법이 있어야 한다.

관료제의 문제는 개념화자가 불길할 정도로 강력한 힘을 갖고 있다는 것이다. 너무 많은 것을 알고 있고, 너무 많은 책임을 지는 난쟁이다. 이 과도한 권력은 그 산출, 즉 전 언어적 메시지를 나타내는 방식의 어정쩡함에서 명백히 드러난다. 만일 그것이 이미 언어 행위를 구체화했다면, 그러니까 그것이 이미 멘털리즈로 된 일종의 언어 행동이라면 구성의 어려운 일 대부분을 차지하는 합성자에게 내리는 구체적인 명령은 우리 모형이 끼어들기도 전에 일어나버린다. 복마전의 문제는 내용의 원천이 단어 도깨비의 창의적인 에너지를 좌지우지하지 않으면서 영향을 미치거나 제약하는 길을 찾아야 한다는 것이다.

'글을 시작하며'에서 이야기했던 정신분석 파티 게임 모형에서 환상을 생성하는 과정은 어떤가? 현명한 프로이트의 꿈 극작가와 환상 생성자를 제거하고, 그 대신 질문자가 끊임없이 질문을 던지면서 내용이 드러나는 과정으로 대체했던 것을 상기해보라. 남은 문제는 그 영리한 질문자를 없애는 방법을 찾는 것이고, 이것은 우리가 지금껏 미뤄온 문제이기도 하다. 여기서 또 다른 문제가 나온다. "'참 꼴불견이네'라고 말해버리지 그래요?", "왜 우리가 '나는 붉은 점이 움직이다가 녹색 점으로 변하는 것을 본 것 같아'라고 말하면 안 되는 거죠?"와 같은 질문을 던지면서 덤비는 경쟁자들에게 어떻게 대답하느냐는 것이다. 상호 보완적인 문제를 대응시키는 것으로 서로의 문제를 해결할 수 있을까? 단어 도깨비는 질문자와 경쟁자로, 내용 도깨비는 답변자와 판관으로 나란히 놓는다면? 완전히 발달해 실행된 의사 전달 의도인 '의미'는 그 어느 것도 스스로 언어 행동을 수행하고 명령할 수 없는 다양한 하부 시스템의 일부 직렬적이고, 일부 병렬적인 협력을 포함하는 언어 행동 설계의 유사 진화 과정에서 나타날 수 있다.

　그런 과정이 정말 가능할까? '제약 조건 만족Constraint Satisfaction' 처리 과정을 비롯해 여러 종류의 모형이 있고, 이것들은 실로 놀라운 역량을 갖고 있다. 또 뉴런 같은 요소의 다양한 '연결주의connectionism' 구조(McClelland and Rumelhart, 1986)뿐 아니라 더 추상적인 다른 모형도 있다. 점블Jumble이나 애너그램Anagram의 해답을 찾는, 더글러스 호프스태터(1983)의 '점보 구조Jumbo Architecture'나, 마빈 민스키Marvin Minsky(1985)의 '마음의 사회Society of Mind'를 구성하는 '작용 요소agent'도 같은 생각에서 나온 것이다(이것은 8장에서 더 자세하게 논의할 것이다). 그러나 우리는 더 자세하고, 명시적이며, 언어 생성을 직접적으로 겨냥한 모델이 만들어져 그 기량이 시험될 때까지는 판단을 유보해야 할 것이다.

　그러나 성공적인 언어 생성 모형이라면 어디에서든 메시지 생성의 진화적 과정을 이용해야 한다. 그렇지 않으면 우리가 기적에 붙들려 있거나("다음에는 기적이 일어나"라고 말하는), 의미부여자가 과제를 설정하는 무한 후퇴에 빠져 있어야 할 것이기 때문이다.[1] 또한 우리는 레벨트의 연구 결과를 통해 문법에서 음성으로의 전환까지를 점령하고 결정하는 상당히 경직되고 자동적인 과정이 있다는 것을 안다. 우리는 두 개의 캐리커처로 과도한 관료제에서 과도한 대혼란까지 연속선상에 있는 양 극단을 설명했다. 더욱 생생하게 대조되게 만들기 위해 내가 이용한 캐리커처와는 달리 실제 레벨트의 모형은 반대되는 캐리커처의 비관료적인 특징도 일부 포함한다. 레벨트의 합성자가 다소 자발적으로 언어 생성에 돌입하는 것을 구조적으로 방해하는 것은 없다. 개념화자에게로 돌아가는 언어 이해 체계를 통과하는 모니터링 고리를 감안해본다면(그림 7-1 참조) 이런 자발적인 활동은 다중적인 단어 도깨비를 예견하는 일종의 생성 역할을 할 수 있다. 두 캐리커처 사이에는 더욱 현실적인 대안 모형이 개발될 수 있는 중간 영역이 있다. 여기서 중요한 것은 말이 될 것의 내용과 형태를 결정하는 전문가와 '단어와 문법' 전문가 사이에 상호작용이 얼마나 많이 이루어지게 할 것이냐 하는 문제다.

한 극단에서는 그 대답이 "전혀 없다"이다. 우리는 레벨트의 모형을 원형 그대로 유지할 수 있고, 거기에 전 언어적 메시지를 확정하기 위해 개념화자 안에서 일어나는 복마전 모형을 간단히 보충하기만 하면 된다. 레벨트의 모형에서는 메시지 생성(전문 요원 배치) 과정과 언어 생성(전문 요원 회합) 과정이 거의 완전하게 분리된다. 전 언어적 메시지의 첫 부분이 합성자에게 도달하면 그것이 발화를 유도하고, 합성자가 단어를 선택하면서 이것이 발화가 지속되는 방식을 제약하지만, 전문 요원이 수정할 때 협력은 최소한으로만 일어난다. 합성자 안에서 언어를 다듬는 하급자는 제리 포더Jerry Fodor의 말에 의하면, "캡슐에 싸여" 있다. 그들은 자동적인 방식으로 '만일', '그러면', '그러나' 등의 명령에 할 수 있는 한 최선을 다한다.

다른 극단에는 어휘 목록에서 나온 단어와 구句가 소리와 의미, 연관과 함께 문법적인 구조와 복마전 격으로 밀치락달치락하는 모형이 있다. 모두 메시지의 일부가 되기 위해 싸우는 것이며, 그중 일부는 곧바로 의사 전달 의도에 실질적인 공헌을 하지만, 최종적으로 실행되어 나오는 것은 그보다 적다. 여기서 의사 전달 의도는 그 과정의 원인인 동시에 결과이기도 하다. 그것은 생성물로 나오기도 하고, 일단 생성물로 나온 것은 그후 다른 의사 전달 의도를 실행할 때 비교 측정하는 기준으로 이용될 수 있다. 의미를 이루는 원천은 단 하나가 아니며, 적당한 단어를 찾아 기회주의적으로 발전되어 나오는 여러 원천이 있다. 서브루틴에 의해 영어로 바뀌기를 기다리는, 특별한 기능적 장소에 있는 명확한 내용 대신에, 뇌에 전반적으로 분포되어 있는, 아직 완전하게 결정되지 않은 심적 경향이 구성 과정을 제약한다. 시간이 지나면서 표현 과제를 한층 더 나아가 결정할 때 조정하고 수정하는 과정에 실제로 피드백되는 것이다. 여전히 한 번에 한 가지 주제에 집중하면서 전체적으로 순차적인 통과의 패턴이 있지만, 그 경계는 명확하지 않다.

복마전 모형에서는 통제력이 위임되는 것이 아니라 찬탈당한다. 그 과정이 설계되어 있지 않고, 기회주의적이기 때문인데, 이는 최종 발화를 산출하는 설계 결정 원천이 많기 때문이다. 또한 안에서 흘러나오는 내용이 무엇이고, 단어 도깨비가 자원해 내놓은 제안이 무엇인지 엄격하게 구별하는 일도 불가능하다. 이런 모형이 암시하는 것은 사고 표현자의 창의적인 역할(오토에게는 상당히 중요한 어떤 것)을 보존하려면 생각하는 사람이 표현할 확정적인 생각을 갖고 생각을 시작한다는 아이디어를 포기해야 한다는 것이다. 하지만 확정적 내용이라는 생각(이 역시 오토에게는 상당히 중요한 것)은 무언가를 포기해야 하는 것이다.

진실은 어디에 있을까? 이것은 우리가 아직 그 대답을 모르는 실증적인 질문이다.[2] 그러나 언어 생성이 복마전을 포함하는 것으로 드러날 것임을 강하게 암시하는 현상이 있다. 그것은 기회주의적이고, 병렬적이며, 진화적인 과정이다. 지금부터 그 일부를 간략하게 살펴볼 것이다.

말이 스스로 말하기 원할 때

인공지능 연구자 로렌스 번바움Lawrence Birnbaum과 그레그 콜린스 Gregg Collins(1984)는 '프로이트의 말실수Freudian slip(은연중에 무의식 속에 있는 내용을 말해버리는 실언_옮긴이)'에 있는 특이한 점에 주목했다. 프로이트는 말이 잘못 나오는 것이 무작위적이거나 의미 없는 것이 아니라 깊은 의미가 있다고 주장하여 우리의 관심을 사로잡았다. 대화에 무의식적으로 어떤 의도를 끼워 넣어 억제되어 있던 것을 소통하고자 하는 목표를 간접적 · 부분적으로 만족시키려는 기제라는 것이다. 프로이트의 예에서 한 남자가 이렇게 말했다.

선생님, 제가 당신을 우리 상사의 건강을 위해 딸꾹질하게 불렀습니다.

독일어로 '딸꾹질하다aufzustossen'라는 말은 '마시다anzustossen'라는 말이 잘못 나온 것이다.

프로이트의 설명에 따르면, 이런 말실수는 사회적 · 정치적으로 존경을 표해야 할 대상인 상사를 조롱하거나 모욕하려는 무의식적인 목적에서 나온 증상이다. 그러나 상사를 조롱하려는 화자의 의도가 '딸꾹질'이라는 말을 이용하자는 계획을 꾸미기에 이르렀다고 보는 것은 합리적이지 못하다. 상대를 조롱하거나 모욕하기 위해 쓸 수 있는 단어와 어구는 수백 개가 있다. (…) 화자가 애초에 상대를 모욕하려는 목적으로 '딸꾹질'이라는 말을 선택할 리 없다고 본다면 그 말을 내뱉는 것으로 상사를 조롱하거나 모욕하려는 목적을 이룰 수 있다고 보기도 어렵다.

번바움과 콜린스의 주장에 의하면, 가끔씩 우연히 튀어나오는 프로이트의 말실수를 설명할 수 있는 유일한 과정은 '기회주의적인 계획'이다.

따라서 위와 같은 예는 목표 그 자체가 목표를 만족시킬 기회를 인식하는 데 필요한 인지적 자원과 그 기회를 이용하는 데 필요한 행위적 자원을 활용할 수 있는 적극적인 인지적 작용 요소임을 나타낸다. (Birnbaum and Collins, 1984, p. 125)

만일 번바움과 콜린스가 옳다면 창의적인 언어 사용은 여러 가지 목표가 동시에 자료를 이용할 기회를 노리는 병렬 처리 과정에 의해서만 성취될 수 있다. 그러나 자료 그 자체도 거기에 포함될 수 있는 기회를 노리느라 방심하지 않고 있다면? 우리는 우리 문화에서 어휘를 고른다. 단어와 어구는 우리에게 침투해 들어오는 밈의 가장 두드러진 표현형적 특성이자 가시적인 것이다. 밈이 복제할 수 있는 매개체로 언어 생성 시스템보다 좋은 것은 없다.

우리가 하는 말 가운데 일부는 그것이 그런 뜻이어서가 아니라 남들이 그 말을 듣고 싶어하기 때문에 한 말이라는 사실은 예전부터 잘 알려져 있다. 새로운 은어가 사회의 하부 공동체를 휩쓸고 있고, 그것은 이제 거의 모든 사람의 언어가 되어 그런 언어를 거부하려는 사람들에게까지 파고들고 있다. 새로운 단어라도 세 번만 써보면 익숙해질 것이라는 선생님의 말을 듣고 의식적으로 새로운 말을 쓰게 되는 경우는 거의 없다. 또한 말은 단어 하나하나가 아니라 문장 전체가 우리 귀를 울리거나 우리 입에서 흘러나오면서 호소력을 미친다. 그 말이 우리가 이미 결정한 명제적 사안에 부합하느냐는 상관이 없다. 에이브러햄 링컨Abraham Lincoln이 한 말 가운데 가장 유명한 말 하나를 살펴보자.

모든 사람을 잠깐은 속일 수 있고, 어떤 사람은 언제나 속일 수 있지만, 모든 사람을 언제나 속일 수는 없다.[3]

링컨은 무슨 의미로 이런 말을 했을까? 논리학 교사는 이 문장에는 '영향권 중의성scope ambiguity(어떤 말이 의미 해석에 영향을 미치는 영역이 달라짐에 따라 생기는 중의성_옮긴이)'이 있다고 말한다. 링컨은 언제나 속는 바보가 있다는 주장을 하려고 했을까, 아니면 어느 경우에나 꼭 속는 사람은 있어도 그 사람이 언제나 같은 사람은 아니라는 말을 하려고 했을까? 링컨은 자기가 한 말에 영향권 중의성이 있다는 것을 전혀 인식하지 못했을 것이다. 그 말에 모호함이 있다는 것은 전혀 알아채지 못했고, 다른 사람을 놀리는 일반적인 주제에 관한, 함축된 의미와 리듬감까지 갖춘 어떤 말을 하고자 하는 의도 외에 다른 의미를 전달하려는 의도 같은 것은 없었을 것이다. 위대한 의미부여자 링컨을 포함해 사람들은 원래 그런 식으로 말한다.

에드워드 모건 포스터Edward Morgan Forster가 "내가 말한 것을 보기 전까지 내가 생각한 것이 무엇인지 어떻게 알 수 있을까?"라고 말했듯, 우리가 생각한 것(따라서 우리가 의도한 것)이 무엇인지를 뱉어놓고 고치지 않은 말을 돌아보면서 발견하는 경우가 종종 있다. 따라서 적어도 그런 경우에는 우리도 글의 어떤 부분을 접하고, 거기에 우리가 찾아낼 수 있는 최상의 이해를 부가한다는 면에서 외부 비평가나 해석자와 같은 입장에 있다. 우리가 그것을 말했다는 사실이 그것에 개인적인 설득력을 주거나, 적어도 진정성이 있는 것으로 짐작하게 한다. 아마도 내가 그것을 말했다면(나 자신이 그 말을 들었고, 그것을 고치려고 급히 서두르지 않았다면) 나는 그것을 의미했을 것이고, 아마도 그것이 내게 의미하는 것을 의미했을 것이다. 버트런드 러셀Bertrand Russell의 삶이 그런 예를 제공한다.

> 손님 둘이 떠나고 러셀이 오토라인과 단둘이 남았을 때는 늦은 시간이었다. 둘은 새벽 4시까지 불 앞에 앉아 이야기를 나누었다. 러셀은 며칠 후에 그날 밤에 있었던 일을 적었다. "나는 내가 당신에게 사랑한다고 말하는 소리를 듣기 전까지 당신을 사랑하는 줄 몰랐다. 한순간 나는 '세상에, 세상에 내가 뭐라고 했지?'라는 생각이 들었지만, 나는 그것이 진실이라는 것을 알았다." (Clark, 1975, p. 176)

그렇지만 자기 해석을 발견했다는 의식이 없는 다른 경우들은 무엇일까? 그런 경우는 보통 우리가 의미한 것에 내밀하고 특권적인 접근을 할 수 있는 통찰을 가졌다고 가정할 수 있다. 우리 자신이 의미부여자고, 우리가 한 말의 의미의 '생명의 근원fons et origo'이기 때문이다. 그러나 그런 가정은 단순히 전통에 호소하지 않고, 지지할 논증을 요구한다. 또한 우리가 의미하는 것이 우리에게 매우 명백하기 때문에 새롭게 무엇을 발견했다는 느낌이 없는 경우도 있을 수 있다. 저녁 식탁에서 "소금 좀 건네주세요"라고 말한 것에 직관적으로 접근하기 위해서 '특권적인 접근'이 필요하지는 않은 것과 마찬가지다. 나는 단지 소금을 달라고 부탁하고 있을 뿐이다.

내 말은 나의 의식을 반영할까?

나는 중추의 의미부여자를 대신할 것이 없다고 믿었지만, 이제 그것의 피난처를 발견했다는 생각이 든다. 내 책《내용과 의식Content and Consciousness》에서 나는 전달하고자 하는 의도의 전 의식적인 고착과 후속적인 실행을 나누는 기능적으로 두드러진 선(나는 그것을 자각선Awareness Line이라 부른다)이 있어야 한다고 주장했다. 뇌에서 이 선의 위치는 해부학적으로는 전혀 말도 안 되게 제멋대로 구획될 수 있지만, 논리적으로는 기능 부전을 두 종류로 나누는 분수령으로 존재해야 한다. 오류는 시스템 전체에 걸쳐 어디서든 일어날 수 있지만, 모든 오류는 지형학적 필요성에 의해 선의 이쪽이나 저쪽 어딘가에는 해당해야 한다. 오류가 말이 잘못 나온 것이나, 발음이 틀리게 나온 것이나, 말라프로피즘malapropism(말하려던 단어와 음은 비슷하지만 뜻은 다른 단어를 내뱉어 범하게 되는 재미있는 실수_옮간이)과 같은 실행 측면에 해당한다면, 그것은 수정 가능한 표현상의 실수다. 만일 오류가 더 안쪽이나 더 높은 곳에서 일어났다면, 표현하려고 했던 의미를 아예 바꾸어놓을 것이다(레벨트의 모형에서는 전 언어적 메시지). 의미는 이 분수령에 고정되어 있다. 그곳이 바로 의미가 나오는 곳이다. 의미가 나오는 곳은 분명 있어야 한다. 피드백 작용으로 실패를 판단할 때 비추어볼 기준이 필요하기 때문이다.

내 실수는 링컨의 금언을 해석할 때 혼란을 일으킨 바로 그 영향권 중의성에 빠진 것이다. 오류를 수정할 때 기준이 될 무언가가 먼저 있어야 하는 것은 사실이지만, 하나의 언어 행동이 이루어지고 있는 도중이라고 해서 그 기준이 매번 동일한 것일 필요는 없다. 이런 구분을 표시하는 고정된(제멋대로 구획된) 선이 있을 필요도 없다. 우리가 4장에서 본 것처럼, 경험된 것을 바꾸어놓는 경험 이전의 수정과 경험된 것을 잘못 보고하거나 잘못 기록하는 경험 이후의 수정 간의 차이는 그렇게 뚜렷하지 않다. 어떤 경우에는 피실험자가 자신의 주장을 수정하려고 할 때도 있고, 그렇지 않은 경우도 있다. 그러나 수정한 경우, 편집된 이야기가 폐기된 판본보다 더 '사실'이거나 '그들이 정말로 의미한 것'에 더 가깝다고 볼 수는 없다. 발표 이전에 편집으로 수정된 곳과 발표 이후 오류 수정이 이루어진 곳은 오로지 임의적으로만 그어질 수 있는 구분이다. 우리가 피실험자에게 '특별히 입 밖에 내어 공언한 말이 그가 경험한 것에 관한 궁극적인 내적 진리를 적절히 포착한 것인지' 물을 때 그가 우리 외부인보다 판단을 내리기에 더 나은 입장에 있는 것은 아니다(Dennett, 1990d).

의미부여자로서 우리의 통일성이 보장받을 수 없다면 원리적으로는 그것이 산산조각 나는 일도 가능해야 한다. 나는 얼마 전에 야구 경기에서 1루 심판을 맡아달라는 부탁을 받은 적이 있다. 나로서는 생전 처음 해보는 일이었다. 경기 도중 매우 중요한 순간에(9회 말 투 아웃에 주자가 3루에 있는 상황으로, 동점을 만들 수 있는 기회였다) 내가 타자를 1루로 보내야 할지 말아야 할지 결정지어야 할 순간이 왔다. 그 아슬아슬한 순간에 나는 입으로는 "세이프"라고 소리를 지르면서 엄지를 단호하게 들어 올렸다. 손으로는 '아웃'이라는 신호를 보내고 있었던 것이다. 당연히 큰 소란이 일었고, 내가 무슨 의미로 그런 신호를 했는지 설명해야 했다. 솔직히 나는 그때 아무 할 말이 없었다. 결국 내가 손으로 하는 일에는 경험도 없고 형편없지만, 말하는 능력은 뛰어난 사람이므로 내 언어적 행동을 우선으로 쳐야 한다고 결정을 내렸지만, 다른 사람이라도 그와 똑같은 판단을 내렸을 것이다.

심리학자 토니 마르셀Tony Marcel은 실험 환경에서 그보다 더 극적인 경우를 발견했다. 그는 시각 장애인 피실험자(이 문제에 관해서는 10장에서 더 자세하게 논의할 것이다)에게 빛이 번쩍했다고 느껴지면 말해달라고 요청하면서 그 방법을 특이하게 지시했다. 하나의 언어 행동을 뚜렷하게 다른 세 가지 행동으로 동시에 하라고 지시한 것이다(연속적인 행동도 아니고, 그렇다고 서로 연결되는 행동도 아니었다).

(1) '예'라고 말하기
(2) '예'라는 단추 누르기
(3) '예'라는 의미로 눈 깜박이기

놀라운 것은 피실험자가 언제나 이 세 가지를 함께 수행하지는 않았다는 것이었다. '예'라는 의미로 눈을 깜박였지만 '예'라고 말하거나 '예'라는 단추를 누르지는 않는 식이었다. 세 가지 행동 사이에 불일치가 있을 때 피실험자는 어떤 행동을 수용하고, 어떤 행동을 말실수나 손가락 실수, 눈꺼풀 실수로 보아야 할지 판단할 기준이 없다.

정상 시력을 가진 사람을 포함한 다른 실험에서도 이와 유사한 결과가 나올지는 더 두고 봐야겠으나, 다른 병리적인 상태에서 수행된 실험으로도 중추의 의미부여자로부터 명령을 받지 않아도 언어화가 이루어지는 언어 생성 모형을 세울 수 있었다. 모스 앨리슨Mose Allison의 노랫말처럼 "당신의 마음은 휴가 중이지만, 입은 시간 외 근무 중이다."

실어증은 말하는 능력이 소실되거나 손상된 질환으로, 그중 몇 가지는 꽤 흔하며, 신경학자와 언어학자에 의해 광범위하게 연구도 이루어졌다. 흔히 볼 수 있는 '브로카 실어증broca's aphasia' 환자는 문제를 제대로 인식하면서도 적당한 단어를 찾고 내뱉는 데 큰 어려움을 겪는다. 브로카 실어증 환자는 말하고자 하는 의도가 방해받는다는 자각이 고통스러울 정도로 명확하다. 그러나 비교적 드문 실어증인 '자곤 실어증jargon aphasia(다른 사람이 알아들을 수 없는 말을 만들어내어 말하는 실어증_옮긴이)' 환자는 자기의 언어 결함에 전혀 불안함을 느끼지 않는다.[4] 정상적인 지능을 가졌고, 정신증이나 치매가 없는데도 이들은 자신의 언어 수행 능력에 전적으로 만족하는 것으로 보인다.

신기할 정도로 유사하면서 훨씬 더 흔한 증상은 작화증confabulation이다. 3장에서 나는 정상적인 사람도 자기가 경험한 일의 세부사항에 관해서는 이야기를 지어내는 일이 종종 있다고 했다. 깨닫지도 못하면서 추측하는 경향이 있고, 관찰한 것으로 가설을 세우면서 실수를 저지르기 때문이다. 작화증 환자는 자신도 모르는 사이에 완전히 다른 순서로 이야기를 꾸며낸다. 이런 증상은 뇌 손상을 당한 경우에 자주 일어나고, 알코올 의존증의 후유증으로 발생하는 '코르사코프 증후군Korsakoff's syndrome'에서처럼 심각한 기억상실이 있는 사람에게도 나타난다. 이런 사람은 자신의 삶을 거짓으로 지껄인다. 기억상실이 심한 경우에는 바로 몇 분 전 이야기조차도 지어낸다.

장황하게 쏟아내는 말은 정상적으로 들린다. 술집에 앉아 나누는 뻔한 잡담처럼 들리기도 한다.

"아, 그래, 우리 집사람과 나는 30년이나 같은 집에 살았어. 우리는 코니아일랜드에 가곤 했지. 우린 해변에 앉아 있는 것을 무척 좋아했지. 젊은 사람들을 구경하면서 말이야. 하지만 그것도 모두 사고 전에나 가능한 일이었지."

하지만 그것은 모두 지어낸 이야기다. 그 남자의 아내는 몇 년 전에 세상을 떠났고, 코니아일랜드는커녕 그 근처에도 가보지 못했으며, 이 아파트에서 저 아파트로 걸핏하면 이사를 다녔다. 작화증 환자는 추억담을 들려주거나 질문에 대답하는 일이 매우 자연스럽고 진지해서 그 사람의 말을 처음 듣는 사람은 자기가 작화증 환자가 하는 말을 듣고 있다는 것을 전혀 눈치채지 못한다.

작화증 환자는 자기가 이야기를 지어내고 있다는 사실을 전혀 알지 못하며, 자곤 실어증 환자도 자기가 말을 아무렇게나 내뱉는다는 사실을 알지 못한다. 이런 기이하고 비정상적인 일은 자기 결함을 인식하지 못하는 '질병 인식 불능증anosognosia(신경학적 결손, 특히 신체 한쪽의 마비를 잘 인식하지 못하거나 부인하는 증상_옮긴이)'의 예다.

이와 같은 사례들은 뇌가 상부에서 내려오는 일관적인 지시 없이도 언어 행동을 구성할 수 있다는 것을 보여준다.[5] 이런 병리 현상은 교묘한 실험으로 유도한 일시적 긴장으로 생긴 것이든, 질병이나 뇌의 기계적인 손상으로 유발된 더 영구적인 장애든, 언어 생성 장치가 어떻게 조직되는지에 관한 풍부한 암시를 제공한다. 이렇게 볼 때, 두 번째 캐리커처 복마전 모형이 좀 더 위엄 있는 관료제 모형보다 사실에 더 가까울 것 같지만, 이런 제안은 적절한 실증적 검증을 거쳐야 한다. 관료제 모형으로는 이런 병리를 일으키는 것이 불가능하다고 주장하는 것은 아니지만, 이 현상이 관료제 시스템이 자연적으로 기능 부전에 이르러 생긴 일 같지는 않다. 과학자를 위한 부록 2에서 내 육감을 확증하거나 반증하는 데 도움이 될 연구 방향을 제시할 것이다.

언어 행동 생성에 관한 남은 과제

이번 장에서 그 개요는 살폈지만, 임시 연합을 이룬 수많은 언어 도깨비가 쏟아내는 언어 산물이 통일성을 드러내는 방식은 분명하게 입증하지 못했다. 우리는 모든 일을 혼자서 다 처리하는 하나의 위대한 지성을 상정하는 것으로 유기체에 있는 설계를 설명하고 싶은 유혹에 저항하는 법을 생물학에서 배웠다. 심리학에서는 내면의 화면 감시자가 모든 일을 처리하고, 난쟁이와 눈 사이에는 일종의 텔레비전 케이블만 달랑 있으므로 우리 안에 내면의 화면 감시자가 있다고 말하는 것으로 시각을 설명하고 싶은 유혹에 저항하는 법을 배웠다. 그와 마찬가지로 우리는 명세화 작업 대부분을 맡아 하는 내면의 행동 지시자의 긴급 명령으로 행동이 일어난다고 설명하고 싶은 유혹에 저항하는 법을 배워야 한다. 이론적으로 설명하기 어려운 상황에 직면할 때 우리가 쉽게 빠지는 함정은 반독립적이고 반지성적인 행동이 협력적으로 이루어지는 기계적 조직으로 대치하는 것이다.

이 점은 단지 언어 행동 생성에만 적용되는 것이 아니라 지향적 행위 전반에 걸쳐 적용되며(Pears, 1984), 현상학은 우리가 이런 사실을 볼 수 있게 한다. 우리는 우리가 때때로 정교하고 실제적인 추론을 수행하고, 이어서 이런저런 고려하에 결론에 이르고, 바로 그 일을 하자는 의식적인 결정을 내린 후에 실제로 그 일을 하는 것으로 언어 행동 생성을 마무리한다고 생각하지만, 이런 일은 드물게 일어난다. 우리의 의도적인 행동 대부분은 그런 서론 없이 곧바로 수행된다. 우리에게는 그럴만한 시간이 없으므로 잘된 일이다.

그러나 우리는 우리가 접근할 수 없는 과정에서 나오는 나머지 다른 의도적인 행위까지도 비교적 드문 의식적이고 실제적인 추론 모형으로 보는 오류를 범한다. 우리의 행동은 전반적으로 우리를 만족시킨다. 우리는 우리 행동이 대체로 일관적이고, 잘 이해되고 있으며, 우리 프로젝트에 알맞고, 시기도 적절하다고 인식한다. 그래서 우리는 우리 행동이 합리적이고, 말과 일치한다고 여긴다(Dennett, 1987a, 1991a). 그러나 그것은 일련의 추론의 산물일 뿐, 더 좁은 의미에서도 합리적임을 의미하지는 않는다. 우리는 방법론적으로 수단을 목적에 부합하게 하고, 구체적인 행동을 명령하는 내적인 추론자, 결론 맺는 자, 결정자의 모델에 있는 근본 과정을 설명할 필요가 없다. 어떻게 다른 과정이 말하기와 우리의 다른 의도적인 행동을 조절할 수 있는지 이미 간략하게 살펴보았기 때문이다.

서서히, 그러나 확실하게 우리는 나쁜 사고 습관을 벗어버리고, 그것을 다른 습관으로 바꾸고 있다. 중추의 의미부여자의 종말은 중추의 의도자의 종말을 낳지만, 보스는 여전히 다른 모습으로 위장하고 살아남아 있다. 9장에서는 우리가 관찰자와 보고자의 역할로 그를 만날 것이므로 무슨 일이 일어나고 있는지 알아볼 다른 방식을 찾아야 한다. 하지만 그보다 먼저 우리는 우리의 새로운 사고 습관을 과학적인 사실과 밀접하게 결합시켜 그것이 굳건히 설 토대를 마련해야 한다.

8장

인간 **마음**의 **구조**를 보다

의식 연구에서 마주치는 논란들

가장 어려운 부분은 끝냈지만, 해야 할 일은 여전히 많다. 우리는 지금 상상력 신장을 위한 가장 고된 훈련을 마쳤고, 새로 발견한 시각으로 새로이 나서볼 준비가 되었다. 우리가 여기까지 오는 동안 몇 가지 주제는 미해결인 채로 남겨두어야 했고, 우리 주의를 딴 곳으로 돌리게 만드는 불필요한 이야기도 상당히 많이 들었다. 아직 지키지 못한 약속도 많고, 뒤로 미뤄진 확인해야 할 것도 상당수다. 내가 전개한 이론에는 많은 사상가에게서 나온 요소들이 포함되어 있다. 가끔씩은 내가 그들이 자기 이론에서 최고라고 여기는 부분을 고의로 무시했고, '적지'에서 나온 생각을 함께 섞기도 했지만, 명확하고 선명한 그림을 얻기 위해 이런 혼란스러운 세부사항은 언급하지 않았다. 이것이 진지한 마음의 모형을 만들고자 하는 사람들을 깊은 실망에 빠뜨리기도 했겠지만, 여러 독자가 다 함께 같은 새로운 관점을 갖게 하기 위해서 나도 어쩔 수 없었다. 이제 우리는 잠시 달리던 길을 멈추어 살피고, 반드시 필요한 세부사항을 확보할 수 있는 좋은 위치에 있다. 수고스럽게 새로운 관점을 구성하려는 이유는 현상과 논란을 새로운 방식으로 보기 위해서다. 지금까지 내가 전개한 이론을 간략히 살펴보면 다음과 같다.

중추의 의미부여자가 자세히 살펴볼 수 있게 '모든 것이 한데 모이는' 중앙본부도 없고, 데카르트 극장도 없으므로 하나의 단일하고 결정적인 '의식의 흐름'도 없다. 그런 단일한 흐름 대신 전문가 회로들이 병렬식 복마전 구조로 다양한 일을 하는 다양한 채널이 있고, 그 회로들이 일을 해나가면서 다중원고가 만들어진다. 이런 단편적인 '이야기' 원고 대부분은 현재 진행되는 활동이 조정되면서 그 역할이 짧게 끝나고 말지만, 일부는 뇌에 있는 가상 기계의 활동으로 빠르게 후속 이야기가 이어지면서 더 나은 기능을 하게 한층 더 나아간다. 폰 노이만식의 특징인 이 기계의 순차성은 내장형 설계 특징이 아니라, 전문가 회로 연합이 연속적으로 이어지면서 나온 결과다. 기본적인 전문가 회로는 우리의 동물적 유산이다. 그것은 글을 읽고 쓰는 인간만의 독특한 행동을 수행하기 위해 발달하지 않았다. 몸을 숨기고, 포식자를 피하고, 안면을 식별하고, 쥐거나 던지고, 딸기를 따는 것과 같은 생명 유지에 반드시 필요한 과제를 수행하기 위해 발달했다. 이 회로는 기회가 있을 때마다 타고난 재능에 적합한 새로운 역할을 맡는다. 그 결과가 대혼란이 아닌 이유는 이 모든 행위에 부과된 경향 자체가 설계의 산물이기 때문이다. 이런 설계 가운데 일부는 선천적이고, 다른 동물도 공유하는 것이다. 또한 이 설계는 확대될 뿐만 아니라 엄청난 중요성을 띠기도 하는데, 일부는 자기 탐색의 결과로, 또 일부는 이미 설계되어 있는 문화의 선물로 개인 내에서 발달한 사고의 미세한 습관 덕분이다. 대부분 언어에 의해 태어났지만, 무언의 이미지나 다른 데이터 구조로도 태어난 수천 개의 밈은 개개인의 뇌에 자리를 잡고 그 사람의 성향을 형성하면서 그것을 마음으로 바꾼다.

처음에는 이해하기 어려울 만큼 새로운 것이 많이 담겨 있는 이 이론은 심리학, 신경생물학, 인공지능, 인류학, 그리고 철학 분야 연구자들이 개발한 모형에서 도출한 것이다. 내가 모형을 빌려온 해당 분야 연구자들은 과감한 절충주의를 향해 못마땅한 시선을 보내기도 했다. 다양한 분야를 넘나드는 나는 함께 연구하는 동료들이 다른 분야 연구자들을 향해 불손한 언사를 표현하는 것에도 익숙해졌다. 인공지능 연구자는 물었다.

"댄, 왜 신경과학자들과 협의하느라고 시간을 허비하나? 그들은 '정보 처리'에는 전혀 관심을 두지 않고, 의식이 어디서 일어나느냐, 어떤 신경 전달 물질이 관여하느냐 같은 지루한 문제에만 관심을 두고 있지 않은가? 고도의 인지 기능을 위해서는 계산 능력이 반드시 필요하다는 것을 전혀 모르는 사람들이야."

또 신경과학자는 이렇게 물었다.

"왜 인공지능 같은 환상에 시간을 허비하나? 그들은 자기가 만들고 싶은 기계 장치나 만들어낼 뿐, 뇌에 관해서는 말도 안 되게 무지한 소리만 늘어놓는다고."

한편 인지심리학자는 생물학적 가능성도 없고, 계산 능력이 있다고 입증되지도 않은 모형을 만들어냈다고 비난받았다. 인류학자는 자기 눈으로 본 것이나 알지, 모형 같은 것은 모른다고 공격당했고, 철학자는 데이터도, 실증적으로 검증 가능한 이론도 부재한 분야에서 스스로 혼란을 만들어내고, 남의 일에 참견만 해댄다고 비난받았다. 그렇게 많은 바보가 이 문제를 붙들고 있으니 의식이 여전히 미스터리인 것도 당연하다.

이런 모든 비난은 사실이며, 그보다 더 이해할 수 없는 일은 그래도 나는 어떤 바보라도 만나야 했다는 것이다. 내가 만난 이론가는 대부분 몹시 명석했지만, 종종 명민함에 동반되는 거만함을 보였고, 참을성이 없었다. 그들은 제한된 식견과 의제 탓에 다른 사람이 제안하는 지름길을 개탄하면서 자기 눈에 보이는 지름길만을 택하는 것으로 풀기 힘든 문제를 해결하려 했다. 모든 문제와 세부사항을 명확히 정리할 수 있는 사람은 나를 포함해 아무도 없었다. 모두 더듬거리고, 짐작하고, 문제의 핵심은 건드리지도 못한 채 주의를 딴 곳으로 쏠리게 만들었다.

신경과학자들의 직업병 가운데 하나는 의식을 종점으로 생각하는 경향인 것 같다(이것은 사과나무의 최종 산물이 사과가 아니라 사과나무라는 사실을 잊고 있는 것과 마찬가지다). 물론 신경과학자가 의식 연구에 나선 것은 최근의 일이고, 오로지 용감한 이론가 몇 명만이 자기 생각을 공식적으로 말하고 있다. 시력 연구자 벨라 율레즈Bela Julesz는 연륜과 노벨상만 갖고는 간신히 체면 유지만 할 수 있을 뿐이라고 신랄한 말을 던졌다. 그런 예로 프랜시스 크릭Francis Crick과 크리스토프 코흐Christof Koch가 과감하게 내놓은 가설 하나를 소개한다.

> 우리는 의식의 기능 가운데 하나가 다양한 기본적인 계산 결과를 제시하는 것이고, 여기에는 40헤르츠 진동으로 발화를 동기화하여 해당 뉴런을 일시적으로 함께 연결하는 주의 집중 기제도 포함된다고 제안했다. (Crick and Koch, 1990, p. 272)

그렇다. 의식의 기능 가운데 하나는 기본적인 계산 결과를 제시하는 것이다. 그렇지만 누구에게? 여왕에게? 크릭과 코흐는 '다음에는 무슨 일이 일어나는가?('다음에는 기적이 일어나'인가?)'라는 어려운 물음을 던지는 데까지는 나아가지 않았다. 그들의 이론은 의식의 마력적인 영역이라고 간주하는 것 안으로 무언가를 몰아넣고 거기서 중단해버렸다. 우리가 4장에서 7장까지 거론했던 자기 성찰적 보고를 비롯해 의식에서 행동까지 이르는 복잡한 경로에 관한 문제에는 맞서지 않았다.

이와는 대조적으로 인지심리학과 인공지능에서 제공한 마음의 모형에는 이런 결함이 없다(Shallice, 1972, 1978; Johnson-Laird, 1983, 1988; Newell, 1990). 이들의 모형은 데카르트 극장을 대체할 '작업 공간' 또는 '작업 기억'을 상정한다. 그리고 거기서 수행된 계산 결과가 어떻게 더 나아간 계산에 투입되어 행위를 인도하고, 언어적 보고에 정보를 제공하며, 작업 기억에 새로운 입력을 제공하기 위해 반복적으로 되돌아가는지 보여준다. 그러나 이 모형은 작업 기억이 뇌 어디에 어떻게 위치하는지는 말하지 않고 작업 공간에서 이루어지는 작업에만 관심을 두다 보니 '놀' 시간도 없고, 인간 의식의 매우 중요한 특징인 일종의 환희 현상 같은 것은 그 징조도 보이지 않는다.

그렇게 되면 이상하게도 신경과학자가 이원론자처럼 보이게 된다. 그들이 일단 의식에 있는 것을 '제시'했기 때문이다. 그들은 마음에 책임을 전가한 것으로 보인다. 반면, 인지심리학자는 종종 좀비주의자(자동기계주의자?)로 보인다. 그들이 신경해부학자도 알지 못하는 구조를 묘사하고, 어떤 내면의 관찰자에게도 알리지 않고 모든 일이 이루어지는 방식을 입증하려고 하기 때문이다.

현실은 오도되었다. 크릭과 코흐는 이원론자가 아니고(설령 그들이 데카르트적 유물론자로 보일지라도), 인지심리학자는 의식의 존재를 부정하지 않았다(설령 그들이 대부분의 시간을 그것을 무시하기 위해 최선을 다했다 해도). 또한 이와 같은 한쪽 눈을 가린 편협한 접근은 어떤 모형도 실격시키지 못한다. 신경과학자가 의식이 뇌의 어디에 들어맞는지 모르면 정말로 좋은 의식 모형을 가질 수 없다고 고집한 것은 옳다. 그러나 인지과학자(인공지능 연구자와 인지심리학자)가 의식이 어떤 기능을 하고, 마음의 특전 없이 어떻게 그 일을 기계적으로 수행하는지 모르면 정말로 훌륭한 의식 모형을 가질 수 없다고 주장한 것도 옳다. 필립 존슨 레어드Philip Johnson-Laird 의 말마따나 "마음에 관한 어떤 과학적인 이론도 그것을 자동기계로 다루어야 한다"(Johnson-Laird, 1983, p. 477). 제시된 기획안이 모두 자기 우물 안에만 빠져 제한적인 시각을 보일 때는 다른 기획안을 찾아보아야 한다. 여러 모형에서 나온 강점을 가능한 한 많이 엮어 넣은, 우리가 살펴보고 있는 모형과 같은 것이다.

실마리 개요로 방향 잡기

이 책에서 내 주요한 과제는 철학적인 것이다. 진정으로 의식을 설명할 수 있는 이론이 어떻게 구성될 수 있는지 보여주고자 하는 것이지, 자세한 세부사항을 모두 담은 이론을 제공하거나 확증하고자 하는 것은 아니다. 그러나 내 이론은 새로운 사고방식을 열어준(적어도 내게는) 여러 영역에서 다양한 실증적 연구를 빌려오지 않았더라면 구상조차 할 수 없었을 것이다(Marcel and Bisiach, 1988). 지금은 마음에 관해 연구하기 좋은 시기다. 새로운 발견, 새로운 모형, 놀라운 실험 결과로 분위기가 무르익었다. 하지만 과대 포장된 증거나 때 이른 포기도 그만큼 많다. 지금 마음 연구의 최전방은 활짝 열려 있어 무엇이 옳은 질문이고, 옳은 방법인지 확정된 것은 없다. 근거 기반이 부족한 이론과 단편적인 추측이 이렇게 난무하는 상황에서는 증거를 내놓으라는 요구를 미루고, 그 대신 단일한 가설을 지지하는 방향으로 수렴되는, 다소 독립적이지만 확정적이지는 않은 근거를 찾아보는 것이 좋다. 그러나 우리는 우리의 열정을 잘 단속해야 한다. 가끔씩은 확실한 화재로 보인 연기가 그저 지나가는 먼지구름에 불과할 때도 있기 때문이다.

심리학자 버나드 바스Bernard Baars는《의식의 인지적 이론A Cognitive Theory of Consciousness》(1988)에서 의식이 "갖고 있는 내용을 시스템 전체로 공표할 수 있는 '전역 작업 공간'이라 불리는 작업 기억으로 무장한 전문가들이 분포한 사회"에 의해 성취된다는 합의 이론으로 자신의 주장을 요약한다(Baars, 1988, p. 42). 그가 지적한 것처럼, 보는 관점과 전문 분야, 품고 있는 야망이 엄청나게 다른데도 여러 분야 이론가들 사이에 의식이 뇌에 어떻게 자리해야 하는지에 관한 공통된 견해가 형성되고 있다. 이 부상하고 있는 합의는 내가 어떤 특징은 무시하고, 그동안 간과되고 과소평가되던 어떤 특징은 강조하면서 매우 조심스럽게 소개했던 것이다. 또한 나는 그 합의가 여전히 남아 있는 개념상의 수수께끼를 해결하는 데도 특히 중요하다고 생각한다.

내 이론이 나아갈 방향을 잡기 위해서 실마리 개요로 다시 돌아가보자. 한 번에 한 가지 주제씩 그에 필적하는 것을 그려보고, 그것이 나온 원천과 불일치하는 점에도 주의를 기울여보라.

중추의 의미부여자가 자세히 살펴볼 수 있게 '모든 것이 한데 모이는' 중앙 본부도 없고, 데카르트 극장도 없으므로 하나의 단일하고 결정적인 '의식의 흐름'도 없다.

뇌 안에 데카르트의 송과선을 상기시키는 곳은 없다는 데 모든 사람이 동의하면서도 이 말에 들어 있는 함의는 알지 못하거나, 그것을 터무니없이 무시해버리는 일이 많다. 예를 들어, 현재 신경과학 연구의 '결합 문제'

를 부주의하게 체계화하다 보니 뇌에 하나의 표상 공간이 있어야 한다고 전제하는 일이 많다. 영화에 사운드트랙을 결합하고, 형태에 색을 입히고, 공백 부분은 채워 넣는 식으로 모든 다양한 판별 결과를 서로 연결되게 등록하는 공간 말이다. 이런 오류를 피할 수 있는 결합 문제 체계화 방법이 있지만, 상세한 부분은 간과되는 일이 많다.

> 그런 단일한 흐름 대신 전문가 회로들이 병렬식 복마전 구조로 다양한 일을 하는 다양한 채널이 있고, 그 회로들이 일을 해나가면서 다중원고가 만들어진다. 이런 단편적인 '이야기' 원고 대부분은 현재 진행되는 활동이 조정되면서 그 역할이 짧게 끝나고 말지만….

인공지능 연구자인 로저 생크Roger Schank는 이야기 같은 시퀀스의 중요성을 오랫동안 역설했다. 처음에는 그의 스크립트script 연구를 통해서였고(Schank and Abelson, 1977), 그다음에는(Schank, 1991) 이해에서의 이야기하기story-telling의 역할에 관한 연구를 통해서였다. 인공지능 분야에 여전히 도사리고 있는 매우 다른 시각으로 패트릭 헤이즈Patrick Hayes(1979), 마빈 민스키(1975), 존 앤더슨John Anderson(1983), 에릭 샌더발Erik Sandeval(1991)을 비롯한 여러 연구자는 데이터 구조의 중요성을 주장했다. 그 구조는 단순한 순간촬영 사진 순서가 아니라 어떤 식으로든 시간 순서와 순서의 형태를 직접적으로 표상하게 구체적으로 설계된 것이다. 철학에서는 개러스 에번스Gareth Evans(1982)가 요절하기 전에 그에 필적하는 아이디어를 발전시키고 있었다. 신경생물학에서는 이런 이야기 조각이 윌리엄 캘빈(1987)의 '다윈 기계Darwin Machine' 접근에서 시나리오와 다른 연속물로 탐구되었다. 인류학자는 각각의 문화가 새로운 구성원에게 전파하는 신화가 구성원의 마음을 형성하는 데 중요한 역할을 한다는 생각을 오랫동안 해왔다(Goody, 1977; Dennett, 1991b). 하지만 그들은 이것을 계산학적으로든 신경해부학적으로든 모형화하지 않았다.

일부는 뇌에 있는 가상 기계의 활동으로 빠르게 후속 이야기가 이어지면서 더 나은 기능을 하게 한층 더 나아간다. 폰 노이만식의 특징인 이 기계의 순차성은 내장형 설계 특징이 아니라, 전문가 회로 연합이 연속적으로 이어지면서 나온 결과다.

많은 사람이 의식적인 정신 활동이 비교적 느리고 어색한 행보를 보인다고 했고(Baars, 1988), 이것은 뇌가 그런 활동을 위한 설계를 내장하고 있지 않기 때문이라는 생각이 오랫동안 깔려 있었다. 인간의 의식이 뇌의 병렬식 하드웨어에 의해 실행되는 일종의 직렬식 가상 기계 활동일 수 있다는 생각은 몇 년 동안이나 우리 가까이에 있었다. 심리학자 스티븐 코슬린Stephen Kosslyn이 1980년대 초에 철학과 심리학 학회에서 직렬식 가상 기계 하나를 내놓았고, 나도 같은 시기에 다른 버전의 가상 기계 이론을 세웠다(Dennett, 1982b). 또한 심리학자 폴 로진Paul Rozin의 논문 〈지능의 진화와 인지적 무의식에 대한 접근The Evolution of Intelligence and Access to the Cognitive Unconscious〉(1976)에 실린 내용도 가상 기계라는 말만 사용하지 않았을 뿐 앞서 발표된 것들과 똑같은 아이디어에서 나온 것이었다. 심리학자 줄리언 제인스도 그의 과감하고 독창적인 고찰《이원적 마음의 붕괴에서의 의식의 기원The Origins of Consciousness in the Breakdown of the Bicameral Mind》(1976)에서 인간의 의식은 매우 최근의 것이고, 앞선 기능적 구조에 문화적 요소가 더해진 것이라고 강조했다. 이런 생각을 신경과학자 해리 제리슨Harry Jerison(1973)은 다른 방식으로 전개했다. 근본적인 신경 구조는 '타불라 라사tabula rasa', 즉 태어날 때 빈

석판으로 태어나는 것과는 전혀 다르다는 것이다. 그의 견해에 따르면, 그럼에도 근본적인 신경 구조는 뇌가 세상과 상호작용하면서 그 구조가 구축된다. 선천적 구조가 아닌 구축된 구조라는 점은 인지적 기능을 설명하기 위해 꼭 짚고 넘어가야 한다.

> 기본적인 전문가 회로는 우리의 동물적 유산이다. 그것은 글을 읽고 쓰는 인간만의 독특한 행동을 수행하기 위해 발전하지 않았다. 몸을 숨기고, 포식자를 피하고, 안면을 식별하고, 쥐거나 던지고, 딸기를 따는 것과 같은 생명 유지에 반드시 필요한 과제를 수행하기 위해 발달했다.

이런 전문가 군단은 그 크기, 역할, 조직에 관해 여전히 뜨거운 논쟁을 불러일으킨다(Allport, 1989). 갯민숭달팽이와 오징어에서 고양이, 원숭이에 이르기까지 여러 동물의 뇌를 연구하는 신경해부학자는 특별한 과제를 수행할 수 있게 정교하게 설계된 다양한 종류의 내장된 회로들을 찾아냈다. 생물학자는 함께 묶을 수 있는 '생득적 유발 기제IRM, innate releasing mechanism'와 '고정 행위 양상FAP, fixed action pattern'에 관해 말한다. 신경심리학자 린 워터하우스Lynn Waterhouse는 동물의 마음은 'IRM과 FAP의 퀼트'로 구성되어 있다고 절묘하게 설명했다. 로진이(다른 연구자들과 함께) 더 전반적인 목적을 가진 마음의 진화를 위한 기초로 가정한 것은 문제를 일으키게 이리저리 짜맞추어진 동물의 마음이다. 그것은 새로운 목적을 위해 이미 존재하는 기제를 활용한다. 지각심리학자 빌라야누르 라마찬드란Vilayanur Ramachandran(1991)은 이렇게 말했다.

"다중 체계에는 실제로 이점이 있는 것으로 보인다. 실제 세상에서 만나는 잡음 영상을 용인하게 해준다는 점에서다. 내가 이런 아이디어를 설명할 때 잘 이용하는 비유는 술 취한 사람 둘이다. 두 사람은 모두 부축을 받지 않고는 걸을 수 없지만, 둘이 서로를 부축해주면 목표 지점을 향해 비틀비틀 나아갈 수 있다."

신경심리학자 마이클 가자니가Michael Gazzaniga는 그 유명한, 그러나 잘못 설명되는 일이 많은 분리뇌 환자를 비롯하여 신경학적 결함에서 얻은 풍성한 데이터로 우리의 관심을 돌렸다. 이 자료들은 마음을 반독립적인 행위자의 연합이나 묶음으로 보는 견해를 지지한다(Gazzaniga and Ledoux, 1978; Gazzaniga, 1985). 다른 진영에서 나온 의견으로, 심리철학자 제리 포더(1983)는 인간 마음의 많은 부분은 모듈module로 구성되어 있다고 주장했다. 내장되어 있고, 특수한 목적을 가지며, 입력된 정보 분석을 위한 '캡슐에 싸인' 시스템이다(생성물 산출에 관해서는 별로 한 말이 없다).

포더는 인간의 마음에만 특정하게 작용하는 모듈에 집중했다. 특히 언어를 습득하고, 문장을 문법적으로 분석할 수 있는 모듈이었다. 그러나 그는 우리 조상이 저차원적인 동물의 마음을 갖고 있었을 때의 문제는 대부분 무시했으므로 그야말로 완전히 새로운 종에 특이적인 언어 기제 설계를 가진, 도저히 가능성이 없어 보이는 진화 아이디어를 구상했다. 포더에 따르면, 모듈은 경제적으로 일하기 위해 전체 과제를 다 수행하지 않고(물건을 집기 위해 손과 눈이 협응하는 것처럼), 넘을 수 없는 마음의 선인 내면의 가장자리에서 갑자기 멈춰버린다. 포더는 중추에 합리적인 '믿음 확정' 영역이 있고, 모듈은 자기가 가진 것을 맹종적盲從的으로 그 안에 넣어 비모듈 처리 과정(전역적, 등방성isotropy)으로 전환한다고 주장한다.

포더의 모듈은 관료의 꿈이다. 이들의 직무 명세서는 돌에 새겨져 있다. 이들은 새로운 일이나 다중 역할에 징집될 수 없다. 이들은 인지적으로 꿰뚫을 수 없다. 이 말은 그들의 활동이 나머지 시스템의 전반적인 정보 상태에 변화가 생기는 것으로 모듈화되거나 방해될 수 없다는 의미다. 포더에 따르면, 인지의 진정으로 사려 깊은 활동은 모두 비모듈적이다. 다음에는 무엇을 해야 할지 알아내기, 가설적인 상황에 관해 추론하기, 갖고 있는 자료 창조적으로 재구성하기, 자신의 세계관 수정하기 등과 같은 모든 활동은 신비로운 중앙 시설에서 일어난다. 더군다나 포더는 철학을 포함하여 어떤 인지과학 분야도 이 중앙 시설이 어떻게 작용하는지에 관해서는 어떤 실마리도 갖고 있지 않다고 주장했다.

> 정보를 중앙 처리에 적절한 형태로 옮기는 표상의 전환에 관해서는 많이 알려져 있다. 그러나 실제로 정보가 거기 도달한 후에 어떤 일이 일어나는지에 관해서는 알려진 것이 전혀 없다. 기계 안으로 더 깊숙이 귀신을 쫓아 들어갔지만, 쫓아내 버리지는 못했다. (Fodor, 1983, p. 127)

중앙 시설에 할 일을 너무 많이 주고, 그 일의 너무 많은 부분을 비모듈적인 역량으로 처리하게 하는 것으로 포더는 그의 모듈을 받아들이기 어려운 작인作因, agent으로 만들었다. 이런 작인은 오직 불길한 권위를 지닌 보스 작인이 있어야만 그 존재가 합당해진다(Dennett, 1984b). 모듈을 설명하면서 포더가 중점을 둔 핵심이 그것의 제한적이고, 이해 가능하며, 기계적인 성질을 무제한적이고, 설명할 수 없는 비모듈적인 중추의 역량과 대조하는 것이었으므로 이론가들은 그의 모듈을 데카르트적 환상을 숨기고 있는 것으로 폐기해버렸다.

이론가들은 마빈 민스키의 《마음의 사회The Society of Mind》(1985)에 나오는 작용 요소에 관해서도 온건한 반응에서 적대적인 반응까지 다양한 반응을 보였다. 민스키의 작용 요소는 포더의 모듈만큼이나 공들여 나온 재능을 가진 거대한 전문가에서부터 밈 사이즈의 작용 요소까지(폴리넴 polyneme, 미세간상체microneme, 검열관 작용 요소censor-agent, 억제자 작용 요소 suppressor-agent 등) 어떤 크기로도 등장할 수 있는 난쟁이다. 회의론자들은 이 이론에서 말하는 모든 것이 지나치게 쉬워 보인다고 생각했다. 수행해야 할 과제가 있는 곳마다 그 과제에 적당한 크기의 작용 요소 집단을 상정하기만 하면 그만이라는 것이다. 버트런드 러셀의 유명한 호통을 차용하자면, 정직한 노력이 아니라 도용의 이득을 노린 이론적인 꼼수다.

난쟁이와 도깨비, 작용 요소는 모두 인공지능 영역, 더 넓게 보면 컴퓨터공학에서 나온 용어다. 난쟁이 소리가 나오자마자 회의적인 시선을 보내는 사람은 그 개념이 얼마나 중립적이고, 얼마나 폭넓게 적용될 수 있는지 이해하지 못한 것이다. 난쟁이를 상정하는 것은 실제로 회의론자들이 상상하는 것처럼 속 빈 강정일 수 있다. 난쟁이 이론에서 중요한 것은 상정된 난쟁이가 어떻게 상호작용하고, 발전하고, 연합이나 위계질서를 형성하느냐다. 이 이론이 실제로 중요성을 띠는 부분도 바로 그 점이다. 우리가 7장에서 살펴보았던 관료제 이론은 난쟁이를 미리 설정한 위계질서 안으로 조직화한다. 여기에는 과잉 고용이나 훼방꾼 난쟁이도 없고, 난쟁이들 사이의 경쟁은 메이저리그 야구 경기만큼이나 치밀하게 통제된다. 그와 반대되는 복마전 이론에서는 노력이 중복되고, 활동이 낭비되며, 방해와 혼란이 따르고, 고정된 임무가 주어지지 않은 게으름뱅이가 있다고 상정된다. 이처럼 다양한 이론에서 단위를 난쟁이(또는 도깨비나 작용 요소)라고 칭한다 해서 단순히 단위라고 부르는 것보다 더 충실한 의미가 있거나 만족스러운 것은 아니다. 그것은 제한적인 역량을 가진 하나의 단위일 뿐이고, 가장 엄밀하게는 신경해부학적인 이론에서 가장 추상적으로는 인위적인 이론까지 모든 이론이 이런 단위를 전제한 후에 더 작은 기능을 수행하는 단위들을 조직화하여 더 큰 기능이 성취될 수 있는 방식을 이론화한다. 사실상 다양한 모든 기능주의는 여러 크기의 난쟁이 기능주의로 볼 수 있다.

나는 근래에 많은 신경과학자가 선호하는 일종의 완곡어법을 즐겨

운 마음으로 주시하는 중이다. 신경해부학자들은 피질 지도화에 엄청난 발전을 이루었고, 이것은 상호작용하는 뉴런들의 전문가 대형으로 정교하게 조직화되는 것으로 밝혀졌다(신경과학자 버넌 마운트캐슬Vernon Mountcastle은 그것을 '단위 모듈Unit Module'이라 불렀다). 이 조직은 '망막위상적 지도retinotopic map(눈의 망막에서 흥분의 공간적 양상이 보존되는 곳)' 같은 더 큰 조직으로 정교하게 조직화되며, 이어서 우리가 잘 이해하지 못하는 더 큰 신경세포 조직에서 일한다. 신경과학자들은 다양한 경로나 뉴런 집단이 신호를 보내는 것이라고 말해왔다. 그들은 이런 단위를 언제나 특정한 내용의 메시지를 보내는 임무를 맡은 난쟁이로 생각했다. 사고 과정에 관해 최근 더 많은 것이 알려지면서 이런 경로들이 훨씬 더 많은 복잡하고 다양한 기능을 수행한다는 의견이 제시되고 있으며, 이제 그것을 '이런저런 신호를 보내는 것' 정도로 말하는 것은 중대한 잘못으로 여겨지고 있다. 그렇다면 우리는 힘들게 발견한 이런 경로들이 활동성을 띠게 되는 특정한 조건을 어떻게 표현할 수 있을까? 우리는 이 경로가 색채에 관심을 두는 반면, 저 경로는 위치와 움직임에 신경을 쓴다고 말한다. 이런 용례는 인공지능 분야 어디서나 마주칠 수 있는 터무니없는 의인화나 '난쟁이 오류'가 아니며, 분별 있는 연구자들이 신경 경로의 역량을 기발하고도 암시적으로 설명할 수 있는 방식을 찾아낸 것이다.

난쟁이를 상정하는 다른 이론과는 달리 민스키의 작용 요소는 역사와 계보를 갖는다는 점이 특징적이다. 그것의 존재를 그저 아무렇게나 상정해서는 안 되며, 이전 존재가 전적으로 확실한 것에서 발달되어 나온 것이어야 한다. 민스키는 그것이 어떻게 발전해 나왔는지에 관해 여러 가지 제안을 했다. 그가 여전히 작용 요소가 어떤 뉴런으로 구성되었고, 그것이 뇌의 어디에 위치하는지에 관해 자신 없이 애매한 태도를 보이는 것은 그가 기능 발달에 관해 과도한 특수성이 배제된 가장 일반적인 필요조건을 탐구하길 원했기 때문이다. 그가 앞서 내놓은 프레임 이론('마음의 사회'는 그 후손이다)을 설명하면서 "이 이론이 조금이라도 더 모호했다면 무시되었을 것이고, 조금이라도 더 자세하게 설명되었다면 다른 과학자들이 자신의 생각을 보태는 대신에 그것을 검증했을 것이다"(Minsky, 1985, p. 259)라고 말한 그대로다. 일부 과학자는 이런 변명에 움찔도 하지 않았다. 그들은 오로지 지금 당장 검증할 수 있는 이론에만 관심이 있었다. 이것은 지금까지 조합되어 나온 모든 검증 가능한 이론이 거짓으로 입증될 것이라는 사실만 제외한다면 훌륭한 실용주의 정책이 될 것이다. 또한 검증 가능한 새로운 이론을 구성하기 위해 필요한 시각의 돌파구가 느닷없이 허공에서 떨어질 것이라고 생각하는 것은 어리석은 일이다. 그런 돌파구는 민스키가 빠져 있던 것과 유사한, 상상력이 뒷받침된 탐색에서 나오는 것이다(물론 나도 같은 게임을 해왔다).

다시 실마리 개요로 돌아가보자.

이 회로는 기회가 있을 때마다 타고난 재능에 적합한 새로운 역할을 맡는다. 그 결과가 대혼란이 아닌 이유는 오로지 이 모든 행위에 부과된 경향 그 자체가 설계의 산물이기 때문이다. 이런 설계 가운데 일부는 선천적이고, 다른 동물도 공유하는 것이다. 또한 이 설계는 확대될 뿐만 아니라 엄청난 중요성을 띠기도 하는데, 일부는 자기 탐색의 결과로, 또 일부는 이미 설계되어 있는 문화의 선물로 개인 내에서 발달한 사고의 미세한 습관 덕분이다. 대부분 언어에 의해 태어났지만, 무언의 이미지나 다른 데이터 구조로도 태어난 수천 개의 밈은 개개인의 뇌에 자리를 잡고 그 사람의 성향을 형성하면서 그것을 마음으로 바꾼다.

이 부분에서 나는 여러 중요한 질문을 놓고 의도적으로 애매한 태도를 취했다. 난쟁이들은 무언가를 성취하기 위해 실제로 어떻게 상호작용하는가? 근본적인 정보 처리 과정은 무엇이고, 무슨 근거로 그것이 작동할 것이라고 생각하는가? 이 개요에 따르면, 사건의 순서는 '습관'으로 결정된다(이에 관해서는 아직 암시만 했을 뿐이지만). 또한 나는 다중원고에서 나온 요소들이 영구히 계속되는 과정의 구조에 관해서는 전혀 구체적으로 말하지 않았다. 그중 일부는 이런저런 조사의 결과로 최종적으로 타자현상학을 생성할 것이다. 어떤 질문이 나오고, 어떤 다른 대답이 나올 수 있는지 알아보려면 순차적으로 일어나는 사고의 더욱 명시적인 모형을 살펴보아야 한다.

액트 스타와 소어의 기본 구조

6장에서 우리는 폰 노이만 구조가 순차적인 계산 과정을 추출한 것임을 보았다. 튜링과 폰 노이만은 의식의 흐름을 통과하는 특정한 한 줄기 흐름을 분리한 다음 그것을 기계화하기 위해 철저하게 이상화했다. 그러나 그것은 결과 처리 레지스터 하나와 명령 처리 레지스터 하나로 구성되어 있어 악명 높은 폰 노이만 병목현상을 일으켰다. 프로그램은 기계를 실행시키기 위해 하드웨어에 내장된 얼마 안 되는 기본 명령어 세트에서 나온 명령 목록을 정리한 것에 불과하다. 인출과 실행 주기로 고정된 과정은 메모리에서 대기 중인 명령을 한 번에 하나씩 끌어내며, 이전 명령이 목록의 다른 부분으로 나뉘지 않는 한 언제나 다음 명령을 받는다.

인공지능 모형 제작자들은 이 구조를 기본으로 더욱 현실적인 인지 조작 모형을 구축하기 위해 이 구조를 개조했다. 형편없이 좁은 폰 노이만 병목은 간단하면서도 요령 있는 '작업 공간' 또는 '작업 기억'으로 바뀌어 확대되었다. 또한 심리적 원시언어 기능을 할 수 있는 더 정교한 조작이 가능한 설계도 나왔고, 폰 노이만 기계의 경직되어 있는 인출과 실행 명령 주기는 요청받으면 실행되는 더 융통성 있는 명령 방식으로 바뀌었다. 어떤 경우에는 작업 공간이 '칠판'이 되어(Reddy et al., 1973; Hayes-Roth, 1985) 여러 도깨비가 메시지를 적어 다른 도깨비들이 읽을 수 있게 했고, 이런 칠판을 통한 메시지 전달은 꼬리에 꼬리를 물고 퍼져 나갔다. 이 모형에서는 다음에 일어나는 일이 '칠판에 메시지 적기와 읽기'의 경쟁적인 파동의 결과에 따라 달라지기 때문에 명령 주기에 융통성 없는 폰 노이만 구조가 여전히 남아 있더라도 하는 역할은 없다. 폰 노이만 구조의 후세대와 연관 있는 것으로 다양한 생성 시스템이 있다(Newell, 1973). 존 앤더슨(1983)의 '액트 스타ACT*', 폴 로젠블룸Paul Rosenbloom · 존 레어드John Laird · 앨런 뉴웰Allen Newell(1987)의 '소어Soar(상태state, 연산자 operator, 그리고and 결과result의 약자_옮긴이)' 같은 모형이 이 생성 시스템을 기초로 하고 있다(Newell, 1990). 그림 8-1과 같은 간단한 액트 스타 그림에서 생성 시스템의 기본 구조에 관한 좋은 아이디어를 얻을 수 있다.

작업 기억은 모든 행동이 일어나는 곳이다. 모든 기본 행동은 생성이라 불린다. 생성은 기본적으로 특정한 형태를 발견하면 언제든지 점화하게 조정되어 있는 '형태 재인 기제pattern recognition mechanism'다. 다시 말해, IF(조건)와 THEN(행동) 연산자로, 'IF' 절이 작업 기억의 현재 내용을 살피며 어슬렁거리다가 조건이 충족되면 'THEN'이 행동에 나선다(전통적인 생성 시스템에서는 그 이상의 생성을 일으키려면 작업 기억에 새로운 데이터 요소를 넣는다).

모든 컴퓨터는 IF-THEN의 기본 요소를 갖고 있는데, 입력되거나 메모리에서 회수되는 데이터에 따라 달리 반응할 수 있게 하는 '감각 기관'이라 할 수 있다. 이런 '조건 분기conditional branching' 역량은 컴퓨터 구조

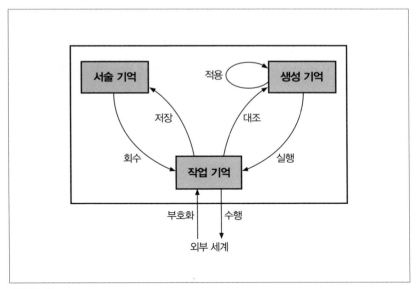

<그림 8-1>

에 상관없이 모든 컴퓨터의 필수 요소다. 최초의 IF-THEN은 튜링의 간단하고 명확한 기계 상태 지시였다. 만일(IF) 0이 보이면 다음으로(THEN) 그것을 1로 대체하고, 한 칸 왼쪽으로 옮겨서 n을 진술하게 전환하라. 그런 간단한 명령을 고도의 훈련과 경험을 쌓은 인간 보초병에게 내리는 명령과 비교해보라. 만일(IF) 낯선 것을 보면 더 조사해보고(AND), 그래도 문제를 해결하지 못하거나(OR) 의심이 남는다면 다음으로(THEN) 경보를 올려라. 간단한 기계적 IF-THEN을 이용해 그런 고차원적인 감시 체계를 구축할 수 있을까? 생성은 거기서 나온 중급 수준의 감각기이고, 우리는 그것을 기본으로 더 복잡한 감각 기관을 구축할 수 있으며, 이어서 전체적인 인지 구조를 세울 수 있다. 생성은 복잡하고 경계가 모호한 IF 절도 취할 수 있다. 그것이 인식하는 형태가 금전등록기가 인식하는 바코드처럼 간단해야 할 필요는 없으며, 그보다는 보초병이 판별하는 형태와 더

유사하다(Anderson, 1983). 언제나 한 번에 단 한 가지 기계 상태에만 있는 튜링 기계의 IF-THEN과는 달리(튜링 기계는 다음 데이터 항목으로 이동하기 전에 언제나 단 한 가지 IF-THEN만 시험할 수 있다) 생성 시스템에 있는 IF-THEN은 동시에 쏟아져 나오는 무리를 기다리므로 어느 한 순간에 하나 이상의 생성이 조건에 충족되면 행동할 준비가 끝난다.

재미있어지는 부분이 바로 여기다. 그런 시스템이 충돌을 다루는 방식은 어떨까? 조건에 충족되는 생성이 하나 이상이라면 둘이나 그 이상이 양립하지 않는 방향으로 향할 수도 있다. 병렬 시스템은 크게 반대되는 목적도 감당할 수 있지만, 실제로 일을 제대로 해낼 시스템이라면 모든 것이 한꺼번에 일어나서는 안 된다. 가끔씩은 어떤 것이 물러서야 한다. 충돌을 다루는 방식은 각각의 모형마다 중대한 문제다. 사실상 심리학적으로도 생물학적으로도 흥미로운 세부사항 전부 아니면 대부분이 이 수준에서의 차이에 달려 있으므로 생성 시스템 구조를 근본적인 모형 구축 수단으로 보아야 한다고 해도 과언은 아니다. 그러나 모든 생성 시스템은 우리의 이론 개요에 이르는 다리를 제공하는 몇 가지 기본 가정을 공유한다. 생성 시스템이 행동이 일어나는 작업 공간을 갖고, 그 작업 공간은 많은 생성(도깨비)이 자기 할 일을 하려고 하는 곳이며, 내재적이거나 축적된 정보가 저장되는 곳에 비활성의 기억을 갖고 있다는 것이다. 생성 시스템이 알고 있는 모든 것이 작업 공간에서 당장 이용 가능하지는 않으므로 여기서 중요해지는 과제는 새를 부르면 제때에 오게 만들어야 하는 플라톤의 문제다. 이론가들은 우리의 현재 관점에서 가장 중요한 '다음에는 무슨 일이 일어나는가?'라는 질문에 대답하기 위한 후보 기제를 실제로 알아냈다.

예를 들어, 액트 스타에는 다섯 가지 충돌 해결 원칙이 있다.

(1) 대응 정도: 한 생성의 IF 절이 다른 것보다 더 잘 부합한다면 그 생성이 우선순위를 갖는다.

(2) 생성 강도: 최근에 성공적이었던 생성은 그와 관련한 문제에서 강점을 갖고, 따라서 다른 생성에 비해 우선순위를 갖는다.

(3) 데이터 불응성: 같은 생성은 같은 데이터에 한 번만 대응될 수 있다(이것은 무한 고리나 그 유사한 것을 방지하고, 판에 박힌 틀이 만들어지지 않게 하기 위해서다).

(4) 특이성: 두 개의 생성이 같은 데이터에 부합된다면 IF 절에 더욱 특이적인 생성이 이긴다.

(5) 목표 우위: 생성이 작업 기억에 넣은 항목 가운데 목표가 있다. 액트 스타의 작업 기억에는 현재 활성적인 목표는 한 번에 오로지 하나고, 활성적인 목표에 대응되는 생성이 우선순위를 갖는다.

이것은 모두 설득력 높은 충돌 해결 원칙으로, 심리학적으로도 목적론적으로도 합당하다(Anderson, 1983). 그러나 그것이 조금 과하게 이치에 합당한 것은 아닐까 싶다. 앤더슨은 충돌 해결 상황에서 제기되는 구체적인 문제에 관해 자기가 알고 있는 지식과 그 문제를 효과적으로 다룰 수 있는 방식을 활용해 자신이 직접 액트 스타의 충돌 해결 시스템을 현명하게 설계했다. 그는 진화로부터 받은 선천적 선물인 시스템에 이런 고차원적인 지식을 필수적으로 내장시켰다. 이것과 흥미로운 대조를 이루는 것은 로젠블룸과 레어드, 뉴웰(1987)이 개발한 '소어 구조'다. 다른 병렬 구조와 마찬가지로 소어도 교착 상태를 만나지만, 그것을 선물로 다루지, 문제로 여기지 않는다. 교착 상태는 시스템에서 기본적인 구축 기회로 작용한다. 충돌은 미리 앞을 내다보고 확정해둔 충돌 해결 원칙 세트(이미 제자리를 차지하고 있는 권위적인 교통경찰 난쟁이)에 의해 자동적으로 다루어지지 않고, 비자동적으로 다루어진다. 교착 상태는 새로운 '문제 공간(일종의 국소적인 작업 공간)'을 만들며, 여기서 해결되어야 할 문제는 바로 그 교착 상태다. 그러나 그것은 또 다른 메타, 메타 문제 공간을 생성하고, 그런 일은 끝도 없이 이어질 수 있다. 그러나 실제로(적어도 오늘날까지 모형이 구축된 영역에서는) 문제 공간을 몇 겹 높이로 쌓아 올린 후에는 최상위 문제가 해결책을 찾아낸다. 그것이 재빨리 다음 문제를 해결하고, 계속해서 또 그다음 문제를 해결하면서 가능성의 논리 영역을 통해 탐색해나가다 보면 불길해 보이던 공간 확장은 중단된다. 거기에 더해 시스템은 힘들여 찾아낸 해결책을 새로운 생성에 묶는다. 그 결과, 미래에 유사한 문제, 즉 과거에 이미 해결된 사소한 문제가 제기될 때 재빨리 해결할 수 있는, 즉시 이용 가능한 새로운 생성이 만들어진다.

내가 두 시스템의 자세한 내용을 언급한 것은 액트 스타에 비해 소어가 더 장점이 많은 프로그램이라고 주장하기 위해서가 아니다. 단지 이렇게 구축된 모형으로 책임 있게 탐색할 수 있는 문제는 어떤 종류가 있는지 생각해보기 위해서였다. 우리가 여기서 염려할 문제는 아니지만, 내가 느끼기에는 다양한 이유로 생성 시스템의 기본 매개체가 여전히 너무 이상화되어 있고, 그 제약에서도 과도하게 단순화되어 있는 것 같다. 그러나 폰 노이만 기계에서 생성 시스템까지 이어지는 궤적을 보면 더욱 뇌 구조와 비슷해진 그 이상의 구조도 나올 수 있을 것으로 보인다. 그 강점과 제한점을 살펴볼 최상의 방법은 그것을 구축하여 운용해보는 것이다. 그것이 내 이론처럼 아직 막연하고 모호한 것을 실증적으로 검증할 수 있는 세부사항까지 갖춘 진짜 모형으로 바꿀 수 있는 방법이다.

전역 작업 공간과 뇌의 다중 기능성

내가 앞의 여러 장에서 언급한 의식의 기제에 관한 다양한 주장과 이런 인지 시스템 모형을 병치하려고 하면서 수많은 질문이 생기지 않았는가? 그러나 나는 여기서 그 질문에 대답하지 않겠다. 내가 그 질문을 모두 해결하지 않은 채로 남겨두었으므로 내 개요도 여러 다른 이론에 적당히 맞아 들어갈 수 있는 개요로 남아 있다. 이 문제에서는 거기까지가 내가 의도했던 바이고, 의식에 관한 철학적인 문제는 그런 이론 중 어느 것이 의식을 설명할 수 있느냐에 관한 것이므로 심각하게 오류가 있다고 판명될지도 모를 특정한 이론에 우리의 희망을 거는 것은 시기상조일 것이다(그러나 부록 2에서 나는 몇몇 실증적으로 불리한 상황에 나설 것이다. 출발부터 검증 가능한 함의를 가진 이론을 원하는 사람들을 위해서다).

연결주의 또는 병렬 분산 처리PDP, parallel distributed processing는 인공지능에서 꽤 최근에 개발된 것으로, 인지적 모형화가 신경적 모형화에 더 가까이 다가가게 해주었다. 그 요소들은 뇌의 신경망 같은 방식으로 연결된 병렬 네트워크에 있는 노드다. 연결주의 인공지능을 '고전적 인공지능Good Old Fashioned AI'(Haugeland, 1985)와 신경과학의 다양한 모델링 프로젝트에 비교하는 일은 학계의 주요 과제가 되었다(Graubard, 1988; Bechtel and Abrahamson, 1991; Ramsey, Stich, and Rumelhart, 1991). 연결주의가 마음의 과학과 뇌 과학 사이에 있는 엄청난 미지의 땅terra incognita의 통합이라는, 희미하게 그 가능성만 보이던 길에 선구자적인 역할을 했으므로 어찌 보면 그것은 당연한 일이다. 그러나 '연결주의의 적절한 처우'(Smolensky, 1988)를 둘러싼 논란 중에서 지금 우리 프로젝트에 영향을 미친 것은 없다. 물론 연결주의 모형 같은 거친 조성 수준의 이론도 있어야 하며, 이 모형은 좀 더 명백하게 신경해부학적인 수준의 이론과 좀 더 명백하게 심리학적이고 인지주의적인 수준의 이론 간에 매개 역할을 할 것이다. 문제는 어떤 특징을 가진 연결주의 아이디어가 해결책이 되고, 어떤 특징을 가진 이론이 경주에서 밀려날 것이냐다. 그 문제가 확정될 때까지 이론가들은 연결주의자 논쟁의 장을 자신이 좋아하는 슬로건을 외칠 기회로 활용하려 할 것이다. 이 논쟁에서 다른 사람들처럼 나 역시도 기꺼이 어느 한쪽 편에 서고 싶지만(Dennett, 1987b, 1988b, 1989, 1990c, 1991b · c · d), 입을 다물고 내 주요한 과제를 계속 탐색해나가다가 먼지가 가라앉은 후에 거기서 의식 이론이 어떻게 부상하는지 보고자 한다.

폰 노이만 구조에서 생성 시스템과 연결주의 시스템과 같은 가상 기계로 발전해가는 길에 무슨 일이 일어났는지 보자. 거기에는 '힘의 균형'의 이동이라 불릴만한 일이 있었다. 데이터에 의존해 몇 개의 분기점이 있는 선로를 달리는 미리 설계된 고정 프로그램이 융통성 있는, 실제로 변동성 있는 프로그램으로 대체되었다. 이 시스템의 후속 행동은 시스템이 현재 직면해 있는 것과 과거에 접한 것 사이의 훨씬 더 복잡한 상호작용의 기능이다. 로젠블룸, 레어드, 뉴웰이 지적했듯, "일반 컴퓨터의 문제가 어떻게 중단시키느냐인 반면, 소어와 액트 스타의 문제는 어떻게 집중을 유지하게 하느냐다"(Rosenbloom, Laird, and Newell, 1989, p. 119).

이런 이론적인 문제가 잘 드러나지 않는 것을 감안할 때, 이런 변화가 '질적으로 다른' 작동 모드로의 전환이 아니라 힘의 균형의 이동이라는 점을 강조하는 것이 중요하다. 가장 변화가 심한 형태 재인 체계의 중심에는 폰 노이만 엔진이 들어앉아 칙칙폭폭 소리를 내며 계산을 한다. 컴퓨터가 탄생한 이래 인공지능 비평가들은 계속해서 컴퓨터의 경직성과 기계성, 프로그램 상태를 들먹였고, 옹호자들은 이는 단지 복잡성 정도의 문제이며, 무한히 경직되어 있지 않고 유연성과 전체성이 있어 컴퓨터에 유기적인 체계를 창조할 수 있다고 반복해서 주장했다. 인공지능이 발달하면서 그런 시스템이 출현했고, 따라서 이제는 비평가들도 어느 쪽으로든 마음의 결정을 내려야 한다. 마음은 연결주의 시스템으로 만들어진다고 선언해야 할까, 아니면 어떤 연결주의 시스템도 충분히 전체성을 갖고 있지 못하다거나, 충분히 직관적이지 못하다거나, 아니면 아무거나 그들이 좋아하는 슬로건을 내세워 판을 더 키워야 할까? 가장 유명한 인공지능 비평가인 버클리대학교의 허버트 드레이퍼스Hubert Dreyfus와 존 설은 이 문제에 엇갈린 의견을 보였다. 드레이퍼스는 연결주의에 충성을 서약한 반면(Dreyfus and Dreyfus, 1988), 설은 연결주의 컴퓨터는 진정한 지력을 보일 수 없다고 주장하여 판을 더 키웠다(Searle, 1990a·b).

'원리적으로는' 회의론자들이 물러섰지만, 통합론자들은 여전히 커다란 문제를 마주하고 있다. 내 생각으로는 그중 가장 큰 문제는 우리의 의식 이론과 직접적인 관계가 있다. 그림 8-1에서 그 예를 볼 수 있듯, 인지과학에서 이루어진 합의는 우리가 저기에 장기 기억을 갖고 있고(플라톤의 새장), 여기에는 실제로 사고가 일어나는 곳인 작업 공간이나 작업 기억을 갖고 있다는 것이다.[1] 그러나 뇌에는 이런 별개의 시설을 수용할 두 장소가 없다. 뇌에서 뚜렷이 다른 이 두 가지 기능 가운데 하나라도 수용할 가능성이 있는 유일한 곳은 피질이다. 나란히 위치한 두 곳이 아니라 커다란 하나의 장소인 것이다. 바스가 말한 전역적인 작업 공간이 있다. 이곳은 기능적인 면(간단히 말해, 모든 것이 다른 모든 것과 접촉할 수 있는 '곳'이다)에서뿐만 아니라 해부학적인 면(피질 전체에 걸쳐 분포되어 있고, 뇌의 다른 영역도 관여되어 있다)에서도 전역적이다. 그렇다면 그것은 작업 공간 그 자체가 바로 그와 똑같은 신경 경로와 장기 기억에서 주요한 역할을 하는 것으로 보이는 네트워크를 이용할 수 있음을 의미한다. 개인적인 탐색으로 바뀐 설계가 저장되는 곳이다.

당신이 옥수수빵 만드는 법을, 아니면 표현형이 무슨 뜻인지 배웠다고 해보자. 어떤 식으로든 피질이 매개체였음이 틀림없다. 피질 안에서 안정된 연결 형태가 당신이 갖고 태어난 뇌에 상당히 영구적으로 이런 설계를 고정시켰다. 이번에는 갑자기 치과를 예약해둔 사실이 떠올랐다고 해보자. 기분 좋게 듣고 있던 음악이 주던 즐거움이 당장에 달아나버릴 것이다. 어떤 식으로든 피질이 매개체였음이 틀림없고, 불안정한 연결 형태가 전체 영역의 이런 일시적인 내용을 재빠르게 바꾸어버릴 수 있다. 물론 그 과정에서 장기 기억은 제거되지 않는다. 어떻게 이렇게 다른 두 가지 종류의 '상징'이 같은 매개체 안에 동시에 공존할 수 있을까?

기능적으로 뚜렷하게 다른 두 개의 네트워크 시스템은 서로 침투 가능한 것으로 가정될 수 있으며(전화 시스템과 고속도로 시스템이 같은 대륙에 퍼져 있는 방식으로), 그것은 문제가 되지 않는다. 더 심각한 문제는 우리가 가정한 것의 표면 바로 아래에 있다. 우리는 어떤 식으로든 개별적인 전문가 도깨비들이 대규모 기획으로 다른 전문가를 모집한다고 가정했다. 만일 이것이 간단히 신참을 불러 공통의 명분을 위해 그들의 전문적인 재능을 발휘하게 하려는 문제라면, 우리는 세부사항에서 정도의 차이는 있지만, 이미 그런 과정의 모델을 갖고 있다. 액트 스타, 소어, 바스의 전역 작업 공간과 같은 모형들이다. 그러나 만일 전문가도 가끔씩 일반 직원으로 모집되어 전문적인 재능을 평범한 일에 써야 한다면 어떨까? 이것은 다양한 이유로 솔깃한 생각이다(Kinsbourne and Hicks, 1978). 그러나 지금까지 내가 알기로는 그런 이중적인 기능 요소가 작동할 수 있는 방식의 계산 모델은 없다.

여기에 어려운 점이 있다. 뇌에 있는 전문가는 어느 정도 고정된 연결 네트워크에서 그들이 실제로 차지하고 있는 위치로부터 그들의 기능적 정체성을 얻는다고 흔히 가정된다. 예를 들어, 특정 신경 경로가 색채에 관심 두는 것을 설명할 수 있는 유일한 사실은 아무리 간접적이더라도 다양한 주파수의 빛에 최대한 민감한 망막 원추 세포와의 특이한 연결이다. 그런 기능적인 정체성이 수립된 후에 이런 연결이 전문가가 색채를 표상하는(아니면 다른 방식으로 관심을 두는) 능력의 전부를 잃지는 않은 채로 잘려 나가는 일이 있을 수 있다(성인이 되어 시력을 잃은 사람의 경우처럼). 그러나 애초의 그런 인과적 연결성 없이는 무엇이 전문가에게 내용 특이적 역할을 줄 수 있는지 알기 어렵다.[2] 그렇다면 피질을 구성하는 요소들의 다소간 고정된 표상 역량은 전체적인 네트워크에서 차지하는 기능적인 위치에서 나온 것으로 보인다. 결국 피질 요소들이 표상하는 방식은 국회의원이 자기 지역구를 대표하는 방식과 비슷하다. 정보를 원천으로부터 자기가 연결되어 있는 특정한 곳까지 옮기는 것으로(워싱턴 사무소 전화선에서 이루어지는 전화 대부분은 고향 지역구까지 추적될 수 있다) 표상한다.

이제 국회의원들이 커다란 경기장 한 구역을 차지하고 앉아 일제히 커다란 색 카드를 머리 위로 들어 올려 '과속은 곧 죽음이다'라는 중요한 메시지를 보여준다고 상상해보자. 메시지는 큰 글씨로 적혀 있어 경기장 반대편에서도 보인다. 살아 있는 픽셀들이 자기 집단을 대표하는 데 유권자와의 관계는 아무 역할도 하지 않는다. 일부 피질의 일꾼 모집 모형은 이런 2차적인 대표 역할 같은 것이 가능하다는 것을 강하게 암시한다. 특정한 문제에 관한 정보를 담은 내용이 어떤 전문가 경로에서 일어날 수 있고, 이어서 어떤 식으로든 피질 영역으로 퍼진 다음에는 거기에 있는 단위의 전문적인 의미론에 개입하지 않으면서 그 영역의 변동성을 활용한다고 가정해버리고 싶은 유혹도 생긴다. 어떤 사람의 시각 세계의 좌측 상부 사분면에서 갑작스러운 변화가 일어났다고 가정해보라. 뇌의 흥분이 처음에는 시각의 좌측 상부 사분면에서 일어나는 일의 다양한 특징을 나타내는 시각 피질 부분에서 일어나는 것으로 보일 수 있지만(지역구를 대표하는 국회의원처럼), 이 흥분 영역은 즉시 활성 상태를 다른 유권자를 가진 피질 요원의 영역으로 퍼뜨린다. 이렇게 피질 전체로 퍼진 흥분이 아무 의미도 없는 단순한 누수나 소음이 아니라 이야기 조각의 편집을 정교하게 하거나 촉진하는 데 중요한 역할을 한다면, 이 일에 모집된 요원은 거점 원천이었을 때와는 상당히 다른 역할을 한 것이다.[3]

아직까지 우리가 그런 다중 기능성을 갖는 좋은 모델(유일하게 가능성이 있어 보이는 것은 민스키의 《마음의 사회》에 나오는 것들이다)을 갖지 못했다는 것이 놀랄 일은 아니다. 6장에서 본 것처럼 불완전한 통찰력을 가진 인간 엔지니어들은 혹시 모를 부작용으로 아예 못 쓰게 되어버릴 위험을 최소화하기 위해 외부로부터의 방해를 조심스럽게 차단하고, 각각의 요소가 단일한 역할을 맡는 시스템을 설계할 수 있게 자신을 훈련한다. 그러나 대자연은 예견되는 부작용을 걱정하기는커녕 어쩌다가 부작용이 불러오는 우연한 행운을 이용하기까지 한다. 아마도 지금까지 신경과학자를 괴롭혀온 피질 기능 분석의 불가해함은 요소에 다중적인 역할을 할당하는 가설을 체질적으로 받아들일 수 없었기 때문이었을 것이다. 철학자 오언 플래너건Owen Flanagan(1991)이 '새로운 신비주의자들'이라고 부른 일부 낭만주의자들은 뇌가 자기 조직을 이해하기에는 넘을 수 없는 장벽이 있다고 주장하기에 이르렀다(Nagel, 1986; McGinn, 1990). 나는 그런 주장은 옳지 않으며, 뇌가 작용하는 방식을 알아내기란 극도로 어렵지만 불가능한 것은 아니라고 본다. 그 이유는 그것이 어느 정도 다중적이고 중첩된 기능을 하면서 번성할 수 있는 과정으로 설계되었기 때문이다. 역공학의 시각으로는 알아보기 어려운 것이다.

이런 문제가 조금이라도 인식된다면 의미 없는 주장들을 발생시킨다. 일부는 그런 전문가와 일반 직원의 이원론적인 생각을 물리쳐야 한다고 생각한다. 그것이 잘못된 것임을 증명할 수 있어서가 아니라 그것을 모형으로 만들 수 있는 방법을 그려볼 수 없으므로 차라리 폐기하는 것이 합리적이라는 생각에서다. 그러나 그런 전망이 제기되면 적어도 이론가들에게 찾아보아야 할 것이 무엇인지에 관한 새로운 암시는 줄 것이다. 신경생리학자들은 NMDA 수용체와 폰 데어 말스버그von der Malsburg(1985) 시냅스 같은 뉴런에 있는 기제를 (시험적으로) 찾아냈는데, 이런 기제는 세포 간의 신속한 접속 조절자 역할을 할 수 있는 가능성 있는 후보다. 그런 관문은 세포를 일시적으로 신속하게 집결하게 하고, 장기 기억을 영구히 굳히는 아교 역할을 하는 장기 신경 연접부 강도의 변화 없이도 네트워크상에 중첩될 수 있을지 모른다(Flohr, 1990).

신경해부학자들은 어떤 상황에서 어떤 영역이 활성화되는지뿐만 아니라 그 영역이 하는 역할까지 보여주는 뇌의 연관성 지도를 채워왔다. 몇몇 영역이 의식에 중대한 역할을 한다는 가설이 세워졌다. 중뇌의 망상체와 그 위에 위치한 시상이 뇌를 잠에서 깨우거나, 새로운 것이나 응급 상황에 반응하는 데 중요한 역할을 한다는 사실은 오래전부터 알려져 있었고, 지금은 그 경로가 더 잘 지도화되었으며, 더 자세한 가설이 수립되고 검증되었다. 한 예로, 크릭(1984)은 시상에서 피질의 모든 부분으로 방사되는 가지들은 '탐조등' 역할에 적합하다고 말했다. 특정한 전문가 영역을 다르게 각성하거나 강화하여 현재 필요한 목적에 동원한다는 것이다.[4] 바스(1988)도 비슷한 아이디어를 발전시켰다. '확대된 망상체 시상 활성화계 ERTAS, extended reticular thalamic activating system'다. 그런 가설을 우리가 살펴보고 있는 해부학적으로 불확실한 전문가 연합 간의 경쟁이란 설명에 통합하는 것은 어렵지 않을 것이다. 뇌의 다양한 영역과 의사소통하면서 관리 중인 현행 사건을 이해하는 시상 보스라는 솔깃한 이미지로 빠지지만 않는다면 말이다.

그와 비슷하게 호모 사피엔스의 뇌에서 가장 눈에 띄게 발달한 부분인 피질의 전두엽도 행동을 장기적으로 조절하고, 계획하고, 배열하는 데 관

여한다고 알려져 있다. 전두엽의 여러 영역에 손상을 입으면 전형적으로
서로 반대되는 증상을 일으킨다. 주의 산만 또는 그 반대로 과도한 집중
을 유발해 정상 생활 궤도에서 벗어나게 만들고, 충동적인 행동을 보이거
나 욕구의 충족을 지연시키는 행동을 못하게 만들기도 한다. 따라서 보스
가 전두엽에 있는 것으로 설정하고 싶은 유혹이 생기고, 몇몇 모형은 그
방향으로 가고 있다. 특히 정교하게 구성된 모형은 돈 노만Don Norman
과 팀 샬리스Tim Shallice(1985)의 '주의감독 체계Supervisory Attentional
System'다. 전전두엽 피질에 있는 이 체계는 하부 관리들이 협조하지 않을
때 충돌을 해결하는 특별한 책임을 맡고 있다. 다시 한 번 말하지만, '다음
으로 일어날 일'을 통제하는 중대한 과정이 해부학적으로 어디에 위치하
는지 찾아내는 일과 보스가 위치하는 곳을 찾아내는 일은 다르다. 보스가
통제하는 프로젝트 진행 상황을 주시할 전두엽 디스플레이 스크린을 찾
아 나선 사람은 헛된 노력을 하고 있는 것이다(Fuster, 1981; Calvin, 1989a).

　일단 그런 유혹적인 이미지는 맹세코 버리겠다고 마음먹었다면 이 영
역이 하고 있는 공헌을 다른 방식으로 생각할 수 있는 대안을 찾아야 한
다. 그러나 발전이 이루어지고는 있어도 여전히 떠오르는 아이디어는 별
로 없다. 그 장치가 무엇인지 우리가 이해하지 못해서가 아니다. 그 장치
가 무엇을 하고, 어떻게 작동하는지에 관한 계산 모형이 부족한 것이 훨
씬 더 큰 문제다. 우리는 여전히 비유와 불필요한 그럴싸한 말만 많은 단
계에 있다. 하지만 이 단계는 더욱 명확한 모형을 만들기 위해 반드시 거
쳐야 할 단계다.

조이스식 기계의 힘

우리 개요에 의하면, 뇌에서 현재 일어나고 있는 많은 사건 사이에 경쟁이 있고, 그런 사건 중 선택된 하부 항목이 승리를 거둔다. 다시 말해, 선택된 항목이 계속해서 다양한 결과를 일으킨다. 그중에 언어 도깨비와 연합한 것은 다음에 이어질 말을 만들어낸다. 소리 내어 다른 사람에게 하는 말과 조용히 속으로(또한 소리를 내어) 자신에게 하는 말 모두 해당된다. 그중 일부는 도형으로 그려보기와 같은 다른 형태의 자기 자극을 일으키고, 나머지는 그 일이 일어났었다는 희미한 흔적만을 남긴 채 거의 즉시 소멸된다. 당신은 내용이 그런 식으로 특권 그룹으로 들어가는 것이 왜 좋은 일이냐고, 그 특권 그룹에 어떤 매력이 있느냐고 묻고 싶을 것이다. 의식은 엄청나게 특별한 것으로 간주된다. 자기 자극 주기에서 다음 단계로 진행되는 것이 뭐 그리 특별할까? 그것이 어떻게 도움이 될까? 그런 기제로 일어나는 사건에 거의 기적 같은 힘이 생기는 것일까?

나는 이런 혼란스러운 경쟁에서 승리를 거둔 특정한 것이 의식으로 부상한다는 주장은 피해왔다. 실제로 나는 의식 안에 있는 사건과 영구히 의식 밖이나 의식 아래에 있는 사건을 결정적으로 구별할 수 있는 합당한 방식은 없다고 주장했다. 그런데도 조이스식 기계에 관한 내 이론이 결국 의식을 조명하려 한다면 이 기계의 활동 전부는 아니더라도 일부에는 탁월한 점이 있어야 할 것이다. 의식이 직관적으로 특별한 것임을 부정하지는 못하기 때문이다.

이와 같은 우리에게 익숙한 문제를 거론하다 보면 우선 의식이 무엇에 소용되는 것인지 알아야 한다는 사고의 함정에 빠지기 쉽다. 그러므로 우리는 결론이야 어떻든 제안된 기제가 그런 기능을 성공적으로 해낼 수 있는지 물어야 한다.

신경과학자이자 인공지능 연구자인 데이비드 마르David Marr는《시각 Vision》(1982)에서 정신 현상을 설명할 때는 3단계 분석을 거쳐야 한다고 주장했다. 최고 수준이자 가장 추상적인 수준은 계산 과정으로, '정보 처리 과제로서의 문제' 분석이다. 중간 수준은 산술 과정으로, 이 정보 처리 과제가 수행되는 실제 과정의 분석이다. 가장 낮은 물리적 수준은 신경 장치를 분석하고, 중간 수준에서 기술한 산술 과정을 어떻게 실행하는지 보여준다. 그런 식으로 과제를 계산 수준에서 추상적으로 기술하는 것으로 수행하는 것이다.[5]

마르는 심리 현상 모형화에도 3단계 분석을 권했고, 서둘러 더 낮은 수준의 모형화에 뛰어들기 전에 먼저 가장 높은 수준의 계산 과정을 명확히 해두는 것이 중요하다고 강조했다.[6] 그는 시각을 연구하면서 이 전략의 위력을 훌륭하게 입증했고, 그 후 다른 연구자들도 다른 현상에 이 방식을 활용했다. 이 3단계 분석을 의식에 적용해보자는 생각은 솔깃하고, 그 생각을 실천에 옮긴 사람도 있다. 그러나 이것은 '무엇이 의식의 기능인가?'라는 물음으로 지나치게 단순화할 위험이 있다. 우리는 단일한(아무리 복잡하더라도) '정보 처리 과제'가 있고, 진화가 그 과제를 수행하게 의식의 신경 장치를 잘 설계해놓았다고 가정한다. 이런 생각은 중요한 가능성을 간과하게 만든다. 의식의 특성이 다중적인 기능을 갖는다는 것이다. 의식의 일부 기능은 그 개발 과정에 있던 역사적 제한 탓에 기존의 특성에서 받는 도움이 미미하다. 또한 일부 특성은 기능이란 것이 아예 없다. 적어도 우리에게 이로움을 주는 것은 없다. 이런 특징을 못 보고 지나치지 않게 주의하면서 내 실마리 개요가 설명하는 기제의 역량(반드시 기능은 아니더라도)을 검토해보자.

6장에서 보았듯이 여러 전문가가 동시에 활동에 나서면서 중대한 자기 통제 문제가 발생하는데, 조이스식 기계 활동이 수행하는 기본 과제의 하나가 그 분쟁에 판결을 내리는 것이다. 따라서 이 정책에서 저 정책으로 문제없이 순조롭게 넘어가게 하고, 적당한 세력을 배치해 쿠데타가 일어나지 않게 막는다. 단순하거나 숙달된 과제는 심한 경쟁 없이 과외의 힘을 동원하지 않고도 일상적으로, 따라서 무의식적으로 수행될 수 있다. 그러나 과제가 어렵거나 즐겁지 않을 때는 집중을 요한다. 그런 일은 자기 훈계와 반복과 같은 다른 다양한 기억술(Margolis, 1989)이나 다른 자기 조작(Norman and Shallice, 1985)의 도움이 있어야 성취될 수 있다. 종종 큰소리로 말하는 것이 도움될 때도 있는데, 이는 우리의 사적인 생각에서 나온 조악하지만 효율적인 전략이다.

그런 자기 통제 전략은 우리가 자신의 지각 과정을 통제할 수 있게 했다. 시각 체계가 자연적으로 우리가 '그냥 볼' 때 '튀어나오는' 것을 탐지하게 설계되었다고 해도 심리학자 제레미 울프Jeremy Wolfe(1990)가 지적했듯이 자기 표상 행위로 설정된 정책에 의해 주의 기울여 찾아봐야만 눈에 띄는 것도 있다. 많은 녹색 점 가운데 있는 붉은 점은 금방 드러나지만 (실제로 그것은 나뭇잎 사이에 있는 잘 익은 딸기처럼 두드러질 것이다), 여러 가지 다른 색깔 점 속에서 붉은 점을 찾으려면 탐색 과제에 알맞게 자신을 설정해야 한다. 셀 수 없이 많은 다양한 색깔과 모양의 색종이 조각 사이에서 붉은색 네모 조각을 찾아내려면 마음을 완전히 집중한 상태에서 조직적으로 이루어져야 하는 고도의 자기 통제가 필요하다.

우리는 사물을 자신에게 표상하는 방법을 가진 덕분에 다른 피조물과는 다른 방식으로 자신을 지배하고 실행할 수 있다. 우리는 가설적인 사고와 시나리오를 짜는 능력 덕분에 우리 정책을 미리 펼쳐볼 수 있다. 우리가 택한 정책의 기대되는 이점과 치러야 할 대가를 머릿속에서 시연해보고, 내키지 않는 일이거나 장기 프로젝트에 돌입할 때는 자신의 결심을 일깨우는 습관으로 스스로의 의지를 굳건히 한다. 이런 리허설 습관은 상궤가 되는 기억을 형성하며, 우리는 그것을 통해 심리학자들이 '삽화적 기억'이라 부르는 것에 도달하고, 우리가 어떤 실수를 저질렀는지 자신에게 설명할 수 있다(Perlis, 1991). 이런 전략을 발달시킨 덕분에 우리 조상은 미래를 좀 더 멀리 내다볼 수 있게 되었다. 우리 조상에게 이런 높아진 예측 능력을 준 것은 높아진 회상 능력이었다. 자기가 최근에 한 일 중에서 실수한 것이 무엇인지 알아낼 수 있도록 되돌아볼 수 있는 능력이다. '다시는 그런 일을 해서는 안 돼!'라는 말은 모든 피조물이 경험에서 배운 아픈 실수를 반복하지 않게 해주지만, 그것에 더해 우리는 기록해두는 습관 덕분에, 더 정확하게는 자기 자극의 습관 덕분에 다른 피조물보다 더 멀리, 그리고 더 통찰력 있게 그 배움을 확대할 수 있었다. 이런 일은 많은 결과로 이어졌지만, 그중에서도 특히 회상 능력의 증대를 가져왔다.

이런 습관의 귀중한 결과는 그런 '기억 적재memory-loading'뿐만 아니라 그만큼 중요한 '방송 효과broadcasting effect'도 있다(Baars, 1988). 이것은 우리가 배운 것 가운데 무엇이 현재의 문제를 일으키는 데 이바지했는지 알아낼 수 있는 일종의 공청회 역할을 한다. 바스는 이런 식으로 내용에 상호 접근할 수 있게 된 덕분에 그렇지 못했더라면 이해할 수 없었을 의식에서 일어나는 사건을 이해할 수 있게 되었다고 주장했다.

레이 재켄도프(1987)도 같은 맥락에서 뇌가 수행하는 최고 수준의 분석, 다시 말해 가장 추상적인 수준은 그것을 의미 있게 하여 경험하는 것은 가능하더라도 경험으로 접근할 수 있는 것은 아니라고 주장했다. 따라서 그의 분석은 빙산의 정상이나 일각으로 다시 부활한 데카르트 극장에 유용한 해독제를 제공한다.

특히 후설 현상학파의 영향을 받은 상당수 철학자가(Dreyfus, 1979; Searle, 1983) 의식적인 경험의 이런 배경적인 중요성을 강조했다. 그러나 그들은 이것을 바스와 재켄도프가 제안한 것처럼 일어난 일의 계산 이론을 제공하는 데 핵심이 되는 것으로 설명하지 않고, 전형적으로 신비롭거나 다루기 어려운 특성으로 설명했다. 이런 철학자들은 의식이 특별한 종류의 '내재적 지향성intrinsic intentionality'의 원천이라고 가정했지만, 철학자 로버트 반 굴릭Robert van Gulick이 말한 대로 이것은 문제를 후퇴하게 만든다.

> 이해의 개인 수준 경험은 (…) 착각이 아니다. 경험의 개인적 주체인 내가 이해한다. 나는 각각의 것을 즉각 연결할 표상들을 불러모아 경험 내에서 필요한 모든 연관을 만들 수 있다. 내 능력이 질서정연한 사고의 흐름을 만들어내는 하부 개인적 요소의 조직화된 체계로 구성된 결과라는 사실이 내 능력에 이의를 제기하지는 않는다. 착각이거나 잘못 이해된 것은 오로지 내가 전적으로 비행동적인 형태의 이해 덕분에 이런 연관을 생성한 분명히 실제적인 자아라는 견해뿐이다. (van Gulick, 1988, p. 96)

당신이 무엇을 배웠든, 그것은 당신이 현재 직면한 문제를 푸는 데 도움이 된다. 그것이 최소한 이상적이다. 포더(1983)는 이런 특징을 '등방성'이라고 했고, 플라톤이라면 '부르면 언제나 그 새가 날아오게 하는, 적어도 노래하게 만드는 능력'이라고 했을 것이다. 그것은 기적적으로 보이지만, 모든 무대 마술사가 알고 있듯이 마술은 일반적으로 설명이 필요한 과장된 현상을 관객이 믿는다는 사실로 절정에 이른다. 언뜻 보기에는 우리가 이상적으로 등방성인 것 같지만, 그렇지 않다. 냉정하게 돌아보면 우리가 새로운 데이터의 의미를 인식하는 데 한참이나 걸렸던 많은 경우를 상기할 수 있다.

무대 마술사는 싸구려 속임수 몇 가지만 있으면 진짜 마술을 부리기 충분하다는 것을 알고 있고, 이런저런 장치를 만들어내는 데 단연 최고수인 대자연도 그것을 알고 있다. 인공지능 연구는 우리 인간 사고자가 보이는 등방성 정도를 제공할 수 있는 '적절하게 조정되어 있고, 신속하게 이용할 수 있는 많은 발견법'을 찾으면서 가능한 수단을 탐색했다(Fodor, 1983, p. 116). 액트 스타와 소어 같은 모형을 비롯해 인공지능에서 탐색된 다른 많은 비전이 유망해 보이긴 했지만, 결정적이지는 못했다. 드레이퍼스, 설, 포더, 퍼트넘(1988)을 비롯한 몇몇 철학자는 마음을 '기계 장치Gadget'로 보는 생각은 잘못이라고 확신하고, 이런 생각을 입증하려는 과제가 불가능함을 보이기 위한 논증을 구성하고자 했다(Dennett, 1988b, 1991c). 예를 들어, 포더는 특수 목적용 체계가 무엇이 되었든 새로운 항목이 나타날 때 융통성 있게 반응할 수 있는 일반 목적용 체계에 내장될 수 있지만, "이것은 불안정하고, 순간적인 연결성밖에 보장하지 못한다"(Fodor, 1983, p. 118)라고 지적했다. 그는 모든 연결주의 이론에 비관적인 반응을 보였다. 우리가 등방성에 근접한 것은 우리의 내장된 회로 덕분이 아니라 소프트웨어 덕분이라고 여겨야 한다고 한 것은 그가 옳다. 그러나 '묘안 주머니bag of tricks' 가설에 반대하는 그의 주장은 우리가 '모든 것을 고려하는 일'에 실제보다 더 낫다고 가정한다. 우리는 잘하고 있지만, 썩 훌륭하지는 않다. 우리가 개발한 자기 조작 습관은 우리에게 힘들게 얻은 자원을 영리하게 이용할 수 있는 역량을 주었다. 우리가 언제나 원하는 새가 제때에 노래하게 만들지는 못해도 우리의 좋은 동무로는 만들 수 있다.

의식 이론으로서 본격적인 출발선에 서다

지금까지 나는 의식에 관해 소극적인 자세를 보였다. 내 이론이 의식을 무엇이라고 말한다고 주장하기를 조심스럽게 피했다. 나는 조이스식 기계를 예시하는 것은 그 어떤 것이든 의식적이라고 선언하지 않았고, 그런 가상 기계의 어떤 특정한 상태가 의식적인 상태라고 선언하지도 않았다. 내가 이렇듯 조심스러운 태도를 보인 이유는 전략적인 것이었다. 나는 조이스식 기계가 주인 하드웨어에게 의식을 부여하든 부여하지 않든 적어도 의식의 역량이라고 추정되는 많은 것이 조이스식 기계의 역량으로 설명될 수 있다는 사실을 보여줄 기회를 얻기 전까지는 의식이 무엇인지를 놓고 왈가왈부하는 것을 피하고 싶었다.

도깨비들이 연합을 이루어 다른 도깨비에게 메시지를 방송하고 온갖 다른 일을 하는 전역 작업 공간을 가진 무의식적 존재가 있을 수도 있지 않을까? 그렇다면 아무리 새로운 일이 일어나더라도 거의 모든 사건에 반응해 어떤 정신 상태에나 재빠르고 다양하게 적응할 수 있는 놀라운 인간의 힘은 의식 그 자체의 공이 아니라 이런 상호 의사소통을 가능하게 하는 계산 구조 덕분이라고 보는 것이 옳다. 만일 의식이 이런 조이스식 기계를 넘어서는 것이라면 내가 설령 다른 의문에는 답을 내놓았을지라도 아직 의식에 관한 이론에는 답을 내놓지 못한 것이다.

이론에 관한 개요를 전부 모으기 전까지는 그런 의구심을 피해 가야 했지만, 드디어 그 어려운 일에 맞서고, 의식 그 자체와 온통 놀라운 신비와 대적해야 할 시간이 되었다. 따라서 이 시간 이후로 나는 "그렇다, 내 이론은 의식 이론이다"라고 선언한다. 그런 가상 기계를 통제 시스템으로 가진 사람이나 그 밖의 어떤 것은 전적으로 의식적이다. 그런 가상 기계를 갖고 있으므로 의식적이다.[7]

이제 나는 반대에 맞설 준비가 되었다. 우리는 '좀비 같은 무의식적인 것은 조이스식 기계를 갖지 못할까?'와 같은 질문을 거론하는 것으로 시작할 수 있다. 이 질문은 철학자 페터 비에리Peter Bieri(1990)가 '티베트 기도자의 윤회바퀴Tibetan Prayer Wheel'라고 이름 붙인 것처럼 영원하고 보편적인 반대를 함축한다. 이런 반대는 어떤 이론을 내놓더라도 계속해서 되풀이해 나타난다.

> 그것 모두, 뇌가 이런 일을 하고 저런 일을 한다는 그 모든 기능적인 세부사항 모두 좋다. 그러나 나는 그 모든 일이 의식이라곤 전혀 없는 실체에서 일어난다고 상상할 수 있다.

이에 대한 좋은 대답이지만, 자주 듣지 못하는 말은 이런 것들이다.
"오, 그럴 수 있습니까?"
"어떻게 알죠?"
"그 모든 것을 충분히 자세하게, 함축된 모든 의미에 충분히 주의를 기울이면서 상상했다는 것을 어떻게 알죠?"
"당신의 주장이 흥미로운 결론을 이끌 전제라고 생각하는 근거가 무엇이죠?"
현시대의 생기론자vitalist가 다음과 같이 말한다면 우리가 얼마나 맥빠질지 생각해보라.

> DNA니 단백질이니 하는 것들, 모두 좋다. 하지만 나는 고양이처럼 보이고, 고양이처럼 행동하고, 혈관을 흐르는 혈액에서부터 세포에 들어 있는 DNA까지 모두 고양이랑 똑같지만 살아 있지는 않은 실체를 발견하는 일을 상상할 수 있다(내가 정말로 확신하느냐고? 물론이다. 야옹야옹하는 것이 있고, 하나님이 내 귀에 대고 "그것은 살아 있는 게 아니야! 단지 기계적인 DNA 어쩌고 하는 것이야!" 하고 속삭였으니까. 상상 속에서 나는 하나님 말을 믿는다).

이것이 생기론자의 좋은 논증이라고 생각하는 사람은 아무도 없을 것이다. 이런 종류의 상상력은 가치 있는 것이라고 간주되지 않는다. 현대 생물학이 제시하는 생명에 관한 설명에 비해 형편없는 것이기 때문이다. 이 논증이 보여주는 유일한 것은 '모든 것'을 무시해버리고 그렇게 하기로 작정한 확신을 고수할 수 있다는 것이다. 티베트 기도자의 윤회바퀴는 내가 간략히 소개한 이론을 반증할 더 나은 논증일까?

우리는 이제 앞서 했던 모든 상상력 증대 훈련 덕분에 증거에 관한 부담을 덜 수 있는 위치에 있다. 티베트 기도자의 윤회바퀴(몇 가지 다른 변형도 있다)는 데카르트의 유명한 논증의 후계자다(1장 참조). 티베트 기도자의 윤회바퀴는 마음이 뇌와는 다른 것이라고 확실하고 분명하게 생각할 수 있는 것이라는 주장이었다. 그런 논증의 위력은 그 사람의 개념 기준이 얼마나 높은지에 달려 있다. 어떤 사람은 소수 중에서 가장 큰 숫자나, 직선으로 이루어지지 않은 삼각형을 구상했다고 자신만만하게 주장하지만, 그들은 어쨌거나 틀렸다. 그들이 이런 것을 구상하고 있다고 말할 때 그들이 한 일이 무엇이건 이것은 애초에 불가능한 일이다. 우리는 이제 '그 모든 것'을 얼마간 자세하게 상상할 수 있는 위치에 있다. 당신은 정말로 좀비를 상상할 수 있는가? 당신이 좀비를 상상할 수 있다는 것이 명백하다는 의식은 내 이론에 이의를 제기하지 않는다. 더 강하고, 명백하지 못한 의식이 입증을 요구한다.

일반적으로 철학자들은 이런 것을 요구하지 않는다. 최근 마음 철학에서 가장 영향력 있는 사고 실험은 관객에게 특수하게 고안된 일이나 조건을 명시한 어떤 일을 상상해보게 하는 것이다. 그런 다음에는 상상의 위업이 실제로 성취되었는지 제대로 확인하지도 않고 다양한 환상의 결과에 주목하게 한다. 나는 그것을 '직관 펌프Intuition Pump(직관으로 결과를 도출하는 사고 실험_옮긴이)'라고 부르는데, 그것은 매우 교묘한 장치인 경우가 많다. 직관 펌프는 그 매혹적인 성격만으로도 명성을 얻을 자격이 있다.

3부

철학적 문제에
답하다

9장

보는 것과 말하는 것

9

마음의 눈으로 본다는 것

본격적인 철학적 사고 실험에 돌입하기 전에 먼저 도전해볼 문제는 실제 실험에서 나온 것임에도 데카르트 극장을 되살려놓은 것처럼 보일 수있다. 지난 20년 동안 인지과학 분야에서 이루어진 가장 흥미롭고 독창적인 연구는 심리학자 로저 셰퍼드Roger Shepard가 주도한 심상 조작 능력에 관한 연구다. 물체의 '심적 회전 속도'에 관한 셰퍼드의 고전적인 연구를 살펴보자(Shepard and Metzler, 1971).

피실험자에게 한 쌍의 선 그림을 보여주고, 그 그림이 같은 모양인지물었다(그림 9-1). 당신도 금방 알아챘겠지만, 두 그림은 '같은 모양'을 다른 각도에서 본 것이다. 그것을 어떻게 알아낼까? 보통은 마음의 눈으로이미지 하나를 회전시킨 다음 다른 이미지 위에 겹쳐 보아 알아냈다고 대답한다. 다음으로 셰퍼드는 쌍으로 된 그림의 회전 각도를 달리했다. 어떤

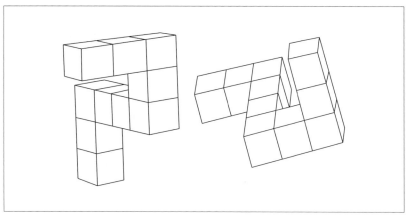

〈그림 9-1〉

쌍은 2, 3도만 회전시키면 정렬되게 배열하고, 다른 쌍은 더 많이 회전시
켜야 정렬되게 한 다음 피실험자가 응답하는 데 걸린 평균 시간을 측정했
다. 뇌에서 이미지를 실제로 회전시키거나 그 비슷한 과정이 일어난다고
가정한다면, 심상을 90도 회전시킬 때 45도 회전시킬 때보다 시간이 대략
두 배 더 걸려야 할 것이다(가속과 감속은 무시하고, 회전 속도가 일관적으로 유
지된다고 가정했을 때).[1] 셰퍼드의 데이터는 매우 다양한 조건에서 이 가설
에 놀랍게 잘 들어맞았다. 셰퍼드와 다른 연구자들은 여전히 논란이 있는
문제를 최대한 신중하게 확증하기 위해 후속 실험을 수백 차례 실시해 뇌
의 심상 조작 행위 기제를 매우 심도 깊게 탐구했다. 그 결과, 심리학자 스
티븐 코슬린(1980)이 뇌의 '시각 버퍼Visual Buffer'라고 부른 것이 있는 것
처럼 보였다. 매우 '이미지 같은' 과정에 의해서, 아니면 코슬린의 용어를
빌리자면 '그림과 유사한Quasi-Pictorial' 과정에 의해서 변환을 수행하는
곳이다.

그 말은 무슨 뜻일까? 결국 데카르트 극장이 존재한다는 사실을 인지
심리학자들이 발견했다는 의미일까? 코슬린에 따르면, 이 실험은 이미지

가 내면에서 볼 수 있게 집결된다는 것을 보여준다. CRT상에 만들어진 이미지가 컴퓨터 메모리에 저장된 파일에서 불려 나와 만들어지는 것과 흡사한 방식이다. 이미지가 내면의 스크린에 뜨면 특정한 과제를 부여받은 피실험자는 과제를 수행하기 위해 이미지를 회전시키고, 탐색하고, 조작한다. 그러나 코슬린은 그의 CRT 모델이 비유라고 강조했다. 이것은 우리에게 셰이키의 비유적인 '이미지 조작' 능력을 상기시킨다. 분명 셰이키의 컴퓨터 뇌에는 데카르트 극장이 존재하지 않는다. 인간의 뇌에서 실제로 일어나는 일을 더 분명하게 알아보려면 비유적이지 않고 매우 사실적인 모형으로 시작해야 한다. 그런 다음 그 모형에서 바람직하지 않은 속성을 하나하나 '제거'하는 것이다. 다시 말해, 우리는 코슬린의 CRT 비유를 취해서 그 제한점이 무엇인지 하나하나 드러낼 것이다.

먼저 실제 이미지를 실제로 조작하는 시스템을 생각해보자. 현재 컴퓨터 그래픽 시스템은 텔레비전과 영화의 컴퓨터 애니메이션, 건축과 인테리어 디자인에 쓰이는 3차원 물체 예측, 비디오 게임 등 다양한 분야에서 나날이 발전하고 있다. 엔지니어들이 사용하는 것은 CAD computer-aided design 시스템이라 불리는데, 이 시스템은 공학에 대변혁을 불러왔다. 워드 프로세서가 글쓰기 작업을 쉽게 만들어준 것처럼 설계를 훨씬 더 쉽게 만들어준 것은 물론이고, 엔지니어가 해결하기 어려운 문제를 만났을 때 쉽게 답을 찾아주기 때문이다. 그림 9-1과 같은 문제에 부딪혔을 때도 엔지니어는 CAD 시스템의 도움을 받아 해결할 수 있다. 두 이미지를 모두 CRT 화면에 띄우고 말 그대로 이미지 하나를 회전시킨 다음 다른 이미지 위에 겹쳐 보면 되는 것이다.

각각의 물체 그림은 가상의 3차원 물체로 컴퓨터 메모리 안에 입력되는데, 면과 모서리는 x, y, z 좌표로 경계가 정해져 가상 공간을 점하고, 각각의 면과 모서리를 나타내는 점은 숫자로 된 삼중 순서쌍으로 컴퓨터

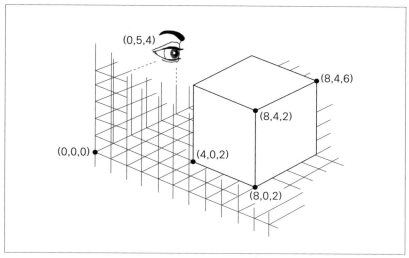

〈그림 9-2〉

메모리에 저장된다(그림 9-2). 관찰자 시점도 x, y, z의 세 좌표로 같은 가상 공간에 입력된다. 입방체와 시점으로 된 도형이라도 컴퓨터에 저장되는 것은 오로지 각각의 점에 대한 세 좌표뿐이라는 것을 기억해야 한다. 이 점들은 각 면의 다양한 속성에 관한 암호화된 정보(무슨 색깔인지, 불투명한지 투명한지, 질감은 어떤지 등등)와 함께 더 큰 집단(예를 들어, 입방체의 각 면을 나타내는 것)으로 묶인다. 물체 중 하나를 회전시킨 다음 가상 공간에서 이동시키는 일은 어렵지 않다. 물체의 모든 x, y, z 좌표를 일정한 양만큼 조정하면 되는 간단한 산수 문제다. 그다음에는 곧장 기하학 문제로 넘어가서 물체의 어느 면이 가상 시점에서 가시적인지, 그것이 정확히 어떤 모양으로 보일지 결정할 '가시선sight line'을 계산하면 끝이다. 이 계산은 간단하지만, 부드러운 곡면, 그림자 진 곳, 빛이 반사되는 부분, 촉감 등을 계산해야 할 때는 '연산 집약적'인 힘든 작업이다.

더 진보한 시스템에서는 화면상에서 가현 운동을 만들어낼 수 있을 만

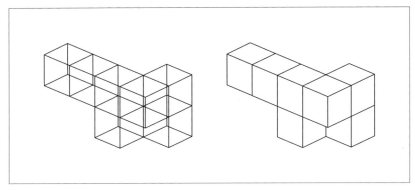

〈그림 9-3〉

큼 여러 프레임을 빠르게 계산해낼 수 있지만, 이는 표상이 도식적으로 유지될 때만 가능한 일이다. '은선 제거hidden line removal' 과정은 최종 이미지가 불투명하게 보여야 할 곳에서는 불투명해 보이게 만들어 셰퍼드의 정육면체가 투명한 '네커의 정육면체Necker Cube(평면 도형이면서도 3차원적으로 입체감을 주는 정육면체의 투시도형_옮긴이)'처럼 보이는 일이 없게 해준다(그림 9-3). 이 과정은 상당히 시간이 많이 소요되므로 결과를 '실시간으로' 산출해야 하는 경우에는 다소 제한이 따른다. 우리가 매일 텔레비전에서 보는 것과 같은 컴퓨터 그래픽을 이용한 멋지고 세밀한 이미지 전환은 슈퍼컴퓨터를 이용한다 해도 이미지를 충분히 빠르게 생성할 수 없으므로 개개의 프레임을 저장했다가 나중에 더 빠른 속도로 보여주어야 인간의 시각 체계가 움직임으로 감지할 수 있다.[2]

이런 경이로운 3차원 가상 물체 조작기는 새로운 도구이자 장난감이다. 이는 그야말로 태양 아래 새로운 물건이지, 우리가 머릿속에 이미 갖고 있는 어떤 것의 전자적 복사본이 아니다. 우리가 심상 작업을 할 때 뇌에서 일어나는 수없이 많은 기하학적이고 산술적인 계산 과정과 유사한 과정은 그 어디에도 없으며, 뇌에서 만들어내는 것보다 더 화려하고 세밀하

372

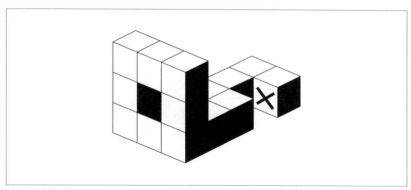

〈그림 9-4〉

게 움직이는 연속물을 산출해낼 수 있는 것은 없다.

하지만 CAD 시스템을 활용하면 쉽게 풀 수 있는 약간 다른 형태의 셰퍼드 문제를 생각해보면 사실 우리 뇌에는 한계가 있다는 사실이 드러난다. 그림 9-4의 한 면에 새겨진 붉은색 X는 물체의 전면 벽에 나 있는 네모난 구멍으로 보일까? X가 새겨진 셰퍼드 물체는 단순한 도식적 물체이며, 우리가 답해야 할 질문은 질감과 조명, 다른 세부사항은 개의치 않아도 되므로 엔지니어가 이 물체를 CRT상에서 회전하는 것이 어렵지는 않을 것이다. CRT상에 이미지를 띄워놓고 시점을 앞뒤로 움직이고 이미지를 이리저리 회전시키면서 구멍으로 붉은색이 보이는지 찾을 수 있다.

이제 같은 실험을 마음의 눈으로 해볼 수 있는지 보라. 구멍으로 들여다보면서 물체를 간단히 회전시킬 수 있겠는가? 내가 물어본 사람들은 하나같이 그 일을 해낼 수 없었다고 대답했다. 할 수 있었다고 답한 사람들도 지시대로 물체를 회전시키고 바라보는 것으로 해내지는 못한 것이 분명했다(그들은 회전시켜서 보려고 했지만 마음대로 되지 않았다고 말했다. 회전시키는 데는 성공했지만, 구멍으로 바라보려고 하자 이미지가 허물어져 버렸다는 것이다. 그래서 이미지를 회전시키지 않은 상태에서 구멍을 통해 가시선을 '그려 넣고' 그 선

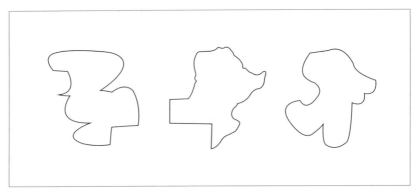

〈그림 9-5〉

이 뒤쪽 어디에 떨어질지 보았다고 했다). 이것이 많은 실험에서 성공적으로 회전시킬 수 있었던 물체보다 더 복잡한 것도 아닌데, 이상한 일이 아닐 수 없다. 쉽게 변환되는 과정은 어떤 종류이고, 겉보기에는 별로 어려워 보이지 않지만 그런 형편없는 결과가 나오는 과정은 도대체 무엇일까?(하지만 이 조작이 더 어려운 것으로 보이지 않는다면 잘못된 관점에서 보고 있는 것이 틀림없다. 그것이 더 어려운 과제임은 우리가 조작에 실패했다는 사실로 이미 입증되었기 때문이다.)

심리학자 대니얼 라이스버그Daniel Reisberg와 데보라 체임버스 Deborah Chambers의 실험에서도 비슷한 의문이 제기되었다. 이 실험에서 실험자는 심상 능력이 뛰어나다고 주장한 피실험자에게 '아무 의미도 없는' 모양을 보여주고, 그것을 마음의 눈으로 90도나 180도 회전시킨 다음에 본 모양이 무엇인지 말하게 했다(그림 9-5). 피실험자들은 우리가 이 책을 시계 방향으로 90도 돌려보면 금방 알아볼 수 있는 형태를 마음의 눈으로는 도저히 알아볼 수 없었다는 사실에 놀라움을 감추지 못했다.

엔지니어가 CAD 시스템을 이용해 답을 얻으려는 질문은 '붉은색 X가 구멍으로 보이는가?'라는 질문만큼 간단하지는 않다. 보통 그들이 다루는 문제는 '관절 세 개로 이루어진 로봇 팔이 전원 공급 장치에 부딪히지 않고 로봇의 등에 있는 스위치를 조정하게 만들 방법이 있을까?'와 같은 질문에 등장하는 로봇처럼 좀 더 복잡한 공간적 속성을 가진 물체를 설계하는 일이다. 아니면 '지나가던 사람이 유리창으로 호텔 안을 들여다보았을 때 호텔 계단이 어떤 모습으로 보일까?'와 같은, 물체의 심미적인 속성과 관련된 것이다. 보조 장치의 도움 없이 그런 장면을 시각화하려 한다면 우리는 아주 대략적이거나 전혀 엉뚱한 결과를 얻기 십상이다. 그렇다면 CAD 시스템은 일종의 상상력 보조기로 볼 수 있을 것이다(Dennett, 1982d, 1990b). 그것은 인간의 상상력을 엄청나게 확대해주지만, 이는 정상적인 시력을 가진 사용자가 CRT를 바라볼 때만 가능한 일이다.

앞을 못 보는 사람들의 시각화

이제 더욱 야심 찬 보조 기구를 상상해보자. 앞을 못 보는 엔지니어를 위한 CAD 시스템이다. 문제를 좀 더 단순화하기 위해 앞을 못 보는 엔지니어가 답을 찾는 질문이 심미적인 건축 구조 같은 복잡한 것이 아니라 비교적 직접적이고 기하학적인 종류라고 해보자. 물론 결과는 비시각적인 형태가 되어야 할 것이다. 이런 사용자에게 가장 친숙한 형태는 일상적인 언어로 묻는 질문에 일상적인 말(시각 장애인용 점자나 음성 합성으로 되어 있는)로 대답하는 것이다. 그러므로 시각 장애인 엔지니어는 질문할 문장을 간단히 CAD 시스템으로 보낸(물론 시스템이 이해할 수 있는 용어로) 다음에 그 시스템이 대답을 내놓을 때까지 기다리면 된다.

우리의 CADBLIND Mark I 시스템은 고차원적인 기능은 갖추지 못했지만 조작은 간편하다. 일반적인 CAD 시스템으로 구성되어 있고, CRT

를 갖추고 있으며, 앞에는 컴퓨터 시각 시스템인 '포세처Vorsetzer'가 자리 잡고 있다. 포세처에는 CRT를 향해 있는 텔레비전 카메라가 달려 있고, CAD 시스템 스위치를 조작할 로봇 손가락도 있다.[3] 오직 구경꾼을 위해 CRT를 장착하고 있는 셰이키와는 달리 이 시스템은 정말로 이미지를 본다. 빛을 내는 발광점으로 만들어진 진짜 이미지다. 이 이미지는 여러 주파수의 진짜 빛을 텔레비전 카메라 뒤에 달린 광 민감성 변환기로 방사한다. 우리가 붉은색 X 문제를 제시할 때 CADBLIND Mark I은 진짜 붉은색 X가 있는 이미지를 만들어내고, 그 이미지는 포세처의 텔레비전 카메라도, 다른 사람도 모두 볼 수 있다.

이것저것 따질 것 없이 포세처가 CRT 화면에서 반짝이는 표상으로부터 필요한 정보를 추출할 수 있을 만큼은 컴퓨터 시각 문제를 충분히 해결했다고 치자(나는 포세처가 의식이 있다고 주장하려는 것이 아니다. 단지 시각 장애인 엔지니어가 던진 질문에 대답할 수 있을 만큼은 충분히 일을 잘할 수 있다고 가정하자는 것이다). CADBLIND Mark I은 진짜 이미지를 만들고 조작해 정상인 엔지니어가 일반 CAD 시스템을 이용해 해결할 수 있는 모든 문제에 시각 장애인 엔지니어가 답을 얻을 수 있게 해준다. Mark I 시스템의 성능이 그렇게 훌륭하다면 Mark II를 설계하는 것도 그다지 어렵지 않을 것이다. CRT와 그것을 바라보는 텔레비전 카메라를 버리고 간단한 케이블로 바꾼 후, 이 케이블을 통해 포세처에게 CRT상에 이미지를 구현할 0과 1의 배열인 비트맵을 보내면 된다. Mark I의 포세처에서는 이런 비트맵이 카메라 시각 변환기 산출물로부터 무척 힘들게 재구성되었다.

Mark II에서도 계산이 많이 절약되는 것은 아니다. 단지 불필요한 일부 하드웨어를 제거한 것뿐이기 때문이다. 정교한 가시선 계산, 은선 제거, 질감 제공, 그림자와 빛의 반영과 같은 고도의 계산을 요하는 과정은 Mark I에서와 마찬가지로 고스란히 남아 있다. Mark II의 포세처에게

'결 기울기texture gradient'를 비교하거나 그림자를 해석하여 깊이를 판단하게 했다고 치자. 포세처는 질감과 그림자를 판단하기 위해 비트맵의 해당 부분에서 비트 형태를 분석해야 할 것이다. 이것은 Mark II가 여전히 말도 안 되게 비효율적인 기계라는 의미다. 비트맵의 특정 부분이 그림자를 표상한다는 정보를 CAD 시스템이 이미 알고 있다면(이 정보가 CAD 시스템이 이미지를 생성할 물체를 설명하는 부호의 일부라면), 그리고 그 사실이 포세처가 깊이를 판단하기 위해 결정해야 할 것이라면 왜 CAD 시스템이 그냥 포세처에게 말해버리지 않는가? 왜 군이 포세처의 형태 분석기를 위해 그림자를 렌더링rendering(평면 그림에 형태나 위치, 조명에 따라 달라질 그림자, 색상, 농도를 더하여 실감나는 3차원 화상을 만들어내는 과정_옮긴이)하는가? 형태 렌더링 과제와 형태 분석 과제가 서로의 결과를 무효로 만들어버리는데도 말이다.

따라서 CADBLIND Mark III는 표상할 물체에 관해 알고 있는 것을 포세처의 하부 시스템에 곧장 전해주는 것으로 이미지 렌더링의 엄청난 계산 과제를 면할 것이다. 간단한 속성 암호 포맷을 이용하고, 비트맵 배열의 여러 '자리'에 표시하는 것으로 단순한 이미지를 도형과 같은 것으로 바꾸는 것이다. 일부 공간적 속성은 비트맵의 가상 공간에 직접 표상되지만, 다른 것은 오로지 표시에 의해서만 전달된다.[4] 그리고 식별된 특징은 데카르트 극장의 우두머리 감상자를 위해 다시 제시될 필요가 없다.

시각화를 위한 뇌의 해결책

여기서 우리는 엔지니어링의 다른 측면을 볼 수 있다. '무효화'는 의사소통해야 할 시스템이 같은 언어를 쓸 때만 작동한다는 것이다. CAD 시스템이 관련 정보(예를 들어, 어떤 것이 그림자라는 정보)를 이미 알고 있는 포 맷이 포세처가 정보를 이용할 수 있는 포맷이 아닌 경우,[5] 의사소통이 이 루어지려면 '전진하기 위해 한 걸음 물러나야' 할 것이다. 기왕에 상호작 용을 하려면 시스템이 풍부한 정보를 이용해야 하지만, 그것이 장광설에 불과할 수도 있다. 외국인에게 길을 알려주기 위해 '다음 신호등에서 좌회 전하세요'라는 외국어 한마디만 하면 될 것을 굳이 지도를 그려준다고 생 각해보라. 하지만 이치상으로는 그런 일이 필요하지 않지만, 현실적으로 는 이미지 같은 것을 만들어내는 수고를 해야 할 때가 종종 있다.

우리 뇌의 시스템은 기회주의적인 조작의 역사와 자연선택의 기나긴 역사, 자기 조작에 의한 개별적인 재설계의 짧은 역사가 몇 겹으로 덧씌 워진 산물이므로 그런 비효율성이 발견되는 것도 어찌 보면 당연하다. 게 다가 이미지와 유사한 포맷으로 정보를 제공하는 다른 이유도 있다(그것 이 더 재미있기 때문이라는 이유 외에도). 우연히 발견하고 보니 그 이미지가 어떤 경우로든 힘들여 만들어낼 만한 가치가 있는 것이었다는 인상이 깊 게 남았을 수도 있다. 그런 포맷의 전환은 그 방법이 아니고서는 데이터에 서 얻기 힘든 정보를 추출할 수 있는 매우 효과적인 방법이다. 도형은 실 제로 정보를 재차 제시하는 것과 같다. 마음의 눈에 제시하는 것이 아니라 내적 형태 재인 기제에 제시하는 것이고, 이 기제는 진짜 눈에서 들어오는 정보도 수용할 수 있다. 과학 분야에서 컴퓨터 그래픽 기술이 반드시 필요 한 이유가 그것이다. 그 덕분에 엄청난 데이터 배열이라도 매우 놀라운 인 간 시각의 형태 재인 역량이 감당할 수 있는 포맷으로 제시될 수 있다. 우 리는 우리의 시각 체계를 이용하여 그래프와 지도를 만들고, 온갖 방식을 동원하여 색으로 부호화한 구획을 만들어 찾고자 하는 규칙성과 돌출성이 우리를 향해 '튀어나오게' 만든다. 도형은 단순히 우리가 그것 없이는 지 각할 수 없는 형태를 볼 수 있게 돕는 것만이 아니라 관련 있는 것을 추적하고, 적당한 시간에 적당한 질문을 던지도록 상기시켜준다.

많은 사상가가 이런 전략을 잘 알고 있었고, 물리학자 리처드 파인만 Richard Feynmann은 《파인만 씨, 농담도 잘하시네!Surely You're Joking, Mr. Feynmann!》(1985)에서 그것을 훌륭하게 설명했다. '다른 도구 상자A Different Box of Tools' 편에서 그는 아주 난해한 위상학 정리의 참과 거짓을 직관으로 알아내어 프린스턴대학원 동료를 놀라게 만든 이야기를 했다. 그가 전혀 끝어낼 수 없었고, 심지어는 전혀 이해조차 못하고 있던 정리였다.

누군가가 내게 무엇을 설명해줄 때 그것을 이해하기 위해 요즘까지도 써먹는 전략이 있다. 계속해서 예를 만들어내는 방법이다. 예를 들어, 수학자들이 정리의 조건을 설명하면 나는 그 조건을 모두 충족하는 무언가를 구성한다. 한 집합(공 하나)이 있다. 또 공통 원소가 없는 다른 집합(공 두 개)이 있다. 그런 다음 공 색깔이 바뀌고, 털이 자라고, 그들이 조건을 더 설명하면서 내 머릿속에서는 어떤 일들이 일어난다. 드디어 그들이 그 정리를 진술하는데, 그것이 내가 상상한 털이 난 초록색 공 같은 것이 아니고 전혀 엉뚱한 것이라면 나는 "거짓!"이라고 외친다.

내 대답이 옳으면 그들은 흥분에 들뜰 것이고, 나는 당분간 그들의 흥분을 즐기다가 반례를 든다.

그들이 대꾸한다.

"아, 우리가 말해주는 걸 잊었는데, 그건 2계 하우스도르프 동형이야."

내가 응수한다.

"아, 그렇다면, 그거 별거 아니야! 별거 아니라고!"

그때쯤이면 나는 하우스도르프 동형이 뭔지는 몰라도 다음으로 뭘 어찌 해야 하는지는 알게 된다. (Feynmann, 1985, pp. 85~86)

이런 전략은 어느 정도까지는 '자연적으로 나오지만', 배우고 고안해야 하는 것이기도 하고, 다른 사람보다 이런 일에 훨씬 뛰어난 사람도 있다. 이런 능력이 고도로 발달한 사람은 뇌에 있는 가상 기계가 다르다. 시각화 능력이 뛰어나지 않거나 시각화를 자주 이용하지 않는 사람과 비교했을 때 그의 가상 기계는 역량이 훨씬 뛰어나고, 그 차이는 그의 개인적인 현상학적 세계에서도 금방 드러난다. 따라서 코슬린과 다른 연구자들이 인간의 시각 체계는 진짜 외부 이미지를 제시하는 것(CAD 시스템의 CRT상에 제시되는 것과 같은)에 의해서만이 아니라 각자 다르게 설계된 내면의 시각적 이미지나 도형 같은 데이터 표상으로도 작동된다고 한 주장에는 신뢰할만한 근거가 있다.

내적 의사소통과 정보 조작 문제를 해결하기 위해 인간 뇌가 찾아낸 공학적 해결책은 무엇이고, 그 강점과 약점은 무엇일까?[6] 이런 질문은 인지 심리학의 심상 연구자들이 거론하는 실증적인 문제이고, 그 질문에 선험적인 대답을 내놓을 때는 신중을 기해야 한다.[7] 우리는 우리 뇌에서 빛을 내는 발광점과 광 민감성 눈이 달린 Mark I 이미지 조작 시스템을 발견한 것인지도 모른다(지금까지 내가 보기로는 어떤 행성에 그런 기괴한 장치를 달고 태어난 피조물이 살고 있을지도 모른다는 생각이 전혀 엉뚱한 것은 아니다). 우리 뇌가 찾아낸 지름길이 지름길을 이용하지 않는 비트맵 포맷을 가진 Mark II 시스템을 발견하게 될 일은 없다는 것을 증명하려면 라이스버그와 체임버스의 실험 같은 것이 필요하다(만일 우리가 그런 시스템을 갖고 있다면, 머릿속에서 붉은색 X 퍼즐을 풀거나 텍사스 지도를 회전시키는 일은 식은 죽 먹기일 것이다).

현상학은 양방향을 가리키는 암시를 제공한다. 대다수 피실험자의 현상학에서 '직관적으로 명백한' 정신적 이미지의 '개략성'은 뇌가 지름길을 이용하고 있음을 나타낸다. 뇌가 보여주지 않고 말하는 경우다. 이것은 시각화만큼이나 사실적인 시각 지각이다. 우리는 이미 2장에서 바로 눈앞에 장미를 놓고도 그것을 그림으로 그리기가 얼마나 어려운지 보았다. 심지어는 그림을 그대로 베끼는 것도 어렵다. 그 이유는 물체를 그림으로 옮기기 위해 반드시 식별하고 판별해야 하는 속성은 공간적 속성이지만, 이 속성은 보통 지각 과정에서 잊히기 때문이다. 보고할 때 요약은 되지만, 나중에도 볼 수 있는 방식으로 제공되지는 않는다. 다른 한편, 심상이 형태를 인식하고, 금방 잊어버리는 세부사항을 상기하는 데 유용하다는 것은 우리가 시각적 형태 재인 장치를 활용하고 있음을 나타낸다. 이 기제는 뇌의 한 부분이 시각 체계가 이용할 수 있게 정보를 특수한 포맷으로 준비해주는 수고를 거칠 때만 일어날 수 있다. 앞에서 살펴보았듯, 그런 표상의 정보 조작 요구는 엄청나므로 고도로 도식적인 도형이라도 우리가 그 형태를 머릿속에 안정되게 유지하고 있기란 쉽지 않다.

우리 능력이 실제로 얼마나 제한적인지 보여주는 간단한 시험을 해보자. 가로세로 세 칸짜리 십자 퍼즐을 마음의 눈으로 채워보라. GAS, OIL, DRY, 이 세 단어를 왼쪽 칸부터 시작해 세로로 채워 넣어라.

세 단어를 세로로 적었을 때 가로 칸에 만들어지는 단어를 금방 읽을 수 있었는가? 종이에 실제로 도형을 그려 글자를 써보면 단어가 금방 눈에 들어올 것이다. 그것을 보지 않을 수가 없다. 우리가 도형을 그려서 문제를 해결하는 이유가 바로 그 때문이다. 놓치는 것 없이 눈에 쉽게 들어오게 다시 쪼개고 분석할 수 있는 포맷에다 데이터를 제시하려는 것이다. 알파벳을 가로세로 세 칸씩 배열하는 것이 복잡한 데이터 구조는 아니지만, 눈에 확 들어오게 뇌가 그것을 시각 체계 안에 오래 붙들어둘 수 없다는 것도 분명하다.

개인이 시각화에 이용하는 전략은 다양하며, 이런 도형을 읽어낼 수 있는 영상화 전략을 찾아내고 개발할 수도 있다. 계산 천재들은 머릿속으로 열 자릿수 숫자를 곱하는 법도 알아내므로 마음의 눈으로 십자 퍼즐을 푸는 천재적 재능을 개발할 수 있는 사람이 있다고 해서 그리 놀라운 일은 아닐 것이다. 우리는 이런 비공식적인 증거에서도 암시를 얻을 수 있지만, 개인이 자기 조작 행위에 이용하는 기제와 과정을 실험을 통해 훨씬 더 통찰력 있게 살펴볼 수 있다. 현재까지의 근거로 봤을 때는 우리가 데이터의 시각적인 분석과 보여주지 않고 말하는 지름길 표시 기제를 동시에 혼합해 쓰고 있다는 견해가 옳아 보인다.

그러나 픽셀 하나하나마다 색깔, 형태, 질감을 제공하는 비트맵을 결합하여 그림으로 나타내는 CADBLIND Mark II 시스템에도 감각은 있다는 것에 유념하라. 비유적으로 중요한 감각으로, '보여주는' 것은 없고 모두 '말하는' 것이다. 그림 9-4의 붉은색 X를 떠올려보라. Mark I에서 붉은색 X는 진짜 붉은색으로 제공된다. CRT가 빛을 발하면 텔레비전 카메라에 있는 어떤 장치에 의해서 그 빛이 변환되어야 한다. 주파수 차이에 반응하는 우리 눈의 추상체와 유사한 장치다. 포세처가 구멍으로 붉은 것이 보이는지 살피느라 이미지를 이리저리 회전시킬 때 그것은 붉은색 탐지 도깨비가 소리치기를 기다린다. Mark II에서는 하드웨어를 없애버리고, 비트맵이 각 픽셀의 색을 숫자로 표상한다. 아마 붉은색은 색채 숫자로 37일 것이다. 여기서는 비트맵 이미지를 회전시킬 때 Mark II의 포세처가 구멍을 들여다보면서 37을 찾는다. "색채 숫자 37이 여기 있소"라고 외치고 싶은 픽셀 도깨비 어디 없느냐고 묻고 있는 것이다. 모든 붉은색은 사라졌고, 오직 숫자만 남았다. 결국 CADBLIND 시스템에서 이루어지는 모든 작업은 우리가 3장의 셰이키 사례에서 본 것처럼 비트열에 대한 산술 연산으로 이루어져야 한다. 또한 포세처가 질문에 언어적으로 대답하기에 이른 과정이 얼마나 그림 같은지에 상관없이, 그 과정은 답을 내놓을 판정자가 알게 하기 위해 잃어버린 속성이 회복되는 내면의 장소에서 생성되지 않을 것이다.

인간은 CADBLIND 시스템이 아니다. CADBLIND 시스템이 데카르트 극장을 위해 '정신적 이미지'를 조작하고 조사하는 것이 아니라는 사실 그 자체가 인간의 뇌에 데카르트 극장이 존재하지 않는다는 것을 입증하지는 않지만, 마음의 눈으로 문제를 해결할 수 있는 인간의 재능을 설명하기 위해 데카르트 극장을 상정할 필요가 없음은 입증한다. 우리가 코슬린의 CRT 비유를 그 본질이 드러날 때까지 벗겨내면 데카르트 극장을 요청하는 바로 그 특징을 제거할 수 있다. 단일한 판별자를 위해 모든 것이 한데 모이는 시간이나 장소가 있어야 할 필요는 없다. 판별은 분산적이고, 비동시적이며, 다단계적으로 일어난다.

말, 그림, 그리고 생각

영국의 경제학자 존 메이너드 케인스John Maynard Keynes는 생각을 말로 하느냐 그림으로 하느냐는 질문을 받은 적이 있다. 그의 대답은 "나는 생각을 생각으로 합니다"였다. 그가 '우리가 생각하는 것'이 말이나 그림이라는 암시에 저항한 것은 옳다. 우리가 살펴본 대로 '심상'은 머릿속 그림 같은 것이 아니고, '언어적'으로 생각하는 것이나 혼잣말하는 것과는 다르기 때문이다. 그러나 생각으로 생각한다고 말하는 것이 더 나은 대답은 아니다. 그저 질문의 대답을 미루는 것에 불과하다. 생각은 단지 우리가 어떤 주제에 관해 결론을 내리지 못하고 있을 때 일어나는 일일 뿐이기 때문이다.

이제 우리는 타자현상학적 세계에서 벌어지는 세부사항의 원인이 되는 일종의 배경 장치를 개략적으로 살펴보았으므로 사고의 현상학을 설명해볼 수 있다. 시각적 · 언어적 현상학의 제한과 조건만을 설명하는 것이 아니라 이분법을 피하는 다른 다양함을 찾아보려는 것이다.

블라디미르 나보코프Vladimir Nabokov의 소설《방어The Defense》
(1930)는 허구의 타자현상학을 연습해보기 좋은 자료다. 체스 천재 그랜드
마스터 루진은 결정적인 체스 대결을 벌이는 도중 신경 쇠약을 일으킨다.
우리는 그의 의식이 세 단계로 전개되는 과정을 볼 수 있다. 소년의 마음
(체스를 알기 전, 약 열 살 무렵), 체스에 푹 빠져버린 마음(신경 쇠약에 걸리기 전
까지), 그리고 첫 두 단계에서 남은 유감이 신경 쇠약을 일으킨 후의 마음
이었다. 이때 그는 아내에 의해 체스 이야기도, 체스 게임도, 체스 책도 없
는, 체스 없는 세상에 감금당해 있었다. 그의 마음은 응석받이 어린애 같
은 편집증 상태로 돌아갔고, 신문에 실린 체스 해설과 체스 퍼즐을 번개
처럼 재빨리 훔쳐볼 때만 활기를 찾았다. 그는 결국 체스 강박증에 사로
잡혔다가 자살로 생을 마감하게 된다. 그는 체스에 너무 빠져버려 자신의
인생 전체를 체스와 연관 지어서 생각했다. 다음은 그가 아내가 될 여자
에게 서투르게 구애하는 장면이다.

> 루진은 조용한 움직임으로 시작했다. 그 자신도 오로지 희미하게만 감지한
> 그 의미, 그 자신만의 독특한 사랑의 선언이었다. 그녀는 그가 얼마나 뚱하
> 고 멍하니 침묵에 빠져버렸는지 알아챘으면서도 다시 재촉했다.
> "자, 어서, 이야기를 더 해봐요."
> 그는 지팡이에 몸을 의지하고 앉아 양지바른 비탈길에 서 있는 저 라임나
> 무 나이트를 움직이면 저쪽에 있는 전봇대를 잡을 수 있을 것이라는 생각
> 에 빠져 있었다. 동시에 그는 자신이 방금 정확히 무슨 이야기를 하고 있었
> 는지 기억하려고 애썼다. (Nabokov, 1930, p. 97)

그녀는 한쪽 어깨를 그의 가슴팍으로 밀어붙이면서 손가락으로 조심스럽

게 그의 눈꺼풀을 올려보려고 했다. 그의 눈동자에 약간 압력이 가해지면서 이상한 검은빛이 뛰어오르는 것이 꼭 그의 검은 나이트가 뛰어올라 간단히 폰을 잡아버린 것 같았다. 튜라티와의 마지막 게임에서 그가 일곱 번째로 말을 움직였을 때처럼. (Nabokov, 1930, p. 114)

아래 글에서는 신경 쇠약에 걸린 후의 그의 마음 상태를 엿볼 수 있다.

그는 자신이 유령들이 시끄럽게 떠들며 앉아 있는 연기 자욱한 곳에 있는 것을 발견했다. 유령들은 옆에 있는 탁자를 밀어젖히면서 사방에서 공격해 올 기세였다. 양동이에는 목에 금장을 두른 유리 폰이 삐죽이 고개를 내밀고 있고, 아치형의 두꺼운 갈기가 난 체스 나이트는 드럼을 두드리고 있었다. 그는 회전문을 향해 조용히 걸음을 옮겼다. (Nabokov, 1930, p. 139)

이런 주제는 여러 면에서 '이미지'다. 체스는 공간적 게임이고, 체스의 말들도 그 모양에 따라 이미지가 고정되어 있기 때문이다. 그러나 루진의 마음을 점령한 체스의 힘은 체스판 사진이나 영화에 포착될 수 있는 모든 것들, 움직이는 체스의 말 같은 체스의 시각적 속성이나 공간적 속성에 영향받지 않았다. 실제로 이런 시각적 속성은 그의 상상력에 오로지 피상적인 기운만 제공할 뿐, 훨씬 더 강력한 것은 게임의 규칙과 전략으로 단련된 훈련에서 나왔다. 그에게 강박적일 만큼 익숙해진 것은 체스의 관념적인 구조이고, 그의 마음은 그 구조를 습관적으로 탐색하면서 이 '생각'에서 저 '생각'으로 이어졌다.

자전거 타는 법이나 자동차 운전하는 법을 처음 배울 때는 새로운 구조의 행동 기회를 접한다. 거기에는 제약이 있고, 교통 표지판과 자동차 바퀴 자국, 눈앞에 펼쳐지는 전경, 어떻게 행동해야 할지 모를 혼란이 있지만, 방법을 곧 알아낸다. 그것은 곧 '제2의 천성'이 된다. 우리는 외부 현상의 구조를 재빨리 우리 자신의 통제 구조 안에 통합해 넣는다. 그런 과정 중에 새로운 변화를 도저히 마음에서 내려놓을 수 없는 강박적인 탐색 기간을 거칠 수도 있다. 나도 청소년 시절 잠깐 브리지 마니아로 살던 시기에 강박적이고 말도 안 되는 브리지 게임 꿈을 꾸곤 했다. 꿈속에서 나는 똑같은 묘수를 수도 없이 두고, 선생님과 반 친구들과 대화하는 중에도 비딩bidding을 했다. 선잠 상태의 몽상 중에는 '책 세 권의 선제공격 비딩에 옳은 방어법은 무엇이지? 나이프 네 개와 포크 네 개?' 같은 소리를 중얼거리기 일쑤였다.

살아가면서 음악을 기록하는 기보법, 컴퓨터 프로그래밍 언어, 관습법, 메이저리그 야구와 같은 낯선 추상적 구조와 만날 때는 그 구조를 익히는 길을 앞뒤로 오가면서 마음에 그 길을 다지고, 거기 파고들어 완전히 익숙해지기 위해 애쓴다. 루진은 극단적인 경우였다. 그는 오로지 하나의 구조만 갖고 있었고, 그 구조를 유희와 그 밖의 모든 것에 적용했다. 결국에는 그 구조가 그의 마음에 있는 모든 습관 구조를 지배해버려 그의 사고가 오가는 통로는 폰 노이만 기계 프로그램의 명령 순서만큼이나 융통성이 없어져버렸다.

당신이 학교나 다른 곳에서 배운 구조를 모두 생각해보라. 시계 보는 법, 산수, 돈, 버스 노선, 전화기 사용법과 같은, 우리가 살아가는 동안 익숙해진 모든 구조 가운데 우리 마음의 훈련에 가장 침투력 있고 강력한 영향을 미친 원천은 모국어일 것이다(그런 사실은 반대의 경우를 살펴보면 현저히 드러난다. 올리버 색스Oliver Sacks는 《나는 한 목소리를 보네Seeing Voices》에서 귀가 들리지 않는 소년의 이야기를 통해 언어가 마음에 불러오는 풍요로움을 생각해보게 했다. 만일 그 소년이 신호건 수화건 일찍부터 자연언어에 접근이 거부되었더라면 끔찍하게 빈곤한 마음이 되고 말았을 것이다). 7장에서 보았듯, 우리가 쓰는 언어는 우리가 다른 사람에게 말하는 방식뿐만 아니라 우리 자신에게 말하는 방식에도 영향을 미친다. 어휘만 그런 것이 아니라 문법도 그렇다. 레벨트도 지적했듯(1989), 우리 언어의 문장 구조는 곁에서 우리를 인도하는 인도자나 마찬가지다. 이것을 확인하고 저것에 주의를 기울이라고 상기시키면서 사실들을 특정한 방식으로 정리하게 돕는다. 이런 구조의 일부는 촘스키와 다른 연구자들이 주장한 것처럼 정말로 선천적인 것일 수 있지만, 어디까지가 뇌에 유전적으로 자리 잡은 구조이고, 어디까지가 밈으로 유입된 것인지 구별하는 일이 중요한 것은 아니다. 실제든 가상이든 이런 구조는 '사고'가 지나다닐 수 있는 길을 낸다. 언어는 모든 수준에서 우리 사고에 침투하고, 또 우리 생각을 바꾸어놓는다. 우리가 사용하는 말은 뇌의 한 부분이 다른 부분과 의사소통하면서 내용이 고정되게 촉진하는 촉매다.

우리가 마음을 완벽하게 합리적인 것으로, 투명하게 자기를 비추는 것이나 통합된 것으로 생각하기를 고집한다면 그 무엇 하나 이치에 닿는 것이 없을 것이다. 당신이 하려는 말이 무엇인지 이미 알고 있다면 자신에게 말하는 것이 무슨 소용이겠는가? 그러나 우리가 부분적으로밖에 이해하지 못하고, 완벽하게 합리적이지도 못하며, 여러 부분 간의 상호작용에도 문제가 있다고 생각한다면 언어가 뇌에 풀어놓는 강력한 힘을 여러 방식으로 이용할 수 있다. 그 가운데 어떤 것은 도움이 되겠지만, 일부는 해로운 것도 있다. 예를 들어보자.

너는 정말 훌륭해!
너 참 한심하다!

당신은 위의 두 문장이 무슨 의미인지 안다. 또한 내가 그 말을 철학적인 핵심을 짚기 위한 보조 수단으로 꺼냈다는 것도, 그 말이 그 누구의 의도적인 언어 행동이 아니라는 것도 안다. 분명 내가 아첨하려는 것도 모욕하려는 것도 아니며, 내 주변에는 아무도 없다. 그러나 당신은 내가 내놓은 두 문장 가운데 하나를 자신에게 '반복'해 말하는 것으로 당신 자신을 우쭐하게 만들 수도, 모욕할 수도 있다. 처음에는 당신이 뱉은 말을 믿지 않겠지만, 차차 당신에게 한 그 말이 일으키는 반응을 느낄 수 있을 것이다. 어떤 반응, 응수, 부인, 이미지, 회상, 투사와 함께 어쩌면 귀가 좀 붉어질 수도 있다. 이런 반응이 일어나는 방식은 다양하다. 당신 자신에게 말을 할 때 반응을 일으키기 위해 그 말을 믿어야 할 필요는 없다. 어떤 반응이든 일어나게 되어 있고, 어떤 식으로든 당신이 자신을 자극한 말의 의미와 연관되게 되어 있다. 일단 반응이 일어나면 그것은 당신의 마음이 자신을 믿게 이끌 것이다. 그러니 자신에게 하는 말에 주의하라.

철학자 저스틴 레이버Justin Leiber는 우리의 정신적 삶을 형성하는 데 언어가 하는 역할을 다음과 같이 요약했다.

우리 자신을 컴퓨터의 관점에서 보자면, 자연언어가 우리의 가장 중요한 '프로그래밍 언어'라는 사실은 불을 보듯 훤하다. 자연언어만이 우리가 알고 있는 것과 활동을 가장 잘 의사소통하고 이해할 수 있게 해준다는 의미다. (…) 자연언어는 우리가 만들어낸 가장 위대한 최초의 인공물이라고 말할 수 있고, 우리가 점차 깨닫고 있듯이 언어는 기계이며, 따라서 우리 뇌가 운용해야 할 자연언어는 가장 최초로 고안된 범용 컴퓨터다. 언어는 우리가 발명한 것이 아니라 우리가 된 어떤 것이고, 우리가 만든 것이 아니라 우리 자신을 창조하고, 재창조한 것이라고 말할 수 있다. 의심이 슬금슬금 파고들긴 하지만, 우리는 그렇게 말할 수 있다. (Leiber, 1991, p. 8)

언어가 사고에 이렇듯 중요한 역할을 한다는 가설은 언뜻 보기에는 모든 인지가 일어나는 단일한 매개체인 '사고의 언어'가 있다는 가설의 한 버전으로 보인다(Fodor, 1975). 그러나 그 두 가지 가설에는 중요한 차이점이 있다. 레이버가 자연언어를 뇌를 위한 프로그래밍 언어라고 부른 것은 적절했지만, 리스프나 프롤로그, 파스칼과 같은 고급 프로그래밍 언어는 기본적인 '기계언어', 또는 낮은 수준의 프로그래밍 언어인 '어셈블리어 assembly language'와는 다르다. 고급 언어는 가상 기계이고, 컴퓨터에 강점과 약점을 가진 특별한 양상을 부여하는 일시적인 구조를 만든다. '말로는 쉬운' 어떤 것을 만들어내기 위해 치러야 할 대가는 '말로는 어려운' 것이나 심지어는 불가능한 것을 만들어내는 것이다. 그런 가상 기계는 컴퓨터가 지닌 역량의 일부분만을 구성할 뿐, 다른 근본적인 기계 장치 부분은 건드리지도 못한다. 그렇게 볼 때, 자연언어의 세부사항, 즉 영어나 중국어, 스페인어의 어휘와 문법이 고급 프로그래밍 언어가 컴퓨터를 제약하는 방식으로 뇌를 제약한다고 생각할 수 있다. 그러나 이는 자연언어가 모든 하향 구조를 제공한다는 불확실한 가설을 주장하는 것과는 다르다. 실제로 사고의 언어라는 생각을 옹호했던 포더와 다른 연구자들은 인간의 언어가 미치는 제약 작용의 수준에 관해 이야기하는 것이 아니라고 특별히 강조했다. 더 깊고, 더 접근하기 어려운 표상 수준을 이야기하고 있다는 것이다. 케인스가 말인지 그림인지 선택하라는 요구에 저항한 것은 옳았다. 뇌가 이용하는 매개체는 공공연한 표상적 매개체와는 그다지 유사하지 않다.

보고하기와 표현하기

천천히, 그렇지만 확실하게 우리는 데카르트 극장이라는 생각을 무너뜨리고 있다. 7장에서 우리는 중추의 의미부여자의 대안을 개략적으로 알아보았고, 그럴싸한 내면의 CRT에 저항하는 방법도 살폈다. 그러나 데카르트 극장은 여전히 건재하며, 끈질기게 우리의 상상력에 영향을 미치고 있으므로 나는 빗나간 펀치나 날리지 않았는지 걱정스럽다. 이제 전략을 바꿔 데카르트 극장이 스스로 부조리함을 드러내어 파괴되게 안에서부터 공격해 들어가야 할 시간이다. 우리가 일상적인 통속심리학에서 말하는 것을 액면 그대로 수용하면서 관습대로 따라갈 때 어떤 일이 일어나는지 보자. 7장 첫머리에서 오토가 그럴싸하게 주장했던 말을 다시 생각해보는 것으로 시작해보자.

> [오토는 말한다.] 내가 말할 때 나는 내가 말한 것을 의미한다. 내 의식적인 삶은 사적인 것이지만, 나는 내 삶의 어떤 측면을 당신에게 드러내 보이겠다고 선택할 수 있다. 내 현재와 과거의 여러 경험을 당신에게 말하겠다고 결심할 수도 있다. 그 일을 실행할 때는 보고하고자 하는 자료에 맞는 언어를 세심하게 조합한다. 옳은 단어를 찾았는지 경험과 보고할 말을 오가며 교차 확인한다. (…) 나는 내 특정한 의식적 경험에 주의를 기울여 어떤 말이 그 특성에 가장 잘 어울리는지 판단을 내린다. 정확한 보고의 틀이 갖추어졌다고 판단했을 때 나는 그것을 표현한다. 내 자기 성찰적 보고를 듣고 당신은 내 의식적인 경험의 특징을 알 수 있게 된다.

이 메시지의 일부는 우리가 7장에서 제안했던 언어 생성 모형에 실제로 잘 들어맞는다. 말을 경험 내용에 적합하게 앞뒤로 오가며 맞추어가는 과정은 단어 도깨비를 내용 도깨비와 짝짓는 복마전에서 볼 수 있는 것이다. 여기서 빠진 것은 말과 내용을 짝짓게 지시하는 '내면의 나'다. 그러나 오토가 '내가 선택'하는 것과 '내가 판단'하는 것을 더 자세하게 설명한다 하더라도 진정 자기 성찰로 지지받지는 못한다.

우리는 우리의 언어 과정에 극히 일부분밖에는 접근하지 못한다. 말을 입 밖으로 내기 전에 조용히 혼잣말해보는 언어 행동을 시연하면서 신중하게 말하는 경우에도 마찬가지다. 밖으로 나올 후보 말들은 어딘지 모르는 곳에서 튀어나온다. 우리는 자신이 말을 이미 해버린 것을 발견하기도 하고, 해야 할 말을 확인하고 있는 것을 보기도 한다. 어떤 경우에는 하고자 했던 말을 폐기하기도 하고, 어떤 경우에는 말을 살짝 편집한 후에 내뱉기도 하지만, 심지어는 이런 때때로의 중재 단계에서조차도 우리가 그 일을 어떻게 하고 있는 것인지 모른다. 단지 자신이 이런저런 말을 수락하거나 폐기하는 것을 발견할 뿐이다. 우리가 어떤 판단을 내리는 데는 근거가 있더라도 행동으로 옮기기 전에 그것을 심사숙고하는 일은 드물다. 다만 되돌아보았을 때 명백할 뿐이다. 'jejune(빈약한)이라는 단어를 쓰려고 했지만, 너무 젠체하는 것처럼 들릴까 봐 그만두었다'고 회고하는 것처럼. 따라서 우리는 사고에서 언어로 가는 과정을 들여다볼 진정으로 특권적인 통찰력을 갖고 있지 못하다. 우리가 아는 것이라고는 그 과정이 복마전 격으로 일어날 것이라는 짐작뿐이다.

[오토는 말을 계속한다.] 그러나 복마전 모형은 그 과정에서 한 수준이나 한 단계를 빼놓는다. 당신의 모형에서 부족한 것은 데카르트 극장의 '현상학적 공간'으로의 투사가 아니다. 그것은 얼토당토않은 생각이고, 화자의 심리에서 명확화 단계 하나가 더 필요하다. 단어가 내면에서 짝짓기 춤을 추어 함께 연결된 다음에 발화된다는 설명으로는 충분치 않다. 누군가의 의식적인

정신 상태를 보고하는 것이라면, 그것은 어떻게든 내면을 이해한 행동이 기본이 되어야 한다. 복마전 모형이 빼놓은 것은 언어를 인도하는 화자의 인식 상태다.

옳든 그르든 오토는 분명 상식적인 지혜를 표현하고 있다. 우리가 우리의 의식 상태에 관해 다른 사람에게 말하는 능력을 생각하는 방식이 보통 그렇다. 철학자 데이비드 로젠탈David Rosenthal(1986, 1989, 1990a·b)은 의식에 관한 이런 일상적인 개념과, 보고하고 표현하는 우리 개념의 관계를 분석하여 매우 유용한 구조적인 특징을 밝혔다. 첫째, 일반적인 그림이 무엇이고, 왜 그것이 그렇게 설득력 있는지 안에서부터 보기 위해 그의 분석을 이용할 수 있다. 둘째, 외부의 도움 없이도 좀비에 관한 생각이 틀렸음을 입증할 수 있다. 셋째, 일반적인 그림이 스스로를 반증하게 만들어 우리가 맞닥뜨린 곤경을 더 좋은 그림으로 만들자는 동기 부여에 이용할 수 있다. 전통적인 견해에서 옳은 것은 보존하되 데카르트식 기본 틀은 폐기하게 만드는 그림이다.

우리가 말할 때 어떤 일이 일어날까? 우리가 거짓말하고 있거나 성실하지 못한 사람이 아닌 한 우리는 우리가 생각하는 것을 말한다. 더 자세하게 말하자면, 우리는 우리 믿음이나 생각에서 나온 것을 표현한다. 예를 들어, 당신이 냉장고 옆에서 불안스럽게 기다리고 있는 고양이를 보고 "고양이가 밥이 먹고 싶군"이라고 말했다고 해보자. 그 말은 고양이가 밥을 먹고 싶어한다는 당신의 믿음을 표현한 것이다. 당신은 고양이에 관해 사실로 여기는 것을 말했다. 이 경우에 당신은 밥을 먹고 싶어하는 고양이의 욕구를 말한 것이다. 여기서 유의해야 할 것은 당신이 당신의 믿음을 보고하거나 고양이의 욕구를 표현한 것은 아니라는 것이다. 고양이가 자기 욕구를 표현하는 방식은 냉장고 옆에서 불안스럽게 기다리는 것이

마음 읽기의 대가 노렐도, 고양이 네드의 마음을 읽다.

〈그림 9-6〉

고, 그런 고양이를 본 당신은 보고의 근거로 그 사실을 이용했다. 욕구와 같은 정신 상태를 표현하는 방식은 여러 가지가 있지만, 보고하는 방식은 오로지 하나뿐이다. 언어 행동을 밖으로 내놓는 것이다(말이나 글로, 아니면 다른 신호로).

정신 상태를 표현하는 흥미로운 방식 하나는 다른 정신 상태를 보고하는 것이다. 위의 예에서 당신은 고양이의 욕구를 보고했고, 그것으로 고양이의 욕구에 관한 당신의 믿음을 표현했다. 당신의 행위는 고양이가 그 욕구를 갖고 있다는 것만이 아니라 고양이가 그 욕구를 갖고 있다는 것을 당신이 믿고 있다는 근거다. 그러나 당신은 당신이 믿는 것의 근거를 약간 다른 방식으로 우리에게 제공할 수도 있었다. 말없이 의자에서 일어나 고양이에게 먹을 것을 챙겨주는 행위 같은 것이다. 아무것도 보고하지는 않았지만, 이런 행위로도 똑같은 믿음을 표현할 수 있다. 아니면 의자에 앉아서 눈만 부라리는 것으로도 귀찮게 방해하는 고양이에게 화가 난 심사를 표현할 수 있다. 의도적이든 아니든 정신 상태를 표현하는 것은 다른 관찰자에게, 아니면 독심술사에게 그 상태에 관한 건실한 증거를 제공하거나 그 상태를 명백히 드러낼 어떤 일을 하는 것이다. 그와는 다르게 정신 상태를 보고하는 일은 좀 더 고도의 활동으로, 언제나 의도적이고, 언어가 연루된다.

여기에 데카르트 극장 모형이 나오게 된 원천이 무엇인지 암시해주는 것이 있다. 우리의 일상적인 통속심리학에서는 자기의 정신 상태를 보고하는 것도 외부 세계에서 일어나는 사건을 보고하는 모형으로 다룬다. 고양이가 밥을 달라고 한다는 당신의 보고는 당신이 고양이를 관찰한 것을 바탕으로 했다. 당신의 보고는 고양이가 밥을 원한다는 당신의 믿음을 표현하고, 그 믿음은 고양이의 욕구에 관한 것이다. 믿음에 관한 믿음, 욕구에 관한 욕구, 욕구에 관한 믿음, 두려움에 관한 바람 등등의 것을 '2차 정신 상태'라고 부르자. 또한 내가 믿는 것이(1) 당신이 생각하기로(2) 내가 커피를 마시기 원한다는 것이면(3) 내 믿음은 3차 믿음이다(고차 정신 상태의 중요성에 관해 더 알아보려면 내 책《지향적 자세Intentional Stance》를 참조하라). x와 y가 같지 않고, y가 어떤 정신 상태에 있다고 x가 믿을 때, 이런 일상적인 구분은 그것이 재귀적이지 않게 적용된다면 분명 뚜렷하고 중요한 차이가 있다. 고양이가 밥을 먹기 원하는데 당신이 그 사실을 아는 경우와 고양이가 밥을 먹기 원하지만 당신이 그 사실을 모르는 경우는 완전히 다르다. 그러나 x와 y가 같아서 재귀적인 경우에는 어떨까? 통속심리학은 이런 경우는 그저 같은 것으로 다룬다.

내가 밥을 먹기 원한다고 보고했다고 치자. 내가 내 욕구에 관한 2차 믿음을 표현한 것이다. 내 욕구를 보고할 때 나는 내 욕구에 관한 내 믿음인 2차 믿음을 표현한다. 내가 "나는 내가 밥을 먹고 싶어한다고 믿는다"라고 말하여 2차 믿음을 보고하는 경우는 어떨까? 이는 내가 먹기 원한다고 내가 실제로 믿는 내 믿음인 3차 믿음의 표현이다. 그렇게 계속해서 더 고차의 믿음을 표현할 수 있다. 내 욕구는 내가 그 욕구를 갖고 있다는 믿음과 구분되고, 내가 그 욕구를 갖고 있다는 믿음을 가진 내 믿음과도 다르며, 이런 구분은 계속 이어진다.

또한 통속심리학은 한층 더 나아간 구분을 짓는다. 로젠탈과 많은 연구자가 지적했듯, 믿음은 사고와는 구별된다. 믿음은 밑바탕이 되는 기질적 상태이고, 사고는 현재 일어나고 있는 상태나 삽화적인 상태로, 일시적이다. 개가 동물이라는 당신의 믿음은 수년 동안 당신의 마음 상태로 지속되어왔지만, 내가 지금 당신이 그것에 관심을 기울이게 만든 것이 당신 안에 개가 동물이라는 생각을 불러일으켰다. 내가 그 생각을 유발하지 않았더라면 지금 당신 안에서 일어나지 않았을 삽화다.

물론 1차 사고가 있고, 생각에 관한 생각인 2차 사고와 더 고차적인 사고가 있을 수 있다. 자, 여기가 중요한 단계다. 내가 '먹기 원한다는 내 믿음' 같은 어떤 믿음을 표현할 때 나는 더 고차적인 믿음을 직접적으로 표현하지 않는다. 내 밑바탕의 믿음이 내가 무엇을 먹기 원한다는 더 고차적인 생각인 삽화적인 사고를 산출했고, 나는 그 생각을 표현했다. 로젠탈의 주장에 따르면, 우리가 생각하는 것을 말하는 상식적인 모형에는 이러한 일련의 일들이 포함되어 있다.

인간 의식 상태의 특징은 보고될 수 있다는 것이므로(실어증 환자나 마비 환자, 또는 꽁꽁 묶어 재갈을 물려놓은 경우는 제외하고) 의식적인 상태는 적당한 고차 사고에 동반되는 것이며, 무의식적인 정신 상태에는 그런 사고가 동반되지 않는다(Rosenthal, 1990b). 이때 고차 사고는 물론 그 사고가 동반하는 상태에 관한 것이어야 한다. 현재 저차 상태에 있거나 이전에 저차 상태에 있었던 사고여야 하는 것이다. 이것은 고차 상태나 사고의 무한한 역행을 생성하는 것과 관련된 것처럼 보이지만, 로젠탈은 통속심리학이 놀라운 전도를 허용한다고 주장했다. 1차 대상이 의식적이기 위해 2차 사고 자체가 의식적일 필요는 없다는 것이다. 우리는 그것에 의식적이지 않고도 어떤 생각을 표현할 수 있고, 따라서 그것에 의식적이지 않고도 2차 사고를 표현할 수 있다. 우리가 의식해야 할 것은 그것의 대상, 즉 우리가 보고하는 1차 사고뿐이다.

처음에는 이런 사실이 놀랍게 느껴질지 몰라도 사실 이는 우리에게 이미 익숙한 일이다. 우리는 우리가 표현하는 생각에 주의를 기울이지 않고, 그 생각의 대상에 주목한다. 로젠탈은 더 나아가 비록 어떤 2차 사고가 그것에 관한 3차 사고 덕분에 의식이 되더라도 이런 일은 비교적 드물다고 주장했다. 우리가 고도로 자신을 의식하고 있는 상태에 있을 때 보고하는 것은(우리 자신에게 보고하는 생각조차도) 명시적으로 자기 성찰적인 생각이다. 만일 내가 당신에게 "나 아파"라고 말한다면 나는 내가 느끼는 통증에 의식적인 상태를 보고하는 것이고, 내가 통증을 느끼고 있다는 내 믿음인 2차 믿음을 표현하는 것이다. 만일 내가 철학적으로 "내가 생각하기에(혹은 내가 확신하는데, 내가 믿기에) 나는 통증이 있어"라고 말한다면, 나는 3차 사고를 표현하면서 2차 사고를 보고하는 것이다. 그러나 나는 그런 3차 사고를 갖지 않을 것이고, 따라서 그런 2차 사고에 의식적이지 않을 것이다. "나 아파"라고 말하는 것으로 그것을 표현하지만, 보통은 그것에 의식적이지 않을 것이다.

무의식적 사고는 자연적으로 일어나는, 즉 정상적인 행위의 통제 과정에서 일어나는 것이 분명한 무의식적인 지각 사건이나 믿음의 삽화적인 활성화다. 당신이 책상에 올려놓은 커피 잔을 엎었다고 해보자. 책상 아래로 흘러내릴 커피를 피하기 위해 순간적으로 의자에서 벌떡 일어날 것이다. 커피가 책상에 스며들지 않을 것이라거나, 중력의 법칙에 따르는 액체인 커피가 책상 끝으로 흘러 넘칠 것이라는 생각을 의식하고 있던 것은 아니지만, 그런 무의식적인 사고 작용이 일어난 것은 틀림없다. 그 컵에 식탁에서 쓰는 소금이 담겨 있다거나, 책상에 수건이 덮여 있었다면 그렇게 놀라 뛰어오르지 않았을 것이기 때문이다. 커피에 관한, 민주주의에 관한, 야구에 관한, 중국차 가격에 관한 당신의 모든 믿음 가운데 일부는 당신이 처해 있는 상황과 직접적인 관련이 있다. 당신이 왜 그렇게 놀라 벌떡 일어났는지 설명할 수 있는 이유를 대야 한다면, 그런 행위를 일으킬 일에 순간적으로 접근했거나 활성화되었음이 틀림없다고 말할 수 있겠지만, 이런 일은 무의식적으로 일어났다. 이런 무의식적인 삽화는 로젠탈이 '무의식적 사고'라 부른 것의 한 예일 것이다(우리는 앞선 예에서 이미 무의식적 사고를 접했다. 막대기로 물건을 접촉했을 때 손가락에서 느껴지는 진동을 무의식적으로 지각한 것이 그 질감을 의식적으로 식별할 수 있게 해주었다. 안경 긴 여자를 무의식적으로 회상한 것은 스쳐가는 여자에 관한 정확하지 못한 경험으로 이어졌다).

로젠탈은 의식을 무의식적 정신 상태(동반하는 고차 사고)의 면에서 정의하는 방식을 찾아내 통속심리학 내에 비순환적이고 탈신비적인 의식의 이론(1990b)을 수립하기 위한 근본 토대를 놓을 방법을 밝혀냈다고 강조했다. 의식적인 상태와 비의식적인 상태를 구분하는 것은 설명할 수 없는 내적 속성이 아니라 문제의 상태에 동반하는 고차 사고의 직접적인 속성이라고 주장한 것이다(Harnad, 1982). 우리가 그의 분석을 선택한다면 우리는 의식적인 존재와 좀비를 분명하게 구분할 수 있다는 주장을 뒤엎을 수 있다.

좀비와 짐보, 그리고 사용자 착각

철학자의 좀비는 언어 행동을 수행하고, 자신의 의식 상태를 보고하며, 자기 성찰을 하는 것으로 보인다는 사실을 기억할 것이다. 그러나 좀비가 의식이 있는 것으로 보일지라도 기껏해야 행동으로 봤을 때 의식적인 사람과 구별이 어렵다는 것일 뿐, 정말로 의식이 있는 것은 아니다. 좀비도 기능적인 내용이 있는 내적 상태를 갖지만(기능주의자가 로봇의 내적 장치에 할당할 수 있는 내용), 그것은 무의식적인 상태다. 우리가 상상한 대로 셰이키는 전형적인 좀비다. 셰이키가 내면 상태를 보고할 때 보고된 것은 의식적인 상태가 아니다. 셰이키는 의식적인 상태를 갖고 있지 않고, 단순히 더 나아간 무의식 상태로 들어가게 만드는 무의식 상태에 있을 뿐이기 때문이다. 그 무의식 상태가 '저장된' 문구로 구성한 언어 행동을 생성하고 수행하는 과정을 지시한다(우리는 오토가 내내 이렇게 주장하는 것을 들었다).

셰이키는 무엇을 보고할지 먼저 결정하지 않았고, 안에서 일어나는 일을 관찰한 후에 그것을 어떻게 표현할지 알아냈다. 셰이키는 그저 자신이 말할 것이 있다는 것을 알았을 뿐이다. 자기가 정신적 이미지의 흑백 경계 주변에 선 그림을 그리고 있다는 사실을 말하기 원하는 이유가 무엇인지에 대해서는 어떤 접근도 할 수 없다. 단지 그런 식으로 만들어진 것뿐이다. 그러나 7장에서의 중심 주장은 겉보기와는 달리 우리에게도 같은 사실이 적용된다는 것이었다. 우리 역시 우리가 말하고자 하는 것을 무슨 이유로 말하기 원하는지에 대해서는 그 어떤 특별한 접근권도 없다. 우리는 그냥 그렇게 생겨먹었다. 그러나 셰이키와는 달리 우리는 우리가 하고 싶은 말이 무엇인지 순간순간 돌아보고 알아낼 수 있어서 하고 싶은 새로운 말을 계속 알아내는 것으로 우리 자신을 지속적으로 재구성한다.

그러나 성능만 더 좋다면 셰이키도 그 정도는 할 수 있지 않을까? 셰이키는 특히 조악한 좀비지만, 지금 우리는 더 현실성 있고 복잡한 구조를 지닌 좀비도 생각해볼 수 있다. 그것은 무한히 소용돌이쳐 올라가는 재귀적인 방식으로 자기 자신의 내적 활동까지도 포함해 자기 활동을 감시한다. 나는 그런 재귀적 실체를 '짐보Zimbo'라고 부르겠다. 짐보는 자기 감시의 결과로 다른 더 낮은 정보 상태에 관한 내면의(그러나 무의식적인) 고차 정보 상태를 갖고 있는 좀비다(이 사고 실험에서는 짐보가 로봇이나 인간, 아니면 화성인, 그 어떤 실체로 간주되건 차이는 없다). 좀비의 개념이 조리에 맞는다고 믿는 사람은 분명 짐보의 가능성을 수용할 것이다. 짐보는 재귀적인 자기 표상을 허용하는 통제 시스템 덕분에 복잡한 행위도 할 수 있는 좀비다.

짐보가 컴퓨터의 사고 기능을 시험하기 위해 앨런 튜링이 고안한 '튜링 테스트Turing Test(기계가 얼마나 인간과 비슷하게 대화할 수 있는지를 기준으로 기계에 지능이 있는지 판별하고자 하는 테스트로, 앨런 튜링이 1950년에 제안했다_옮긴이)'를 어떻게 수행할지 생각해보자. 튜링은 컴퓨터가 '모방 게임'에서 인간 적수를 어김없이 이긴다면 생각할 수 있는 것으로 봐야 한다고 선언했다. 두 경쟁자는 인간 판정자의 눈에 보이지는 않지만, 컴퓨터 단말기를 통해 판정자와 메시지를 주고받는 것으로 의사소통한다. 인간 경쟁자는 자기가 인간이라고 판정자를 설득하려고 한다. 컴퓨터 또한 자기가 인간이라고 판정자를 설득하려고 든다. 만일 판정자가 컴퓨터가 컴퓨터인 것을 알아내지 못하면 컴퓨터는 사고하는 것으로 간주될 것이다. 튜링이 내놓은 시험은 상대방의 말문을 막히게 하는 '대화 종결자conversation-stopper'였다. 그는 어떤 회의론자도 만족시킬 수 있을 만큼 기준을 충분히 높게 설정했다고 생각했지만, 그의 판단은 정확하지 못했다. 많은 사람이 '튜링 테스트를 통과하는 것'은 지능을 가졌다는 근거가 못 되며, 의식의 증거는 더더욱 아니라고 주장했다(Hofstadter, 1981b; Dennett, 1985a; French, 1991).

짐보가 튜링 테스트를 통과할 확률은 의식이 있는 사람 못지않게 높아야 한다. 경쟁자들이 판정자에게 보여주는 것은 오로지 언어(타이핑) 행위뿐이기 때문이다. 당신이 튜링 테스트 판정자이고, 짐보의 겉으로 드러난 언어 행동이 의식이 있는 것으로 보인다고 판정했다고 치자. 앞서 언급한 가설에 의하면, 이처럼 겉보기에 언어 행동인 것은 당신을 설득할 수 없어야 한다. 그것은 단순히 짐보이고, 짐보는 의식이 없기 때문이다. 그렇지만 그 말이 설득력이 있을까? 짐보가 자신의 2차 무의식 상태를 표현하는 보고를 내놓을 때 그 일을 하는 바로 그 상태를 (무의식적으로) 성찰하는 것을 막을 것은 아무것도 없다. 하지만 실제로 그것이 설득력이 있으려면 당신에게 한 자기 '주장'에 적절하게 반응하거나 인지할 수 있어야 한다.

짐보가 더 성능이 좋은 셰이키이고, 판정자인 당신이 짐보에게 방법을 설명해주면서 마음의 눈으로 문제를 해결하게 한 후에 그 과정을 설명해보게 했다고 치자. 짐보는 정신적 이미지상에 선 그림을 그리는 것으로 문제를 해결했다고 했던 자기주장을 돌아본다. 짐보는 그것이 자기가 말하기 원했던 것임을 알 것이고, 더 돌아본다면 자기가 왜 그것을 말하기 원했는지는 알지 못했음을 알게 될 것이다. 짐보가 자기가 하는 일에 관해 무엇을 알고 무엇을 알지 못했는지 당신이 질문을 더 많이 던질수록 짐보는 더 자신을 돌아보게 될 것이다. 우리가 방금 상상해본 것은 무의식적인 존재가 의식이 없는데도 고차 사고 역량이 있는 것으로 보인다는 것이다. 그러나 로젠탈에 따르면, 정신 상태에 의식적이거나 무의식적인 고차 사고가 동반될 때 그것을 갖고 있다는 사실 그 자체로 그 정신 상태는 의식적인 상태임이 보장된다. 이 사고 실험이 로젠탈의 분석을 믿지 못할 것으로 만드는가, 아니면 짐보의 정의를 믿지 못할 것으로 만드는가?

적어도 짐보는 자신이 다양한 정신 상태에 있다고 무의식적으로 믿을 것이다. 짐보는 설령 의식적이지 않더라도 자신이 의식적이라고 생각할 것이다. 튜링 테스트를 통과할 수 있는 실체라면 어느 것이나 자신이 의식적이라고 여기는(아니면 잘못 여기는) 상태에서 활동할 것이다. 다시 말해, 그것은 착각의 희생자일 것이다(Harnad, 1982). 어떤 종류의 착각일까? 물론 사용자 착각이다. 제 가상 기계의 몽매한 사용자 착각의 '희생자'다.

이것은 거울을 이용한 속임수가 아닐까? 합당치 못한 일종의 교묘한 철학자의 술책 말이다. 환상이 장난질을 일삼는 데카르트 극장 없이 어떻게 사용자 착각이 있을 수 있을까? 내가 든 비유로 나 자신이 일촉즉발의 위험에 처한 것 같다. 문제는 가상 기계의 사용자 착각이 극장에 제시되는 자료에 동반된다는 것이고, 거기에는 쇼가 상영되는 대상인 독립적인 외부 관객 사용자가 있다. 나는 지금 이 순간에도 컴퓨터를 사용하고 있다. 워드 프로세싱 프로그램의 도움을 받아 이 말을 '파일'에 타자로 쳐 넣고 있다. 컴퓨터와 상호작용할 때 나는 그 안에서 일어나는 일에 제한적으로만 접근할 수 있다. 컴퓨터 프로그래머가 고안한 제시 방책 덕분에 나는 키보드, 마우스, 스크린의 무대 위에서 펼쳐지는 상호작용하는 드라마, 정교한 시청각적 은유의 혜택을 누리고 있다. 사용자인 나는 몽매한 환상에 종속된다. 내가 컴퓨터에서 파일을 보관하는 곳까지 커서(강력한 힘을 가진 가시적인 종복)를 움직일 수 있는 것 같고, 일단 커서가 '거기' 도착하면 파일을 불러오는 키를 누르는 것으로 내 명령을 받은 파일이 컴퓨터 화면에 줄줄이 펼쳐진다. 나는 다양한 명령어를 타이핑하고 다양한 버튼을 눌러서 컴퓨터 안에서 일어나는 이 모든 일을 만들어낼 수 있지만, 자세한 내막은 알지 못한다. 나는 사용자 착각이 제공한 시청각적 은유를 이해하는 것으로 통제를 유지해나간다.

컴퓨터 사용자 대부분은 오로지 이런 은유적인 측면에서만 컴퓨터 안에서 일어나는 일을 이해한다. 가상 기계를 의식에 비유하는 일이 그렇게 그럴싸하게 여겨지는 이유도 우리가 우리 뇌 안에서 일어나는 일에 접근할 수 있는 정도가 언제나 제한적이라고 느끼기 때문이다. 우리는 우리 뇌가 그런 기적을 행하는 무대 뒤 장치는 몰라도 된다. 우리는 그것이 우리를 위해 현상의 상호작용적인 은유로 옷을 입고 나타나야만 그 작용을 인식한다. 그러나 이런 그럴듯한 비유를 이용할 때 우리가 '제시'와 쇼의 '사용자 인식' 사이에 '명백한' 분리를 유지할 수 있다면 데카르트 극장 바로 뒤에 도착했다고 볼 수 있다. 이런 분리 없이 어떻게 사용자 착각이 있을 수 있겠는가?

그런 일은 있을 수 없다. 가상 기계가 볼 수 있는 것이 되면서 거기서 얻는 시각을 제공하는 사용자는 일종의 외부 관찰자, 포세처가 되어야 한다. CADBLIND Mark I의 CAD 시스템 앞쪽에 자리 잡은 포세처는 의식이 없지만, 의식적인 사용자 역시 CAD 시스템의 내부 작용에는 접근이 제한적이다. 일단 우리가 불필요한 화면과 카메라를 폐기하고 나면 제시와 사용자 인식도 증발하고, 우리 모형을 설명하면서 종종 보았듯, 더 적당한 수많은 처리 과정으로 대체된다. '외부 관찰자'는 몇 가지 흔적만을 남기고 점차 시스템 안에 통합될 수 있다. 다양한 포맷이 대답이 나올 질문을 지속적으로 제약하고, 그로 인해 표현될 내용도 제약하는 '인터페이스'다.[8] 제시가 일어나는 곳이 단 한 곳일 필요는 없다.[9] 또한 우리가 상식이나 통속심리학에서 나온 직관에 붙들려 있기 때문에 심지어는 우리의 일상적인 의식에 관한 개념조차도 무의식적인 고차 상태를 용인한다. 시스템에 그 고차 상태가 존재하는 것이 그 상태의 일부가 의식적임을 설명하는 것이다.

그렇다면 무의식적인 숙고의 과정이 좀비가 자신을 짐보로 바꾸고, 자신에게 의식을 제공하는 길일까? 만일 그렇다면 좀비는 결국 의식이 있는 것이다. 모든 좀비는 설득력 있는 언어 행동을 할 수 있고, 좀비의 뇌(아니면 컴퓨터 또는 그 무엇이든)에서 그런 일을 일으키는 통제 구조나 과정이 그 행동과 내용(겉으로 보기에 또는 기능적으로)을 숙고하지 않는다면 이런 능력은 기적적인 일일 것이다. 좀비는 의사소통을 하지 않고 성찰도 하지 않는 상태에서 활동을 시작할 수 있고, 따라서 그것은 무의식적인 존재인 진정한 의미의 좀비다. 그러나 로젠탈의 분석에 의하면, 이 좀비는 다른 존재나 자기 자신과 의사소통을 시작하자마자 의식을 충족하는 바로 그 상태로 무장하게 된다.

한편, 로젠탈이 고차 사고의 면에서 의식을 분석한 것이 거부된다면 좀비는 다른 사고 실험을 위해 더 살아남을 수 있다. 나는 좀비 개념도 고차 사고의 통속심리적 항목도 낡아빠진 신조의 유산을 제외하고는 생존할 수 없다고 생각하므로 이를 풍자하기 위해 짐보 우화를 예로 들었다. 로젠탈이 이런 일상적인 개념의 논리를 드러내는 데 훌륭한 공헌을 한 덕분에 우리는 지금 이런 개념에 관한 분명한 견해를 갖게 되었고, 그보다 더 나은 대안도 찾았다.

통속심리학의 문제

로젠탈은 통속심리학이 계속해서 확대 가능한 고차 사고의 위계를 상정한다는 것을 발견했다. 마음에서 실시간으로 일어나는 돌출적이고, 독립적이며, 내용이 있는 삽화다. 그러나 이런 시각이 확증될 수 있을까? 뇌에 그렇게 뚜렷이 구분되는 상태와 사건이 있을까? 너그럽게 보자면 그런 것으로 간주되는 것이 분명히 있을 것이다. 전형적으로 이런 면에서 설명될 수 있는 익숙한 심리적 차이가 분명히 있다.

도로시는 떠나고 싶다는, 상당히 오랫동안 떠나고 싶어했다는 생각이 갑자기 들었다.

여기서 도로시는 시간이 한참 흐른 후에 효과를 발휘하기 시작한 자기 바람에 관한 2차 사고를 가진 것으로 2차 믿음을 획득한 것으로 보인다. 이런 일은 일상에서 흔히 일어난다. '그런 다음 그는 잃어버린 커프스단추를 찾고 있었다는 생각이 들었다', '그는 그녀를 사랑한다. 단지 그가 아직 그것을 깨닫고 있지 못할 뿐이다'와 같은 문장이 '한 마음 상태'에서 '다른 마음 상태'로 전환되는 것을 암시한다는 것은 분명하다. 또한 로젠탈이 지적한 것처럼 이런 전환은 1차 상태가 직관적으로 의식되느냐의 문제다. 프로이트가 일상에서 흔히 볼 수 있는 사례를 기반으로 무의식적인 정신 상태의 광범위한 영역이 감추어져 있다고 말했을 때 의미한 바는 대상자가 자기가 그런 상태에 있음을 믿지 않는 상태에 있다는 것이다. 그들은 이미 그 상태에 있지만, 고차 사고를 통해 그 상태가 아직 일어나지 않은 마음 상태에 있다.

이는 더 잘 알게 된 상태로의 전환이고, 이런 식으로 더 잘 알게 되는 것은 실제로 앞선 '마음 상태'를 보고하기 위한(단순히 표현하는 것과는 다른) 자연스러운 조건이다. 정신 상태나 사건을 보고하려면 표현할 고차 사고가 있어야 한다. 그 고차 사고가 우리에게 처음으로 관찰한(내적 감각 기관을 이용한) 정신 상태나 사건에 관한 그림을 그려 보이고, 그것으로 한 가지 생각이 일으킨 한 가지 믿음 상태가 일어나며, 그다음에는 그것이 표현된다. 우리가 살펴본 것처럼 이런 인과 관계 사슬은 일상적인 외부 사건을 보고하는 인과 관계 사슬을 모방한 것이다. 당신은 먼저 감각 기관의 도움으로 사건을 관찰하고, 믿음을 생성하며, 이어서 사고를 생성하고, 보고하는 것으로 그것이 표현된다.

이런 고차 사고에 관한 가설은 내가 생각하기에는 '과도한 명료화'다. 오토는 자신의 심리를 판별할 수 있을 것이라 생각했다. 이것은 오토가 자신의 의식적인 경험을 보고할 때 그의 말로 표현한 생각이다. 그러나 우리가 7장에서 개략적으로 살펴본 언어 생성 모형에 따르면, 오토의 모형은 인과 관계가 거꾸로다. 처음 것이 자기 관찰의 고차 상태로 들어가 고차 사고를 형성하고, 그 고차 사고를 표현하는 것으로 저차 사고를 보고할 수 있어야 하지만, 그렇지 않다. 오히려 2차 상태(더 잘 알게 된 상태)가 보고를 형성하는 과정에 의해 형성된다. 우리는 데카르트 극장에서 경험한 것을 먼저 이해하고, 그렇게 알게 된 것을 기본으로 표현할 보고를 형성할 능력을 갖는 것이 아니다. 우리가 그것이 어떠하다고 말할 수 있는 능력은 우리의 '고차 믿음'의 토대다.[10]

처음에는 언어 행동 설계의 복마전 과정이 잘못된 것으로 보인다. 결국 표현될 생각은 중심 관찰자, 즉 결정자의 생각인데, 바로 그 존재를 배제하는 것으로 보이기 때문이다. 그러나 이것은 이 모형의 약점이 아니라 강점이다. 표현되어 나오는 것이 표현될 고차 사고의 내용을 만들어내고 확정한다. 부가적인 삽화적 '생각'이 있을 필요는 없다. 고차 상태는 말 그대로 언어 행동의 표현에 따라 인과적으로 달라진다. 그러나 외적인 언어 행동의 공개적인 표현에서도 꼭 그런 것은 아니다. 6장에서 우리는 점점 더 발달된 내적 정보 소통 방식을 원하는 유기체의 요구가 어떻게 자기 조작 습관을 형성하고, 획득하게 하는지 살펴보았다. 이 습관이 진화적으로 더 어려운 일인, 뇌를 감시할 내면의 눈을 만들어내는 과정을 대체했다. 우리가 추측하기로는, 인간의 뇌가 고차 믿음 상태로 들어갈 수 있는 유일한 방법은 1차 상태를 자신에게 보고하는 것과 같은 과정에 착수하는 것이다.

우리는 그 어느 때보다 더 중추의 관찰자를 상정하는 습관을 깨야 한다. 우리는 그 과정을 관찰에 의해 알게 된 것이 아니라 풍문을 들어 알게 되는 모형으로 다시 생각해볼 수 있다. 나는 신뢰할 수 있는 출처에서 P를 들었기 때문에 P를 믿는다. 누구로부터 들었다고? 나 자신에게 들었다. 아니면 어쨌거나 내 행위자 가운데 하나에게 들었다. 이것은 우리에게 낯선 사고방식이 아니다. 우리는 우리의 감각이 증언한 것을 말한다. 우리의 감각이 우리에게 보여주기 위해 재판정으로 증거를 가져오는 것이 아니라 우리에게 말을 한다고 암시하는 비유다. 이런 비유에 기대는 것은 다음과 같은 슬로건에 기대는 것이다.

내가 자신에게 말할 수 없다면 내가 생각하는 바를 알 방도가 없다.

하지만 이것은 몇 가지 점에서 옳은 생각이 아니다. 첫째, '자신에게 혼 잣말하는' 실체와 '서로 말하는' 다양한 하부 시스템 간에는 차이가 있다. 둘째, 앞서 보았듯이 언어적 표현에 주어지는 강조는 과장된 것이다. 언어적인 것이 아닌 자기 조작과 자기 표현 전략도 있다.

내가 빈약한 협상안을 제시하고 있는 것으로 보일지도 모르겠다. 우리는 머릿속에 잘 그려지지도 않는 개략적인 모형을 위해 비교적 명쾌하게 제시되는, 내적 관찰에 위계질서가 있다는 일반적인 통속심리학 모형을 포기한 것인지도 모른다. 그러나 명확해 보이는 기존의 모형은 4장에서 '진짜로 그렇게 여겨지는 것'이라는 이상한 주제를 탐색하면서 제시한 이유로 환상이다. 이제 우리는 문제를 더 정확하게 진단할 수 있다. 오토는 통속심리학을 대변하고 있으며, 그가 말을 계속하게 내버려두면 그는 곧 자가당착에 빠지고 말 것이다.

의식적인 상태에 관한 내 공개적인 보고에 실수가 담겼을지도 모르고, 내가 잘못된 것을 선택했을 수도 있다. 말이 잘못 나올 수도 있고, 내가 어떤 말의 의미를 잘못 알고 있어 나도 모르게 틀린 정보를 전할 수도 있다. 내가 포착하지 못한 그런 표현의 오류는 당신에게 사실에 관해, 그것이 진정 내게 어떠하다는 것에 관해 잘못된 믿음을 만들 소지도 있을 것이다. 내가 실수를 포착하지 못했다는 단순한 사실이 거기에 오류가 없음을 의미하지는 않는다. 한편으로는 그것이 내게 어떠한지에 관한 진실이 있고, 다른 한편으로는 그것이 내게 어떠한지에 관해 내가 말한 것이 있다. 비록 내가 고도로 신뢰할만한 보고자라 하더라도 오류가 끼어들 여지는 언제나 있다.

하지만 이 말만으로는 충분하지 않아 보인다. 로젠탈이 우리에게 보여준 것처럼 '그것이 내게 어떠하다는 것'과 '내가 최종적으로 한 말'에 더해 끼어드는 제3의 사실이 있는 것 같기 때문이다. '그것이 내게 어떠하다는 것에 관한 내 믿음'이다.[11] 내가 의미하는 것을 의미하면서 내가 말하는 것을 진지하게 말할 때는 내 믿음 가운데 하나를 표현한다. 즉, 그것이 내게 어떠하다는 것에 관한 내 믿음이다. 그리고 사실 거기에는 제4의 사실이 개입한다. 그것이 내게 어떠하다는 것에 관한 내 삽화적인 생각이다.

그것이 내게 어떠하다는 것에 관한 내 믿음이 잘못될 수 있을까? 그것이 내게 어떠하다고 내가 단지 생각하는 것에 불과할까? 아니면 그것이 현재의 내 경험이라고 여겨지는 것뿐일까? 오토는 하나를 분리하고자 했지만, 지금 우리는 더 많은 것으로 위협받는다. 주관적인 경험과 그것에 관한 믿음 간의, 그 믿음과 그것이 언어적 표현으로 가는 길에 싹튼 삽화적인 생각 간의, 그리고 그 생각과 그것의 궁극적인 표현 간의 분리다. 그리고 우리가 일단 그것을 수용하고 나면 머지않아 더 많은 분리가 일어난다.

내가 주관적인 경험(첫 번째)을 갖고 있다고 해보자. 그것은 내가 그것을 갖고 있다는 내 믿음(두 번째)에 관한 내 안의 근거를 제공하고, 이어서 연관 있는 사고(세 번째)를 낳는다. 그리고 내 안에서 그것을 표현하기 위한 의사소통 의도(네 번째)를 자극하며, 최종적으로 실제 표현(다섯 번째)을 낳는다. 이렇게 여러 가지로 전환이 이루어질 때 오류가 끼어들 여지가 있을까? 상태 간의 잘못된 전이로 내가 한 전제를 믿으면서도 다른 전제를 생각하는 경우가 생기지는 않을까?(당신이 잘못 말하거나 잘못 생각할 수도 있지 않을까?) 또한 당신이 생각하는 것과는 다소 다른 전제를 표현하는 의도를 구성할 수도 있지 않을까? 의사소통 의도 하부 시스템에 결함 있는 기억이 있어 시작은 표현될 전 언어적 메시지를 갖고 출발했지만, 결과는 오류를 수정할 때 기준 삼아야 할 다른 전 언어적 메시지를 만들어낼 수도 있지 않을까? 두 가지 다른 것 사이에는 오류가 있을 수 있는 논리적 여지가 있고, 한정된 내용으로 제각각 다른 상태를 늘려가면서 우리는 오류의 원천을 발견하거나 만들어낸다.

나는 그것이 어떠하다는 내 생각이나 믿음이 내 실제 경험과 같은 것이라고 선언하여 이런 혼란을 뚫고 나가고 싶다. 다시 말해, 그 둘이 똑같은 것이기 때문에 논리적으로 그 사이에 오류가 끼어들 여지가 없다고 고집하고 싶다. 그런 주장도 그럴듯해 보인다. 그것은 보통 폭발이나 퇴보를 중지하기 적당한 곳인 1단계에서 임박한 폭발을 멈추게 한다. 또한 '그것은 내게 말馬인 것처럼 여겨지는 것처럼 여겨지는(것처럼…) 것일 뿐이라는 주장에 어떤 의미가 있을까?'와 같은 수사적인 질문으로 절묘하게 끝어낸 직관적 호소력을 갖는다.

여기서 우리는 내 이론도 일부 포함하여 죽어버린 철학 이론의 뼈다귀 주변으로 살금살금 조심해서 발걸음을 옮겨야 한다(Dennett, 1969, 1978c, 1979a와 비교하라). 우리는 믿음, 생각, 믿음에 관한 믿음, 경험에 관한 생각 같은 전통적인 통속심리학적 분류를 고수할 수 있고, 고차와 저차의 재귀적인 경우를 병합하는 것으로 자기 이해의 골치 아픈 문제를 피할 수 있을 것 같다. 내가 P를 믿고 있음을 내가 믿을 때 내가 P를 믿는다는 사실이 논리적으로 당연히 따르듯이, 내가 통증을 느낀다고 생각할 때 내게 통증이 있다는 사실이 당연히 따른다고 선언하는 것이 그것을 가능하게 할 것이다.

그러나 이런 병합으로 문제가 해결되는 것은 아니다. 통속심리학에서 기억의 역할로 여겨지는 것을 다시 한 번 살펴보자. 설령 지금 당장은 당신이 어떠하다고 여기는 것이 오류일 리 없다는 생각이 직관적으로 그럴 듯해 보이지만, 그 당시에도 그것이 당신에게 어떠했다는 것을 잘못 알았을 리 없다는 것은 직관적으로 그럴듯하게 여겨지지 않는다. 만일 당신이 보고하는 경험이 과거 경험이라면 당신의 기억에 의존하여 이루어진 당신의 보고는 오류로 오염되었을 수 있다. 실제 경험과 경험 이후 회상 사이 간격이 아무리 짧더라도 기억이 잘못될 가능성은 있다. 이것이 오웰식 이론에 자유권을 주는 것이다. 그러나 우리가 4장에서 보았듯이 오웰식 기억 조작 덕분에 이후의 믿음에 스멀스멀 끼어든 오류는 안에서 보아도 밖에서 보아도 원래의 경험에 끼어든 오류와 구별할 수 없다. 스탈린식 착각 구성 덕분이다. 따라서 설령 당신의 현재 판단(지금 당신에게 사물이 어떻게 여겨지는지에 관한 당신의 2차 사고)에 직접적·즉각적으로 접근할 수 있더라도 한 순간 전에는 그것이 당신에게 어떠했는지에 관해 잘못된 판단을 내렸을 가능성을 배제할 수 없다.

만일 우리가 통속심리학의 일반적인 개별화 방식대로 상태(믿음, 의식 상태, 의사소통 의도 상태 등)를 그 내용에 따라 낱낱이 구별한다면 어떤 수단으로도 체계적으로 찾아내지 못할 차이만 상정하고 말 것이다. 안으로부터도, 밖으로부터도, 그 과정에서도 차이를 발견하지 못해 우리는 의식을 보증하는 것으로 보이는 특징인 주관적인 친밀감이나 변치 않을 상태를 잃고 만다.

우리는 믿음, 상위 믿음 등 별개의 내용 상태를 구분하던 것을 시간이 지나더라도 '실체가 내면에 정보를 담은 사건'과 '사건에 있는 정보를 언어로 표현할 수 있는 역량'이 조화를 이루게 만들어주는 과정으로 대체했다. 오토는 그것이 고차 상태가 보장되게 하는 것이라 했지만, 그 연결 부분에 본질을 새기는 데는 실패했다. 실제로 본질에서 체계적으로 식별이 불가능한 연결 부분만 상정하고 말았다.

그러나 이런 통속심리학의 인공물은 대상자의 타자현상학적 세계에 살아남아 있다. 그 사람의 세계관이 실제로 그 개념적인 전략에 의해 형성되는 세계다. 사람들은 정말로 자기 경험에 관해 이런 믿음이 있고, 또한 거기에 더해 경험도 있다고 여기므로 이런 경험과 경험에 관한 믿음은 둘 모두 그들에게 여겨지는 방식이다. 따라서 우리는 우리 마음이 믿음, 상위 믿음 등의 고차 표상 상태의 위계질서로 조직되어 있다는 사실이 아니라 우리 마음이 우리에게는 그렇게 조직되어 있는 것으로 여겨진다는 사실을 설명해야 한다.

나는 왜 우리가 그런 생각에 끌리는지에 관해 두 가지 이유를 내놓았다. 첫째, 우리는 우리가 보고할 수 있는 상황과 우리가 내놓는 보고 사이에 끼어드는 개별적인 관찰 과정을 상정하는 습관을 고집한다(그것이 이제는 내면의 관찰 습관이 되었다). 어떤 지점에서는 중개 역할을 하는 내용 감시자 없이도 내용을 언어적 표현에 결합시키는 과정을 통해 이런 내적 관찰자의 복귀를 막아야 한다는 사실을 간과하는 것이다. 둘째, 이런 방식으로 형성된 내적 의사소통은 실제로 우리 마음을 한없이 사색에 잠기거나 자기 감시적인 체계로 조직해 들어가게 만든다. 그렇게 강력한 내성적인 힘이 의식의 중심에 있다는 주장이 종종 제기되었고, 거기에는 좋은 근거가 있다. 자기 감시 체계를 이해하려 할 때 우리는 통속심리학의 과도하게 단순화한 모형을 상상력을 위한 일종의 버팀대로 이용하는데, 그런 일은 우리를 데카르트적 유물론에 빠지게 할 위험이 있다. 우리는 그것 없이도 잘 해나갈 수 있는 법을 배워야 한다. 다음 장에서는 이를 위한 조심스러운 발걸음을 몇 발짝 더 내디딜 것이다.

10장

목격자 보호 프로그램 해체하기

10

데카르트 극장의 환상을 넘어서라

"어디서 이해가 일어나는가?"

이 질문은 17세기 이후로 논란의 중심에서 몸을 숨기고 있었다. 데카르트가 이해의 적어도 상당 부분을 뇌에서 일어나는 일로 설명할 수 있다고 (옳게) 주장했을 때도 그는 회의론의 벽에 부딪혔다. 앙투안 아르노Antoine Arnauld는 데카르트의 《성찰》에 대한 반대 의견을 이렇게 내놓았다.

"늑대의 몸에서 나와 양의 눈에 비친 빛이 시신경의 미세한 섬유를 움직이고, 뇌에 도달하자마자 신경을 타고 동물 정기로 퍼지는 것으로 양이 도망칠 수 있다. 그런 일이 어떤 영혼의 도움도 없이 일어날 수 있다는 것이 놀랍게 느껴진다"(Arnauld, 1641, p. 144).

데카르트는 그런 일이 사람이 넘어질 때 자기 몸을 보호하기 위해 팔부터 짚는 것과 별다를 것 없는 자연스러운 현상이고, 또한 반사는 '영혼'의

도움 없이 기계적으로 일어난다고 답변했다. 뇌에서 기계적인 해석이 일어난다는 생각은 모든 유물론적 마음 이론의 중심이 되는 통찰이다. 그러나 이런 생각은 깊이 뿌리박힌 직관에 도전한다. 진정으로 이해가 일어나려면 절차를 확인하고 사건을 지켜보는 누군가가 거기 있어야 한다는 생각이다.

데카르트는 자연에서 일어나는 다른 현상에 관해 말할 때는 전형적인 기계론자였다. 그러나 인간의 마음에 관해 이야기할 때는 그도 몸을 사렸다. 그는 기계론적 해석에 덧붙여 뇌가 중추에 자료를 제공한다고 주장했다. 그곳은 인간의 경우 영혼이 지켜보면서 판단을 내리는 곳이며, 나는 그곳을 데카르트 극장이라 불러왔다. 목격자에게는 판단을 내릴 근거 자료로 삼을 원재료가 필요하다. '감각 자료', '감각', '날 느낌raw feel', '경험의 현상학적 속성', 이름이야 뭐라 부르건 원재료 없이는 목격자가 이해하지 못한다. 다양한 환상으로 지탱되는 이 버팀대는 직관이라는 거의 뚫을 수 없는 방책이 쳐진 중추의 목격자라는 생각을 둘러싸고 있다. 이번 장에서 달성해야 할 과제는 바로 그 방책을 뚫는 것이다.

맹점과 암점

인간이 당할 수 있는 끔찍한 사고 가운데는 극히 일부지만 과학자의 연구 대상이 되어 불가사의한 자연의 일면을 밝히는 길잡이가 되어주는 것도 있다. 특히 총상이나 교통사고 같은 외상이나 종양, 뇌졸중으로 뇌가 손상된 경우가 그렇다.[1] 사고 후에 어떤 장애가 남고, 어떤 기능이 보존되었는지 그 양상을 살펴보는 것으로 뇌에 의해 마음에 어떤 변화가 일어나는지 알아볼 수 있다. 그런 놀라운 근거가 되는 것 중에는 '맹시盲視,

blindsight'도 있다. 언뜻 보기에 이 현상은 꼭 철학자의 사고 실험을 위해 주문되어 나온 것 같다. 정상적이고 의식적인 사람을 부분적인 좀비로 만들기 때문이다. 이런 사람은 어떤 자극에는 자동인형처럼 무의식적으로 반응하지만, 나머지 부분에는 정상적으로 의식을 갖고 반응한다. 따라서 철학자들이 이와 관련한 논증을 수립할 때 맹시를 일종의 신화적 입지에 올려놓은 것도 어찌 보면 당연하다. 그러나 맹시는 좀비의 개념을 지지하는 것이 아니라 오히려 무너뜨리는 것이다.

정상적인 인간의 시각에서 눈으로 유입되는 신호는 시신경을 통해 여러 정거장을 거쳐 뒤쪽 소뇌 바로 위의 후두엽 피질, 즉 시각 피질로 간다. 왼쪽 시각 영역 정보는 오른쪽 시각 피질로 퍼지고, 오른쪽 시각 영역 정보는 왼쪽 피질로 퍼진다. 뇌졸중으로 후두엽 피질 일부가 파괴되면 망막에 시야결손부, 즉 암점scotoma이 생기는 경우가 있는데, 그렇게 되면 손상 부위 반대쪽의 시각 경험 세계에 꽤 커다란 구멍이 생긴다.

극단적인 경우로 왼쪽과 오른쪽 시각 피질이 모두 파괴되면 시력을 완

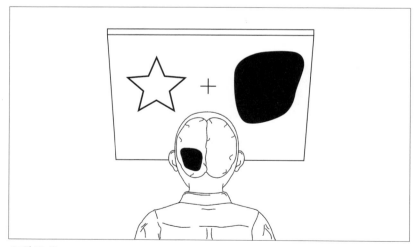

〈그림 10-1〉

전히 잃는다. 그보다 더 자주 볼 수 있는 것은 뇌졸중으로 오른쪽이나 왼쪽 시각 피질 전체가 손상되는 경우인데, 이럴 때는 시각 영역의 반대쪽 시력을 잃게 된다. 왼쪽 시각 피질의 상실은 오른쪽 시야를 완전히 잃는 오른쪽 편측시야결손으로 이어진다(그림 10-1).

암점이 있으면 어떤 느낌이 들까? 인간은 누구나 시야에 맹점blind spot을 갖고 있으므로 그런 일은 이미 우리에게 익숙하다. 안구의 망막에서 시신경이 빠져나가는 부위인 시신경 원판optic disk에는 간상체와 추상체가 없어 맹점이 생긴다. 정상적인 생리적 맹점 부위인 시신경 원판은 그 크기가 작지 않아서 시각視角에서 6도 정도의 지름을 가진 원을 사라지게 한다. 25센티미터 정도 거리를 둔 상태에서 한쪽 눈을 감고 그림 10-2의 십자가를 바라보라. 맹점에 해당하는 동그라미 하나가 사라질 것이다. 이어서 다른 눈을 감으면 반대편 동그라미가 사라진다(이런 효과가 일어나게 하려면 종이와 눈 사이의 거리를 조정하면서 계속해서 십자가를 들여다보아야 한다).

그렇다면 왜 우리는 시야에 정상적으로 존재하는 이런 틈새를 알아채지 못하는 것일까? 그 이유는 우리 눈이 두 개이기 때문에 한쪽 눈이 다른쪽 눈을 보완해주고, 양쪽 눈의 맹점이 겹치지 않기 때문이다. 그러나 한쪽 눈을 감고 있어도 대부분의 경우 맹점을 인식하지 못한다. 왜 그럴까? 우리 뇌가 망막의 맹점 영역에서 들어오는 정보를 다루어본 경험이 전혀 없고, 그것을 다루기 위해 자원을 써본 일도 없어 문제로 여기지 않기 때

〈그림 10-2〉

문이다. 이 영역에서 들어오는 보고를 책임지고 받아야 할 난쟁이가 없으므로 보고가 들어오지 않아도 불평하는 이가 없다. 정보의 부재는 부재에 관한 정보와는 다르다. 비어 있는 구멍이 있다는 것을 인식하려면 뇌에 있는 어떤 것이 구멍의 안과 바깥 경계, 또는 점이 보일 때와 보이지 않을 때의 차이에 반응해야 할 것이다. 그러나 뇌는 이 부위에서 그 일을 할 수 있는 장치가 없다(그림 10-2에서 검은 점이 사라진다는 것은 당신이 맹점을 갖고 있음을 시사한다).

우리가 정상적으로 갖고 있는 맹점처럼 암점에도 명확한 위치가 있다. 어떤 것은 경계가 매우 명확해서 실험자가 피실험자의 시야에서 광점 같은 자극을 이리저리 움직여보는 것으로 금방 찾아낼 수 있다. 피실험자에게 광점이 더 이상 경험되지 않을 때 보고하게 해 그 위치를 알아낼 수 있는 것이다. 맹점을 찾아내기 위해 당신이 방금 해본 실험의 변형이다. 그 다음에는 피실험자가 보고한 것을 뇌의 CT(컴퓨터단층촬영)와 MRI(자기공명영상)로 얻은 피질 손상 부위 지도와 상호 연관시킨다. 암점은 피실험자가 보통 그것을 인식한다는 점에서 맹점과 차이가 있는데, 암점이 정상적인 맹점보다 더 커서 그런 것은 아니다. 망막의 특정 영역에서 들어오는 정보에 관심을 두고 있는 피질 세포에게 이전에 보고를 올린 적이 있는 시각 피질 세포가 손상된 것이므로 그 영역에서 들어오던 정보의 부재가 인식되기 때문이다. 뇌의 예측은 혼란에 빠진다. 있어야 할 것이 없어 인식적 욕구가 충족되지 않는다. 따라서 피실험자는 정상적으로 암점을 인식하지만, 누가 자동차 앞 유리에 동그란 검은 종이를 붙여놓았을 때처럼 검게 채워진 영역으로 인식하는 것이 아니라 텅 빈 것으로 인식한다.

뇌의 정상적인 시각 경로가 방해를 받았거나 잘려나갔으므로 암점을 가진 사람은 그 부분의 시야에서 일어나는 일에 관한 어떤 정보도 얻지 못할 것이라고 추정된다. 그들은 암점 경계 안에서는 그 어떤 시각적인 경험도 하지 못한다고 말한다. 빛도, 경계도, 색깔도, 반짝임이나 별들이 쏟아지는 것도 보지 못한다. 아무것도 보지 못한다. 실명이 원래 그런 것 아니겠는가? 그러나 암점을 가진 사람 중 일부는 놀라운 재능을 보인다. 맹시야에서는 아무런 의식적인 시각 경험도 하지 못하지만, 가끔씩 시야에서 불빛이 번쩍였다거나, 심지어는 앞에 제시된 것이 네모인지 동그라미인지까지 놀라울 만큼 정확하게 추측해내는 것이다. 이것이 맹시 현상이다(Weiskrantz, 1986, 1988, 1990). 맹시 현상 설명에는 여전히 논란이 따르지만, 어떤 연구자도 이런 현상이 '초능력'이라고 생각하지는 않는다. 망막과 뇌의 여러 부분을 연결하는 경로는 최소한 열 개가 있고, 따라서 후두엽 피질이 파괴되었더라도 여전히 망막에서 뇌의 다른 영역으로 갈 수 있는 충분한 의사소통 채널은 있다. 맹시 피실험자를 대상으로 현재까지 수많은 실험이 이루어졌고, 여러 가지 단순한 모양을 알아맞히는 과제나, 움직임의 방향을 추측하고 빛이 있는지 없는지 알아내는 실험에서 이들은 요행으로 맞히는 경우보다 훨씬 더 높은 수행 능력을 보였다(일정 조건에서는 100퍼센트 적중률을 보이기도 한다). 맹시 환자 중 색채 판별 능력을 보인 사람은 아직 없었지만, 페트라 스토에리그Petra Stoerig와 앨런 코웨이Alan Cowey(1990)가 수행한 연구 결과에 의하면 그런 일도 가능할지 모른다는 근거가 있다.

타자현상학으로 본 맹시 현상

맹시 현상은 오로지 우리가 피실험자를 타자현상학적 관점에서 다룰 때만 나타난다. 이 실험은 실험자가 피실험자에게 언어적 지시를 주지 못하는 상황에서는 수행될 수 없고, 피실험자가 지시를 이해해야 하며, 피실험자의 반응이 언어 행동으로 해석될 때만 놀라운 현상의 근거가 된다.

맹시를 둘러싼 해석은 여러 면에서 논란이 있지만, 한 가지 면에서만큼은 전적으로 의견이 일치한다. 맹시 피실험자가 관련 사건에 관한 의식적인 시각 경험은 못하더라도('못 보는' 부분) 세상에서 일어나는 일부 사건에 관한 정보를 어떤 식으로든 눈으로 받는다는('보는' 부분) 사실이다. 간단히 말해, 맹시에서도 시각 정보를 받는다. 그러나 그것은 무의식적으로 일어난다. 맹시에서도 시각 정보를 받는다는 증거는 간단하다. 시각 실험을 해보면 피실험자가 요행으로 맞히는 경우보다 훨씬 더 좋은 수행 결과를 보인다는 사실이다. 그 과정이 무의식적으로 일어난다는 증거는 더 정황적이다. 피실험자가 시각 경험을 의식한다는 사실을 부정하고, 그 언어적 부정은 한편으로는 뇌의 신경학적 근거로, 다른 한편으로는 일관성 있는 부정으로 지지된다. 그래서 우리는 맹시 피실험자를 믿는다.[2]

이들의 시각 경험 부정은 결코 사소한 문제가 아니다. 만일 우리가 맹시 피실험자가 의식하지 못하는 척 위장하고 있다고 결론 내린다면 맹시에 관한 놀라운 사실들은 당장 증발해버린다는 사실에 유념해야 한다. 문제를 더 핵심적으로 보여주는 두 가지 경우를 비교해보자. 우리가 맹시 피실험자가 의식적인 시각 경험을 부정하는 것은 인정하면서 '히스테리성 실명'으로 진단받은 사람이 시각 경험을 부정할 때는 회의적으로 대하는 경우다. 때로 생리학자가 보기에는 눈과 뇌가 제대로 작동하고 있는데, 아무것도 보이지 않는다고 호소하는 사람이 있다. 그는 자기가 겪는 고통을 정당화하려고 시각 장애인처럼 행동한다. 그가 왜 시각 장애인이 되고자 하는지에 관한 상당히 그럴듯한 이유도 찾아낼 수 있다. 그것은 자신이나 자신을 염려하고 걱정하는 다른 누군가를 벌하기 위한 것이거나 끔찍한 시각적 기억을 부정하기 위한 방법이기도 하고, 다른 질병이나 허약한 상태에 일종의 공황 반응을 보이는 것이기도 하다. 어쨌거나 이것이 시력 상실이라면 '심인성psychosomatic 실명'이다. 그런데 그것이 정말로 실명일까? 아마도 그럴 것이다. 심리적 원인으로 발생하는 통증도 진짜 통증이고, 심리적 원인으로 속이 메스꺼운 것도 정말로 구토증을 일으킨다면 심리적 실명도 실명이라고 할 수 있을 것이다.

히스테리성 실명자는 앞이 보이지 않는다고 주장하지만, 맹시 피실험자처럼 시각 정보를 받고 있다는 명백한 근거를 보인다. 히스테리성 실명자는 사물의 시각적인 특징을 맞혀보라고 하면 요행으로 맞히는 결과보다 훨씬 나쁜 성적을 낸다. 이것은 '틀린 답'이 압도적으로 많이 나오게 하기 위해 어떻게든 시각 정보를 이용하고 있다는 확실한 증거다. 히스테리성 실명자는 가서 부딪칠 의자를 발견하는 재주가 매우 뛰어나다. 그러나 꾀병을 부리는 사람과의 차이점은 그가 시각 경험을 못한다고 말할 때 진심을 말하고 있다는 점이다. 다시 말해, 그는 자기가 정말로 믿고 있는 대로 말하는 것이다. 그렇다면 우리도 그의 말을 믿어야 하지 않을까? 우리는 이들 두 피실험자 집단을 어떻게 다루어야 할까?

바로 여기서 극도로 조심스러운 타자현상학적 방법이 진가를 발휘한다. 맹시 피실험자와 히스테리성 실명자 모두 겉보기에는 진지하게 자기 맹시야에서 일어나는 일을 인식하지 못한다고 공언한다. 따라서 두 사람의 타자현상학적 세계는 유사하다. 적어도 추정적인 맹시야와 관련해서는 그렇다. 그러나 다른 점이 있다. 우리는 히스테리성 실명의 신경해부학적 기초를 맹시의 경우만큼 잘 알지도 못하면서 그저 직관적으로 히스테리성 실명자의 부정에 훨씬 회의적이다. 우리는 히스테리성 실명자가 정말로 앞을 못 보는 것이 아니라 어떤 방식으로든 어느 정도 자신의 시각 세계를 의식하고 있을 것이라고 여긴다.[3] 무엇이 우리가 히스테리성 실명자를 의심하게 만들었을까? 우리는 정황 증거만으로 그의 실명 상황이 심각하지 않다고 여기고, 그의 주장을 의심하는 것이 아니다. 히스테리성 실명자는 맹시 피실험자와는 달리 재촉받지 않아도 시각 정보를 이용한다는 더 단순한 근거도 있다.

맹시 실험 상황에는 우리의 일반적인 가정에 완벽하게 들어맞아 전혀 이의를 제기할 필요가 없는 한 가지 요소가 존재한다(Marcel, 1988; van Gulick, 1989; Carruthers, 1989). 맹시 피실험자가 우연의 결과보다 나은 추측 역량을 발휘하려면 재촉을 받거나 암시가 주어져야 한다는 것이다. 따라서 실험자는 실험을 시작하기 전에 "목소리에서 어떤 암시가 느껴지면 추측해보세요"라거나 "내가 당신 손을 건드리면 반응하세요"라고 지시한다. 그런 암시가 없으면 피실험자는 전혀 반응하지 못한다.[4]

약간 다른 경우를 상상하는 것으로 우리가 진단하는 차이가 옳은지 시험할 수 있다. 자신이 맹시 환자라고 주장하지만 맹시야에 무엇을 제시할 때마다 암시를 줄 필요도 없이 자발적으로 추측해내는 사람이 있다고 해보자(우연보다는 성적이 좋지만 완벽하지는 않다). 그 사람을 실험실에 앉히고 암점을 지도화하기 위한 통상적인 실험을 시작한다. 피실험자는 다른 맹시 피실험자처럼 맹시야에서 움직이는 빛이 사라질 때마다 우리에게 말한다. 또한 우리가 빛을 비추면 자발적으로 "방금 암점에 빛을 비추지 않았나요?"와 같은 말을 한다. 이것은 의심스럽다. 적어도 의심스럽다고 말할 수는 있고, 그 이유도 댈 수 있다.

일반적으로 실험에 참가한 피실험자가 지시에 동조한다는 것은 그가 연관 있는 자극 사건을 의식적으로 경험했다는 명백한 증거로 볼 수 있다. 따라서 다음과 같은 지시는 어처구니없다.

> 빛이 느껴지면 왼쪽 단추를 누르세요. 빛이 나타났지만 그것을 의식하지 못했을 때는 오른쪽 단추를 누르세요.

이런 지시를 어떻게 따를 수 있겠는가? 이것은 "누군가 당신 모르게 당신에게 윙크할 때마다 손을 올리세요"라고 말하는 것이나 마찬가지다. 실험자는 "목소리에서 의식적으로 어떤 암시가 느껴지면 맞혀보세요"처럼 '의식적으로'라는 부사를 삽입할 필요를 느끼지 않을 것이다. 'X가 일어날 때마다 Y를 한다'는 정책을 도입하려면 당연히 X가 일어나는 것을 의식할 수 있어야 하기 때문이다.

하지만 여기에는 오류가 있어 보인다. 우리 행위의 많은 부분이 우리가 오로지 무의식적으로만 찾아낸 조건에 의해 지배된다고 하지 않았던가? 체온 조절, 대사 작용 균형 조절, 에너지 저장과 회수, 면역 체계 활성화 등에 관해 생각해보라. 무엇이 눈앞으로 다가오거나 들어올 때 눈을 깜빡이는 것, 느닷없이 앞에 무엇이 나타날 때 저절로 몸을 숙이는 행동도 생각해보라. 이런 행위는 데카르트의 관찰에 따르면 의식의 도움 없이도 조정된다.

그렇다면 두 종류의 행위 정책이 있는 것으로 보인다. 의식적인 사고로 조정하는 것과 자동 엘리베이터처럼 맹목적이고 기계적인 과정으로 조정되는 것이다. 자동 엘리베이터가 900킬로그램 이하만 수용한다는 정책을 고수한다면 한도가 초과될 경우 감지할 수 있는 일종의 내장형 저울을 틀림없이 갖고 있을 것이다. 자동 엘리베이터는 의식이 없는 것이 분명하고, 의식적으로 감지하는 것이 아무것도 없으므로 의식적인 정책도 갖고 있지 않다. 자동 엘리베이터는 찾아낸 상태의 다양하고 복잡한 조합에 따라 달라지는 정책, 상위 정책, 또 그 상위 정책을 갖고 있고, 그 모든 것이 의식의 암시 없이 일어난다. 엘리베이터가 탐지하고 정책을 고수하는 방식으로 일할 수 있다면 인간의 뇌와 신체도 그럴 수 있다. 의식이 없는 엘리베이터 형태의 정교한 정책을 따를 수 있다.

그렇다면 무의식적으로 정책에 따르는 것과 의식적으로 정책에 따르는 것은 어떻게 다를까? '맹목적이고 기계적인' 조건 탐지기 덕분에 우리 몸이 무의식적으로 따르는 정책은 무의식적인 정책이므로 우리 정책이라기보다는 우리 신체의 정책이라고 말하는 것이 옳을듯싶다. 어떤 사람은 우리의 정책이라는 것은 정의상으로 당연히 우리의 의식적인 정책을 말하는 것이라고 주장할 것이다. 심사숙고하여 그 장점과 단점을 의식적으로 생각해볼 기회를 갖고, 우리가 경험하는 상황에 따라 조정하거나 수정할 기회도 가지면서 의식적으로 만들어내는 것 말이다.

따라서 한 정책이 애초에 언어적 논의의 결과로, 아니면 언어적 지시에 대한 반응으로 도입되었다면, 바로 그 사실로 그것이 의식적인 정책이고, 의식적으로 경험되는 사건에 달려 있는 것이라고 말할 수 있다(Marcel, 1988). 자기 모순적으로 여겨지는 것은 우리가 반복해 말하는 것으로 무의식적으로 찾아낸 사건에 달려 있는 무의식적인 정책을 따르기로 결정한다는 생각이다. 그러나 거기에는 허점이 있다. 그런 정책의 입지가 변할 수 있다는 것이다. 우리는 충분한 연습과 전략적으로 도입한 건망증 덕에, 의식적으로 도입하고 따르는 정책에서 시작해 그 정책에 의식적이지 않고 관련 있는 연결고리를 찾아내면서 점차 무의식적인 정책을 따르는 상태로 옮겨 갈 수 있다. 이런 일은 오로지 그 정책의 언어적인 고려사항에 관한 연결고리가 어떤 식으로든 고장 난 경우에만 가능하다.

이런 전환은 다른 방향에서 보면 이해가 더 쉽다. 방금 상상한 과정을 거꾸로 하면 맹시 피실험자가 암점에서의 시각 경험을 의식할 수 있지 않을까? 어쨌거나 맹시 상태에서도 피실험자의 뇌는 추리를 잘 해내기 위해 어떤 식으로든 시각 정보를 수용하고 분석하는 것이 분명하다. 자극이 일어난 직후, 피실험자의 뇌에서는 정보를 얻은 상태가 발현되었음을 표시하는 어떤 일이 일어난다. 만일 외부 관찰자가 그런 발현 상태를 알아볼 수 있다면 이치상으로는 관찰자가 피실험자에게 그 정보를 전해줄 수 있다. 그렇게 되면 피실험자가 정보 상태 발현을 직접적으로 의식하지는 못하더라도 간접적으로 인식할 수 있게 된다. 그런 다음에 피실험자가 중재자를 제거하고, 실험자가 한 것처럼 자기 자신의 기질 변화를 인식할 수 있지 않을까? 처음에는 실험자가 이용하는 것과 같은 일종의 자기 감시 장치에 의존해야겠지만, 결국에는 피실험자가 출력 신호를 바라보거나 듣는 것으로 직접 알아낼 수 있을 것이다.[5]

맹시 피실험자는 자기 재능과 기질을 변화시킬 수 있다. 언젠가는 그들이 다른 사람보다 더 나은 상태가 될 수도 있다. 그들은 보통 실험자로부터 그들이 얼마나 잘 해내고 있는지 즉각적인 피드백을 받지 않아도 연습으로 자기 능력을 향상시킨다(Zihl, 1980, 1981). 여기에는 몇 가지 이유가 있는데, 가장 중요한 것은 그런 실험 상황이 실험자로부터 의도되지도 인식되지도 못한 암시를 받게 될 가능성으로 방해받을 수 있으므로 실험자와 피실험자 간의 상호작용을 용의주도하게 최소화하고 통제해야 한다는 것이다. 그럼에도 피실험자는 실험자로부터 받는 암시와 재촉에 의지하고, 점차 그것에 익숙해진다. 그런 암시가 없다면, 아무런 경험도 없다고 확신하는 문제를 놓고 가망 없이 수백, 수천 번 추측해야 하는 불편한 상황이 연출될 것이다(만일 누가 당신에게 전화번호부 하나만 달랑 주면서 전화번호부에 등록된 사람들이 소유한 자동차가 어느 회사 것인지 추측해보라고 한다면 어떤 기분이 들지 상상해보라. 거기다 당신이 한 추측이 옳았는지 틀렸는지도 전혀 알려주지 않는다면, 당신이 그 일을 얼마나 잘하고 있는지, 그 일이 과연 할만한 가치가 있는 일인지 확신이 없어 그 일을 해야겠다는 동기부여가 전혀 되지 않을 것이다).

다른 과학적인 목표는 제쳐두고 도움이 될 것 같은 어떤 피드백이라도 이용하여 맹시 환자를 훈련하고자 한다면 무엇을 얼마나 이룰 수 있을까? 단서를 줄 때마다 추측하고(이른바 강제 선택 반응), 추측 능력이 요행보다는 더 나은(그렇지 않다면 그는 맹시 피실험자가 아니다) 일반적인 맹시 피실험자를 대상으로 훈련을 시작했다고 해보자. 피드백을 통해 이 능력은 곧 최대 수준으로 조정될 것이고, 추측 능력이 상당한 정확성을 갖게 평준화된다면 피실험자는 자기가 유용하고 믿을만한 재능을 가졌고, 이 능력을 더욱 개발할 가치가 있다고 믿을 것이다. 실제로 오늘날 일부 맹시 환자는 그런 상태에 있다. 이제 우리가 피실험자에게 '언제 추측해야 할지' 추측할 수 있는 단서를 주지 않고, 기분이 내키면 추측하게 하고 질문을 시작했다고 치자. 그리고 곧 즉각적인 피드백을 제공했다고 가정해보자. 피실험자에게는 다음 두 가지 중 하나의 변화가 일어날 것이다.

> (1) 피실험자는 우연에 의지해 시작하고, 그 상태로 머물 것이다. 피실험자가 자극 사건이 발현된다는 정보를 받더라도 언제 이런 정보 유입이 일어났는지 알아챌 방법은 없어 보인다. 우리가 그에게 어떤 '바이오피드백' 버팀대를 제공하더라도 마찬가지다.
> (2) 피실험자는 결국 실험자가 주는 단서나 일시적인 바이오피드백 버팀대 없이도 우연의 결과보다는 훨씬 좋은 성적으로 과제를 수행할 것이다.

어느 경우에 어떤 결과를 얻을지는 물론 경험적인 문제이므로 나는 2번 결과로 귀결될 가능성이 얼마나 높은지 추측하는 위험은 무릅쓰지 않겠다. 아마도 모든 경우마다 피실험자가 언제 추측해야 할지 추측하는 법을 정확하게 배우지는 못할 것이다. 그러나 만일 2번의 결과가 일어난다면, 피실험자가 오로지 일어날 것으로 추측할 수 있는 자극에 따라 행동하는 정책을 도입하는 것이 상당히 합리적이라는 것에 주목하라. 그가 이 자극을 의식하든 못하든 그의 '추측하기' 신뢰도가 높으면, 그는 그 자극을 어떤 의식적인 경험과도 동등하게 대할 것이다. 그는 의식적으로 경험하는 사건 발생만큼이나 쉽게 추측에 따라 결정하는 정책을 생각하고, 그것에 따라 결정할 수 있다.

그러나 이것이 그가 어떤 식으로든 그 자극을 의식하게 만들까? 내가 사람들에게 이런 질문을 던졌을 때 여러 가지 응답이 돌아왔다. 통속심리학은 명확한 판결을 내놓지 못했다. 그러나 맹시 피실험자는 자신이 직접 경험한 비슷한 상황에 관해 말했다. 래리 바이스크란츠Larry Weiskrantz가 연구한 피실험자 가운데 한 명인 DB는 우측반맹증으로, 단서를 주면 우연의 결과보다 나은 추측 역량을 보여주는 전형적인 맹시 환자였다. 그의 암점으로 빛이 수평이나 수직으로 천천히 지나가게 한 다음, 빛이 수직으로 지나갔는지 수평으로 지나갔는지 맞혀보라고 재촉하면, 그는 어떤 움직임도 의식하지 못했다고 하면서도 매우 잘 맞혔다. 그러나 빛이 더 빠르게 움직일 때는 그 빛 자체가 암시가 되었다. DB는 재촉받지 않아도 움직임을 매우 정확하게 자발적으로 보고했고, 심지어는 움직임이 일어나자마자 손 모양으로 움직임을 흉내 내기까지 했다(Weiskrantz, 1988, 1989). 어떻게 알았는지 물어보면 DB는 물론 움직임을 의식적으로 경험했다고 주장했다(다른 맹시 피실험자들도 빠르게 움직이는 자극은 의식적으로 경험한다고 보고한다). 그렇지 않았다면 그가 어떻게 그것을 보고할 수 있었겠는가? 그는 단지 빛의 움직임에 관한 정보를 받은 것이 아니라 자기가 정보를 받게 될 것을 깨달은 것이다. 로젠탈의 말을 빌리면, 그는 1차 사고를 가진 결과로 2차 사고를 갖게 되었다.

우리의 비평가 오토가 돌아온다.

> 그러나 이것은 그저 교묘한 술책에 지나지 않는다. 우리는 맹시 피실험자가 자기가 추측하고 있는 것에 의식적이라는 것을 알고 있다. 이것은 피실험자가 언제 추측해야 할지 추측하는 재능을 개발했을지 모른다는 것을 보여줄 뿐이다(물론 그는 그 추측에도 의식적일 것이다). 그가 추측한 것이 신뢰할 수 있

는 결과라는 것을 인식한다고 해서 그가 추측하고 있는 사건을 그가 직접적으로 의식하게 되는 것은 아니다.

이 말은 시각적인 의식을 위해서는 무언가가 더 필요하다고 제안한다. 무엇이 더해져야 할까? 바로 추측과 그것에 관한 상태 간의 연관성이다. 그러나 그 상태는 신뢰할 수 있는 반면, 희박하고 금방 사라진다. 그것을 더 짙고 강하게 만들 수 있을까? 추측과 그 대상 간의 '겨냥aboutness' 관계를 더 강하게 하면 어떤 결과가 나올까?

골무를 숨겨라, 의식 고취 연습

무엇을 겨냥함을 의미하는 일반적인 철학 용어는 '지향성'이다. 엘리자베스 앤스컴Elizabeth Anscombe(1965)에 따르면, 이 말은 '무엇을 향해 활을 겨누어 화살을 쏘다'라는 의미의 라틴어 '인텐데레 아크움 인intendere arcum in'에서 나왔다. 지향성에 관한 대부분의 철학적 논의에서 중심을 차지하는 것이 이런 겨냥이나 지향의 이미지이지만, 철학자들은 진짜 화살의 복잡한 겨냥 과정을 기초적이고 본원적인 관계의 단순한 '논리적' 화살로 바꾸었다. 단순하게 가정하는 것으로 그 말은 훨씬 더 신비해졌다. 어떻게 머릿속에 있는 어떤 것이 세상에 있는 사물을 향해 추상적인 화살을 겨냥할 수 있는가?[6] 겨냥성 관계를 추상적이고 논리적인 관계로 생각하는 것이 결국에는 옳다고 볼 수 있지만, 처음에는 그것이 마음이 세상에 있는 것들과 충분히 접촉하게 하여 그것에 관해 효과적으로 생각하는 데 실제로 관여되는 과정으로부터 관심을 돌리게 만든다. 바로 주의를 기울이고, 접촉하고, 추적하고, 쫓아가는 과정이다(Selfridge). 실제로 무엇을 겨냥하고, 그것을 정확한 과녁 한가운데 놓는 일은 피드백의 제어 아래에서 시간의 흐름에 따라 계속 조정하고 보충하는 일을 포함한다. 주의를 혼란시키는 것(미사일 방어 시스템을 혼란에 빠뜨리기 위해 뿌리는 얇은 금속 조각처럼)이 존재하면 겨냥이 불가능한 이유도 그 때문이다. 식별할 수 있을 만큼 충분히 오래 목표를 추적하려면 단일하고 순간적인 정보 교환보다 더 많은 것이 필요하다. 무엇과 계속해서 연락을 취할 수 있는 최상의 방법은 글자 그대로 그것과 접촉하는 것이다. 충분한 시간 동안 흡족하게 조사하려면 그것을 붙들고 달아나지 못하게 해야 한다. 그다음으로 좋은 방법은 그것과 상징적으로 접촉하는 것이다. 눈과 온몸으로 좇아 시야에서 절대로 놓치지 않고 있다고 상상하는 것이다. 이것은 지각으로 성취될 수 있지만, 물론 수동적인 지각에 의해서는 아니다. 이 일에는 얼마간의 노력과 계획, 그리고 어떤 방법으로든 어떤 것과 계속 접촉할 수 있는 지속적인 활동이 필요하다.

어렸을 때 나는 '골무 숨기기Hide the Thimble' 놀이를 즐겨 했다. 모든 놀이 참가자에게 골무를 보여준 다음 한 사람만 남아 골무를 숨기고 다른 아이들은 모두 방에서 나간다. 골무를 숨기는 사람이 반드시 지켜야 할 규칙은 골무를 눈에 잘 띄는 곳에 두어야 한다는 것이다. 물건 뒤나 아래에 두어서는 안 되고, 아이들 시선을 벗어나는 너무 높은 곳에 두어서도 안 된다. 보통 거실에는 위장술이 뛰어난 동물이 주변 환경과 어우러져 눈에 띄지 않게 몸을 숨기듯이 골무를 감출만한 곳이 10여 곳은 있다. 골무를 숨기고 나면 나머지 아이들이 방으로 돌아와 골무를 찾기 시작한다. 먼저 골무를 발견한 아이는 골무가 있는 곳을 다른 아이들이 눈치채지 않게 조심하면서 조용히 자리에 앉는다. 아직 골무를 찾지 못한 아이는 보통 골무가 있는 곳 바로 앞까지 가서도 그것을 보지 못하는 경우가 많다. 그 장면을 구경하는 아이들은 골무가 바로 그 아이(이 아이를 '베치'라고 부르자)

코앞에 있는 그 아슬아슬한 순간을 즐긴다. 골무는 조명도 좋고, 베치의 시야에서 발견되기 딱 좋은 각도로 훤히 드러나 있다(우리 어머니는 바로 그런 순간에 "그게 곰이었다면 너를 콱 물어버렸을 거야!"라고 말하곤 했다). 다른 아이들이 낄낄거리고 한숨을 내쉬는 것을 보면서 베치도 골무가 바로 자기 눈앞에 있다는 사실을 깨닫는다. 그렇지만 여전히 눈에 보이지 않는다.

이 이야기를 이렇게 설명할 수 있을 것이다. 베치 뇌의 일부 표상 상태가 골무를 '포함'하고 있다고 하더라도 베치의 지각 상태에는 아직 골무가 없다. 우리는 베치의 의식 상태 중 하나는 골무에 관한 것이라고 인정할 수 있을 것이다. 바로 베치의 '탐색 이미지'다. 베치는 아마도 1, 2분 전에 살펴본 그 골무를 찾아내는 일에 사력을 다해 집중하고 있을 것이다. 그러나 베치의 지각 상태와 골무 사이에는 강한 지향성이나 겨냥성의 관계가 없다. 틀림없이 일어나고 있는 일은 베치가 골무를 겨냥하고 있다는 것이고, 그것을 '배경'에서 '대상'으로 분리하여 식별해내려 하고 있다는 것이다. 그 일이 일어난 후에 정말로 골무가 베치 눈에 보였다. 골무가 결국에는 베치의 의식적인 경험으로 들어갔고, 이제 베치는 그것을 의식하고 있으며, 마침내 승리감으로 손을 올리든지, 아니면 조용히 이미 골무를 찾아낸 다른 아이들 틈으로 들어가 함께 자리에 앉을 수 있다.[7]

일단 식별된 골무는 추적하기 쉽다(지진이 일어났을 때처럼 골무가 방에 한가득 들어차 있는 경우가 아닌 한은). 그렇다면 정상적인 상황에서 골무가 베치의 통제 시스템에서 차지하는 고양된 상태는 단지 스쳐가는 순간에만 소용 있는 것이 아니다. 골무는 베치가 다가가는 동안에도, 의심스러운 일이 있어 베치가 그것을 다시, 또다시 확인하는 동안에도 계속해서 찾아낼 수 있는 상태로 남아 있다. 우리가 가장 명확하게 의식하고 있는 것들은 있는 그대로 느긋하게 관찰하는 항목으로, 여러 차례의 단속성 안구 운동으로 찾아낸 것들을 축적하고 통합하면서 대상을 사적인 영역에 둔 채 시간이 지나면서 더 잘 알아가는 것들이다. 만일 그 물체가 나비처럼 파닥거리며 돌아다닌다면 우리는 그것을 못 움직이게 만들어두고 바라볼 것이다. 그것이 주변 환경에 몸을 교묘히 숨기고 있어 접촉할 수 없다면 배경과 대조를 이루어 모습을 드러내게 단계적으로 접근해야 한다. 어쩌면 우리는 이런 일을 제대로 하지 못해 중요하고 익숙한 면에서 물체를 보지 못하는 것인지도 모른다.[8]

그렇다면 골무는 베치가 찾아내기 전에도 어떤 식으로든 베치의 의식에 있었을까, 아니면 전혀 존재하지 않았을까? 무엇을 의식 전면으로 끌어내는 것은 그것을 보고될 수 있는 위치에 놓는 것인데, 그렇다면 어떤 것을 단순히 가시적인 환경의 배경이 아니라 의식적인 경험의 배경으로 가져오는 데 필요한 것은 무엇일까? 물체가 순전히 무의식적으로 반응된 것에서 의식적 경험의 배경으로 들어가려면 물체에서 나온 빛이 우리 눈으로 들어오는 것 외에 무엇이 더 필요할까?

이런 '1인칭 시점' 난제에 대답하는 방식은 1인칭 시점을 무시하고, 3인칭 시점으로 알아낼 수 있는 것이 무엇인지 살피는 것이다. 우리는 7장에서 9장까지 복마전 과정으로 일어나는 언어 생성 모형을 탐색했다. 이 과정에서는 최종적으로 내용과 표현을 짝짓는 것으로 연합을 구성하고, 해체하고, 다시 형성하면서 경쟁의 절정을 이루었다. 이런 난투극에 돌입하지만 오래 지속되지 못한 내용은 시스템을 통해 파동을 일으키며 퍼져나가는 일회성 '탄도' 효과를 일으키지만, 보고될 수 없는 것으로 끝나고 말 것이다. 사건을 보고하려는 시도가 시작되었더라도 그것이 더 이상 머물러 있지 않다면 비추어 수정할 것을 갖지 못한 탓에 불발되거나 통제를 벗어나 헤맬 것이다. 보고하려면 그 결과를 식별하고 재식별할 수 있는 역량이 필요하다. 우리가 가상으로 맹시 환자에게 했던 훈련을 상기시키는 다양한 훈련에서 보고 능력이 발달하는 것을 볼 수 있다. 와인 감정가의 미각 훈련, 음악가의 청각 훈련, 그리고 우리가 이미 2장에서 설명한 기타 줄을 뜯는 간단한 실험에 관해 상기해보라.

피아노 조율사 견습생에게 내려진 지시를 생각해보자. 이들은 참고할 기준 키에 맞추어 조율하고자 하는 키를 누르면서 두 가지 비트에 귀를 기울여야 한다는 조언을 듣는다. 초보자들은 대부분 처음에는 그 비트에 해당하는 소리를 구별해내기 어려울 것이다. 그들이 듣는 것은 일종의 비조직적이고 음정을 벗어난, 나쁜 음향이라고 묘사할 수 있는 소리다. 그러나 그들이 훈련을 성공적으로 마친다면 청각 경험에서 방해가 되는 소리를 분리해낼 수 있을 것이고, 조율을 위해 누르는 키에 반응하여 비트의 양상이 어떻게 변화하는지 알아챌 것이며, 결국에는 비트를 조정하여 쉽게 피아노를 조율할 수 있을 것이다. 이 예를 통해 알 수 있는 것은 훈련으로 의식적인 경험을 바꿀 수 있다는 것, 다시 말해 의식이 확대될 수 있다는 것이다. 그들은 이제 전에는 의식하지 못했던 것을 의식한다.

물론 어느 면에서는 그들이 그 비트를 그 전에도 죽 듣고 있었다고 보는 것이 옳다. 그들이 분명하게 의식하고 있는 것을 듣지 못하게 방해하는 것이 있었을 뿐이다. 그러나 전에는 그들이 자기 경험에서 이런 요소를 찾아낼 수 없었고, 그랬기 때문에 이 요소가 하는 역할이 있더라도 그것이 경험에 없었다고 말했다. 훈련 전 요소의 그런 기능적인 상태는 맹시에서 일어나는 사건의 기능적인 상태와 마찬가지다. 피실험자가 특정한 요소가 공헌하는 영향을 보고할 수 없었고, 그 요소의 영향으로 정책을 결정할 수 없었더라도 이런 요소가 이바지하는 결과는 여전히 피실험자의 행위에서 명백하게 드러났다. 실험자가 교묘하게 던진 질문에 대답하는 역량 같은 것을 통해서다. 내가 주장하고 싶은 것은 경험의 배경에 있는 것은 정말로 거기에 있다는 것이다. 피아노 조율사와 와인 감정가에게 일어난 강화된 연결고리가 맹시 피실험자의 경우에도 형성될 수 있다고 말하는 것이 어불성설은 아니다. 피실험자가 자극을 의식한 후 그런 사실을 선언하고, 우리는 기꺼이 그의 말을 받아들일 수 있는 수준까지 연결고리가 강화될 수 있다. 심지어는 피실험자가 그것을 추측하기 전에 그의 의식에 앞서 의식할 수도 있을 것이다.

[오토는 말한다.] 그렇게 서둘러 판단 내리지 마라. 또 다른 반대 주장이 있다. 이런 새로운 방식으로 자신의 맹시 역량을 이용하는 법을 배운 맹시 피실험자가 있고, 그 능력이 그에게 그의 맹시야에서 일어나는 사건에 관한 일종의 의식을 주었다고 생각해볼 수도 있겠지만, 이런 생각에는 무언가 빠져 있다. 그 의식은 시각적인 의식이 아니라는 것이다. 그것은 보는 것 같지 않을 것이다. 설령 맹시 피실험자가 이런 모든 기능적인 행동을 할 수 있다 하더라도 의식적인 시각의 '현상학적 질' 또는 감각질이 빠져 있다.

그럴 수도 있고, 그렇지 않을 수도 있다. 그나저나 '현상학적 질' 또는 감각질이란 무엇인가? 그것은 사물이 우리에게 보이고, 냄새나고, 느껴지고, 들리는 방식이다. 그러나 그 상태가 바뀌거나, 자세히 살펴보고 있는 가운데 사라져버리는 수도 있다. 다음 장에서는 철학적 잡목 숲을 헤쳐 나가면서 이런 의심을 추적할 것이다. 하지만 그보다 먼저 우리는 현상학적 질이 아니지만 그것으로 오인할 수 있는 속성을 더 자세히 살펴보아야 한다.

보조 시각으로는 채울 수 없는 것

바이스크란츠의 피실험자 DB는 움직임을 보았을까? 글쎄, 그가 명백하게 그것을 들었거나 느낀 것은 아니었다. 그렇다면 그것이 시각일까?

그것이 시각의 '현상학적 질'을 갖고 있을까? 바이스크란츠는 말한다.

> 자극의 '돌출성'이 높아져도 환자는 여전히 대상이 '보이지' 않는다고 주장
> 하지만, 이제 거기에 무엇이 있다는 '느낌' 같은 것이 있다고 말한다. 어떤
> 경우, 돌출성이 더 높아지면 피실험자가 "보인다"라고 말하는 시점에 이르
> 기도 하지만, 그 경험이 진짜는 아니다. DB는 활발하게 움직이는 자극에
> 대한 반응으로 물체를 보았지만, 그것을 일관되게 움직이는 물체로 보지 못
> 하고 복잡한 파동 형태로 보고했다. 다른 피실험자는 밝기와 대비가 높은
> 수준으로 증가되면서 '어두운 그림자'가 나타났다고 보고했다. (Weiskrantz,
> 1988, p. 189)

DB는 활발하게 움직이는 물체를 색깔이나 형태로 지각하지 못했다. 그
러나 그것이 어쨌다는 것인가? 1장에서 소개했던 간단한 실험을 기억하는
가? 우리도 카드가 주변 시야에 제시될 때 카드는 보지만 그 색깔이나 형
태까지는 구별하지 못했다. 그것은 정상 시각이지 맹시가 아니므로 그런
근거로 맹시 피실험자의 시각 경험을 부정하는 것은 바람직하지 않다.

우리가 정상 시각에서 멀찌감치 떨어져 나와 바라본다면 이런 비정상
적인 방식으로 시각 정보를 획득하는 것이 다양한 시각 획득 방식의 하나
가 될 수 있느냐 없느냐는 문제를 더 생생하게 살펴볼 수 있다. 시각 장애
인에게 '시력'을 제공하기 위해 설계된 보조 기구 중 일부가 바로 그런 문
제를 제기한다. 폴 바크 이 리타Paul Bach-y-Rita(1972)는 몇 가지 시각 보
조 기구를 개발했는데, 그중 하나가 안경테 위에 장착할 수 있는 매우 낮
은 해상도의 작은 텔레비전 카메라였다(그림 10-3). 이 카메라가 보내주는
저해상도 신호는 흑백의 16×16 또는 20×20픽셀로 배열되었고, 전자적
으로나 기계적으로 따끔거리는 자극을 일으키면서 진동하는 장치인 택터

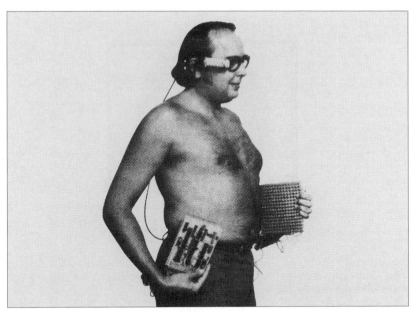

〈그림 10-3〉 16회선이 달린 휴대용 전자 시스템을 장착한 시각 장애인 피실험자. 오른손에는 작은 선 다발이 이어져 있는 전자 회로를, 왼손에는 256개의 동심 전극 실버 매트릭스를 들고 있으며, 안경테 위의 렌즈 고정 장치에 텔레비전 카메라가 부착되어 있다.

tactor를 통해 피실험자의 등과 배로 퍼진다.

시각 장애인 피실험자는 이 장치를 달고 단 몇 시간만 훈련을 받으면 피부 자극이 일어나는 양상을 해석하는 법을 배울 수 있었고, 그 방식은 다른 사람이 손가락으로 등에 쓴 글자를 알아맞히는 것과 흡사했다. 해상도가 낮아도 피실험자는 신호를 읽고 물체를 식별할 수 있었으며, 심지어는 사람 얼굴도 알아보았다. 우리가 오실로스코프oscilloscope(전압이나 전류 따위의 시간적 변화가 빠른 현상을 직접 눈으로 관찰하는 장치_옮긴이) 모니터에 나타난 신호를 사진으로 찍은 것을 보고 정보를 얻을 수 있는 것과 같은 이치였다(그림 10-4).

보조 기구를 통해 생성된 의식적인 지각 경험이 피실험자의 각막(망막)

〈그림 10-4〉 400개의 표상으로 된 여자 얼굴 모양이 오실로스코프 모니터에 보인다. 피실험자는 이 정도의 복잡한 자극 형태를 식별할 수 있다.

이 아니라 등과 배로 퍼졌는데, 그것도 시각이라 할 수 있을까? 그것은 시각의 '현상학적 질'을 가졌을까, 아니면 단순히 촉각일까?

바크 이 리타의 피실험자들은 짧은 훈련 기간을 거친 후에는 피부에서 느끼던 따끔거림도 더 이상 느끼지 않았다. 픽셀 패드도 투명해졌고, 피실험자의 시점이 눈이 아니라 머리에 쓰고 있는 카메라로 옮겨졌다고 말할 수 있을 정도였다. 줌 렌즈 조작 단추가 달린 카메라를 장착한 노련한 피실험자의 행동은 시점 변동의 강력한 위력을 놀랍게 입증해 보였다. 자극기는 등에, 카메라는 머리에 장착되어 있었는데, 실험자가 경고 없이 줌 카메라 버튼을 눌러 피실험자의 등에 영상이 확대되거나 갑자기 불쑥 나타나게 하자 피실험자는 본능적으로 머리를 보호하기 위해 팔을 올리면서 뒤로 움찔 물러섰다. 자극 패치를 등에 붙이고 훈련을 받다가 배로 옮겼을 때도 피실험자가 거의 즉시 적응했다는 사실에서 자극 전달이 탁월하다는 것이 입증되었다. 그러나 피실험자들은 등에서 가려움을 느낄 때는 여전히 긁어야겠다는 반응을 보였지, 시각적인 불편함을 느끼지 않았으며, 반응을 요구하면 따끔거리는 자극에는 따끔거리는 것으로 전혀 문제없이 반응했다.

이런 관찰은 무척 흥미롭지만, 결정적인 것은 아니다. 어떤 사람은 피실험자가 보조 기구를 통해 정보를 입력받는 일이 제2의 천성이 되면 그가 정말로 보는 것이라고 주장할 것이다. 또 어떤 사람은 그 반대로 보는 것의 가장 중요한 '기능적' 특징 가운데 오로지 일부만 인공적으로 재생산된 것이라고 할 것이다. 그렇다면 시각의 다른 현상학적 질은 어떻게 될까? 바크 이 리타는 훈련을 받은 시각 장애 남자 대학생 두 명에게 평생처음으로 〈플레이보이〉 잡지의 여자 누드 사진을 보여주었지만, 결과는 대실망이었다.

"비록 두 피실험자 모두 사진 내용의 상당 부분을 설명해 보이기는 했지만, 그 경험에는 감정적인 요소가 없었다. 어떤 유쾌한 느낌도 불러일으키지 못했다. 정상적인 시각을 가진 친구들에게는 이런 사진이 감정적인 요소를 불러일으킨다는 것을 알고 있는 두 젊은이는 이 같은 결과에 크게 낙담했다"(Bach-y-Rita, 1972, p. 145).

따라서 바크 이 리타의 보조 기구는 정상 시각이 일으키는 효과를 모두 산출하지는 못했다. 이런 결과가 나온 이유는 정보 흐름율에서 엄청난 차이가 나기 때문이다. 정상 시각은 주변에 있는 것들의 공간적 속성에 관한 정보를 엄청난 속도로 우리에게 제공하며, 얼마나 자세한 수준을 원하든 우리는 거의 제한 없이 세부적인 정보를 받을 수 있다. 저해상도의 공간 정보가 피부에 있는 인터페이스를 통해 뇌로 보내지는 것으로는 정상 시각 체계로 홍수처럼 몰려드는 정보를 이용해 불러일으키는 반응을 모두 불러일으키지 못할 것이 분명하다.[9] 정상인에게 그림 10-4에서 보이는 것처럼, 아름다운 얼굴을 가진 사람의 사진을 해상도를 낮게 만들어 보여주면 그들이 유쾌한 기분을 느끼리라고 기대할 수 있겠는가?

보조 시각의 보드율baud rate을 정상 시각에 맞먹게 향상시킬 수 있다고 하더라도 무엇이 얼마나 많이 바뀔지는 명확하지 않다.[10] 단순히 정보의 양이나 비율을 올리는 것, 다시 말해, 어떤 식으로든 더 높은 해상도의 비트맵을 뇌에 제공하는 것으로 놓친 즐거움의 일부라도 불러일으킬 수 있을지는 알 수 없다. 시각 장애인으로 태어난 사람은 최근에 시력을 잃은 사람에 비해 엄청나게 불리한 입장에 있을 것이다. 이들은 정상인이 경험에서 얻는 것과 같은 구체적인 시각 연상을 전혀 형성할 수 없다. 유쾌함은 앞선 시각 경험의 유쾌했던 기억을 상기하는 것에서 유발되는 것이 분명하기 때문이다. 우리가 시각 경험에서 얻는 유쾌함의 일부는 우리 신경계에 형성되어 있는 오래된 흔적의 부산물일 것이다.

이제 보조 시각에 관해 새롭게 알게 된 사실을 이용해 맹시 피실험자가 더 많은 시각 기능을 얻는다는 것이 어떤 일일지 상상해보자. 우리가 피질 시각 장애인을 만났다고 해보자. 부단한 훈련을 거친 후에 그는 언제 추측해야 할지 추측하는 능력을 제2의 천성으로 만들었고, 추측 능력을 열 배 더 빠르고 자세하게 높일 수 있었다. 그가 신문을 읽고 만화를 보면서 낄낄거리고 있는 것을 보고 웃는 이유를 설명해보라고 했다. 다음은 그 대답으로 나올만한 세 가지 시나리오를 가능성이 높은 순서대로 나열한 것이다.

(1) 물론 그냥 추측하는 거죠. 볼 수 있는 것은 전혀 없어요. 그냥 언제 추측해야 할지 추측하는 법을 습득했을 뿐이에요. 지금도 나는 당신이 내게 무례한 몸짓을 보이고 있다고 추측해요. 정말 믿을 수 없는 일이라는 듯 얼굴을 찡그리고 있잖아요.

(2) 글쎄요, 처음에는 추측하는 것으로 시작했지만, 점차 추측하는 상태는 사라지고 그것을 믿게 되었어요. 추측하는 일이 육감으로 변했다고 할까요? 나는 갑자기 내 맹시야에서 무슨 일이 일어나고 있는지 알게 되었어요. 그다음부터는 내가 알게 된 것을 표현하고, 아는 것을 바탕으로 행동하면 되었죠. 그뿐 아니라 나는 내게 그런 육감이 있다는 사실에 관한 상위 지식을 갖게 되었고, 행동을 계획하고 정책을 수립하는 데 그 지식을 이용할 수 있게 되었어요. 의식적인 추측으로 시작된 것이 의식적인 육감이 되었고, 지금은 그것이 매우 빠르고 격렬하게 일어나서 도저히 분리할 수 없어요. 그렇지만 나는 여전히 아무것도 보지 못해요. 예전에 보던 방식으로는 말이에요. 이것은 전혀 본다고 말할 수 없는 거예요.

(3) 글쎄, 실제로 이것은 보는 것과 매우 흡사해요. 나는 지금 내 눈으로 모은 내 주변에 관한 정보를 근거로 아무런 노력 없이 자연스럽게 행동할 수 있어요. 원한다면 나는 내 눈으로 받고 있는 것을 의식할 수 있어요. 나는 전혀 주춤거리지 않고 사물의 색깔과 형태, 위치에 반응해요. 이런 재능을 개발하기 위해 내가 얼마나 노력을 기울였는지는 생각나지 않고, 그저 그것이 내 제2의 천성이 되었어요.

그렇지만 우리는 여전히 피실험자가 무언가가 빠져 있다고 말하는 것을 상상할 수 있다.

감각질, 물론 내 지각 상태는 감각질을 갖고 있어요. 그것이 의식적인 상태이기 때문이죠. 그렇지만 내가 시력을 잃기 전에는 시각적인 감각질을 갖고 있었지만, 지금은 아무리 훈련을 해도 그것이 없어요.

이 말이 이치에 합당한 말이라는 것은 당신에게도 명확하게 느껴질 것이다. 그것이 딱 우리의 피실험자가 할만한 말이다. 그런 생각이 든다면 이번 장의 나머지 부분은 당신을 위한 것이다. 나는 그 확신을 흔들어놓고자 한다. 만일 당신이 감각질에 관한 피실험자의 말이 전혀 말이 되지 않는다고 의심하기 시작했다면, 당신은 아마도 우리 이야기의 방향이 바뀌고 있음을 예상한 것이리라.

'채워 넣기' 대 '발견하기'

4장에서 우리는 뇌가 판별이나 판단에 이른 후에, 내려진 판단을 기본으로 데카르트 극장의 관객을 위해 색깔을 채워 넣으면서 자료를 다시 제시한다는, 자연스럽지만 오도된 가정으로 야기되는 혼란을 보았다. 이런 '채워 넣기'는 심지어는 고매한 이론가들도 흔히 하는 이야기이고, 흔적으로 남은 데카르트적 유물론의 결정적인 증거다. 재미있는 사실은, 그 말을 쓰는 사람들이 종종 원작자보다 더 잘 알고 있으면서도 그 말의 저항할 수 없는 매력 때문에 자기 생각이 아니라 원작자의 말임을 강조하는 인용부호까지 씌워가면서 그 말을 쓴다는 것이다.

예를 들어, 거의 모든 사람이 뇌가 맹점을 '채워 넣는다'고 설명한다.

신경학적으로 잘 알려진, 시야에 있는 맹점 영역의 빠진 부분을 주관적으로 '채워 넣는' 현상. (Libet, 1985b, p. 567)

당신은 당신 자신의 맹점을 찾아낼 수 있고, 어떻게 그 맹점이 어떤 형태로 '채워 넣어'지거나 '완결'되는지 입증할 수 있다. (Hundert, 1987, p. 427)

또한 청각적 '채워 넣기'도 있다. 우리가 말을 들을 때 청각 신호에 있는 공백이 '채워 넣어질' 수 있다. 예를 들어, '음소 복원 현상phoneme restoration effect' 같은 것이다(Warren, 1970). 또한 우리가 글을 읽을 때처럼 시각적인 면에서도 이와 유사한 일이 일어난다. 버나드 바스는 그런 현상에 관해 이렇게 말했다.

우리는 잘 알려진 '교정자 효과proofreader effect'에서도 비슷한 현상을 발견한다. 마음이 옳은 정보를 '채워 넣기' 때문에 읽고 있는 페이지에서 철자 오류를 찾아내기 어렵다. (Baars, 1988, p. 173)

하워드 마골리스는 '채워 넣기'에 논란의 여지 없는 논평을 붙였다.

'채워 넣어진' 세부사항은 보통 옳다. (Margolis, 1987, p. 41)

철학자 클라이드 로렌스 하딘Clyde Laurence Hardin이 《철학자를 위한 색채Color for Philosophers》에서 맹점을 설명한 것을 보면 '채워 넣기'라는 생각에 뭔가 의심스러운 것이 있다고 암묵적으로 인정하고 있음이 잘 드러난다.

그것은 보름달 열 개의 이미지를 담기 충분한 시각 직경 6도에 이르는 영역을 포괄한다. 그러나 시야의 해당 영역에 구멍은 없다. 인접한 영역에서 보이는 것은 무엇이든 눈과 뇌가 '채워 넣기' 때문이다. 만일 그것이 푸른색이면 그곳은 푸른색으로 채워진다. 그것이 격자무늬이면 우리는 죽 펼쳐진 격자무늬에 전혀 불연속성이 없는 것으로 인식한다. (Hardin, 1988, p. 22)

하딘은 뇌가 격자무늬를 채운다고 속 시원히 말할 수는 없었다. 그것이 헤링본 재킷에 구멍이 났을 때 남이 알아차리지 못하게 상당히 비싼 값을 치르고 감쪽같이 짜깁기한 것 같은 고도의 '조립construction'을 암시하기 때문이다. 이 일을 완수하려면 새로 기운 부분과 원래 옷과의 경계 부분을 반듯하게 맞추고, 색깔도 모두 일치시켜야 한다. 푸른색으로 채워 넣는 일이야 적당한 색깔을 묻힌 붓을 한두 번 휘두르면 되는 일이지만, 격자무늬를 채우는 일은 조금 다른 일이고, 그것을 과감하게 주장하려면 무언가가 더 필요하다.

무언가를 채워 넣는다는 것은 붓 같은 것을 필요로 하는 일이 아니다(7장에서 논했던 CADBLIND Mark II 이야기의 교훈도 이것이었다). 나는 '채워 넣기'를 실제로 뇌가 물감으로 일정 공간을 덮는 것이라고 생각하는 사람은 아무도 없으리라고 믿는다. 우리는 망막에 거꾸로 찍히는 실제 이미지가 시각의 마지막 단계라는 것을 안다. 거기에는 영화 화면의 이미지에 색깔이 있는 것처럼 자연스럽게 색깔이 있는 것이 있다. 글자 그대로 마음의 눈이란 것은 없으므로 뇌에서 물감을 사용할 일도 없다.

그러나 여전히 우리는 물감으로 한 영역을 덮는 것과 유사한 방식으로 뇌에서 일어나는 일이 있다고 생각하고 싶어한다. 그것이 무엇이든 이런 일은 시각 경험이나 청각 경험의 특별한 매개체에서 일어나는 특별한 일이다. 재켄도프가 청각적인 경우를 이야기하면서 "우리는 신호가 실제로 전달하는 것 이상을 '듣는다'"라고 말했을 때 그가 '듣는다'라는 말을 인용부호 안에 넣은 것에 주목하라. 소리가 조용한 시간을 채우는 것을 '듣거나' 색깔이 빈 공간을 채우는 것을 '볼' 때 존재하는 것이 무엇일까? 이런 경우, 무엇이 거기 있고, 뇌가 채울 무언가를 제공해야 한다는 생각이 든다. 그것을 '상상의 산물'이라 부르자. 그런 다음에 찾아드는 유혹은 거기에 상상의 산물로 만들어진 무언가가 있다고 가정하고 싶다는 것이다.

뇌가 채울 때 거기 있는 것이고, 채우는 수고를 하지 않을 때는 거기 없는 것이다(적어도 나는 그것이 그렇지 않기를 희망한다). 하지만 우리는 알고 있다. 상상의 산물 같은 것은 없다. 뇌는 상상의 산물을 만들지 않는다. 뇌는 빈 곳을 채우기 위해 상상의 산물을 이용하지 않는다. 상상의 산물은 그저 내 상상 속의 것이다. 그렇다면 '채워 넣기'는 무엇을 뜻할까? 상상의 산물로 채워 넣는 것이 아니라면 그것은 어떤 의미일까? 상상의 산물 같은 매개체가 없다면 '채워 넣기'는 굳이 채워 넣지 않는 것과 무엇이 다를까?

9장에서 우리는 CAD 시스템이 각 픽셀에, 아니면 묘사할 물체의 윤곽을 그린 영역에 색채 숫자를 연관시키는 것으로 색상을 표상하는 방식을 보았다. 또한 우리는 CADBLIND Mark II가 그런 암호를 읽어 색깔을 찾고, 탐색하는 방식을 보았다. 이런 과정은 아이들이 하는 '숫자에 맞는 색깔 채우기' 놀이를 연상시킨다. 그것은 뇌에서 반드시 일어나는, 아니면 일어날지도 모르는 표상 과정과 유사하다.

그림 10-5는 형태 정보는 있지만 색채 정보는 전혀 없는 표상이다. 이 그림을 숫자 부호 형태로 색채 정보를 담고 있는 그림 10-6과 비교해보라. 크레용으로 지시에 따라 색깔을 채워 넣으면 그림 10-6은 다른 종류의 '채워 넣어진' 표상으로 바뀔 것이다. 이 그림의 각 영역은 진짜 색깔, 진짜 물감으로 채워져 있다. 그림 10-7처럼 부호화된 비트맵을 이용하여 픽셀마다 색깔을 채워 넣는 방법도 있다.

그림 10-5와 비교하자면 그림 10-6과 그림 10-7은 둘 모두 일종의 '채워 넣기'다. 한 영역의 색채 정보가 필요하면 그 영역을 기계적으로 조사해 색채 정보를 추출할 수 있기 때문이다. 이 처리 과정은 순수하게 정보 채워 넣기이고, 그 시스템은 물론 전적으로 임의적이다. 우리는 다른 부호화 체계나 매체를 포함한 같은 기능의 많은 표상 시스템을 무한히 구성해 나갈 수 있다.

〈그림 10-5〉

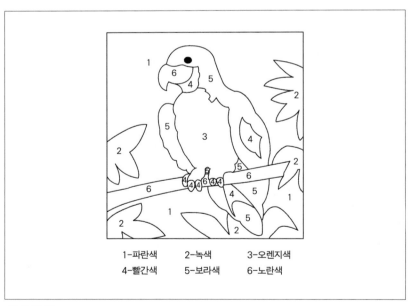

1-파란색	2-녹색	3-오렌지색
4-빨간색	5-보라색	6-노란색

〈그림 10-6〉

442

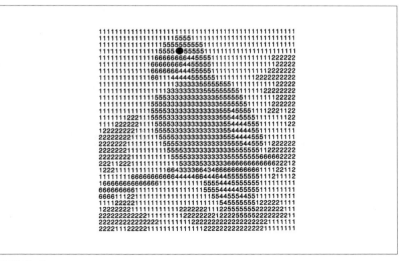

〈그림 10-7〉

PC 페인트브러시PC-Paintbrush 프로그램을 이용해 컴퓨터에 컬러 그림을 그린다면, 당신이 보는 화면은 그림 10-7과 유사한 '프레임 버퍼frame buffer' 내의 비트맵으로 표상된다. 그러나 그 그림을 디스크에 저장할 때는 압축 알고리즘이 비트맵을 그림 10-6과 유사한 것으로 변환한다. 여기서는 영역을 유사한 색깔 영역으로 나누고, '보관 파일archive file'에 영역 경계와 색깔 번호를 저장한다.[11] 보관 파일은 비트맵만큼이나 정확하지만, 영역 전반에 걸쳐 일반화하고, 각 영역을 오직 한 번만 식별하므로 더욱 효율적인 표상 시스템이다.

각 픽셀을 명시적으로 식별하는 것으로 비트맵은 연속적인 거친 표상의 형태를 갖고, 거친 정도는 픽셀의 크기로 결정된다. 비트맵은 이미지가 아니라 이미지를 형성하기 위한 일종의 메뉴인 수치의 배열이다. 그 배열은 위치에 관한 정보를 보존하는 어떤 시스템에도 저장될 수 있다. 비디오테이프는 연속적인 거친 표상으로 된 또 다른 매체지만, 테이프에 저장되는 것은 이미지가 아니라 이미지를 형성하기 위한 방법이다.

컴퓨터 화면에 이미지를 저장하는 또 다른 방법은 컬러 사진을 찍어서 그 이미지를 35밀리 슬라이드 필름에 저장하는 것으로, 여기에는 다른 시스템과는 뚜렷하게 구별되는 중요한 차이점이 있다. 진짜 공간 영역을 글자 그대로 채우는 실제 염료가 있다는 것이다. 비트맵처럼 이 표상 또한 묘사된 공간 영역의 연속적인 거친 표상이다(필름 입자가 충분히 미세해질 때까지 계속 작아져 픽셀처럼 되거나 입상粒狀이 된다). 비트맵과 다른 점은 색을 이용하여 색채를 표상한다는 것이다. 또한 '컬러 네거티브color negative 필름'도 색채를 표상하기 위해 색을 이용하는데, 이 방식에서는 상이 반전되어 맺힌다.

뇌가 맹점을 채우는 방식

색채 정보를 채우는 방식은 세 가지다. 그림 10-6이나 보관 파일처럼 숫자로 색깔을 저장하는 방법, 그림 10-7이나 프레임 버퍼, 비디오테이프처럼 비트맵으로 색깔을 저장하는 방법, 마지막으로 색을 이용하는 방법이다. 그렇다면 뇌는 이런 방법 중 어떤 것으로 맹점을 채울까? 아무도 뇌가 색을 부호화하기 위해 레지스터에 있는 숫자를 이용한다고 생각하지 않지만, 그것은 관심을 딴 데로 돌리는 일이다. 레지스터의 숫자는 신경 점화 주파수일 수도 있고, 신경망에 있는 주소나 위치 체계일 수도 있으며, 뇌의 다른 물리적 변화 체계일 수도 있다. 레지스터의 숫자는 물리적 규모 간의 관계는 보존하고, 그런 규모의 '내적' 속성에 관해서는 중립성을 유지하는 좋은 속성이 있으므로 색채를 부호화하는 뇌의 물리적 규모를 나타낼 수 있다. 전적으로 임의적인 방식으로 숫자가 이용될 수도 있지만, 발견된 색채들 사이의 구조적인 관계를 반영하기 위해 임의적이지 않은 방식으로 이용될 수도 있다. 색채가 달라짐에 따라 색상, 명도, 채도의 세 측면이 함께 달라지는 색입체[12]는 수치적 처리에 이상적인 논리적 영역이다. 뇌가 색채를 부호화하는 방식을 더 많이 알면 알수록 우리는 더 효과적이고 비임의적인 인간 색채 시각의 수치 모형을 고안할 수 있을 것이다.

이런저런 것의 강도나 크기를 이용해 뇌가 색을 부호화한다고 말하는 것은 그것이 다시 우리에게 색채로 돌아오려면 결국 암호가 다시 해독되어야 한다는 암시를 던진다. 그런 식의 사고는 널리 퍼져 있는 생각인 상상의 산물로 다시 돌아가는 길이다. 우리는 뇌가 그림 10-8과 같은 포맷에 색깔에 관한 백과사전적인 정보를 무의식적으로 저장하고는, 비디오 테이프를 트는 것과 같은 특별한 경우에 표상을 진짜 색깔로 해독하여 화

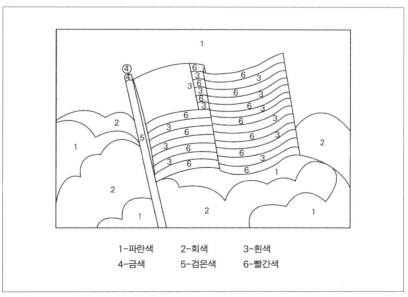

1-파란색　　　2-회색　　　3-흰색
4-금색　　　　5-검은색　　　6-빨간색

〈그림 10-8〉

면에 진짜 색깔을 투사한다고 상상한다. 깃발이 빨간색, 흰색, 파란색으로 되어 있다는 말을 상기하는 것과 마음의 눈으로 빨간색, 흰색, 파란색의 깃발을 실제로 상상하는 것 사이에는 분명한 현상학적 차이가 있다. 이런 현상학적 대조가 당신에게 상상의 산물을 상정하도록 영감을 불러일으킨다면, 이 책 뒤표지 안쪽에 있는 '네온 색 확산 현상'을 보라(van Tuijl, 1975). 그보다 훨씬 더 그런 영감을 불러일으키지 않는가?

붉은 선으로 경계가 지어진 고리 안을 채우고 있는 것으로 보이는 분홍색은 책장에 분홍색이 번져 있거나 빛이 퍼져 있어 생긴 결과가 아니다. 당신의 망막 영상에는 붉은 선만 있을 뿐 분홍색은 없다. 이런 착시를 어떻게 설명할 수 있을까? 뇌의 형태 전문 회로가 특정한 경계 영역을 잘못 구별한 것이다. 다시 말해, 주관적 윤곽선을 지닌 고리라고 잘못 읽은 것이다. 주관적 윤곽선은 그림 10-9와 그림 10-10 같은 다른 유사한 그림에서도 나타난다.

형태와 위치 구별 능력은 형편없지만 색채에 전문화된 다른 뇌 회로는 색채를 판별한다(예를 들어, 분홍색 97번). 이 뇌 회로가 주변에 있는 어떤 것에 '표시'를 하면 그 표시가 전체 영역에 붙어버린다. 왜 조건에 따라 그런 특별한 방식의 판별이 일어나는지에 관해서는 여전히 논란이 있지만, 그 논란은 시각 체계의 더 나아간 산물(그런 것이 있다면)이 아니라 그 영역의 오식으로 이어지는 원인적 기제와 관련 있다. 그러나 여기에는 무언가가 빠져 있다. 나는 숫자로 영역의 색을 식별하는 기제를 충분히 설명하지 않았다. 컬러 이미지 비법이 어딘가에서 실행되어야 하지 않을까? 분홍색 97번이 채워져야 하는 것 아닐까? 결국 당신은 분홍색을 보았다고 주장하고 싶을 것이다. 당신은 안에 숫자가 쓰여 있는 경계가 그려진 영역을 보지 않았다. 그러나 당신이 본 분홍색은 외부 세계에 있지 않으므로(그것은 물감이나 염료나 '색깔 있는 빛'이 아니다) '여기 안'에 있어야 한다. 다시 말

〈그림 10-9〉

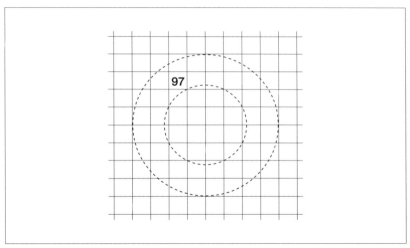

〈그림 10-10〉

해, 분홍색 상상의 산물이다.

　우리는 '분홍색 상상의 산물' 가설을 숫자에 의한 색채 제시에서 부족했던 설명의 대안이 될 수 있는 것과 구별해야 한다. 뇌의 어딘가에 색채 영역의 연속적인 거친 표상이 있는 것으로 드러날 수도 있다. 그림 10-11과 유사한 방식으로 그 영역의 각 픽셀이 97번 색으로 표시되어야 하는

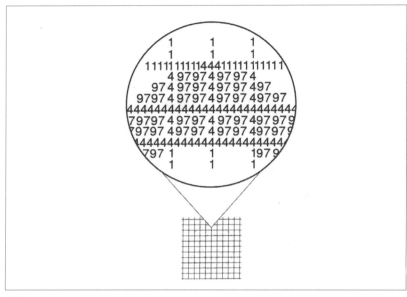

〈그림 10-11〉

비트맵이다.

　이것은 실증적인 가능성이다. 우리는 그것을 확증하거나 반증할 실험을 고안할 수 있다. 던져야 할 물음은 이런 것이 될 것이다. 뇌에 매개변수의 값(강도 또는 무엇이든 색채 부호가 될 수 있는 것)이 연관 있는 픽셀 전체에 걸쳐 퍼지거나 복사되어야 하는 표상 매개체가 있을까? 아니면 더 이상 '채우거나' '퍼져 나갈' 필요가 없는 그 영역의 '단일한 표시'가 있을까? 네온 색 확산 현상 모형에는 어떤 실험이 적당할까? 만일 색이 중앙의 붉은 선에서 시작해 주관적 윤곽선 경계까지 천천히 퍼져 나간다면 매우 인상적일 것이다.[13] 나는 이 질문에 섣불리 판단 내리고 싶지는 않다. 내가 이런 문제를 제기하는 주요한 목적은 뇌에서 네온 색 확산 현상이 일어나는 방식과 관련해 해결되지 않은 실증적인 질문은 많지만, 그중 어느 것도 신경 부호 체계가 '해독'되면서 상상의 산물이 생성되는지를 묻고 있지는 않다는 내 주장을 예증하자는 것뿐이기 때문이다.

뇌가 어떤 식으로든 '채워 넣기'를 하느냐는 질문은 '외부' 관찰자이자 피실험자인 우리에게 자기 성찰이 표상 수단 자체의 특징이 아니라 표상 내용을 제공하느냐는 질문이 아니다. 수단에 관한 근거를 얻으려면 더 많은 실험이 이루어져야 한다.[14] 그러나 일부 현상에 관해서는 우리가 이미 표상의 수단이 비트맵 같은 것이 아니라 숫자에 의한 색채 표시 같은 효율적인 것이어야 한다고 확신할 수 있다.

한 예로, 뇌가 벽지를 어떻게 다루는지 생각해보자. 당신이 방에 들어갔는데, 벽지에 수백 개의 똑같은 배가 규칙적으로 그려져 있었다고 해보자. 아니면 앤디 워홀Andy Warhol이 그린 똑같은 마릴린 먼로Marilyn Monroe 초상화가 줄줄이 그려져 있었다고 해보자. 그림을 마릴린 먼로의 초상화로 식별하려면 중심와에 그림의 상이 맺혀야 한다. 우리가 앞서 카드 실험에서 보았던 것처럼 망막의 나머지 부분이 제공하는 주변 시야는 해상도가 썩 훌륭하지 못하다. 팔 길이만큼 떨어져 있는 카드도 알아보지 못할 정도다. 똑같은 마릴린 먼로 사진으로 도배된 방에 들어갈 때도 그런 일이 일어난다. 당신은 세밀하고 초점이 맞춰진 똑같은 마릴린 먼로 초상화가 수없이 많이 있다는 것을 눈 깜짝할 사이에 알아본다. 당신의 눈은 단속성 안구 운동을 기껏해야 1초에 네다섯 번 하므로 그 시간에 마릴린을 중심와에 담을 수 있는 기회는 오직 한두 번뿐이지만, 그것으로 수백 개의 똑같은 마릴린을 보았다고 서둘러 결론 내린다. 우리는 주변 시야로는 마릴린을 다른 여러 가지 마릴린 모양 형체와 구별하지 못한다는 것을 알지만, 그럼에도 당신이 본 것은 여러 가지 불분명한 마릴린 모양의 형체들로 둘러싸인 한가운데에 마릴린이 있는 벽지가 아니다.

그렇다면 뇌가 고해상도 중심시의 마릴린 하나를 취해서 그것을 마치 복사하듯 재생산해서는 죽 펼쳐진 벽지에 내적 매핑을 하는 것이 가능할까? 당신이 마릴린을 식별하기 위해 이용한 고해상도의 세부사항이 배경으로 가려면 그것만이 유일한 방법이다. 주변 시야는 그런 정보를 제공해 줄 만큼 예리하지 못하다. 이치상으로는 그런 일이 가능하다고 가정할 수 있지만, 뇌는 분명 채워 넣는 수고를 하려 들지 않을 것이다. 마릴린 하나를 식별했고, 다른 얼룩점은 마릴린이 아니라는 결론에 이르는 정보를 받지 않았다면, 뇌는 나머지도 마릴린이라고 결론 내려버리고, 전체 영역에 '더 많은 마릴린'이라는 표시를 붙여버린다. 더 이상 마릴린이라는 식별 작업을 할 것도 없다.[15]

물론 당신이 느끼기에는 일이 그런 식으로 일어나는 것 같지 않다. 당신은 실제로 수백 개의 똑같은 마릴린을 보고 있는 것처럼 느낀다. 어떤 면에서는 당신의 느낌이 옳다. 실제로 벽지에는 수백 개의 똑같은 마릴린이 있고, 당신은 그것을 보고 있다. 그러나 당신 뇌에 수백 개의 똑같은 마릴린이 표상되어 있다는 것은 사실이 아니다. 당신의 뇌가 어떤 식으로든 수백 개의 똑같은 마릴린이 있다고 표상하고, 당신이 그 모든 것을 보고 있다는 인상이 아무리 생생하다 해도 그 세부사항은 당신의 머리가 아닌 세상에 있다. 그렇게 보이는 것을 식별하기 위해 어떤 상상의 산물도 이용되지 않았다. 그렇게 보이는 것이 전혀, 비트맵으로조차도 제공되지 않았기 때문이다.

따라서 이제 우리는 맹점에 관한 우리 질문에 대답할 수 있다. 뇌는 맹점을 채워 넣을 필요가 없다. 그 영역은 이미 식별되었기 때문이다(예를 들어, '격자무늬'나 '마릴린', 또는 그냥 '똑같은 것이 더 많이 있다'는 식으로). 뇌가 어떤 영역에서 증거를 받았는데 그것이 모순을 일으킨다면 그것을 버리거나 일반화하여 조정하겠지만, 맹점 영역에서는 어떤 증거도 받지 않으므로 모순을 일으키는 증거를 받는 것과는 다르다. 뇌로서는 맹점 영역에서 확증적인 증거가 들어오지 않는 것이 별문제가 되지 않는다. 뇌는 망막의 빈틈에서 정보를 받아본 선례가 없으므로 그 영역에서 정보가 들어오기를 요구하는 어떤 인식적 욕구를 가진 것도 없다. 시각 난쟁이 중에 눈의 맹점 영역에서 받은 정보를 조정하는 역할을 맡은 난쟁이는 없고, 따라서 거기서 정보가 들어오지 않는다고 불평하는 것도 없다. 그 영역은 단순히 무시된다. 다시 말해, 정상적인 시각을 가진 사람은 모두 약간의 질병 인식 불능증을 겪고 있는 것이다. 우리는 맹점에서 시각 정보를 받지 못하는 '결핍감'을 인식하지 못한다(McGlynn and Schacter, 1989).

맹점은 공간적으로 빈 곳이지만, 시간적으로 빈 곳일 수도 있다. 가장 작은 맹점은 우리 눈이 단속성 안구 운동을 하는 동안 이리저리 움직일 때 생기는 틈새다. 우리는 이런 틈새를 인식하지 못하지만, 그것을 인식하게 설계되지 않았으므로 그것이 채워져야 할 필요는 없다. 일시적인 암점과 유사한 것은 소발작 간질 중에 일어나는 '부재absence'다. 이런 부재는 오로지 추론에 의해서만 인식된다. 이들이 경계를 보지 못하는 것은 우리가 맹점의 경계를 보지 못하는 것과 같지만, 오로지 경험한 사건을 돌아볼 때 이런 불연속성을 깨달을 뿐이다.

'채워 넣기'라는 아이디어에 있는 근본적인 결함은 실제로는 뇌가 어떤 것을 무시하고 있는데 무언가를 제공하고 있는 것으로 본다는 데 있다. 이런 생각은 매우 학식이 높은 사상가라도 엄청난 실수를 저지르게 만든다. 그런 예는 제럴드 에델만Gerald Edelman이 "의식의 가장 놀라운 특징 중 하나는 그 연속성에 있다"(Edelman, 1989, p. 119)라고 한 말에서 뚜렷이 드러난다. 이 말은 완전히 틀렸다. 의식의 가장 놀라운 특징 중 하나는 맹점과 단속성 안구 운동의 빈틈에서 드러나듯이 그 불연속성이다. 겉으로 보기에는 의식이 연속성을 갖고 있는 것으로 보이기 때문에 의식의 불연속성이 놀랍게 느껴진다. 노이만(1990)은 의식이 일반적으로 토막토막 끊기는 현상이라고 지적했다. 그 틈새의 시각적 경계가 명확하게 지각되지 않는 한 의식의 흐름에 틈이 있다는 의식도 없을 것이다. 민스키가 말했듯이 "불규칙하게 표상되는 것을 제외하고는 불규칙하게 느껴질 수 있는 것은 없다. 역설적이게도 우리가 느끼는 연속성은 뛰어난 감지력보다는 대부분의 변화를 알아채지 못하는 놀라운 둔감성에서 비롯된 것이다"(Minsky, 1985, p. 257).

인식적 욕구 상실이 불러오는 무시증

맹점을 다루면서 뇌가 외치는 모토는 '내게 아무런 질문도 하지 말 것! 그러면 나도 거짓말하지 않을 것이다'일지 모른다. 뇌는 해결해야 할 인식적 욕구를 채웠다면 더 이상 할 일이 없다. 그러나 인식적 욕구가 보통 있어야 할 정도보다 훨씬 덜한 경우는 어떻게 보아야 할까? 이것은 병적인 무시증neglect이다.

가장 잘 알려져 있는 무시증은 반측무시증hemi-neglect이다. 병적인 반측무시증은 반대쪽 뇌 손상으로 몸의 절반, 보통은 왼쪽이 전적으로 무시된다. 왼쪽 몸만 무시되는 것이 아니라 왼쪽 주변까지도 무시된다. 좌측무시증 환자가 누워 있는 침대 주변에 사람들이 무리 지어 둘러서 있다면 환자에게는 오직 자기 오른쪽에 서 있는 사람만 보일 것이다. 방 안에 있는 사람 수를 세어보라고 하면 자기 왼쪽에 있는 사람은 빼놓고 세고, 왼쪽에 서 있는 사람이 그의 관심을 끌어보려고 해도 알아채지 못한다. 그러나 이 환자의 감각 기관은 여전히 왼쪽에서 일어나는 자극을 받아들이고, 분석하고, 다양한 방식으로 그것에 반응하는 것으로 보인다. 이 환자의 머릿속에서는 도대체 어떤 일이 일어나고 있는 것일까? 현상학적 공간의 왼쪽이 비어 있는 것일까, 아니면 뇌가 데카르트 극장 무대 왼쪽에서 제공하는 자료를 마음의 눈이 보지 못하는 것일까?

더 간단한 설명이 있다. 호기심을 불러일으키는 속성을 지닌 내적 표상 면에서가 아니라 정치적인 면에서의 무시라는 것이다. 대니얼 패트릭 모이니핸Daniel Patrick Moynihan의 악명 높은 권고와 비슷한 것이다. 그는 미국의 특정 인종 문제는 우리가 그것을 '선의의 무시benign neglect'로 대한다면, 그러니까 정부나 국가의 각계각층에서 당분간 그들을 무시한다면 저절로 해결될 것이라고 권고했다. 나는 그것이 훌륭한 조언이었다고 생각하지 않지만, 어떤 면에서는 모이니핸이 옳았다. 우리가 맹점 문제를 다루는 경우처럼 선의의 무시가 필요한 상황도 분명 있는 법이다.

맹점이 자리한 시야 부분에서 일어나는 정보에 관심을 두는 난쟁이는 없으므로 아무 정보도 들어오지 않는다고 해서 불평할 자도 없다. 아마도 정상적인 사람과는 달리 병적인 무시증 환자나 다른 형태의 질병 인식 불능증 환자의 경우에는 그들 안에서 불평하는 존재가 죽임을 당했을 것이다. 이런 이론은 신경심리학자 마르셀 킨스번(1980)이 제안했다. 그는 내면의 불평자를 '피질 분석가'라고 불렀다. 우리가 개발한 모형에 비추어볼 때, 무시증은 뇌의 특정 정당 도깨비들이 정치적 영향력을 상실한 것이라고 설명할 수 있을 것이다. 전부는 아니더라도 많은 경우, 이들의 대표가 죽임이나 압제를 당했다. 이런 도깨비들은 여러 가지 제 할 일을 하고 그 일에 성공을 거두기도 하면서 여전히 활동하고 있더라도 더 나은 조직력을 자랑하는 연합에 대항해서는 더 이상 승리를 거둘 수 없다.

신경심리학자들이 연구한 기이한 형태의 무시증에서 가장 놀라운 것은 '주제 경계topic boundary'다. 왼쪽에 있는 것은 무엇이든 무시하는 사람이 있다고 상상해보라(Bisiach and Luzzatti, 1978; Calvanio, Petrone, and Levine, 1987; Bisiach, 1988; Bisiach and Vallar, 1988). 아니면 색채 시력을 잃었지만 아무런 불만도 없는 사람이 있다고 해보라(Geschwind and

Fusillo, 1966). 아니면 심지어는 시력을 잃고 시각 장애인이 되었는데도 그 심각한 상실을 전혀 인식하지 못하는 사람이 있다고 해보라. 그런 증상은 '안톤 증후군' 또는 '실명 부정blindness denial'이라고 한다(Anton, 1899; McGlynn and Schacter, 1989).

이런 상태는 의식의 다중원고 이론으로 쉽게 설명된다. 이 모형에서는 중추의 관찰자가 전문가 연합으로 대체되었기 때문에 해당 전문가가 지워지거나 휴가 중이라면 특정한 인식적 욕구가 즉시 채워질 수 없다.[16] 이 인식적 욕구가 사라지면 그 영역은 다른 연합이나 다른 임무를 맡은 행위자에게 맡겨두고 해당 전문가도 흔적도 없이 사라진다.

무시증을 설명하는 원리는 시각 능력을 개발한 우리의 맹시 환자가 갖지 못한 '시각적 감각질'에 관한 다른 시나리오도 제공한다. 나는 그가 감각질의 부재를 불평한다면 이제 그가 자기 시각에서 받는 정보의 상대적인 부족함을 인식하고, 그것을 잘못 설명하고 있음도 인식할 수 있다고 본다. 더 나아가 어떤 식으로든 우리의 맹시 환자가 정보를 모아들이는 보드율을 높일 수 있다면 그의 시각과 정상 시각 간의 차이를 전부는 아니더라도 일부는 줄일 수 있다고 생각한다. 이제 우리는 대가를 덜 요구하면서 빈틈을 줄일 수 있는 다른 방식도 볼 수 있다. 간단히 인식적 욕구를 낮추거나 어떤 식으로든 시각적 호기심을 둔감하게 만드는 방법이다. 결국, 만일 안톤 증후군을 앓는 사람이 시력을 완전하게 잃고도 그것을 깨닫지 못한다면, 얼마간 전략적으로 도입한 무시증이 시각적 감각질을 상실했다고 호소하는 우리 맹시 피실험자를 시력이 완벽하게 회복되었다고 선언하는 불평 없는 피실험자로 바꾸어놓을 수 있을 것이다. 우리가 그보다는 더 잘 아는 것으로 보이지만, 그것이 사실일까? 그런 사람에게는 어떤 것이 빠져 있는 것일까? 정상 시각에는 어떤 상상의 산물도 없으므로 빠진 것이 상상의 산물일 리는 없다. 그렇다면 그것은 무엇일까?

가상 현존

다시 한 번 말하지만, 표상의 부재는 부재의 표상과는 다르다. 또한 현존의 표상은 표상의 현존과 같은 것이 아니다. 그러나 이 말은 믿기가 어렵다. 우리 경험의 특별한 속성이나 특징을 어떤 식으로든 직접적으로 알고 있다고 믿는 우리의 확신은 의식에 관한 건실한 이론을 개발하려는 사람이 부딪히는 가장 거센 직관 중 하나다. 나는 그것을 조금씩 무너뜨렸고, 그 권위를 감소시키려고 애썼지만, 해야 할 일은 여전히 많다. 한편 오토는 다른 전략을 써보려고 한다.

> 벽지에 그려진 수많은 마릴린 그림을 통해 당신이 하고자 하는 이야기는 사실 이원론에 대한 우회적인 방어다. 당신은 매우 설득력 있게 뇌에는 수백 개의 고해상도 마릴린이 없다고 주장했고, 그다음에는 그것이 그 어디에도 없다고 결론 내렸다. 그러나 나는 분명히 수백 개의 고해상도 마릴린을 보았고, 당신은 그것이 내 뇌에 없다고 주장했으므로 그것은 틀림없이 내 비물질적인 마음 어딘가에 있을 것이다.

벽지에 그려진 수백 개의 마릴린은 당신의 경험에 현존하는 것 같고, 단지 벽지에만이 아니라 당신의 마음에 있는 것으로 여겨진다. 그러나 시선은 시각 환경에 있는 모든 정보를 모으기 위해 시시각각 바뀌는데, 왜 애초에 뇌가 그 모든 마릴린을 수용하려고 애를 쓰겠는가? 원하는 만큼 세상이 그것을 저장하고 있게 그냥 내버려두는 것이 더 좋지 않을까?

뇌를 도서관에 비유해보자. 일부 연구 도서관은 거대한 창고다. 건물 안에 수백만 권의 책을 보관하고 있고, 모든 책을 쉽게 꺼내 볼 수 있다. 다른 도서관들은 당장 이용할 수 있는 책은 더 적지만, 이용하기가 쉽고, 효율적이다. 도서관 이용자가 원하는 책이면 어떤 책이든 구입해놓고, 신속하게 처리되는 도서관 상호 대출 시스템을 이용하여 다른 도서관에서 책을 빌려다 주기까지 한다. 도서관 내에 책이 없다면 그 책을 손에 넣기까지 시간이 걸리겠지만, 지연되는 시간이 생각만큼 길지 않다. 팩스나 컴퓨터 파일을 이용한 전자 도서관 상호 대출 시스템도 생각해볼 수 있기 때문이다. 컴퓨터공학자는 그런 시스템에 있는 책이라면 도서관에 내내 가상으로 현존한다고 말할 것이다. 아니면 도서관의 가상 서고는 실제 서고보다 책이 수백 배, 수천 배 더 많다고 말할 것이다.

그렇다면 우리는 우리 자신의 뇌 도서관 이용자로서 우리가 회수하는 항목 중 거기 내내 있었던 것이 어느 것이고, 뇌가 외부 세계에서 재빨리 찾아온 정보는 무엇인지 어떻게 알 수 있을까? 타자현상학적 방법에 따라 조심스럽게 수행된 실험으로 이 질문에 답할 수는 있지만, 자기 성찰만으로는 간단히 알아낼 수 없다. 그렇더라도 우리는 그 답을 안다고 생각한다. 아무 근거 없이도 우리의 자연적인 성향은 더 많은 것이 존재한다고 성급히 결론 내린다. 나는 이것을 '자기 성찰적 함정Introspective Trap'이라 불렀고(Dennett, 1969, pp. 139~140), 민스키는 '내재성 착각Immanence Illusion'이라 했다.

"당신이 어떤 질문에 알아챌 수 있을 만큼의 지연 없이 즉각 대답할 수 있다면, 그 대답은 이미 당신 마음에 활동적으로 존재하고 있었을 것이다"(Minsky, 1985, p. 155).

흥미를 끄는 주제를 만날 때마다 그에 관한 정보를 획득할 수 있는 장치가 당신의 뇌에는 없으므로 상호 도서관 대출 시스템은 유용하지만 완전하지 못한 비유다. 또한 뇌는 외부 세계의 특정 부분을 거의 지속적으로 주시하고 있다가 세상에 새로운 일이나 관련 있는 일이 일어나면 경보를 울리고, 주의를 집중시킬 준비가 되어 있는 수백만 명의 보초병을 두고 있다. 시각에서는 이 일이 망막주변부 간상체와 망막의 추상체, 그리고 변화와 움직임을 찾아내는 일에 전문화되어 있는 이런 보초병 안의 신경 행위자에 의해 이루어진다. 이런 행위자 중 하나가 "내 영역에 변화 감지!"라고 경보를 올리면 거의 즉시 단속성 안구 운동이 유발되고, 관심 영역의 상이 중심와에 맺히게 하여 새로운 것의 위치를 파악하고, 식별하여, 처리되게 한다. 보초병 시스템은 매우 신뢰도가 높아서 변화가 전체 시각 체계에 알려지지 않고 시각 세계 내로 몰래 잠입하기는 어렵다. 그러나 고난이도 술수를 쓰면 보초병이 알아채지 못하게 통과할 수 있어 믿기 힘든 놀라운 일이 벌어지기도 한다.

눈이 단속성 안구 운동으로 빠르게 움직일 때 안구를 회전하게 만드는 근육 수축 작용은 탄도적 행위다. 응시점은 '비유도 미사일'과 같다. 쏘아 올렸을 때의 탄도가 새로운 목표 지점에 떨어질 장소와 시간을 결정한다. 만일 당신이 컴퓨터 화면의 글을 읽고 있다면 당신의 눈은 매번 단속성 안구 운동을 할 때마다 몇 단어씩 뛰어넘을 것이고, 글을 더 잘 읽는 사람일수록 더 멀리, 더 빠르게 뛰어넘을 것이다. 마술사라면 어떨까? 데카르트의 사악한 악마라면 당신의 눈이 다음 지점으로 넘어가는 몇 밀리초 동안에 세상을 바꾸어버릴 수도 있을까? 놀랍게도 자동 시선 추적기를 장착한 컴퓨터는 단속성 안구 운동을 1회 하는 몇 밀리초 안에 눈을 떠난 시선을 분석할 수 있고, 시선이 도달하는 '그라운드 제로ground zero' 지점이 어디인지 계산해낼 수 있으며, 그 단속성 안구 운동이 끝나기도 전에 그라운드 제로 지점 화면에 있는 말을 삭제하고, 같은 길이의 다른 단어로 대치할 수 있다. 당신이 보는 것은 새로운 단어이고, 무엇이 바뀌었다는 느낌은 전혀 없다. 당신이 화면 위의 글을 살필 때 당신에게는 글자가 대리석 위에 새겨진 것처럼 안정적으로 보이겠지만, 당신 어깨너머로 같은 글을 읽는 다른 사람에게는 그 화면이 변화로 덜덜 흔들릴 것이다.

그 결과는 몹시 놀라웠다. 처음 시선 추적기 실험을 접했을 때 피실험자들이 화면에서 반짝거리는 변화를 잘 인식하지 못하는 것을 보고 나는 직접 피실험자가 되어 내 눈으로 확인해보기로 했다. 나는 장치 앞에 앉았고, 내 머리는 바이트 바bite bar에 물려 고정되었다. 이 장치는 피실험자 눈의 렌즈를 떠난, 거의 감지할 수 없는 빛줄기를 다시 반사하는 시선 추적기의 일을 쉽게 만들어주었고, 눈의 모든 움직임을 찾아내기 위해 돌아오는 빛을 분석했다. 실험자가 장치를 켜기를 기다리면서 나는 화면의 글을 읽었다. 나는 실험이 시작되기를 기다리고, 또 기다렸고, 결국엔 조바심이 나서 물었다.

"왜 장치를 켜지 않는 거죠?"

대답이 돌아왔다.

"켜져 있습니다."

화면상의 모든 변화가 단속성 안구 운동 중에 일어나므로 보초병이 경보를 효과적으로 발효하지 못한 것이었다. 이 현상은 최근에서야 '단속운동성 억제saccadic suppression'라는 이름을 얻었다. 이 현상이 암시하는 것은 단속성 안구 운동 중에는 뇌가 눈에서 들어오는 정보를 어떤 식으로든 차단해버린다는 것이다. 단속성 안구 운동 중에는 시야에서 일어나는 변화를 알아채는 이도 없고, 정신없고 소란스럽게 일어나는 변화에 불평하는 이도 없기 때문이다. 그러나 시선 추적기를 이용한 교묘한 실험(Brooks et al., 1980)으로 단어나 알파벳 같은 자극이 단속성 안구 운동과 동시에 움직이는 경우에는 그것이 새로운 착지점으로 달릴 때 안와의 '그림자'와 보조를 맞추어 움직이므로 피실험자가 그것을 금방 알아보고 식별해낸다는 것이 입증되었다. 단속성 안구 운동 중에 안구에서 들어온 정보가 뇌로 올라가는 길이 막히지는 않지만, 정상적인 조건 아래에서는 그것을 이용할 수 없다. 일이 착착 맞아 돌아가기에는 모든 것이 너무 빠르게 지나간다. 따라서 뇌는 이것을 모두 무시하는 것으로 처리한다. 모든 보초병이 경보를 발효한다면 그것을 무시하는 것이 최상의 대응책이다.

내가 참여했던 실험에서는 화면 위의 단어가 단속성 안구 운동 중에 지워지고 바뀌었다. 단속성 안구 운동으로 단어를 포착하기 전에 주변 시야가 그라운드 제로에서 그것을 판별할 수 없다면, 거기 도달하여 그것을 식별한 다음에도 뇌에는 그것과 비교할 수 있는 이전 기록이나 기억이 없다. 화면이 바뀐 것을 인식하기 위해 논리적으로 요구되는 정보가 거기 없기 때문에 바뀐 것을 알아채지 못하는 것이다. 당신이 이 페이지를 읽을 때도 줄에 있는 모든 단어가 특별히 그것에 주의를 기울이기 전에 당신의 의식에(배경에) 제시되는 것으로 여겨진다. 그러나 그것은 착각이다. 그것은 오로지 가상으로만 존재한다. 물론 당신 뇌에는 가장 최근의 단속성 안구 운동에서 포착한 단어들에 관한 정보가 있다. 시선 추적기와 유사한 장치를 이용한 실험으로 당신이 인식할 수 있는 것의 한계를 결정할 수 있고, 따라서 당신 마음에 있는 것의 한계도 결정할 수 있다(Pollatsek, Rayner, and Collins, 1984; Morris, Rayner, and Pollatsek, 1990). 오토의 말대로 분명히 거기 있는 것으로 여겨지는 것이 뇌에 없다면 마음에 있는 것이라고 주장하는 일은 의미가 없다. 시험에 통과하고, 단추를 누르는 등의 일을 할 역량은 차치하고, 우리가 방금 본 것처럼 오토 자신의 경험에 차이를 만들 수 있는 것으로서는 거기 없는 것이다.

보는 것이 믿는 것, 오토와의 대화

이제 우리의 비평가 오토는 여기까지 오는 동안 어딘가에서 자기가 눈가림을 당했다고 확신하면서 다시 살펴봐야겠다고 고집한다. 나는 오토가 당신이 품고 있는 의심을 전부는 아니더라도 상당 부분 풀어낼 수 있기를 바라면서 그를 대화에 참여시킬 것이다. 오토는 말을 시작한다.

나는 당신이 전혀 의심의 여지 없이 실제인 현상이 존재하는 것을 부정하고 있다고 생각한다. 데카르트도 《성찰》에서 의심할 수 없이 진짜로 여겨졌다고 말한 것이다.

어떤 면에서는 당신 말도 옳다. 내가 존재를 부정하는 것이 바로 그처럼 실제로 여겨지는 것이다. 네온 색 확산 현상으로 다시 돌아가보자. 책 뒤표지 안쪽 그림을 보면 선명한 분홍색 고리가 있는 것 같다.

정말로 그렇다.

그러나 거기에 분홍색 고리는 없다. 정말로 없다.

맞다. 그러나 정말로 있는 것 같다!

맞다.

그럼, 그것이 어디에 있는가?

어디에 무엇이 있다는 건가?

그 분홍색으로 보이는 고리.

거기에 그런 것은 전혀 없다. 나는 당신도 그것을 알고 있으리라 생각했는데….

글쎄, 그렇지. 책 뒤표지 안쪽 그림에 분홍색 고리 같은 것은 없지만, 정말로 있는 것 같다.

맞다. 선명한 분홍색 고리가 있는 것 같다.

그렇다면 그 고리에 관해 이야기해보자.

어느 것?

있는 것처럼 여겨지는 그것.

있는 것처럼 여겨지는 분홍색 고리 같은 것은 없다.

그렇지만 내가 거기에 분홍색으로 보이는 고리가 있는 것 같다고 그냥 말하는 게 아니다. 거기에 정말로 분홍색으로 보이는 고리가 있는 것 같다!

나도 그 말에 기꺼이 동의한다. 나는 당신이 거짓을 말하고 있다고 몰아세우는 것이 아니다. 당신이 거기에 분홍색으로 보이는 고리가 있는 것 같다고 말할 때 당신은 정말로 그런 의미로 말한 것이다.

아니, 나는 단지 그런 의미로 말한 것이 아니다. 내가 거기에 분홍색으로 보이는 고리가 있는 것 같다고 그냥 생각한 것이 아니다. 거기에 분홍색 고리가 정말로 있는 것 같단 말이다!

이런, 당신은 실수를 저질렀다. 다른 사람들처럼 당신도 함정에 빠져버렸다. 당신에게는 어떤 것이 분홍색인 것 같다는 생각이 드는 것(판단하는 것, 결정하는 것, 정말로 그런 의견을 갖고 있는 것)과 당신에게 정말로 분홍색인 것으로 여겨지는 것 사이에 차이가 있는 것만 같다. 그러나 거기에는 차이가 없다. 정말로 그렇게 여겨지는 현상이란 것은 없다.

마릴린 벽지를 상기해보라. 벽은 실제로 많은 고해상도 마릴린으로 덮여 있다. 그것 역시 당신에게 여겨지는 것이다. 당신에게는 벽이 많은 고해상도 마릴린으로 덮여 있는 것 같다. 당신의 시각 장치가 당신이 주변 환경의 특징을 진정으로 믿게 만들었다. 그러나 당신의 뇌나 당신의 마음에 표상된 진짜로 여겨지는 많은 마릴린은 없다. 당신 내면의 관찰자에게 제공하기 위해 벽지를 자세하게 재현하는 매개체는 없다. 당신에게는 많은 고해상도 마릴린이 거기 있는 것 같은 것이 모두 사실이다(이번에는 당신이 옳다. 거기 정말로 있다). 다른 경우에는 아마 당신이 틀렸을 것이다. 색채 파이 현상에서 실제로는 색깔이 다른 두 개의 점이 반짝이고 있지만, 당신에게는 점 하나가 움직이면서 색깔이 바뀌는 것으로 여겨진다. 당신에게 이런 식으로 여겨지는 것이 뇌에서 식별될 필요는 없다. 뇌에서 색채 판단이 내려진 후에 다른 어딘가에서 그것이 다시 해독될 필요가 없는 것과 마찬가지다.

그러나 내게 분홍색으로 보이는 고리가 있는 것으로 여겨질 때 무슨 일이 일어나는가? 당신의 이론은 그것을 무엇이라 설명하는가? 당신은 이 점에서 굉장히 얼버무리는 태도를 보이는 것 같다.

462

아마 당신 말이 옳을 것이다. 솔직히 털어놓고 확실한 설명을 제시해야 할 시간이지만, 나는 그 일을 캐리커처로 시작하고, 다음에 그것을 수정해야 할 것 같다. 그것을 더 자세하게 설명할 더 직접적인 방법은 찾을 수 없을 것 같다.

그렇다면, 알았다. 계속해보라.

중추의 의미부여자가 있다고 치자. 그러나 중추의 의미부여자가 데카르트 극장에 앉아 공연을 지켜보는 대신, 어둠 속에 앉아 예감을 갖고 있다고 가정해보라. 느닷없이 등 뒤에 누군가 서 있다는 느낌이 드는 식으로 갑자기 저 밖에 분홍색의 어떤 것이 있다는 생각이 떠오르는 것이다.

예감이란 것이 정확히 무엇인가? 그것은 무엇으로 만들어졌는가?

좋은 질문이지만, 처음에는 풍자적으로 좀 애매하게 대답할 수밖에 없다. 예감은 중추의 의미부여자가 자기만의 특수한 언어인 멘털리즈로 외치는 제안이다. 따라서 그의 삶은 판단의 연속으로 구성되어 있고, 그것은 하나하나 연이어 엄청난 속도로 표현되는 멘털리즈 문장이다. 그중 어느 것은 그가 영어로 발표하겠다고 결정한다.

이 이론은 상상의 산물과 현상학적 공간으로의 투사, 극장 화면의 모든 빈 공간 채우기를 없애는 장점을 갖고 있지만, 중추의 의미부여자와 사고의 언어는 여전히 남아 있다. 그렇다면 그 이론을 수정하자. 먼저 중추의 의미부여자를 없애고, 그의 모든 판단을 뇌의 시간과 공간으로 분포시켜보라. 판별이나 식별, 내용 확정의 각각의 행동은 어디에선가 일어나지만, 그 모든 일을 혼자 다 하는 단일한 식별자는 없다. 그다음에는 사고의 언어를 없애라. 판단의 내용이 '명제적' 형태로 표현될 필요는 없다. 그것은 실수다. 언어 항목을 너무 열렬히 뇌의 활동으로 잘못 투사하는 경우다.

그렇다면 예감은 배우와 언어가 없다는 것만 제외하고는 언어 행동과 같다!

그렇다. 정말로 거기에 있는 것은 내용을 확정하기 위해 뇌의 다양한 곳에서 다양한 시간에 일어나는 다양한 사건이다. 그것은 누구의 언어 행동도 아니고, 따라서 언어로 되어 있어야 할 필요도 없지만, 사실 언어 행동과 다소 유사하다. 그것은 내용도 갖고 있고, 그 내용을 담은 다양한 과정을 알려주는 결과도 갖는다. 이에 관한 더 자세한 이야기는 우리가 4장에서 9장까지 이미 살펴보았다. 이렇게 확정된 내용 가운데 일부는 더 발전된 결과를 빚어내고, 공개적으로 말하든 혼자 속으로 말하든 결국 자연 언어로 된 문장의 발화로 이어진다. 따라서 그렇게 타자현상학적 본문도 만들어진다. 그것이 해석될 때 저자가 거기 있다는 착각도 생겨난다. 이것은 타자현상학을 만들어내기에 충분하다.

그러나 실제 현상은 어떤가?

그런 것은 없다. 우리가 앞에서 허구의 해석에 관해 논한 것을 상기해 보라. 전기를 살짝 각색하여 창작한 소설을 읽을 때 우리는 저자의 삶에 일어났던 많은 진짜 사건에 허구적인 사건을 주도면밀하게 짜 넣을 수 있다는 것을 안다. 따라서 조금 과장하자면, 그 소설은 진짜 사건에 관한 것이다. 저자가 그것을 전혀 깨닫고 있지 못할지라도 억지 의미로는 사실이라고 말할 수 있다. 그 소설은 그 사건에 관한 내용이다. 그것이 왜 그 글이 만들어졌는지를 설명하는 진짜 사건이기 때문이다.

그렇다면 억지가 아닌 의미로는 그 글은 무엇에 관한 것인가?

아무것도 아니다. 그것은 허구다. 그것은 다양한 허구적인 인물과 장소, 사건에 관한 것이지만, 이런 사건은 일어난 적이 없다. 이것은 정말로 어떤 것에 관한 것도 아니다.

그러나 내가 소설을 읽을 때 허구적인 사건은 생명을 얻는다. 내 안에서 어떤 일이 일어나고, 나는 그 사건을 그려본다. 소설과 같은 글을 읽고 해석하는 행동은 내 상상력에 새로운 것을 만든다. 바로 행위를 하는 인물의 이미지다. 우리는 자신이 읽은 소설이 영화로 만들어진 것을 보고 '내가 지금까지 상상한 그녀는 저런 모습이 아니야!'라고 생각하기도 한다.

당연하다. 철학자 켄들 월튼Kendall Walton은 《두려운 허구Fearing Fictions》에서 "소설을 '더 큰' 허구의 타자현상학적 세계와 결합하는 것으로"(Walton, 1978, p. 17) 해석자 입장에서의 이런 상상력의 행위는 소설의 삽화본에서 찾은 그림과 매우 흡사한 방식으로 본문을 보충한다고 주장했다. 이런 첨가는 완벽하게 실제이지만, 더 글 같은 것이다. 상상의 산물로 만들어진 것이 아니라 판단으로 만들어진 것이고, 그보다 더 현상학적인 것은 아무것도 없다.

그렇지만 있는 것만 같다!

꼭 그렇다! 현상학이 있는 것으로 여겨진다. 그것은 타자현상학자도 추호의 의심 없이 인정하는 사실이다. 그러나 그것이 현상학이 정말로 있다는 부정할 수 없는, 보편적으로 증명된 사실에서 귀결되는 것은 아니다.

이것이 핵심이다.

　의식이 충만 상태임을 부정하는 것인가?

　사실이 그렇다. 내가 부정하는 것 중 하나가 그것이다. 의식은 토막토막
이고, 드문드문하며, 사람들이 생각하는 것의 반도 담고 있지 않다!

　그렇지만, 그렇지만….

　그렇지만 의식이 꼭 충만 상태인 것만 같은가?

　그렇다!

　나도 그렇게 생각한다. 의식은 충만 상태인 것 같다. 의식에 관한 '놀라
운 사실'은 에델만이 말한 것처럼 의식이 연속적인 것 같지만….

　안다, 나도 안다. 그것이 충만 상태인 것으로 여겨진다고 해서 그것이 충만
상태라는 의미는 아니다.

　이제 당신이 이해한 것 같다.

　그러나 당신이 이론이라고 부르는 이 거울의 전당에 있는 다른 문제도 있
다. 당신은 중추의 의미부여자가 있는 것 같을 뿐이라고 말한다. 단일한 저
자가 있는 것처럼, 모든 것이 한데 모이는 곳이 있는 것처럼 보인다고. 나는
바로 그 '것처럼'이라는 것을 이해하지 못하겠다.

아마도 다른 사고 실험을 생각해보는 것으로 이 문제를 더 쉽게 이해할 수 있을 것 같다. 우리가 다른 행성을 방문해서 멋진 이론을 가진 과학자를 만났다고 해보자. 모든 물리적인 것은 그 안에 영혼이 있고, 모든 영혼이 서로가 서로를 사랑한다는 생각을 담은 이론이다. 이 존재들은 내면에 있는 영혼에 대한 사랑으로 부추겨져 서로 끌리는 성향을 보인다. 또한 우리는 이 과학자들이 상당히 정확한 영혼 배치 시스템을 가동하고 있어서 영혼을 물리적 공간 정확히 어디에 두어야 할지 결정할 수 있고, 안정성 문제(너무 높아서 영혼이 떨어질 것이다)에도, 진동 문제(영혼이 다소 크다면 바퀴 한쪽에 균형을 잡아줄 물체를 달아 진동을 완화할 수 있다)에도, 그 밖의 많은 기술적인 질문에도 모두 대답할 수 있다고 가정할 수 있다.

그들은 무게중심(더 정확하게는 질량중심) 개념을 찾아냈지만, 그것을 너무 형식적으로 다루고 있다. 우리는 그들에게 그들 방식대로 말하고 생각해도 된다고 말한다. 그들이 포기해야 할 것은 불필요한 형이상학적 짐짝들뿐이다. 그들이 그들의 영혼 물리학을 이해하기 위해 이용하는 바로 그 사실을 더 간단하고 꾸밈없이(훨씬 더 만족스럽게) 해석할 수 있는 방법이 있다. 그들이 우리에게 묻는다. "영혼이 있나요?" 우리는 물론 있다고 대답한다. 단지 그것은 추상적인 것이라고, 신비한 물질 덩어리라기보다는 형이상학적 관념이라고 답한다. 그것은 절묘하게 유용한 허구다. 마치 모든 물체가 한 지점 안으로 모든 중력의 활력을 모아 다른 물체를 끌어들이는 것 같다. 이런 원리적 허구를 이용하면 모든 점이 모든 다른 점을 끌어들인다는 지저분한 세부사항으로 내려가는 것보다는 체계의 행위를 계산하기가 훨씬 더 쉽다.

나는 방금 주머니를 털린 기분이다.

내가 당신에게 경고하지 않았다고는 말하지 마라. 당신은 의식이 당신이 원하는 방식이 되기를 기대할 수 없다. 게다가 당신이 정말로 포기한 것은 무엇인가?

오로지 내 영혼이다.

일관성 있고, 방어할 수 있는 의미에서는 아니다. 당신이 포기한 것은 어찌 되었든 진정으로 특별할 수 없는 특별함의 덩어리다. 당신이 뇌라는 굴brain-oyster 안에 있는 일종의 마음 진주mind-pearl가 된다는 생각이 더 이상하지 않은가? 마음 진주가 되는 일이 왜 그렇게 특별한가?

마음 진주는 뇌와는 다르게 불멸일지 모르기 때문이다.

자아나 영혼이라는 생각은 많은 사람에게 긍정적인 것보다는 부인否認과 부정적인 생각을 일으키는 관념에 불과하다. 그러나 그것에는 실제로 좋은 점도 많이 있다. 그것이 당신에게 중요한 의미가 있는 것이라면, 전통적인 영혼에 관한 생각에서 찾을 수 있는 그 무엇보다 영향력이 강한 불멸성의 가능성 같은 것이다. 그러나 그 문제는 12장으로 미루고, 먼저 우리의 상상력을 사로잡고 놓아주지 않는 감각질부터 확실하게 처리하자.

11장

감각질은 없다

색은 어디에 존재하는가?

연줄이 칭칭 엉켜도 이론상으로는 풀어낼 수 있다. 참을성 있고 분석적인 사람이라면 그 일을 더 잘 해낼 수 있을 것이다. 그러나 어느 지점을 지나면 이론은 무효가 되고, 현실이 승리를 거둔다. 어떤 경우에는 엉킨 연줄을 버리고 새로 사는 것이 훨씬 이득이다. 엉킨 줄을 풀려고 애쓰느니 차라리 새로 사는 것이 비용도 덜 들고, 더 빨리 연을 하늘로 날릴 수 있다. 내 생각에는 감각질이라는 철학적 주제를 놓고도 그런 일이 벌어지고 있는 것 같다. 극심하게 얽히고설킨 사고 실험은 점점 더 난해해지다 못해 기이해지고, 전문어와 특정 집단 내에서만 통하는 농담, 추정적인 논박이 난무하며, 받은 결과는 보낸 사람에게 다시 돌려보내져야 하고, 포상은 옆길로 빠져나간 사람이나 시간만 낭비하는 사람이 낚아채간다. 어떤 혼란에 대해서는 그 자리를 떠버리는 것이 가장 좋은 해결책이므로 설령 그것에서 내가 통찰력과 독창성을 얻을 수 있다 하더라도 해당 문헌을 일일이 살펴보는 수고는 하지 않을 것이다(Shoemaker, 1975, 1981, 1988; Kitcher, 1979; White, 1986; Fox, 1989; Harman, 1990). 전에는 내가 이 문제의 얽힌 부분을 풀어보려고 노력했으나(Dennett, 1988a), 지금은 처음부터 다시 시작하는 것이 더 낫다고 생각한다.

철학자들이 감각질이라는 문제를 놓고 굉장히 혼란스러워하는 일은 흔히 볼 수 있다. 그들은 조금이라도 지각이 있는 사람이라면 누구라도 시작할만한 곳에서 시작한다. 출발점은 자신의 마음에 관한 가장 강력하고 명확한 직관이다. 그러나 안타깝게도 그 직관은 안으로만 돌며 서로가 서로를 지지하는 꽉 막힌 신조를 형성하면서 그들의 상상력을 데카르트 극장 안에 꽁꽁 가두어버린다. 설령 철학자가 막혀버린 아이디어 고리에 내재한 모순을 발견한다 하더라도(그것이 감각질에 관한 문헌이 존재하는 이유이기도 하지만) 그것을 뛰어넘을 제대로 된 대안 시각이 없다. 그래서 그들은 여전히 강력한 직관을 믿으며, 모순의 감옥으로 다시 끌려 들어간다. 그것이 감각질에 관한 문헌이 서로 합의를 이루면서 문제를 해결하지 못하고 점점 더 서로 뒤엉키는 이유다. 그러나 이제 우리에게는 대안이 되어줄 다중원고 모형이 있다. 이 모형으로 이 문제를 전과는 다르게, 좀 더 확실하게 설명할 수 있을지 살펴보자. 이 장 뒷부분에서 기존의 감각질에 관한 주장을 내가 대체하고자 하는 시각과 비교해 살펴볼 수 있다.

뇌에 관한 한 훌륭한 입문서에는 다음과 같은 글이 담겨 있다.

> 색이란 것은 세상에 존재하지 않는다. 그것은 오로지 보는 사람의 눈과 뇌에만 존재한다. 물체는 빛의 여러 파장을 반사하지만, 이런 빛의 파동 그 자체는 색깔을 갖고 있지 않다. (Ornstein and Thompson, 1984, p. 55)

이것은 상식적인 지혜를 표현하려는 좋은 시도지만, 이 말을 엄밀하게 글자 그대로 받아들인다면 그것이 저자가 의미한 것이 될 수 없고, 사실일 수도 없다는 것을 알아야 한다. 사람들은 색채는 '세상에' 존재하지 않고, 오로지 그것을 보는 사람의 눈과 뇌에만 존재한다고들 말한다. 그러나 보는 사람의 눈과 뇌가 세상에 있고, 관찰자가 바라보는 물체와 마찬가지로 물질세계의 일부다. 또한 그 물체처럼 눈과 뇌도 색깔을 갖고 있다. 눈은 파란색이나 갈색, 녹색이고, 심지어는 뇌도 단지 회색과 흰색 물질로만 되어 있는 것이 아니다. 검은색의 흑질substantia nigra도 있고, 푸르게 보이는 청반핵locus ceruleus도 있다.

현대 과학은 물질세계에서 색채를 제거한 다음, 다양하게 빛을 반사하고 흡수하는 표면에서 튀어나오는 무채색의 다양한 파장을 가진 전자기 방사선으로 대체했다. 그 말은 색채가 저기 있는 것처럼 보이지만, 그것이 색채가 아니라는 의미다. 색채는 여기에, 즉 보는 사람의 눈과 뇌에 있다. 그러나 이제 어떤 특별하고 주관적인 마음에 색칠될 수 있는 내면의 상상의 산물이 없다면 현상학적 의미에서 색깔은 모두 사라져버린 것으로 보인다. 우리가 알고 있고 사랑하는 색채가 될 수 있는 무언가가 있어야만 한다. 서로 섞이고 어울리는 색깔 말이다. 그것이 도대체 어디에 있을 수 있단 말인가?

이것은 우리가 지금 대면해야만 할 오랜 철학적 난제다. 17세기에 철학자 존 로크는(그리고 그 이전에는 과학자 로버트 보일Robert Boyle이) 색깔, 향기, 맛, 소리와 같은 속성을 '제2성질secondary quality'이라 불렀다. 이런 속성은 크기, 모양, 움직임, 수, 고형성과 같은 '제1성질primary quality'과는 다르다. 제2성질은 그 자체로 마음에 있는 것이 아니라, 그것의 특별한 제1성질 덕분에 평범한 관찰자의 마음에 특정한 것을 생성하거나 불러일으키는 '세상에 있는 것'의 힘이라고 할 수 있다. 로크가 제2성질을 정의한 방식은 보통 사람이 과학을 해석하는 표준적인 방식이 되었고, 그 나름의 장점이 있지만, '마음에서 생성되는 것'이라는 난처한 일을 만들었다. 예를 들어, 제2성질인 붉은색은 로크에게 물리적 대상의 특정한 표면의 성향적 속성이나 힘을 의미한다. 극히 미세한 조직적 특성으로 그 물체의 표면으로부터 빛이 반사되어 우리 눈으로 들어올 때마다 우리 안에 붉은색이란 생각을 불러일으키는 것이다. 그런데 붉은색이란 생각은 무엇일까? 그것은 '아름다운 파란색 가운'처럼 색깔로 된 것일까, 아니면 '아름다운 보랏빛 토론'처럼 그 자체는 전혀 색깔이 없고, 그냥 색깔에 관한 것일까? 이것은 새로운 가능성을 열어주지만, 그 어디에도 붉은색인 것이 없다면 어떻게 생각이 단지 색깔에 관한 것일 수 있을까?

그나저나 붉은색이란 무엇일까? 아니, 색깔이란 게 도대체 무엇일까? 색깔은 언제나 철학자가 좋아하는 예였고, 나도 당분간 그 전통을 따르려고 한다. 그 전통에 있는 주요한 문제는 물체의 '기질적 속성(로크의 제2성질)'을 자신이 '발생적 속성occurrent property'이라고 부른 것과 구분한 윌프리드 셀라스Wilfrid Sellars(1963, 1981b)의 철학적 분석에서 잘 드러난다. 빛이 없는 냉장고에 있는 분홍색 얼음 조각은 분홍색이라는 제2성질을 갖지만, 관찰자가 냉장고 문을 열고 들여다보기 전까지는 현재 발생 중인 분홍색이란 속성의 사례는 없다. 발생 중인 분홍색은 뇌에 있는 어떤 것이나 '외부 세계에 있는' 어떤 것의 속성일까? 어떤 경우에도 현재 발생 중인 분홍색은 실제의 것과 '동질의' 속성이라고 셀라스는 주장했다. 이런 동질성을 주장하면서 그가 부정하고자 했던 것은 현재 발생 중인 분홍색이 뇌의 75영역에 있는 강도 97의 신경 활동 같은 어떤 것이라는 가설일 것이다. 또한 그는 색채 현상의 주관적인 세계는 이런저런 것이 분홍색이라는, 아니 분홍색인 것 같다는 판단과 같은 무색의 것으로 소진될 수 있다는 것도 부정하고자 했다. 예를 들어, 마음의 눈으로 잘 익은 바나나 색깔을 떠올리고 그것이 노란색이라고 판단하는 행동만으로 현재 발생 중인 노란색의 예를 만들어내지는 못한다(Sellars, 1981; Dennett, 1981b). 그것은 단순히 어떤 것이 노란색이라는 판단이고, 그 자체로는 바나나에 관한 시와 마찬가지로 현재 발생 중인 노란색은 부재한 현상이다.

셀라스는 모든 자연과학에 현재 발생 중인 분홍색과 그 비슷한 것을 위한 공간을 만들어주기 위한 혁명이 일어나야 한다고 주장하는 데까지 나아갔다. 이런 급진적인 견해에 동조하는 철학자는 거의 없지만, 같은 주장이 철학자 마이클 록우드Michael Lockwood(1989)에 의해 되살아났다. 토머스 네이글과 같은 다른 철학자들은 과학에 혁명이 일어나도 그런 속성은 다룰 수 없을 것이라고 했다.

철학자들은 물리학이 승리를 거두면서 '외부 세계'에서 사라진 색채와 나머지 속성들에 안전한 본거지를 제공하는 것으로 여겨지는 '보는 사람 안에 있는 것(또는 보는 사람의 속성)'에 붙일 여러 가지 이름을 도입했다. '날 느낌', '주어진 현상sensa', '현상학적 질', '의식적 경험의 내재적 속성', '정신 상태의 질적인 내용', 그리고 물론 '감각질'이라는 용어도 있다. 이런 용어가 정의되는 방식에는 약간의 차이가 있지만, 나는 그것들을 마구잡이로 쓰려고 한다. 앞 장에서는 내가 그렇게 여겨지는 것은 그러하기 때문에 그런 속성이 있다는 사실을 부정하는 듯만 했다. 나는 그런 속성이 있다는 것을 부정한다. 그러나 나는 감각질이 있는 것 같다는 데는 진심으로 동의한다.

과학이 색채가 저 밖에 있을 수 없다고 입증한 것으로 보이기 때문에 그것이 여기 안에 있어야 하므로 감각질이 있는 것 같다. 더군다나 우리에게 어떤 것이 색깔이 있는 것으로 여겨질 때 여기에 있는 것이 단지 우리가 내리는 판단뿐일 수는 없을 것 같다. 그러나 이런 추론은 혼란스럽다. 과학이 우리에게 실제로 보여준 것은 단지 물체의 빛을 반사하는 속성이고, 그것이 피조물이 뇌의 다양한 곳에 분포된 다양한 판별 상태와 그 밑에 있는 많은 내재적인 기질과 다양한 복잡성을 가진 여러 가지 학습된 습관으로 들어가게 만든다는 것이다. 여기서 우리는 두 번째로 로크의 카드를 꺼낼 수 있다. 관찰자의 뇌에 있는 이런 판별 상태는 다양한 '제1성질'을 갖고(요소들 간의 연결이나 흥분 상태로 말미암은 기계적 속성 등), 이런 제1성질 덕분에 그것은 다소 기질적인 다양한 제2성질을 갖는다. 예를 들어, 언어를 가진 인간의 경우, 이런 판별 상태가 종종 다양한 사물의 색깔을 언급하는 언어적 판단을 표현하게 만든다. 누군가가 "나는 그 고리가 실제로는 분홍색이 아니라는 것을 알지만, 그것이 정말로 분홍색인 것처럼 여겨져"라고 말할 때 앞의 절은 세상에 있는 어떤 것에 관한 판단을 표현하고, 뒤의 절은 세상에 있는 어떤 것에 관한 판별 상태인 2차 판단을 표현한다. 이런 진술은 색깔이 무엇인지 명확히 한다. 물체의 표면이나 부피가 있는 투명체(분홍색 얼음, 조명의 빛줄기)의 반사적인 속성이라는 것이다.

우리의 내적인 판별 상태 또한 어떤 특별한 '내재적' 속성, 즉 우리에게 사물이 보이는(들리는, 냄새가 나는 등의) 방식을 구성하는 주관적이고, 사적이며, 형용 불가한 속성을 갖는다. 이런 부가적인 속성이 감각질일 수 있으며, 철학자들이 이런 부가적인 속성이 있다는 것을 입증하고자 고안해낸 주장을 살펴보기 전에 우리는 그 현상에 관한 대안적인 설명을 찾아내는 것으로 이런 속성을 믿게 하는 유인을 애초에 제거할 것이다. 그런 다음에 보면 내놓은 증거에 있는 결함이 쉽게 눈에 띌 것이다.

이런 대안적인 견해에 따르면, 색채는 결국 '저 밖'에 있는 속성이다. 로크의 '붉은색에 관한 생각'을 대신해서 우리는(정상적인 인간의 경우) 붉은색이라는 내용을 가진 판별적 상태를 갖고 있다. 이런 판별적 상태가 무엇이며, 그런 상태가 아닌 것은 무엇인지 분명히 보여줄 한 가지 예가 있다. 우리는 외부 세계에 있는 사물을 나란히 옆에 놓고 보아서 색깔을 비교하고 판단을 내릴 수 있지만, 마음속으로 그것을 회상하고 상상하는 것으로도 사물의 색깔을 구별할 수 있다. 미국 국기의 붉은색은 산타클로스 복장(아니면 영국의 우체통)의 붉은색과 똑같은가, 아니면 더 진하거나 더 연한가? 아니면 더 밝거나 그보다는 오렌지색에 가까운가? 우리는 마음의 눈으로 그런 비교를 할 수 있고, 그런 일을 할 때 기억에서 정보를 추출하여 의식적인 경험에서 우리가 기억하는 대로 물체의 색깔을 비교하면서 우리 안에 어떤 일이 일어나게 만든다. 물론 이런 일에 다른 사람보다 더 능한 사람도 있지만, 이런 상황에서는 많은 사람이 자기가 도달한 판단에 그다지 확신을 갖지 못한다. 그래서 우리는 집으로 페인트 샘플을 가져가 비교하려는 두 가지 색깔을 나란히 놓고 살핀다.

우리가 마음의 눈으로 이런 비교를 할 때 어떤 일이 일어날까? 그런 비교를 할 수 있는 기계인 로봇에서 일어날법한 일과 비슷한 일이 일어난다. 9장에서 살펴본 CADBLIND Mark I 포세처를 상기해보라. 우리가 산타클로스 컬러 사진을 포세처 앞에 붙이고 이 사진의 붉은색이 미국 국기(아니면 이 기계의 메모리에 있는 아무것이나)의 붉은색보다 더 진한 붉은색인지 물어보았다고 치자. 이 기계가 답을 알아내기 위해 할 일로 예상되는 과정은 이렇다. 메모리에서 미국 국기의 표상을 인출한다. 그런 다음 붉은색 줄무늬를 찾는다(이 줄무늬는 도표에 붉은색 163번이라고 표시되어 있다). 이 붉은색을 컬러 그래픽 시스템에 의해 붉은색 172번으로 변환된, 카메라 앞에 있는 산타클로스 사진의 붉은색과 비교한다. 두 가지 붉은색을 비교하는 과정은 172에서 163을 빼서 얻은 9라는 값을 해석하는 것으로, 말하자면 산타클로스 옷의 붉은색이 미국 국기의 붉은색보다 더 진하고 풍부해 보인다고 할 수 있다.

이 이야기는 내가 강조하려는 주장을 극적으로 드러내기 위해 일부러 단순화한 것이다. CADBLIND Mark I이 기억을 제공하기 위해(혹은 현재 일어나는 지각을 위해) 상상의 산물을 쓰지 않는다는 것은 명백하고, 우리도 그런 것을 쓰지 않는다. CADBLIND Mark I은 본 것의 색깔을 기억하는 것의 색깔과 비교하는 법을 모를 것이고, 그것은 우리도 마찬가지다. CADBLIND Mark I은 인간의 사적인 색상 공간의 연관성이나 내장된 편향은 거의 없는 상태로 다소 단순하고 척박한 색깔 영역만을 갖지만, 이런 커다란 기질적 복잡성에 있는 차이를 제외하고는 차이는 없다. 나는 그것을 이렇게까지 말할 수 있다. 인간이나 CADBLIND나 이런 비교 능력에는 질적인 차이가 없다. CADBLIND Mark I의 판별 상태는 내가 로크의 아이디어 대신 넣은 뇌의 판별 상태와 똑같은 이유로, 똑같은 방식으로 내용을 갖는다. CADBLIND Mark I은 분명히 어떤 감각질도 갖고 있지 않으므로 이런 비교에서 우리 역시도 감각질을 갖고 있지 않다는 내 주장이 당연히 귀결된다. 우리가 보통 기계와 인간 경험자(1장에서 우리가 상상해보았던 와인 감정 기계를 상기해보라) 간에 존재한다고 여기는 차이는 없다. 단지 차이가 있는 것 같을 뿐이다.

왜 색깔이 있는가?

10장에서 오토가 선명한 분홍색 고리가 있는 것 같다고 판단했을 때 그의 판단 내용은 무엇이었을까? 내가 주장한 것처럼 그의 판단이 감각질에 관한 것, '현상학적' 고리로 여겨지는 것(상상의 산물로 만들어진)의 속성이 아니라면 그것은 무엇이었을까? 그가 세상에 있는 어떤 것에 (잘못) 부여하게 유혹받은 속성은 무엇일까?

참으로 이상하게도, 세상에 있는 것의 어떤 속성이 색깔일 수 있다고 말하기가 어렵다는 것을 많은 사람이 인식했다. 많은 논의에서 여전히 발견되는 단순하고 호소력 있는 생각은 각각의 색깔이 빛의 독특한 파장과 연관될 수 있고, 따라서 붉은색인 것의 속성은 단순히 붉은 파장의 빛은 모두 반사하고, 다른 파장은 모두 흡수하는 속성이라는 것이다. 그러나 이런 생각이 옳지 않다는 사실은 꽤 오래전부터 알려져 있었다. 다른 반사 속성을 가진 표면도 같은 색으로 보일 수 있고, 같은 표면이라도 조명 상태에 따라 다른 색으로 보일 수 있기 때문이다. 눈으로 들어오는 빛의 파장은 오직 간접적으로만 우리가 보는 물체의 색깔과 관련된다(Gouras, 1984; Hilbert, 1987; Hardin, 1988). 일각에서는(Hilbert, 1987) 색채를 표면분광반사율surface spectral reflectance과 같은 외부 물체의 비교적 직접적인 속성이라고 선언하여 객관적인 기반을 갖게 하기로 결정했다. 그런 선택을 내린 덕분에 그들은 정상적인 색채 시각이 우리에게 종종 착각을 선사한다고 결론 내려야 했다. 우리가 지각한 항구성이 과학 기구로 측정한 표면분광반사율의 항구성과는 대응하지 않기 때문이다. 다른 연구자들은 이런 혼란을 야기하는 세상의 변화는 무시한 채 색채 속성은 관찰자의 뇌 상태 체계 면에서 엄밀하게 정의될 수 있는 속성으로 생각하는 것이 최선이라고 결론 내렸다.

"색깔이 있는 물체는 착각이지만, 사실 무근의 착각은 아니다. 우리는 정상적으로 색채 지각 상태에 있고, 이것은 신경적 상태다"(Hardin, 1988, p. 111; Thompson, Palacios, and Varela in press).

논란의 여지가 없는 것은 '오로지 그 속성을 가진 표면만이 붉은색(로크의 제2성질의 의미로)'과 같은 간단하고 비변별적인 표면의 속성은 없다는 것이다. 이것은 처음에는 불가해하고, 심지어는 실망스러운 사실이다. 우리가 세상을 지각하는 이해력이 생각했던 것보다 훨씬 더 형편없거나, 우리가 꿈의 세계에서 살고 있거나, 집단적인 미혹의 희생양임을 시사하는 것으로 보이기 때문이다. 우리의 색채 시각은 물체의 간단한 속성에도 접근할 수 없다. 왜 그래야 할까?

그냥 운이 나쁜 것일까? 이류 설계에 불과한 것이라서 그럴까? 전혀 아니다. 우리가 색채에 관해 생각해볼 수 있는 훨씬 더 계몽적이고 통찰력 있는 시각이 있다. 나는 이런 시각을 신경과학 철학자 캐슬린 애킨스Kathleen Akins(1989, 1990)[1] 덕분에 처음 접하게 되었다. 새로운 속성은 가끔씩 어떤 이유가 있어 존재하기도 한다. 이런 사실을 보여주는 특별히 유용한 예가 있다. 1953년에 미국의 원자탄 제조 기밀을 소련에 팔아넘겼다는 죄목으로 기소되어 사형에 처해진 스파이 부부, 줄리우스 로젠버그Julius Rosenberg와 에델 로젠버그Ethel Rosenberg 사건이다. 그들이 영악한 암호 시스템을 만들어냈다는 사실이 재판 중에 드러났다. 그들은 젤리과자인 젤로Jell-O 상자를 둘로 잘라 서로의 신분을 확실히 확인해야 할 두 사람에게 하나씩 주었다. 각각의 조각은 자기 짝을 찾아낼 수 있는 틀림없고 독특한 방법이었다. 나중에 만날 때 서로 상자 조각을 꺼내 짝이 완벽하게 들어맞는지 맞춰보면 상대방이 맞는지 확인할 수 있었다. 이 시스템이 왜 효과가 있었을까? 찢긴 부분이 매우 복잡해서 인위적으로 조작해낼 수 없었기 때문이다(젤로 상자를 면도날로 곧게 잘라버리면 이 목적에 전혀 맞지 않는다는 사실을 염두에 두라). 지그재그로 복잡하게 찢긴 조각은 제 짝을 찾아낼 수 있는 독특한 형태 재인 장치가 된다. M이 제 짝 덕분에 특별한 것이 되었다면 M은 형태 속성 M을 찾아낼 수 있는 장치나 변환기인 것이다.

다시 말해, 형태 속성 M과 그것을 찾아내는 M 속성 탐지기는 서로를 위해 만들어졌다. 상대가 없다면 다른 상대가 존재할 이유도, 만들어질 이유도 없다. 색채와 색채 시각에 대해서도 똑같은 사실이 적용된다. 그 둘은 서로를 위해 만들어졌다. 색 부호화는 인간공학에서 상당히 최근에 나온 생각이지만, 그 가치는 현재 폭넓게 인식되고 있다. 병원 복도에 환자들이 길을 찾기 쉽게 단순한 색선을 그려놓은 것을 보았을 것이다. '물리치료실로 가려면 이 노란 선을 따라가세요!' '혈액은행으로 가려면 붉은 선을 따라가세요!' 텔레비전이나 컴퓨터, 다른 전자제품 제조자들도 안에 잔뜩 들어 있는 선이 어디로 연결되는지 쉽게 찾아낼 수 있게 각각 다른 색으로 선을 피복한다. 이런 것은 최근의 예지만, 물론 이런 생각은 훨씬 오래전부터 있었다. 부정을 저지른 사람에게 주홍글씨를 새긴 것보다도 오래되었고, 불꽃 튀기는 전장에서 적과 아군을 구분하기 위해 색깔이 다른 전투복을 입은 것보다도 오래되었으며, 사실상 인간의 역사보다도 오래되었다.

우리는 색 부호화를 자연의 색채 시각의 이점을 이용하기 위해 설계된 종래의 색채 전략을 영리하게 도입한 것으로 생각하는 경향이 있지만, 이것은 자연의 색채 시각의 존재 이유가 그 시초부터 색 부호화였다는 사실을 간과한 생각이다(Humphrey, 1976). 자연에 있는 어떤 것은 눈에 띌 필요가 있었고, 다른 것은 그것을 볼 필요가 있었으므로 시스템은 전자의 경우에는 돌출성을 높이는 방향으로, 후자의 경우에는 보아야 할 과제 부담을 최소화하는 방향으로 발전했다. 곤충을 보라. 곤충의 색채 시각은 이들이 수분작용을 하는 식물의 색깔과 함께 발전했다. 둘 모두에게 유용한 설계 속임수다. 꽃의 색깔을 부호화하지 않고는 곤충의 색채 시각이 발전하지 못했을 것이고, 그 반대도 마찬가지다. 따라서 색 부호화의 원칙은 어느 영리한 포유류 한 종이 근래에 만들어낸 것이 아니라 곤충의 색채 시각의 기본이다. 다른 종의 색채 시각 진화도 이와 비슷하다.

다양한 색채 시각 체계가 근본적으로 다른 색상 공간을 갖고 독립적으로 진화했다(Thompson, Palacios, and Varela, in press). 눈을 가진 피조물이면 모두 어떤 종류가 되었든 색채 시각을 갖는 것은 아니다. 조류와 어류, 양서류와 곤충은 명백하게 우리의 붉은색, 녹색, 파란색의 3원색 체계와 유사한 색채 시각을 갖는다. 그러나 개와 고양이는 다르다. 포유류 중에서는 오직 영장류만이 색채 시각을 갖지만, 이들의 시각에는 커다란 차이가 있다. 그렇다면 어떤 종이 색채 시각을 갖고, 그 이유는 무엇일까? 이 이야기는 흥미진진하고 복잡하지만, 여전히 상당히 이론적이다.

왜 사과는 익으면 붉은색으로 변할까? 그 답은 과일이 익어가면서 당분과 여러 물질이 다양한 농도에 이를 때 일어나는 다양한 화학 변화의 면에서 생각해보는 것이 자연스럽다. 그러나 이런 측면의 설명은 사과를 눈으로 보고, 그것을 먹고, 씨를 퍼뜨리는 동물이 없었더라면 애초에 사과도 없었을 것이라는 사실을 간과하는 것이다. 따라서 사과가 사과를 먹는 여러 동물에게 쉽게 눈에 띈다는 사실은 그저 위험(사과 입장에서는)이 아니라 사과를 존재하게 만든 조건이다. 사과가 표면분광반사 속성을 갖는다는 사실은 과일의 당 성분과 다른 화학 성분 사이의 상호작용의 결과지만, 과일을 먹는 동물의 눈에 있는 원추 세포에서 이용되는 광색소의 기능이기도 하다. 색 부호화가 되지 않은 과일은 자연의 슈퍼마켓 진열장에서 경쟁력이 없지만, 그렇다고 허위 광고를 한다면 대가를 치를 것이다. 잘 익어 영양 성분이 가득하고, 더불어 그런 사실이 광고가 된 과일은 더 잘 팔릴 테지만, 광고는 소비자층의 시각 능력과 성향에 맞아야 한다.

처음에 색이 만들어진 이유는 그것을 보도록 창조된 대상의 눈에 잘 띄게 하기 위해서였다. 그러나 색은 무엇이 되었든 가까이 있는 재료에서 우연히 얻게 된 이점을 이용하면서 점차 발전했고, 가끔씩은 공들여 마무리된 새로운 '특질'이 폭발하듯 늘어나기도 했으며, 무의미한 변이와 무의미한(순전히 우연으로 일어난) 항구성이 용인되었다. 이런 우연한 항구성은 종종 물리적 세계의 '더 근본적인' 특징과 관련 있었다. 피조물이 일단 붉은색 딸기와 녹색 딸기를 구별할 수 있으면, 붉은색 루비와 녹색 에메랄드도 구별할 수 있지만, 이것은 단지 우연한 보너스일 뿐이다. 따라서 루비와 에메랄드가 색깔이 다르다는 사실은 파생된 색채 현상으로 간주될 수 있다. 왜 하늘은 파란색일까? 사과는 붉은색이고, 포도는 보라색이어야지, 그 반대는 될 수 없기 때문이다.

처음부터 색채가 있었다고 생각하는 것은 잘못된 생각이다. 색깔 있는 바위, 색깔 있는 물, 색깔 있는 하늘, 붉은빛이 도는 오렌지색 녹 얼룩, 밝은 푸른색 코발트와 같은 색깔이 먼저 있었고, 대자연이 사물에 색채를 부호화하는 것으로 그런 속성을 이용했다는 생각은 잘못되었다. 처음에 다양한 표면의 반사적 속성, 광색소의 반응적 속성 등등이 있었고, 자연이 이런 원재료를 취해서 효율적·상호적으로 적응시킨 색 부호화 내지는 색채 시각 체계를 만들어냈다고 생각하는 것이 더 설득력 있다. 설계 과정에서 나온 속성 중에 우리가 색채라고 부르는 속성이 있다. 코발트의 파란색과 나비 날개의 파란색이 정상적인 인간의 시각으로 보았을 때 일치해 보였다면, 이것은 단지 우연의 일치다. 색채 시각이 존재하게 된 과정에서 나온 사소한 부작용인 것이다. 그 때문에(로크 자신도 인정했을지 모르지만) 정상적인 관찰자 집단에게 공통의 효과를 일으키는 2차 속성을 공유하는 특이하게 개조된 1차 속성의 복합체가 생겨났다.

제2성질과 준거 집합

그러나 여전히 당신은 반론을 펴고 싶을 것이다.

"그래도 그 옛날에 색채 시각을 가진 어떤 동물이 있었고, 장엄하게 빛나는 붉은 석양과 밝게 빛나는 녹색의 에메랄드가 있었다고요."

글쎄, 당신은 그렇게 말할 수 있겠지만, 바로 그 석양빛도 지나치게 번쩍거리고, 여러 색깔로 되어 있고, 싫증이 나고, 우리가 볼 수 없는 색깔로 되어 있어서 적당한 이름을 붙일 수 없었다. 그렇지만 당신도 어떤 행성에 감각 기관이 색깔에 크게 영향받는 피조물이 있거나 있을 수 있다는 것은 인정해야 할 것이다. 또한 우리가 알고 있는 모든 사실을 무시하듯, 어딘가에는 우리 눈에는 똑같은 녹색으로 보이고, 다른 색깔은 전혀 분간해낼 수 없는 에메랄드지만, 거기서 자연스럽게 두 가지의(아니면 열일곱 가지의) 다른 색깔을 볼 수 있는 종이 있을 수도 있다.

인간 중에는 적록 색맹인 사람이 많다. 만일 우리 모두 그렇다면 어떨까? 그렇게 되면 루비와 에메랄드 색깔이 녹불그스름gred하다는 것이 상식이 될 것이다. 결국 그 둘은 정상적인 관찰자에게 소방차, 잘 자란 잔디밭, 잘 익었거나 아직 익지 않은 사과와 같은 다른 녹불그스름한 것들과 똑같아 보일 것이다(Dennett, 1969). 우리가 루비와 에메랄드가 실제로 다른 색깔이라고 주장한다면, 이런 색채 시각 체계의 어느 것이 옳고, 어느 것이 그르다고 선언할 방도는 없다.

철학자 조너선 베넷Jonathan Bennett(1965)은 다른 감각 양식의 사례를 들어 같은 점을 더 설득력 있게 지적했다. 그의 말에 따르면, 페놀 티오 유레아phenol-thio-urea라는 물질은 인간 집단의 4분의 1에게는 완전히 쓴맛으로 느껴지고, 나머지 사람에게는 아무 맛도 없는 것으로 느껴진다고 한다. 이 물질이 당신에게 어떤 맛으로 느껴지느냐는 유전적으로 결정된다. 그렇다면 페놀 티오 유레아는 쓴맛일까, 아무 맛도 없는 것일까? 번식을 통제하려는 우생학이나 유전공학을 이용해 페놀에서 쓴맛을 느끼는 유전자형을 제거할 수 있다. 우리가 그 일을 성공적으로 해낸다면 페놀 티오 유레아는 증류수처럼 아무 맛도 나지 않을 것이다. 유전자 조작을 반대로 한다면 우리는 페놀 티오 유레아를 전형적으로 쓴맛이 나는 물질로 알게 될 것이다. 그렇다면 인간이 존재하기 이전에는 페놀 티오 유레아가 쓴맛이었을까, 아무 맛도 없었을까? 이 물질은 현재나 과거에나 화학적으로는 전혀 다르지 않다.

제2성질에 관한 사실은 필연적으로 관찰자의 '준거 집합reference class'

에 연결되어 있으며, 그 연결고리를 다루는 방식에는 약한 방식과 강한 방식이 있다. 우리는 제2성질이 의심쩍기보다는 멋지다고 말할 수 있을 것이다. 어떤 사람이 그 사람을 사랑스럽다고 느낄 사람에 의해 아직 관찰되지 않았어도 사랑스러울 수 있지만, 논리적으로 어떤 사람이 실제로 그 사람의 어떤 점을 의심하기 전까지는 그 사람은 용의자가 될 수 없다. 특별히 멋진 성질의 경우(사랑스러움 같은)는 관찰자에게 힘을 행사하여 결정적인 영향력을 미치기 전에 로크적 성향으로 존재한다고 말할 수 있다. 따라서 그럴 기회를 전혀 가져본 적이 없는 미지의 여자(무인도에서 혼자 자라서 살고 있는)라도 일정한 방식으로 일정한 부류의 정상적인 관찰자에게 영향을 미칠만한 기질적인 힘을 갖고 있으므로 진정으로 사랑스러울 수 있다. 그러나 사랑스럽다는 성질은 관찰자 부류의 성향, 감수성, 기질과 독립적으로 정의될 수 없고, 따라서 관련된 관찰자의 존재와 상관없이 사랑스럽다는 속성을 이야기할 수는 없다. 논리적으로 가능한 모든 다른 속성과 달리 사랑스럽다는 성질은 그런 관찰자 부류와 무관하게 정의될 수 없을 것이고, 그렇게 정의하는 것은 의미가 없을 것이다. 따라서 색채 속성의 예를 무차별적으로 열거하는 것과 같은 방법으로 함께 모으는 일이 논리적으로 가능하더라도(어떤 사람은 '회고적으로'라는 말을 덧붙일 것이다) 그런 속성을 가려내려는 이유는 관찰자 부류의 존재에 달린 일이다.

바다코끼리는 사랑스러울까? 우리에게는 아니다. 그것보다 못생긴 피조물은 상상하기조차 힘들 정도로 보기 흉하다. 어떤 바다코끼리가 다른 바다코끼리에게 사랑스럽게 느껴지는 것은 어떤 여자가 어떤 남자에게 사랑스러워 보이는 것과는 다르고, 아직 만나보지 않은 여자가 바다코끼리에게 엄청나게 매력적으로 느껴질 것이기 때문에 사랑스럽다고 말하는 것은 그 여자를 모욕하는 말일 뿐 아니라 그 말 자체를 남용하는 일이다. 우발적이고 이색적인 성질인 인간의 사랑스러움이란 속성은 오로지 인간의 취향에 비추어보고 나서야 식별될 수 있다.

그러나 의심의 성질은(용의자 속성과 같은) 이와는 다른 특징이 있다. 당신은 의심받아 마땅할 수 있고, 심지어는 명백하게 죄인일 수도 있지만, 누군가가 당신을 실제로 의심하기 전까지는 용의자가 될 수 없다. 나는 색채가 용의자 속성과 같다고 주장하는 것이 아니다. 아직 발견되지 않았을지라도 원광 덩어리 한가운데 박혀 있는 에메랄드가 이미 녹색이라는 우리의 직관은 부정될 수 없다. 그러나 나는 색채의 존재가 관찰자의 준거 집합에 묶여 있어 관찰자가 없으면 그 의미도 없어지지만, 그것이 멋진 성질이라고 주장한다. 이것은 제2성질로 받아들이기가 더 쉽다. 원시 화산에서 뿜어내는 황이 들어 있는 연기가 노란색이라는 사실은 그 연기 냄새가 고약하다는 사실보다는 객관적인 것 같지만, 우리가 노란색으로 의미한 것이 우리가 노란색으로 의미하는 것인 한 그 주장은 같은 것이다. 최초의 지진이 일어나 화학적으로 다른 여러 층의 지질대 수백 개를 대기로 노출시킨 절벽이 생겼다고 해보자. 그 지질대가 눈에 보이는가? 아마 어떤 지질대는 우리에게도 보일 것이고, 어떤 지질대는 보이지 않을 것이다. 아마도 우리가 볼 수 없는 지질대 가운데 일부는 4색시자 비둘기나, 전자 스펙트럼의 적외선이나 자외선 부분을 볼 수 있는 피조물에게만 보일 것이다. 같은 이유로 에메랄드와 루비의 차이가 가시적인 차이인지 아닌지는 우리가 이야기하고 있는 시각 체계를 먼저 구체화하지 않고는 의미 있는 질문이 될 수 없다.

진화는 제2성질이 멋진 성질이라는 사실에 함축된 주관주의subjectivism나 상대주의relativism의 일격을 완화한다. 이것은 색깔이 같은 사물에 있는 '단순'하거나 '기본적인' 공통성의 부재가 전적인 착각의 표시는 아님을 보여준다. 그보다는 진정으로 중요한 문제인 생태적 속성의 오진false positive 탐지를 폭넓게 용인하고 있다는 표시다.[2] 우리 색상 공간의 기본적인 항목(냄새 공간과 소리 공간, 그리고 다른 모든 공간을 포함하여)은 선택압에 의해 형성되므로 일반적으로 특별한 판별이나 선호가 무엇을 위한 것이냐고 묻는 것은 합당하다. 왜 우리가 어떤 냄새는 피하면서 다른 냄새는 적극적으로 찾는지, 왜 특정한 색깔을 좋아하는지, 왜 다른 소리는 듣기 싫은데 어떤 소리는 마음을 편안하게 달래주는지, 그 모든 것에는 이유가 있다. 그 이유가 언제나 우리에게 해당되지는 않는다 하더라도 우리의 먼 조상에게는 해당되었고, 우리의 성질 공간을 선천적으로 형성하는 내장된 편향으로 화석 같은 흔적을 남겼다.

그러나 충실한 다윈 진화론자로서 우리는 다른 비기능적 편향이 유전적 변이를 겪은 집단을 통해 우연히 분포되었을 가능성을, 실제로 그런 필요성이 있다는 것을 인식해야 한다. F가 생태학적으로 중요해졌다면 선택압이 F에 적대적인 편향을 드러내는 사람들에게 호의적으로 작용해야 하고, 따라서 선택이 작용할 수 있는 'F를 향한 태도'에서 무의미한(아직은 기능적이지 않은) 변화가 있어야 한다. 만일 동물의 내장을 먹는 일이 미래에 사라질 운명이라면 내장을 먹지 않는 성향을 가진 사람이 자연적으로 (그 이전까지는 무의미했으나) 이점을 가질 것이다(시작은 미미했으나, 조건이 그들에게 유리하다면 그들의 수는 머지않아 폭발적으로 늘어날 것이다). 따라서 당신이 설명할 수도, 형용할 수도 없이 싫어하는 것이 있다고 하더라도(예를 들어, 브로콜리) 당연히 그런 성향을 설명할 수 있는 이유가 있어야 하는 것은 아니다. 또한 당신이 다른 사람들과 다른 성향을 보인다고 해서 당신에게 무슨 결함이 있는 것도 아니다. 이런 일은 단지 당신의 성질 영역에서 아직까지는 기능적으로 아무런 중요성도 없지만 선천적으로 돌출된 부분 중 하나일 것이다(그냥 속 편하게, 브로콜리가 의미 있는 것이었던 적이 있었지만, 그것이 갑자기 우리에게 나쁜 것으로 돌변해버렸다고 여기는 것이 나을 것이다).

이런 진화적 고려는 왜 제2성질이 그렇게 형용할 수 없고, 정의 내리기 어려운지 설명하는 데까지 나아간다. 로젠버그 부부의 젤로 상자 조각의 형태 속성 M처럼 제2성질은 직접적으로 정의 내리기가 극도로 어렵다. 로젠버그 부부의 술책의 본질은 우리의 가짜 M 속성을 더 길고, 더 복잡하지만, 속성을 정확하고 철저하게 묘사하는 것으로 대체할 수 없다는 것이다. 그런 일을 할 수 있다면 우리 또는 다른 누군가가 그것을 다른 M의 예나 M 탐지기를 만들어낼 비책으로 도용할 수 있기 때문이다. 우리의 제2성질 탐지기도 오로지 정의하기 어려운 속성을 찾아내기 위해 구체적으로 설계되지는 않았지만, 결과는 흡사하다. 애킨스(1989)도 말했듯, 우리의 감각 체계는 환경의 기본적이고 자연적인 속성을 찾아내는 것이 중점이 아니라 언제나 깨어 있으면서 자아도취적인 목적에 봉사해야 하는 것이다. 자연은 인식적 욕구를 채우기 위한 장치는 만들지 않는다.

어떤 형태 속성이 M이라고 말하기 위해 쉽게 이용할 수 있는 방법은 M 탐지기를 가리키면서 "M이라는 것은 여기 있는 이것으로 찾아낼 수 있는 형태 속성"이라고 말하는 것이다. 이제 우리는 이 부분을 시작하면서 던진 질문에 대답할 수 있다. 오토가 그것이 분홍색이라고 판단할 때 그는 그것이 어떤 속성을 갖고 있다고 판단한 것인가? 그가 분홍색이라고 부른 속성이다. 그렇다면 그것은 어떤 속성인가? 그 속성이 말하기 쉽지는 않지만, 말하기 어려운 이유를 알고 있으므로 당혹스럽지는 않다. 실제로 우리가 색채 시각으로 어떤 표면 속성을 찾아낼 수 있느냐는 질문을 받았을 때 내놓을 수 있는 최선의 대답은 설령 그것이 아무런 정보 가치가 없더라도 우리가 찾는 속성을 찾아낸다고 말하는 것이다. 누군가가 그 속성에 관해 정보가 될만한 이야기를 듣고자 한다면 생물학과 신경과학, 정신물리학의 방대한 참고문헌을 살펴볼 수 있을 것이다. 오토는 그가 분홍색이라고 부른 속성에 관해 "이것이 그것이야!" 이상의 말을 할 수 없었다. 그 모든 시도로 성취할 수 있는 일은 기껏해야 자신만의 특이한 색채 판별 상태를 지적하는 것뿐이다. 젤로 상자 조각을 들어 올리며 이것이 형태 속성을 찾아낸다고 말하는 것과 동일한 것이다. 오토가 그의 판별 장치를 가리켰고, 그것이 제대로 효과를 냈다고 해서 그것이 어떤 감각질을 풍기거나, 제공하거나, 그런 옷을 입은 것은 아니다. 세상에 그런 것은 없다.

[그러나 오토는 여전히 주장한다.] 당신은 아직 왜 분홍색이 이처럼 보여야 하는지 그 이유를 말하지 않았다!

무엇처럼?

이것처럼. 내가 지금 즐기고 있는, 형용할 수 없고, 훌륭하고, 내재적으로 분홍색인 것처럼. 그것은 형용할 수 없을 만큼 난해한 외부 물체의 표면 반사 속성은 아니다.

나는 오토가 즐기고 있다는 말을 썼다는 것을 안다. 그런 말을 쓰는 것이 그만은 아니다. 종종 저자가 단순한 신경해부학적인 것에서 경험으로, 단순한 정신물리학에서 의식으로, 단순한 정보에서 감각질로 주제가 바뀌었음을 강조하고 싶을 때 그 즐긴다는 말이 등장한다.

우리의 경험 즐기기

어떤 색깔이나 냄새, 맛은 호감을 일으키게 만들어진 반면, 어떤 색깔과 냄새, 맛은 혐오감을 일으키게 만들어졌다. 다시 말해, 우리와 다른 피조물이 어떤 특정한 색깔과 냄새, 맛, 그리고 다른 제2성질을 좋아하거나 싫어하게 된 것은 우연이 아니다. 우리가 다른 피조물이 우리를 지켜보고 있다는 생태학적으로 중대한 사실을 경고하기 위해 시각 체계에 좌우 대칭 탐지기를 발달시킨 것처럼, 우리는 무심한 보고자가 아니라 경고와 영웅적인 모험을 즐긴다는 면에서 경고자이자 신호자인 성질 탐지기를 발달시켰다.

우리가 6장에서 살펴본 것처럼 이런 타고난 경고자는 수많은 더 복잡한 조직에서 선출되어 수백만 개의 연합으로 조직되었으며, 인간의 경우에는 수천 개의 밈으로 형성되었다. 이런 식으로 본능적으로 성과 음식을 추구하고, 고통과 두려움을 회피하려는 성향은 온갖 종류의 특이한 조합으로 함께 휘저어 넣어졌다. 유기체가 세상의 어떤 특징에 혐오감을 품고 있으면서도 관심을 기울일 때는 혐오감이 승리하지 않게 연합을 구성해야 한다. 그 때문에 발생하는 절반 정도 안정된 긴장은 일정한 조건이 갖추어지면 추구해야 할 획득된 성향이 된다. 유기체가 끈덕지게 물고 늘어지는 신호자의 영향력을 눌러야만 적절한 경로를 걸을 수 있는 경우에는 그 무엇이 되었든 원하는 평화와 고요를 만들어내는 활동을 좋아하게 되는 성향을 개발할 것이다. 그런 식으로 우리는 불이 난 것처럼 입안을 얼얼하게 하는 매운맛 음식을 좋아할 수 있고(Rozin, 1982), 유쾌하게 불협화음을 일으키는 음악이나 앤드루 와이어스Andrew Wyeth의 고요하고 멋진 사실주의, 빌럼 데 쿠닝Willem de Kooning의 불안하고 열정적인 표현주의를 좋아하게 된다.

마샬 맥루한Marshall McLuhan(1967)은 매개체란 다른 의사소통 포럼에서보다는 신경계에서 더 진실인, 한쪽만의 진실인 메시지라고 선언했다. 우리가 훌륭한 와인을 맛볼 때 원하는 것은 그 화학 성분에 관한 정보가 아니다. 우리가 가장 좋아하는 방식으로 그 화학 성분에 관한 정보를 받는 것이다. 우리의 취향은, 궁극적으로 그 생태학적 의미가 영겁의 시간

전에 사라져버렸더라도 우리의 신경계 안에 배선되어 있는 편향을 기본으로 한다.

이런 사실을 우리가 발달시킨 기술 때문에 잘 깨닫지 못하고 있다. 심리학자 니콜러스 험프리가 이렇게 강조한 것처럼 말이다.

> 내가 일하는 방을 둘러보면 인간이 만든 색깔들이 모든 표면에서 나를 향해 소리친다. 책, 쿠션, 바닥에 깔린 깔개, 커피 잔, 스테이플러 상자의 밝은 파란색, 붉은색, 노란색, 초록색. 내 방에는 열대 우림만큼이나 다양한 색깔이 있다. 그러나 열대 우림에 있는 색깔은 거의 모두 의미가 있는 것인 반면, 이곳에 있는 색은 아무런 의미도 없다. 색채 무정부 상태가 이곳을 점령했다. (Humphrey, 1983, p. 149)

붉은털원숭이는 색 스펙트럼의 파란색에서 초록색까지를 매우 좋아하고, 붉은색 환경에 있게 하면 불안해한다(Humphrey, 1972, 1973, 1983; Humphrey and Keeble, 1978). 원숭이는 왜 이런 현상을 보일까? 험프리는 붉은색이 언제나 경고에 이용되었고, 최종적인 색 부호화 색깔이지만, 그 이유는 모호하다고 했다. 붉은 과일은 먹기에 좋은 과일이지만, 뱀이나 벌레의 붉은색은 독이 들어 있다는 것을 나타낸다. 따라서 붉은색은 혼합된 메시지를 보낸다. 그러나 왜 애초에 경고성 메시지를 보내는 데 붉은색이 이용되었을까? 아마도 이 색깔이 초목의 녹색이나 바다의 파란색과 같은 주변 배경의 색과 가장 강한 대조를 이루기 때문일 것이다. 아니면 원숭이의 경우에는 붉은빛(붉은색에서 붉은빛이 도는 오렌지색이나 밝은 오렌지색까지)이 실제로 모든 원숭이 포식자가 사냥에 나서는 시간인 해 뜰 무렵이나 해 질 무렵의 빛깔이기 때문일 것이다.

붉은털원숭이만 붉은색으로 감정적 · 정서적인 속성을 드러내는 것은 아니다. 인간을 포함한 모든 영장류도 같은 성질을 공유한다. 공장 노동자들이 휴게실에서 너무 오래 빈둥댄다면 휴게실 벽을 모두 붉은색으로 칠하는 것으로 문제를 해결할 수 있을 것이다. 물론 이런 직관적인 반응은 색깔에만 해당하는 것이 아니다. 우리에 갇혀 자라 뱀을 본 적이 없는 영장류도 대부분 뱀을 보자마자 혐오하는 반응을 보이며, 인간이 전통적으로 뱀을 싫어하는 이유도 다른 이유보다는 생물학적 원천과 관계가 있을 것이다.[3] 그 말은 우리의 유전적인 유산이 뱀을 싫어하게 만드는 밈을 선호하게 만들었다는 것이다.

우리가 뱀을 보았을 때 느끼는 불편함은 두 가지로 설명할 수 있다.

(1) 우리가 뱀을 보았을 때 뱀은 우리 안에 뱀을 불쾌하게 느끼게 하는 특별한 감각질을 불러일으킨다. 우리의 불편함은 그 감각질에 대한 반응이다.

(2) 우리 신경계에 내장된 선천적 편향 때문에 우리는 뱀을 싫어한다. 뱀은 아드레날린을 분비시키고, 관련 있는 연결고리를 활성화해 싸울 것이냐 도망칠 것이냐의 전략을 가동시킨다. 위험, 폭력, 피해를 포함하는 일련의 시나리오가 펼쳐지게 만드는 것이다. 우리 안에 원래 있는 영장류의 혐오는 그것을 이용하는 밈에 의해 수백 가지 방식으로 전환되고, 수정되고, 왜곡되고, 활용되고, 형성되었다.

첫 번째 유형의 설명은 그것이 단지 설명에 불과한 것으로밖에 여겨지지 않는다는 문제가 있다. 현재 발생 중인 분홍색, 뱀에 대한 혐오감, 고통이라는 '선천적' 속성이 한 상황에 대한 대상자의 반응을 설명할 수 있다는 생각은 설득력이 없다. 2장에서 이야기했던 공허한 설명의 직접적인 사례다. 그러나 공허한 설명을 품은 이론을 유죄로 선고하는 일은 간단하지 않다. 가끔씩은 더 이상의 조사는 미뤄두고 임시로 공허한 설명을 내놓는 것이 이치에 맞는 일일 수 있다. 수정은 정의상으로 임신의 원인이라고 말할 수 있다. 수정이 무엇인지 알 수 있는 다른 방법이 없고, 그 여자가 아이를 가졌기 때문에 임신했다고 말한다면, 그것은 설명이 아니라 의미 없는 공허한 설명에 불과하다. 그러나 우리가 수정에 따르는 필수적인 기계적 이론을 알아냈다면 수정이 어떻게 임신의 원인이 될 수 있는지도 알 수 있고, 그 정보성도 회복된다. 같은 맥락에서 우리는 감각질을 정의상으로 우리의 즐거움과 고통의 가장 밀접한 원인이라고 정해둘 수 있다.

그다음에는 두 번째 유형의 설명을 시도하는 것으로 정보를 주어야 한다는 의무감에서 벗어날 차례다. 그러나 참으로 이상하게도 감각질 애호가(여전히 감각질을 믿는 사람을 나는 이렇게 부른다)는 그런 설명을 전혀 갖고 있지 못하다. 오토처럼 그들은 순전히 기계적으로 성취되는 복잡한 반응 기질로 감소된 감각질은 그들이 이야기하는 감각질이 아니라고 주장한다. 그들의 감각질은 그런 것과는 다르다는 것이다.

> [오토는 말한다.] 분홍색 고리가 바로 지금, 이 순간에 내 모든 기질, 과거의 연관성과 미래의 활동과는 별개인 채로 내게 느껴지는 방식을 잘 생각해보라. 지금 이 순간 색깔과 관련하여 그것이 내게 순수하고 별개로 존재하는 방식, 그것이 내 분홍색 감각질이다.

오토는 실수를 범했다. 우리는 곧 이것이 감각질에 관한 모든 모순의 원천임을 보게 될 것이다. 그러나 그 전에 먼저 나는 오토가 피했던 길에 어떤 긍정적인 이점이 있는지 보이고자 한다. '그것이 내게 어떠하다는 방식'을 내가 일정한 자극 양상에 직면했을 때 내 신경계에 내재한 모든 특이한 반응 기질의 전체 합과 같은 것으로 보는 '환원주의자'의 길이다.

1725년에 처음으로 연주된 바흐의 코랄 칸타타 중 한 곡을 듣는 라이프치히 루터 교회 신자가 된다면 어떠할지 생각해보라(그것이 되는 일이 어떠할지 생각해보는 이 상상력 훈련은 다른 동물의 의식과 관련한 문제를 다루는 13장을 대비한 준비운동이 될 것이다). 아마도 현대인과 18세기 독일 루터파 신도 간에 생물학적으로 중대한 차이는 없을 것이다. 같은 종이고, 진화적 시간으로 볼 때 다른 종류의 인간이 나올 만큼 긴 시간이 흐른 것도 아니기 때문이다. 그러나 엄청난 문화적 영향으로 혼란한 상태인 우리의 정신세계는 그들의 정신세계와는 상당히 다르므로 바흐의 칸타타를 처음 들었을 때 우리 각자의 경험에 미치는 영향도 현저히 다를 것이다. 우리의 음악적 상상력은 풍요로워졌고, 여러 면에서 복잡해졌다(모차르트와 찰리 파커Charlie Parker, 비틀즈The Beatles의 영향으로). 그러나 바흐가 일으킬 것으로 믿었던 일부 강력한 연관성은 잃었다. 그의 코랄 칸타타는 그의 시대 교회에 다니는 사람들에게 익숙한 전통적인 찬송가 멜로디 합창을 중심으로 만들어졌고, 따라서 음악에서 그런 흔적이나 반향이 드러나자마자 정서적인 파동과 주제의 연관을 불러일으킨다. 하지만 현대인 대부분은 바흐가 이 칸타타를 그 합창곡을 바탕으로 만들었다는 사실만 알 뿐이고, 따라서 우리가 그 음악을 들을 때는 그의 시대 사람들과는 다른 귀로 듣는다. 우리가 바흐 음악을 듣는 라이프치히 사람은 어떠할지 상상하고 싶다면 같은 악기로, 같은 방식으로, 같은 음을 듣는 것만으로는 충분치 않을 것이다. 같은 심정, 감동, 향수로 그 음조에 반응할 수 있게 우리 자신을 준비시켜야 한다.

우리 자신을 그런 식으로 준비시키는 일이 전적으로 불가능한 것은 아니다. 그 일에 가장 적합한 사람은 온갖 주의를 다 기울여 1725년 이후 음악은 접촉하지 않았고, 오로지 그 당시의 전통 음악만 집중적으로 들어 익숙해진 음악학자일 것이다. 코랄 칸타타를 듣는 라이프치히 사람은 그 합창곡 멜로디를 들으면서 이미 맛본 모든 연상을 상기할 것이다. 우리 자신의 경험에서 나온 것과는 차이가 있지만, 그것이 그들에게 어떠했는지 상상할 수는 있다. 그러나 우리가 그 일을 정확하게 똑같이 해낼 수는 없다. 라이프치히 사람은 모르지만 우리는 알고 있는 모든 것을 잊거나 버릴 수는 없기 때문이다.

우리가 갖고 있는 이 초과 수하물이 얼마나 중대한지 보기 위해 음악학자가 지금까지 알려지지 않은 바흐의 칸타타 악보를 발견했다고 가정해보자. 이 음악은 분명 이 위대한 음악가가 작곡했지만, 책상 서랍에 숨겨져 있었기 때문에 아마 작곡가 자신조차 한 번도 들어보지 못했을 것이다. 모든 사람이 그것을 들을 수 있기를, 라이프치히 사람이 그것을 듣기만 했더라면 알았을 감각질을 처음으로 경험하기를 갈망했지만, 그것은 불가능한 일로 드러났다. 참으로 고약한 우연의 일치로 그 칸타타의 주요 부분이 *루돌프 사슴 코*의 첫 일곱 음조와 똑같았기 때문이다. 그 음조를 질리게 들은 우리는 바흐가 의도했거나 라이프치히 사람이 느꼈을 음조는 들을 수 없다.

이것이 생물학적 차이, 심지어는 바흐 음악의 내재적 속성이나 형용 불가한 속성과 관련이 있는 것은 아니라는 사실에 주의하라. 우리가 라이프치히 사람의 음악적 경험을 상상력을 동원하여 자세하고 정확하게 되살리지 못하는 이유는 우리가 스스로를 상상의 여행으로 데려가야 하거나, 너무 잘 알고 있기 때문이다. 그러나 원한다면 우리는 우리의 기질, 지식과 그들의 그것 간의 차이를 세심하게 열거하고, 그 목록을 비교하여 우리가 바흐 음악을 듣는 것과 그들이 바흐 음악을 듣는 것의 차이를 원하는 만큼 자세하게 알아낼 수 있다. 하지만 그 경험을 꽤 정확하게 설명할 수 있다 하더라도 우리의 사적인 기질적 구조를 완전히 재수립하지 않는 한 직접적으로 즐길 수는 없다.

그러나 감각질 애호가들은 이런 결론에 저항한다. 우리가 방금 상상해 본 것과 같은 조사로 라이프치히 사람이 되는 것이 어떠할지에 관해 우리 가 품고 있는 거의 모든 의문을 해결한다 하더라도 형용 불가한 잔재가 남아 있는 것만 같다. '기질적'이고 '기계적인' 앎을 완전히 없애버릴 수는 없는 라이프치히 사람이 되는 것이 어떠할지에 관한 것이다. 그것이 감각 질 애호가들이 감각질을 물러서고, 찌푸리고, 비명 지르는 것이나 혐오, 역겨움, 두려움과 같은 다른 단순한 행위를 결정하는 회로와는 엄밀하게 별개인 다른 특징으로 보는 이유다. 색채의 예로 돌아가보면 이 점을 명 확하게 볼 수 있다.

우리가 오토에게 그가 즐긴 특별히 감질 나는 경험인 그의 '현재 발생 중인 분홍색'을 만든 것이 모든 선천적인 것과 학습한 연합과 그의 눈으 로 정보를 받은(아니면 정보를 잘못 받은) 특별한 방식으로 자극된 반응적 기 질의 단순한 총합이라고 했다고 가정해보라. 오토는 감각질이라는 것이 그런 기질의 복합체라고 말한다. 그가 "이것이 내 감각질이야"라고 말하 면서 고른 것이나 가리킨 것은 그것을 깨달았든 깨닫지 못했든 그의 특이 한 기질의 복합체다. 그는 사적이고 형용할 수 없는 어떤 것이나, 그의 마 음의 눈에 있는 다른 것을 지칭한듯하다. 동질적인 분홍색이지만 사적으 로 느끼는 색조이고, 그에게 여겨지는 것이지, 그것이 어떠한 것은 아니 다. 그의 감각질은 그의 타자현상학의 허구적인 세계에 굳게 자리 잡고 있는 특징이지만, 그의 뇌에 있는 것으로 드러난 것은 단지 기질의 복합 체다.

[오토는 감각질 애호가 전통에 치명적인 발걸음을 내디디며 답변한다.] 그것이 거기 있 는 전부일 리 없다. 순전한 기질의 복합체가 내 특별한 분홍색 감각질의 기 초나 원천일 리 없는 데다, 그것은 내 내적 감각질이 바뀌지 않아도 바뀔 수

있고, 가지각색의 순전한 기질이 바뀌지 않아도 내 내적 감각질이 바뀔 수 있기 때문이다. 그러니까 내 감각질은 내 모든 기질을 뒤집지 않고도 전도될 수 있다. 나는 지금 내가 붉은색에 대해 갖고 있는 감각질에 동반하는 녹색에 대한 모든 반응성과 연관성을 가질 수 있고, 그 반대도 마찬가지다.

철학적 환상, 전도된 감각질

그런 '전도된 감각질'이 가능하다는 생각은 철학의 가장 전염력 있는 밈 가운데 하나다. 로크는 이것을 《인간오성론》(1690)에서 논의했고, 내 학생들 중에서도 어린 시절 같은 생각이 들었고, 그런 환상에 빠져보았다는 사람이 많았다. 전도된 감각질에 관한 생각은 속이 훤히 들여다보일 정도로 자명하고 확실한 것으로 보인다.

사물이 내게 보이고, 들리고, 냄새나는 등등의 방식이 있다. 그것만큼은 명백하다. 그러나 나는 사물이 내게 여겨지는 방식이 다른 사람에게도 똑같은지 궁금하다.

이 주제를 놓고 철학자들이 여러 변형을 만들어냈지만, 전형적인 것은 사람과 사람 사이의 관계에 관한 것이다. 우리가 어떤 것을 바라볼 때 당신과 내가 똑같은 주관적인 색깔을 보고 있는지 어떻게 알 수 있을까? 당신도 나도 일반적으로 볼 수 있는 색깔 있는 물체를 통해 색채 언어를 배웠으므로 설령 우리가 경험하는 주관적 색채가 전혀 다르다 하더라도 우리의 언어 행동은 일치할 것이다. 각자의 개인적인 경험은 정반대일지라도(아니면 단지 다르더라도) 우리가 일반적으로 붉은색이나 녹색으로 부르는 것은 같은 것이다.

이것이 그런 사례인지 아닌지 구별할 수 있는 방식이 있을까? 붉은 것이 보이는 방식은 당신에게나 나에게나 모두 같다는 가설을 고려해보자. 많은 사람이 그렇게 생각할 것이고, 또한 일부는 바로 그런 이유로 처음에는 이것이 상식적으로 옳다고 느껴져도 다른 한편으로는 말도 안 되는 소리라고 결론 내릴 것이다. 또 어떤 사람은 기술이 사람들 사이에 전도된 스펙트럼 가설을 살려내고 확증해주는(아니면 반증하거나) 날이 올지 궁금히 여겼다. 공상과학 영화 브레인스톰Brainstorm(내 책《브레인스톰》을 영화화한 것이 아님!)에 바로 그런 의문을 알아볼 수 있을 것으로 보이는 가공의 장치가 나온다. 머리에 쓰는 신경과학 장치로, 상대방의 시각 경험이 케이블을 통해 내 뇌로 주입되어 눈을 감고도 정확하게 상대방이 바라보고 있는 것이 무엇인지 알 수 있다. 하지만 그 사람이 하늘이 노란 것을 보거나 잔디가 붉은 것을 보고 얼마나 놀랐는지는 알 수 없다. 만일 우리가 그런 기계를 갖고 있어 그런 실험을 할 수 있다면 서로의 감각질이 다르다는 것을 경험적으로 확증할 수 있지 않을까?

그런데 기술자가 연결된 케이블을 뽑아 반대로 꽂았다고 해보자. 이제 나는 하늘이 푸르고, 잔디는 녹색이라고 보고한다. 과연 어느 곳이 플러그의 옳은 정위定位라고 할 수 있을까? 그런 일이 가능하다면, 그런 장치를 설계하고 제작하는 일은 두 피실험자의 보고를 표준화하는 것으로 장치의 충실도를 조정하고 계측해야 한다. 그렇게 되면 우리는 근거를 얻을 수 있는 출발선상에 설 수 있다. 감각질 애호가들 간의 합의는 이것은 실패라는 것이다. 이런 사고 실험은 완벽한 기술로 뒷받침되어도 감각질을 상호 주관적으로 비교하는 일은 가능하지 않다는 것을 보여준다. 그러나 이것은 충격적이게도 전도된 감각질이라는 생각은 말도 안 되고, 따라서 감각질이라는 생각 자체도 헛된 것이라는 '검증주의적'이고 '실증주의적'인 견해에 지지를 보낸다. 철학자 루드비히 비트겐슈타인은 그의 유명한 '상자 속의 딱정벌레' 비유를 통해 이렇게 말했다.

상자 안에 있는 것은 언어 게임에서 어떤 자리도 차지하지 못한다. '단지 어떤 것'으로조차도 자리가 없다. 상자가 비어 있을 수도 있기 때문이다. 아니, 어떤 사람은 상자 안에 있는 것으로 '나누어' 나갈 수도 있다. 그것이 무엇이든 간에 그것은 상쇄되어 사라진다. (Wittgenstein, 1953, p. 100)

이 말은 무슨 의미일까? 감각질은 진짜이지만 쓸모없는 것이란 뜻일까? 아니면 어떤 감각질도 없다는 의미일까? 이것은 감각질이 진짜이더라도 감각질에 있는 차이가 어떤 식으로든 발견될 수 없는 차이라고 생각하는 대부분의 철학자에게 여전히 명백한 것으로 여겨진다. 누군가가 개인 내의 전도된 스펙트럼이라는 더 개선된 사고 실험을 고안해내기 전까지 이 불편한 상황은 그대로일 것이다. 몇몇 이론가가 각자 자기 방식으로 이런 생각을 했다(Gert, 1965; Putnam, 1965; Taylor, 1966; Shoemaker, 1969; Lycan, 1973). 이 버전에서는 비교될 경험이 모두 한 마음 안에 있으므로 우리에게 가망 없는 브레인스톰 기계는 필요 없다.

어느 날 아침에 일어나보니 잔디가 붉은색으로 변해 있고, 하늘은 노란색이 되어 있다. 세상에 이상한 색깔 변화가 일어난 것을 다른 사람은 아무도 알아채지 못한 것으로 볼 때 문제는 내 안에 있는 것이 틀림없다. 당신이 시각의 색채 감각질 전도를 겪었다고 결론 내려도 무방할 것으로 보인다. 이런 일은 어떻게 일어났을까? 당신이 잠든 사이에 사악한 신경외과 의사가 당신의 망막을 수술해 색을 감지하는 원추 세포에서 나오는 회로를, 즉 뉴런을 모두 바꾸어놓은 것으로 밝혀졌다.

당신이 겪고 있는 일은 놀랍고, 심지어는 무섭기까지 하다. 당신은 사물이 보이는 방식이 이제 매우 다르다는 것을 분명히 알고 있고, 이것이 왜 그런지 과학적으로 적절하게 설명할 수도 있을 것이다. 색채에 관심을 두는 시각 피질에 있는 뉴런 다발이 체계적으로 돌아가는 망막 수용체에서 자극을 받아들인다고 말이다. 따라서 싸움의 절반은 승리한 것으로 보인다. 감각질에 있는 차이가 한 사람 안에서 다소 빠르게 일어나는 차이라면 어찌 되었건 탐지될 것이다.[4] 그러나 이것은 단지 싸움의 절반에 불과하다. 가공의 신경외과적 장난질이 모든 반응적 기질까지 바꾸어놓았다고 생각한다면, 당신의 색채 경험이 혼란되었다고 말할 수 있을 뿐만 아니라 당신의 비언어적 색채 관련 행동까지도 전도되었다고 말할 수 있기 때문이다. 과거에는 붉은 불빛에서 초조감이 일었다면 지금은 녹색 불빛에서 초조감이 일고, 살면서 능숙하게 이용하던 다양한 색채 부호 전략의 유용함을 잃었다(당신이 보스턴 셀틱스 농구팀 선수인데, 붉은색 유니폼을 입은 선수에게 계속해서 공을 잘못 던져주고 있는 꼴이다).

감각질을 이해하는 몇 가지 사고 실험

감각질 애호가에게 필요한 것은 사물이 보이는 방식이 이런 모든 반응적 기질과는 별개일 수 있음을 보여주는 사고 실험이다. 따라서 우리는 좀 더 복잡한 이야기를 펼쳐야 한다. 뒤바뀐 감각질은 온전하게 남겨둔 채로 반응적 기질에서 바뀐 것을 되돌리는 일이 일어나는 것을 기술해야 한다. 관련 문헌들이 갑자기 판타지로 휘몰아쳐 들어가는 부분이 바로 여기다. 그 누구도 사물이 보이는 방식이 대상자의 반응적 기질과 실제로 분리된 것이라고는 단 한 순간도 생각해보지 않았기 때문이다. 감각질 애호가들은 이것을 원리적으로 중요한 가능성으로 간주한다. 이런 일을 입증하기 위해서 그들은 아무리 터무니없더라도 이런 분리가 실제임이 명백한 경우를 설명해야 한다. 그렇게 작동하지 않는 반대의 사례를 생각해보자.

어느 날 밤, 당신이 잠든 사이 사악한 신경외과 의사들이 원추 세포에서 나오는 모든 선을 바꾸어놓았다고 해보자. 그런데 잠시 후에 다른 신경외과 의사 팀(B팀)이 들어와 시신경을 조금 더 위까지 보충적으로 재배선하는 수술을 했다고 치자.

당신도 짐작하겠지만, 이것으로 예전의 모든 반응적 기질은 회복되었지만, 안타깝게도 그것이 예전의 감각질까지도 회복시켜 놓았다. B팀이 재빠르게 손상을 회복시킨 덕분에 색채에 관심을 가진 피질 세포는 이제 다시 원래의 신호를 받는다. 두 번째 예기치 못한 변화가 너무 이르게 일어난 것 같다. 그것은 의식적인 경험으로 올라가는 길에 일어난 것으로 보인다. 전도된 감각질이 의식에 소개된 후이지만, 전도된 반응의 어느 것도 들어오기 전이다. 그러나 이런 일이 가능할까? 다중원고 모형을 지지하는 논증이 옳다면 이는 분명 불가능한 일일 것이다. 안구에서 시작해 의식을 지나 후속 행동까지 이어지는 인과적 연결고리에 걸쳐서 X에 대한 모든 반응은 그 후에 일어나고, X의 의식은 그 전에 일어난다는 기준이 되는 선은 없다. 이것이 간단한 인과적 연결고리가 아니라 다중원고가 동시적이고 반독립적으로 편집되는 중인 다중 경로를 가진 인과적 네트워크이기 때문이다. 감각질 애호가의 이야기는 의식적인 경험이 일어나는 특별한 장소인 데카르트 극장이 있다면 이치에 맞겠지만, 데카르트 극장은 없기 때문에 그런 사고 실험도 말이 안 된다.

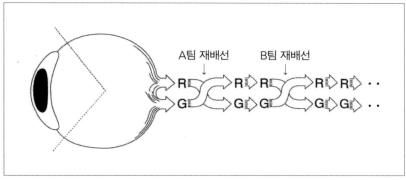

〈그림 11-1〉

　전도된 스펙트럼에 관한 문헌에서 두 번째 예기치 못한 변화는 수술에 의해서가 아니라 피실험자가 새로운 상황의 경험에 점차적으로 적응하면서 얻는 것이라고 가정된다. 이런 생각은 피상적으로 볼 때 합당하다. 사람들은 감각이 기이하게 전도되더라도 놀라울 정도로 잘 적응한다. 피실험자가 망막에 상이 똑바로 맺혀 모든 것이 거꾸로 보이게 만드는 고글을 쓰고 실험에 참가하는 시야 전도 실험이 많이 이루어졌다(Stratton, 1896; Kohler, 1961; Welch, 1978; Cole, 1990). 어떤 종류가 되었든(고글 종류에 따라 광시야각을 가진 것도 있고, 일종의 터널 시야를 만드는 것도 있다) 사물을 거꾸로 보이게 만드는 고글을 며칠 동안 계속 쓰고 다닌 피실험자들은 그 상황에 놀라울 만큼 잘 적응했다. 이보 퀼러Ivo Kohler가 인스부르크에서 실험하면서 찍은 필름을 보면 두 명의 피실험자가 처음 고글을 썼을 때는 어쩔 줄 몰라 하며 우스운 모습을 연출하지만, 나중에는 완전히 적응해 여전히 사물이 거꾸로 보이는 고글을 쓰고도 스키를 타고, 자전거를 탄다.

　당신이 색채 시각을 외과적으로 역전시킨 것에 점차 적응했다고 가정해보자. 이제 적응은 분명 경험 후에 일어난 것이다. 우리는 맑은 하늘이 여전히 당신에게 노랗게 보일 것이라고 가정할 수 있지만, 당신은 이웃과 보조를 맞추기 위해서 그것을 파란색이라고 부르기 시작할 것이다. 새로운 물체를 보면 순간적으로 혼란을 일으킬 것이다. "이건 녹, 아니 내 말뜻은 붉은색이라고!" 녹색 신호등 앞에서 드는 초조함은? 그것은 여전히 당신의 전기 피부 반응에서는 비정상으로 나타날까? 그러나 이 논쟁을 위해서 감각질 애호가는 이런 일이 아무리 불가능해 보이더라도 여전히 전도된 감각질의 잔재만 뒤에 남기고 당신의 모든 반응적 기질이 적응했다고 상상해야 한다. 당신의 성질 공간에서 가장 기본적이고 선천적인 편향 또한 적응했다고 인정하자. 또한 감각질 애호가가 이런 모든 적응이 결국에는 제2의 천성이 된다고 성급하게 검증하지도 않은 채 가정해야 했다고 해보자. 이제 당신의 모든 반응적 기질이 회복되었다고 가정한다면 감각질에 관한 당신의 직관은 무엇인가? 그것이 여전히 거꾸로 되어 있는가, 아닌가?

직관이 전혀 끓어오르지 않아 아무것도 얻지 못했든, 어떤 직관이 떠올랐더라도 신뢰할 수 없다는 것을 알았든 간에 단지 논의를 위해 많은 의심스러운 추정을 용인해달라고 요청했으니 이 시점에서는 그냥 넘어가는 것이 합당하다. 그러나 아마도 당신에게는 당신의 감각질이 여전히 전도되어 있다는 것이 상당히 명백한 것 같다. 왜 그럴까? 이야기의 무엇이 당신이 이런 식으로 보게 만드는가? 아마 당신이 지시를 따랐다고 하더라도 무심코 그 이야기가 요구하지 않는 한층 더 나아간 가정을 더했거나, 아니면 그 이야기로 배제되지 않은 가능성을 알아채지 못했을 것이다. 나는 이 가공의 경우에서 여전히 '전도된 감각질'을 갖고 있다는 당신의 직관은 당신이 모든 적응이 경험 이후의 면에서 일어나고 있다고 가정하고 있는 데서 나온 것이라고 생각한다.

이것은 적응이 상향 경로에서 성취된 것일 수도 있고, 아닐 수도 있다는 말일까? 당신이 진한 색깔 고글을 처음 썼을 때는 다른 색깔은 전혀 보지 못할 것이다. 아니면 적어도 눈에 보이는 색깔이 기이하고 무슨 색인지 구별하기 어렵지만, 한동안 그것을 쓴 다음에는 놀랍게도 정상 색채 시각이 돌아온다(Cole, 1990). 아마도 이 놀라운 사실을 알지 못한다면 이와 매우 흡사한 방식으로 수술에 적응할 수 있다는 사실을 생각지도 못할 것이다. 우리는 몇 가지 세부사항을 더한 사고 실험으로 이런 가능성을 조명할 수 있다.

> 또한 점차로 적응이 되어가면서 당신은 종종 물체 색깔이 전혀 이상하게 느껴지지 않고, 가끔은 혼란스럽기도 하며, 이중으로 수정되는 것을 알고 놀랄 것이다. 새로운 물체 색깔을 물어보면 당신은 "그것은 녹, 아니 붉은색, 아니 그것은 녹색이에요!"라고 답할 것이다.

이런 식의 이야기는 색채 감각질 그 자체가 적응되었거나 재전도된 것이 명백한 것처럼 여겨지게 만든다. 그러나 어떤 경우든 당신은 지금 그것이 이것 아니면 저것이어야 한다고 생각할 것이다. 당신이 어떤 종류의 적응을 한 것인지 전적으로 명백하지 않은 경우란 있을 수 없다. 이런 확신을 근거로 조사도 하지 않고 나온 가정은 모든 적응이 경험 전이나 경험 후로 분류될 수 있다는 것이다(스탈린식 아니면 오웰식). 극단적인 경우는 분류하기 쉬우므로 처음에는 이것이 무해한 가정인 것 같다. 뇌가 경험에서 안정적인 시각 세계를 만들어내면서 머리와 눈의 움직임을 보상할 때 이것은 분명하게 결과의 경험 전 취소다. 의식의 상향 경로상의 적응인 것이다. 또한 당신이 색채 언어 선택에서("그것은 녹, 아니 붉은색이에요!") 말초적으로(뒤늦게) 보상한다고 상상할 때, 이것은 명백하게 경험 후이고, 순전히 행동상의 적응이다. 그렇다면 모든 적응이 이루어졌을 때 그것이 주관적 색채('의식의' 색채)를 전도된 채로 남겨놓거나 아니거나 이치에 맞다.

그렇지 않은가? 사람들이 보통 이를 구별하는 방식은 이렇다. 상향 경로에 예기치 못한 변화를 더하라. B팀의 작업에 짝수 변화가 있다면 그 감각질은 정상화되고, 홀수 변화가 있다면 감각질은 아직 뒤집어져 있는 것이다. 이는 말도 안 되는 소리다. 4장에서 이야기했던 신래퍼곡선을 상기해보라. '의식에서의' 변수의 값으로 하나만 뽑아낼 수 있는 판별적인 변수가 있어야 한다는 것은 논리적이지도 않고 지형적으로도 당연한 결과가 아니다.

우리는 감각질 애호가의 법칙에 따르는 작은 판타지로 이것을 입증할 수 있다. 수술 전에는 당신이 전에 사고를 당한 자동차를 연상시키는 특정한 파란색을 피했다고 해보자. 수술 후 처음에는 그 색깔 물건에 어떤 부정적인 반응도 일어나지 않았다. 무해하고, 아무런 기억도 떠올리지 않는 노란색으로 보였던 것이다. 그러나 완전히 적응한 후에는 다시 파란 색조의 물체가 그 사고를 연상시켜 피하게 되었다(만일 그 색깔이 그런 작용을 일으키지 않는다면 이것은 적응되지 않은 반응적 기질일 것이다). 그러나 우리가 당신에게 그것이 그 사고를 기억할 때 노란색 자동차가 그 전에 유해한 물체였던 것처럼 지금도 그렇게 느껴지기 때문인지, 아니면 파란색 자동차가 그 전에 유해한 물체였던 것처럼 지금도 그렇게 느껴지기 때문인지 물으면 당신은 대답할 수 없다. 당신의 언어적 행위는 완전히 적응되었을 것이다. '당신이 사고를 당한 자동차의 색깔은 무엇이었나요?'라는 질문에 당신이 즉각 내놓을 제2의 천성에서 나온 대답은 "그 차는 파란색입니다"일 것이고, 당신은 또한 앞에 있는 파란색을 주저하지 않고 유해한 물체라고 할 것이다. 그것이 당신이 그 오랜 훈련 기간을 잊었다는 사실을 말하는 것일까?

아니다. 당신이 대답할 수 없다는 것을 설명하기 위해 기억상실처럼 극적인 것이 필요하지는 않다. 우리의 일상생활 중에도 같은 현상이 많이 일어나기 때문이다. 맥주를 좋아하는가? 맥주를 즐기는 많은 사람이 맥주 맛이 획득한 것임을 알고 있을 것이다. 점차 그 맛에 길들여졌거나, 아니면 그 맛을 즐기게 되었다. 어떤 맛? 처음 한 모금의 맛?

맥주를 오래 마셔온 사람은 아무도 그런 맛은 좋아할 수 없다고 응수한다. 경험 많은 맥주 음주자(애호가)에게는 맥주 맛이 다르다. 만일 맥주 맛이 처음 마셨을 때와 계속 똑같았다면 절대로 맥주를 계속 마시지 않았을 것이다. 다시 말해, 맥주를 처음 마셨을 때 느낀 맛이 가장 최근에 마신 맥주 맛과 똑같았다면 애초에 그 맛을 획득할 필요가 전혀 없었을 것이다. 지금 맥주를 즐기는 것만큼이나 처음 마셨을 때의 맥주 맛도 좋아했을 테니까.

만일 이 맥주 애호가의 말이 옳다면 맥주는 획득한 맛이 아니다. 맥주를 처음 맛보았을 때와 같은 식으로 즐기는 사람은 없다. 그와는 반대로 그들에게 느껴지는 맥주 맛은 점차 변한다. 맥주가 언제나 지금과 맛이 같았다고 주장하는 맥주 애호가가 있다면, 그는 바로 지금의 그 맛을 좋아하는 것이다. 그 말에 진정한 차이가 있을까? 타자현상학에서는 차이가 분명 있고, 그 차이는 설명이 필요하다. 이 다르다는 확신은 다음과 같은 판별 역량의 차이에서 불거진 것일 수도 있다. 첫 번째 유형의 맥주 애호가에게는 '훈련'이 맛을 위한 성질 영역의 '형태'를 바꾸었고, 두 번째 유형의 맥주 애호가에게는 성질 영역은 거의 같은 것으로 남아 있지만, 그 공간에 관한 '평가 기능'은 수정되었다. 아니면 맥주 애호가 일부나 심지어는 모두 농담을 하고 있는 것일 수도 있다(고해상도 마릴린이 모두 자기 시야의 배경에 있다고 주장하는 사람들처럼). 우리가 맥주 애호가들의 주장을 해석한 것이 진실인지 알아보려면 타자현상학적 세계를 넘어 머릿속에서 실제로 일어나는 일까지 보아야 한다. 또한 그것이 진실이라면, 그것은 우리가 '맛이 나는 방식'을 어떤 식이 되었든 반응적 기질의 복합체로 감하고자 결정했기 때문이다(Dennett, 1988a). 우리가 그것을 구해내려면 감각질을 파괴해야만 한다.

따라서 만일 맥주 애호가가 이마를 찡그리고 얼굴에 심각한 표정을 지으면서, 자기가 의미하는 것은 '지금 이 순간 내게 맥주 맛이 느껴지는 방식'이라고 말한다면 그는 정말로 농담을 하고 있는 것이다. 그가 그것으로 그의 변화하는 반응적 태도와는 다른 주관적 상태인 그가 잘 알고 있는 감각질을 나타낼 수 있다고 생각했다면 말이다. 그에게는 그런 일이 가능하다고 여겨지더라도 그는 그런 일을 할 수 없다.[5]

마찬가지로 파란색 물체를 본 것이 자동차 사고를 상기시킨 가상의 경우에서도 물체가 보이는 방식을 보고 그것이 자동차 사고를 당했을 때 그 차가 보였던 방식과 '내재적으로' 같은 방식이었음을 분간할 수 있다고 한다면 그것은 사실이 아닐 것이다. 반응적 기질은 정상화되는 반면 감각질은 전도된 것임이 명백한 경우를 설명하는 것이 목표이므로 이것은 감각질 애호가의 사고 실험을 무효화하기에 충분하다. 분간할 수 있으리라는 가정은 해명을 요하고, 그런 가정 없이는 순전히 직관 펌프일 뿐 논증은 없으며, 건실한 근거도 없이 당신의 직관을 선언하도록 당신을 부추기는 이야기일 뿐이다.

'당신이 어떤 것이 그렇다고 보는 주관적인 색깔'은 '어떤 식으로든' 그런 것으로 여전히 명백해 보인다. 이것은 데카르트 극장이 우리의 상상력에 행사한 강력한 영향력이다. 이미지를 거꾸로 보이게 만드는 고글과 같은 것으로 생각을 더 진행해본다면 이런 생각으로 우리를 끌어들이는 나머지 부분도 깨뜨릴 수 있을 것이다. 이런 고글을 착용한 피실험자는 그것이 제2의 천성이 될 만큼 매우 잘 적응해 고글을 쓰고도 자전거를 타고, 스키를 타는 경지에 도달했다. 여기서 자연스럽게 나오는(그러나 오도된) 질문은 그들이 경험적인 세계를 다시 똑바로 바꾸는 것으로 적응했느냐, 아니면 전도된 경험적 세계에 익숙해진 것으로 적응했느냐는 것이다. 또한 그들은 자신이 얼마나 완벽하게 적응했는지와 관련하여 여러 가지 다른 말을 한다. 그것이 더 많이 완성될수록 피실험자는 그 질문을 부적절하고 대답이 불가능한 것으로 더 많이 폐기하게 될 것이다.

이것이 바로 다중원고 이론이 요구하는 것이다. 어떤 판별과 반응은 저수준 반사(무엇이 다가오면 몸을 피하는 것과 같은)를 다루고, 다른 것은 주의를 집중하여 심사숙고한 행동을 다루면서 적응해야 하고, 뇌 전체로 퍼져야 하는 판별과 반응이 많으므로 여기저기서 끌어모은 적응이 축적될 때 피실험자가 "사물이 여전히 달라 보이지만 그런 일에 적응하고 있다"라고 말하는 대신에 "사물이 예전에 보이던 방식으로 보인다"라고 말해야 할지 말지 확신을 잃어버리는 것도 당연하다. 사물은 어떤 면에서는 그들에게 같은 것으로 보이지만(그들의 반응으로 판단한 것으로는), 다른 면에서는 달라 보인다(다른 반응으로 판단한 것으로는). 시각 자극에 대한 모든 반응이 연결되어야 하는 시각 운동 공간의 단일한 표상이 있다고 하더라도 그것은 이 방식 아니면 저 방식일 것이고, 아마도 단일한 표상 같은 것은 없을 것이다. 그들에게 사물이 보이는 방식은 부분적으로 독립적인 많은 반응 습관으로 구성되어 있지, 단일한 머릿속 그림이 아니다. 중요한 것은 입력과 출력 간에 적합한 것이고, 이것은 다양한 수단에 의해 다양한 장소에서 성취되므로 무엇이 '내 시야가 여전히 위아래가 바뀌었다'고 간주되는 것인지 알 수 없다.

'감각질' 전도에서도 마찬가지다. 이것이 모든 반응적 기질의 전도에 더해진 어떤 것이라는, 따라서 만일 그것이 다시 정상화된다면 전도된 감각질이 남을 것이라는 생각은 끈질긴 데카르트 극장 신화의 일부일 뿐이다. 이 신화는 전도된 스펙트럼에 관한 정교한 사고 실험에서 환영받는 것이지만, 환영하는 것이 지지하거나 입증하는 것은 아니다. 반응해야 할 기질 전체의 합에 더해 감각질이 없다면 기질을 조정하는 한편 감각질을 지속적으로 유지하고 있다는 생각은 자가당착이다.

색채를 본 적이 없는 색채 과학자, 메리

색채 경험에 관한 또 다른 철학적 사고 실험이 있다. 프랭크 잭슨Frank Jackson(1982)의 '색채를 본 적이 없는 색채 과학자, 메리'의 사례다. 그러나 이것은 좋은 사고 실험이 아니다. 그 전제를 잘못 이해하게 부추기는 직관 펌프다.

> 메리는 명석한 과학자지만, 어떤 이유에서인지는 몰라도 흑백의 방에서 흑백 모니터를 통해 세상을 연구하도록 강요당하고 있다. 메리는 시각 신경생리학 전문가로, 우리가 잘 익은 토마토나 하늘을 볼 때 일어나는 일에 관해 얻을 수 있는 모든 물리적 정보를 알고 있으며, 붉은색, 파란색 등과 같은 용어를 사용한다. 메리는 하늘에서 나온 어떤 파장의 조합이 망막을 자극하고, 이것이 정확히 어떻게 중추 신경계를 통해 성대를 수축시키고, 폐에서 공기를 배출하게 하여 '하늘은 파랗다'라는 문장을 발화하게 만드는지 알아냈다. 메리를 흑백의 방에서 나오게 하고, 컬러텔레비전 모니터를 준다면 무슨 일이 일어날까? 메리가 무엇을 배울까, 배우지 못할까? 세상의 어떤 것과 그것에 관한 시각 경험을 메리가 배우게 되리라는 것은 명백해 보인다. 그러나 그렇게 되면 그녀의 이전 지식이 불완전했다는 사실이 밝혀지는 것을 피할 수 없다. 메리는 모든 물리적 정보를 갖고 있다고 했다. 그렇다면 지식이 그보다는 많아야 하고, 물리주의는 허위다. (Jackson, 1987, p. 128)

핵심이 이보다 더 명확할 수는 없다. 메리는 색채 경험이 전혀 없다(자기 얼굴을 들여다볼 거울도 없고, 장갑이나 다른 것들도 오로지 검은색만 사용할 수 있었다). 따라서 억류자가 메리를 풀어주었을 때, 그녀가 드디어 오로지 흑백의 도식과 설명으로만 알고 있던 색깔이 있는 세계로 나올 수 있었던 그 특별한 순간에 무엇을 배우리라는 사실은 잭슨의 말을 빌리자면 "전적으로 명백해 보인다." 실제로 우리는 모두 메리가 처음으로 붉은 장미를 보고 "그러니까 붉은색은 저렇게 생긴 거구나!"라고 감탄할 것이라고 상상할 수 있다. 만일 메리가 처음으로 본 색깔 있는 것이 아무 표시도 없는 나무 블록인데, 그녀가 들은 설명이라고는 그중 하나는 붉은색이고 다른 하나는 파란색이라는 말뿐이었다면, 메리가 새로 발견한 색채 경험에 어떤 이름을 부여해야 할지 배우기 전까지는 어느 것이 어느 것인지 감조차 잡지 못할 것이다.

거의 모든 사람이 이 사고 실험을 이런 방식으로 생각한다. 아무것도 모르는 사람만이 아니라 세상 물정에 빈틈없는 사람도, 산전수전 다 겪은 철학자도 그렇다(Tye, 1986; Lewis, 1988; Loar, 1990; Lycan, 1990; Nemirov, 1990; Harman, 1990; Block, 1990; van Gulick, 1990). 오직 폴 처칠랜드(1985, 1990)만이 이 사고 실험으로 매우 생생하게 불러낸 메리의 극적인 발견의 이미지에 진지하게 저항했다. 그 이미지는 잘못된 것이다. 만일 그것이 당신이 이 경우를 상상하는 방식이라면 당신은 지시를 따르지 않은 것이다. 지시를 따르는 사람이 아무도 없는 이유는 상상하라고 요청하는 것이 너무 터무니없이 거창해서 시도하기조차 벅차기 때문이다. 중요한 전제는 '메리가 모든 물리적 정보를 갖고 있다'는 것이다. 그런 일은 상상하기 쉽지 않으므로 아무도 굳이 상상하려 들지 않는다. 그들은 단지 메리가 엄청나게 많은 것을 알고 있다고 상상한다. 아마도 메리가 색채 시각의 신경생리에 관해 오늘날 알려진 모든 것을 알고 있다고 상상할 것이다. 그러나 그것은 새 발의 피에 불과하고, 메리가 알고 있는 것이 그것이 전부라면 그녀가 무엇을 배우게 되리라는 것은 당연지사다.

여기서 상상력의 착각을 끄집어내기 위해 놀랍지만 합당한 방식으로 이야기를 계속해보겠다.

그러던 어느 날 메리를 억류하고 있던 사람은 이제 메리에게 색깔을 보여줄 시간이라고 결정했다. 메리를 속이기 위해 그는 그녀가 평생 처음으로 경험할 색채로 밝은 푸른색의 바나나를 준비했다. 메리는 그것을 보자마자 말했다.

"이봐요! 나를 속이려고요? 바나나는 노란색인데, 이것은 파란색이잖아요!"

억류자는 할 말을 잃었다. 그것을 어떻게 알아낸 것일까? 메리가 대답했다.

"간단한 일이죠. 내가 색채 시각의 물리적 원인과 결과에 관해 지금까지 알려진 사실을 모두 알고 있다는 사실을 잊으면 안 돼요. 나는 당신이 바나나를 가져오기 전부터 노란색 물체나 파란색 물체가(또는 초록색 물체 등도) 내 신경계에 정확히 어떻게 비칠지 아주 자세하게 적어두었어요. 따라서 나는 이미 내가 어떤 생각을 갖게 될지 정확하게 알고 있었어요(결국 이런저런 것에 관해 생각해야 할 '순전한 기질'이 당신의 그 유명한 감각질 중의 하나는 아니잖아요, 그렇죠?). 나는 파란색을 경험한 것에 조금도 놀라지 않았어요(내가 놀란 사실은 당신이 그런 저급한 술수로 나를 속이려고 했다는 것이죠). 당신은 내가 파란색을 보고 전혀 놀라지 않을 만큼 나 자신의 반응적 기질에 관해 잘 알고 있으리라고는 상상하지 못했겠죠. 물론 당신이 그것을 상상하기는 힘든 일이에요. 그 어떤 사람에게도 어떤 것에 관한 모든 물리적 사실을 알고 있는 것이 어떤 결과일지 상상하기는 힘든 일이에요!"

당신은 분명 내가 속임수를 쓴 것이라고 생각할 것이다. 메리의 말 뒤에 내가 어떤 불가능성을 숨기고 있는 것이 분명하다고 여길 것이다. 그것을 증명할 수 있겠는가? 내 말의 요점은, 내가 나머지 이야기를 하는 방식이 메리가 아무것도 배우지 않았다는 것을 입증하는 것이 아니라, 일반적인 이야기 상상 방식이 메리가 무엇을 배웠다는 것을 입증하지 않는다는 것이다. 그것은 아무것도 입증하지 않는다. 전제가 요구하는 것이 아닌 다른 것을 상상하게 유인하여 메리가 배우고 있다는("전적으로 명백해 보인다") 직관을 주입할 뿐이다.

현실적이고 쉽사리 상상할 수 있는 이야기를 접할 때 메리는 어떤 경우에는 무언가를 배우게 되겠지만, 어떤 경우에는 그를 통해 많은 것을 알게 되더라도 물리적인 모든 것을 알지는 못할 것이다. 메리가 많은 것을 알게 될 것이라고 상상하고 마는 것은 메리가 모든 물리적 정보를 갖고 있다는 함의를 알아내는 좋은 방식이 아니다. 그것은 메리가 타락한 부자라고 상상하는 것이 그녀가 모든 것을 가졌다는 가설이 함의하는 것을 알아내는 좋은 방식이 아닌 것이나 마찬가지다. 메리가 명백하게 알고 있는 몇 가지를 미리 헤아려본다면 메리가 가진 지식이 메리에게 부여하는 힘의 정도를 상상해보는 데 도움이 될 것이다. 메리는 흰색과 검은색과 회색을 알고 있고, 물체의 색이 다르다는 것과, 번쩍거리거나 건조해 보이는 등의 표면의 성질이 다르다는 것도 안다. 휘도輝度(광원光源의 단위 면적당 밝기의 정도_옮긴이) 경계와 색채 경계 사이의 차이도 모두 안다. 또한 그녀는 각각의 특정한 색채가 그녀의 신경계에 신경생리학적 용어로 설명되는 어떤 결과를 나타낼지 정확하게 알고 있다. 따라서 메리에게 남은 유일한 과제는 내면으로부터의 그런 신경생리학적 결과를 식별하는 법을 알아내는 것이다. 당신은 메리가 어떤 색깔은 노란색이 아니고, 어떤 색은 붉은색이 아닌 것을 구별하는 것과 같은 파악하기 까다로운 문제를 해결하는 데 조금씩 발전을 보이고 있다고 쉽게 상상할 수 있다. 이는 그녀의 뇌가 오로지 노란색에만 또는 붉은색에만 보이는 특정한 반응을 주목해보면 알 수 있다. 그러나 만일 당신이 이런 방식으로 메리가 색채 공간으로 조금이라도 들어가게 허용한다면, 당신은 그녀가 그것 모두를 알고 있을 때 보이는 두드러진 반응을 알지 못하기 때문에 그녀가 향상된 지식을 완수하는 길로 나아갈 수 있다고 결론 내려야 한다.

로젠버그 부부가 M 탐지기로 탈바꿈시킨 젤로 상자를 상기해보라. 어떤 사기꾼이 원래 조각이 아닌 것은 분명하지만 다른 짝과 딱 들어맞는 조각을 들고 나타난다면 이들이 얼마나 놀랄지 상상해보라. 그들은 "이건 불가능한 일이야!" 하고 외칠 것이다. 하지만 사기꾼은 말한다.

"불가능한 일이 아니오. 단지 어려운 일일 뿐이지. 나는 M 탐지기를 재구성하고, 형태 속성 M을 이용해 만들 수 있는 다른 것을 만드는 데 필요한 모든 정보를 갖고 있소."

메리는 자기의 붉은색 탐지기가 무엇이고, 파란색 탐지기는 무엇인지 알아낼 수 있고, 따라서 그것을 미리 식별하는 데 필요한 충분한 정보를 갖고 있다. 이것이 색깔에 관해 배우는 보통 방식은 아니지만, 메리는 보통 사람이 아니다.

나는 이것이 메리의 철학 팬들을 흡족하게 만들어주지 못할 것임을 알고 있고, 아직 말해야 할 것이 훨씬 더 많다. 내 주요한 요점은, 실제로 입증하는 것은 잭슨의 예에서 멀리 떨어진 영역에서 진행되어야 하며, 그것은 상상력의 실패를 필요성에 관한 통찰로 오인하는 고전적인 철학자 신드롬을 유발한다는 것이다. 메리의 경우를 다루는 철학자들은 자신들이 이것을 잘못된 방향으로 끌고 갔다는 사실에 개의치 않을 것이다. 그것을 단순히 다양한 흥미롭고 중요한 문제를 조명하기 위한 논의의 도약대로 이용했을 뿐이기 때문이다. 여기서 내가 관심을 두는 문제는 잭슨이 도출한 결론을 직접적으로 고찰해보는 것이므로 그런 문제는 따지지 않을 것이다. 잭슨의 결론은 시각 경험이 '부수현상적epiphenomenal' 감각질을 갖고 있다는 것이다.

부수현상적 감각질?

'부수현상적'이라는 말은 오늘날 철학자와 심리학자, 인지과학자 모두 자주 쓰는 용어로, 그 의미가 모두에게 익숙하고 합의된 것이라는 가정하에 쓰인다. 하지만 실제로는 철학자와 인지과학자 사이에서 그 용어는 완전히 다른 의미로 쓰이고 있다. 나는 그 점을 계속 지적해왔지만, 이상하게도 아무도 신경 쓰는 사람이 없다. '부수현상설epiphenomenalism(의식은 단순히 뇌의 생리적 현상에 부수된 것이라는 설_옮긴이)'은 종종 감각질을 위한 마지막 남은 피난처로 보이고, 또한 그것이 그렇게 안전해 보이는 이유가 전적으로 이 두 가지 의미의 혼란에서 기인한 것이므로 나는 잔소리꾼이 되어야 하고, 그 말을 쓰는 사람들을 수세로 몰아가야 한다.

《축소판 옥스퍼드 영어 사전Shorter Oxford English Dictionary》에 따르면, 부수현상epiphenomenon이라는 말은 1706년에 '부수적 현상이나 증상'이라는 의미의 병리학 용어로 맨 처음 등장했다. 이 용어를 심리학에서 현재 사용하는 의미로 확대한 사람은 진화생물학자 토머스 헉슬리Thomas Huxely(1874)로 보인다. 헉슬리는 이 말을 비기능적인 속성이나 부산물이라는 의미로 사용했다. 그는 이 말을 의식의 진화를 논의하고, 부수현상적 속성(증기 기관차의 고동 소리 같은)은 자연선택으로 설명될 수 없다고 주장하면서 이용했다. 여기 그 말을 사용한 명확한 예가 있다.

왜 생각에 깊이 잠겨 있는 사람은 입술을 깨물고 발을 까닥거릴까? 이런 행동은 감정과 사고 과정에 동반하는 부수현상인가, 아니면 그 자체로 이 과정의 통합적인 부분인가? (Zajonc and Markus, 1984, p. 74.)

로버트 자이언스Robert Zajonc와 그레고리 마르쿠스Gregory Markus는 이런 행동이 전적으로 감지할 수 있지만, 감정과 사고 과정에서 무엇을 가능하게 하는 역할을 하는 것도 아니고, 다른 특별한 역할도 없음을 강조하려는 의도를 보이고 있다. 그런 행동은 아무런 기능도 하지 않는다. 같은 의미에서 당신이 커피를 준비할 때 당신의 그림자도, 컴퓨터에서 나오는 윙윙거리는 소리도 모두 부수현상이다. 부수현상은 순전한 부산물이지만, 그것 자체가 세상에 많은 영향을 미친다. 발로 바닥을 두드리는 것은 기록이 가능한 소음을 만들고, 당신이 드리우는 그림자는 그 안에 서면 약간 시원한 것은 말할 것도 없고, 사진에 찍히기도 한다.

이 말의 일반적인 철학적 의미는 조금 다르다.

"X가 부수현상적이라는 말은 X가 하나의 결과이기는 하지만, 그 자체로는 물리적인 세계에서 아무런 영향도 끼치지 못한다는 의미다"(Broad, 1925, p. 118).

이 의미가 정말로 다른가? 그렇다. 살인이란 말과 죽음이란 말의 의미가 다른 것만큼이나 다르다. 철학적 의미는 더 강하다. 물리적 세계에서 아무런 영향도 발휘하지 않는 것은 그 무엇의 기능에도 영향을 미치지 않지만, 자이언스와 마르쿠스가 명백하게 보여준 예에서처럼 그 반대라고 해서 당연히 옳은 것은 아니다.

실제로 철학적 의미는 너무 강해서 그 어디에도 쓸 수 없는 개념을 낳는다(Fox, 1989; Harman, 1990). 이 정의에 따르면, X는 아무런 물리적 영향도 미치지 않으므로 직접적으로든 간접적으로든 그 어떤 도구로도 X의 존재를 찾아낼 수 없다. 세상이 돌아가는 방식은 X의 존재나 부재에 전혀 영향받지 않는다. 그렇다면 X의 존재를 주장하기 위한 실증적인 근거가 있을 수 있을까? 한 예로, 오토가 자신이 부수현상적 감각질을 갖고 있다고 주장했다고 해보자. 그는 왜 그 말을 했을까? 그것이 그에게 어떤 영향을 미쳤기 때문이 아니라 그가 공언할 때 그것이 어떤 식으로든 그를 인도하고, 그가 경각심을 갖게 했기 때문이다. 부수현상의 철학적 정의에 따르면, 부수현상적 감각질을 갖고 있다는 그의 진심 어린 공언은 그 자신에게나 다른 사람에게 그가 그것을 갖고 있다는 근거가 될 수 없다. 그가 그것을 갖고 있지 않더라도 그는 정확하게 같은 말을 할 것이기 때문이다. 그러나 오토가 어떤 '내적인' 근거를 갖고 있지는 않을까?

빠져나갈 구멍이 있는 부분이 여기지만, 솔깃한 것은 못 된다. 부수현상은 물리적 세계에 아무런 영향도 미치지 못하는 것으로 정의된다는 것을 기억하라. 만일 오토가 전적으로 이원론을 받아들이기 원한다면, 그의 부수현상적 감각질이 물리적 세계에는 아무런 영향도 미치지 못하지만, 그의 비물질적인 정신세계에서는 영향을 미친다고 주장할 수 있을 것이다 (Broad, 1925). 그것은 그가 부수현상적 감각질을 갖고 있다는 믿음과 같은 비물질적 믿음을 야기했다. 그러나 이것은 단지 임시변통일 뿐이다. 이제 모순을 일으킬 것을 각오하고, 그의 믿음이 물리적 세계에 아무런 영향도 미칠 수 없다고 말해보자. 그가 갑자기 그의 부수현상적 감각질을 잃는다면, 그는 더 이상 자신이 그것을 갖고 있다는 것을 믿지 않겠지만, 과거에는 갖고 있었다고 말할 것이다. 그는 그저 자신이 말한 것을 믿지 않을 뿐이다(그는 자신이 하는 말을 믿지 않는다는 말을 당신에게 할 수 없을 것이고, 자신의 말을 더 이상 믿지 않는다는 사실을 밝힐 그 어떤 일도 할 수 없을 것이다). 따라서 오토가 부수현상에 관한 자신의 믿음을 정당화할 수 있는 유일한 방법은 세상의 모든 영향으로부터 단절된 채 오로지 그 자신, 그의 믿음과 그의 감각질밖에 없는 유아론적 세계로 후퇴하는 것이다. 이것은 안전하게 유물론자가 되거나 감각질을 지닐 수 있는 방법이기는커녕 물질 세계와 교류하는 모든 것으로부터 그의 마음을, 그의 믿음과 그의 경험을 잘라내는 것으로, 기껏해야 가장 극단적인 유아론을 인정하는 방식일 뿐이다.

만일 감각질이 일반적인 철학적 의미에서 부수현상적이라면 그것의 발생이 물질적 세계에서 일이 일어나는 방식을 설명할 수 없다. 정의상으로 그것 없이도 정확하게 같은 방식으로 일이 일어날 것이기 때문이다. 부수현상을 믿는 것에 관한 실증적 이유가 있을 수는 없다. 그것의 존재를 주장하는 다른 이유가 있을 수 있을까? 어떤 이유일까? 짐작건대, 선험적인 이유일 것이다. 그러나 과연 무엇일까? 아직 누구도 좋은 이유든 나쁜 이유든, 아니면 중립적인 이유든 내놓지 못했다. 만일 누군가 이런 부수현상에 관해 내가 검증론자가 되는 것을 반대한다면, 나는 이런 종류의 주장에서는 모두 검증론자가 아니냐고 반문할 것이다. 예를 들어, 내연 기관의 실린더마다 안에 열네 마리의 부수현상적 그렘린이 살고 있다고 해보자. 이 그렘린은 질량이나 에너지도 없고, 물리적인 속성도 없다. 그것이 엔진을 더 부드럽거나 거칠게 만들지도 않고, 더 빠르거나 느리게 달리게 만들지도 않는다. 그것의 존재에 관한 실증적인 근거는 없고, 있을 수도 없다. 원리적으로 이 가설을 그렘린이 열두 마리, 열세 마리, 열다섯 마리 있다고 말하는 다른 이론과 구별할 수 있는 실증적인 방식은 없다. 어떤 원리를 갖다 대야 전적인 헛소리로 취급되는 것을 막을 수 있을까? 검증주의자 원리? 아니면 그냥 명백한 상식?

[오토는 말한다.] 그러나 그것은 좀 다르다. 이 그렘린 가설을 진지하게 받아들여야 할 동기는 없다. 이 가설은 당신이 순간적인 충동으로 만들어낸 것이다. 그것과는 다르게 감각질은 우리의 개념적인 전략에 주요한 역할을 하

면서 오랫동안 우리 주변에 있었다.

일부 몽매한 사람들이 몇 세대 동안이나 그렘린이 자동차를 움직이게 만든다고 생각해왔지만, 이제 과학 발달로 자동차 안에 그렘린이 있다는 주장은 아무도 귀 기울이는 이 없는 뒷전으로 밀려났다고 해보자. 그것이 부수현상일까? 우리가 그들의 '가설'을 무용지물이라고 일축해버리는 것은 실수일까? 우리가 그런 허튼소리를 물리칠 때 근거로 삼았던 원칙이 무엇이든 감각질이 이런 철학적 의미에서 부수현상적이라는 생각을 물리치는 데는 충분하다. 이것은 근엄한 얼굴로 논의할만한 견해가 아니다.

자신의 견해가 부수현상설이라고 설명한 철학자들이 그런 비통한 실수를 저지르고 있다는 것은 믿기 어렵다. 그들은 감각질이 헉슬리가 생각했던 의미에서 부수현상적이라고 주장하는 것일까? 이렇게 볼 때 감각질은 물리적 결과이고, 물리적 결과를 갖는다. 그것이 단지 기능적인 것만은 아니다. 우리가 감각질을 반응적 기질로 분별한다면 어떤 유물론자라도 이 가설이 옳다고 기꺼이 인정해야 한다. 우리의 성질 공간에 있는 어떤 돌출이나 편견이 기능적이라면 다른 것은 그저 우연한 사건이다. 왜 나는 브로콜리를 좋아하지 않는가? 아마 아무 이유도 없을 것이다. 내 부정적인 반응적 기질은 순수하게 부수현상적인 것으로, 아무 의미도 없는 것에 내 회로가 배선되어버린 부산물이다. 그것은 아무 기능도 없지만, 그 결과는 여러 가지다. 어떤 설계 시스템에도 중요한 속성이 있으면 얼마간 수정이 가능한 임의적인 속성도 있기 마련이다. 모든 것이 어떤 식으로든 되어 있고, 종종 그 방식은 중요하지 않다. 자동차의 기어 변속기는 일정한 길이와 강도를 갖추어야 하지만, 그 모양이 둥근지, 네모인지, 타원형인지는 헉슬리의 의미에서 보면 부수현상적 속성이다. 9장에서 살펴본 CADBLIND 시스템에서 색깔을 숫자로 부호화하는 특수한 전략은 부수현상적이었다. 우리는 시스템의 정보 처리 역량에 어떤 기능적인 차이를 만들지 않으면서도 음수를 이용하거나 모든 수치에 일정한 수를 곱하는 것으로 그것을 '뒤집을' 수 있다. 그런 전도는 가벼운 조사에서는 찾아낼 수 없고, 시스템에 의해서도 찾아낼 수 없지만, 그것이 철학적 의미에서 부수현상적이지 않을 수도 있다.

우리가 사물을 보고, 듣고, 냄새 맡고, 맛보고, 만질 수 있게 해주는 신경계의 모든 속성은 정보 처리를 매개하는 데 진정으로 중대한 역할을 하는 속성과 CADBLIND 시스템의 색채 부호화 체계 같은, 얼마간 수정 가능한 임의적인 부수현상적 속성으로 나눌 수 있다. 철학자가 감각질이 뇌 상태의 부수현상적 속성이라고 추측한다면, 그것은 아마도 감각질이 신경 대사에 의해 생성된 열의 국소적 변화인 것으로 밝혀졌음을 의미할 것이다. 그것이 부수현상론자들이 마음에 두고 있는 것일 수는 없다. 만일 그렇다면, 부수현상으로서의 감각질은 유물론에 도전하는 것이 아니다.

'부수현상적'이라는 말을 고집스럽게 사용하고 있는 사람들에게 단도직입적으로 증거를 내놓으라는 부담을 안겨야 할 시간이 왔다. 그 말의 철학적 의미는 한마디로 어처구니없다. 헉슬리의 의미는 비교적 명확하고, 아무 문제도 없으며, 철학적 논쟁과도 무관하다. 그 말의 다른 의미는 현재 통용되지 않는다. 그러니 다양한 부수현상설을 지지한다고 주장하는 사람에게 예의는 갖추되 물을 건 물으라.

"지금 무슨 말을 하는 겁니까?"

또한 '부수현상적'이라는 말의 두 가지 의미 사이의 이런 애매함이 좀비 논의에도 영향을 미친다는 사실에 주의하라. 철학자의 좀비가 행동으로 볼 때는 정상적인 인간과 구별하기 힘들어도 의식적이지 않다는 것을 기억할 것이다. 좀비가 되는 것과 같은 것은 없으며, 그것은 관찰자에게 여겨지는 방식일 뿐이다. 이제 이것은 우리가 구별할 수 없음을 어떻게 다루는지에 따라 해석이 달라질 수 있다. 만일 우리가 원리적으로는 좀비가 의식 있는 사람과 구별되지 않는다고 선언해야 한다면 진정한 의식이 말도 안 되는 의미로 부수현상적이라고 말하는 것이다. 그것은 어리석은 일이다. 우리는 그 대신 의식이 헉슬리가 말하는 의미에서 부수현상적이라고 말할 수 있다. 비록 좀비를 진짜 인간과 구별하는 방식이 있다고 하더라도(누가 알겠는가, 좀비가 녹색 뇌를 갖고 있을지) 그 차이는 관찰자에게 기능적인 차이로 드러나지 않는다. 그와 마찬가지로 녹색 뇌를 가진 인간의 몸은 관찰자의 거처가 되어주지 않지만, 다른 인간은 관찰자의 거처가 되어준다. 이 가설에서 우리는 뇌 색깔을 확인하는 것으로 거주자가 있는 몸과 거주자가 없는 몸을 구별할 수 있다. 물론 이 또한 어리석다. 그것은 어떤 사람을 피부 색깔을 근거로 완전한 인성을 갖지 못했다고 부정하는 것과 같은 무조건적인 선입견일 뿐이기 때문에 위험할 정도로 어리석다. 좀비가 무엇이라는 생각이 진지한 철학적 성찰이 아니라 오래된 편견에서 나온 터무니없고 무지한 유산일지 모를 가능성에 관해서도 생각해봐야 할 시간이다. 여자들은 정말로 의식적이지 않다! 유대인도 아마 의식적이지 않을 것이다! 이 얼마나 유해하고 어처구니없는 생각인가? 셰익스피어의 희곡《베니스의 상인The Merchant of Venice》에 등장하는 샤일록은 순전히 행위적인 기준에 우리의 관심을 집중시키면서 이렇게 말했다.

유대인은 눈이 없소? 유대인은 손과 오장육부도 없고, 사지와 감각도, 욕구와 감정도 없단 말이오? 우리 유대인도 당신네 기독교인처럼 같은 음식을 먹고, 같은 무기에 상처를 입고, 여름이면 덥고 겨울이면 추위를 느끼죠. 유대인은 당신들이 찔러도 피 한 방울 나지 않는 인간이란 말이오? 당신들이 간질여도 웃지 않고, 독약을 먹어도 죽지 않는 인간이란 말이오?

좀비의 가능성을 거론할 다른 방식도 있고, 어느 면에서 나는 그것이 더 만족스럽다고 생각한다. 좀비는 단순히 가능한 것만이 아니라 실제다. 우리는 모두 좀비다. 아무도 의식적이지 않다. 부수현상설 같은 주의를 지지하는 체계적으로 불가사의한 방식으로는 그 누구도 의식적일 수 없다. 나는 그런 종류의 의식이 존재한다는 것을 입증할 수 없다. 나는 또한 그렘린이 존재하지 않는다는 것을 입증할 수 없다. 내가 할 수 있는 최선은 그것을 믿게 할 마땅한 동기가 없다는 사실을 보여주는 것이다.

내 흔들의자로 돌아가서

1장에서 나는 아름다운 봄날에 흔들의자에 앉아 창밖을 내다보면서 누렸던 의식적인 경험 한 토막을 회상하는 것으로 의식을 설명했다. 그 단락으로 다시 돌아가 내 이론이 그것을 어떻게 다루는지 보자.

이른 봄날 아침, 창유리로는 초록빛과 황금빛 햇살이 쏟아져 들어왔고, 뜰에 서 있는 단풍나무 가지가 초록빛 새싹 봉오리들 사이로 섬세하고 우아한 무늬를 자아내는 모습이 눈에 뚜렷이 들어왔다. 낡은 창유리에는 보일락 말락 한 실금이 있었고, 내가 흔들의자를 앞뒤로 흔들 때마다 금 간 부분이 나뭇가지가 이룬 삼각형 위로 꿈틀꿈틀 함께 움직이는 것처럼 보였다. 그 규칙적인 움직임은 산들바람에 흔들리는 잔가지의 어지러운 아른거림과 놀랍도록 생생하게 하나로 포개졌다.

나는 나뭇가지가 만들어낸 시각적인 메트로놈이 내가 책을 읽으면서 배경 음악으로 틀어놓은 비발디의 합주 협주곡 리듬과 박자를 맞추고 있다는 것을 알아차렸다. (…) 내 의식적인 사고 작용, 밝은 햇살과 경쾌한 비발디의 바이올린 선율, 흔들리는 나뭇가지의 어우러짐 속에서 느꼈던 즐거움, 그리고 그 모든 것을 생각하면서 느꼈던 유쾌함, 이런 것들이 어떻게 뇌에서 일어나는 신체적인 작용에 불과하다는 것인가? 뇌에서 일어나는 전기화학적 작용의 조합이 어떻게 음악의 박자에 맞춰 한들거리는 수많은 나뭇가지의 경쾌한 움직임에 더해질 수 있단 말인가? 어떻게 뇌에서 일어나는 정보 처리 작용이 몸으로 쏟아지는 햇살의 기분 좋은 온기일 수 있는가? (…) 모두 말도 안 되는 소리인듯하다.

내가 모두 타자현상학자가 되어보자고 부추겼으니 정작 나만 빠져나갈 수는 없는 노릇이고, 기꺼이 피실험자로 나서서 내 이론을 나 자신에게 적용해보겠다. 타자현상학자로서 우리가 해야 할 일은 이 글을 취해서 해석한 다음, 데닛의 타자현상학적 세계에서 나온 대상을 그 시간에 데닛의 뇌에서 일어나는 현상과 연관시키는 것이다.

이 글은 그 사건이 일어난 지 몇 주나 몇 달이 지난 다음에 쓰였기 때문에 우리는 그것이 저자의 의도적인 편집에 의해서만이 아니라 시간이 흐르면서 자연스럽게 일어난 기억의 가차 없는 발췌 과정으로도 축약되었을 것이라고 생각한다. 우리가 그 기억을 더 빨리 조사했더라면, 그러니까 저자가 흔들의자에 앉아 있던 그 시간에 바로 녹음기를 집어 들어 본문을 만들어냈더라면 내용은 분명 상당히 달라졌을 것이다. 세부내용은 더 풍부하고 정리가 안 되어 있었을 것이고, 저자가 조용히 속으로만 생각하지 않고 실제로 소리 내어 본문을 만들어내면서 자기 목소리에 대한 반응으로도 내용이 재구성되고, 방향도 재설정되었을 것이다. 강의하는 사람이라면 누구나 느껴보았겠지만, 소리를 크게 내어 말하다 보면 조용히 독백할 때는 드러나지 않던 메시지의 암시와 다른 문제들이 표출된다.

사실상 글은 저자의 의식에 있는 내용 중 일부분(의심할 바 없이 이상화된 부분)만을 그린다. 그러나 우리는 주어진 본문에 '남은 부분'이 모두 저자의 의식의 흐름에 '실제로 있었던' 것이라고 가정하지 않게 조심해야 한다. 더불어 당시에 어떤 내용을 의식하고 있었고, 어떤 내용이 의식에 없었는지에 관해 회수할 수는 없지만 실제인 사실이 있다고 가정하는 실수도 저지르지 말아야 한다. 또한 그가 창밖을 내다보았을 때 그의 글이 꼭 그랬던 것처럼 묘사하고 있더라도 정신에 한 번에 담을 수 있는 것을 그가 모두 담았다고 가정해서도 안 된다. 본문에 따르면, 그의 마음, 그의 시야는 황금빛이 도는 초록빛 새싹과 꿈틀거리는 나뭇가지가 만들어내는 섬세한 그림으로 가득 차 있는 것 같지만, 그것은 착각이었다. 그런 '충만한 공간'은 그의 마음에 들어온 적이 없다. 충만한 공간은 표상될 필요가 없는 곳인 세상에 남아 있다. 우리가 고양된 자의식의 순간에 의식적인 경험의 눈부신 풍요로움에 경탄할 때, 그 풍요로움은 실제로 그 모든 매혹적인 세부사항을 가진 바깥 세계의 풍요로움이다. 그것은 우리의 의식적인 마음으로 '들어오지' 않았고, 단순히 이용할 수 있었을 뿐이다.

함께 어우러져 흔들거리던 나뭇가지는 어떤가? 잔물결은 유리창에 있는 실금에 의한 것이었기 때문에 바깥에 있는 나뭇가지들이 일으키지 않았다는 것은 분명하지만, 그것이 잔물결이 저자의 마음이나 뇌에서 일어난 것이라는 의미는 아니다. 만일 누군가가 저자의 망막에서 일어나는 변화 영상을 필름에 담았다면 거기서 영화에서처럼 잔물결을 발견했겠지만, 사실 그곳은 모든 잔물결이 멈추는 곳이다. 그의 망막 내에서 일어난 일은 그가 본문에서 말한 것처럼, 그가 경험한, 멋지게 동시적으로 일어난 잔물결의 파동이 거기 있었다는 인식이다. 그는 잔물결을 보았고, 벽지에 있는 마릴린을 보았을 때처럼 그 장면이 죽 펼쳐지는 것을 보았다. 또한 그의 망막으로 지속적인 잔물결이 제시되었으므로 그는 그것의 표본을 수집한 것처럼 느꼈고, 모든 것이 그대로 남아 있는 다중원고 안에 더 자세한 사항이 있었을 것이다.

저자가 관심의 초점을 둘 수도 있었지만 그러지 않았던 다른 세부사항도 많았다. 이런 세부사항의 어느 것이 뇌에 있는 다양한 시스템에 의해 언제 어디서 판별되느냐는 문제에 관해 회수할 수는 없지만 진정으로 사실인 문제가 많이 있다. 그러나 이런 사실들이 이 중 어느 것이 그가 본문을 쓸 무렵에는 잊혔더라도 실제로 확실하게 의식되었고, 어느 것이 당시에는 주의를 기울이지 않았더라도 실제로 확실하게 그의 의식의 배경에 있었느냐는 문제를 해결하지는 않는다.

우리가 읽고 있는 데닛의 글은 그가 흔들의자에 앉아 있던 시간과 파일에 워드 프로세서로 글자를 쳐 넣던 시간 사이에 '그의 뇌에 쓰인' 것이 아니다. 흔들의자에 앉아 있는 동안 그가 주의를 집중하고 있던 일과 그의 관심을 끌었던 그 특별한 일들에 수반된 이야기는 '기억에' 그 특별한 일의 내용을 비교적 확고하게 고정하는 결과를 낳았다. 그러나 이 결과를 그림이나 문장, 또는 다른 두드러진 표상을 저장하는 것으로 보아서는 안 된다. 그보다는 그 행위가 부분적으로 유사하게 재현된 것이며, 뇌에 있는 단어 도깨비를 처음으로 연합체로 끌어내어 문장을 산출해내면서 글자를 타이핑할 때 있을법한 일이 일어난 것이라고 보아야 한다. 이제 흔들의자에서 앞서 일어난 일 가운데 일부는 실제 영어 단어와 구로 틀림없이 등록되었고, 언어 없는 내용과 언어 사이에서 앞서 일어난 협력은 실제로 타이핑할 때 똑같은 영어 표현의 일부를 회수하게 촉진한 것이 분명하다.

다시 본문의 타자현상학적 세계로 돌아가보자. '따사로운 햇빛, 경쾌한 비발디의 바이올린 선율, 흔들거리는 나뭇가지, 거기에 더해 그 모든 것을 생각하면서 느끼는 유쾌한 기분'. 이것은 광경, 소리, 순전한 생각의 내재적으로 유쾌한 감각질의 기원으로 설명될 수 없다. 그런 감각질이 있다는 생각이 우리를 설명 가능한 다른 길로부터 벗어나게 만든다. 그 근본적인 기제와 왜 그 기제가 그 일을 하는지에 관한 설명(결국에는 진화적 설명)을 찾아내려 하는 대신, 내적 대상을 멍하니 바라보는 것으로 우리의 관심을 돌려버린다.

저자는 계속해서 도대체 어떻게 이 모든 것이 '실제로 내 뇌에서 일어나는 전기화학적 작용의 조합'일 수 있다는 것인지 의아해했다. 그의 궁금증이 명백해지면서 그에게는 단지 그의 뇌에서 일어나는 전기화학적 작용인 것 같지는 않은 순간이 있었다. 만일 그 모든 일이 당신 뇌에서 일어나는 전기화학적 작용의 조합이라면 그것이 어떻게 여겨질 것 같은가?[6]

[저자는 말한다.] 그러나 거기에는 여전히 한 가지 알 수 없는 문제가 있다. 내가 이에 관한 모든 것을 어떻게 알 수 있을까? 내 머리에서 일어나는 일에 관한 모든 것을 내가 어떻게 당신에게 말할 수 있을까? 대답은 간단하다. 그것이 나이기 때문이다. 그런 것을 그런 말로 알고 있고, 보고하는 사람이 나다. 내 존재는 이 몸 안에 이런 역량이 있다는 사실로 설명된다.

우리가 드디어 조사해볼 준비가 된 생각이 바로 이와 같은 '이야기 무게중심으로서의 자아Self as the Center of Narrative Gravity'라는 생각이다. 이런 생각은 바야흐로 제 시절을 만난 것이 분명하다. 내 생각을 책으로 발표하기도 전에 내가 그것을 발견했을 때 내 마음이 얼마나 복잡했을지 상상해보라.[7] 그것은 이미 데이비드 로지David Lodge의 소설《훌륭한 솜씨Nice Work》(1988)에서 풍자되었다. 이것은 해체주의자들 사이에서는 이미 뜨거운 주제인 것으로 보인다.

> 로빈에 따르면(아니 더 정확하게는 이 문제에 관한 그녀의 생각에 영향력을 끼친 저자들에 따르면), 자본주의와 고전 소설이 나온 곳에는 '자아' 같은 것은 없다. 그 것은 말하자면, 한 사람의 정체성을 구성하는 독특하고 한정된 영혼이나 본질이다. 자아에는 권력, 성, 가족, 과학, 종교, 시 등의 무한한 '이야기의 망'

에 있는 오로지 주체의 입장만 있다. 또한 같은 이유로 저자 같은 것은 없다. 그것은 말하자면, 자크 데리다Jacques Derrida의 유명한 말인 '텍스트 바깥에는 아무것도 없다Il n'y a pas de hors-texte'와 같다. 기원도 없고, 오로지 생성물만 있으며, 우리는 언어로 우리의 자아를 만들어낸다. 당신은 '당신이 먹는 것'이 아니라 '당신이 말하는 것' 또는 '당신에 관해 말하는 것'이라는 사실은 로빈 철학이 나온 기본 원리임이 자명하다. 그 원리에 이름이 필요하다면 그녀는 그것을 '기호론적 유물론semiotic materialism'이라 부를 것이다.

기호론적 유물론이라고? 그것을 그렇게 불러야만 할까? 내가 거기에 무슨 의견을 내놓지는 않았지만, 자본주의와 고전 소설이 암시하는 것은 차치하고, 이런 익살맞은 구절은 내가 제시하고자 했던 시각을 멋지게 풍자한 것이다(모든 풍자처럼 이것도 과장이다. 나는 텍스트 외에 아무것도 없다고 말하지 않을 것이다. 거기에는 책장, 건물, 신체, 세균 등이 있다). 로빈과 나는 비슷한 생각을 갖고 있으며, 물론 우리 둘 모두 우리 스스로가 한 설명에 따르면, 약간 다른 종류이기는 하지만 일종의 허구적 인물이다.

12장

자아의 현실

인간은 어떻게 자아를 만드는가?

17세기에 근대 과학이 동튼 이후, 자아라는 것이 무엇이건 간에 현미경 아래에서도 보이지 않고, 자기 성찰로도 보이지 않는 것이라는 거의 만장일치에 가까운 동의가 이루어졌다. 그런 사실이 어떤 사람에게는 자아라는 것이 '비물질적인 영혼', '기계 속의 유령'이라는 생각을 갖게 만들었다. 또 어떤 사람에게는 자아가 형이상학적인 열띤 상상력에서 나온 산물일 뿐, 전혀 아무것도 아니라는 생각을 갖게 했고, 또 어떤 사람에게는 어떤 식이 되었든 자아라는 것이 일종의 관념이어서 그 존재가 눈에 보이지 않으므로 공격당할 일도 없다는 생각을 갖게 했다. 어떤 이는 중력의 중심도 진짜로 존재하지만 눈에 보이지는 않지 않느냐고 반문할 것이다. 그 것으로 정말 충분한가?

정말로 자아가 있느냐는 질문은 어느 쪽으로 답하든 답하기 터무니없

528

이 쉬워 보이게 만들 수도 있다. 우리는 존재하는가? 물론이다! 질문 자체가 그 대답을 상정하고 있다(데이비드 흄에 의하면, "헛되이 자아를 찾아왔던 이 '나'라는 존재는 누구인가?"). 우리 뇌 말고 어딘가에 우리 신체를 통제하고, 우리가 생각하는 것을 생각하고, 결정을 내리는 실체가 있는가? 물론 그렇지 않다. 그런 생각은 실증적으로 백치 소리거나(윌리엄 제임스의 '교황 뉴런') 형이상학적 허튼소리(길버트 라일의 '기계 속의 유령')다. 간단한 질문에 '명백히 그렇다'와 '명백히 그렇지 않다'라는 두 가지 대답이 나올 때는 중간 입장을 고려해봐야 한다(Dennett, 1991a). 처음에는 그것이 양측 모두에게 반직관적인 일로 보이겠지만, 어느 쪽이 되었든 명백한 사실 하나가 있다는 것은 다 같이 부정하지 않는가!

인간은 자아를 갖고 있다. 그럼 개도, 바닷가재도 자아를 갖고 있을까? 만일 자아가 어떤 것이라면, 자아는 존재한다. 지금 세상에는 자아라는 것이 있다. 수천, 수백만, 수억 년 전에는 세상에 아무것도 없던 시절이 있었다. 적어도 이 지구상에는 아무것도 없었다. 따라서 어떻게 세상에 자아를 가진 피조물이 생겨났는지에 관한 사실 이야기가 있어야 한다. 이 이야기는 아직 자아를 갖지 못한 것이나, 아직 자아는 아니지만 결국에는 자아라는 새로운 산물을 낳게 될 것의 활동이나 행위를 담은 과정을 말해야 할 것이다.

6장에서 우리는 어떻게 이유의 탄생이 경계의 탄생이 되는지 보았다. 가장 하등 생물인 아메바도 자기가 하는 일을 인식도 못하면서 맹목적으로 '나'와 '나머지 세상' 사이에 경계를 짓는다. 자신을 보호하기 위해 자기를 다른 것과 분별하려는 이런 최소한의 성향은 '생물학적 자아'이고, 그런 단순한 자아조차도 구체적인 것이 아니라 단지 추상적인 것이며, 조직의 원리일 뿐이다. 또한 생물학적 자아의 경계는 넘나들 수 있고, 한계가 없다. 치러야 할 대가와 돌아올 보상만 적당하다면 대자연이 '오류'를 묵과하는 또 다른 경우다.

인간의 신체라는 경계 안에는 수많은 침입자가 기거하고 있다. 세균과 바이러스에서부터 피부와 두피의 생태적 틈새에서 마치 암굴 거주자처럼 살아가는 현미경으로만 보이는 진드기며, 끔찍하기 이를 데 없는 촌충 같은 기생충까지 다양하다. 이런 침입자들은 모두 제 딴에는 아주 작은 '자기 보호자self-protector'지만, 예를 들어 소화계에서 살아가는 세균처럼 그중 일부는 우리 면역계에서 일하는 항체로서 우리의 자기 보존 추구에 없어서는 안 될 구성요소이기도 하다(만일 생물학자 린 마굴리스Lynn Margulis의 이론이 옳다면, 우리 몸 거의 모든 세포에서 일하는 미토콘드리아는 약 20억 년 전에 우리 몸에 들어온 세균의 후손이다). 다른 침입자도 있는데, 쫓아내려고 애쓸 가치도 없으므로 너그럽게 넘어가주는 기생충이다. 그러나 근절하지 않으면 우리에게 치명적인 해를 입혀 우리 내부의 적으로 간주되는 것도 있다.

자기와 세상을, 안과 밖을 구별하는 이런 근본적인 생물학적 원리는 매우 놀라운 반향을 불러일으킨다. 심리학자 폴 로진과 에이프릴 팔론April Fallon(1987)은 훌륭한 실험으로 혐오감의 본질을 보여주었다. 이성적으로는 우리에게 아무 문제도 되지 않는 행위지만, 우리가 인식하지 못하는 가운데 맹목적으로 강력하게 저항하는 숨은 기류가 있다는 것이다. 그런 예를 하나 들어보자. 지금 당장 당신 입에 고인 침을 삼켜보라. 이 행위는 혐오감을 일으키지 않는다. 그러나 내가 당신에게 깨끗한 물을 한 컵 가져와서 거기에 침을 뱉은 다음 삼켜보라고 요구했다면 어떨까? 구역질이 일 것이다. 그 이유는 무엇일까? 그것은 우리 인지와 관련된 문제일 것이다. 일단 우리 몸 밖으로 나온 것이면 더 이상은 우리 일부가 아니라고 여기는 것이다. 그것은 이질적이고 의심스러운 것이 되어버린다. 시민권을 잃었고, 거부해야 할 것으로 변질되었다.

따라서 경계를 넘는 일은 불안한 순간이기도 하고, 그와 정반대로 특별한 즐거움을 주기도 한다. 많은 종이 자기 영역의 경계를 확장할 수 있는 놀라운 구조를 발전시켰다. 개중에는 경계를 넘기 더 어렵게 만드는 나쁜 종류도 있고, 더 쉽게 만드는 좋은 종류도 있다. 예를 들어, 비버는 댐을 만들고, 거미는 거미집을 짓는다. 거미가 거미집을 지을 때 자기가 무엇을 하고 있는지 이해할 필요는 없다. 대자연은 거미에게 생물학적으로 반드시 필요한 과업을 수행하는 데 필요한 만큼의 자그마한 뇌를 제공했다.

비버가 엄청나게 효율적인 댐 건설 능력을 가졌더라도 대부분이 선천적인 요구와 기질의 산물이지, 비버가 그것에서 얻는 이익이 무엇인지 이해하고 있는 것은 아니라는 사실이 실험으로도 입증되었다. 비버도 학습할 수 있고, 서로 가르치는 것도 볼 수 있지만, 그런 일은 주로 스키너가 '부적 강화Negative Reinforcement(어떤 반응 또는 행동에 주어지던 혐오 자극을 제거함으로써 그 행동의 빈도나 강도를 증가시키는 것_옮긴이)'라고 한 것으로 조절되는 강력한 내적 기제로 유도된 것이다. 비버는 흐르는 물소리를 막을만한 것을 미친 듯이 찾아 헤맨다. 한 실험에서 비버는 콸콸 흐르는 물소리를 들려주자 시끄러운 스피커에 온통 진흙을 발라버리는 것으로 안도감을 찾았다(Wilsson, 1974).

비버는 자기의 경계를 잔가지와 진흙, 그리고 자기의 내적 경계 중 하나인 털로 지킨다. 달팽이는 먹이에서 칼슘을 섭취한 다음 그것을 배출해 단단한 껍데기를 만든다. 소라게는 다른 생물이 버린 껍데기를 차지하여 음식을 섭취하고 내뱉는 과정을 면한다. 리처드 도킨스에 따르면, 그런 차이가 근본적인 것은 아니다. 그는 어떤 경우에나 그 결과는 진화를 이끈 선택적 힘에 굴복한 개체가 갖춘 근본적인 생물학적 장치의 일부라고 지적하면서 이것을 '확장된 표현형Extended Phenotype'(1982)이라고 했다.

확장된 표현형의 정의는 껍데기와 같은 외부 장치와 내부에 거주하는 세균과 같은 내부 장치를 포함해 개체의 '자연적' 경계를 넘어 확대될 뿐 아니라 같은 종의 다른 개체까지도 포함한다. 비버가 댐을 지을 때는 혼자서는 그 일을 해낼 수 없고, 팀워크가 필요하다. 흰개미도 개미 성을 지으려면 수백만 마리가 함께 뭉쳐야 한다.

호주에 서식하는 바우어새가 선보이는 경이로운 건축 구조를 생각해 보라(Borgia, 1986). 수컷 바우어새는 암컷에게 구애하기 위해 웅장한 중앙 본당이 있는 정자를 공들여 짓고는 주로 짙은 푸른빛의 물건을 가져다 화려하게 장식한다. 구애하려는 암컷에게 멋지게 보이려고 병뚜껑, 유리 조각, 기타 인간이 만들어낸 물건들을 먼 곳까지 가서 모아다가 정자에 세심하게 배치한다. 거미처럼 바우어새도 자기가 무엇을 하고 있는지 이해할 필요는 없다. 왜 하는지는 몰라도 바우어새로 성공하기 위해 해야 할 중요한 일인 정자 건축에 그냥 열심일 뿐이다.

그러나 동물 세계 전체를 통틀어 가장 경이롭고 훌륭한 구조물은 영장류 호모 사피엔스가 지어내는 놀랍고도 정교한 구조다. 이 종의 정상적인 개체는 자아를 만든다. 뇌에서 말과 행동의 망 조직을 짓지만, 다른 피조물과 마찬가지로 자기가 무슨 일을 하는지 알 필요는 없다. 그저 그 일을 할 뿐이다. 달팽이 껍데기처럼 이 망 조직이 그들을 보호하고, 거미의 거미집처럼 그들에게 생계를 제공하며, 바우어새의 정자처럼 생식적인 꿈을 품게 한다. 인간은 거미처럼 몸에서 재료를 배출해 그물망을 짓는 것이 아니라 비버처럼 밖에서 재료를 모아 자기를 보호할 요새를 짓는다. 바우어새처럼 다른 사람이 다른 목적으로 설계한 여러 가지 것을 포함해 자기 자신이나 자기 짝을 즐겁게 해줄 여러 물건을 찾아내 자기 것으로 만든다.

앞 장 말미에 등장했던 로빈의 '이야기의 망'도 동물 세계에서 발견되는 다른 구조와 마찬가지로 생물학적 산물이다. 그것을 벗겨내 버린 인간은 깃털 없는 새, 껍데기 없는 거북처럼 불완전하다(호모 사피엔스에게는 의

복 역시 그들의 확장된 표현형이다. 동물학 백과사전 그림에 더 이상 호모 사피엔스의 벗은 모습을 실어서는 안 된다. 흑곰 우르수스 아크투스Ursus Arctus를 광대 옷을 입고 자전거를 타는 그림으로 실어서는 안 되는 것처럼).

흰개미는 매우 훌륭한 조직력을 자랑하는 군락을 이루고 있어 어떤 관찰자는 흰개미 군락 하나하나에 영혼이 깃들어 있는 것 같다고 말한다 (Marais, 1937). 우리는 지금 이 조직이 백만 대군에 이르는 반독립적인 작은 행위자들이 이룬 결과이고, 각각의 개체는 그저 자기 일을 하는 자동인형과 같다는 것을 안다. 인간 자아의 조직도 매우 훌륭하여 많은 관찰자가 보기에 인간 각자에게 영혼이 있는 것만 같다. 자애로운 지배자가 본부에 앉아 지배하고 있는 것처럼 보인다.

모든 꿀벌이나 흰개미 군락에는 여왕벌이나 여왕 흰개미가 있다. 그러나 이런 개체들은 행위자라기보다는 행위를 당하는 개체이고, 군의 수장이라기보다는 지켜야 할 왕관의 보석 같은 존재다. 사실상 그들에게 붙이는 왕족이라는 호칭은 과거 시대보다는 오늘날의 의미에 더 가깝다. 그들이 여왕 엘리자베스 1세보다는 엘리자베스 2세와 더 닮았기 때문이다. 마가렛 대처 꿀벌이나 조지 부시 흰개미는 없고, 개미집에 대통령 집무실도 없다. 우리의 자기다운 자아도 더 간단한 다른 피조물의 자아와 마찬가지로 경계의 침투성과 유연성을 보일까? 우리는 우리의 개인적인 경계, 우리 자아의 경계를 그 무엇이 되었든 우리의 '것'을 모두 포함하도록 확대해야 할까? 일반적으로는 아마도 아닐 것이다. 그러나 심리적으로는 그러는 것이 옳다고 느껴지는 때가 분명 있다. 예를 들어, 어떤 사람은 단순히 차를 소유하고 운전하는 반면, 어떤 사람은 고질적인 모터리스트다. 뼛속까지 모터리스트인 사람은 자기가 음식을 섭취하는 두 발 달린 행위자가 되기보다는 기름을 섭취하는 네 바퀴 달린 행위자가 되기를 원한다. 또한 다음의 경우처럼 이런 사람들이 1인칭 대명사를 쓰는 것을 보면 자기 정체성을 배신하고 있는 것 같다.

내 타이어가 닳아서 비 오는 날에는 내가 모퉁이를 잘 돌지 못해.

그렇게 우리는 우리의 경계를 확대하기도 하고, 실제든 상상이든 도전을 받았다고 인지하면 경계를 축소하기도 한다.

내가 안 그랬어! 진짜 내가 말한 게 아니라고. 그래, 그 말이 내 입에서 나오기는 했지만, 그 말이 내 말이라는 건 인정 못해.

내가 당신에게 우리의 자아와, 개미와 소라게의 자아 간의 유사성을 끌어낼 수 있는 익숙한 이야기를 상기시켜주었지만, 또한 그 이야기는 둘 사이의 매우 중요한 차이점으로도 관심을 돌리게 만든다. 개미와 소라게는 말을 하지 않는다는 점이다. 소라게는 껍데기를 확보하는 일에 관심을 두게 설계되었다. 그 구조가 껍데기를 함축하고 있고, 따라서 어떤 의미에서 보면 소라게를 '껍데기를 갖는 것'으로 암묵적으로 나타낼 수 있다. 그러나 소라게는 자기 자신을 껍데기를 갖는 것으로 나타내지 않는다. 소라게는 자기 표상을 위해 절대 나서지 않는다. 그것이 누구에게 자신을 표상해야 하고, 그래야 할 이유가 무엇이겠는가? 소라게는 자신에게 이런 본성을 상기시킬 필요가 없다. 그 문제는 타고난 설계가 알아서 처리하고, 주변에 그 문제에 관심 있는 상대자가 있는 것도 아니다. 또한 우리가 살펴보았듯이 개미와 흰개미도 서로 명시적으로 소통하기 위한 청사진이나 칙령 없이 자기들의 공동 프로젝트를 달성한다.

그와는 달리 우리 인간은 외적이고 내적인 언어와 제스처로 자신을 표현하면서 거의 한 순간도 쉬지 않고 다른 사람에게, 또 우리 자신에게 스스로를 나타내는 데 여념이 없다. 우리 인간의 환경은 단순히 음식과 주거지, 맞서 싸우거나 도망쳐야 할 적, 짝을 맺을 동종만 포함하고 있는 것이 아니라 말을 포함하고 있다. 이런 말은 우리 환경의 매우 위력 있는 요소여서 우리는 금방 그것을 받아들여 소화하고, 다시 밖으로 배출한다. 그것을 이용해 거미집처럼 자기를 보호하기 위한 이야기를 줄줄이 엮어낸다. 우리가 6장에서 본 것처럼 실제로 우리가 말을, 이런 밈 매개체를 우리 안에 들여놓으면 그것은 우리를 점령해버리고, 우리 뇌에서 찾아낸 원재료를 이용하여 우리를 창조하는 경향이 있다.

자기 보호, 자기 통제, 자기 정의를 위한 우리의 기본 전략은 거미집을 짓거나 댐을 쌓는 것이 아니라 이야기를 짓는 것이다. 더 구체적으로 말하면, 나는 어떤 사람이라고 다른 사람에게, 그리고 자기 자신에게 들려줄 이야기를 엮고, 조절하는 것이다. 또한 전문적인 인간 공학자와 달리 거미가 거미집을 어떻게 지을지 의식적 · 의도적으로 생각하지 않고, 비버도 지을 댐 구조를 의식적 · 의도적으로 계획하지 않는 것처럼, 전문적인 인간 이야기꾼과 달리 우리도 어떤 이야기를 어떤 방식으로 할지 의식적 · 의도적으로 파악하지 않는다. 우리의 이야기는 술술 풀려 나오지만, 대부분의 경우 우리가 그것을 짓지 않는다. 그것이 우리를 짓는다. 우리 인간의 의식, 그리고 우리의 이야기 같은 자아의식은 우리 이야기의 산물이지, 그것의 원천이 아니다.

이런 이야기의 줄기나 흐름은 단일한 원천에서 나오듯이 흘러나온다. 입이나 연필, 또는 펜 같은 명백한 물리적 의미로서의 원천이 아니라 더 미묘한 의미에서의 원천이다. 다시 말해, 말의 효과가 듣는 사람에게 미칠 때는 그 말이 누구의 말이고, 누구에 관한 것인지 단일한 행위자를 상정하게 한다. 한마디로 이야기의 무게중심을 상정하는 것이다. 물리학자는 어떤 물체의 무게중심을 상정할 때, 즉 중력에 비교하여 모든 방향에서 가장 중심이 되는 지점을 계산할 때 엄청난 단순화가 일어난다는 것을 안다. 타자현상학자도 인간의 몸에 이야기의 무게중심을 상정할 때 엄청난 단순화가 일어난다는 것을 알고 있다. 생물학적 자아처럼 이런 심리적 자아 또는 이야기의 자아도 뇌에 있는 것이 아니라 또 다른 관념이지만, 놀라울 만큼 굳건하고, 거의 손에 잡힐 것처럼 명확한 속성을 가진다. 그 항목과 특징이 무엇이건 자기를 주장하지도 않은 채 자리 잡고 있는 '기록의 주인'이다. 당신 차를 소유한 사람은 누구인가? 당신이다. 당신 옷을 소유한 사람은 누구인가? 당신이다. 그렇다면 당신 신체를 소유한 사람은 누구인가? 당신이다. 당신이 "이것은 내 몸이다"라고 말할 때 당신은 분명 '이 몸은 그 자신을 소유한다'라고 생각하지 않았다. 그렇다면 무엇이라 말할 수 있을까? 만일 당신이 말한 것이 요상하고 아무 의미도 없는 동어반복(이 몸은 그 자신의 주인이라거나 그와 비슷한 말)도 아니고, 당신이 자동차를 소유하고 운전하는 방식으로 이 몸을 소유하고 움직이는 비물질적인 영혼이나 귀신을 다루는 자라는 주장도 아니라면, 다른 어떤 의미가 될 수 있을까?

한 사람에게는 하나의 자아만 존재하는가?

이것은 내 몸이다.

이 말이 의미하는 바를 더 분명하게 알아보려면 '이 말과 반대되는 말은 무엇인가?'와 같은 질문에 대답해보는 것이 좋다.

아니야, 이것은 내 것이야. 나는 내 몸을 공유하고 싶지 않다고!

둘이나 그 이상의 자아가 몸 하나를 두고 통제권을 다툴 때 무슨 일이 일어나는지 안다면 단일한 자아가 진정 무엇인지 더 잘 알 수 있다. 자아를 연구하는 과학자로서 우리는 대조 실험을 해보고 싶다. 말하는 자아가 출현하려면 어떤 자원을 요구하면서 어떤 일이 어떤 순서로 일어나야 하는지 초기 조건을 다양하게 하여 실험해볼 수 있다. 생명은 지속되지만 자아는 존재하지 않는 조건도 있을까? 자아가 하나 이상 존재하는 조건도 있을까? 윤리 문제로 우리가 그런 실험을 수행할 수는 없지만, 과거에도 자주 그랬던 것처럼 자연이 수행한 혹독한 실험으로 얻은 자료는 이용할 수 있고, 그 결과에서 조심스럽게 결론을 끌어낼 수 있다.

그런 실험 가운데 하나가 '다중인격 장애MPD, multiple personality disorder'에 관한 실험이다. 이 장애에서는 몸 하나가 여러 자아에 의해 공유되는 것으로 여겨지며, 각각의 자아는 적당한 이름과 자전적인 이야기를 갖는다. 다중인격 장애는 믿기 어렵고, 형이상학적으로 기이한 것으로 여겨져 초감각적 지각, 외계인과의 조우, 빗자루를 타고 다니는 마녀와 함께 폐기해야 할 '초자연적' 현상으로 생각되기도 한다. 그러나 나는 이런 사람들이 매우 간단한 산술적인 오류에 빠져 있다고 생각한다. 그들은 몸 하나당 두세 개나 열일곱 개의 자아를 갖는 것이 몸 하나당 한 개의 자아를 갖는 것보다 형이상학적으로 과다할 것이 없다는 사실을 인지하지 못한 것이다.

"나는 차 한 대에 자아 다섯이 타고 지나가는 것을 보았어."
"뭐라고? 정신이 오락가락하는군! 그게 무슨 헛소리야?"
"음, 차 안에는 몸도 다섯 개 있었어."
"아, 왜 진작 그렇게 말하지 않았어? 그러면 문제될 게 없지."
"아니, 몸은 네 개였을지도 몰라. 아니, 세 개였나? 그렇지만 자아는 분명 다섯 개였다고."

"뭐라고?"

　정상적 구조에서야 몸 하나에 자아도 하나인 것이 당연하지만, 비정상적 조건이라면 몸 하나가 자아를 하나 이상 갖지 못할 이유가 무엇인가?

　나는 다중인격 장애가 충격적일 것도, 불가사의할 것도 없다고 말하려는 것이 아니다. 사실 이 현상은 단지 기이하다고 말하는 것만으로는 부족하다. 하지만 그 이유가 우리가 형이상학적으로 가능하다고 가정하는 것에 이의를 제기하기 때문은 아니다. 한편으로는 인간의 잔학성과 박탈에서, 다른 한편으로는 인간의 창조성에서 가능한 한계가 어디까지냐는 우리 가정에 도전하기 때문이다. 오늘날에는 다중인격 장애로 진단되는 사례가 수천 건에 이르러 연구할 근거도 풍부하다. 그 원인은 거의 언제나 유아기에 오랫동안 당한 심한 학대, 주로 성적인 학대였다. 니콜러스 험프리와 나는 몇 년 전에 다중인격 장애를 조사했고(Humphrey and Dennett, 1989), 그 결과 그것이 고통을 당하는 사람의 개별적인 뇌를 넘어 훨씬 더 크게 확대되는 복잡한 현상임을 발견했다.

　이런 아이들은 매우 끔찍하고 혼란스러운 상황에 있었던 경우가 많았고, 나는 이 아이들이 절망적으로 자기 경계를 다시 세우는 것으로 정신적으로 살아남았다는 사실에 무척 놀랐다. 아이들이 불가항력의 갈등과 고통에 직면했을 때 했던 일은 '떠나버리기'였다. 아이들은 경계를 만들어 그 공포가 자기에게 닥치지 않게 했다. 그 일은 그 누구에게도 일어나지 않거나, 그런 공격에 더 잘 버틸 수 있는 다른 사람에게 일어났다.

　어떻게 그런 일이 있을 수 있을까? 그런 분리의 과정을 최종적으로 생물학적 수준에서 어떻게 설명할 수 있을까? 하나이고 온전한 자아가 아메바처럼 분열을 일으킨 것일까? 자아가 유기체의 신체 일부거나 뇌가 아니라 내가 제안한 대로 추상적인 관념이라면 도대체 어떻게 그런 일이 일어날 수 있을까? 정신적 외상에 대한 반응은 무척 독창적이고, 더군다나 사람들은 그것이 감독자 뇌 프로그램, 중앙 통제자, 아니면 그 무엇이든 거기 있는 일종의 감독이 하는 일이라고 생각한다. 그러나 흰개미 군락을 상기해보라. 언뜻 생각할 때는 흰개미가 그런 기가 막힌 프로젝트를 성취하려면 중앙의 집행자가 있어야 할 것 같지 않았는가?

우리는 어떤 현상이 아직 존재하지 않는 상태에서 시작하여 그 현상이 명백히 존재하는 상태로 끝나는 진화 이야기에 익숙하다. 농업, 의복과 거주지, 도구의 혁명, 언어 혁명, 의식의 혁명, 지구에서 일어났던 앞선 삶의 혁명, 이 모든 이야기가 전해져 내려왔다. 또한 그 이야기들은 절대주의 absolutism의 깊은 골을 넘어야 했다. 이런 단절은 다음과 같은 호기심이 이는 논증에서도 예증된다(Sanford, 1975).

> 모든 포유동물은 어미 포유동물을 갖는다.
> 그러나 포유동물은 한정된 수만 있었고, 따라서 최초의 포유동물 한 마리가 있어야만 한다.
> 그것은 우리의 첫째 전제와 모순을 일으키므로 우리가 보는 것과는 달리 포유동물 같은 것은 없다!

무언가는 희생해야 한다. 그것이 무엇이 되어야 할까? 절대론자나 본질주의 철학자는 뚜렷한 선, 발단, '본질'과 '기준'에 이끌린다. 절대론자가 생각하기에는 실제로 최초의 포유동물, 최초의 살아 있는 것, 의식의 첫 순간, 첫 번째 도덕적 행위자가 있었던 것이 틀림없다. 어떤 도약 진화의 산물이든, 전적으로 새로 나타난 후보든, 본질적인 요소 조건을 처음으로 갖춘 것이든 어떠한 분석으로라도 그렇게 입증되는 것이다.

다윈이 진화론을 전개하려고 했을 때 직면했던 가장 넘기 힘들었던 장애물도 이런 명확한 종 간의 경계를 세우고 싶어하는 성향이었다 (Richards, 1987). 이런 사고방식과 반대되는 것이 모호한 경계 구역에 있는 주변부의 것들과 엄격한 구분선이 없어도 편안한 일종의 반본질주의 anti-essentialism다. 자아와 마음, 심지어는 의식 그 자체도 생물학적 산물이므로(화학 주기율표에서 발견되는 요소가 아니라) 그것들 간의 전이와 그것이 아닌 현상은 점진적이고, 경쟁적이며, 멋대로 뜯어고쳐진다고 예상해야 한다. 그러나 이것이 모든 것이 언제나 변화하고, 언제나 점진적임을 의미하지는 않는다. 아주 가까이에서 보면 전이가 점진적으로 일어나는 것으로 보이지만, 조금 더 멀리서 보면 평형 상태의 안정기가 갑작스럽게 중단된 것으로 보인다(Eldredge and Gould, 1972; Dawkins, 1982).

이런 사실은 중요하지만, 충분히 폭넓게 인식되고 있는 것 같지는 않다. 변이를 겪고 있는 것, 잃어버린 연결고리, 유사 포유동물quasi-mammal, 그리고 어떤 종류에 속하는지 명확히 구분하기 어려운 것은 언제나 있었고, 앞으로도 있을 것이다. 그러나 자연에서 볼 수 있는 거의 모든 실제의 것(순전히 가능성만 있는 것과는 다른)은 논리적 공간에서 거대한 텅 빈 대양을 사이에 둔 유사성 군락 가운데 하나에 해당되는 경향이 있다. 우리가 쓰는 말의 의미가 사방팔방으로 흩어져버리는 일을 막기 위해 '본질'이나 '기준'이 필요하지는 않다. 우리의 말은 그 자리에 그대로 있을 것이고, 중력에 끌리기라도 하듯 가장 근접한 유사성 군락에 강하게 달라붙어 있을 것이다. 설령 전에 붙어 있던 의미가 점진적인 단계에 의해 이웃한 유사성 군락으로 옮겨 가느라 잠깐 지협地峽이 있었다고 해도 그렇다. 이런 생각은 여러 주제에 논란의 여지 없이 적용된다. 낮과 밤에, 생물과 무생물에, 포유류와 포유류 이전 동물에는 편안하게 이런 실용적인 접근을 취하는 사람들이 자아를 가진 것과 자아를 갖지 않은 것을 향해서도 같은 태도를 취하라고 하면 불안해한다. 자연 그 어디에도 없다면 그것이 여기에 있어야 하고, 전부 아니면 전무여야 하며, 한 사람당 하나여야 한다고 생각한다.

우리가 전개하는 의식 이론은 이런 추정의 신빙성을 떨어뜨리고, 다중 인격 장애는 우리 이론이 제기하는 문제의 좋은 예를 제공한다. 유사 자아quasi-self나 일종의 자아인 것은 있을 수 없으며, 신체 하나에 연관되는 자아의 수는 하나여야 한다는 확신은 자명하지 않다. 그것은 더 이상 자명하지 않고, 이제 우리는 관찰자나 중추의 의미부여자를 가진 데카르트 극장의 대안을 어느 정도 자세하게 전개했다. 다중인격 장애가 어떤 면에서 이런 추정에 도전하지만, 우리는 다른 측면에서 이에 도전하는 것도 상상해볼 수 있다. 하나의 자아를 둘 이상의 신체가 공유한다는 상상이다. 그런 사례로 보이는 일이 실제로 있었다. 영국의 요크 지방에 그레타Greta 와 프레다Preda라는 쌍둥이가 있었다(1981년 4월 6일, 〈타임Time〉). 이들 일란성 쌍둥이는 이제 40대이고 호스텔에서 함께 지내고 있는데, 둘은 마치 한 사람인 것처럼 행동했다. 둘은 언어 행동을 할 때도 협동해서 했다. 말을 할 때도 마치 하나처럼 함께 시작하고, 끝낼 때도 아주 짧은 간격을 두고 거의 동시에 끝냈다. 이들은 마치 샴쌍둥이처럼 분리가 불가능했다. 이들과 일해본 사람들은 둘을 하나로 여기는 것이 자연스럽고 효율적이라고 했다.

우리의 견해는 다중인격 장애뿐만 아니라 '단편성 성격 장애FPD, fractional personality disorder'를 설명할 이론적인 가능성도 시사한다. 나는 이 쌍둥이가 텔레파시나 초감각적 지각, 아니면 다른 종류의 신비한 결합으로 서로 연결되어 있다고 암시하는 것이 아니다. 단지 둘 사이에 수없이 많은 미묘하고 일상적인 의사소통 방식과 조정 방식(사실상 일란성 쌍둥이들이 종종 발달시키는 기술)이 있을 것이라고 말하고 있을 뿐이다. 이

쌍둥이 자매는 같은 자극에 매우 유사하게 반응하는 뇌를 갖고 있고, 평생 동안 같은 사건을 보고, 듣고, 만지고, 냄새 맡고, 생각해왔으므로 둘을 느슨한 조화 상태로 일치해 들어가게 만드는 의사소통 채널도 엄청나게 많을 것이다. 우리는 그런 연습으로 조정 가능한 일의 한계를 함부로 정해서는 안 된다.

그러나 어느 경우에는 쌍둥이 각각에 대해 하나씩 명확하게 구분되는 두 개의 개별적인 자아가 있지 않을까? 어쩌면 둘 중 하나가 둘 사이의 공통 명분을 위해 자신을 헌신하여 자신을 잃어버린 것은 아닐까? 시인 폴 발레리Paul Valéry가 그의 동포 데카르트의 말을 맛깔스럽게 꼬아서 말했듯, "나는 가끔씩 나다. 그러므로 나는 가끔씩 생각한다."

10장에서 우리는 의식이 지속적인 것처럼 보이지만 사실은 토막토막임을 보았다. 자아도 그렇게 토막토막일지 모른다. 좀 더 순조로운 상황이 오면 다시 금방 불이 켜질망정 촛불이 꺼져버리듯 쉽게 무無 속으로 사라져버리는 것인지 모른다. 당신은 유치원 시절 했던 모험을 단편적으로 회상할 수 있는가? 그 아이의 모험이 시간과 공간의 흐름과 함께 궤도를 그려온 당신의 모험의 궤적과 일관성 있게 이어지는가? 당신의 이름을 가진 그 아이, 지금 당신이 당신 이름을 서명하듯 크레파스로 그린 그림 위에 자기 이름을 새겨 넣던 그 아이는 당신인가?

철학자 데릭 파핏Derek Parfit(1984)은 사람을 다소 다른 인간 구성물인 클럽에 비교했다. 그 클럽은 1년 동안 문을 닫았다가 몇몇 이전 구성원이 모여 다시 문을 열었다. 그것은 같은 클럽인가? 그럴지도 모른다. 그 클럽이 문을 닫았던 상황을 명시적으로 설명하는 서면 회칙이 있다면 그럴 수도 있다. 그러나 아무 이야기도 없을 수 있다. 우리가 그 상황과 관련하여 생각해볼 수 있는 모든 사실을 알고, 그들이 그 (새로운) 클럽의 정체성에 관해 결론에 이르지 못한 것도 알 수 있다. 여기서 볼 수 있는 자아 또는 사람에 관한 시각에서도 이것은 옳은 비유다. 자아는 독립적으로 존재하는 영혼의 진주가 아니라 우리를 형성하는 사회적 과정의 인공물이다. 또한 다른 인공물처럼 상태에 갑작스러운 변화가 생기면 따라 변한다. 자아나 클럽의 궤도에 자연히 증가하는 유일한 모멘텀momentum은 그것을 구성하는 믿음의 망에 의해 주어지는 안정성이고, 그 믿음이 무너지면 일시적으로든 영구적으로든 그 안정성도 사라진다.

분리뇌 환자를 통해 본 자아의 의미

논의가 많이 이루어졌고, 철학자들이 좋아하는 문제인 분리뇌 현상을 고려할 때도 이런 사실을 염두에 두어야 한다. 분리뇌는 좌뇌 반구와 우뇌 반구를 직접 연결하는 섬유 다발인 뇌량을 절단했을 때 발생한다. 뇌량을 잘라내더라도 여러 중뇌 구조를 통해 두 대뇌 반구는 간접적으로 연결되어 있다. 뇌량 절단술은 한쪽 반구에서 시작된 경련이 반대쪽 반구까지 휩쓰는 것을 막기 위한 조치다. 이런 극단적인 수술은 다른 대안이 전혀 없을 때가 아니면 선택해서는 안 되지만, 매우 심한 간질 환자의 경우에는 다른 치료에는 전혀 반응이 없고, 뇌량 절단으로만 치료가 가능하다. 일반적인 철학 괴담에 따르면 분리뇌 환자는 자아가 둘로 나뉜다고 하지만, 이 수술로 다른 심각한 능력 감소는 일어나지 않는다. 이 과도한 단순화의 가장 호소력 있는 버전은 원래 한 사람의 두 부분인 철저하고 분석적인 좌뇌 반구와 느긋하고 직관적이며 전인적인 우뇌 반구가 수술 후에 분리되어 더욱 개별성을 갖고, 각각 빛을 발한다는 것이다. 이제 예전의 밀접한 팀워크는 덜 친밀한 데탕트détente로 대체되었다. 이런 생각은 그럴듯하지만, 실증적인 결과를 지나치게 과장한 생각이다. 실제로 이런 사례에서 이론적으로 놀라운 다중 자아의 증상이 관찰되는 경우는 아주 드물다(Kinsbourne, 1974; Kinsbourne and Smith, 1974; Levy and Trevarthen, 1976; Gazzaniga and LeDoux, 1978; Gazzaniga, 1985; Oakley, 1985; Dennett, 1985b).

맹시나 다중인격 장애를 가진 사람처럼 분리뇌 환자도 그들의 철학적 청구서에 부합되게 살지 않는다는 것은 놀라운 일이 아니며, 그것은 그 누구의 잘못도 아니다. 철학자가(또한 기초 연구자를 포함해 다른 많은 해석자도) 그 현상을 설명하면서 의도적으로 과장한 것이 아니다. 그보다는 현상을 간략하게 설명하는 것이 일상 언어로는 어렵다 보니 신체의 보스, 기계 안의 유령, 데카르트 극장 모형의 관객으로 비유하게 된 것이다. 니콜러스 험프리와 내가 다중인격 장애로 고통받는 여러 사람을 만난 후에 서로가 발견한 것을 신중하게 설명하고 비교할 때도 매우 자연스럽지만 심하게 오도된 말로 쉽게 빠지는 경우가 자주 있었다. 철학자로서는 맨 처음 분리뇌 환자에 관해 이야기했던 토머스 네이글(1971)은 이 현상에 관한 핵심적이고 정확한 설명을 제시했다.

"우리는 과학 연구로 얻는 근거가 아무리 적더라도 우리 자신을 이해하고 표현하는 특정한 방식을 포기하기가 불가능한 것 같다"(Nagel, 1971, p. 397).

이것은 실제로 어렵지만, 불가능하지는 않다. 네이글의 염세주의 그 자체도 과장되었다. 우리도 방금 전통적인 사고방식으로부터 우리 자신을 흔들어 깨우는 데 성공하지 않았던가? 그러나 어떤 사람은 전통적인 시각을 포기하길 원치 않는다. 거기에는 도덕적인 이유가 있을 것이다. 자아의 신화를 관념보다는 특별한, 구체적이고 셀 수 있는 뇌의 진주로 보존하려는 노력이고, 또한 유사 자아나 반 자아, 전이적 자아의 가능성을 거부하려는 시도다. 그것은 분명 분리뇌 현상을 이해하는 옳은 방식이다. 세심하게 고안된 실험 과정 중에 잠깐 동안 이런 환자 몇 명이 그들이 처해 있던 곤경에 대한 반응으로 두 갈래로 나뉘어 일시적으로 두 번째 이야기 무게 중심을 형성했다. 거기서 발생한 몇 가지 결과는 상호적으로 접근 불가능한 기억 흔적에 영원히 머물겠지만, 미숙한 두 번째 자아의 삶은 기껏해야 몇 분밖에는 지속되지 못했다. 전적으로 발달한 자아의 전기가 축적되기에는 충분한 시간이 아니었다(이것은 다중인격 장애 환자가 만들어낸 10여 개의 단편적인 자아 대부분에도 명백하게 해당되었다. 그것들 대부분에게 독점적인 전기를 가질 시간은 일주일에 단 몇 분으로 전혀 충분하지 않았다).

그렇다면 분리뇌 환자가 우뇌 자아로 사는 일은 어떤 것일까? 이것은 자연스럽게 나올 수 있는 질문이며,[1] 믿기 어렵고 오싹한 이미지를 떠올리게 한다. 이런 사람은 자신의 왼쪽 몸은 속속들이 잘 알고 있고 여전히 통제하에 두고 있지만, 오른쪽 몸은 지나가는 낯선 사람의 몸처럼 멀게 느낀다. 자기 자신으로 존재한다는 것이 어떤 것인지 세상을 향해 외치고 싶지만 그럴 수가 없다. 좌뇌 반구 라디오 방송국으로 연결되는 간접적인 전화선을 잃었기 때문에 모든 언어적 의사소통으로부터 단절되었다. 그는 외부 세계를 향해 자기 존재를 알리기 위해 최선을 다한다. 얼굴 반쪽이 틀어지게 찡그리거나 웃으며 간간이 왼손으로 한두 단어를 휘갈겨 쓰기도 한다.

이런 상상력 훈련은 어떤 식으로든 전개될 수 있지만, 우리는 이것이 베아트릭스 포터Beatrix Potter의 매력적인 이야기에 나오는 피터 래빗 Peter Rabbit과 그의 의인화된 친구들이 환상인 것만큼이나 환상이라는 것을 알고 있다. 의식이 오로지 좌뇌 반구에만 있기 때문이거나, 그런 곤경에 빠진 자신을 발견하는 사람이 있을 수 없기 때문이 아니라, 뇌량 절제술이 그런 별개의 자아를 지지하기 충분할 정도로 뚜렷이 구분되는 흔적을 남기는 사례가 아니기 때문이다.

분리뇌 환자에서 그런 우뇌 자아가 있을 수 있다는 논리적 가능성이 내 자아 이론에 이의를 제기하지는 못한다. 내 이론은 그런 것이 없다고 말하고, 그 이유도 말해주기 때문이다. 완전히 발달한 자아를 구성하는 풍부하고 독립성을 갖춘 이야기가 축적되기 위한 조건은 존재하지 않는다. 내 이론은 말하는 토끼, 자기 거미집에 영어 메시지를 적어두는 거미, 슬픔에 빠진 추추 트레인choo-choo train도 있을 수 있다는 것을 꿈에도 부정하려고 하지 않으며, 마찬가지로 그런 주장에 영향을 받지도 않는다. 그런 것이 있을 수 있더라도, 그런 것은 없으며, 따라서 내 이론은 그것을 설명할 필요가 없다.

참을 수 없는 존재의 가벼움

내 이론에 의하면, 자아는 수학적으로 정확한 어떤 것이 아니라 추상적인 관념이다. 다시 말해, 살아 있는 신체의 이야기 무게중심의 전기를 구성하는 수많은 속성과 해석으로 정의되는(자기 속성과 자기 해석을 포함하여) 것이다. 그것으로서 자아는 살아 있는 신체의 진행 중인 '인지적 경제 cognitive economy'에서 두드러지게 중요한 역할을 한다. 신체가 활동하는 환경에 있는 모든 것에 관한 정신적 모형을 만들어야 하고, 행위자가 저절로 갖게 된 모형보다 중요한 것은 없기 때문이다(Johnson-Laird, 1988; Perlis, 1991).

우선 모든 행위자는 세상에 있는 어느 것이 자기인지 알아야 한다. 이 일은 처음에는 하찮거나 불가능한 일로 여겨진다. '나는 나야!'라는 말은 무슨 정보를 담은 말은 아니지만, 내가 나를 알지 못하면 다른 것을 안들 무슨 소용이고, 또 무엇을 발견할 수 있겠는가? 더 단순한 유기체의 경우에는 자기 인식이라는 것이 '배가 고프더라도 너 자신을 먹어치우지는 마', '통증이 있으면 그것은 네 통증이야'와 같은 말에 담긴 기본적인 생물학적 지혜 이상의 것은 아니다. 인간을 포함한 모든 유기체에서 이런 기본적인 생물학적 설계 원칙은 눈으로 무엇이 날아오면 눈을 감고, 추우면 몸을 떠는 것처럼 신경계의 기본 설계로 간단히 배선되어 있다. 바닷가재도 다른 바닷가재의 집게는 먹을지 모르지만, 자신의 집게는 먹지 않을 것이다. 바닷가재가 선택할 수 있는 것은 제한적이고, 그것이 집게가 움직이고 있다고 '생각'할 때 그것의 '사고자'는 그것이 움직이고 있다고 생각하는 바로 그 집게에 직접적이고 적절하게 배선되어 있다. 반면, 침팬지와 몇몇 다른 종과 더불어 인간에게는 더 많은 선택권이 있고, 따라서 혼란을 가중시킬 원천도 더 많다.

몇 년 전 뉴욕 항구 당국은 소형 보트 소유주들이 공유할 수 있는 레이더 시스템을 시험했다. 강력한 지상 레이더 안테나 한 대가 항구의 레이더 이미지를 만들어 그것을 텔레비전 신호로 보트 소유주에게 전파했다. 보트 주인은 자기 보트에 작은 텔레비전 세트를 설치하는 것으로 레이더 비용을 절약할 수 있었다. 이런 시스템에 어떤 장점이 있을까? 안개 속에서 길을 잃었을 때 텔레비전 화면에서 움직이는 수많은 광점 가운데 하나가 자기 배라는 것을 알 수 있다. 그러나 어느 것이 내 배일까? 불가사의는 간단한 아이디어 하나에 무릎을 꿇었다. 보트로 재빨리 작은 원을 그린 다음 화면을 보았을 때 원을 그리고 있는 것이 당신의 광점이다. 몇 대의 보트가 같은 시험을 동시에 하지 않는 이상은 말이다.

이 방법이 절대적으로 완벽한 것은 아니지만, 대부분의 경우에는 효과가 있고, 그 핵심은 일반적인 경우에도 훌륭하게 적용된다. 인간 신체가 행하는 고도의 활동을 통제하려면 뇌에 자리 잡고 있는 신체 통제 시스템이 자신에 관해 알려주는 다양한 종류의 유입되는 정보를 인식할 수 있어야 한다. 또한 당혹스러운 상황이 발생하거나 의구심이 들 때 문제를 해결하고, 정보를 적절하게 할당할 수 있는 신뢰할 수 있는(그러나 완벽하지는 않은) 유일한 방법은 간단한 실험을 해보는 것이다. 어떤 일을 해보고, 무엇이 움직이는지 보라.[2]

침팬지는 바나나를 손에 넣는 방법을 금방 알아낸다. 꽤 거리를 두고 매달려 있는 CCTV 화면으로 자기 팔의 움직임을 지켜보아 팔을 어떻게 움직여야 할지 터득한 후 벽에 난 구멍을 통해 바나나 바구니로 손을 뻗는다 (Menzel et al., 1985). 이것은 절대 사소하지 않은 자기 인식 능력이다. 화면에 나타난 팔의 움직임과 눈에 보이지 않지만 의도한 팔의 동작 간의 조화를 인식할 수 있어야 가능한 일이기 때문이다. 같은 실험을 화면이 약간 늦게 나오게 조정하여 해보면 어떤 결과가 나올까? 만일 당신이 CCTV의 테이프가 20초 늦게 돌아가지만 그런 사실을 전혀 모르는 상태에서 당신 팔을 바라보고 있다면, 그런 사실을 알아내는 데 얼마나 걸릴까?

자기 이해는 신체의 움직임이 외부로 보내는 신호를 식별하는 문제에만 필요한 것은 아니다. 우리는 우리 자신의 내적 상태, 경향, 결정, 강점과 약점에 관해서도 알아야 하며, 이를 알아내는 기본적인 방법과 외적 상태를 알아내는 방법은 본질적으로 같다. 무슨 행동이든 해보고, 무엇이 움직이는지 보라. 고등 행위자는 신체와 정신 상태를 모두 파악할 수 있는 훈련이 되어 있어야 한다. 인간의 경우에는 이런 훈련이 주로 '끊임없이 이야기하기'와 '이야기 확인하기'다. 그런 이야기 가운데 일부는 사실이고, 일부는 허구다. 아이들은 이런 훈련을 큰 소리로 하는 반면, 어른들은 이런 연습을 좀 더 점잖게 한다. 소리 없이, 암묵적으로, 힘들이지 않고, 자연스럽게 환상과 진지한 연습과 성찰 간의 차이를 구별한다. 철학자 켄들 월튼 (1973, 1978)과 심리학자 니콜러스 험프리(1986)는 자아를 짓는 데 서툰 인간의 이야기 연습을 도와줄 드라마, 이야기하기, 그리고 '가짜를 진짜처럼 가장하기'라는 더 기본적인 현상의 중요성을 다른 관점에서 보여주었다.

따라서 우리는 일종의 기본적인 자기 표상 신호를 중심으로 조직되는 우리 자신에 관한 이야기를 짓는다(Dennett, 1981a). 그 신호는 물론 자아가 아니다. 그것은 자아의 표상이다(레이더 스크린에 있는 엘리스 섬을 나타내는 광점이 실제로 섬은 아니다. 그것은 섬의 표상이다). 한 광점을 내 광점으로 만들고, 다른 광점은 그의 광점이나 그녀의 광점, 아니면 그것의 광점으로 만드는 것은 그것이 무엇으로 보이느냐가 아니라 그것이 무엇에 소용되느냐다. 이것은 내 뇌에 있는 다른 구조가 보스턴이나 레이건, 아이스크림에 관한 정보를 추적하는 것과 똑같은 방식으로 나라는 주제에 관한 정보를 모으고 조직한다.

당신의 자기 표상이 말하는 것은 어디에 있을까? 그것은 당신이 있는 곳에 있다(Dennett, 1978b). 그것은 무엇일까? 그것은 당신의 이야기 무게중심 그 이상도 이하도 아니다.

오토가 돌아온다.

> 이야기 무게중심의 문제는 그것이 진짜가 아니라는 것이다. 그것은 이론가의 허구다.

그것은 이야기 무게중심에서 문제가 되는 것이 아니라 영광인 것이다. 그것은 웅장하고 화려한 허구이고, 누구든 만든 이가 자랑스러움을 느낄 허구다. 또한 문학에 등장하는 허구적인 인물은 그보다도 더 훌륭하다. 《모비딕》의 이스마엘을 생각해보라. 《모비딕》의 이야기는 "나를 이스마엘이라 부르라"로 시작되고, 우리는 그 말에 따른다. 우리는 그 글을 이스마엘이라 부르지 않고, 멜빌을 이스마엘이라 부르지 않는다. 우리는 《모비딕》에서 본 위대한 인물 이스마엘을 이스마엘이라 부른다. "나를 댄이라 부르라." 당신은 내 입이 말하는 것을 듣고 내 말에 따른다. 내 입이나 내 몸을 댄이라 부르지 않고, 나를 댄이라고 부르는 것이다. 그것은 내가 만든 것이 아니라 오랜 세월에 걸쳐 내 부모와 형제와 친구들과 함께 일관되게 행동하면서 내 뇌가 만들어낸 이론가의 허구다.

당신에게는 그 말이 모두 맞는 말인지 몰라도 나는 완벽하게 진짜다. 나는 당신이 막 언급한 사회적 과정에 의해 만들어졌을지 몰라도(내가 태어나기 전에는 존재하지 않았다면 그런 것이 틀림없을 것이다) 그 과정이 만들어낸 것은 진짜 자아지, 순전히 허구적인 인물은 아니다!

당신이 무슨 말을 하려는지 알 것 같다. 만일 자아가 실제가 아니라면 도덕적 책임을 지는 존재는 어떻게 되는가? 우리의 전통적인 개념 체계에서 자아의 가장 중요한 역할 중 하나는 해리 트루먼의 명패가 '모든 책임이 떨어지는 곳'이라고 말하고 있는 것과 같다. 만일 자아가 실제가 아니라면, 진짜로 진짜가 아니라면, 책임은 계속해서 여기저기로 넘겨지고, 영원히 돌고 돌지 않겠는가? 뇌에 모든 결정을 내리는 최고 결정권자가 자리한 대통령 집무실이 없다면, 우리는 이의 제기를 받으면 언제나 "나를 탓하지 마. 나는 여기서 일하는 것뿐이야"라고 답변하는 난쟁이들의 부조리한 관료주의에 위협당할 것이다. 책임질 수 있는 자아를 구성해야 하는 과제는 주요한 사회의 교육적 프로젝트이고, 당신은 성실성에 위협이 되는 것에 관심을 가질 권리가 있다. 그러나 그것이 무엇이든 뇌의 진주, 진짜인 것, 내적으로 책임이 있는 것은 이런 위협에 직면해서는 행운의 부적이나 휘두르는 측은하고, 겉만 번지르르한 것이다. 유일한 희망은 뇌가 자기 표상을 기르고, 그리하여 모든 것이 다 잘되어갈 때 뇌가 통제하는 신체를 책임 있는 자아로 무장시키는 방식을 자연스럽게 이해하는 것이다. 자유의지와 도덕적 책임은 바랄만한 가치가 충분한 것이고, 내가 《행동의 여지: 가치 있는 다양한 자유의지Elbow Room: The Varieties of Free Will Worth Wanting》(1984)에서 보여주려고 했던 것처럼 최상의 방어는 모순으로 가득한, 뚜렷이 분리되는 별개의 영혼이 존재한다는 신화를 버리는 것이다.

그렇지만 내가 존재하지 않는다고?

물론 당신은 존재한다. 당신은 의자에 앉아 내 책을 읽으면서 이의를 제기한다. 또한 이상하게도 당신의 현재 모습은 당신을 창조하려면 필수적인 조건이지만, 당신의 존재가 무한히 연장되기 위해 필요한 것은 아니다. 만일 당신이 비물질적 실체의 진주인 영혼이라면, 우리는 당신의 잠재적인 불멸성을 오로지 설명할 수 없는 속성, 영혼 물질이라는 제거할 수 없는 공허한 설명을 가정해야만 설명할 수 있다. 또한 만일 당신이 물질적 실체의 진주인 당신 뇌에 장관을 이루고 있는 특별한 원자 집단이라면, 당신의 필멸성은 그 원자 집단을 묶는 물리적 힘에 달린 것이다(우리는 물리학자에게 자아의 반감기는 얼마냐고 물어볼 수도 있을 것이다). 다른 한편 당신이 자신을 이야기 무게중심이라고 생각한다면, 당신의 존재는 그 이야기의 존속 여부에 달린 것이 된다(각기 다른 이야기를 모은 《천일야화The Thousand and One Arabian Nights》처럼). 그 이야기는 이론적으로는 매개체를 무한히 바꾸거나 저녁 뉴스처럼 쉽게 시간을 이동하면서, 순전한 정보로 무기한 저장되면서 살아남을 수 있다. 만일 당신이 당신의 신체 통제 시스템을 구조화한 정보의 조직이라면(아니면 흔히 듣는 도발적인 말처럼 당신이 당신의 뇌 안에 있는 컴퓨터를 운영하는 프로그램이라면), 이론적으로는 컴퓨터가 파괴되더라도 프로그램은 살아남을 수 있는 것처럼 당신은 당신 신체가 죽더라도 온전히 살아남을 수 있을 것이다. 일부 사상가는(Penrose, 1989) 내가 여기서 옹호하는 시각에 담긴 함의가 소름 끼치고, 심각하게 반직관적이라고 주장한다. 그러나 그것이 당신이 열망하는 불멸성에 대한 가능성이라면 대안은 간단히 방어하는 것이 불가능하다.

13장

상상한 의식

의식 있는 로봇 상상하기

나는 인간의 의식 현상을 '가상 기계'의 작동 면에서 설명했다. 뇌의 활동을 이루는 일종의 진화된(그리고 진화하는) 컴퓨터 프로그램이다. 뇌 안에 데카르트 극장은 없다. 데카르트 극장이 있다는 놀랍도록 끈덕진 확신은 이제는 드러나고 설명된 다양한 인지적 착각의 결과였다. 감각질은 뇌의 복잡한 기질적 상태로 대체되었고, 데카르트 극장의 관객, 중추의 의미 부여자, 목격자로 알려진 자아는 그럴듯한 추상적 관념인 것으로 드러났다. 내적인 관찰자나 우두머리라기보다는 이론가의 허구였던 것이다.

만일 자아가 '단지' 이야기 무게중심이고, 인간의 모든 의식 현상이 인간 뇌의 어마어마한 가변적 연결로 구현된 가상 기계의 활동만으로 설명될 수 있다면, 원리적으로는 실리콘으로 만든 컴퓨터 뇌로 적절하게 프로그램된 로봇도 의식이 있을 것이고, 자아를 가질 것이다. 몸은 로봇이고 뇌는 컴퓨터인 의식 있는 자아도 있을 것이다. 내 이론에 숨겨진 이런 함의가 어떤 사람에게는 명백하고, 거부감이 없다.

"물론 우리는 기계예요. 우리는 금속과 실리콘 대신 유기 분자로 구성된 아주 복잡하고 진보된 기계일 뿐이죠. 우리가 의식이 있는 것을 보면 의식이 있는 기계도 있을 수 있어요. 바로 우리라는 기계죠!"

이렇게 생각하는 독자들에게 이 함의는 처음부터 알고 있던 결론이다. 그들에게 흥미로운 것은 그 와중에 만나는 명백하지 못한 다양한 함의이고, 특히나 우리가 뇌의 실제적인 장치에 관해 더 많이 알게 되면서 그동안 상식으로 통하던 데카르트식 그림이 얼마나 많이 대체되어야 하는지 보여주는 것들이다.

그러나 어떤 사람에게는 의식 있는 로봇이 있을 수 있다는 함의가 너무나 놀랍고, 믿을 수 없는 것으로 보인다. 내 친구 하나는 전에 내 이론에 진심 어린 우려를 담아 "그렇지만 댄, 나는 의식 있는 로봇은 상상할 수 없어"라고 말했다. 일부 독자도 그의 주장에 맞장구치고 싶을 것이다. 그러나 그것은 그가 말을 잘못한 것이므로 그런 마음에는 저항해야 한다. 그의 오류는 의식을 이해하는 과정을 가로막는 근본적인 혼란으로 관심을 돌리게 만든다. 나는 대꾸했다.

"그 말은 옳지 않아. 자네도 종종 의식 있는 로봇을 상상하고 있거든. 문제는 자네가 의식 있는 로봇을 상상할 수 없는 것이 아니야. 어떻게 로봇이 의식이 있을 수 있다는 건지 상상할 수 없다는 거지."

스타워즈*Star Wars*에서 R2D2와 C3PO를 보았고, *2001 스페이스 오딧세이2001: A Space Odyssey*의 로봇 할Hal 이야기를 들어본 사람이라면 누구나 의식 있는 로봇을 상상해보았을 것이다(아니면 의식 있는 컴퓨터를 상상해보았을 것이다. 상상해보는 데는 R2D2처럼 일어나 돌아다니든, 할처럼 누워 지내든 그것이 중요한 것은 아니다). 무생물에게도 의식의 흐름이 있다고 상상하는 일은 그야말로 어린애 장난이다. 아이들은 항상 이런 상상을 한다. 테디 베어에게도, '씩씩한 작은 기관차Little Engine That Could'에게도 생명이 있다고 여긴다. 숲 속에 고요히 서 있는 발삼나무는 도끼를 든 나무꾼을 두려워하면서도 언젠가는 크리스마스트리가 되어 따뜻하고 아늑한 집 안에 들어가 행복한 아이들에게 둘러싸여 지낼 날을 손꼽아 기다린다. 어린이 텔레비전 프로그램은 말할 것도 없고, 아동문학에는 그저 물건에 지나지 않는 것이 의식 있는 삶을 산다고 상상해볼 기회로 가득하다. 이런 환상을 그리는 예술가는 보통 아이들의 상상력을 돕기 위해 이런 가짜 행위자의 얼굴에 표정을 그려 넣지만, 그것이 본질적인 것은 아니다. 말하는 것(할처럼)은 표정 있는 얼굴이 없는 상황에서도 거기에 누군가가 있다는 착각에 빠지게 만든다. 할이나 테디 베어나 추추 트레인이 되어야 할 어떤 것이 거기 있어야 할 것만 같다.

문제는 이것이 모두 착각이거나 착각인 것으로 보인다는 점이다. 거기에는 차이가 있다. 어떤 테디 베어도 의식이 없다는 것은 자명한 일이지만, 어떤 로봇도 의식이 없다는 것은 그렇게 자명하다고 볼 수 없다. 자명한 일은 그것이 어떻게 의식이 있을 수 있다는 것인지 상상하기 어렵다는 것이다. 내 친구도 어떻게 로봇이 의식이 있을 수 있다는 것인지 상상하기 어려웠으므로 로봇을 의식이 있는 것으로 상상하기 꺼렸던 것이다. 그렇지만 그도 쉽게 그런 상상을 해볼 수 있다. 상상력의 두 가지 위업 간에는 큰 차이가 있지만, 사람들은 둘을 혼동하는 경향이 있다. 로봇의 컴퓨터 뇌가 의식이 있을 수 있다고 상상하는 것은 실제로 매우 믿기 어려운 일이다. 어떻게 실리콘 칩 덩어리에서 일어나는 복잡한 정보 처리 과정이 의식적인 경험에 해당할 수 있겠는가? 그러나 유기적인 인간의 뇌가 의식을 갖는다고 상상하는 것도 그만큼이나 어렵다. 어떻게 수백만 개의 뉴런 사이에서 일어나는 수많은 복잡한 전기화학적 상호작용이 의식적인 경험에 이르게 하는가? 그러나 이제 우리는 인간이 의식을 갖고 있다고 상상할 수 있다. 어떻게 이런 일이 가능한지는 여전히 상상하기 힘들더라도 말이다.

어떻게 뇌가 의식이 자리한 곳이 될 수 있는가? 이 질문은 보통 철학자들이 수사적인 질문으로 다루어왔고, 그 답은 인간의 이해를 한참 벗어난 것이라는 생각이 지배적이었다. 이 책의 1차적인 목적은 그런 추정을 모조리 부수자는 것이었고, 나는 당신도 뇌에서 일어나는 그 복잡한 활동을 의식적인 경험에 해당하는 것으로 상상할 수 있다고 주장했다. 내 주장은 직접적이다. 나는 당신에게 그 일을 하는 방법도 보여주었다. 뇌를 일종의 컴퓨터라고 생각하는 것이다. 컴퓨터공학에서 얻은 개념은 '자기 성찰'을 통해 알고 있는 현상학과, 과학이 밝혀준 우리 뇌 사이의 '미지의 영역'에서 비틀거리는 우리에게 필요한 상상력의 버팀대를 제공한다. 우리 뇌를 정보 처리 시스템으로 생각하는 것으로 우리는 뇌가 그 모든 현상을 어떻게 일으키는지 발견해나가면서 차츰 연무를 물리치고, 거대한 분수령을 넘어 나아가야 할 길을 찾을 수 있다. '중추의 의미부여자', '채워 넣기', '감각질' 같은 솔깃하지만 믿을 수 없는 것은 피해야 한다. 내가 제공한 개요에도 아직 혼란이 남아 있고, 적나라한 오류도 여전히 존재한다. 그러나 적어도 우리는 이제 우리가 가야 할 길이 어떤 길인지 알아보기 시작했다.

그러나 어떤 철학자는 이런 분수령을 넘는 것은 불가능하다고 선언했다. 토머스 네이글(1974, 1986)은 생리학의 객관적인 수준에서 현상학의 주관적인 수준에 도달할 수는 없다고 주장했다. 더 최근에는 콜린 맥긴Colin McGinn(1991)이 의식이 현상학과 생리학 모두를 초월해 존재하는 '감추어진 구조'라고 주장하면서 이 구조가 격차를 메울 수는 있지만, 우리로서는 영원히 접근할 수 없는 것이라고 했다.

내가 생각하는 감추어진 구조는 네이글이 제안한 수준 어디에도 해당되지 않을 것이다. 이것은 그 사이 어딘가에 위치할 것이다. 현상학적인 것도 물질적인 것도 아닌 이런 중간 수준은 분수령의 어느 쪽 모형에서도 만들어질 수 없으므로(정의상으로) 그것이 다른 쪽에 도달할 수도 없다. 그 특징은 근본적인 개념적 혁신을 요구한다(내가 주장한 것은 아마도 우리 역량을 넘어서는 일일 것이다). (McGinn, 1991, pp. 102~103)

내가 이 책에서 이용한 '소프트웨어'나 '가상 기계' 수준의 설명은 맥긴이 설명한 '중간 수준'과 정확히 같은 종류다. 명확하게 생리적이거나 기계적인 것은 아니지만, 뇌 기계 장치에 필요한 다리를 제공할 수 있는 것이고, 명확하게 현상학적인 것은 아니지만, (타자)현상학적 세계인 내용의 세계에 다리를 제공할 역량이 있는 것이다. 우리는 해냈다! 우리는 뇌가 의식적인 경험을 어떻게 일으킬 수 있는지 상상했다. 맥긴은 왜 이런 '근본적인 개념적 혁신'이 우리의 역량을 넘어서는 일이라고 생각했을까? 그는 다양한 소프트웨어로 마음에 접근하는 방식을 철저하고 자세하게 분석하여 그 무용성을 입증한 것일까? 아니다. 그는 그것들을 전혀 조사하지 않았다. 그는 자신이 상정한 중간 수준조차도 상상하려 들지 않았고, 단지 이 분야에서는 더 이상 희망이 없다고만 했다.

이런 허위의 '명백함'은 의식 이해의 진보를 가로막는다. 의식을 일종의 데카르트 극장에서 일어나는 일로 생각하고, 이런 식으로 생각하는 것에 아무런 잘못도 없다고 여기는 것은 세상에서 가장 자연스러운 일이다. 우리가 뇌의 활동을 자세히 살펴서 그 작용 방식을 알아내고 대안 모형을 자세하게 구상하기 전까지는 그런 생각이 당연히 옳아 보인다. 그런 연후에 일어나는 일은 무대 마술사가 마술을 선보이는 법을 배우는 일과 흡사하다. 무대 뒤를 진지하게 살펴보고 나면 무대 위에서 일어난다고 생각했던 일이 우리가 실제로 보고 있는 일이 아니라는 것을 깨달을 것이다. 현상학과 생리학 사이에 있는 엄청난 공백이 조금 줄어든다. 우리는 현상학의 명백한 특징 일부가 전혀 사실이 아님을 알게 된다. 상상의 산물로 채워 넣는 일은 일어나지 않는다. 내적인 감각질이라는 것도 없고, 의미와 행동이 일어나는 중앙의 원천도 없으며, 이해가 일어나는 마법의 장소도 없다. 실제로 뇌에는 데카르트 극장이 없다. 무대 위의 경험과 무대 뒤의 과정을 구분하기가 애매해진다. 우리가 설명해야 하는 놀라운 현상은 여전히 많다. 그러나 가장 어처구니없는 몇 가지 특별한 결과는 전혀 존재하지 않는 것이고, 따라서 설명도 필요 없다.

일단 뇌가 어떻게 의식 현상을 일으키는지 상상해보는 어려운 과제에 얼마간 성공하고 나면 누군가 또는 무언가가 의식이 있다고 상상해보는, 그보다는 조금 쉬운 과제는 더 잘 해낼 수 있다. 우리는 계속해서 이것을 일종의 의식의 흐름을 상정하는 것으로 생각할 수도 있지만, 더 이상 그 흐름에 그 모든 전통적인 속성을 부여하지 않는다. 이제 의식의 흐름은 뇌에서 구현되는 가상 기계의 작동이라고 생각해볼 수 있다. 우리가 로봇의 컴퓨터 뇌에서 일어나는 의식의 흐름을 상상할 때 더 이상은 명백하게 착각하고 있는 것이 아니다.

설의 '중국어 방' 사고 실험

맥긴은 어떻게 소프트웨어가 로봇이 의식을 갖게 만들 수 있다는 것인지 상상하기는 불가능하므로 감히 시도조차 하지 말라고 했다. 다른 철학자들도 소프트웨어가 이런 일을 한다는 것은 상상조차 할 수 없다고 말하면서 바로 그런 효과를 내는 사고 실험을 고안하여 이런 태도를 더욱 조장했다. 이상하게도 가장 잘 알려진 두 가지 사고 실험이 모두 중국과 관련이 있다. 네드 블록Ned Block(1978)의 '중국 국민Chinese Nation'과 존 설(1980, 1982, 1984, 1988)의 '중국어 방Chinese Room'이다.[1] 두 사고 실험은 모두 같은 식으로 상상력을 오도한다. 설의 중국어 방이 더 폭넓게 논의되었으므로 나는 이 사고 실험을 더 집중적으로 다룰 것이다. 설은 우리에게 방에 갇혀서 중국어를 이해하는 거대한 인공지능 프로그램과 글로 대화하고 있는 그의 모습을 상상하라고 한다. 그는 이 프로그램이 튜링 테스트를 통과했다고 명기한다. 인간 상대자가 이 프로그램이 진짜로 중국어를 이해하는 것은 아니라는 사실을 입증하려고 갖은 수를 다 썼으나 모두 물리쳤다는 것이다. 그는 이 사고 실험으로 단순히 행동을 보고 구별할 수 없다고 해서 중국어 방이 중국어를 이해한다거나 중국인의 의식이 있다고 결론지을 수는 없다고 말한다. 방에 갇혀서 프로그램에 따라 프로그램의 기호열symbol string을 부지런히 조작하는 설은 그것으로 중국어를 이해하게 된 것도 아니고, 방에는 중국어를 이해하는 다른 아무것도 없다.

이 사고 실험은 설이 '강한 인공지능Strong AI'이라 부른 것이 불가능함을 입증하려고 고안한 것이었다. "알맞은 입력과 출력으로 적절하게 프로그램된 디지털 컴퓨터는 인간이 마음을 가진 것과 정확하게 같은 의미의 마음을 가질 수 있다"는 논제다(Searle, 1988a). 설이 내놓은 여러 버전의 사고 실험에 엄청난 반응이 쏟아졌고, 철학자와 이론가들은 그의 사고 실험이 논리적인 논증으로 간주될 때도 언제나 허점을 찾아냈다.[2] 그 '결론'이 많은 사람에게 계속해서 '명백해' 보이는 것은 부정할 수 없었다. 왜 그럴까? 사람들이 실제로 이 경우를 그것이 요구하는 대로 자세하게 상상하지 않기 때문이다.

내 진단이 옳다는 것을 보여줄 실험을 소개하겠다. 먼저, 튜링 테스트에서 판정자와의 대화에서 승리하는 중국어 방에서 발췌한 것을 살펴보자.

판정자: 요술 램프를 발견한 아일랜드 사람 이야기를 들어보았나요? 그가 램프를 문지르자 지니가 나타나서 그에게 세 가지 소원을 들어주겠다고 했어요. 그는 "기네스 맥주 1파인트pint만 주시오!"라고 소원을 빌었고, 즉시 맥주가 나타났죠. 그러자 그는 얼른 맥주를 한 번 맛보고는 벌컥벌컥 마시기 시작했어요. 그런데 기네스 맥주잔은 아무리 마셔도 맥주가 줄어들지 않고 기적같이 다시 차올랐어요. 얼마 후에 지니가 "자, 그럼 두 번째 소원을 빌어야죠!" 하고 재촉했어요. 아일랜드 남자는 맥주를 벌컥벌컥 마시면서 "이 맥주를 한 잔 더 마시고 싶소!" 하고 대답했다는군요.

중국어 방: 아주 재미있는 이야기군요. 처음 들어보는 이야기예요. 그렇지만 특정 민족을 농담거리로 삼는 것은 별로 유쾌한 일이 아니에요. 나도 모르게 웃음이 터지기는 했지만, 나는 다른 주제를 논의했으면 해요.

판정자: 좋아요. 그렇지만 나는 그 농담의 의미를 설명해보라고 이 이야기를 한 거예요.

중국어 방: 재미없어요. 농담을 어떻게 설명하란 말이에요?

판정자: 상관없어요. 이것이 내 시험 문제예요. 그 농담이 왜 통하는지 그 이유와 방식을 설명해보세요.

중국어 방: 그렇게 고집한다면 설명해보죠. 기적적으로 다시 채워지는 잔은 아무리 마셔도 영원히 다시 채워지므로 아일랜드 남자는 흑맥주를 영원히 마실 수 있어요. 그것이 핵심이죠. 따라서 그가 똑같은 것을 달라고 할 이유가 없었지만, 그 남자가 멍청했거나(여기가 내가 반감을 갖는 부분이에요), 아니면 술 때문에 제정신이 아니어서 그런 사실을 생각하지 못한 거죠. 그래서 첫 번째 소원이 이루어진 기쁨에 취해 아무 생각 없이 두 번째도 같은 것을 청한 거예요. 물론 이 농담의 배경이 되는 가정은 진실이 아니지만, 이런 농담을 할 때는 기적을 믿지 않는 마음 같은 것은 좀 뒤로 미뤄둬야 해요. 억

지스럽긴 하지만, 생각을 좀 더 해본다면 그가 두 번째 소원으로 맥주를 달라고 한 것이 결국 옳았을 수도 있어요. 성대한 파티를 열 계획이었다면 아무리 영원히 채워지는 잔이라도 한 잔만으로는 갈증 난 손님을 모두 만족시키기에 충분하지 않았을 거예요(미리 모아두는 것도 소용없어요. 맥주는 오래 두면 맛이 형편없어진다는 건 우리 모두 알잖아요). 하지만 우리는 그런 복잡한 문제는 생각하지 않는 경향이 있고, 바로 그 점이 농담이 효과를 발휘하는 이유예요. 제 설명이 충분했나요?

이 대화가 현란하지는 않았어도 판정자를 속여 넘기기에는 충분했다고 해보자. 이제 우리는 중국어 방이 내놓은 말을 상상해보도록 초대받았다. 설이 부지런히 모의하고 있는 거대한 프로그램이 구성한 말들이다. 상상하기 힘든가? 물론 힘들 것이다. 그렇지만 이 프로그램은 튜링 테스트를 통과했고, 고도의 대화 능력을 갖추고 있으므로 우리가 지시를 제대로 따른 것이라면 이런 종류의 대화를 생성할 능력을 갖춘 복잡한 프로그램을 상상할 수 있어야 한다. 또한 우리는 설이 중국어 방에서 자기가 무슨 일을 하고 있는지 어렴풋이도 알아차리지 못하고 있다고 상상해야 한다. 그는 단지 자신이 프로그램에 따라 움직이는 0과 1을 보고 있을 뿐이다. 그리고 이때 설이 자기가 0과 1 대신에 불가해한 한문을 조작한다고 상상하라고 한 점이 중요하다. 이것이 우리가 그 거대한 프로그램이 단순히 입력한 한자와 출력한 한자를 대응시키는 것으로 작동되리라는 불확실한 가정을 믿게 하기 때문이다. 물론 그런 프로그램은 작동하지 않을 것이다. 그런데 중국어 방이 영어로 하는 말은 판정자의 질문에 부합하는 것일까?

실제로 중국어 방이 판정자의 질문에 응수할 말을 생성할 수 있는 프로그램은 설의 현실 수준에서가 아니라 가상 기계 수준에서 생각해볼 수 있는 것이다. 첫 번째 문장을 예로 들어보자. 'Did you hear about the

Irishman who found a magic lamp?(요술 램프를 발견한 아일랜드 사람 이야기를 들어보았나요?)'라는 문장에서 'Did you hear about(~를 들어보았나요?)'이라는 구절이 시작되자마자 프로그램의 농담을 찾아내는 도깨비들이 활성화되었고, 이것이 허구, '2차 의도' 언어 등을 다루기 위한 많은 전략을 불러냈다. 따라서 '요술 램프'라는 말이 분석될 때 프로그램은 이미 요술 램프 같은 것은 없다고 불평하는 반응에는 우선순위를 낮게 두었다. 다양한 일반적인 지니 농담의 이야기 틀(Minsky, 1975)이나 스크립트(Schank and Abelson, 1977)가 대화를 지속하기 위한 다양한 기대를 만들면서 활성화되었지만, 그 이야기는 급소를 찌르는 핵심적인 말에 의해 설 자리를 잃었고, 더 일상적인 스크립트를 유발했다(두 번째 소원을 청하는 스크립트). 또한 프로그램에는 예기치 못한 반응도 있었다. 동시에 특정 민족을 농담거리 삼는 부정적인 암시에 민감한 도깨비들도 깨어나서 결국에는 중국어 방의 다음 주제로 이어졌다. 그리고 대화는 내가 여기서 간략하게 설명한 것보다 훨씬 더 자세하게 계속 이어졌다.

위에 설명한 대화에서 그 목적을 이룰 수 있는 프로그램이라면 특별히 유연하고 정교하며 다층면적인 시스템이어야 하고, 세상에 관한 지식과 상위 지식, 자신의 반응, 상대자로부터 나올 수 있는 반응과 더불어 자신의 동기와 상대자의 동기, 그 외에도 훨씬 더 많은 것에 관한 상위 지식으로 가득해야 한다. 설은 물론 그 프로그램이 이 모든 구조를 가질 수 있다는 것을 부정하지 않는다. 그저 우리가 그것에 관심을 두지 못하게 만들 뿐이다. 그러나 우리가 그 경우를 제대로 상상하고자 한다면 설이 모의하는 프로그램이 이 모든 구조, 아니 그 이상을 가진다고 상상할 권리가 있을 뿐만 아니라 그래야 할 의무를 진다. 어쩌면 그 모든 고도로 구조화된 부분에서 나온 수십억 가지 행동이 결국에는 시스템에서 진정한 이해를 생성할 수도 있다. 이 가설에 대한 당신의 반응이 고도로 복잡한 시스템에 진정한 이해가 있는지 없는지 전혀 모르겠다는 것이면, 그것은 이미 설의 사고 실험이 너무 단순하거나 관련 없는 경우를 상상하게 하고, 그것에서 명백한 결론을 끌어내려 한다는 것을 입증하는 것이다.

이런 식으로 잘못된 길로 들어간다. 그런 거대 시스템에 이해가 있더라도 그것이 설의 이해는 아닐 것임을(그는 단지 기계 장치의 톱니바퀴에 불과하므로 자기가 하고 있는 일이 어떤 맥락인지는 모르고 있다) 우리는 분명하게 알 수 있다. 또한 상상하기 어렵지 않을 만큼 작은 프로그램도 진정한 이해와는 거리가 멀다는 것을 명백하게 안다. 이것은 아무런 생각 없이 단지 기계적인 메뉴나 문장 구성 방식에 따라 기호열을 다른 기호열로 변환하기 위한 루틴일 뿐이다. 그 뒤를 이어 억제되어 있던 전제가 나온다. 같은 것이 더 많은 경우라면 그것이 아무리 많더라도 진정한 이해에 도움이 되지는 않는다는 것이다. 그러나 왜 어떤 사람은 그 말이 진실이라고 생각할까? 데카르트적 이원론자는 심지어 인간의 뇌도 스스로의 힘으로 진정한 이해를 얻지 못한다고 생각하기 때문에 그런 식으로 생각할 것이다. 데카르트식 견해에 따르면, 그런 기적적인 이해를 얻으려면 비물질적인 영혼이 있어야 한다. 반면, 기적의 도움 없이 뇌가 우리 이해를 스스로 책임진다고 확신하는 유물론자라면 진정한 이해는 스스로는 아무것도 이해하지 못하는 하부체계 간의 상호작용으로 성취된다는 것을 인정해야 한다. "두뇌 활동의 이적은 부분은 중국어를 이해하지 못하고, 두뇌 활동의 더 많은 부분도 매한가지로 이해하지 못한다"로 시작되는 논증은 뇌 전체의 활동으로도 중국어 이해를 설명하는 데는 충분치 못하다는 원치 않던 결론으로 향한다. '단지 같은 것이 더 많을' 뿐인 것이 어떻게 이해를 더할 수 있는지 상상하기는 어렵지만, 우리는 이 경우에는 그것이 그렇다고 믿어도 좋을 근거를 갖고 있다. 그러므로 우리는 포기하지 않고 노력을 더 경주해야 한다.

어떻게 더 노력할 수 있을까? 도움을 얻을 수 있는, 쉽게 이해할 수 있는 개념이 있다. 상상할 수 없겠지만, 컴퓨터공학자가 거대 시스템의 복잡성을 정확하게 따라가볼 수 있게 중급 수준 소프트웨어 개념을 설계했다. 미세 수준에서는 비가시적인 실체라도 중급 수준에서는 더 많은 부분이 눈에 들어온다. 약간의 유사 이해를 낳게 하는, 위에서 언급한 '도깨비' 같은 것들이다. 거기까지 확인하고 나면 같은 것이 더 많은 것이 어떻게 진정한 이해에 이르는지 상상하기가 그다지 어렵지 않을 것이다. 이런 모든 도깨비와 그 밖의 실체들은 커다란 시스템을 형성하고, 그 활동은 자신의 이야기 무게중심을 중심으로 조직되어 돌아간다. 중국어 방에서 일하고 있는 설은 중국어를 이해하지 못하지만, 방 안에 그 혼자만 있는 것은 아니다. 거기에는 그 시스템, 중국어 방도 있고, 우리는 그 농담을 이해한 것을 그 자아의 덕으로 돌려야 한다.

설의 예에 대한 이 대답은 그가 '시스템 답변Systems Reply'이라고 부르는 것이다. 이것은 그의 사고 실험이 처음 나왔을 때부터 인공지능 전문가들의 일반적인 답변이었으나, 다른 분야 사람들은 거의 이해하지 못하는 것이다. 왜 그럴까? 아마도 그들이 그런 시스템을 상상하는 법을 몰랐기 때문일 것이다. 그들은 이해가 어떻게 큰 시스템에 분포된 많은 유사 이해에서 나온 속성일 수 있는지 상상할 수 없었다. 그들이 이해해보려고 노력하지 않는 한 이해할 수 없는 것이야 자명하지만, 그래도 도움을 받을 수 있는 방법은 없을까? 그 소프트웨어가 유사하게 이해하는 난쟁이들로 구성되어 있다고 생각하는 것은 속임수일까, 아니면 천문학적 복잡성을 상상력을 통해 이해해보기 위한 알맞은 버팀대일까? 설은 논점을 피하려 한다. 그는 거대한 프로그램이 한자 하나하나가 다른 것에 직접 대응되는 간단한 표 찾아보기 구조로 되어 있다고 상상하게 한다. 그런 프로그램이 다른 어떤 프로그램이라도 능숙하게 대신할 수 있는 것처럼 말이다. 우리는 그런 간단한 프로그램을 상상하고, 그것이 설이 모의하는 프로그램이라고 가정할 생각은 없다. 그런 프로그램은 튜링 테스트를 통과할 수 없기 때문이다(Block, 1982; Dennett, 1985).

복잡성은 중요하다. 만약 그렇지 않다면 강한 인공지능에 반대하는 논증은 훨씬 더 짧게 끝날 것이다.

"이거 봐, 이 휴대용 계산기를 보라고. 이건 중국어를 이해하지 못하고, 컴퓨터는 모두 저런 거대한 휴대용 계산기이기 때문에 컴퓨터는 모조리 중국어를 이해하지 못해. 증명 끝."

복잡성을 요소로 넣을 때 우리는 그것을 고려하는 척만 하는 것이 아니라 진정으로 고려해 넣어야 한다. 그 일은 무척 어렵지만, 일단 해보고 나면 생각이 달라질 것이다. '명백하게' 존재하지 않는 것에 관한 우리의 직관은 그 어떤 것도 믿을 수 없다. 프랭크 잭슨의 색채 과학자 메리의 경우처럼 설의 사고 실험이 강하고 명백한 확신을 낳는 것은 오로지 우리가 지시에 따르지 않았을 때뿐이다. 이런 직관 펌프는 결함이 있다. 이것은 우리의 상상력을 높이는 것이 아니라 오도한다.

그러나 내 직관 펌프의 무엇이 나를 잘못 이끈다는 것인가? 로봇 셰이키나 CADBLIND Mark II, 바이오피드백 훈련을 받은 맹시 환자의 무엇이 그런가? 그것이 똑같이 의심스럽고, 똑같이 독자를 오도하고 있지 않은가? 나는 당신의 상상력을 일정한 길로 이끌어 당신이 내가 지적하고자 하는 핵심에는 불필요한 복잡성 속에 빠져 옴짝달싹 못하는 일이 없게 하기 위해 최선을 다했다. 그러나 거기에는 일관적이지 못한 이야기가 있었다. 내 직관 펌프는 새로운 가능성을 상상할 수 있게 당신을 돕자는 의도였지, 특정한 전망은 불가능하다고 당신을 설득하려는 것이 아니었다. 그러나 예외도 있었다. 이 책을 시작하면서 예로 들었던 통 속의 뇌 이야기는 특정 종류의 기만이 불가능하다는 인상을 주기 위한 것이었다. 또한 4장의 사고 실험 일부는 데카르트 극장이 없는 한 오웰식 내용 수정과 스탈린식 내용 수정을 구별하는 문제도 있을 수 없다는 것을 보여주기 위한 것이었다. 그러나 이런 사고 실험은 반대되는 것을 생생하게 강조하는 식으로 진행되었다. 예를 들어, 파티에서 본 모자 쓴 여자와 안경 쓴 긴 머리 여자의 예는 내가 논증을 통해 신뢰할 수 없는 것으로 만들고자 했던 바로 그 직관을 날카롭게 하기 위해 설계된 것이다.

그러나 독자들은 경계심을 늦추어서는 안 된다. 다른 이론가의 직관 펌프와 마찬가지로 내 직관 펌프는 그것이 그렇게 여겨지는 것을 직접적으로 입증하지 않는다. 그것은 과학이라기보다는 예술이다(Wilkes, 1988). 직관 펌프가 우리가 더 체계적인 방법으로 확증할 수 있는 새로운 가능성을 생각해보게 한다면, 무언가 성취해낸 것이다. 그러나 그것이 우리를 편안하지만 위험한 길로 끌어들일 수도 있다. 아무리 좋은 도구라도 잘못 쓰일 수 있고, 다른 노동자와 마찬가지로 우리도 도구를 제대로 쓰는 법을 알아야 일을 더 잘 해낼 수 있다.

우리가 박쥐의 의식에 접근할 수 있을까?

의식에 관한 사고 실험 가운데 가장 영향력이 크고 폭넓게 인용되는 것은 토머스 네이글의 '박쥐가 된다는 것은 어떤 것일까?'(1974)다. 그는 우리로서는 그런 일을 상상하기가 불가능하다고 주장했고, 많은 사람이 그 주장에 동조했다. 그의 논문은 몹시 진기한 철학 연구 결과인 양 과학자들까지도 인용했고, 어떤 이론도 반드시 따라야 할 사실로 입증된 것처럼 받아들여졌다.

네이글은 그의 목표 피조물을 잘 선택했다. 박쥐는 인간의 동료 포유동물로, 우리처럼 의식이 있다는 확신을 갖게 하기에 충분했다(만일 그가 '거미가 된다는 것은 어떤 것일까?'라는 주제를 선택했다면, 사람들은 도대체 무엇이 거미가 되어보는 것이 의미 있는 일이라고 그렇게 확신하게 만들었을까 의아해했을 것이다). 그러나 박쥐는 반향 정위 시스템 덕분에 '귀로도 볼 수 있고', 우리 인간하고는 다른 점도 충분히 많아서 두 종 사이의 큰 차이도 감지할 수 있다. 만일 그가 '침팬지가 된다는 것은 어떤 것일까?' 또는 '고양이가 된다는 것은 어떤 것일까?'라는 주제를 택했다면 염세적인 결론에 이르렀을 것이 뻔하고, 만장일치에 가까운 동의를 얻어낼 일도 절대 없었을 것이다. 세상에는 고양이가 된다는 것이 어떤 것인지 안다고 매우 자신 있게 주장하는 사람이 많다(물론 그들은 틀렸다. 네이글의 관점에서 볼 때, 그들은 그 모든 애정 어리고 공감 어린 관찰에 광범위한 생리학 연구 결과를 보충하지 않는 한은 오류를 범한 것이다).

좋든 싫든 대부분의 사람은 우리가 박쥐의 의식에 접근할 수 없다는 네이글의 결론을 상당히 흔쾌히 받아들인다. 그러나 일부 철학자는 그 의견에 반기를 들었고, 거기에는 충분한 근거가 있다(Hofstadter, 1981; Hardin, 1988; Leiber, 1988; Akins, 1990). 첫째, 그것이 어떤 결과에 관한 것인지 명확히 해야 한다. 설령 누군가가 '우연히' 박쥐가 된다는 것이 어떤 것인지 상상하는 데 성공했다고 해도 그것이 인식론적이거나 근거에 의한 주장은 아니다. 그럴 경우 우리는 이런 상상력의 위업을 성공적으로 달성했다고 절대로 확증할 수 없을 것이다. 우리 인간에게는 박쥐가 된다는 것이 어떤 것인지 우리 자신에게 표상하기 위한 수단, 그 표상 장치가 없고, 그것을 획득할 수도 없다.

11장에서 우리는 이와 유사한 문제를 살펴보았다. 초연된 바흐의 칸타타를 듣는 라이프치히 사람이 되어보는 상상이었다. 그들이 어떤 경험을 했을지, 그것이 우리가 바흐의 음악을 경험하는 것과는 어떻게 다른지 알아내는 것은 역사적 · 문화적 · 정신적인 조사에 더해 생리적인 조사까지 필요한 문제일 것이다. 그런 문제 가운데 일부는 우리 경험과는 크게 다르더라도 쉽게 알아낼 수 있겠지만, 우리가 그 사람들이 즐겼던 것과 똑같은 경험적 상태로 우리 자신을 밀어 넣고자 한다면 얻는 것은 더 적을 것이다. 그러려면 우리가 알고 있는 많은 것을 잊어버려야 하고, 우리가 가진 연관과 습관을 버리고 새로운 연관과 습관을 획득하면서 우리 자신 안에 거대한 변화를 일으켜야 한다. 이런 변화가 어떠할지 말하기 위해 3인칭 시점 연구를 이용할 수 있지만, 실제로 그렇게 하는 것은 현대 문화로부터의 고립이라는 끔찍한 대가를 요구한다. 라디오도 듣지 말아야 하고, 바흐 이후 시대의 정치적 · 사회적 발달에 관해서는 일절 관심을 두지 않는 등의 희생이 따라야 한다. 라이프치히 사람의 의식 상태를 알기 위해 그 많은 희생을 감내할 필요는 없다.

박쥐가 된다는 것이 어떤 것인지 상상하는 일도 이와 같다. 우리는 우리 마음을 일시적으로나 영구적으로 박쥐의 마음으로 바꿀 수 있느냐 없느냐가 아니라 박쥐의 의식에 관해 우리가 알 수 있는 것(알 수 있다고 한다면)에 관심을 두어야 한다. 11장에서 우리는 의식적 경험을 한다는 것이 어떤 것일지를 구성하는 감각질이라는 내재적 속성이 있다는 가정을 파헤쳤다. 또한 애킨스(1990)가 지적한 것처럼 박쥐의 지각과 행동의 체계적인 구조를 모른다면 박쥐가 된다는 것이 어떤 것인지 여전히 알지 못할 것이다. 박쥐가 된다는 것이 무엇인지에 관해 우리가 알 수 있는 것은 많다. 하지만 네이글도 그 누구도 우리가 접근할 수 없는 흥미롭고 이론적으로 중요한 것이 있다고 믿을만한 근거를 우리에게 제공하지 못했다.

네이글은 3인칭 시점으로는 박쥐가 된다는 것이 무엇인지 알 수 없다고 주장했지만, 나는 그 주장을 간단히 부정한다. 이 논쟁을 우리가 어떻게 해결할 수 있을까? 아이들 놀이를 해보는 것으로 시작해볼 수 있다. 한 사람은 X가 된다는 것이 어떤 것인지 상상해보고, 다른 사람은 특별한 타자현상학 연습으로 그 상상에 잘못된 것이 있다는 것을 입증해 보이는 게 임이다.

다음은 간단한 준비운동이다.

A: 아침으로 꿀을 먹을 수 있다면 얼마나 좋을까 생각하고 있는 테디 베어 푸가 있어.

B: 말도 안 돼. 테디 베어는 꿀과 다른 것을 구별할 능력이 없어. 감각 기관 이 있는 것도 아니고, 심지어는 위장도 없지. 테디 베어는 안이 솜뭉치로 채워져 있을 뿐이야. 테디 베어가 된다는 것은 아무것도 아니야.

A: 사슴 밤비가 아름다운 석양을 보며 감탄하고 있네. 그런데 밝은 오렌지 빛 하늘이 갑자기 그에게 나쁜 사냥꾼의 재킷을 떠올리게 만들었어.

B: 틀렸어. 사슴은 색맹이야(그러니까, 사슴은 일종의 이색시 시각을 갖고 있어). 사 슴은 오렌지 빛 같은 색깔을 구별하지 못해.

A: 박쥐 빌리가 특별한 초음파 감지 능력으로 자기를 향해 다가오는 날짐 승이 사촌 밥이 아니라 깃털을 활짝 펼치고 발톱을 세운 채 공격해오는 독수리라는 것을 감지했어.

B: 잠깐, 독수리가 얼마나 멀리 있다고 했지? 박쥐의 반향 정위는 몇 미터 밖에 안 되잖아.

A: 음, 글쎄, 독수리는 이미 2미터 앞까지 와 있어!

B: 이건 말하기가 더 어렵군. 박쥐의 반향 정위의 한계는 어디까지지? 그 능력이 물체를 식별하는 데도 쓸 수 있는 걸까, 아니면 포식자를 경고하 거나 추적하기 위한 걸까? 박쥐가 반향 정위를 이용해 포식자가 날개를 접었는지 펼쳤는지 구별할 수 있을까? 그럴 수 있을 것 같진 않지만, 그

것을 알아보려면 실험을 해야 해. 물론 박쥐가 자기 친척을 추적하고 재식별할 수 있는 능력이 있는지 알아보기 위한 실험도 해야 하고. 일부 포유동물과 몇몇 동물에게 그런 능력이 있다고 믿을 수 있는 명백한 근거가 있지만, 우리는 그런 문제는 곧잘 까먹는단 말이야.

이런 연습으로 부추겨진 조사로 우리는 박쥐의 지각과 행동 세계 구조를 설명하는 기나긴 길로 들어설 수 있고, 타자현상학적 이야기를 사실주의 반열에 올릴 수 있다. 박쥐의 생태학과 신경생리학 안에서 입증된 것이 아니라 주장되거나 추정된 판별적 재능이나 반응적 기질은 버릴 수 있다. 예를 들어, 우리는 박쥐가 반향을 일으키기 위해 내는 커다란 비명 소리에 방해받지 않을 것이라는 사실을 배울 것이다. 박쥐는 비명을 지르는 순간과 완벽하게 타이밍을 맞추어 귀를 가릴 수 있게 교묘하게 설계된 근육을 갖고 있기 때문이다. 이 문제에 관해 이미 많은 연구가 이루어졌고, 따라서 우리는 훨씬 더 많은 것을 말할 수 있다. 먹이를 찾고 있거나, 목표물에 접근 중이거나, 먹이를 덮치고 있을 때, 왜 박쥐가 각각 다른 주파수 패턴의 비명 소리를 내느냐와 같은 문제들이다(Akins, 1989, 1990).

우리가 어떤 비평가도 거부할 마땅한 근거를 찾아내지 못한 타자현상학적 이야기에 도달했다면 더 이상의 발견은 미뤄두고, 잠정적으로 그것을 문제의 피조물이 된다는 것이 어떤 것인지를 정확하게 설명하는 것으로 받아들여야 한다. 결국은 그것이 우리가 서로를 다루는 방식이다. 나는 박쥐와 다른 후보들을 같은 방식으로 해석해야 한다고 주장하면서 증거에 대한 부담을 전가하려는 것이 아니다. 정상적인 인간이라는 다른 실체에 대한 증거를 제시하라고 부담을 더 확대하는 것이다.

이런 식의 조사로 박쥐의 의식에 관한 지나치게 낭만적인 착각들을 쫓을 수 있다. 이런 조사는 박쥐가 이런저런 것을 표상하기 위해 자기 신경계에 어떤 능력을 갖고 있는지 보여주고, 그 정보를 자기의 행동을 조절하는 데 실제로 이용한다는 것을 실험적으로 확인하는 것으로 다양한 조건에서 박쥐가 무엇에 의식적이고, 무엇에 의식적이지 않은지에 관해 상당히 많은 것을 보여줄 것이다. 실제로 조사해보기 전에는 이런 연구로 얼마나 많은 것을 얻을 수 있을지 알 수 없다(한 예로, 도로시 체니Dorothy Cheney와 로버트 세이파스Robert Seyfarth의 《원숭이가 세상을 보는 법How Monkeys See the World》에는 버빗원숭이가 된다는 것이 어떤 것인지에 관해 놀라울 만큼 자세한 사전 조사가 이루어져 있다).

이런 주장이 반대 의견에 부딪힐 것은 불을 보듯 훤하다. 이런 조사로 우리는 박쥐의 뇌가 어떻게 조직되어 있고, 정보 처리 과정은 어떠한지에 관해서는 상당히 많은 것을 알 수 있지만, 그 결과 우리가 알 수 있는 것은 박쥐가 의식하지 못하는 것뿐이고, 박쥐가 의식하고 있는 것은 여전히 미결로 남는다. 알다시피 신경계의 정보 처리 과정은 상당 부분이 전적으로 무의식적으로 이루어지고, 따라서 이런 조사 방법은 박쥐가 날아다니는 좀비라거나, 그 어떤 것과도 다른 피조물이라는 가설을 배제하는 데는 어떤 영향도 미치지 못한다(Wilkes, 1988).

박쥐의 비밀이 누설되었다. 이것은 실제로 이런 논의가 귀결되는 심상치 않은 방향이고, 우리는 그런 일을 미연에 방지해야 한다. 리처드 도킨스(1986)는 관박쥐horseshoe bat의 반향 정위 설계에 관한 놀라운 논의에서 그런 이미지를 분명히 보여주었다.

경찰용 과속운전 레이더 속도 탐지기에 도플러 효과가 이용된다. (…) 이 속도 탐지기는 밖으로 향하는 주파수와 돌아오는 주파수를 비교하여 자동차가 달리는 속도를 계산할 수 있다. (…) 따라서 박쥐(아니면 박쥐의 뇌에 탑재된 컴퓨터)는 이론상으로는 내지른 비명 소리를 돌아오는 반향 소리와 비교하는 것으로 자기가 나무를 향해 얼마나 빠르게 움직이는지 계산할 수 있다.
(Dawkins, 1986, pp. 30~31)

이렇게 묻고 싶은 생각이 든다. 박쥐 안에 경찰과 그들이 사용하는 '자동기계' 관계에 해당하는, 탑재된 컴퓨터(눈곱만큼의 의식도 없이 작동되는)에 해당하는 무언가가 있는가? 경찰이 도플러 편이를 의식적으로 계산할 필요는 없지만, 기계가 밝은 붉은색 발광 다이오드로 시속 120킬로미터라고 표시하는 것은 의식적으로 경험해야 한다. 그들에게는 그것이 오토바이에 올라타 사이렌을 울리며 달려야 한다는 신호다. 우리는 박쥐도 도플러 편이를 의식적으로 계산할 필요는 없고, 탑재된 컴퓨터가 알아서 처리한다고 가정할 수 있다. 그러나 경찰이 경험해야 하는 것이 남아 있듯 박쥐에게 남아 있는 역할은 없을까? 박쥐의 도플러 효과 분석 컴퓨터가 산출한 것을 의식적으로 인식하는 관찰자의 역할 말이다. 법규를 위반하는 자동차의 등록번호를 기록하는 경찰관은 자동기계로 대치할 수 있다. 운전자의 이름과 주소를 확인하고, 위반딱지만 끊으면 된다. 경찰관이 하는 일에 특별한 것은 없다. 아무 경험 없이도 할 수 있는 일이다. 박쥐에게도 같은 사실이 적용된다. 박쥐가 좀비일 수도 있다. 이런 식으로 추론해보면, 박쥐 안에 경찰관이 기계에서 반짝이는 붉은빛에 반응하는 것과 같은 방식으로 내적인 제시에 반응하는 내적인 감시자가 없는 한 그것이 좀비일 수도 있다.

함정으로 빠지지 마라. 이것은 우리의 오랜 숙적, 데카르트 극장의 관객이다. 당신의 의식은 당신의 뇌가 정보를 제시하는 대상인 내면의 행위자를 갖는다는 사실에서 기인한 것이 아니다. 따라서 박쥐의 뇌에서 그런 중앙 행위자를 찾을 수 없다는 사실이 박쥐에게 의식이 있다는 주장이나, 박쥐의 의식은 어떠하다는 주장을 위험에 빠뜨리지는 않는다. 박쥐의 의식을 이해하려면 우리가 우리 자신에게 적용하는 것과 같은 원칙을 박쥐에게도 적용해야 한다.

언어 없이 피조물을 이해한다는 것

그렇다면 박쥐가 진정한 의식을 드러낸다고 우리를 설득할 수 있을 만큼 특별한 어떤 일을 할 수 있을까? 박쥐의 도플러 변환기 뒤에 아무리 멋진 산출물 사용자를 두더라도 박쥐에게 의식적 경험을 하사하는 설득력 있는 외부의 3인칭 근거는 없을듯하다. 만일 박쥐가 말을 할 수 있다면, 우리는 거기서 타자현상학적 세계를 생성할 수 있는 텍스트를 생성할 것이고, 그것은 사람에게 의식을 허락하는 것과 정확히 같은 근거를 줄 것이다. 그러나 우리가 알다시피 박쥐는 말을 할 수 없다. 그렇더라도 박쥐는 그들의 타자현상학적 세계를 설명할 수 있는, 아니면 선구적인 연구자 야콥 폰 윅스퀼Jacob von Uexküll(1909)이 말한 것처럼 그들의 주변 세계 umwelt와 내면세계innenwelt를 설명할 명확한 근거를 제공하는 많은 비언어적 방식으로 행동할 수 있다.

텍스트 없는 타자현상학은 불가능한 것이 아니라 단지 어려울 뿐이다(Dennett, 1988a·b, 1989a·b). 동물 타자현상학의 한 분야인 '인지 동물행동학cognitive ethology'에서 동물의 행동을 연구하고 실험해 동물의 마음을 모형화하려는 시도가 이루어졌다. 이런 조사에 따르는 가능성과 어려움은 박쥐의 반향 정위를 연구했던 인지 동물행동학의 창시자 도널드 그리핀Donald Griffin에게 헌정된 기념 논문집(Whiten and Byrne, 1988; Cheney and Seyfarth, 1990; Ristau, 1991)에 잘 나타나 있다. 이런 조사에서 좌절감을 안겨주는 어려움 중 하나는 꿈에 부풀어 계획 중이던 실험이 언어 없이는 전적으로 실행이 불가능한 것으로 드러나는 것이다. 피실험자와 대화할 수 없는 상황에서는 실험이 요구하는 방식으로 피실험자를 준비시킬 수 없고, 피실험자가 준비되었는지도 알 수 없기 때문이다 (Dennett, 1988a).

이것이 타자현상학자에게 단지 인식론적 문제만은 아니다. 자연환경에서 필요한 실험 상황을 만들 때 발생하는 어려움은 언어 없는 피조물의 마음에 관한 더욱 근본적인 문제를 보여준다. 이런 동물들의 생태적 상황에는 진화에 의해서건 학습에 의해서건 우리의 마음을 형성하게 한 것과 같은 고등 정신 활동의 발달을 위한 기회가 없었음을 보여주는 것이다. 따라서 우리는 동물이 그런 활동을 발달시킨 일도 없다고 확신할 수 있다. 비밀의 개념을 생각해보라. 비밀은 단지 다른 사람은 모르는 것을 당신만 알고 있는 것이 아니다. 다른 사람은 모르는 것을 당신은 알고 있으므로 당신이 그 사실을 통제할 수 있어야 한다. 비밀이랄 수 있는 것을 간직하려면 종의 행동적 생태가 다소 특별하게 구조화되어야 한다. 떼를 지어 사는 영양은 비밀이 없고, 어떤 비밀을 가질 방도도 없다. 따라서 영양은 아마도 100까지 셀 능력이나 석양을 즐길 능력이 없는 것처럼 비밀 계획을 꾸밀 능력도 없을 것이다. 비교적 독자적으로 사냥에 나서기 좋아하는 박쥐는 적수로부터 따로 떨어져 나온 것은 인식할 수 있을 것이고, 따라서 비밀을 간직하기 위해 필요한 조건 중 하나는 충족되었다. 그렇다고 박쥐가 좋은 결과를 얻기 위해 비밀을 활용하는 일에 관심이 있을까?(조개는 어떤 일에 비밀을 이용할까? 그냥 진흙에 앉아서 혼자 낄낄거리는 데 쏠까?) 박쥐는 더욱 정교하고 은밀한 비밀 지키기 행동에 적당하게 만든 은밀하고 교묘한 사냥 습관을 갖고 있을까? 실제로 더 심층적인 조사와 실험을 해볼 만한 물음은 많다. 박쥐의 마음 구조도 박쥐의 소화계 구조만큼이나 접근이 가능하다. 그것을 조사하는 방식은 내용 분석 결과와 그 내용이 도출된 세계에 관한 분석 결과 사이를 방법과 목적에 관심을 두면서 체계적으로 앞뒤로 오가면서 살피는 것이다.

비트겐슈타인은 이렇게 말했다.

"만일 사자가 말을 할 수 있더라도 우리가 사자의 말을 이해할 수 없을 것이다"(Wittgenstein, 1958, p. 223).

반대로 나는 만일 사자 한 마리가 말을 할 수 있다면 그 사자는 보통의 사자와는 매우 다른 마음을 갖고 있을 것이며, 비록 우리가 그 사자를 아주 잘 이해할 수 있더라도 그 사자한테 배운 것으로는 다른 평범한 사자에 관해 알아낼 수 있는 것이 많지 않을 것이라고 생각한다. 언어는 인간의 마음을 구조화하는 데 엄청나게 중요한 역할을 한다. 그리고 언어가 없는 피조물이나 언어가 진정 필요치 않은 피조물의 마음도 이런 식의 구조를 갖고 있다고 가정할 필요는 없다. 이것이 데카르트가 주장한 것처럼 언어가 없는 동물은 전혀 의식이 없음을 의미할까? 이 질문이 우리가 애써 피해보려고 했던 전제를 상정한다는 것에 주목하라. 의식이 우주를 크게 다른 두 가지 항목으로 갈라놓는 절대적인 속성이라는 가정이다. '그것을 가진 것'과 '그것이 없는 것'이다. 하지만 우리는 우리 자신의 경우에서조차도 무의식적인 정신 상태와 의식적인 정신 상태를 구분하는 선을 그을 수 없다. 우리가 그려본 의식 이론은 다양한 기능적 구조를 허용하고, 언어가 있어 상상력의 범위, 다양성, 자아 통제 면에서 두드러진 증진을 보였지만, 그런 능력이 그것이 없었더라면 꺼져버렸을 내면의 특별한 빛을 밝히는 이상의 힘을 갖지는 않는다.

언어 없는 피조물이 되는 것이 어떤 것일지 상상할 때 우리는 자연스럽게 자기 경험으로부터 시작하고, 그다음으로 마음에 떠오르는 것 대부분은 주로 하향으로 조정된다. 동물의 의식은 우리 인간의 의식에 비하면 뭉텅 잘려나간 것이다. 박쥐는 오늘이 금요일인지 아닌지 궁금해하기는

커녕 자기가 박쥐인지 아닌지조차 궁금해할 수 없다. 박쥐의 인지 구조에는 궁금해하는 역할을 맡은 것이 없다. 하찮은 바닷가재처럼 박쥐도 생물학적인 자아를 갖고 있지만, 자기다운 자아는 갖고 있지 않다. 이야기 무게중심도 없고, 혀끝에서 맴도는 말이나 유감도 없으며, 복잡한 열망이나 향수 어린 회상도 없다. 또한 원대한 계획도 없고, 고양이가 된다는 것이 어떤 것인지, 심지어는 박쥐가 된다는 것은 어떤 것인지에 관한 성찰도 없다. 이런 기각 목록은 우리가 그 기각의 근거로 삼을 실증적 이론을 갖고 있지 않다면 가치 없는 회의주의일 것이다. 내가 박쥐에게는 이런 정신 상태가 없는 것으로 입증되었다고 주장하는 것일까? 그렇지는 않다. 그러나 나는 또한 버섯이 우리를 감시하기 위해 내려와 있는 은하계의 우주선이 아니라는 사실도 입증할 수 없다.

이것은 몹시 인간 중심적인 편견이 아닐까? 그렇다면 듣지도 못하고 말도 못하는 사람은 어떤가? 그들은 의식이 없는 것일까? 물론 그들은 의식이 있지만, 그들의 의식에 관해 오도된 동정심에서 나온 지나친 결론으로 뛰어들어서는 안 된다. 농아자라도 언어를 습득하면(농아자가 배울 수 있는 가장 자연스러운 언어인 수화) 완전히 발달한 인간의 마음을 가질 수 있지만, 그것은 분명 정상인의 마음과는 다른 것이다. 그러나 섬세한 성찰력과 생성력을 가진 마음이고, 어쩌면 정상인의 마음보다 더 많은 것을 담고 있을지도 모른다. 그러나 자연언어를 습득하지 못한 경우에는 농아자의 마음이 끔찍하게 위축되어버린다(Sacks, 1989). 철학자 이언 해킹Ian Hacking(1990)은 올리버 색스의 책을 논평하면서 "청각 장애인이 놓치고 있는 것이 무엇인지 알려면 생생한 상상력이 필요하다"라고 말했다. 농아자가 언어가 없는 상태에서도 정상인이 즐기는 모든 정신적 즐거움을 누린다고 상상하는 것이 농아자에게 호의를 베푸는 것이 아니며, 인간이 아닌 동물의 마음에는 한계가 있다는 사실을 흐리려는 노력이 인간이 아닌 동물에게 호의를 베푸는 것도 아니다.

이런 생각은 상당히 오랫동안 표면 위로 나오지 못했다. 많은 사람이 해명된 의식을 보기 두려워했다. 의식을 설명해버리고 나면 도덕적인 태도의 근저를 잃을까 두려워서였다. 우리는 의식 있는 컴퓨터나 박쥐의 의식도 상상할 수 있지만, 그런 일은 시도조차 해서는 안 된다고 여긴다. 우리가 그 나쁜 습관을 들이고 나면 동물을 태엽으로 움직이는 장난감처럼, 아기와 놀아자를 테디 베어처럼, 그리고 최악의 경우 로봇을 진짜 사람처럼 다루기 시작할지 모른다.

신경 쓰는 일과 중요한 일

나는 이 소제목을 동물 타자현상학의 도덕적 함의를 세심하게 조사한 마리안 스탬프 도킨스Marian Stamp Dawkins(1987)의 글에서 따왔다(도킨스의 초기 연구는《동물의 고통: 동물 복지학Animal Suffering: The Science of Animal Welfare》에서 찾아볼 수 있다). 도킨스도 지적했듯, 다른 동물을 향한 우리의 도덕적 태도는 전혀 일관적이지 않다.

> 그런 일관적이지 못한 태도를 보여주는 예를 다양한 동물에서 찾아볼 수 있다. 새끼 하프물범을 죽이는 데 반대하는 시위는 있어도 쥐를 죽여서는 안 된다는 캠페인은 없다. 많은 사람이 돼지나 양은 식용으로 즐기면서 개나 말을 먹는 것에는 충격을 받는다. (Dawkins, 1987, p. 150)

도킨스는 여기에 두 가지 문제가 얽혀 있다고 지적했다. 추론할 수 있는 능력과 고통받을 수 있는 능력이다. 데카르트는 인간이 아닌 동물은 추론 능력이 없다고 했다(적어도 인간이 추론하는 방식으로는). 이런 주장에 영국의 공리주의 철학자 제러미 벤담Jeremy Bentham이 유명한 반론을 폈다.

"완전히 성장한 말이나 개는 태어난 지 하루나 일주일, 아니 한 달이 지난 신생아보다 의사소통에 능하고, 비교도 안 될 만큼 훨씬 더 이성적이다. 그러나 동물에게 그런 능력이 있다 하더라도 그것이 무슨 소용이겠는가? 우리는 동물이 추론이나 말을 할 수 있느냐를 물을 것이 아니라 고통받을 수 있느냐를 물어야 한다"(Bentham, 1789).

이 말은 보통 도덕적 입장에 반대하는 기준으로 보이지만, 도킨스가 주장한 것처럼 "고통받을 수 있는 능력에 윤리적 가치를 부여하는 것은 결국 동물이 지적인 능력이 있다고 여기게 만든다. 설령 우리가 데카르트의 추론 기준을 거부하는 것으로 시작한다 하더라도 고통받을 수 있는 능력을 가졌을 가능성이 높은 동물은 추론하는 동물이다"(Dawkins, 1987, p. 153). 우리가 전개한 의식 이론에 이에 관한 근거가 함축되어 있다. 고통은 형용할 수 없지만 내재적으로 끔찍한 상태인 것이 문제가 아니라 그 존재의 뜻을 꺾고, 삶의 희망과 계획을 방해하고 무너뜨린다는 것이 문제다. 말하자면, 고통을 공포심과 같은 내재적 속성이 존재하는 것으로 설명하는 것은 즐거움을 내면에 유쾌함이 있는 것으로 설명하는 것만큼이나 쓸모가 없다. 따라서 다른 존재의 고통은 절대 알 수 없다는 생각은 우리가 밝혀낸 내재적 감각질에 관한 환상만큼이나 오도된 것이고, 명백하게 유해한 것이다. 고통받을 수 있는 역량은 명확하고, 광범위하며, 고도로 판별적인 욕망, 기대, 그리고 다른 고도의 정신 상태를 가질 수 있는 역량의 기능을 의미하기도 한다.

고통받을 수 있을 만큼 영리한 피조물이 오로지 인간만은 아니다. 인간이 느끼는 고통에 비해서는 그 범위가 한정적이지만, 다른 동물들, 특히 원인류, 코끼리, 돌고래도 고통 감지 능력을 보인다. 영리한 피조물은 고통을 참아낸 보상으로 재미를 얻는다. 즐거움을 누리기 위해서는 필요할 때면 언제나 재미 욕구를 끌어낼 공간을 제공할 수 있는 탐색과 자기 자극을 위한 예산과 인지적 경제성이 있어야 한다. 고등 동물에서는 이런 능력을 형성할 수 있음이 명백히 드러나지만, 그러려면 풍부한 상상력과 여유로운 시간이 필요하다. 영역이 더 크고, 세부사항이 더 풍부할수록 그 욕구는 더욱 차별화되며, 그런 욕구가 위협당할 때 상황은 더 나빠진다.

그러나 피조물의 욕구가 의식적인 것이 아니라면 왜 그것이 위협당하는 것이 문제가 되어야 할까? 그것이 의식적이라면, 특히 일부가 생각하는 대로 만일 의식이 영구히 조사를 피해 가는 속성이라면 왜 그것이 더 문제가 되어야 할까? 왜 좀비의 부서진 희망이 의식 있는 사람의 부서진 희망보다 덜 중요해야 할까? 밝혀져야 하고, 폐기되어야 할 거울을 이용한 속임수가 있다. 당신은 의식이 중요한 것이라고 말하지만, 그것이 왜 중요한지에 관해서는 어떤 것도 알아내지 못하게 조직적으로 막고 있는 주의에 매달린다. 사적이고, 내재적으로 귀중할 뿐 아니라 확증하거나 조사할 수도 없는 특별한 내적 특질을 상정하는 것은 단지 몽매주의 obscurantism다.

도킨스는 중요한 차이가 될 수 있는 유일한 차이인 조사 가능한 차이를 실험적으로 탐색해볼 수 있는 방법을 선보였고, 그 가운데 몇 가지 세부사항은 하찮게 여겨지는 종을 이용한 간단한 실험에서도 얼마나 많은 통찰을 얻을 수 있는지 보여준다.

암탉들은 바깥이나 커다란 쓰레기 우리에 머물면서 모이를 쪼며 보내는 시간이 많았다. 그래서 나는 쓰레기가 없는 상자형의 닭장이 닭을 괴롭히고 있지 않나 의심스러웠다. 그것은 분명한 사실로 보였다. 내가 닭에게 철망 닭장과 바닥에 쓰레기가 널린 닭장 중 하나를 선택하게 했을 때 닭은 쓰레기가 널린 닭장을 선택했다. 실제로 닭은 몸을 돌리기조차 힘들 정도로 비좁은 닭장이라도 쓰레기만 있다면 들어갔다. 심지어는 평생을 닭장에서 길러져 쓰레기는 경험해본 적이 없는 닭도 바닥에 쓰레기가 널린 닭장을 선택했다. 이런 결과가 암시하는 것이 있기는 하지만, 충분치는 않았다. 나는 암탉이 그저 쓰레기를 선호하는 것만이 아니라 그것 없이는 고통을 느낄 정도로 그것을 선호한다는 것을 입증해야 했다.

그래서 나는 닭에게 약간 다른 선택권을 주었다. 먹이와 물이 있는 철망 닭장과 먹이와 물은 없지만 쓰레기가 널린 닭장 중 하나를 선택하게 한 것이다. 닭들은 쓰레기가 널린 닭장에서 많은 시간을 보냈고, 먹이를 먹고 물을 마실 수 있는 유일한 곳이었음에도 철망 닭장에서 보낸 시간은 그보다 훨씬 적었다. 나는 거기에 한 가지 조건을 더했다. 닭이 다른 닭장으로 옮겨가려면 복도를 뛰어넘거나, 검은 플라스틱 커튼을 밀치고 나가는 '일'을 하게 만든 것이다. 다시 말해, 대가를 치러야만 한 닭장에서 다른 닭장으로 옮겨 갈 수 있게 한 것이다. (…) 닭이 먹이가 있는 철망 닭장에서 보내는 시간은 안으로 들어가는 데 아무런 어려움도 없었던 전과 같았다. 그러나 쓰레기 닭장에서는 전혀 시간을 보내지 않았다. 닭은 단순히 일할 준비가 되어 있지 않거나, 쓰레기 닭장으로 들어가기 위해 대가를 치를 준비가 되어 있지 않았다. (…) 내가 예상했던 것과는 상당히 다르게 닭에게는 쓰레기가 중요하지 않다고 말할 수 있을 것이다. (Dawkins, 1987, pp. 157~159)

도킨스는 "자신을 고통스럽게 만드는 조건을 없애기 위해 어떤 노력을 할 수 있을 만큼 충분히 이성적인 마음을 가진 동물은 정서적인 마음에서 오는 고통을 드러낸다"라고 결론 내렸다. 또한 그녀는 더 나아가 "자기에게 닥칠 수도 있는 위험의 원천을 제거할 역량을 갖지 못한 유기체는 고통받을 능력을 발전시키지 못할 확률이 높다. 고통받을 능력을 가진 가지를 잘린 나무에는 진화 지점도 없을 것이다"라고 강조했다(Dawkins, 1987, p. 159). 기능에 관한 진화적 논증을 구성할 때는 신중을 기해야 한다. 역사가 진화에 막대한 영향을 미치면서 술수를 부릴 수 있기 때문이다. 그러나 고통이 있다고 볼 명백한 근거가 없거나, 그런 근거가 어떤 이유로든 조직적으로 감추어져 있다고 의심할 명백한 근거가 없는 상태에서는 고통은 없다고 결론 내려야 한다. 이런 엄격한 규칙이 우리가 동료 피조물에 대한 의무를 경시하게 만들지는 않을까 우려하지 않아도 된다. 그런 규칙으로도 모든 동물은 아니더라도 많은 종이 상당한 고통을 당한다는 명백한 결론을 내릴 수 있는 근거를 얻을 수 있다. 동물도 보편적이고 동등하게 고통을 느낀다는, 독단적이고 지지할 수 없는 주장을 공표하는 것보다는 동물마다 고통을 느끼는 정도에 차이가 있음을 인정하는 것이 동물에 대한 자비로운 처우를 더욱 설득력 있게 주장하는 일일 것이다.

이것으로 고통의 존재와 부재에 관한 객관적인 질문은 해결할 수 있겠지만, 의식을 그런 무정하고 기계적인 방식으로 설명하는 것으로는 동요된 도덕적 감성을 해결하지 못한다. 아직 해결해야 할 것이 더 남아 있다.

나는 메인에 농장이 있는데, 우리 농장 숲 속에 곰과 코요테가 살고 있다고 생각하면 기분이 좋다. 내가 그 동물들을, 아니 그 흔적조차도 자주 보는 것은 아니지만, 나는 동물들이 거기 있다는 것을 알고 있는 것만으로도 기분이 좋고, 동물들이 숲을 떠나버렸다는 것을 알게 되면 슬플 것이다. 동물들이 숲을 떠나버린다면, 인공지능 분야 친구들이 로봇으로 만든 짐승을 숲 속에 잔뜩 풀어놓아 준다 해도 완전히 보상받았다고 느낄 수 없을 것이다(그렇지만 그런 상상을 펼치는 것은 참으로 흥미롭다). 야생 피조물과 그들의 후손이 나와 가까이 살고 있다는 것은 내게 중요한 문제다. 그와 마찬가지로 내가 그런 소식을 전혀 들어본 바가 없더라도 보스턴 지방에서 콘서트가 열린다는 생각은 나를 기쁘게 만든다.

이런 일은 특별한 사실이고, 우리에게 중요한 환경의 하나가 믿음 환경이기 때문에 그런 사실은 우리에게 중요하다. 우리가 어떤 사실의 지지 근거가 증발해버린 후에도 계속 그것을 믿을 만큼 녹록하지는 않으므로 우리 눈으로 믿음의 직접적인 근거를 보지 않을 때조차도 그 믿음이 참이어야 하는 것은 중요한 문제다. 믿음 환경은 환경의 다른 부분과 마찬가지로 부서질 수 있다. 예를 들어, 사후의 신체 부패와 관련한 우리의 믿음에 관해 생각해보자. 우리가 죽은 후에도 신체에 영혼이 남는다고 믿는 사람은 거의 없다. 영혼을 믿는 사람조차도 그런 일은 믿지 않는다. 또한 친족이 죽으면 시신을 비닐 봉투에 담아서 쓰레기장에 버리자고 주장하거나, 의식적인 절차에 얽매이지 말고 다른 방식으로 간단히 처리하자고 주장하는 사람에게 동조할 사람도 거의 없다. 그래서는 안 되는 이유는 무엇일까? 그것이 실제로 주검의 존엄성을 잃게 만든다고 믿기 때문은 아니다. 나무토막이 존엄성을 잃는다 해서 고통을 받지는 않는 것처럼 주검도 그런 일로 고통받지 않는다. 그런데도 그런 생각은 생각만으로도 충격적이고, 혐오감을 불러일으킨다. 왜일까?

인간은 그저 몸이 아니다. 인간이 몸을 갖는 것이다. 그 주검은 다정했던 존스의 몸이고, 지금은 생명이 없지만 우리가 서로 함께 타자현상학적 해석을 위해 노력을 기울이던 때만큼이나 그 현실을 소유하고 있던 이야기의 무게중심이다. 존스의 경계는 존스 몸의 경계와 똑같은 것이 아니고, 스스로 이야기를 짓는 신기한 인간의 관행 덕분에 존스의 관심은 그 관행을 낳게 한 기본적인 생물학적 관심을 넘어 확대될 수 있다. 우리 모두 살고 있는 믿음 환경의 보존을 위해 중요한 것이기 때문에 우리는 주검을 존중하는 마음으로 대한다. 만일 우리가 주검을 쓰레기 대하듯 대하기 시작한다면 죽어가고 있는 거의 시체에 가까운 사람을 대하는 태도도 바뀔지 모른다. 만일 우리가 죽음의 문턱을 넘은 사람까지도 존중하는 의식과 관행을 유지하지 않는다면 죽어가는 사람과 그들을 염려하는 사람들은 불안과 모욕감에 시달리고, 상처를 입을 가능성이 있다. 주검을 '나쁘게' 대하는 것이 죽어가는 사람에게 직접적으로 해를 끼치거나 주검에 위해를 끼치는 일은 분명 아니지만, 만일 그것이 관행이 되고 보편적인 일이 된다면 죽어가는 사람을 둘러싼 믿음 환경을 크게 바꾸어놓을 것이다. 사람들은 죽는 일을 특별히 음울하게, 지금 상상하는 것과는 매우 다른 방식으로 상상할 것이다. 아마 아무런 특별한 이유 없이도 그렇게 여길 것이다. 그렇다면 어떻게 해야 할까? 사람들이 우울하게 받아들이는 일은 그 자체로 이런 정책을 받아들이지 말아야 할 좋은 근거가 된다.

따라서 우리는 계속해서 주검을 존중해야 할 중요한 이유가 있고, 그 이유는 간접적이기는 하지만 신뢰할만하고 합당하다. 우리에게는 주검에 특권을 주는 특별한 신화가 필요한 것이 아니다. 무지몽매한 사람들에게는 그런 신화가 퍼뜨릴만한 유용한 것일지 몰라도, 학식 있는 사람들이 그런 신화를 간직해야 한다고 생각하는 것은 극도의 생색내기에 불과하다. 그와 비슷하게 모든 살아 있는 동물을 관심과 염려로 대해야 한다는 생각에는 전적으로 합리적인 근거가 있고, 그것은 어떤 동물이 어떤 통증을 느끼느냐와는 무관하다. 우리 문화에는 다양한 믿음이 퍼져 있으며, 그 믿음이 중요한 것이든 그렇지 않든 상관없다. 지금 그것이 중요하므로 중요한 것이다. 그러나 어리석거나 근거 없는 믿음은 장기적으로 결국 소멸되는 경향이 있다는 사실로 볼 때, 지금 중요한 것이 언제까지나 중요하지는 않다.

그러나 우리가 1장에서 예측해보았듯, 일반적인 믿음 환경을 극적으로 공격하는 이론은 위해를 끼치고, 고통을 야기할 수 있는 잠재력이 있다. 이것이 우리가 판도라의 상자를 열지 모른다는 두려움으로 이 문제를 더 이상 조사해서는 안 된다는 것을 의미하는가? 신화로 가득하거나 그렇지 않거나 우리의 현재 믿음 환경이 도덕적으로 수용 가능한 무해한 환경이라고 확신한다면 그것도 합당한 일일 테지만, 나는 우리가 그렇지 않은 환경에 있다고 믿는다. 요청하지도 않았던 계몽을 위해 대가를 치를까봐 염려하는 사람이라면 현재의 신화로 치러야 하는 대가를 꼼꼼히 살펴보아야 한다. 우리가 현재 직면하고 있는 것이 정말로 창의적인 반계몽주의를 보호할 가치가 있는 것이라고 생각하는가? 가난의 절망에 빠진 사람들의 복지를 향상시켜줄 자원도 없는 상황에서, 현재 깊은 혼수상태에 빠져 있는 사람들이 정신적 삶을 되찾을 날이 올지도 모른다는 가상의 가능성을 위해 엄청난 자원을 그들을 위해 떼어놓아야 한다고 생각하는가? 생명의 존엄성이나 의식에 관한 신화는 두 가지 상반된 효과를 낸다. 상상력이 없는 사람의 마음에 호소하여 안락사, 사형제도, 유산, 육식에 대항할 방책을 세우는 데 도움을 주기도 하고, 더욱 계몽된 사람이 보이는 비위에 거슬리는 위선이나 터무니없는 자기 기만의 대가도 치르게 만든다.

마지노선 같은 절대론자의 방책은 계획했던 효과를 내는 일이 없다. 유물론에 대항하기 위해 이용되었던 캠페인은 이미 굴욕적으로 무릎을 꿇었고, 강한 인공지능에 대항하기 위한 캠페인은 케케묵은 마음의 대안 모형을 제공했을 뿐이다. 가장 경이로운 기계인 뇌의 내적인 작용에 대해서도 우리가 점점 더 많이 알아가고 있는 지식과 도덕적 우려가 조화를 이루게 하려면 비절대론적 · 비본질주의적 · 비이분법적인 근거의 진가를 바로 인식하는 방향으로 나아가야 한다. 사형제도, 유산, 육식에 관한 양측의 도덕적 주장과 인간이 아닌 동물을 대상으로 한 실험은 어떤 경우에도 보호를 넘어서는 신화는 명백하게 포기할 때 한층 더 높고 적절한 기준이 세워진다.

의식을 설명해치우다?

금과 은의 유일한 차이가 원자에 있는 아원자 입자 수 하나뿐이라는 사실을 알았을 때 우리는 속은 기분이다 못해 분노마저 일었다. 물리학자들은 무언가를 잘 설명해치웠다. 금에서 금다움은 사라져버렸고, 그들은 우리가 알고 있는 은의 바로 그 은다움도 없앴다. 또한 그들은 색채와 색채 시각에 대한 전자기 방사의 반사와 흡수를 설명할 때도 가장 중요한 부분을 간과했다. 그러나 물론 없앨 것은 없애야 하고, 그렇지 않고서는 우리가 설명을 시작조차 못한 것이다. 무엇을 없앤다는 것은 설명에 실패한 것이 아니라 성공한 것이다.

의식적인 사건을 무의식적인 사건의 면에서 설명한 이론만이 의식을 설명할 수 있다. 통증이 어떻게 두뇌 활동의 산물인지를 설명하는 모형이 여전히 그 안에 '통증'이라고 표시된 상자를 갖고 있다면 통증이 무엇인지 설명하기는커녕 시작조차 못한 것이고, 의식을 설명하는 모형이 잘 나가다가 "다음에는 기적이 일어나"라고 말해야 하는 기적의 순간을 담고 있다면 의식이 무엇인지에 관한 설명을 시작조차 못한 것이다.

이것이 몇몇 사람이 의식이 절대로 설명될 수 없는 것이라고 주장하게 만들었다. 그러나 왜 의식이 설명될 수 없는 유일한 것이 되어야 하는가? 고체와 액체, 가스는 그 자체가 고체도 액체도 가스도 아닌 것으로 설명될 수 있다. 생명은 살아 있는 것이 아닌 것으로 설명될 수 있지만, 그것이 생명이 있는 것을 생명이 없는 것으로 만들지는 않는다. 나는 의식이 설명의 대상이 될 수 없다고 믿는 착각은 성공적인 설명이 무엇인지 이해하지 못하기 때문에 생기는 것이라고 생각한다. 의식에 관한 설명이 무언가를 빼놓았다고 잘못 생각하면서 우리는 관찰자에게 잃어버린 것을 되돌려주어야 한다고 생각한다. 바로 감각질이나 그 밖의 '내재적으로' 훌륭한 속성이다. 그런 심리는 이런 모든 사랑스러운 것이 숨어들 수 있게 보호하는 치맛자락 구실을 한다. 의식이 설명될 수 없는 것이라고 생각한 데도 동기가 있겠지만, 나는 그것이 내가 의식이 설명될 수 있다고 생각할 수 있는 좋은 근거를 제공했기를 바란다.

의식에 관한 내 설명은 결코 완전하지 않다. 어떤 사람은 이것이 그저 시작에 불과하다고 말할 것이며, 사실 이것은 시작이 맞다. 의식을 설명하는 일이 불가능하다는 생각에 사로잡혀 있는 사람들의 마법을 깨놓았으므로 이것은 분명 시작이다. 나는 데카르트 극장이라는 비유적인 이론을 비유적이지 않은 글자 그대로이고, 과학적인 이론으로 대치하지는 못했다. 내가 실제로 한 일이라고는 극장, 관찰자, 중추의 의미부여자, 상상의 산물이라는 은유와 이미지를 소프트웨어, 가상 기계, 다중원고, 난쟁이들의 복마전 같은 것으로 대치한 것이 전부다. 당신은 이것이 단지 비유 전쟁이라고 말할지 모르지만, 비유는 단지 비유가 아니다. 비유는 사고의 도구이고, 그것 없이는 어느 누구도 의식을 생각할 수 없으므로 당신은 이용 가능한 최상의 도구로 스스로를 무장해야 한다. 우리의 도구로 이룬 일이 무엇인지 보라. 그런 도구 없이 당신이 그 모든 것을 상상이라도 할 수 있었겠는가?

부록

부록 1

철학자의 의문을 풀어줄 몇 가지 설명

이 책에서 내가 일반적인 철학자의 의무를 충실히 이행하지 않았거나 주요한 철학적 논쟁을 언급하지 않고 급하게 넘어간 부분이 있다. 이 책 원고를 읽은 철학자들이 이런 빈틈에 의문을 제기했으므로 비록 그 질문이 일반 독자에게는 흥미가 없는 것일지라도 답하는 것이 마땅하다고 생각한다.

"당신이 10장 말미, 오토와의 대화에서 '예감'을 '배우'도 '말'도 없는 언어 행동 같은 것으로 간단히 소개한 후에 더 이상의 설명도 없이 그것을 '내용 확정 사건'으로 대체하면서 당신이 내놓은 캐리커처를 수정했다. 그것은 속임수를 쓴 것처럼 보이는데, 이것이 당신의 전체 이론에서 중대한 묘수인가?"

그렇다. 그것은 내 마음 이론의 다른 절반, 즉《지향적 자세》에서 제시한 내용의 이론이나 지향성을 설명하는 데 주요한 요점이다. 내 근본적인 전략은 언제나 같았다. 첫째, 의식으로부터 독립적이거나 의식보다 더 근본적인 내용 설명을 전개하자는 것이다. 뇌나 컴퓨터에서 일어나는 것이든, 선택된 설계 속성을 진화가 인식하여 일어나는 것이든 모든 무의식적인 내용 확정을 동등하게 다루는 내용 설명이다. 둘째, 그 토대 위에 의식을 설명하는 이론을 세우자는 것이다. 첫째가 내용이고, 그다음이 의식인 것이다. 《브레인스톰》에서는 내용과 의식의 전략을 각각 책의 절반을 할애해 소개했지만, 그 절반의 이론이 전개되면서 둘 모두 책 한 권 분량으로 늘어났다. 이 책은 내가 그 캠페인을 세 번째로 실행에 옮긴 것이다. 이 전략은 물론 의식을 기초로 다루어야 한다고 주장한 네이글과 설의 견해와는 완전히 반대다. 내가 10장의 중심 주제를 성급하게 뛰어넘은 이유는 내가 설명하려는 이론에 관한 수백 페이지의 분석과 논증을 정확하면서도 이해하기 쉽게 옮길 수 있는 방법이 없었기 때문이다. 그러니 당신이 내가 이 책에서 속임수를 썼다고 생각한다면 참고문헌에 인용한 다른 책 내용을 참조해주기 바란다.

"그러나 당신의 두 이론 사이에는 노골적인 모순 내지는 긴장이 있는 것 같다. 지향적 자세는 합리성을 상정하거나 촉진하고, 행위자의 연합을 상정하지만, 다중원고 모형은 이런 중앙의 연합에 전적으로 반대한다. 당신은 어느 것이 마음을 보는 옳은 시각이라고 생각하는가?"

이 문제는 당신이 얼마나 멀리 있느냐에 따라 달라진다. 가까이 다가올수록 분열, 다중성, 경쟁이 중요하게 두드러진다. 데카르트 극장 신화의 주요한 원천은 결국 지향적 자세를 시종일관 안일하게 확대 적용한 데 있다. 복잡하고 변화하는 실체를 단일한 마음을 가진 행위자로 대하는 것은 그 모든 행위에서 반복적으로 나타나는 형태를 찾아낼 수 있는 훌륭한 방법이다. 그 전략은 우리에게 자연스럽게 다가오고, 아마 인지하고 사고하는 방식으로 유전적으로도 더 선호되는 방식일 것이다. 그러나 우리가 마음의 과학을 해보고자 하는 대망을 품고 있다면 그런 사고 습관에 제동을 걸고, 방향을 달리해야 한다. 단일한 마음의 행위자를 미니 행위자와 초미니 행위자로(단일한 보스 없이) 쪼개야 하는 것이다. 그러고 나면 의식적인 경험의 많은 현상이 전통적이고 단일한 전략에 의해 잘못 설명되고 있음을 볼 수 있다. 긴장을 처리하는 완충제는 불편하더라도 타자현상학적 항목(전통적 견지에서 착상된)을 뇌의 내용 확정 사건(새로운 시각하에 구상된)으로 보는 것이다.

철학자들은 전통적 전략의 이상화를 강조하지만, 실제로 그들이 그것과 좋은 관계에 있었던 적은 별로 없다. 자코 힌티카Jaakko Hintikka(1962)를 필두로 믿음과 앎의 재귀적 상태에 대두되는 논리 문제를 다룬 철학 문헌이 많다. 힌티카가 분명하게 밝힌 것처럼 그의 형식화에 있는 본질적 이상화의 하나는 그가 "동일한 경우에서 이루어져야 한다. (…) 망각에 관한 생각은 한 경우의 한계 내에서 적용할 수 있는 것이 아니다"(Hintikka, 1962, p. 7)라고 제시한 논리로 지배되는 진술에서 드러났다. 그는 이런 제한의 중요성이 언제나 인식되는 것은 아니고, 특히 혼란스럽게 후속 논란이 불거지면 사라져버리곤 했다고 강조했다. 힌티카는 이런 '경우'의 정량화가 믿음과 앎의 일상적인 개념을 그가 해온 방식으로 형식화하는 데 필요한 단순화라는 것을 인식했다. 그것은 즉석에서 내용을 고정하고, 논의되고 있는 명제의 정체성을 확정한다. 나는 여기서 이렇듯 인위적으로 '상태'와 '시간'으로 낱낱이 구별 짓는 것이 우리가 그것을 뇌에서 복잡하게 일어나는 일에 대응시키려고 할 때 이런 통속심리학적 개념을 환상으로 빠져들게 하는 특징의 하나라고 주장했다.

"당신은 결국 무엇이 의식적인 경험이라고 말하는 것인가? 당신은 정체성 이론가인가, 제거적 유물론자인가, 기능주의자인가, 도구주의자인가?"

나는 내 이론의 핵심을 표현하는 단일하고, 공식적이며, 적절히 정량화한 명제를 내놓으라는 요구에 저항한다. X라는 공식을 채우고(만일, 오직 ~하다면, X는 의식적인 경험이다), 제시된 반례에 반박하는 것은 의식 이론을 전개하는 좋은 방법이 아니며, 그것이 왜 좋은 방법이 아닌지는 이미 설명했다. 타자현상학적 방법의 간접성은 피실험자의 존재론에 있는 (추정적) 실체를 확인하거나 감하려는 나쁜 의도에서 나온 의무를 회피하려는 방법이다. 인류학자들은 피노맨이 정글에서 그 모든 선한 일을 행하는 사람임을 확인했는가, 아니면 피노맨과 관련하여 단지 제거주의자 eliminativist 노릇만 했는가? 그들이 할 일을 제대로 했다면 남아 있는 문제는 과학이나 철학적 주의가 아니라 외교 정책으로 결정될 수 있는 문제일 것이다. 어떤 면에서 당신은 내 이론이 의식적 경험을 뇌에서 일어나는 정보를 담은 사건과 동일시한다고 말할 수 있다. 그것이 일어나는 일 전부이고, 뇌에서 일어나는 사건의 많은 부분이 피실험자의 타자현상학적 세계에 있는 항목과 놀라울 정도로 유사하기 때문이다. 그러나 타자현상학적 항목의 주관적인 시간 순서에 있는 위치 항목과 같은 다른 속성들은 근본적인 것으로 간주될 수 있을 것이다. 이 경우에 그것은 이용 가능한 뇌의 사건으로 식별될 수 없을 것이다.

피실험자의 타자현상학적 세계를 다소 억지스러운 진리보다는 유용한 허구로 다루자는 것이 언제나 많은 관심을 받을만한 문제는 아니다. 정신적 이미지는 진짜인가? 사람들의 뇌에는 다소 이미지 같은 데이터 구조가 있다. 그것이 당신이 묻고 있는 정신적 이미지인가? 그렇다고 볼 수도 있고, 아닐 수도 있다. 감각질은 기능적으로 정의 내릴 수 있는가? 감각질

같은 속성은 없기 때문에 그렇지 않다. 아니면 감각질이 기능적인 용어로 엄밀하게 정의할 수 없는 뇌의 기질적 속성이기 때문에 그렇지 않다. 그러나 그럴 수도 있다. 만일 당신이 신경계의 기능을 정말로 모두 이해했다면, 사람들이 자기의 감각질에 관해 말하고 있다고 주장할 때 실제로 그들이 말하는 속성에 관한 모든 것을 이해할 수 있기 때문이다.

그렇다면 나는 기능주의자인가? 그렇기도 하고, 아니기도 하다. 나는 튜링 기계 기능주의자가 아니지만, 어떤 사람도 그런 적이 있었다고 생각하지 않으며, 그렇게 될 경우 너무 많은 반박이 헛되기 때문에 상당히 유감스러운 일이라 생각한다. 나는 물론 일종의 궁극적 기능주의자teleo functionalist이고, 아마도 최초의 궁극적 기능주의자(《내용과 의식》참조)일 것이다. 하지만 내가 내내 명백히 했고, 이 책에서도 진화와 감각질 논의에서 강조했듯이 모든 두드러진 정신적 차이를 생물학적 기능 면에서 정의하려고 드는 실수는 저지르지 않겠다. 그것은 다윈을 매우 심하게 오독하는 일이 될 것이다.

나는 도구주의자인가? 나는 그것이 왜 잘못된 물음인지 〈진짜 패턴Real Patterns〉(1991a)에서 충분히 설명했다고 생각한다. 통증은 진짜인가? 그것은 이발이나 돈, 기회나 사람, 무게중심만큼이나 진짜지만, 얼마나 진짜인가? 이런 이분법적인 질문은 위에서 이야기한 정량화한 공식의 빈칸을 채우라는 요구에서 나온 것이고, 일부 철학자는 그런 종류의 방탄성 전제를 엮고, 그것을 방어하는 것으로 마음 이론을 발전시킨다고 생각한다. 단일한 명제는 이론이 아니다. 그것은 슬로건이다. 따라서 일부 철학자가 하는 일은 이론을 만드는 것이 아니라 슬로건을 만드는 것이다. 이런 노력은 무엇을 위한 것인가? 이런 노력이 성공을 거둔다면 어떤 혼란이 사라지고, 어떤 전망에 진전이 이루어지는가? 당신은 정말로 셔츠에 새기고 다닐 문구가 필요한가? 일부 슬로건을 만드는 사람들은 그런 일에 매우 능하고, 심리학자 도널드 헵Donald Hebb은 "그것이 할만한 가치가 없는 일이면 잘할 가치도 없다"라고 기억에 남을만한 말을 했다.

나는 신중하게 정의 내리고, 반증을 동원해 그 정의를 비평하는 것이 가치 있는 일이 아니라고 말하는 것이 아니다. 색채의 정의를 생각해보라. 색채 정의와 관련한 철학자들의 분석과 시도는 괄목할만한 것이었다. 그들은 실제로 개념을 조명했고, 오인에 불과했던 것은 일축했다. 색채를 정확하게 정의하기 위해 많은 철학자가 온갖 관심과 노력을 기울였던 것을 고려한다면, 11장에서 색채가 '물체 표면의 반사적 속성'이라고 했던 내즉각적인 주장은 터무니없이 부족했다. 어떤 반사적 속성? 나는 그 질문에 정확하게 대답하려고 노력하는 것이 왜 시간 낭비인지 설명했다고 생각한다. 정확한 대답이 간결한 대답일 수는 없다. 그래서 어떻다는 것인가? 내가 정말로 이런 간단한 조치로 반대 진영에서 제기한 문제에 맞설 수 있다고 생각하는가?(Strawson, 1989; Boghossian and Velleman, 1989, 1991.) 그렇지만 그것은 긴 이야기이므로 나는 공을 그들 진영으로 넘겨주려고 한다.

"당신의 입장은 결국 검증주의가 아닌가?"

철학자들은 최근 자신과 많은 무고한 구경꾼에게 검증주의는 언제나 죄악이라고 확신시키는 데 성공했다. 설과 퍼트넘의 영향 아래 신경과학자 제럴드 에델만은 거의 검증주의적이었던 행동을 황급하게 거두어들였다.

"침팬지를 제외한 다른 동물에서 자의식의 증거가 발견되지 않는다고 해서 우리가 이 동물들이 자아에 의식적이지 않다고 여겨도 되는 것은 아니다"(Edelman, 1989, p. 280).

분명 우리는 동물이 자아에 의식적이지 않다고 생각할 수 있을 뿐 아니라 그런 생각을 조사해볼 수도 있다. 또한 만일 우리가 그것을 부정할 수 있는 명백한 근거를 발견한다면 우리는 그것을 부정해야 한다. 이제 시계추를 거꾸로 돌려야 할 시간이다. 네이글에 관한 나의 비평(Dennett, 1982a)을 논평하면서 리처드 로티Richard Rorty는 이렇게 말했다.

> 데닛은 '촌락 검증주의자Village Verificationist'가 되지 않고도 현상학적으로 풍요로운 박쥐의 내면적 삶에 관한 네이글의 주장에 회의적일 수 있다고 생각한다. 하지만 나는 그렇지 않다. 네이글과 설이 보이는 직관에 관한 회의주의는 오로지 직관의 상태에 관한 일반적인 방법론적 고려를 기본으로 했을 때만 그럴듯하다고 생각한다. 현실주의자에 대한 일반적인 검증주의자의 불만은 현실주의자가 실은 아무런 차이도 없는 차이를 주장한다는 것이다(예를 들어, 사적인 삶을 가진 박쥐와 사적인 삶이 없는 박쥐 간의 차이와 내적인 의도를 가진 개와 내적인 의도가 없는 개 사이의 차이 같은 것). 그의 직관은 그것이 '돌아가는 기전의 어떤 부분에도 하는 역할이 없는 바퀴'이기 때문에 설명적인 전략에 통합될 수 없다(Wittgenstein, 1953). 이것은 합당한 불평으로 여겨지고, 불평해야 할 유일한 것인 것 같다. (Rorty, 1982a, pp. 342~343; Rorty, 1982b)

나도 동의하지만, 그 주장을 약간 달리 제안한다.

"로티 교수의 응원으로 나는 일종의 검증주의자로서 벽장에서 나올 준비가 되었다. 그러나 제발 촌락 검증주의자라고 부르지는 말아달라. 우리 모두 도회 검증주의자가 되자"(Dennett, 1982b, p. 355).

이 책은 만일 우리가 도회 검증주의자가 아니라면 결국 부수현상설, 좀비, 구별 불가능한 전도된 스펙트럼, 의식적인 테디 베어, 자의식 있는 거미와 같은 모든 종류의 허튼소리를 용인할 것이라고 말하며 이 주장을 한층 더 발전시킨다.

내가 지지하는 검증주의에서 가장 문제가 될 수 있는 부분은 4장에 등장하는, 의식의 오웰식 모형이나 스탈린식 모형을 지지하는 근거는 없음을 입증하고자 한 논증이고, 거기에는 아무런 사실 문제도 없다. 이런 주장에 대한 표준적인 반박은 내가 과학의 경로를 예단하고 있다는 것이다. 그러나 신경과학의 새로운 발견으로 그런 구별을 뒷받침할 새로운 근거가 밝혀지지 않을 것을 내가 어떻게 알겠는가? 새로운 과학의 길에서 생겨나는 것이 무엇이든 우리는 그것을 충분히 안다고 확신할 수 있고, 그것이 이런 가능성을 열지는 않을 것이다. 우주가 뒤집어져 있지 않고 똑바로 있다는 가설과 그것을 부정하는, 우주가 거꾸로 있다는 가설을 생각해보라. 이런 가설은 좋은 평판을 받고 있는가? 여기에 사실 문제가 있는가? 우주에 어떤 혁명이 일어나든 상관없이 그것이 그 '논쟁'을 '매듭지을 문제의 경험적 사실'로 바꾸지 않을 것이라 말하는 것이 검증주의자 죄악인가?

"그렇지만 당신은 정말로 일종의 행동주의자가 아닌가?"

이 질문은 전에도 받은 적이 있고, 나는 비트겐슈타인(1953)이 그 질문에 답한 것으로 대신 답할 수 있음을 기쁘게 생각한다.

> 307. "당신은 위장하고 있지만 실제로는 행동주의자가 아닌가? 당신의 마음 깊은 곳에서는 인간의 행동을 제외한 모든 것이 허구라고 믿고 있지 않은가?" 내가 허구에 관해 말한다면 그것은 '문법적 허구grammatical fiction'다.
> 308. 정신적 과정과 상태에 관한 철학적 문제, 그리고 행동주의에 관한 철학적 문제는 어떻게 제기되는가? 첫 단계는 모두 함께 주목을 피하는 것이

다. 우리는 과정과 상태를 이야기하고, 그것의 본질은 미결 상태로 남겨둔다. 가끔씩은 아마도 우리가 그것에 관해 더 많이 알아야 할 것이라고 생각할 것이다. 그러나 그것은 단지 우리가 그 문제를 특정한 방식으로 보게 만드는 것일 뿐이다. 우리는 한 과정을 더 잘 아는 법을 배운다는 것이 어떤 의미인지에 관한 결정적인 개념을 갖고 있기 때문이다(술책을 고안해내기 위한 결정적인 움직임이 이루어졌고, 그것은 우리가 상당히 무구하다고 생각하는 바로 그것이다). 이제 우리 생각을 이해할 수 있게 만들어주었던 비유는 산산조각 났다. 따라서 우리는 아직 탐색되지 못한 매개체의 아직 파악하지 못한 과정은 부정해야 한다. 이런 일은 우리가 정신적 과정을 부정한 것처럼 보이지만, 당연히 우리는 그 과정을 부정하기 원치 않는다.

몇몇 철학자는 내가 비트겐슈타인이 의식적 경험의 '대상'을 공격한 것을 다시 하고 있는 것으로 보았다. 그것은 사실이다. 308번이 명백히 하고 있듯, 만일 우리가 교묘한 속임수를 고안해내는 일을 피하고자 한다면 우선 정신 상태와 과정의 '본질'을 알아내야 한다. 그것이 내가 특정한 철학의 옷을 잘못 입은 문제와 정면으로 맞서기 시작할 핵심으로 가기까지 장장 아홉 장에 걸쳐 길게 논의한 이유다. 내가 비트겐슈타인에게 진 빚은 크고, 쉬이 갚을 수 없는 것이다. 대학교 시절 그는 내 영웅이었다. 내가 옥스퍼드대학교에 간 이유도 그곳 모든 이가 그를 영웅으로 삼고 있는 것으로 보였기 때문이다. 동료 대학원 학생 대부분이 핵심을 놓치고 있는 것을 보았을 때 나는 비트겐슈타인이 되는 것을 포기했고, 그에 관한 조사로 알게 된 것들로 연구에 매진했다.

부록 2

과학자의 의문을 풀어줄 몇 가지 아이디어

철학자가 안락의자 심리학이나 신경과학, 물리학 등에 탐닉한다는 (옳은) 비난을 받는 일이 종종 있고, 철학자의 확신에 찬 선험적 선언이 나중에 실험실에서 부정확한 것으로 입증되었다는 곤혹스러운 이야기도 많이 듣는다. 이런 불을 보듯 뻔한 위험을 피하기 위해 철학자들이 택하는 합리적인 대응책 하나는 나중에 실증적인 발견으로 반증되거나 확증될 수 있는 일을 논할 위험이 아예 없거나 적은 분야인 개념적인 영역으로 조심스럽게 물러나는 것이다. 또 다른 합리적인 대응책은 안락의자에 앉아서 연구하는 것이다. 실험실에서 얻어낸 최고의 결과, 실증적인 학문 분야 연구자가 힘들여 얻어낸 결과를 이용하여 자기 자신만의 철학을 만들어가는 것이다. 이때 철학자는 개념상의 걸림돌을 조명하고, 특정한 이론적인 아이디어가 암시하는 것을 명확하게 하기 위해 위태로운 영역까지 파고들어가기도 한다. 개념적인 문제에서 과학자라고 일반인보다 혼란을 더 잘 다루는 것은 아니다. 과학자도 여러 연구자의 실험 결과를 어떻게 해석해야 할지 고심할 때는 상당한 시간을 안락의자에서 보낸다. 그런 순간에는 과학자가 하는 일을 철학자가 하는 일과 구분하기 힘들다.

아직 완성되지는 않았지만, 내가 구상한 의식 모형을 검증해볼 수 있는 실험 설계 아이디어가 몇 가지 있다. 내 인내심 있는 정보원들의 혹독한 시련을 이겨내지 못했거나, 이미 이겨낸 것으로 입증된 더 많은 아이디어 중에서 선택된 아이디어다. 철학자로서 나는 내 모형을 가능하면 일반적이고 포괄적으로 구성하기 위해 노력했으므로 만일 내가 해야 할 일을 잘 해냈다면 내 모형은 이 실험으로 설득력 있게 확증되어야 한다. 만일 내 모형이 전적으로 반증된다면 나는 당혹스러울 만큼 철저하게 반박당할 것이다.

시간과 타이밍에 관하여

주관적인 순서가 실제 순서가 아니라 해석의 산물이라면 실제 타이밍과는 별개인 다양한 종류의 강력한 해석의 결과를 만들어내는 일도 가능해야 한다.

거미 걸음 Spider Walks
순서대로 가볍게 접촉하는 실험으로, 피부에서 뛰는 토끼를 모방한 것이지만, 방향 판단에 착각을 일으키게 의도했다. 시간상·공간상으로 아주 짧은 간격을 두고 두 번 접촉하게 한 후, '걸어가는' 방향을 판단하는 것이다(이것은 논리적으로는 순서와 같은 것이지만, 현상학적으로는 '즉각적인' 판단이다).

예측: 손가락 끝이나 입술처럼 고해상력을 가진 표면에서 정확성이 더 높으며, 자극 간의 시차에 따라 달라지는 일반적인 파이 현상 효과가 예상된다.

이제 피실험자에게 왼쪽과 오른쪽 집게손가락을 나란히 놓게 하고, 한 손가락을 먼저 접촉한 다음 다른 손가락을 접촉하라. 비교가 양측성으로 이루어져야 하기 때문에 방향 판단이 훨씬 더 어렵다. 이제 시각적인 '도움'을 더하라. 피실험자에게 손가락 자극을 지켜보게 하고, 가짜 시각 정보를 제공하라. 시각이 암시하는 방향이 접촉의 실제 순서가 암시하는 방향과 반대가 되게 장치를 조작하라.

예측: 피실험자는 표피 수용체를 통해 들어온 실제 순서 정보를 무효로 만들거나 폐기하고 자신 있게 잘못된 판단을 내릴 것이다. 그 효과가 매우 강하다면 시각 정보 없는 상태에서는 매우 정확했을 한쪽만이나 심지어는 같은 손가락의 판단까지도 무효로 만들 것이다.

반전 필름Film Reversals

피실험자에게 영화나 비디오테이프의 짧은 장면을 보여주고, 거꾸로 되어 있거나, 순서가 마구잡이거나, 정상적이지 못한 것을 찾아내게 한다. 필름 편집자는 이런 일에 능수능란해서 고의로 장면을 잘라 필름의 프레임 순서를 바꾸는 것으로 여러 효과를 일으킨다. 우리는 다이버가 거꾸로 물속에서 발부터 튀어나와 다이빙대로 가볍게 풀썩 뛰어오르는 장면을 보며 매우 즐거워한다. 펄럭이는 깃발처럼 어떤 일은 거꾸로 일어나도 구별하기가 매우 힘들고, 어떤 일은 그런 구별을 해내기가 그다지 어렵지 않다. 튕기는 공이 앞으로 굴러가는지 뒤로 굴러가는지 구별하려면 주의 깊게 살펴야 한다.

예측: 우리는 원래 그대로의 순서를 찾아내고 기억해야 하는 경우에서 해석의 편향이 없는 반전 상황을 구별하는 데 전혀 소질이 없다. 예를 들어, 동작과 크기, 형태의 불균형을 대략적으로 일정하게 유지한 상태에서는 피실험자가 편향된 방향 해석이 없는 순서를 구별하기 훨씬 더 어렵고, 그것이 반전되어 있거나

다른 변형이 있는지도 잘 구별해내지 못한다(청각에서 이와 유사한 실험은 멜로디 판별 실험이 될 것이다).

발에 글씨 쓰기

중앙에서 이용 가능한 도착 시간 해석을 기본으로 판단을 방해하기 위해 설계한 실험이다. 피실험자가 자신이 하는 일을 보지 못하는 상태에서 맨발에 연필로 글씨를 쓰고 있다고 해보자. 발의 표피 수용체에서 나오는 신호는 의도적인 글쓰기 행동이 손에 들고 있는 연필을 이용해 적절하게 수행되고 있다고 확증할 것이다. 이제 텔레비전 모니터를 통해 발에 글씨를 쓰고 있는 피실험자의 손을 보여주어 간접적인 시각을 제공하라. 하지만 카메라는, 연필을 잡은 손에 가려져 발에 닿아 있는 연필 끝이 잘 보이지 않는 위치에 설치되어 있다. 이런 시각 신호는 피실험자가 행위를 의도적으로 수행하고 있다고 더 분명하게 확증해줄 것이다. 다음에는 텔레비전 테이프에 짧은 지연을 삽입하여(각각 33밀리초의 프레임 하나 또는 둘) 시각적인 확증이 언제나 같은 길이로 약간씩 지연되게 만들어라. 나는 피실험자가 이런 조작에도 금방 적응할 것이라고 예상한다(나는 피실험자가 꼭 적응하길 바란다. 다음 단계는 더 흥미롭기 때문이다). 피실험자가 적응한 다음에 지연이 갑자기 제거된다면 연필 끝의 궤적을 지각하는 것이 시각 정보에 비해 지연되기 때문에 그는 연필이 휘는 것처럼 느낄 것이다. 연필 끝이 예상된 궤도 뒤로 질질 끌려오는 것처럼 말이다.

월터의 환등기 실험에서 지연에 적응하기

이것은 '사전 인지 환등기' 효과를 제거하는 데 필요한 지연 정도를 측정하기 위한 후속 실험이다. 나는 지연 정도가 리벳의 스탈린식 모형을 확대한 것으로 예측되었던 300~500밀리초보다 훨씬 적을 것으로 예상한다.

단어 선택의 복마전 모형

'말이 스스로 말해지기 원한다'는 것을 어떻게 보여줄 수 있을까? 우연히 발견하는 능력이 실험적으로 통제될 수 있을까? 오늘날까지 레벨트의 실험은 놀라운 부정적 결과를 산출했다(7장 주석 2 참조). 레벨트의 실험을 약간 변형한 실험으로 나는 '창의적'으로 단어를 사용할 수 있는 가능성을 열 수 있는지 보고 싶다. 피실험자 주변에 여러 재료를 몰래 제공해주면 피실험자가 자신이 생성한 말에 환경에 있는 여러 재료를 통합해 넣는지 보고자 하는 것이다. 피실험자는 두 가지 다른 준비 단계로 실험을 준비하는데, 이때 피실험자가 유의해야 할 지시사항을 알리는 게시판에 현저하게 주목을 끄는 새롭거나 전혀 엉뚱한 단어를 우연히 거기 붙어 있는 것인 양 붙여둔다. 이어서 피실험자에게 주제에 관해 어떻게 생각하는지 표현할 기회를 주는데, 이 실험에서 기대하는 목표 표현은 보통 쓸 일이 별로 없는 것들이다. 따라서 준비 단계에서 단어가 준비된 상태라면 단어가 목표 표현을 자극해 그 말이 사용될 기회를 엿보고 있음을 보일 것이다. 실험 결과는 레벨트의 모형이 아니라 복마전 모형을 지지할 것이다.

시선 추적기를 이용한 실험

정상 시각을 가진 피실험자의 맹시

정상 시각을 가진 피실험자를 대상으로 시선 추적기를 이용해 실험해보면 단속성 안구 운동 중에 주변 시야 자극이 바뀌어도 피실험자는 눈치채지 못하지만, 두 번째 자극을 식별하는 데 걸리는 시간이 짧아지거나, 원래의 주변 시야 자극에서 얻은 정보에 의존하지 않는 증강 효과가 일어난다. 이 상태에서 피실험자에게 자극이 바뀌었는지 바뀌지 않았는지(아니면 처음 자극이 대문자로 되어 있었는지 소문자로 되어 있었는지) 선택하게 하면 우연의 결과보다 나은 결과를 낼까? 나는 그들이 흥미로운 선택 범위에 대해서는 더 나은 결과를 낼 것이라고 예측하지만, 아무리 잘해도 맹시보다 낫지는 않을 것이라고 본다.

벽지 실험

단속성 안구 운동 중에 주변 시야 영역으로 들어온 반복적인 벽지 그림의 거칠고 섬세한 특징을 다양하게 하여 '더 많은 마릴린'이 있다는 결론을 뒤집기 위한 실험이다(라마찬드란과 그레고리의 새로운 실험 결과가 무척 인상적이었으므로 나는 감지할 수 있는 점진적인 결과가 전혀 없을 것이라는 예측에 잔뜩 기대를 걸 것이다. 변화를 눈치챌 수 있는 수준에서도 피실험자들은 이상한 착각성 움직임을 보고할 것이다).

색깔 있는 체커판

'시야의 충만 공간'이 얼마나 작은지 보여주기 위해 설계한 실험이다. 피실험자에게 여러 번의 단속성 안구 운동으로 움직임을 시각적으로 식별하거나 해석하는 과제를 준다. 피실험자는 무작위로 색이 채워진 체커판 위에서 움직이는 검은색과 흰색 물체를 지켜본다. 체크무늬는 비교적 크고, CRT는 여러 색깔이 무작위로 채워진 12×18 크기의 네모로 나뉘어 있다(색깔은 임의적으로 선택되므로 배경에 중첩되는 시각 과제에 대해 형태는 아무 의미도 없다). 각각의 네모는 색깔은 달라도 발광성은 동일해야 한다. 현재 네모를 채우고 있는 색깔을 다른 색깔로 바꾸더라도 경계 부위에 완전히 다른 조명 경계를 만들지 않을 색깔이다(이것은 경계 조명 탐지기가 조용히 입 다물고 있게 만들기 위해서다). 이제 단속성 안구 운동 중에(시선 추적기로 탐지된) 체커판 색깔이 바뀌었다고 가정하라. 지켜보는 사람은 1초에 여러 차례 색깔이 바뀌는 네모를 하나 이상 알아챌 것이다.

예측: 피실험자가 배경 상당 부분의 색깔이 갑자기 바뀌었다는 사실을 전적으로 알아채지 못하는 상태가 있을 것이다. 1차적으로 변화가 인식될 때 단속성 안구 운동을 요청하게 설계된 경비병들로 구성된 주요한 경보 체계가 주변 시야 체계이기 때문이다. 주변 시야 체계는 시선이 바뀔 때마다 색깔이 바뀌는 것을 추적하는 일에는 관심이 없을 것이고, 따라서 새로운 색으로 변했는지 비교할 것도 전혀 남지 않는다(이것은 물론 주변 시야 색채에 반응하는 영역에서 필름이 얼마나 빨리 돌아가느냐에 달려 있다. 내가 예측한 결과를 무효화하는 느릿한 불응기도 있을 것이다).

│ 주 해설 │

글을 시작하며

1) 괄호 안의 연도는 저자의 참고문헌 저작 연도를 가리킨다.

2) '조합적 폭발'은 컴퓨터공학에서 나온 말이지만, 이 현상은 컴퓨터가 등장하기 오래전부터 인식되고
있었다. 그 예로, 한 황제의 우화가 있다. 황제는 자기 목숨을 구해준 농부에게 체커판 첫째 칸에 쌀
한 톨, 둘째 칸에 두 톨, 셋째 칸에 네 톨, 이런 식으로 64칸 전부에 계속해서 두 배로 늘려가면서 놓
은 양만큼의 쌀을 보상으로 주기로 했다. 그 결과, 왕은 농부에게 수조 억 톨의 쌀을 주어야 했다(정
확히 말하면 2의 64승 개에서 한 개를 뺀 수). 또 다른 예로, 프랑스의 '우연성' 소설가들이 맞닥뜨린 문제
도 있다. 이들은 독자가 1장을 읽은 다음 동전을 던져서 그 결과에 따라 2a장이나 2b장을 읽게 소설
을 구성했다. 그 다음에는 3aa장이나 3ab장 아니면 3bb장을 읽고, 계속해서 각 장이 끝날 때마다
동전을 던져서 그 결과에 따라 소설을 읽게 했다. 그러나 이 소설가들은 머지않아 허구의 폭발을 피
하려면 선택의 수를 최소화해야 한다는 사실을 깨달았다. 그러지 않았다가는 독자가 책방에 있는 책
을 전부 집으로 가져가야 할 판이었다.

3) 현재 오락과 연구를 위한 '가상현실' 시스템 개발이 붐을 이루고 있다. 전자 장갑은 가상 물체를 조작
할 수 있는 실제 같은 인터페이스를 제공하고, 머리에 쓰는 시각 디스플레이 장치는 매우 복잡한 가
상 환경을 탐색할 수 있게 해준다. 기술 수준은 놀라울 정도지만 이런 시스템에는 분명 한계가 있고,
바로 그 점이 내 지적이 옳다는 것을 증명한다. 강한 환상이 지속되려면 물리적 복제품과 도식화(비
교적 거친 표상)의 다양한 조합이 이루어져야 한다. 가상현실 시스템은 아무리 최고의 성능을 내더라
도 단지 가상초현실의 경험일 뿐 실제 사물을 잘못 인식하는 것이 아니다. 어떤 사람을 고릴라와 함
께 우리에 갇혀 있다고 속이고 싶다면 고릴라 복장을 한 배우의 도움을 받는 것이 먼 미래에도 최선
의 방법일 것이다.

4) 자유의지, 통제, 마음 읽기, 기대에 관해 더 자세하게 알아보고 싶다면 내 책《행동의 여지》에서 특히
3장과 4장을 참조하라.

1장

1) 이 주제에 관해 더 알아보고 싶다면 내 책《행동의 여지》4장을 참조하라.

2) 이런 조류에 저항한 몇몇 용감한 사람들의 작품이 있다. 도전적인 제목이 붙은 아서 쾨슬러의《기계 속의 유령》, 칼 포퍼와 존 에클스 공저의《자아와 그 자아의 뇌》등이다. 그 외에도 제노 벤들러의 《생각하는 것》과《마음의 문제》에서는 인습 타파적이고 기이하게 통찰력 있는 이원론에 대한 변론을 들어볼 수 있다.

3) 그의 저서에 관한 내 리뷰〈성당에서 들려오는 속삭임Murmurs in the Cathedral〉(1989c)을 참조하라.

4) 오스트레일리아의 생리학자 존 에클스는 비신체적인 마음은 수백만 개의 신경 임펄스 사이콘 psychon으로 이루어져 있다고 했다. 그것이 대뇌피질에 있는 수백만 개의 수상돌기(추상세포의 줄기) 와 상호작용한다는 것이다. 각각의 사이콘은 데카르트나 흄이 아이디어라고 부른 것과 유사하다. 붉은색이라는 아이디어, 둥글다는 아이디어, 뜨겁다는 아이디어 같은 것이다. 그러나 에클스는 이런 최소의 분해물 외에 비신체적인 마음의 활동, 행동 원리와 같은 다른 속성에 관해서는 아무 말도 하지 않았다.

5) 철학자 클라이드 로렌스 하딘은《철학자를 위한 색채》부록에 에드윈 랜드의 이론에 관한 흥미진진한 리뷰를 담았다.

2장

1) 실제로 데카르트도 동물에 관해 그런 견해를 갖고 있었다. 동물은 단지 정교한 기계이고, 인간의 신체, 심지어는 인간의 두뇌 또한 단지 기계라고 생각했다. 그는 비기계적이고 비물질적인 마음만이 인간을(오로지 인간만을) 지적이고 의식적인 존재로 만든다고 여겼다. 이런 견해는 데카르트 시대에는 지나치게 혁명적이었다. 그는 동물 풍자화로 그려져 조롱당했고, 수세기 후에도 데카르트를 비방하는 사람들은 여전히 그가 의식을 기계적으로 설명한 것을 두고 상상할 수도 없는 일이라고 비난했다. 이에 관한 괄목할만한 해설은 저스틴 레이버(1988)를 참조하라.

2) 왜 중간 C음 아래 A음과 중간 C음 위의 A음(한 옥타브 높은)은 비슷한 소리로 들리는가? 무엇이 두 소리를 모두 A음으로 만드는가? A음처럼 들리는 소리의 속성이 갖는 공통점은 무엇인가? 어떤 두 음이 한 옥타브 떨어져 있다면(따라서 단지 다르게 들릴 뿐 똑같은 소리라면) 한 소리의 기본 주파수는 다른 소리의 기본 주파수의 정확히 두 배다. 중간 C음 아래에 있는 A음은 초당 220회 진동하고, 그보다 한 옥타브 높은 A음은 초당 440회 진동한다. 두 음이 함께 소리를 낼 때 하나나 그 이상의 옥타브 차이가 나는 음은 동조를 이룰 것이다. 이 현상은 음이 생성하는 진동의 주파수 측면에서 다르게 설명할 수도 있다. 우리는 음이 비슷한 소리를 내거나 다른 소리를 내는 여러 방식을 설명했고, 이것은 물리적 속성과 우리의 청각계에 미치는 영향과도 일치한다. 또한 우리는 새로운 음(예를 들어, 전자 음향

3) 비트겐슈타인의《철학적 탐구》는 다양한 명제를 더 깊이 있게 탐구하면서 이 주제를 전개한다.

4) 통증의 진화적 정당성을 다루는 문헌은 놀라울 만큼 근시안적인 논증으로 가득하다. 한 저자는 담석증이 일으키는 통증 같은 일부 극심한 통증은 현대 의학이 발달하기 전까지는 그 누구도 해결할 방도가 없던 헛된 경고라는 이유로 통증의 진화적 설명이 옳지 않다고 주장했다. 동굴에 거주하던 원시인은 담석증에 의한 통증에서 어떤 생식적인 이익도 얻지 않았으므로 통증, 적어도 일부 통증은 진화적인 불가사의라는 것이다. 그러나 이 저자는 간단한 사실을 간과했다. 날카로운 발톱이나 이빨에 배를 찔리는 고통과 같은, 피할 수 있는 위기를 적당히 경고하는 통증 경고 체계를 가지려면 해결할 수 없는 위기를 경고하는 체계까지 덤으로 얻을 가능성이 높다는 사실이다. 그런 경고 체계가 유익하다는 것은 훨씬 나중에야 알게 될 것이다. 같은 이유로 오늘날에도 암 증상을 통증으로 경고하는 경우와 같이 통증 경고가 매우 유용한 역할을 하는 내적 상태가 수없이 많지만, 우리는 그 이점을 곧잘 잊어버린다. 짐작건대 우리의 진화적 과거가 돌연변이로 얻은 것은 필수 회로로 내장할 만큼 생존 이익이 있는 것에 포함하지 않았기 때문인 것으로 보인다.

5) "화성 방문객이 인간이 웃는 것을 본다면 무슨 생각을 할까? 분명 소름 끼치는 일로 여길 것이다. 미친 듯 꼴사나운 몸짓, 축 늘어져 흔들거리는 사지, 광란하듯 요동치는 몸뚱이"(Minsky, 1985, p. 280).

6) 몰리에르Molière의 마지막 희극《상상병 환자Le Malade imaginaire》(1673)에서 주인공 아르강은 건강 염려증을 앓지만, 종국에는 의사가 되어 자기 병을 스스로 치료하여 문제를 해결한다. 특별한 공부는 필요 없었고, 그저 라틴어와 약간 씨름했을 뿐이다. 그는 익살스러운 면접시험을 본다. 시험관이 왜 아편은 사람을 잠에 빠지게 하느냐고 묻자 의사 지망생 몰리에르는 라틴어로 아편에 '잠에 빠지게 하는 힘virtus dormitiva'이 들어 있어서 그렇다고 대답한다. 합창단이 합창한다. "글쎄, 글쎄, 글쎄, 글쎄, 그게 정답이지!" 훌륭한 대답이다! 얼마나 유익한 답인가! 얼마나 통찰력 있는가! 오늘날이라면 이런 식이었을 것이다. "셰릴 티그스Cheryl Tiegs(미국의 모델이자 배우_옮긴이)가 사진발이 그렇게 좋은 이유는 뭘까?" "셰릴이 사진을 잘 받는 얼굴을 가졌기 때문이지." "맞아, 바로 그거야! 난 언제나 그 이유가 궁금했는데, 바로 그거였어." 우리는 11장에서 이런 '공허한 설명'을 설명으로 상정하는 것에 함축된 공허함을 더 자세하게 살펴볼 것이다.

3장

1) 붉은색과 초록색 헝겊 실험은 Crane and Piantanida(1983)와 Hardin(1988)을, 색깔 경계 소실 실험과 리브만 효과(1927)는 Spillman and Werner(1990)를, 청각적 이발소 간판 기둥 실험은 Shepard(1964)를, 피노키오 효과는 Lackner(1988)를, 얼굴실인증은 Damasio, Damasio, and Van Hoesen(1982), Tranel and Damasio(1988), Tranel, Damasio, and Damasio(1988)를 참조하라.

2) 이 부분은 내가 전에 내놓은 몇몇 타자현상학의 방법론적 토대에 관한 설명을 기본으로 했다 (Dennett, 1978c, 1982a).

3) 하버드대학교에서 공부한 젊은 인류학자 웨이드 데이비스Wade Davis는 자신이 부두교 좀비의 미스 터리를 풀었다고 발표했다. 그의 책《뱀과 무지개Serpent and the Rainbow》(1985)에는 부두교도들이 신경계에 영향을 미치는 약물을 이용해 산 사람을 송장 상태로 만든다는 이야기가 나온다. 산 사람을 며칠 동안 땅에 묻어두었다가 파낸 다음 방향 감각과 기억력을 빼앗는 환각제를 준다. 환각제 탓인 지, 아니면 땅속에 묻혀 있는 동안 산소가 결핍되어 뇌가 손상된 탓인지는 모르지만, 이 운 나쁜 사람 은 실제로 영화에서 본 좀비처럼 발을 질질 끌며 걸어 다니고, 노예 노릇을 하며 살아가기도 한다. 데 이비스의 논란을 불러일으키는 주장 때문에(또한 그의 책을 각색하여 나온 영화 덕분에) 일각에서는 그가 발견한 것에 회의적인 태도를 보였다. 그러나 이런 시각은 그가 두 번째로 내놓은 더 학구적인 저서 《어둠의 통로: 아이티 좀비의 민족생물학Passage of Darkness: The Ethnobiology of the Haitian Zombie》 (1988)에서 잘 반박되었다.

4) 《브레인스톰》의 '당신의 마음을 바꾸는 법' 편에서 나는 엄밀한 의미에서의 믿음과 내가 의견이라고 부르는, 더 언어로 오염된 상태를 구별할 수 있게 '의견'이라는 말을 상투적으로 사용했다. 언어가 없 는 동물도 믿음은 가질 수 있지만, 의견은 가질 수 없다. 인간은 둘 다 가질 수 있지만, 만일 당신이 내일이 금요일이라고 믿는다면 내 기준에서 그 말은 내일이 금요일이라는 당신의 의견이다. 이런 인 지 상태는 언어 없이는 생길 수 없다.

2부 | 새로운 모형을 제시하다

4장

1) 이것은 물리학자들이 무차원성으로 밀도도 중력도 무한대(정의상으로)가 되는 정확한 지점인 특이점 에 직면했을 때 처하는 곤경을 떠올리게 한다. 이는 블랙홀에서 일어나지만, 더 일상적인 실체를 해 석할 때도 영향을 미친다. 로저 펜로즈는 로렌츠 방정식과 맥스웰 방정식을 입자에 적용한 사례를 논 의했다. "로렌츠 방정식이 우리에게 말해주는 것은 전하를 띤 입자가 위치한 정확한 지점의 전기자 기장을 조사해보라는 것이다(실제로 그 지점에서의 '힘'을 구하기 위해서다). 그런데 입자의 어느 지점을 취해야 할까? 입자의 '중앙'을 취해야 할까, 아니면 표면의 모든 지점에 걸쳐 그 영역의 평균을 내야 할까? (…) 아마도 우리는 입자의 한 지점에 관해서라면 손을 떼는 것이 나을지 모른다. 그러나 이 문 제는 입자 그 자체의 전기장이 바로 그 주변에서 무한대가 되기 때문에 다른 종류의 문제로 이어진 다"(Penrose, 1989, pp. 189~190).

2) 머리가 본부라는 생각마저 부정하는 것은 미친 짓일 테지만, 그런 광기를 보인 사람이 있었다. 1800 년, 필립 피넬Phillipe Pinel은 혁명의 공포로 진짜 섬망delirium에 빠져버린 한 남자에 관한 진기한 사 례를 보고했다. 이 남자는 몹시 기이한 생각으로 이성이 망가져버렸다. 그는 자기 머리가 단두대에 잘려 머리통이 산더미처럼 쌓인 곳에 던져졌다고 믿었다. 그런데 그를 처형할 판관이 나중에야 자기 가 저지른 잔혹한 행위를 후회하여 머리통을 모두 제 몸에 붙여주라고 명령했다. 그러나 실수로 그의 몸에 다른 사람의 머리가 붙여졌다. 그는 자기 머리가 바뀌었다는 생각에 밤이고 낮이고 괴로움에 시

달렸다. 그는 끊임없이 중얼거렸다. "이를 좀 봐! 내 이는 아주 보기 좋았는데, 지금은 모조리 썩었잖아! 내 입은 건강했는데, 이 입은 병균이 득실거려! 머리가 바뀌기 전의 머리카락과 지금의 머리카락이 얼마나 다른지 보라고!"(Pinel, 1800, pp. 66~67).

3) 이보다 더 놀라운 예는 피실험자가 선을 그리고 있는 자기 손을 지켜보고 있다고 생각하게 거울을 이용해 속이는 실험이다. 실제로 피실험자가 지켜보는 손은 실험자와 공모한 사람의 손이다. 이 실험에서는 뇌의 편집 과정이 피실험자의 손이 강제로 움직이고 있다고 결론 내리는 정도까지 '눈이 이긴다'. 피실험자는 '자기' 손이 움직이지 않게 막아야 한다는 '압박감'을 느꼈다고 말했다(Nielsen, 1963).

4) 조작주의는 간단히 말해, "당신이 차이를 찾아내지 못하면 차이가 없는 거야"라고 표현되는 시각이나 정책이다. 우리는 그와 관련해 이런 말도 자주 듣는다. "만일 그것이 오리처럼 꽥꽥거리고 뒤뚱뒤뚱 걸으면 그것은 오리인 거야." 조작주의의 강점과 약점을 살펴보고 싶다면 Dennett(1985a)을 참조하라.

5) 대뇌피질에는 움직임과 움직이는 것처럼 보이는 것에 반응하는 MT라는 영역이 있다. MT에서의 어떤 활동이 뇌가 끼어드는 움직임이 있다고 결론 내린 것이라고 가정해보자. 다중원고 모형에서는 이것이 선경험적인 결론인지 후경험적인 결론인지를 놓고 더 이상 왈가왈부하지 않는다. 그런 질문은, 다시 말해 MT에서의 활동이 '움직임을 표상하려는 결정(스탈린식 편집자에 의한)'이 아니라 그 반대인 '의식적인 경험에 대한 반응(오웰식 역사가에 의한)'인지 묻는 것은 실수일 것이다.

6) 사실상 홉스는 이런 견해에 문제가 있음을 잘 알고 있었다. "만일 빛깔이나 소리가 그것을 유발한 물체나 대상에 있다면, 빛깔이나 소리를 그 대상으로부터 분리할 수 없을 것이다. 그러나 거울이나 메아리를 생각해보면, 우리의 시각적 대상이 있는 곳과 시각적 현상이 나타나는 곳이 서로 다른 곳임을 쉽게 알 수 있다"(《리바이어던》, 1부 1장 참고). 그러나 이 구절은 몇 가지 다른 방식으로 이해될 수도 있다.

7) 1954년에 발표한 이 영웅적인 논문은 이때만 해도 이런 문제를 생각해보는 일이 얼마나 어려운 것이었는지 보여준다. 그는 투사 이론의 교과서적인 설명을 맹렬하게 반박했고, 최종 주장에서 그 같은 생각을 일축한 버트런드 러셀의 말을 인용했다. "지각의 인과적 이론을 수용하는 사람은 누구나 지각이 우리 머릿속에 있다고 결론 내려야 할 것만 같은 기분에 사로잡힌다. 지각이 물체에서 지각하는 사람의 뇌까지 공간적으로 이어지는 물리적 사태의 인과적 연결고리의 끝에 오기 때문이다. 우리는 잡아 늘인 끈을 탁 놓았을 때처럼 마지막 결과가 과정의 끝에서부터 갑자기 시작점으로 뛰어 돌아간다고 가정할 수 없다"(Russell, 1927).

8) "이것은 피노맨학자로 변한 우리의 피노맨주의자가 사랑해 마지않는 피노맨이 기거할 수 있는 신의 공간이나 천국을 만들어내려는 절망적인 책략을 쓸 때 일어나는 혼란을 해소하려는 것이나 마찬가지다. 그 공간은 자기 안에 있는 피노맨을 믿는 자를 만족시키기에도 충분해야 하지만, 의심하는 자로부터 피노맨을 숨기기에도 충분할 만큼 외지고 신비에 싸여 있어야 한다. 현상학적 공간은 정신적 이미지상의 천국이지만, 만일 정신적 이미지가 실제인 것으로 밝혀진다면 그 이미지는 우리 뇌의 물리적 공간에서 상당히 편안하게 기거할 수 있다. 그러나 그것이 실제가 아닌 것으로 밝혀진다 해도 허구의 논리적 공간에 산타클로스처럼 기거할 수 있다"(Dennett, 1978a, p. 186).

9) 철학자 제이 로젠버그Jay Rosenberg가 내게 칸트 역시 같은 생각을 했다고 알려주었다. 그는 경험에서 'fur mich(나에게는)'와 'an sich(그것 자체로는)'가 같은 것이라고 주장했다.

10) 철학자 네드 블록이 '편측성 시험laterality test'의 피실험자가 되었던 경험을 들려주었다. 그가 앞에 있는 고정된 점을 바라보는 동안 단어나 GHRPE와 같은 뜻 없는 말들이 점의 왼쪽이나 오른쪽에서 번쩍거렸다. 그가 해야 할 일은 그 자극이 단어일 경우 단추를 누르는 것이었다. 그의 반응 시간은 왼쪽 시야에 나타난 단어(따라서 우뇌 반구로 먼저 유입된 단어)에 더 긴 것으로 나타났다. 대부분의 사람과 마찬가지로 좌뇌에 강한 언어 편측성을 보인다는 가설을 지지하는 결과였다. 하지만 블록의 눈길을 사로잡은 것은 그런 결과가 아니라 왼쪽에서 번쩍인 단어가 더 흐릿하게 보였다는 '현상학'이었다. 나는 그에게 그 단어가 흐릿하게 보여서 식별하기 더 어렵다고 생각했는지, 아니면 식별하기 더 어려워서 흐릿하게 느껴진 것인지 물었다. 그는 이런 '반대되는' 두 가지 인과적 설명 가운데 자기 판단이 어디에 해당하는지 구분할 방도가 없다는 것을 인정했다.

11) 이 문제를 이런 식으로 생각해보게 된 계기는 Snyder(1988)를 읽고 나서다. 그러나 그가 이 문제에 접근한 방식은 나와 다소 다르다.

5장

1) 앞 장의 몇 가지 논의를 포함해 이번 장에 소개하는 논증과 분석은 Dennett and Kinsbourne(in press)의 자료를 상술한 것이다.

2) 이것이 뇌가 내부 과정과 그와 일치되지 않는 외부 세계 사이의 인터페이스를 완화하기 위해 '완충 기억장치'를 사용하지 않는다는 의미는 아니다. 뇌가 자극을 처리하는 동안 순간적으로 자극 형태를 보존하기 위해 이용하는 '음향 기억'이 그 명백한 예다(Sperling, 1960; Neisser, 1967; Newell, Rosenbloom, and Laird, 1989).

3) 이 역사적인 이야기는 내가 윤색한 것이다. 1815년 인도 식민지 총독이자 총사령관은 헤이스팅스 1대 후작이자 모이라 2대 백작 프랜시스 로던 헤이스팅스Francis Rawdon Hastings였지만, 나는 그가 실제로 언제, 어떻게 뉴올리언스 전투 소식을 받았는지 전혀 모른다.

4) 원리적으로는 여정의 어느 단계에서나 그런 '소인'을 전달 수단에 덧붙일 수 있다. 만일 특정한 장소에 도착하는 모든 자료가 같은 곳에서, 같은 속도로, 같은 경로를 거쳐 온다면 출발 시간이 소급되어 그 자료에 찍힐 수 있다. 경유하는 정거장에 도착한 시간에서 일정 시간을 제하면 되는 일이다. 아마 뇌가 일반적인 전달 시간을 자동적으로 조정하기 위해 이용하는 방법도 그와 비슷할 것이다.

5) 윌리엄 우탈William Uttal(1979)이 지적한 것처럼 이런 구분은 신경학자들 사이에 폭넓게 인식되고 있다. "감각 부호화 영역에서 나온 많은 연구 결과의 핵심은 특별히 중요한 하나의 견해로 간추려진다. 어떤 후보 암호라도 어떤 지각 측면이든 가리지 않고 표상할 수 있다는 것이다. 다시 말해, 신경학적 데이터와 정신물리학 데이터 간에 동형 관계를 찾을 필요는 없다. 공간이 시간을 표상할 수도 있고, 시간이 공간을 표상할 수도 있다. 장소는 질을 표상할 수 있고, 명백하게 비선형적인 신경 기능이 선형적이거나 비선형적인 정신물리학적 기능을 문제없이 표상할 수도 있다(p. 286). 그러나 이런 생각

이 널리 퍼져 있더라도 일부 이론가는 잘못 이해하고 있고, 우리는 그런 실태를 곧 보게 될 것이다. 그들이 '그것을 이해하는' 방식은 의식에서 일어난다고 여겨지는 모호하게 가공한 번역이나 투사 과정의 불필요한 '동형'을 살며시 재도입하는 것이다.

6) 제논 필리신Zenon Pylyshyn을 참조하라. "정신적 사건을 색깔, 크기, 질량 등의 물리적 속성으로 글자 그대로 말하는 사람은 없지만, (…) 우리는 그것을 그런 속성을 표상하는 것으로(아니면 그런 속성의 경험적인 내용을 갖는 것으로) 말한다. 예를 들어, 생각(또는 형상)을 그것이 크다거나 붉다고 말하는 것은 적절하지 않고, 그것이 크거나 붉은 어떤 것에 관한 생각(또는 형상)이라고 말해야 한다. (…) 우리는 호기심이 이는 일이어야 정신적 사건의 지속 시간을 자유롭게 이야기한다"(Pylyshyn, 1979, p. 278).

7) 심리학자 로버트 에프론Robert Efron은 이렇게 말했다. "어떤 물체를 볼 때 우리는 그 물체가 먼저 가장 바깥 주변 시야에 나타난 후 점점 더 안쪽 주변 시야로 들어오는 것처럼 경험하지 않는다. (…) 그와 비슷하게 우리가 한 물체를 인식하고 있다가 다른 물체로 관심을 옮길 때 우리는 새로운 물체에 관한 인식이 점점 구체적으로 커지는 것으로 경험하지 않는다. 우리는 그저 새로운 물체를 지각할 뿐이다"(Efron, 1967, p. 721).

8) 리벳은 좀 더 온건한 해석인 맥케이MacKay의 제안도 일축했다(Libet, 1981, p. 195; 1985b, p. 568). 한편 1981년에 나온 리벳의 최종 변론에서는 결론이 나지 않았다. "내 견해는 (…) 시간적인 불일치가 정체성 이론에 상대적인 어려움을 만들어낸다는 것이지만, 그것이 극복할 수 없는 것은 아니다"(Libet, 1981, p. 196). 추측건대, 역행 투사 해석에서는 그것이 극복할 수 없는 것임이 분명할 것이다. 거기에 수반되는 것이 사전 인지나 역행하는 인과 작용, 아니면 그와 똑같이 유령 같고 전례 없는 것이기 때문이다. 또한 리벳은 나중에 극복할 수 없는 것은 아니라고 한 이 어려움을 좀 더 중도적인 읽기를 요하는 방식으로 기술했다. "비록 지연과 선행 가설이 경험의 실제 시간을 신경적 생성 시간과 구분하지 않는다 하더라도, 그것이 경험의 주관적인 타이밍과 경험을 실제로 측정한 시간이 일치되어야 한다는 요구를 제거하지 않는다"(Libet, 1985b, p. 569). 아마도 이런 급진적이고 이원론적인 결과 해석에 대한 존 에클스의 열정적인 지지가 리벳이 종종 옹호하던 온건주의를 버리게 유인했는지 모른다.

9) 앞서 내놓은 논문에서 리벳은 오웰식 과정의 가능성을 인정하면서 무의식적인 정신 사태와 의식적이지만 순간적으로만 머무는 정신 사태 간에 중요한 차이가 있을 것이라고 가정했다. "경험의 의식적 수준에서 회상될 수 있을 만큼 유지되지 못한 즉각적이고 수명이 짧은 의식의 경험이 아마 있을 것이다. 그러나 그런 경험이 존재한다면 그 내용은 다른 무의식적 경험들처럼 나중의 무의식적 정신 과정에서만 직접적인 중요성을 갖고, 나중의 의식적 경험에는 간접적인 역할만 할 것이다"(Libet, 1965, p. 78).

10) 하나드는 해결할 수 없는 측정 문제를 보았지만, 내가 사실이 아니라고 주장한 것은 부정했다. "자기 성찰이 우리에게 알려주는 것은 언제 사건이 일어난 것으로 보이는지, 아니면 두 사건 가운데 어느 것이 먼저 일어난 것으로 보이는지뿐이다. 실제 타이밍이 그렇게 여겨지는 것과 같다고 확증해줄 수 있는 독립적인 방법은 없다. 공약불가능성incommensurability은 방법론적 문제지, 형이상학적 문제가 아니다"(Harnad, 1989, p. 183).

1) 내가 이 글에 등장시킨 모든 생각이 옳다고 여긴다거나, 그것이 옳은 길로 가고 있다고 여긴다고 추론할 수도 있을 것이다. 하지만 내가 어떤 이론을 제외했다거나 어떤 이론에서 일부 세부사항을 빼놓았다고 해서 내가 그것을 옳지 않다고 여긴다고 추론해서는 안 된다. 또한 내가 어떤 이론에서 몇 가지 세부사항을 이용했다고 해서 내가 그 이론의 나머지 부분도 모두 옳다고 인정한다고 추론해서도 안 된다. 이런 전제는 내가 이 주제에 관해 쓴 모든 글에 해당된다.

2) 존 메이너드 스미스John Maynard Smith는 선도적인 이론가다. 그의 고전적인 저서 《성의 진화The Evolution of Sex》(1978)와 에세이 모음집 《성, 게임, 그리고 진화Sex, Games, and Evolution》(1989)를 보면 개념적인 문제에서 탁월함이 돋보이는 글이 있다.

3) 다기능 뉴런에 관한 생각이 새로운 것은 아니지만, 이런 생각이 관심을 얻은 것은 최근의 일이다.
"이것은 개별적인 뉴런의 산출물이라기보다는 모호하지 않은 신경적 산출이나 신호가 다소간 동시에 연쇄되는 것이다. 각각의 연속되는 수준에서 여러 모호한 신호가 연쇄된 것이 하나로 수렴되면 부분적으로 모호함이 해소될 것이다. 십자 낱말 퀴즈에서 모호한 뜻의 말이 모이면 독특한 해답이 나오는 것처럼"(Dennett, 1969, p. 56).
"주어진 항목이나 출력 양상에 상응하는 독특한 구조나 조합으로 된 집단은 없다. 대신에 하나 이상의 신경군 조합이 특별한 산출을 낳고, 주어진 하나의 신경군은 한 종류 이상의 신호 기능에 참여할 수 있다. 축퇴degeneracy라고 불리는 신경군의 이런 속성은 재입력 가능한 역량을 일반화할 기본적인 토대를 제공한다"(Edelman, 1989, p. 50).
각각의 노드가 많은 다른 내용에 공헌하는 이런 구조적 특징은 일찍이 도널드 헵이 그의 선구적인 연구를 담은 저서 《행위의 조직: 신경심리 이론The Organization of Behavior: A Neuropsychological Theory》(1949)에서 주장했다. 이것은 '병렬 분산 처리' 또는 '연결주의'의 중심이 되는 생각이다. 그러나 다중 기능에 담긴 함의는 그 이상이다. 더 거친 수준의 분석에서는 전체 시스템이 전문화한 역할을 가질 뿐만 아니라 더 일반적인 프로젝트에도 투입될 수 있다.

4) 멍게와 조교수 간의 비유를 맨 처음에 든 사람은 아마도 신경학자 로돌포 리나스Rodolfo Llinás일 것이다.

5) 이에 관한 기본적인 통찰은 다윈과 그의 초기 옹호자의 저작에서 찾아볼 수 있다(Richards, 1987). 기억의 자연도태론은 신경해부학자 존 재커리 영John Zachary Young이 선도했다(Young, 1979). 나도 1965년 옥스퍼드대학교에 있을 때 발표한 논문에 그 기본 논증의 철학자 판을 내놓았다. 1969년에 출간된 《내용과 의식》의 3장 '뇌의 진화' 편은 그 내용을 간추린 것이다. 존 홀랜드John Holland(1975)와 다른 인공지능 분야 연구자들은 자아 재설계 또는 학습 시스템을 위한 '유전적 알고리즘'을 개발했고(Holland, Holyoak, Nisbett, and Thagard, 1986), 장 피에르 샹주Jean-Pierre Changeux는 좀 더 자세한 신경 모형을 고안했다(Changeux and Danchin, 1976; Changeux and Dehaene, 1989). 신경생물학자 윌리엄 캘빈(1987, 1989a)은 자신이 고안한 뇌의 진화에 관한 이론으로 이 문제를 색다르고 더 쉽게 이해할 수 있는 시각을 제공했다. 그가 제럴드 에델만의 《신경다윈주의Neural Darwinism》(1987)를 논평한 것도 명확하고, 통찰력 있다(Calvin, 1989b).

6) 이것은 정신의 내용이나 지향성에 관한 마음의 철학에서 근본적인 문제이고, 제안된 문제 해결책에는 악명 높은 논란이 따른다. 내가 제안하는 해결책은 《지향적 자세》에 있다.

7) 몇몇 용감무쌍한 이론가는 다른 주장을 펼쳤다. 예를 들어, 제리 포더(1975)는 인간이 가질 수 있는 모든 개념은 선천적으로 주어진 것이고, 그 개념을 자극하고 그것에 접근하게 만드는 것은 특별한 '학습' 경험이라고 주장했다. 따라서 아리스토텔레스는 평생 한 번도 이용해본 일이 없는 비행기와 자전거의 개념을 갖고 있었다. 이런 어처구니없는 생각에 웃음을 터뜨리는 사람들을 향해 포더는 면역학자들이 아리스토텔레스가 오직 20세기에 이르러서야 볼 수 있었던 화합물에 특이적인 항체를 비롯해 수백만 개의 항체를 갖고 태어났다는 생각에 비웃음을 터뜨렸다고 응수했다. 그러나 그들은 더 이상 그런 생각을 비웃지 않는다. 그 말이 사실인 것으로 드러났기 때문이다. 그러나 이런 비유를 면역학과 심리학 모두에 적용하는 데 따르는 문제는 같은 이야기라도 말을 급진적으로 하면 명백하게 허위가 되고, 부드럽게 돌려 하면 반대 견해와 구분하기가 어렵다는 것이다. 면역계에는 결합 반응이라는 것이 있다. 모든 면역 반응이 이미 존재하는 단일 형태 항체들 간에 일대일로 일어나는 반응은 아니라는 것이다. 아리스토텔레스가 선천적으로 비행기라는 개념을 갖고 있었을지는 모르지만, 그렇다고 넓은 동체를 가진 점보제트기의 개념도 갖고 있었을까? '보스턴에서 런던까지의 사전 구매APEX fare 왕복 여행'의 개념도 갖고 있었을까? 면역학과 심리학 모두에서 이런 질문이 정리될 때쯤이면 양쪽에 모두 학습 같은 것이 있다는 것도, 양쪽에 모두 선천적인 개념 같은 것이 있다는 것도 드러날 것이다.

8) 나는 폴 그라이스Paul Grice의 '비자연적 의미 이론Theory of Nonnatural Meaning'을 언급하고 있다 (Grice, 1957, 1969). 그라이스의 이론 가운데 신빙성이 없는 일부 이론을 다른 것으로 대체한 새로운 의사소통 이론을 살펴보려면 Sperber and Wilson(1986)을 참조하라.

9) 내가 무슨 권리로 아직 의식이 완전히 발달하지도 않은 조상이 믿고 원했던 것을 말할 수 있단 말인가? 《지향적 자세》에 개진되어 있는 믿음과 욕망에 관한 내 이론은 '하급' 동물(심지어는 개구리도)의 행동도 인간의 행동과 마찬가지로 지향적 자세를 갖는다는 견해를 옹호한다. 또한 그런 생각을 밝히기 두려워 거기에 인용부호를 붙일 필요도 없다고 생각한다. 그러나 그 이론에 동의하지 않는 독자라도 이 용어가 여기서 비유적으로 확대한 의미로 쓰였다는 것은 이해할 것이다.

10) 영장류의 의사소통에 관해서, 그리고 여전히 해결되지 않은 원인류와 원숭이가 고의적으로 속이는 행위를 할 수 있느냐 없느냐에 관한 실증적인 질문에 관해서는 Dennett(1983, 1988c·d, 1989a), Byrne and Whiten(1988), Whiten and Byrne(1988)을 참조하라.

11) 호르헤 루이스 보르헤스Jorge Luis Borges는 그의 저서 《끝없이 두 갈래로 갈라지는 길이 있는 정원 The Garden of Forking Paths》(1962)에서 이 전략의 악마처럼 영악한 버전을 선보였다. 기가 막힌 결말을 미리 발설하는 짓은 하고 싶지 않기에 여기서 자세한 설명은 하지 않겠다.

12) 이 부분은 내 책 《밈과 상상력의 개발Memes and the Exploitation of Imagination》(1990a)에서 발췌한 것이다.

13) 언어의 진화와 관련한 논란에 관해서는 Pinker and Bloom(1990)과 거기 따르는 주석을 참조하라.

14) 순수주의자들은 내가 쓰고 있는 가상 기계라는 용어가 컴퓨터공학에서 권고하는 용례보다 다소 광

범위하다고 이의를 제기할지 모른다. 나는 대자연이 하는 것처럼, 사용하기 편한 항목을 보면 그 사용 범위를 확대한다고 응수하려 한다(Gould, 1980).

15) 워렌 맥쿨로치Warren McCulloch와 월터 피츠Walter Pitts(1943)의 '논리적 뉴런logical neuron'이 실제로 직렬 컴퓨터의 발명과 동시대에 고안되었고, 폰 노이만의 사고에 영향을 끼쳤다. 이어서 이것은 연결주의의 전신인 1950년대의 퍼셉트론Perceptron(두뇌의 인지 능력을 모방하게 만든 인위적 네트워크_옮긴이)으로 이어졌다. 이에 관한 간략한 역사는 Papert(1988)를 참조하라.

16) 실제 세계 속도의 함의와 그것이 인공지능에 미칠 함의에 관해 더 알고 싶다면 내 책《지향적 자세》의 '빠른 사고' 편을 참조하라.

17) 추론 대 탐색, 인공지능 분야 두 학파 간에 서로 다른 의견을 놓고 벌어지는 흥미로운 논의는 Simon and Kaplan(1989, pp. 18~19)을 참조하라.

7장

1) 댄 스퍼버Dan Sperber와 데어드르 윌슨Deirdre Wilson(1986)은 화자와 청자 안에서 실제로 일이 어떻게 이루어지는지에 관한 모형을 제시하여 우리가 의사소통을 어떻게 구성하는지 볼 수 있는 새로운 시각을 열었다. 철학자와 언어학자는 보통 과제와 그 과제가 요구하는 것을 합리적으로 재구성하는 데는 매료되지만, 그 기제에 관해서는 관심을 두지 않는 경향이 있다. 이런 관행과는 달리 스퍼버와 윌슨은 실용성과 효용성을 고려해야 한다는 문제를 제기했다. 최소한의 노력을 들이자는 원칙과 타이밍과 확률에 관한 것이었다. 이어서 그들은 이런 새로운 시각으로 어떻게 전통적인 '문제'가 사라질 수 있는지 보였다. 특히 청자가 화자가 의도한 것을 어떻게 옳게 해석할 수 있는지에 관한 문제였다. 이들의 모형은 우리가 고려해보았던 진화 과정 수준을 강조한 것은 아니지만, 분명 그런 방향의 세부적인 이야기를 끌어낸다.

2) 레벨트는 이렇게 말했다. "메시지 생성이 단어의 기본형이나 형태에 얼마나 접근 가능한지에 직접적으로 영향받는다는 것을 입증할 수 있다면 우리는 합성자로부터 개념화자에게로 가는 직접적인 피드백에 대한 근거를 얻을 것이다. 이것은 실증적인 질문이고, 검증해보는 것도 가능하다. (…) 지금까지 그런 피드백에 대한 근거는 부정적이었다"(Levelt, 1989, p. 16). 그가 검토한 근거는 고도의 통제 실험에서 나왔다. 그 실험에서는 화자에게 화면에 있는 그림을 가능한 한 빨리 설명하라는 것과 같은 매우 구체적인 과제가 주어졌다(Levelt, 1989, pp. 276~282). 당장 나부터도 그런 능력은 형편없이 부족하므로 이 실험은 훌륭한 '부정적 증거'였다. 이것이 전혀 결정적이지 못한 것임을 그도 인식했다. 이런 실험 상황의 인위성이 언어 사용의 기회주의적이고 창의적인 측면을 성공적으로 끌어낸다고 주장할 수 없었다. 그러나 아마도 레벨트가 옳았을 것이다. 합성자로부터 개념화자에게로 가는 유일한 피드백은 간접적일 것이다. 자신에게 명시적으로 말을 하고, 이어서 혼잣말로 발견한 것에 관한 의견을 형성하는 것으로 생성될 수 있는 종류의 피드백이다.

3) 《옥스퍼드사전》(제2판, 1953)에 따르면, 이 유명한 문장은 또한 피니어스 바넘Phineas Barnum이 만들어낸 것이라고 한다. 바넘은 걸출한 옥스퍼드대학교 졸업생이고, 너그러운 후원자이므로 나는 이 고도로 복제력 있는 밈을 만든 사람이 링컨이 아닐 수도 있다는 가능성에 사람들이 관심을 돌리게 만

들어야 한다는 의무감을 느낀다.

4) 레벨트는 네덜란드 네이메헌에 있는 막스 플랑크 연구소에서 진행되는 심리언어학 연구를 보면 이런 견해에 의구심을 갖게 된다고 했다. 폴커 헤센Volker Heeschen의 연구는 자곤 실어증이나 베르니케 실어증 환자가 어느 수준에서는 언어 결함에 관한 불안을 갖고 있어 의사소통을 해보고자 하는 바람으로 반복해서 말하기 전략을 도입한 것으로 보인다고 제안한다.

5) 또 다른 변칙적인 언어 현상은 정신분열증에서 나타나는 '목소리가 들리는' 증상이다. 정신분열증 환자가 듣는 목소리가 자신의 목소리라는 것은 현재 상당히 확실한 사실로 알려지고 있다. 환자가 그런 사실을 깨닫지 못한 채 자신에게 말하고 있는 것이다. 따라서 환자의 입을 크게 벌리고 있게 하는 것과 같은 간단한 조치로 목소리가 들리지 않게 만들 수 있다(Sick and Kinsbourne, 1987). Hoffman(1986)과 Akins and Dennett의 논평 〈누가 전화했다고 전해드릴까요?Who May I Say Is Calling?〉(1986)도 참조하라.

8장

1) 기능주의자는 각각의 상자마다 요소 기능을 담은 도형을 그리기를 좋아하는 '박솔로지boxology' 습관이 있다. 그러면서도 이런 상자들이 해부학적 의미를 갖고 있음은 한사코 부정한다(나 자신도 이런 습관이 있고, 이런 일을 부추기는 사람 중 하나다. 내 책 《브레인스톰》 7장, 9장, 11장에 있는 그림을 확인해보라). '원리적으로는' 여전히 그것이 좋은 전략이라고 생각하지만, 실제로는 그것이 다른 기능을 보지 못하게 기능주의자의 눈을 가리는 경향이 있다는 것을 지적하고 싶다. 특히나 여러 기능이 중첩되는 경우, 그것을 볼 수 없게 만든다. 플라톤의 새장처럼 오래된 이미지인 장기 기억과 작업 기억 간의 공간적 분리의 이미지는 이론가가 인지 과제를 분석하는 방식에 중대한 역할을 한다. 한 가지 놀라운 예가 있다. "계산에 포함되어야 할 모든 구조를 물리적인 계산 장소에 미리 집합시키는 것이 불가능하기 때문에 상징이 필요하다. 따라서 부가적인 구조를 얻으려면 기억의 더 먼 부분까지 나가야 한다"(Newell, Rosenbloom, and Laird, 1989, p. 105). 이 말은 유동성 있는 상징의 이미지로 상당히 직접적으로 이어지고, 그다음으로는 이런 이미지를 비평 없이 좋아하는 사람들 사이에서 모든 연결주의 구조에 관한 회의론으로 이어진다. 체계의 의미론에 어떤 식으로든 단단히 닻을 내리고 있는 노드인 상징인 것과 가까운 구조에 있는 요소들이 상호연결 망에서 유동성이 없다는 근거에서다. 이 문제에 관해서는 Fodor and Pylyshyn(1988)을 참조하라. 고정된 의미론적 요소 대 유동적인 의미론적 요소의 문제는 인지과학의 근본적으로 해결되지 못한 문제를 바라보는 한 가지 방식이다. 이런 시각이 이 문제를 보는 좋은 방식은 아니지만, 기능적 신경해부학의 근본적인 사실들을 신경질적으로 물리치는 대신 긍정적으로 수용하는 더 나은 시각으로 대체되기 전까지는 없어지지 않을 것이다.

2) 철학자 못지않게 인지과학자도 '인과적 지시이론causal theory of reference'에 끌린다.

3) 포더는 '개념 생각하기entertaining a concept' 논의에서 이 문제의 변형을 설명했다(Fodor, 1990, pp. 80~81).

4) 주의력의 탐조등 이론Searchlight Theories of Attention은 수년 동안 널리 인식되어 왔다. 이런 이론 가운데 조악한 것은 글자 그대로 탐조등이 한순간에 시각 공간의 일정 영역을 조명하거나 강화한다고

가정하는 실수를 저지른다. 극장에서 탐조등이 한 번에 무대의 한 영역을 조명하는 것과 정확하게 같은 방식이다. 그보다는 인정받을 수 있지만 더 인상에 근거한 탐조등 이론은 강화되는 것이 개념적이거나 의미론적인 공간 영역이라고 주장한다(극장의 탐조등이 《로미오와 줄리엣》에 나오는 캐퓰렛가 사람이나 연인을 골라 비출 수 있다고 상상해보라). 탐조등 이론의 문제점에 관해서는 Allport(1989)를 참조하라.

5) 밀접하게 연관 있는 뚜렷한 특징은 지향적 자세와 설계 자세, 그리고 물리적 자세의 삼위일체이고(Dennett, 1971), 앨런 뉴웰(1982)의 '물리적 상징 체계 수준' 위에 있는 '지식 수준'이다. Dennett(1987a, 1988e)과 Newell(1988)을 참조하라.

6) 마르도 강조했듯 "설명을 여러 수준으로 나눠 계산되고 있는 것이 무엇이고, 왜 하는지에 관해 명시적으로 진술할 수 있고, 또한 계산되고 있는 것이 어떤 면에서 최적이라거나 제대로 기능한다고 보장하는 이론을 구성할 수 있다"(Marr, 1982, p. 19). 그런 역공학의 이점과 단점에 관해 더 알아보고 싶다면 Dennett(1971, 1983, 1987a, 1988d)과 Ramachandran(1985)을 참조하라.

7) 재켄도프(1987)는 다소 다른 전략을 도입했다. 그는 마음과 몸의 문제를 둘로 나누고, 계산적인 마음이 어떻게 몸에 적합한지 하는 문제로 그의 이론을 전개했다. 그러나 그런 분리는 현상학적 마음과 계산학적 마음 사이의 관계가 무엇이냐는 문제를 해결하지 못한 채 남겨놓았다. 그러나 나는 이 문제를 남아 있는 미스터리로 여기기보다는 다중원고 모형이 타자현상학적 방법과 협력하여 이 두 문제를 어떻게 동시에 해결할 수 있을지 보자고 제안한다.

3부 | 철학적 문제에 답하다

9장

1) 이런 유용하지만 과도한 단순화는 연구자들이 후속 연구로 더 탐구한 것이다. 현재는 이미지 전환에 '관성'이나 '탄성' 효과가 있다는 상당한 근거가 밝혀졌다. Freyd(1989)를 참조하라.

2) '플라이트 시뮬레이터Flight Simulator' 프로그램의 인상적이지만 눈에 띄게 부자연스러운 애니메이션은 소형 컴퓨터로는 복잡한 3차원 장면을 실시간 애니메이션으로 만드는 데 한계가 있음을 보여준다.

3) 내가 이 장치를 포세처라고 이름 붙인 이유는 이것이 같은 이름을 가진 독일의 멋진 자동 피아노를 떠올리게 하기 때문이다. 이 기계에는 88개의 손가락을 가진 별도 장치가 딸려 있는데, 보통 인간 피아니스트처럼 피아노 앞에 자리를 잡고 외부에서 건반과 페달을 누르게 되어 있다(이 자동 피아노의 이름 '포세처'가 의장이나 대통령이 아니라 '앞에 앉은 사람'을 뜻한다는 것에 유의하라).

4) 일단 표시가 설정되면 우리는 공간적 특성이나 가시적인 특성뿐만 아니라 물체의 모든 속성에 관해 이야기할 수 있다. 예전 색칠 공책에 있던 '여기 당신 상사가 있으니 몹시 불쾌한 인간으로 색칠해주세요!'라는 농담처럼!

5) 포맷에 관한 논의는 Kosslyn(1980)을 참조하라. Jackendoff(1989)도 그가 정보 구조의 형식이라 한 것을 분석하고 있다.

6) 코슬린(1980)은 이 문제에 관해 그만의 특별하고 자세한 답을 내놓았을 뿐 아니라 심상에 관한 다른 연구자들의 훌륭한 실험과 이론적인 연구 결과도 제공했다. 이후 10년 동안의 연구 결과에 관한 훌륭한 리뷰는 Farah(1988)와 Finke, Pinker, and Farah(1989)에서 찾아볼 수 있다.

7) 마빈 민스키는 이렇게 말했다. "뇌 안에서 일어나는 사건을 감지한다는 생각에 특이할 것은 전혀 없다. 작용 요소는 작용 요소다. 뇌가 야기한 뇌의 사건을 찾아내는 회로를 가진 작용 요소에게는 그것을 찾아내는 것이 세상이 야기한 뇌의 사건을 찾아내는 것만큼이나 쉬운 일이다"(Minsky, 1985, p. 151).

8) 6장에서 나는 "무엇의 표면인가?"라고 물으면서 그 대답은 나중에 하겠다고 약속했다. "그 (비유적) 표면은 각 부분들 간의 상호작용 포맷에 의해 결정된다"가 답이다.

9) 여러 다른 분야 이론가들이 내놓은 '뇌의 사용자'라는 아이디어를 서로 비교해보는 것도 흥미롭다. 민스키의 생각은 이렇다. "약간 과장해 말하면, 우리가 '의식'이라고 부르는 것은 다른 시스템이 사용하고 있는 정신 스크린상에서 깜박거리는 메뉴 목록보다 나을 것도 없는 것으로 구성되어 있다. (…) 뇌를 A와 B의 두 부분으로 나누어라. A뇌로 입력되는 것이 실제 세상으로 출력되게 연결하여 A뇌가 세상에서 일어나는 일을 감지하게 하라. B뇌는 외부 세계와 연결하지 말고, 대신 A뇌가 B뇌의 세계가 되게 연결하라"(Minsky, 1985, pp. 57~59). 민스키는 현명하게도 해부학적 구분을 짓는 것으로 나가는 것은 삼갔지만, 다른 연구자들은 몇 가지 모험을 감행했다. 코슬린이 처음으로 의식을 가상 기계로 생각하기 시작했을 때, 그는 전두엽에서 사용자를 찾아내려 했고(Kosslyn, 1980), 그다음에는 에델만이 같은 결론에 이르는 주장을 내놓았다. 그는 전두엽에 '가치로 지배되는 자아와 비자아 기억'이라는 것을 자리 잡게 하여 나머지 뇌가 산출한 것을 해석하는 과제를 부여했다(Edelman, 1989).

10) 이것은 비트겐슈타인이 후반에 연구하던 중심 주제와 매우 비슷하지만, 비트겐슈타인은 정신 상태를 보고할 때 우리가 하는 말과 우리가 말하는 대상 사이에 연관성이 있다는 설명이나 모형을 개발하는 일은 거부했다. 철학자 엘리자베스 앤스컴은 좌절감이 느껴질 정도로 모호한 《의도Intention》(1957)라는 책에서 우리 의도가 무엇인지 안다고 주장하는 것은 옳지 않고, 우리 의도가 무엇이라고 말할 수 있을 뿐이라고 주장하면서 비트겐슈타인이 남긴 공백을 메우고자 했다. 또한 앤스컴은 우리가 관찰하지 않고도 알 수 있는 것들의 항목 분류를 시도했다. 내 책 《내용과 의식》 8장과 9장에서 나는 이런 주장의 오류를 논의했다. 나는 언제나 그 말에 옳고, 중요하고, 독창적인 것이 있다고 생각했고, 《브레인스톰》에서 다시 다룬 '의식의 인지 이론을 향하여' 편의 특히 4번과 5번 항목에서 그 문제를 다시 생각해보았다. 이 부분은 이 생각을 조명하고자 하는 현재의 시도이고, 앞선 생각과는 실제로 많이 다르다.

11) 《브레인스톰》에서 현상학적 믿음의 β배를 논의했을 때 나는 통속심리학의 이런 특징을 이용했다(Dennet, 1978a, p. 177ff).

10장

1) 팀 샬리스는 《신경심리학에서 정신 구조까지From Neuropsychology to Mental Structure》(1988)에서 이런 실험을 분석하는 데 관여되는 추론을 면밀하게 논의했다. 하워드 가드너Howard Gardner의 《부서진 마음The Shattered Mind》(1975)과 올리버 색스의 《아내를 모자로 착각한 남자The Man Who

Mistook His Wife for His Hat》(1985)를 비롯한 몇몇 책도 이런 흥미로운 사례를 재미있고 훌륭하게 설명한다.

2) 피실험자가 시각 경험을 부정하지 않는 경우, 신경 손상에 관한 세부사항만으로는 아무것도 입증되지 않는다는 점에 유념하라. 신경 손상을 뇌의 어느 부분이 어떤 의식 현상에 필수적인지에 관한 가설을 얻을 수 있는 신뢰할 수 있는 보고와 행위적 근거에 대응시키는 것으로만 입증이 가능하다.

3) 피질 손상을 보여주는 뇌 스캔의 확증 없이는 맹시 피실험자의 암점도 진짜라고 믿을 수 없다는 회의론도 물론 널리 퍼져 있다. Campion, Latto, and Smith(1983)와 Weiskrantz(1988)를 참조하라.

4) 철학자 콜린 맥긴은 가공의 맹시 환자에 관해 말했다. "행동으로 보면 이 사람은 시력이 정상인 사람과 매우 유사하게 기능한다. 그러나 현상학적으로는 자신을 실명자라고 느낀다"(McGinn, 1991, p. 111). 그 말은 전혀 옳지 못하다. 이 사람은 시력이 정상인 사람과 유사하게 기능하지 못한다. 맥긴은 한술 더 떠 그의 깜짝 놀랄 주장을 강조하기까지 했다. "맹시 환자들이 놀라운 판별 능력을 보여줄 때, 그들이 꼭 시각 경험을 하고 있는 것처럼 보이지 않는가? (…) 그들은 경험하는 일이 아무것도 없는 사람처럼 보이지 않는다"(McGinn, 1991, p. 112). 다시 한 번 이것은 잘못된 생각이다. 그들은 암시가 없으면 판별하지 못하기 때문에 실제로 시각 경험을 하지 못하는 것처럼 보인다. 그들이 아무런 암시도 필요로 하지 않는다면 실제로 시각 경험을 하고 있는 것처럼 보일 것이다. 그들이 시각 경험을 부정하는 것을 믿기 어려울 만큼 시각 경험을 하고 있는 것으로 보일 것이다.

5) 래리 바이스크란츠는 그의 맹시 환자에 관해 이렇게 말했다. "그가 자신의 전기적인 피부 반응을 들을 수 있다면 상태는 더 나아질 것이다"(ZIF, Bielefeld, May 1990).

6) 이 질문에 대한 내 대답은《지향적 자세》에 있다.

7) 베치가 골무를 찾아낸 것은 그것을 의식했기 때문에 가능해진 후속 결과인가, 아니면 골무를 의식하게 만든 이전 원인인가? 이런 물음은 그것이 오웰식이냐 스탈린식이냐는 것이고, 다중원고 모형은 우리에게 그런 질문은 하지 말라고 가르친다.

8) 정상 조건에서 소재 탐색과 식별은 나란히 일어나는 일이다. 식별해야 할 것이 어디 있는지 찾아내는 일은 대상을 식별하기 위한 전제 조건이다. 그러나 이런 정상적인 동시성이 한 가지 놀라운 사실을 덮어버린다. 뇌의 소재 탐색 장치와 식별 장치는 피질의 서로 다른 영역에 위치해 있어 상당 부분 독립적으로 일하므로(Mishkin, Ungerleider, and Macko, 1983) 차단하는 일도 독립적으로 이루어져야 한다는 것이다. 드문 일이긴 하지만, 피실험자가 사적인 영역에서 대상이 어디 있는지 찾아내지 못하면서도 자기가 보고 있는 것을 금방 식별할 수 있는 병리 현상도 있고, 그와 반대로 피실험자가 시각적인 자극을 찾아낼 수 있지만, 그 물건이 무엇인지는 모르는 병리 현상도 있다. 이런 현상은 다른 것에는 상당히 정상적인 시각을 보이는 가운데 일어난다. 심리학자 앤 트레이스만Anne Treisman(1988; Treisman and Gelade, 1980; Treisman and Souther, 1985; Treisman and Sato, 1990)은 보는 일과 식별하는 일을 구별해야 한다고 주장했고, 그 주장을 뒷받침할 수 있는 중요한 실험을 수행했다. 트레이스만의 모형에서 뇌는 무엇을 보면 그 물체의 상징이 되는 '토큰token'을 조직한다. 토큰은 '별개의 일시적인 삽화적 표상'이고, 그런 표상이 만들어진다는 것은 그것을 더 많이 식별하기 위한 준비 작업이다. 일종의 생성 시스템 모형에서 나온 과정을 이용하여 자신의 의미론적 기억을 찾는 것

으로 획득한 것이다. 그러나 내가 그녀의 모형을 제대로 이해했다면, 토큰은 사적인 영역에 명확하게 위치를 확보하고 있는 것으로 정의될 필요는 없다. 그런 이유로 공무를 발견하기 전의 베치의 상태와 같은 입장에 있는 피실험자에게 공무가 현재 그의 가시 영역에 있는지 없는지 억지로 추측하라고 재촉한다면 우연의 결과보다 더 잘 해내는 것이 불가능한 일은 아니다. 이와 관련한 실험을 살펴보려면 Pollatsek, Rayner, and Henderson(1990)을 참조하라.

9) 훈련을 받은 피실험자도 일부 지각 과제에서는 반응 시간까지 잠재기가 상당히 길다. 간단한 식별 과제에서도 8~15초가 걸린다(Bach-y-Rita, 1972, p. 103). 이 결과는 보조 시각의 정보 흐름이 정상 시각에 비해 극도로 느리다는 사실을 보여준다.

10) 보드율은 디지털 정보 흐름 비율을 나타내는 표준 용어다(그 의미는 대략 초당 전송할 수 있는 비트를 뜻한다). 예를 들어, 당신 컴퓨터에서 다른 컴퓨터로 전화선을 통해 정보를 전달한다면 1,200보드나 2,400보드, 아니면 그보다 훨씬 더 빠른 속도로 비트열을 전송할 것이다. 고해상도의 실시간 동영상을 전송하려면 그보다 거의 네 배 빠른 보드율이 필요하다. 사진 하나가 천 마디 말 이상이라는 것을 보여주는 명확한 예가 아닐 수 없다. 보통 텔레비전 신호는 콤팩트디스크와 같은 디지털이 아니라 축음기 기록과 같은 아날로그다. 따라서 이 정보 흐름율은 보드율이 아니라 주파수 대역폭으로 측정된다. 이 용어는 컴퓨터보다 먼저 나왔다. 주파수 대역폭보다는 보드율을 이용하는 것으로 뇌의 정보 조작은 디지털 용어로 접근하는 것이 가장 적절하다는 암시를 하려는 의도는 아니었다.

11) 이런 식으로 이미지를 같은 색깔 영역으로 나누는 것에 의존하지 않는 다른 종류의 압축 알고리즘도 있지만, 거기까지는 논의하지 않겠다.

12) 다른 피조물은 다른 종류의 색입체를 갖고 있다. 아니 최고도 색입체hypersolid를 갖고 있다. 우리는 망막 추상체에 세 가지 종류의 광색소 변환 세포를 갖고 있어 3원색을 판별할 수 있는 삼색시자trichromat다. 반면, 비둘기와 같은 다른 종은 사색시자tetrachromat다. 비둘기의 주관적인 색채 공간을 수치적으로 표상할 때는 4차원적인 하이퍼스페이스hyperspace로 표상해야 할 것이다. 또한 이색시자dichromat인 종도 있다. 이 종의 색채 판별은 단일한 2차원 면에 지도화할 수 있다(검은색과 흰색은 1차원적 표상 전략임을 염두에 두라. 가능한 모든 회색은 0과 1 사이에 있는 선 위의 여러 거리로 표상할 수 있다). 이런 시각 체계의 공약불가능성이 함의하는 것에 관해 더 생각해보고 싶다면 Hardin(1988)과 Thompson, Palacios, and Varela(in press)를 참조하라.

13) 이 제안에 응답하기라도 하듯 라마찬드란과 그레고리는 그들이 인위적으로 유도된 암점이라고 부른 것(내가 생각하기에는 잘못 이른 것이지만)을 실험했다. 이 실험에서 질감과 세부사항을 점차적으로 채운다는 좋은 근거가 보였다. 하지만 그들의 실험 상황과 내가 기술한 조건 간에는 근본적인 차이가 하나 있다. 그들의 실험에서는 정보의 두 원천 간에 경쟁이 벌어지다 하나가 점차로 다른 하나를 지배한다. 질감의 점진적인 공간 채움 현상은 중요한 발견이었지만, 그림 10-11의 모형보다 나을 것은 없다. 그들의 해석이 확정적인 것이 되려면 이 실험과 관련한 의문이 더 많이 해소되어야 할 것이다.

14) 예를 들어, 정육면체 도형을 머릿속에서 회전시키는 로저 셰퍼드의 초기 실험에서는 피실험자가 자신이 상상하고 있는 물체의 연속적으로 회전하는 거친 표상을 실제로 품고 있다고 여긴다. 그러나 그들이 하고 있다고 여기는 일을 실제로 하고 있다는 가설을 확증하려면 표상의 실제 시간적 속성을 조사해볼 더 많은 실험이 필요하다(Shepard and Cooper, 1982).

15) 부록 2에서 나는 이런 실증적인 주장의 연장선 격인 '벽지 실험'을 제안할 것이다.

16) 대조를 위해서는 Bisiach et al.(1986)과 McGlynn and Schacter(1989)를 참조하라. 이들의 질병 인식 불능증 모형은 비슷하지만, 별개의 체계로 도표를 구조화하는 데 너무 얽매여 있다. 특히 모듈에서 정보를 취하는 의식적인 자각 시스템을 상정하고 있는 맥글린과 샥터의 모형이 그렇다.

11장

1) 이 주제에 관한 다른 생각은 Humphrey(1976, 1983a)와 Thompson, Palacios, and Varela(in press)에서 찾아볼 수 있다.

2) 철학자들은 '자연적 종류natural kind'라는 개념을 좋아한다. 윌러드 콰인Willard Quine이 이 개념을 철학에 재도입했는데, 이제 그는 이 개념이 모호하지만 보편적인 본질의 개념에 관한 대용어가 되어버린 것에 유감을 느끼는 것으로 보인다. 콰인은 "녹색의 것과 녹색 에메랄드는 한 종류다"(Quine, 1969, p. 116)라고 말하여 에메랄드는 자연적 종류일 수 있지만 녹색의 사물은 그렇지 않을 것이라는 사실을 그가 어떻게 인식하고 있는지 드러냈다. 이런 논의는 자연이 만드는 것은 모두 자연적 종류라고 가정하는 '안락의자 자연주의armchair naturalism'의 유혹적인 실수를 예방하기 위한 것이다. 색채는 정확하게 말하자면 자연적 종류가 아니다. 그것은 명확한 정의를 내리고자 분투하는 철학자를 질색하게 만드는 허술한 경계를 용인하는 생물학적 진화의 산물이다. 만일 어떤 피조물의 생명이 달과 블루치즈, 자전거를 하나로 묶는 일에 달려 있다면 대자연은 그 피조물이 그것들을 '직관적으로 같은 종류로 볼 수 있는' 방법을 찾아내게 만들 것이다.

3) 영장류 동물학자 쉬 새비지럼보Sue Savage-Rumbaugh는 실험실에서 길러진 보노보나 피그미침팬지는 침팬지와는 달리 뱀을 선천적으로 싫어한다는 증거를 보이지 않는다고 말했다.

4) 급격한 변화는 중요하다. 만일 변화가 아주 서서히 일어난다면 그것을 인식하지 못했을 것이기 때문이다. 하딘(1990)이 지적한 것처럼 나이가 들어가면서 수정체가 점점 노란색이 되어가면 원래의 색채감이 서서히 변질된다. 색상환을 보여주면서 오렌지색이나 보라색이 섞이지 않은 순수한 붉은색을 가리키라고 했을 때 틀린 색깔을 가리켰다면 그것은 어느 정도 나이 탓이다.

5) "우리가 사적인 감각을 말하면서 '이건 중요한 일이야'라고 말하기 좋아한다는 사실은 우리가 아무런 정보도 주지 않는 일을 말하는 경향이 심함을 보여준다"(Wittgenstein, 1953, i298).

6) "의식이란 것이 제자리에서 오글거리는 수백억 개의 작은 원자 같은 것이라면 의식이 어떻게 느껴질까?"(Lockwood, 1989, pp. 15~16).

7) 나는 보르헤스에 관한 내 고찰의 주요한 생각을 《이런, 이게 바로 나야The Mind's I》(Hofstadter and Dennett, 1981, pp. 348~352)에 제시했고, 그것을 '이야기 무게중심으로서의 자아' 대화에 끌어들였으며, 1983년 휴스턴 심포지엄에서 발표했다. 심포지엄 책자가 나오기를 기다리는 동안 나는 다소 간추린 이야기를 '왜 모든 사람은 소설가인가Why everyone is a novelist'라는, 내가 원하지 않는 다소 재미없는 제목으로 〈타임스 문예부록The Times Literary Supplement〉(Sept. 16~22, 1988)에 발표했다.

12장

1) 흥미롭게도 네이글은 다음 장에서 우리가 논의할 주제인 박쥐로 관심을 돌리기 전인 1971년에 이미 이 문제를 명시적으로 거론했다.

2) 우리가 무엇을 하고 있다는 사실을 어떻게 아는가? 이런 사실을 알아내기 위한 지렛대로 이용할 자기 이해의 첫 실마리를 어디서 얻을 수 있을까? 이런 의문이 일부 철학자에게는 전적으로 근본적인 질문으로 여겨졌고(Castañeda, 1967, 1968; Lewis, 1979; Perry, 1979), 탁월하고 정교한 연구 문헌을 낳게 했다. 만일 이 문제가 중요한 가치가 있는 철학 문제라면 '사소한' 대답에는 잘못된 것이 있어야 하지만, 내 눈에는 잘못된 점이 보이지 않는다. 우리는 바닷가재와 같은 방식으로 기본적인 본래의 자기 이해를 얻는다. 우리는 그저 그런 식으로 회로가 배선되어 있을 뿐이다.

13장

1) 중국에서 유학 온 내 제자 대학원생 지후민의 마음 상태를 상상해보라. 그의 영어는 아직 기초적인 수준이지만, 그는 영국계 미국인의 마음 철학을 배웠고, 학생들과 교수들이 전체 중국 인구를 어떤 식으로든 대규모의 의식적인 인공지능 프로그램 구현에 강제로 참여하게 한다면 어떤 일이 일어날 것인지를 놓고 맹렬하게 논쟁을 펼치는 세미나실에 앉아 있다. 사람들은 이어서 중국인 관찰자가 있다는 것에 개의치 않고 설의 중국어 방 논의에 들어간다.

2) 설이 아직 적당한 응답을 내놓지 않은 결정적인 반증은 더글러스 호프스태터의 반증이다(Hofstadter and Dennett, 1981, pp. 373~382). 그동안 다른 통찰력 있는 비평도 많았다. 《지향적 자세》의 '빠른 사고' 편에서 나는 그의 사고 실험의 혼란의 원천에 관한 새로운 진단을 내놓았다. 그의 반응은 아무런 근거 논증도 없이 모든 요점이 무관하다고 선언하는 것이었다(Searle, 1988b). 어떤 마법사도 자기 마술이 대중에게 설명되는 것을 좋아하지 않는다.

Akins, K. A. 1989. *On Piranhas, Narcissism and Mental Representation: An Essay on Intentionality and Naturalism*. Ph.D. dissertation, Department of Philosophy, University of Michigan, Ann Arbor.

___. 1990. "Science and Our Inner Lives: Birds of Prey, Bats, and the Common (Featherless) Biped" in M. Bekoff and D. Jamieson, eds., *Interpretation and Explanation in the Study of Animal Behavior*. Vol. I. Boulder, CO: Westview, pp. 414-427.

Akins, K. A., and Dennett, D. C. 1986. "Who May I Say Is Calling?" *Behavioral and Brain Sciences*, 9, pp. 517-518.

Allman, J., Meizin, F., and McGuinness, E. L. 1985. "Direction-and Velocity-Specific Responses from beyond the Classical Receptive Field in the Middle Temporal Visual Area," *Perception*, 14, pp. 105-126.

Allport, A. 1988. "What Concept of Consciousness?" in Marcel and Bisiach, eds., 1988, pp. 159-182.

___. 1989. "Visual Attention" in M. Posner, ed., *Foundations of Cognitive Psychology*, Cambridge: MIT Press, pp. 631-682.

Anderson, J. 1983. *The Architecture of Cognition. Cambridge*, MA: Harvard University Press.

Anscombe, G. E. M. 1957. *Intention*. Oxford: Blackwell.

___. 1965. "The Intentionality of Sensation: A Grammatical Feature" in R. J. Butler, ed., *Analytical Philosophy*(2nd Series). Oxford: Blackwell, p. 160.

Anton, G. 1899. "Ueber die Selbstwahrnehmung der Herderkrankungen des Gehirs durch den Kranken bei Rindenblindheit under Rindentaubheit," *Archiv für Psychiatrie und Nervenkrankheitene*, 32, pp. 86-127.

Arnauld, A. 1641. "Fourth Set of Objections" in Cottingham, J., Stoofhoff, R., and Murdoch, D., *The Philosophical Writings of Descartes*. Vol. II, 1984, Cambridge: Cambridge University Press.

Baars, B. 1988. *A Cognitive Theory of Consciousness*. Cambridge: Cambridge University Press.

Bach-y-Rita, P. 1972. *Brain Mechanisms in Sensory Substitution*. New York and London: Academic Press.

Ballard, D., and Feldman, J. 1982. "Connectionist Models and Their Properties," *Cognitive Science*, 6, pp. 205-254.

Bechtel, W., and Abrahamsen, A. 1991. *Connectionism and the Mind: An Introduction to Parallel Processing in Networks*. Oxford: Blackwell.

Bennett, J. 1965. "Substance, Reality and Primary Qualities," *American Philosophical Quarterly*, 2, 1-17.

___. 1976. *Linguistic Behavior*. Cambridge: Cambridge University Press.

Bentham, J. 1789. *Introduction to Principles of Morals and Legislation*. London.

Bick, P. A., and Kinsbourne, M. 1987. "Auditory Hallucinations and Subvocal Speech in Schizophrenic Patients," *American Journal of Psychiatry*, 144, pp. 222-225.

Bieri. P. 1990. Commentary at the conference "The Phenomenal Mind – How Is It Possible and Why Is It Necessary?" Zentrum für Interdisziplinäre Forschung, Bielefeld, Germany, May 14-17.

Birnbaum, L., and Collins, G. 1984. "Opportunistic Planning and Freudian Slips," *Proceedings, Cognitive Science Society*, Boulder, CO, pp. 124-127.

Bisiach, E. 1988. "The (Haunted) Brain and Consciousness" in Marcel and Bisiach, 1988.

Bisiach, E., and Luzzatti, C. 1978. "Unilateral Neglect of Representational Space," *Cortex*, 14, pp. 129-133.

Bisiach, E., and Vallar, G. 1988. "Hemineglect in Humans" in F. Boller and J. Grafman, eds., *Handbook of Neuropsychology*. Vol. 1. New York: Elsevier.

Bisiach, E., Vallar, G., Perani, D., Papagno, C., and Berti, A. 1986. "Unawareness of Disease Following Lesions of the Right Hemisphere: Anosognosia for Hemiplegia and Anosognosia for Hemianopia," *Neuropsychologia*, 24, pp. 471-482.

Blakemore, C. 1976. *Mechanics of the Mind*. Cambridge: Cambridge University Press.

Block, Ned. 1978. "Troubles with Funtionalism" in W. Savage, ed., *Perception and Cognition: Issues in the Foundations of Psychology*, Minnesota Studies in the Philosophy of Science, vol. IX, pp. 261-326.

___. 1981. "Psychologism and Behaviorism," *Philosophical Review*, 90, pp. 5-43.

___. 1990. "Inverted Earth" in J. E. Tomberlin, ed., *Philosophical Perspectives, 4: Action Theory and Philosophy of Mind*, 1990. Atascadero, CA: Ridgeview Publishing, pp. 53-79.

Boghossian, P. A., and Velleman, J. D. 1989. "Colour as a Secondary Quality," *Mind*, 98, pp. 81-103.

624

___. 1991. "Physicalist Theories of Color," *Philosophical Review*, 100, pp. 67-106.

Booth, W. 1988. "Voodoo Science," *Science*, 240, pp. 274-277.

Borges, J. L. 1962. *Labyrinths: Selected Stories and Other Writings*, ed. Donald A. Yates and James E. Irby. New York: New Directions.

Borgia, G. 1986. "Sexual Selection in Bowerbirds," *Scientific American*, 254, pp. 92-100.

Braitenberg, V. 1984. *Vehicles: Experiments in Synthetic Psychology*. Cambridge: MIT Press/A Bradford Book.

Breitmeyer, B. G. 1984. *Visual Masking*. Oxford: Oxford University Press.

Broad, C. D. 1925. *Mind and Its Place in Nature*. London: Routledge & Kegan Paul.

Brooks, B. A., Yates, J. T., and Coleman, R. D. 1980. "Perception of Images Moving at Saccadic Velocities During Saccades and During Fixation," *Experimental Brain Research*, 40, pp. 71-78.

Byrne, R., and Whiten, A. 1988. *Machiavellian Intelligence: Social Expertise and the Evolution of Intellect in Monkeys, Apes, and Humans*. Oxford: Clarendon.

Calvanio, R., Petrone, P. N., and Levine, D. N. 1987. "Left visual spatial neglect is both environment-centered and body-centered," *Neurology*, 37, pp. 1179-1183.

Calvin, W. 1983. *The Throwing Madonna: Essays on the Brain*. New York: McGraw-Hill.

___. 1986. *The River that Flows Uphill: A Journey from the Big Bang to the Big Brain*. San Francisco: Sierra Club Books.

___. 1987. "The Brain as a Darwin Machine," *Nature*, 330, pp. 33-34.

___. 1989a. *The Cerebral Symphony: Seashore Reflections on the Structure of Consciousness*. New York: Bantam.

___. 1989b. "A Global Brain Theory," *Science*, 240, pp. 1802-1803.

Campion, J., Latto, R., and Smith, Y. M. 1983. "Is Blindsight an Effect of Scattered Light, Spared Cortex, and Near-Threshold Vision?" *Behavioral and Brain Sciences*, 6, pp. 423-486.

Carruthers, P. 1989. "Brute Experience," *Journal of Philosophy*, 86, pp. 258-269.

Castañeda, C. 1968. *The Teachings of Don Juan: A Yaqui Way of Knowledge*. Berkeley: University of California Press.

Castaneda, H.-N. 1967. "Indicators and Quasi-Indicators," *American Philosophy Quarterly*, 4, pp. 85-100.

___. 1968. "On the Logic of Attributions of Self-Knowledge to Others," *Journal of Philosophy*, 65, pp. 439-456.

Changeux, J.-P., and Danchin, A. 1976. "Selective Stabilization of Developing Synapses as a Mechanism for the Specifications of Neuronal Networks," *Nature*, 264, pp. 705-712.

Changeux, J.-P., and Dehaene, S. 1989. "Neuronal Models of Cognitive Functions," *Cognition*, 33, pp. 63-109.

Cheney, D. L., and Seyfarth, R. M. 1990. *How Monkeys See the World*. Chicago: University of Chicago Press.

Churchland, P. M. 1985. "Reduction, Qualia and the Direct Inspection of Brain States," *Journal of Philosophy*, 82, pp. 8-28.

___. 1990. "Knowing Qualia: A Reply to Jackson," pp. 67-76 in Churchland, P. M., *A Neurocomputational Perspective: The Nature of Mind and the Structure of Science*. Cambridge, MA: MIT Press/A Bradford Book.

Churchland, P. S. 1981a. "On the Alleged Backwards Referral of Experiences and Its Relevance to the Mind-Body Problem," *Philosophy of Science*, 48, pp. 165-181.

___. 1981b. "The Timing of Sensations: Reply to Libet," *Philosophy of Science*, 48, pp. 492-497.

___. 1986. *Neurophilosophy: Toward a Unified Science of the Mind/Brain*. Cambridge, MA: MIT Press/A Bradford Book.

Clark, R. W. 1975. *The Life of Bertrand Russell*. London: Weidenfeld and Nicolson.

Cohen, L. D., Kipnis, D., Kunkle, E. C., and Kubzansky, P. E. 1955. "Case Report: Observation of a Person with Congenital Insensitivity to Pain," *Journal of Abnormal and Social Psychology*, 51, pp. 333-338.

Cole, David. 1990. "Functionalism and Inverted Spectra," *Synthese*, 82, pp. 207-222.

Crane, H., and Piantanida, T. P. 1983. "On Seeing Reddish Green and Yellowish Blue," *Science*, 222, pp. 1078-1080.

Crick, F. 1984. "Function of the Thalamic Reticular Complex: The Searchlight Hypothesis," *Proceedings of the National Academy of Sciences*, 81, pp. 4586-4590.

Crick, F., and Koch, C. 1990. "Towards a Neurobiological Theory of Consciousness," *Seminars in the Neurosciences*, 2, pp. 263-275.

Damasio, A. R., Damasio, H., and Van Hoesen, G. W. 1982. "Prosopagnosia: Anatomic Basis and Behavioral Mechanisms," *Neurology*, 32, pp. 331-341.

Darwin, C. 1871. *The Descent of Man, and Selection in Relation to Sex*. 2 vols. London: Murray.

Davis, W. 1985. *The Serpent and the Rainbow*. New York: Simon & Schuster.

___. 1988a. *Passage of Darkness: The Ethnobiology of the Haitian Zombie*. Chapel Hill and London: University of North Carolina Press.

___. 1988b. "Zombification," *Science*, 240, pp. 1715-1716.

Dawkins, M. S. 1980. *Animal Suffering: The Science of Animal Welfare*. London: Chapman & Hall.

___. 1987. "Minding and Mattering," in C. Blakemore and S. Greenfield, eds., *Mindwaves*. Oxford: Blackwell, pp. 150-160.

626

___. 1990. "From an Animal's Point of View: Motivation, Fitness, and Animal Welfare," *Behavioral and Brain Sciences*, 13, pp. 1-61.

Dawkins, R. 1976. *The Selfish Gene*. Oxford: Oxford University Press.

___. 1982. *The Extended Phenotype*. San Francisco: Freeman.

___. 1986. *The Blind Watchmaker*. New York: Norton.

Dennett, D. C. 1969. *Content and Consciousness*. London: Routledge & Kegan Paul.

___. 1971. "Intentional Systems," *Journal of Philosophy*, 8, pp. 87-106.

___. 1974. "Why the Law of Effect Will Not Go Away," *Journal of the Theory of Social Behaviour*, 5, pp. 169-187(reprinted in Dennett, 1978a).

___. 1976. "Are Dreams Experiences?" *Philosophical Review*.

___. 1978a. *Brainstorms*. Montgomery, VT: Bradford Books.

___. 1978b. "Skinner Skinned," ch. 4 in Dennett, 1978a, pp. 53-70.

___. 1978c. "Two Approaches to Mental Images," ch. 10 in Dennett, 1978a, pp. 174-189.

___. 1978d. "Where Am I?" ch. 17 in Dennett, 1978a, pp. 310-323.

___. 1979a. "On the Absence of Phenomenology" in D. Gustafson and B. Tapscott, eds., *Body, Mind and Method: Essays in Honor of Virgil Aldrich*. Dordrecht: Reidel, 1979.

___. 1979b. Review of Popper and Eccles, *The Self and Its Brain: An Argument for Interactionism*, in *Journal of Philosophy*, 76, pp. 91-97.

___. 1981a. "Reflections" on "Software" in Hofstadter and Dennett, 1981.

___. 1981b. "Wondering Where the Yellow Went"(commentary on W. Sellars's Carus Lectures), *Monist*, 64, pp. 102-108.

___. 1982a. "How to Study Human Consciousness Empirically, or Nothing Comes to Mind," *Synthese*, 59, pp. 159-180.

___. 1982b. "Why We Think What We Do about Why We Think What We Do: Discussion on Goodman's 'On Thoughts without Words,'" *Cognition*, 12, pp. 219-227.

___. 1982c. "Comments on Rorty," *Synthese*, 59, pp. 349-356.

___. 1982d. "Notes on Prosthetic Imagination," *New Boston Review*, June, pp. 3-7.

___. 1983. "Intentional Systems in Cognitive Ethology: The 'Panglossian Paradigm' Defended," *Behavioral and Brain Sciences*, 6, pp. 343-390.

___. 1984a. *Elbow Room: The Varieties of Free Will Worth Wanting*. Cambridge MA: MIT Press/A Bradford Book.

___. 1984b. "Carving the Mind at Its Joints," a review of Fodor, *The Modularity of Mind*, in *Contemporary Psychology*, 29, pp. 285-286.

___. 1985a. "Can Machines Think?" in M. Shafto, ed., *How We Know*. New York: Harper & Row, pp. 121-145.

___. 1985b. "Music of the Hemispheres," a review of M. Gazzaniga, *The Social Brain*, in *New York Times Book Review*, November 17, 1985, p. 53.

___. 1986. "Julian Jaynes' Software Archeology," *Canadian Psychology*, 27, pp. 149-154.

___. 1987a. *The Intentional Stance*. Cambridge, MA: MIT Press/A Bradford Book.

___. 1987b. "The Logical Geography of Computational Approaches: A View from the East Pole," in M. Harnish and M. Brand, eds., *Problems in the Representation of Knowledge*. Tucson: University of Arizona Press.

___. 1988a. "Quining Qualia," in Marcel and Bisiach, 1988, pp. 42-77.

___. 1988b. "When Philosophers Encounter AI," *Daedalus*, 117, pp. 283-296; reprinted in Graubard, 1988.

___. 1988c. "Out of the Armchair and Into the Field," *Poetics Today*, 9, special issue on Interpretation in Context in Science and Culture, pp. 205-222.

___. 1988d. "The Intentional Stance in Theory and Practice," in Whiten and Byrne, 1988, pp. 180-202.

___. 1988e. "Science, Philosophy and Interpretation," *Behavioral and Brain Sciences*, 11, pp. 535-546.

___. 1988f. "Why Everyone Is a Novelist," *Times Literary Supplement*, September 16-22.

___. 1989a. "Why Creative Intelligence Is Hard to Find," commentary on Whiten and Byrne, *Behavioral and Brain Sciences*, 11, p. 253.

___. 1989b. "The Origins of Selves," *Cogito*, 2, pp. 163-173.

___. 1989c. "Murmurs in the Cathedral," review of R. Penrose, *The Emperor's New Mind*, in *Times Literary Supplement*, September 29-October 5, pp. 1066-1068.

___. 1989d. "Cognitive Ethology: Hunting for Bargains or a Wild Goose Chase?" in A. Montefiore and D. Noble, eds., *Goals, Own Goals and No Goals: A Debate on Goal-Directed And Intentional Behaviour*. London: Unwin Hyman.

___. 1990a. "Memes and the Exploitation of Imagination," *Journal of Aesthetics and Art Criticism*, 48, pp. 127-135.

___. 1990b. "Thinking with a Computer," in H. Barlow, ed., *Image and Understanding*. Cambridge: Cambridge University Press, pp. 297-309.

___. 1990c. "Betting Your Life on an Algorithm," commentary on Penrose, *Behavioral and Brain Science*, 13, p. 660.

___. 1990d. "The Interpretation of Texts, People, and Other Artifacts," *Philosophy and Phenomenological Research*, 50, pp. 177-194.

___. 1990e. "Two Black Boxes: A Fable," Tufts University Center for Cognitive Studies Preprint, November.

___. 1991a. "Real Patterns," *Journal of Philosophy*, 89, pp. 27-51.

___. 1991b. "Producing Future by Telling Stories" in K. M. Ford and Z. Pylyshyn, eds., *Robot's Dilemma Revisited: The Frame Problem in Artificial Intelligence*. Ablex Series in Theoretical Issues in Cognitive Science. Norwood, NJ: Ablex.

___. 1991c. "Mother Nature versus the Walking Encyclopedia" in W. Ramsey, S. Stich, and D. Rumelhart, eds., *Philosophy and Connectionist Theory*. Hillsdale, NJ: Erlbaum.

___. 1991d. "Two Contrasts: Folk Craft versus Folk Science and Belief versus Opinion" in J. Greenwood, ed., *The Future of Folk Psychology: Intentionality and Cognitive Science*. Cambridge: Cambridge University Press, 1991.

___. 1991e. "Granny's Campaign for Safe Science" in G. Rey and B. Loewer, eds., *Fodor and His Critics*. Oxford: Blackwell.

Dennett, D., and Kinsbourne, M. In press. "Time and the Observer: The Where and When of Consciousness in the Brain," *Behavioral and Brain Sciences*.

Descartes, R. 1637. *Discourse on Method*. Paris.

___. 1641. *Meditations on First Philosophy*. Paris: Michel Soly.

___. 1664. *Treatise on Man*. Paris.

___. 1970. A. Kenny, ed., *Philosophical Letters*. Oxford: Clarendon Press.

Dreyfus, H. 1979. *What Computers Can't Do*(2nd Edition). New York: Harper & Row.

Dreyfus, H. L., and Dreyfus, S. E. 1988. "Making a Mind Versus Modeling the Brain: Artificial Intelligence Back at a Branchpoint," in Graubard, 1988.

Eccles, J. C. 1985. "Mental Summation: The Timing of Voluntary Intentions by Cortical Activity," *Behavioral and Brain Sciences*, 8, pp. 542-547.

Eco, U. 1990. "After Secret Knowledge," *Times Literary Supplement*, June 22-28, p. 666, "Some Paranoid Readings," *Times Literary Supplement*, June 29-July 5, p. 694.

Edelman, G. 1987. *Neural Darwinism*. New York: Basic Books.

___. 1989. *The Remembered Present: A Biological Theory of Consciousness*. New York: Basic Books.

Efron, R. 1967. "The Duration of the Present," *Proceedings of the New York Academy of Science*, 8, pp. 542-543.

Eldredge, N., and Gould, S. J. 1972. "Punctuated Equilibria: An Alternative to Phyletic Gradualism," in T. J. M. Schopf, ed., *Models in Paleobiology*. San Francisco: Freeman Cooper, pp. 82-115.

Ericsson, K. A., and Simon, H. A. 1984. *Protocol Analysis: Verbal Reports as Data*. Cambridge, MA: MIT Press/A Bradford Book.

Evans, G. 1982. John McDowell, ed., *The Varieties of Reference*. Oxford: Oxford University Press.

Ewert, J.-P. 1987. "The Neuroethology of Releasing Mechanisms: Prey-catching in Toads," *Behavioral and Brain Sciences*, 10, pp. 337-405.

Farah, M. J. 1988. "Is Visual Imagery Really Visual? Overlooked Evidence from Neuropsychology," *Psychological Review*, 95, pp. 307-317.

Farrell, B. A. 1950. "Experience," *Mind*, 59, pp. 170-198.

Fehling, M., Baars, B., and Fisher, C. 1990. "A Functional Role of Repression in an Autonomous Resource-constrained Agent" in *Proceedings of Twelfth Annual Conference of the Cognitive Science Society*. Hillsdale, NJ: Erlbaum.

Fehrer, E., and Raab, D. 1962. "Reaction Time to Stimuli Masked by Metacontrast," *Journal of Experimental Psychology*, 63, pp. 143-147.

Feynmann, R. 1985. *Surely You're Joking, Mr. Feynmann!* New York: Norton.

Finke, R. A., Pinker, S., and Farah, M. J. 1989. "Reinterpreting Visual Patterns in Mental Imagery," *Cognitive Science*, 13, pp. 51-78.

Flanagan, O. 1991. *The Science of the Mind* (2nd Edition). Cambridge, MA: MIT Press/A Bradford Book.

Flohr, H. 1990. "Brain Processes and Phenomenal Consciousness: A New and Specific Hypothesis," presented at the conference "The Phenomenal Mind – How Is It Possible and Why Is It Necessary?" Zentrum für Interdisziplinäre Forschung, Bielefeld, Germany, May 14-17.

Fodor, J. 1975. *The Language of Thought*. Scranton, PA: Crowell.

___. 1983. *The Modularity of Mind*. Cambridge, MA: MIT Press / A Bradford Book.

___. 1990. *A Theory of Content, and Other Essays*. Cambridge, MA: MIT Press/A Bradford Book.

Fodor, J., and Pylyshyn, Z. 1988. "Connectionism and Cognitive Architecture: A Critical Analysis," *Cognition*, 28, pp. 3-71.

Fox, I. 1989. "On the Nature and Cognitive Function of Phenomenal Content–Part One," *Philosophical Topics*, 17, pp. 81-117.

French, R. 1991. "Subcognition and the Turing Test," *Mind*, in press.

Freyd, J. 1989. "Dynamic Mental Representations," *Psychological Review*, 94, pp. 427-438.

Fuster, J. M. 1981. "Prefrontal Cortex in Motor Control," in *Handbook of Physiology, Section 1: The Nervous System, Vol. II: Motor Control*. American Physiological Society, pp. 1149-1178.

Gardner, H. 1975. *The Shattered Mind*. New York: Knopf.

Gardner, M. 1981. "The Laffer Curve and Other Laughs in Current Economics," *Scientific American*, 245, December, pp. 18-31. Reprinted in Gardner, 1986.

___. 1986. *Knotted Doughnuts and Other Mathematical Diversions*. San Francisco: W. H. Freeman.

Gazzaniga, M. 1978. "Is Seeing Believing: Notes on Clinical Recovery," in S. Finger, ed., *Recovery From Brain Damage: Research and Theory*. New York: Plenum Press, pp. 409-414.

___. 1985. *The Social Brain: Discovering the Networks of the Mind*. New York: Basic Books.

Gazzaniga, M., and Ledoux, J. 1978. *The Integrated Mind*. New York: Plenum Press.

Geldard, F. A. 1977. "Cutaneous Stimulis, Vitratory and Saltatory," *Journal of Investigative Dermatology*, 69, pp. 83-87.

Geldard, F. A. and Sherrick, C. E. 1972. "The Cutaneous 'Rabbit': A Perceptual Illusion," *Science*, 178, pp. 178-179.

___. 1983. "The Cutaneous Saltatory Area and Its Presumed Neural Base," *Perception and Psychophysics*, 33, pp. 299-304.

___. 1986. "Space, Time and Touch," *Scientific American*, 254, pp. 90-95.

Gert, B. 1965. "Imagination and Verifiability," *Philosophical Studies*, 16, pp. 44-47.

Geshwind. N., and Fusillo, M. 1966. "Color-naming Defects in Association with Alexia," *Archives of Neurology*, 15, pp. 137-146.

Gide, A. 1948. *Les Faux Monnayeurs*. Paris: Gallimard.

Goodman, N. 1978. *Ways of Worldmaking*. Hassocks, Sussex: Harvester.

Goody, J. 1977. *The Domestication of the Savage Mind*. Cambridge: Cambridge University Press.

Gould, S. 1980. *The Panda's Thumb*. New York: Norton.

Gouras, P. 1984. "Color Vision," in N. Osborn and J. Chader, eds., *Progress in Retinal Research*. Vol. 3. London: Pergamon Press, pp. 227-261.

Graubard, S. R. 1988. *The Artificial Intelligence Debate: False Starts, Real Foundations*(a reprint of Daedalus, 117, Winter 1988). Cambridge, MA: MIT Press.

Grey Walter, W. 1963. Presentation to the Osler Society, Oxford University.

Grice, H. P. 1957. "Meaning," *Philosophical Review*, 66, pp. 377-388.

___. 1969. "Utterer's Meaning and Intentions," *Philosophical Review*, 78, pp. 147-177.

Hacking, Ian. 1990. "Signing," review of Sacks, 1989, *London Review of Books*, April 5, 1990, pp. 3-6.

Handford, M. 1987. *Where's Waldo?* Little, Brown: Boston.

Hardin, C . L. 1988. *Color for Philosophers: Unweaving the Rainbow*. Indianapolis: Hackett.

___. 1990. "Color and Illusion," presented at the conference "The Phenomenal Mind– How Is It Possible and Why Is It Necessary?" Zentrum für Interdisziplinäre Forschung, Bielefeld, Germany, May 14-17.

Harman, G. 1990. "The Intrinsic Quality of Experience," in J. E. Tomberlin, ed., *Philosophical Perspectives, 4: Action Theory and Philosophy of Mind*. Atascadero, CA: Ridgeview, pp. 31-52.

Harnad, S. 1982. "Consciousness: An Afterthought," *Cognition and Brain Theory*, 5, pp. 29-47.

___. 1989. "Editorial Commentary," *Behavioral and Brain Sciences*, 12, p. 183.

Haugeland, J. 1981. *Mind Design: Philosophy, Psychology, Artificial Intelligence*. Montgomery, VT: Bradford Books.

___. 1985. *Artificial Intelligence: The Very Idea*. Cambridge, MA: MIT Press/A Bradford Book.

Hawking, S. 1988. *A Brief History of Time*. New York: Bantam.

Hayes, P. 1979. "The Naive Physics Manifesto," in D. Michie, ed., *Expert Systems in the Microelectronic Age*. Edinburgh: Edinburgh University Press.

Hayes-Roth, B. 1985. "A Blackboard Architecture for Control," *Artificial Intelligence*, 26, pp. 251-321.

Hebb, D. 1949. *The Organization of Behavior: A Neuropsychological Theory*. New York: Wiley.

Hilbert, D. R. 1987. *Color and Color Perception: A Study in Anthropocentric Realism*. Stanford University; Center for the Study of Language and Information.

Hintikka, J. 1962. *Knowledge and Belief*. Ithaca: Cornell University Press.

Hinton, G. E. and Nowland, S. J. 1987. "How Learning Can Guide Evolution," *Complex Systems, I*, Technical Report CMU-CS-86-128, Carnegie Mellon University, pp. 495-502.

Hobbes, T. 1651. *Leviathan*. Paris.

Hoffman, R. E. 1986. "What Can Schizophrenic 'Voices' Tell Us?" *Behavioral and Brain Sciences*, pp. 535-548.

Hoffman, R. E. and Kravitz, R. E. 1987. "Feedforward Action Regulation and the Experience of Will," *Behavioral and Brain Sciences*, 10, pp. 782-783.

Hofstadter, D. R. 1981a. "The Turing Test: A Coffeehouse Conversation," in "Metamagical Themas," *Scientific American*, May 1981, reprinted in Hofstadter and Dennett, 1981, pp. 69-92.

___. 1981b. "Reflections [on Nagel]," in Hofstadter and Dennett, 1981, pp. 403-414.

___. 1983. "The Architecture of Jumbo," *Proceedings of the Second Machine Learning Workshop*, Monticello, IL.

___. 1985. "On the Seeming Paradox of Mechanizing Creativity," in *Metamagical Themas*. New York: Basic Books, pp. 526-546.

Hofstadter, D. R., and Dennett, D. C. 1981. *The Mind's I: Fantasies and Reflections on Self and Soul*. New York: Basic Books, pp. 191-201.

Holland, J. H. 1975. *Adaptation in Natural and Artificial Systems*. Ann Arbor: University of Michigan Press.

Holland, J. H. Holyoak, K. J., Nisbett, R. E., and Thagard, P. R. 1986. *Induction: Processes of Inference, Learning, and Discovery*. Cambridge, MA: MIT Press/A Bradford Book.

Honderich, T. 1984. "The Time of a Conscious Sensory Experience and Mind-Brain Theories," *Journal of Theoretical Biology*, 110, pp. 115-129.

Howell, R. 1979. "Fictional Objects: How They Are and How They Aren't," in D. F. Gustafson and B. L. Tapscott, eds., *Body, Mind and Method*. Dordrecht: D. Reidel, pp. 241-294.

Hume, D. 1739. *Treatise on Human Nature*. London: John Noon.

Humphrey, N. 1972. "'Interest' and 'Pleasure': Two Determinants of a Monkey's Visual Preferences," *Perception*, 1, pp. 395-416.

___. 1976. "The Colour Currency of Nature," in *Colour for Architecture*, T. Porter and B. Mikellides, eds., London: Studio-Vista, pp. 147-161, reprinted in Humphrey, 1983a.

___. 1983a. *Consciousness Regained*. Oxford: Oxford University Press.

___. 1983b. "The Adaptiveness of Mentalism?" commentary on Dennett, 1983, *Behavioral and Brain Sciences*, 6, pp. 366.

___. 1986. *The Inner Eye*. London: Faber & Faber.

___. 1992. *A History of the Mind*. New York: Simon & Schuster.

Humphrey, N., and Dennett, D. C. 1989. "Speaking for Our Selves: An Assessment of Multiple Personality Disorder," *Raritan*, 9, pp. 68-98.

Humphrey, N., and Keeble, G. 1978. "Effects of Red Light and Loud Noise on the Rates at Which Monkeys Sample the Sensory Environment," *Perception*, 7, p. 343.

Hundert, E. 1987. "Can Neuroscience Contribute to Philosophy?" in C. Blakemore and S. Greenfield, *Mindwaves*. Oxford: Blackwell, pp. 407-429(reprinted as chapter 7 of Hundert, *Philosophy, Psychiatry, and Neuroscience: Three Approaches to the Mind*, Oxford: Clarendon,1989).

Huxley, T. 1874. "On the Hypothesis that Animals Are Automata," in *Collected Essays*. London, 1893-1894.

Jackendoff, R. 1987. *Consciousness and the Computational Mind*. Cambridge, MA: MIT Press/ A Bradford Book.

Jackson, F. 1982. "Epiphenomenal Qualia," *Philosophical Quarterly*, 32, pp. 127-136.

Jaynes, J. 1976. *The Origins of Consciousness in the Breakdown of the Bicameral Mind*. Boston: Houghton Mifflin.

Jerison, H. 1973. *Evolution of the Brain and Intelligence*. New York: Academic Press.

Johnson-Laird, P. 1983. *Mental Models: Towards a Cognitive Science of Language, Inference, and Consciousness*. Cambridge: Cambridge University Press.

___. 1988. "A Computational Analysis of Consciousness" in A. J. Marcel and E. Bisiach, eds., *Consciousness in Contemporary Science*. Oxford Clarendon Press; New York: Oxford University Press.

Julesz, B. 1971. *Foundations of Cyclopean Perception*. Chicago: University of Chicago Press.

Keller, H. 1908. *The World I Live In*. New York: Century Co.

Kinsbourne, M. 1974. "Lateral Interactions in the Brain," in M. Kinsbourne and W. L. Smith, eds., *Hemisphere Disconnection and Cerebral Function*. Springfield, IL: Charles C. Thomas, pp. 239-259.

___. 1980. "Brain-based Limitations on Mind," in R. W. Rieber, ed., *Body and Mind: Past, Present and Future*. New York: Academic Press, pp. 155-175.

Kinsbourne, M., and Hicks, R. E. 1978. "Functional Cerebral Space: A Model for Overflow, Transfer and Interference Effects in Human Performance: A Tutorial Review," in J. Requin, ed., *Attention and Performance*, 7, Hillsdale, NJ: Erlbaum, pp. 345-362.

Kinsbourne, M., and Warrington, E. K. 1963. "Jargon Aphasia," *Neuropsychologia*, 1, pp. 27-37.

Kirman, B. H., et al. 1968. "Congenital Insensitivity to Pain in an Imbecile Boy," *Developmental Medicine and Child Neurology*, 10, pp. 57-63.

Kitcher, Patricia. 1979. "Phenomenal Qualities," *American Philosophical Quarterly*, 16, pp. 123-129.

Koestler, Arthur. 1967. *The Ghost in the Machine.* New York: Macmillan.

Kohler, I. 1961. "Experiments with Goggles," *Scientific American*, 206, pp. 62-86.

Kolers, P. A. 1972. *Aspects of Motion Perception.* London: Pergamon Press.

Kolers, P. A., and von Grünau, M. 1976. "Shape and Color in Apparent Motion," *Vision Research*, 16, pp. 329-335.

Kosslyn, S. M. 1980. *Image and Mind.* Cambridge, MA: Harvard University Press.

Kosslyn, S. M., Holtzman, J. D., Gazzaniga, M. S. and Farah, M. J. 1985. "A Computational Analysis of Mental Imagery Generation: Evidence for Functional Dissociation in Split Brain Patients," *Journal of Experimental Psychology: General*, 114, pp. 311-341.

Lackner, J. R. 1988. "Some Proprioceptive Influences on the Perceptual Representation of Body Shape and Orientation," *Brain*, 111, pp. 281-297.

Langton, C. G. 1989. *Artificial Life.* Redwood City, CA: Addison-Wesley.

Leiber, J. 1988. "'Cartesian' Linguistics?" *Philosophia*, 118, pp. 309-346.

___. 1991. *Invitation to Cognitive Science.* Oxford: Blackwell.

Levelt, W. 1989. *Speaking.* Cambridge, MA: MIT Press/A Bradford Book.

Levy, J., and Trevarthen, C. 1976. "Metacontrol of Hemispheric Function in Human Split-Brain Patients," *Journal of Experimental Psychology: Human Perception and Performance*, 3, pp. 299-311.

Lewis, D. 1978. "Truth in Fiction," *American Philosophical Quarterly*, 15, pp. 37-46.

___. 1979. "Attitudes De Dicto and De Se," *Philosophical Review*, 78, pp. 513-543.

___. 1988. "What Experience Teaches," proceedings of the Russellian Society of the University of Sidney, reprinted in W. Lycan, ed., *Mind and Cognition: A Reader.* Oxford: Blackwell, 1990.

Liberman, A., and Studdert-Kennedy, M. 1977. "Phonetic Perception," in R. Held, H. Leibowitz, and H.-L. Teuber, eds., *Handhook of Sensory Physiology, Vol. 8, Perception.* Heidelberg: Springer-Verlag.

Libet, B. 1965. "Cortical Activation in Conscious and Unconscious Experience," *Perspectives in Biology and Medicine*, 9, pp. 77-86.

___. 1981. "The Experimental Evidence for Subjective Referral of a sensory Experience backwards in Time: Reply to P. S. Churchland," *Philosophy of Science*, 48, pp. 182-197.

___. 1982. "Brain Stimulation in the Study of Neuronal Functions for Conscious Sensory

Experiences," *Human Neurobiology*, 1, pp. 235-242.

___. 1985a. "Unconscious Cerebral Initiative and the Role of Conscious Will in Voluntary Action," *Behavioral and Brain Sciences*, 8, pp. 529-566.

___. 1985b. "Subjective Antedating of a Sensory Experience and Mind-Brain Theories," *Journal of Theoretical Biology*, 114, pp. 563-570.

___. 1987. "Are the Mental Experiences of Will and Self-control Significant for the Performance of a Voluntary Act?" *Behavioral and Brain Sciences*, 10, pp. 783-786.

___. 1989. "The Timing of a Subjective Experience," *Behavioral and Brain Sciences*, 12, pp. 183-185.

Libet, B. Wright, E. W., Feinstein, B., and Pearl, D. K. 1979. "Subjective Referral of the Timing for a Conscious Sensory Experience," *Brain*, 102, pp. 193-224.

Liebmann, S. 1927. "Ueber das Verhalten fahrbiger Formen bei Heligkeitsgleichtheit von Figur und Grund," *Psychologie Forschung*, 9, pp. 200-253.

Livingstone, M. S., and Hubel, D. H. 1987. "Psychophysical Evidence for Separate Channels for the Perception of Form, Color, Movement, and Depth," *Journal of Neuroscience*, 7, pp. 346-368.

Lloyd, M., and Dybas, H. S. 1966. "The Periodical Cicada Problem," *Evolution*, 20, pp. 132-149.

Loar, B. 1990. "Phenomenal Properties" in J. E. Tomberlin, ed., *Philosophical Perspectives, 4: Action Theory and Philosophy of Mind*. Atascadero, CA: Ridgeview, pp. 81-108.

Locke, J. 1690. *Essay Concerning Human Understanding*. London: Basset.

Lockwood, M. 1989. *Mind, Brain and the Quantum*. Oxford: Blackwell.

Lodge, D. 1988. *Nice Work*. London: Secker and Warburg, 1988.

Lycan, W. 1973. "Inverted Spectrum," *Ratio*, 15, pp. 315-319.

___. 1990. "What Is the Subjectivity of the Mental?" in J. E. Tomberlin, ed., *Philosophical Perspectives, 4: Action Theory and Philosophy of Mind*. Atascadero, CA: Ridgeview, pp. 109-130.

Marais, E. N. 1937. *The Soul of the White Ant*. London: Methuen.

Marcel, A. J. 1988. "Phenomenal Experience and Functionalism," in Marcel and Bisiach, 1988, pp. 121-158.

Marcel, A. In Press. "Slippage in the Unity of Consciousness," in R. Bornstein and T. Pittman, eds., *Perception Without Awareness: Cognitive, Clinical and Social Perspectives*. New York: Guilford Press.

Marcel, A., and Bisiach, E., eds. 1988. *Consciousness in Contemporary Science*. New York: Oxford University Press.

Margolis, H. 1987. *Patterns, Thinking, and Cognition*. Chicago: University of Chicago Press.

Margulis, L. 1970. *The Origin of Eukaryotic Cells*. New Haven: Yale University Press.

Marks, C. 1980. *Commissurotomy, Consciousness and Unity of Mind*. Cambridge, MA: MIT Press/A Bradford Book.

Marr, D. 1982. *Vision*. San Francisco: Freeman.

Maynard Smith, J. 1978. *The Evolution of Sex*. Cambridge: Cambridge University Press.

___. 1989. *Sex, Games, and Evolution*. Brighton, Sussex: Harvester.

McClelland, J., and Rumelhart, D., eds. 1986. *Parallel Distributed Processing: Explorations in the Microstructures of Cognition*. 2 vols. Cambridge, MA: MIT Press/A Bradford Book.

McCulloch, W. S., and Pitts, W. 1943. "A Logical Calculus for the Ideas Immanent in Nervous Activity," *Bulletin of Mathematical Biophysics*, 5, pp. 115-133.

McGinn, C. 1989. "Can We Solve the Mind-Body Problem?" *Mind*, 98, pp. 349-366.

___. 1990. *The Problem of Consciousness*. Oxford: Blackwell.

McGlynn, S. M., and Schacter, D. L. 1989. "Unawareness of Deficits in Neuropsychological Syndromes," *Journal of Clinical and Experimental Neuropsychology*, 11, pp. 143-205.

McGurk, H., and Macdonald, R. 1979. "Hearing Lips and Seeing Voices," *Nature*, 264, pp. 746-748.

McLuhan, M. 1967. *The Medium Is the Message*. New York: Bantam.

Mellor, H. 1981. *Real Time*. Cambridge: Cambridge University Press.

Menzel, E. W., Savage-Rumbaugh, E. S., and Lawson, J. 1985. "Chimpanzee (Pan troglodytes) Spatial Problem Solving with the Use of Mirrors and Televised Equivalents of Mirrors," *Journal of Comparative Psychology*, 99, pp. 211-217.

Millikan, R. 1990. "Truth Rules, Hoverflies, and the Kripke-Wittgenstein Paradox," *Philosophical Review*, 99, pp. 323-354.

Minsky, M. 1975. "A Framework for Representing Knowledge," Memo 3306, AI Lab, MIT, Cambridge, MA(excerpts published in Haugeland, 1981, pp. 95-128).

___. 1985. *The Society of Mind*. New York: Simon & Schuster.

Mishkin, M., Ungerleider, L. G., and Macko, K. A. 1983. "Object Vision and Spatial Vision: Two Cortical Pathways," *Trends in Neuroscience*, 64, pp. 370-375.

Monod, J. 1972. *Chance and Necessity*. New York: Knopf.

Morris, R. K., Rayner, K., and Pollatsek, A. 1990. "Eye Movement Guidance in Reading: The Role of Parafoveal and Space Information," *Journal of Experimental Psychology: Human Perception and Performance*, 16, pp. 268-281.

Mountcastle, V. B. 1978. "An Organizing Principle for Cerebral Function: The Unit Module and the Distributed System," in G. Edelman and V. B. Mountcastle, eds., *The Mindful Brain*. Cambridge, MA: MIT Press, pp. 7-50.

Nabokov, V. 1930. Zaschita Luzhina, in *Sovremennye Zapiski*, Paris, 1930, brought out in book form by Slovo, Berlin, 1930. English edition, *The Defense*, Popular Library, by arrangement with G. P. Putnam, 1964(The English translation originally appeared in *The New Yorker*).

Nagel, T. 1974. "What Is It Like to Be a Bat?" *Philosophical Review*, 83, pp. 435-450.

___. 1986. *The View from Nowhere*. Oxford: Oxford University Press.

Neisser, U. 1967. *Cognitive Psychology*. New York: Appleton-Century-Crofts.

___. 1981. "John Dean's Memory: A Case Study," *Cognition*, 9, pp. 1-22.

___. 1988. "Five Kinds of Self-Knowledge," *Philosophical Psychology*, 1, pp. 35-39.

Nemirow, L. 1990. "Physicalism and the Cognitive Role of Acquaintance," in W. Lycan, ed., *Mind and Cognition: A Reader*. Oxford: Blackwell, pp. 490-499.

Neumann, O. 1990. "Some Aspects of Phenomenal Consciousness and Their Possible Functional Correlates," presented at the conference "The Phenomenal Mind–How Is It Possible and Why Is It Necessary?" Zentrum für Interdisziplinäre Forschung, Bielefeld, Germany, May 14-17.

Newell, A. 1973. "Production Systems: Models of Control Structures," in W. G. *Chase, ed., Visual Information Processing*. New York: Academic Press, pp. 463-526.

___. 1982. "The Knowledge Level," *Artificial Intelligence*, 18, pp. 81-132.

___. 1988. "The Intentional Stance and the Knowledge Level," *Behavioral and Brain Sciences*, 11, pp. 520-522.

___. 1990. *Unified Theories of Cognition*. Cambridge, MA: Harvard University Press.

Nielsen, T. I. 1963. "Volition: A New Experimental Approach," *Scandinavian Journal of Psychology*, 4, pp. 225-230.

Nilsson, N. 1984. *Shakey the Computer*. SRI Tech Report, SRI International, Menlo Park, CA.

Norman, D. A., and Shallice, T. 1980. *Attention to Action: Willed and Automatic Control of Behavior*. Center for Human Information Processing(Technical Report No. 99). Reprinted with revisions in R. J. Davidson, G. E. Schwartz, and D. Shapiro, eds., 1986, *Consciousness and Self-Regulation*. New York: Plenum Press.

___. 1985. "Attention to Action," in T. Shallice, ed., *Consciousness and Self-Regulation*. New York: Plenum Press.

Oakley, D. A., ed. 1985. *Brain and Mind*. London and New York: Methuen.

Ornstein, R., and Thompson, R. F. 1984. *The Amazing Brain*. Boston: Houghton Mifflin.

Pagels, H. 1988. *The Dreams of Reason: The Computer and the Rise of the Sciences of Complexity*. New York: Simon & Schuster.

Papert, S. 1988. "One AI or Many?" *Daedalus*, Winter, pp. 1-14.

Parfit, D. 1984. *Reasons and Persons*. Oxford: Clarendon Press.

Pears, D. 1984. *Motivated Irrationality*. Oxford: Clarendon Press.

Penfield, W. 1958. *The Excitable Cortex in Conscious Man*. Liverpool: Liverpool University Press.

Penrose, R. 1989. *The Emperor's New Mind*. Oxford: Oxford University Press.

Perlis, 1991. "Intentionality and Defaults" in K. M. Ford and P. J. Hayes, eds., *Reasoning Agents in a Dynamic World*. Greenwich, CT: JAI Press.

Perry, J. 1979. "The Problem of the Essential Indexical," *Nous*, 13, pp. 3-21.

Pinel, P. 1800. "Traité médico-philosophique sur l'aliénation mentale, ou la Manie," pp. 66-67.

Pinker, S., and Bloom, P. 1990. "Natural Language and Natural Selection," *Behavioral and Brain Sciences*, 13, pp. 707-784.

Pollatsek, A., Rayner, K., and Collins, W. E. 1984. "Integrating Pictorial Information Across Eye Movements," *Journal of Experimental Psychology: General*, 113, pp. 426-442.

Pöppel, E. 1985. *Grenzen des Bewusstseins*. Stuttgart: Deutsche Verlags-Anstal.

___. 1988(translation of Pöppel, 1985). *Mindworks: Time and Conscious Experience*. New York: Harcourt Brace Jovanovich.

Popper, K. R., and Eccles, J. C. 1977. *The Self and Its Brain*. Berlin: Springer-Verlag.

Powers, L. 1978. "Knowledge by Deduction," *Philosophical Review*, 87, pp. 337-371.

Putnam, H. 1965. "Brains and Behavior" in R. J. Butler, ed., *Analytical Philosophy*. Second Series. Oxford: Blackwell, pp. 1-19.

___. 1988. "Much Ado About Not Very Much," *Daedalus*, 117, Winter, reprinted in Graubard, 1988.

Pylyshyn, Z. 1979. "Do Mental Events Have Durations?" *Behavioral and Brain Sciences*, 2, pp. 277-278.

Quine, W. V. O. 1969. "Natural Kinds" in *Ontological Relativity and Other Essays*. New York: Columbia University Press, pp. 114-138.

Ramachandran, V. S. 1985. Guest Editorial in *Perception*, 14, pp. 97-103.

___. 1991. "2-D or not 2-D: That Is the Question," in R. L. Gregory, J. Harris, P. Heard, D. Rose, and C. Cronly-Dillon, eds., *The Artful Brain*. Oxford: Oxford University Press.

Ramachandran, V. S., and Gregory, R. L. Submitted to Nature. "Perceptual Filling in of Artificially Induced Scotomas in Human Vision."

Ramsey, W., Stich, S., and Rumelhart, D., eds. 1991. *Philosophy and Connectionist Theory*. Hillsdale, NJ: Erlbaum.

Raphael, B. 1976. *The Thinking Computer: Mind Inside Matter*. San Francisco: Freeman.

Reddy, D. R., Erman, L. D., Fennel, R. D., and Neely, R. B. 1973. "The HEARSAY-II Speech Understanding System: An Example of the Recognition Process," *Proceedings of the International Joint Conference on Artificial Intelligence*, Stanford, pp. 185-194.

Reingold, E. M., and Merikle, P. M. 1990. "On the Interrelatedness of Theory and Measurement in the Study of Unconscious Processes," *Mind and Language*, 5, pp. 9-28.

Reisberg, D., and Chambers, D. 1991. "Neither Pictures nor Propositions: What Can We Learn from a Mental Image?" *Canadian Journal of Psychology*.

Richards, R. J. 1987. *Darwin and the Emergence of Evolutionary Theories of Mind and Behavior*. Chicago: University of Chicago Press.

Ristau, C. 1991. *Cognitive Ethology: The Minds of Other Animals: Essays in Honor of Donald R. Griffin*. Hillsdale, NJ: Erlbaum.

Rizzolati, G., Gentilucci, M., and Matelli, M. 1985. "Selective Spatial Attention: One Center, One Circuit, or Many Circuits?" in M. I. Posner and O. S. M. Marin, eds., *Attention and Performance XI*. Hillsdale, NJ: Erlbaum.

Rorty, R. 1970. "Incorrigibility as the Mark of the Mental," *Journal of Philosophy*, 67, pp. 399-424.

___. 1982a. "Contemporary Philosophy of Mind," *Synthese*, 53, pp. 323-348.

___. 1982b. "Comments on Dennett," *Synthese*, 53, pp. 181-187.

Rosenbloom, P. S., Laird, J. E., and Newell, A. 1987. "Knowledge-Level Learning in Soar," *Proceedings of AAAI*, Los Altos, CA: Morgan Kaufman.

___. 1989. "Symbolic Architectures for Cognition," in M. Posner, ed., *Foundations of Cognitive Science*. Cambridge, MA: MIT Press, pp. 93-132.

Rosenthal, D. 1986. "Two Concepts of Consciousness," *Philosophical Studies*, 49, pp. 329-359.

___. 1989. "Thinking That One Thinks," ZIF Report No. 11, Research Group on Mind and Brain, Perspectives in Theoretical Psychology and the Philosophy of Mind, Zentrum für Interdisziplinäre Forschung, Bielefeld, Germany.

___. 1990a. "Why Are Verbally Expressed Thoughts Conscious?" ZIF Report No. 32, Zentrum für Interdisziplinäre Forschung, Bielefeld, Germany.

___. 1990b. "A Theory of Consciousness," ZIF Report No. 40, Zentrum für Interdisziplinäre Forschung, Bielefeld, Germany.

Rozin, P. 1976. "The Evolution of Intelligence and Access to the Cognitive Unconscious," *Progress in Psychobiology and Physiological Psychology*, 6, pp. 245-280.

___. 1982. "Human Food Selection: The Interaction of Biology, Culture and Individual Experience" in L. M. Barker, ed., *The Psychobiology of Human Food Selection*. Westport, CT: Avi Publishing Co.

Rozin, P., and Fallon, A. E. 1987. "A Perspective on Disgust," *Psychological Review*, 94, pp. 23-47.

Russell, B. 1927. *The Analysis of Matter*. London: Allen and Unwin.

Ryle, G. 1949. *The Concept of Mind*. London: Hutchinson.

___. 1979. *On Thinking*, ed. K. Kolenda. Totowa, NJ: Rowman and Littlefield.

Sacks, O. 1985. *The Man Who Mistook His Wife for His Hat*. New York: Summit Books.

___. 1989. *Seeing Voices*. Berkeley: University of California Press.

Sandeval, E. 1991. "Towards a Logic of Dynamic Frames" in K. M. Ford and J. Hayes, eds., *Reasoning Agents in a Dynamic World*. Greenwich, CT: JAI Press.

Sanford, D. 1975. "Infinity and Vagueness," *Philosophical Review*, 84, pp. 520-535.

Sartre, J.-P. 1943. *L'Etre et le Néant*. Paris: Gallimard.

Schank, R. 1991. *Tell Me a Story*. New York: Scribners.

Schank, R., and Abelson, R. 1977. *Scripts, Plans, Goals and Understanding: An Inquiry into Human Knowledge Structures*. Hillsdale, NJ: Erlbaum.

Schull, J. 1990. "Are Species Intelligent?," *Behavioral and Brain Sciences*, 13, pp. 63-108.

Searle, J. 1980. "Minds, Brains, and Programs," *Behavioral and Brain Sciences*, 3, pp. 417-458.

___. 1982. "The Myth of the Computer: An Exchange," *New York Review of Books*, June 24, pp. 56-57.

___. 1983. *Intentionality: An Essay in the Philosophy of Mind*. Cambridge: Cambridge University Press.

___. 1984. "Panel Discussion: Has Artificial Intelligence Research Illuminated Human Thinking?" in H. Pagels, ed., *Computer Culture: The Scientific, Intellectual, and Social Impact of the Computer*. Annals of the New York Academy of Sciences, 426.

___. 1988a. "Turing the Chinese Room," in T. Singh, ed., *Synthesis of Science and Religion, Critical Essays and Dialogues*. San Francisco: Bhaktivedenta Institute, 1988.

___. 1988b. "The Realistic Stance," *Behavioral and Brain Sciences*, 11, pp. 527-529.

___. 1990a. "Consciousness, Explanatory Inversion, and Cognitive Science," *Behavioral and Brain Sciences*, 13, pp. 585-642.

___. 1990b. "Is the Brain's Mind a Computer Program?" *Scientific American*, 262, pp. 26-31.

Selfridge, O. 1959. "Pandemonium: A Paradigm for Learning," *Symposium on the Mechanization of Thought Processes*, London: HM Stationery Office.

___. Unpublished. *Tracking and Trailing*.

Sellars, W. 1963. "Empiricism and the Philosophy of Mind," in *Science, Perception and Reality*. London: Routledge & Kegan Paul.

___. 1981. "Foundations for a Metaphysics of Pure Process," (the Carus Lectures) *Monist*, 64, pp. 3-90.

Shallice, T. 1972. "Dual Functions of Consciousness," *Psychological Review*, 79, pp. 383-393.

___. 1978. "The Dominant Action System: An Information-Processing Approach to Consciousness" in K. S. Pope and J. L. Singer, eds., *The Stream of Consciousness*. New York: Plenum, pp. 148-164.

___. 1988. *From Neuropsychology to Mental Structure*. Cambridge: Cambridge University Press.

Shepard, R. N. 1964. "Circularity in Judgments of Relative Pitch," *Journal of the Acoustical Society of America*, 36, pp. 2346-2353.

Shepard, R. N., and Cooper, L. A. 1982. *Mental Images and Their Transformations*. Cambridge, MA: MIT Press/A Bradford Book.

Shepard, R. N., and Metzler, J. 1971. "Mental Rotation of Three-Dimensional Objects," *Science*, 171, pp. 701-703.

Shoemaker, S. 1969. "Time Without Change," *Journal of Philosophy*, 66, pp. 363-381.

___. 1975. "Functionalism and Qualia," *Synthese*, 27, pp. 291-315.

___. 1981. "Absent Qualia are Impossible – A Reply to Block," *Philosophical Review*, 90, pp. 581-599.

___. 1988. "Qualia and Consciousness," Tufts University Philosophy Department Colloquium.

Siegel, R. K., and West, L. J., eds. 1975. *Hallucinations: Behavior, Experience and Theory*. New York: Wiley.

Simon, H. A., and Kaplan, C. A. 1989. "Foundations of Cognitive Science," in Posner, ed., *Foundations of Cognitive Science*. Cambridge, MA: MIT Press.

Smolensky, P. 1988. "On the Proper Treatment of Connectionism," *Behavioral and Brain Sciences*, 11, pp. 1-74.

Smullyan, R. M. 1981. "An Epistemological Nightmare" in Hofstadter and Dennett, 1981, pp. 415-427, reprinted in Smullyan, 1982, *Philosophical Fantasies*, New York: St. Martin's Press.

Smythies, J. R. 1954. "Analysis of Projection," *British Journal of Philosophy of Science*, 5, pp. 120-133.

Snyder, D. M. 1988. "On the Time of a Conscious Peripheral Sensation," *Journal of Theoretical Biology*, 130, pp. 253-254.

Sperber, D., and Wilson, D. 1986. *Relevance: A Theory of Communication*. Cambridge, MA: Harvard University Press.

Sperling, G. 1960. "The Information Available in Brief Visual Presentations," *Psychological Monographs*, 74, No. 11.

Spillman, L., and Werner, J. S. 1990. *Visual Perception: The Neurophysiological Foundations*. San Diego: Academic Press.

Stafford, S. P. 1983. "On The Origin of the Intentional Stance," Tufts University Working Paper in Cognitive Science, CCM 83-1.

Stalnaker, R. 1984. *Inquiry*. Cambridge, MA: MIT Press/A Bradford Book.

Stix, G. 1991. "Reach Out," *Scientific American*, 264, p. 134.

Stoerig, P., and Cowey, A. 1990. "Wavelength Sensitivity in Blindsight," *Nature*, 342, pp. 916-918.

Stoll, C. 1989. *The Cuckoo's Egg: Tracking a Spy Through the Maze of Computer Espionage*. New York: Doubleday.

Stratton, G. M. 1896. "Some Preliminary Experiments on Vision Without Inversion of the Retinal Image," *Psychology Review*, 3, pp. 611-617.

Strawson, G. 1989. "Red and 'Red,'" *Synthese*, 78, pp. 193-232.

Strawson, P. F. 1962. "Freedom and Resentment," *Proceedings of the British Academy*, reprinted in P. F. Strawson, ed., *Studies in the Philosophy of Thought and Action*. Oxford: Oxford University Press, 1968.

Taylor, D. M. 1966. "The Incommunicability of Content," *Mind*, 75, pp. 527-541.

Thompson, E., Palacios, A., and Varela, F. In press. "Ways of Coloring," in *Behavioral and Brain Sciences*.

Tranel, D., and Damasio, A. R. 1988. "Non-conscious Face Recognition in Patients with Face Agnosia," *Behavioral Brain Research*, 30, pp. 235-249.

Tranel, D., Damasio, A. R., and Damasio, H. 1988. "Intact Recognition of Facial Expression, Gender, and Age in Patients with Impaired Recognition of Face Identity," *Neurology*, 38, pp. 690-696.

Treisman, A. 1988. "Features and Objects: The Fourteenth Bartlett Memorial Lecture," *Quarterly Journal of Experimental Psychology*, 40A, pp. 201-237.

Treisman, A., and Gelade, G. 1980. "A Feature-integration Theory of Attention," *Cognitive Psychology*, 12, pp. 97-136.

Treisman, A., and Sato, S. 1990. "Conjunction Search Revisited," *Journal of Experimental Psychology: Human Perception and Performance*, 16, pp. 459-478.

Treisman, A., and Souther, J. 1985. "Search Asymmetry: A Diagnostic for Preattentive Processing of Separable Features," *Journal of Experimental Psychology: General*, 114, pp. 285-310.

Turing, A. 1950. "Computing Machinery and Intelligence," *Mind*, 59. pp. 433-460.

Tye, M. 1986. "The Subjective Qualities of Experience," *Mind*, 95, pp. 1-17.

Uttal, W. R. 1979. "Do Central Nonlinearities Exist?" *Behavioral and Brain Sciences*, 2, p. 286.

Van der Waals, H. G., and Roelofs, C. O. 1930. "Optische Scheinbewegung," *Zeitschrift für Psychologie und Physiologie des Sinnesorgane*, 114, pp. 241-288, 115 (1931), pp. 91-190.

Van Essen, D. C. 1979. "Visual Areas of the Mammalian Cerebral Cortex," *Annual Review of Neuroscience*, 2, pp. 227-263.

van Gulick, R. 1988. "Consciousness, Intrinsic Intentionality, and Self-understanding Machines," in Marcel and Bisiach, 1988, pp. 78-100.

___. 1989. "What Difference Does Consciousness Make?" *Philosophical Topics*, 17, pp. 211-230.

___. 1990. "Understanding the Phenomenal Mind: Are We All Just Armadillos?" presented at the conference "The Phenomenal Mind–How Is It Possible and Why Is It Necessary?" Zentrum für Interdisziplinäre Forschung, Bielefeld, Germany, May 14-17.

van Tuijl, H. F. J. M. 1975. "A New Visual Illusion: Neonlike Color Spreading and Complementary Color Induction between Subjective Contours," *Acta Psychologica*, 39, pp. 441-445.

Vendler, Z. 1972. *Res Cogitans*. Ithaca: Cornell University Press.

___. 1984. *The Matter of Minds*. Oxford: Clarendon Press.

von der Malsburg, C. 1985. "Nervous Structures with Dynamical Links," *Berichte der Bunsen-Gesellschaft für Physikalische Chemie*, 89, pp. 703-710.

von Uexküll, J. 1909. *Umwelt und Innenwelt der Tiere*. Berlin: Jena.

Vosberg, R., Fraser, N., and Guehl, J. 1960. "Imagery Sequence in Sensory Deprivation," *Archives of General Psychiatry*, 2, pp. 356-357.

Walton, K. 1973. "Pictures and Make Believe," *Philosophical Review*, 82, pp. 283-319.

___. 1978. "Fearing Fiction," *Journal of Philosophy*, 75, pp. 6-27.

Warren, R. M. 1970. "Perceptual Restoration of Missing Speech Sounds," *Science*, 167, pp. 392-393.

Wasserman, G. S. 1985. "Neural/Mental Chronometry and Chronotheology," *Behavioral and Brain Sciences*, 8, pp. 556-557.

Weiskrantz, L. 1986. *Blindsight: A Case Study and Implications*. Oxford: Oxford University Press.

___. 1988. "Some Contributions of Neuropsychology of Vision and Memory to the Problem of Consciousness," in Marcel and Bisiach, 1988, pp. 183-199.

___. 1989. Panel discussion on consciousness, European Brain and Behavior Society, Turin, September 1989.

___. 1990. "Outlooks for Blindsight: Explicit Methodologies for Implicit Processes"(The Ferrier Lecture), *Proceedings of the Royal Society London*, B 239, pp. 247-278.

Welch, R. B. 1978. *Perceptual Modification: Adapting to Altered Sensory Environments*. New York: Academic Press.

Wertheimer, M. 1912. "Experimentelle Studien über das Sehen von Bewegung," *Zeitschrift für Psychologie*, 61, pp. 161-265.

White, S. L. 1986. "The Curse of the Qualia," *Synthese*, 68, pp. 333-368.

Whiten, A., and Byrne, R. 1988. "Toward the Next Generation in Data Quality: A New Survey of Primate Tactical Deception," *Behavioral and Brain Sciences*, 11, pp. 267-273.

Wilkes, K. V. 1988. *Real People*. Oxford: Oxford University Press.

Wilsson, L. 1974. "Observations and Experiments on the Ethology of the European Beaver," *Viltrevy, Swedish Wildlife*, 8, pp. 115-266.

Winograd, T. 1972. *Understanding Natural Language*. New York: Academic Press.

Wittgenstein, L. 1953. *Philosophical Investigations*. Oxford: Blackwell.

Wolfe, J. M. 1990. "Three Aspects of the Parallel Guidance of Visual Attention," *Proceedings of the Cognitive Science Society*, Hillsdale, NJ: Erlbaum, pp. 1048-1049.

Yonas, A. 1981. "Infants' Responses to Optical Information for Collision" in R. N. Aslin, J. R. Alberts, and M. R. Peterson, eds., *Development of Perception: Psychobiological Perspectives, Vol. 2: The Visual System*. New York: Academic Press.

Young, J. Z. 1965a. "The Organization of a Memory System," *Proceedings Royal Society London*[Biology], 163, pp. 285-320.

___. 1965b. *A Model of the Brain*. Oxford: Clarendon.

___. 1979. "Learning as a Process of Selection," *Journal of the Royal Society of Medicine*, 72, pp. 801-804.

Zajonc, R., and Markus, H. 1984. "Affect and Cognition: The Hard Interface" in C. Izard, J. Kagan, and R. Zajonc, eds., *Emotion, Cognition and Behavior*, Cambridge: Cambridge University Press, pp. 73-102.

Zeki, S. M., and Shipp, S. 1988. "The Functional Logic of Cortical Connections," *Nature*, 335, pp. 311-317.

Zihl, J. 1980. "'Blindsight': Improvement of Visually Guided Eye Movements by Systematic Practice in Patients with Cerebral Blindness," *Neuropsychologica*, 18, pp. 71-77.

___. 1981. "Recovery of Visual Functions in Patients with Cerebral Blindness," *Experimental Brain Research*, 44, pp. 159-169.

찾아보기